ZHUSU CHENGXING
SHIYONG SHOUCE

注塑成型
实用手册

刘朝福 编著

化学工业出版社
·北京·

图书在版编目（CIP）数据

注塑成型实用手册/刘朝福编著 . —北京：化学工业
出版社，2013.6（2025.3 重印）
ISBN 978-7-122-17248-8

Ⅰ.①注⋯　Ⅱ.①刘⋯　Ⅲ.①塑料成型-技术手册

Ⅳ.①TQ320.66-62

中国版本图书馆 CIP 数据核字（2013）第 091564 号

责任编辑：贾　娜　　　　　　　　　　　文字编辑：张绪瑞
责任校对：陈　静　　　　　　　　　　　装帧设计：王晓宇

出版发行：化学工业出版社（北京市东城区青年湖南街 13 号　邮政编码 100011）
印　　装：北京天宇星印刷厂
787mm×1092mm　1/16　印张 30½　字数 790 千字　2025 年 3 月北京第 1 版第 15 次印刷

购书咨询：010-64518888　　　　　　　　售后服务：010-64518899
网　　址：http：//www.cip.com.cn
凡购买本书，如有缺损质量问题，本社销售中心负责调换。

定　　价：98.00 元

前 言
FOREWORD

塑料作为重要的工程材料，在现代工业生产和生活中发挥着重要的作用。用其制作的各类产品，具有轻质、美观、绝缘、耐腐蚀、低成本等特性，满足了人们的多种生产和生活需要。在塑料的各种成型工艺中，注塑成型是应用最为广泛的一种。实践表明，注塑成型具有材料适用性强、可以一次性成型出结构复杂的制品、工艺条件成熟、制品精度高、生产成本低等优点，因此，注塑成型的制品在塑料制品中所占的比重不断增加，相关的工艺、设备、模具和生产管理等也得到了快速的发展。

本手册从实用角度出发，根据注塑成型领域从业人员的需求，重点讲解了以下几个方面的内容：（1）塑料的成型机理、常用塑料的特性和注塑性能；（2）注塑机和注塑模具的结构、使用和维护要点；（3）注塑工艺条件的选择与设置，注塑成型中可能出现的各种问题、缺陷及相应的解决方法；（4）注塑成型中大量经过了实践检验、非常有参考价值的经验总结；（5）注塑成型的 CAE 技术与注塑生产管理。本书从生产需求出发，突出实际应用，着眼于提高注塑成型的质量和效益，具有很强的实用性；全书的文字通俗易懂、图表丰富翔实，内容既包含必要的理论，深入浅出，又包含了许多经过了实践检验的技术技巧，供读者学习参考。本书可为从事塑料制品开发、注塑工艺调整、生产管理、注塑模具设计与制造、注塑机开发与维修等方面工作的工程技术人员提供帮助，也可供高等院校相关专业师生查阅参考。

本手册由桂林电子科技大学信息科技学院的刘朝福编著，在编写过程中，众多人员和单位参与了书稿的讨论或提供了技术资料，包括：陈岳林、杨连发、刘跃峰、何玉林、冯翠云、刘建伟、黎清宁、吕勇、谢海涌、韦雪岩、史双喜、陈婕、宾恩均、王毓敏、秦国华、魏加兴、覃军伦、柏子刚、陈家霆、胡国林、贾慧杰等，以及宁波海天塑机集团、广州金发科技有限公司、富得巴（香港）有限公司、深圳现代精密塑胶模具有限公司、广东美的模具有限公司、柳州高华机械有限公司、柳州裕信方盛汽车饰件有限公司、桂林宋宇机电设备有限公司、广东河源龙记集团有限公司、深圳友鑫达塑胶电子有限公司、理光工业株式会社（深圳）、三星电子（惠州）有限公司、伦敦豪利士（中国）有限公司、东莞毅良塑胶模具有限公司、东莞长安汇美实业有限公司、桂林新百利制造工程有限公司、柳州方鑫汽车塑件有限公司、柳州东风柳汽有限公司等，在此一并表示衷心的感谢！

由于编者水平所限，书中疏漏和不足之处在所难免，敬请广大读者提出宝贵意见！

编　者

目 录
CONTENTS

第1章
塑料与塑料制品

1.1 塑料的成分及配制

1.1.1 塑料的成分

塑料是高分子材料中最大的一类材料，是以高聚物为主要成分，并在加工为成品的某阶段可以具有流动性的材料。

高聚物即高分子化合物，指那些由众多原子或原子团主要以共价键结合而成的、分子量在 1 万以上的化合物。

树脂是高分子化合物中的一种，分为天然树脂和合成树脂两种，无论是天然树脂还是合成树脂，他们都属于高分子聚合物，简称高聚物。

事实上，塑料的主要成分是各种各样的树脂，而树脂又是一种聚合物，但塑料和聚合物是不同的，单纯的聚合物性能往往不能满足加工成型和实际使用的要求，一般不单独使用，只有在加入添加剂后在工业中才有使用价值，因此，塑料是以合成树脂为主要成分，再加入其他的各种各样的添加剂（也称助剂）制成的。

合成树脂决定了塑料制品的基本性能。其作用是将各种助剂黏结成一个整体，添加剂是为改善塑料的成型工艺性能，改善制品的使用性能或降低成本而加入的一些物质，如填料、增塑剂、润滑剂、稳定剂、着色剂等。

(1) 合成树脂（高聚物）

树脂是一种高分子有机化合物，其特点是无明显的熔点，受热后逐渐软化，可溶解于有机溶剂，而不溶解于水等。树脂分为天然树脂和合成树脂两种，无论是天然树脂还是合成树脂，它们都属于高分子聚合物，简称高聚物。

天然树脂是指从树木中分泌出的脂物，如松香；从热带昆虫的分泌物中提取的树脂，如虫胶；还有部分树脂从石油中得到，如沥青，这些都属于天然树脂。

由于天然树脂无论在数量上还是在质量上都远远不能满足现实生产、生活的需要，因此，人们根据天然树脂的分子结构和特性，应用人工方法制造出了合成树脂。

合成树脂是由简单有机物经化学合成或某些天然产物经化学反应而得到的一种高分子化合物，又称聚合物。例如酚醛树脂、环氧树脂、聚乙烯、聚氯乙烯等都属于合成树脂，合成树脂既保留了天然树脂的优点，同时也改善了成型加工工艺性和使用性能等。因此，目前所使用的塑料一般都是用合成树脂制成的，很少采用天然树脂。石油是制取合成树脂的主要原料。

合成树脂是塑料的主要成分，它决定了塑料的类型和基本性能（如热性能、物理性能、化学性能、力学性能等），它联系或胶黏着其他成分，并使塑料具有可塑性和流动性，从而具有成型性能。

（2）填充剂

填充剂又称填料，是塑料中的重要的但并非每种塑料必不可少的成分。填充剂与塑料中的其他成分机械混合，它们之间不起化学作用，但与树脂牢固地胶黏在一起。

填充剂在塑料中的作用有两个：一是减少树脂用量，降低塑料成本；二是改善塑料某些性能，扩大塑料的应用范围。在许多情况下，填充剂所起的作用是很大的，例如聚乙烯、聚氯乙烯等树脂中加入木粉后，既克服了它的脆性，又降低了成本。用玻璃纤维作塑料的填充剂，能使塑料的力学性能大幅度提高，而用石棉作填充剂则可以提高塑料的耐热性。有的填充剂还可以使塑料具有树脂所没有的性能，如导电性、导磁性、导热性等。

常用的填充剂有木粉、纸浆、云母、石棉、玻璃纤维等。

（3）增塑剂

有些树脂（如硝酸纤维、醋酸纤维、聚氯乙烯等）的可塑性很小，柔软性也很差，为了降低树脂的熔融黏度和熔融温度，改善其成型加工性能，改进塑件的柔韧性、弹性以及其他各种必要的性能，通常加入能与树脂相溶的、不易挥发的高沸点有机化合物，这类物质称为增塑剂。

在树脂中加入增塑剂后，增塑剂分子插入到树脂高分子链之间，增大了高分子链间的距离，因而削弱了高分子间的作用力，使树脂高分子容易产生相对滑移，从而使塑料在较低的温度下具有良好的可塑性和柔软性。例如，聚氯乙烯树脂中加入邻苯二甲酸二丁酯，可变为像橡胶一样的软塑料。

加入增塑剂在改善塑料成型加工性能的同时，有时也会降低树脂的某些性能，如硬度、抗拉强度等，因此添加增塑剂要适量。

对增塑剂的要求：与树脂有良好的相溶性；挥发性小，不易从塑件中析出；无毒、无色、无臭味；对光和热比较稳定；不吸湿。

（4）着色剂

为使塑件获得各种所需颜色，常常在塑料组分中加入着色剂。着色剂品种很多，但大体分为有机颜料、无机颜料和染料三大类。有些着色剂兼有其他作用，如本色聚甲醛塑料用炭黑着色后在一定程度上有助于防止光老化。

对着色剂的一般要求是：着色力强；与树脂有很好的相溶性；不与塑料中其他成分起化学反应；成型过程中不因温度、压力变化而分解变色，而且在塑件的长期使用过程中能够保持稳定。

（5）稳定剂

为了防止或抑制塑料在成型、储存和使用过程中，因受外界因素（如热、光、氧、射线等）作用所引起的性能变化，即所谓"老化"，需要在聚合物中添加一些能稳定其化学性质的物质，这些物质称为稳定剂。

对稳定剂的要求是：能耐水、耐油、耐化学药品腐蚀，并与树脂有很好的相溶性，在成型过程中不分解、挥发小、无色。

稳定剂可分为热稳定剂、光稳定剂、抗氧化剂等。常用的稳定剂有硬脂酸盐类、铅的化合物、环氧化合物等。

（6）固化剂

固化剂又称硬化剂、交联剂。成型热固性塑料时，线型高分子结构的合成树脂需发生交联反应转变成体型高分子结构。添加固化剂的目的是促进交联反应。如在环氧树脂中加入乙二胺、三乙醇胺等。

（7）其他添加剂

此外，在塑料中还可加入一些其他的添加剂，如发泡剂、阻燃剂、防静电剂、导电剂和导磁剂等。例如，阻燃剂可降低塑料的燃烧性；发泡剂可制成泡沫塑料；防静电剂可使塑件具有适量的导电性能以消除带静电的现象。并不是每一种塑料都要加入全部这些添加剂，而是依塑料品种和塑件使用要求按需要有选择地加入某些添加剂。

1.1.2　塑料的配制

塑料制品生产中，只有极少数聚合物可单独使用，一般都必须与其他添加剂混合配料后才能进行成型加工。塑料的供给状态是多种多样的。按照成型加工方法可分为纤维料、层状料、模塑料和加工料；按塑料的形态可分为粉料、粒料、溶液、分散体、纤维状料和层状料。

工业用于成型的塑料在生产中常用的是粉料和粒料，溶液和分散体只用于流延法薄膜、某些铸塑产品和涂层类制品。

粉、粒料在组成上是相同的，但混合、塑化和细分的程度不同。配制主要分两个阶段，即粉料的配制过程和粉料的塑化过程。粉料的配制过程包括原料的准备和原料的混合两步。原料的准备主要有原料的预处理、称量和输送。原料的混合只是一种简单混合，将称量好的原料依据聚合物、稳定剂、色料、填料、润滑剂等顺序加入混合设备中混合而成，故粉料的制备工艺流程可表示如下：

树脂＋助剂→预处理→称量→输送→初混合→粉料

粒料的制备是利用制备好的粉料，经过一步塑化和造粒而成，其工艺过程如下：

粉料→塑化（或塑炼）→粒化→粒料

塑化或塑炼是借助机械剪切力和摩擦生热使聚合物熔化，剪切混合而驱除挥发物，并破碎其中的凝腔粒子，使混合更均匀。塑炼后再经粉碎或切碎制成粒料以备成型。粒料更有利于成型出性能一致的制品。

溶液的主要组分是树脂与溶剂，以及适量的增塑剂、稳定剂、色料和稀释剂等。塑料成型中所用溶液，有的是在树脂合成时特意制成，有的则是在使用时，通过配制设备用一定的方法配制而成。由于溶剂在塑件生产过程中已经挥发掉，所以用溶液为原料制成的塑件中并不含溶剂。

分散体是指树脂与非水液体形成的悬浮体，通称为溶胶塑料或"糊"塑料，非水液体也称分散剂，它包括增塑剂（如邻苯二甲酸酯类等）和挥发性溶剂（如甲基异丁基甲酮等）两大类。除了树脂和非水液体之外，溶胶塑料还可根据使用目的的不同而加入各种添加剂，如稀释剂、稳定剂、填充剂、凝胶剂、着色剂等。加入的组分和比例不同，溶胶塑料的性质就会出现差异。将树脂、分散剂和其他添加剂一起加入球磨机或其他混合机械中混合即可制得溶胶塑料。

纤维状料是指树脂中加入纤维状填料，使之成为具有很高冲击强度的塑料，如石棉纤维酚醛塑料、玻璃纤维酚醛塑料、有机硅石棉压塑料等。

层状料是指将各种片状填料浸渍树脂溶液（如酚醛树脂）制成。根据填料不同又可分为纸层酚醛塑料、布层酚醛塑料、石棉布层酚醛塑料和玻璃布层酚醛塑料（玻璃钢）等。

1.2　塑料中的高聚物

1.2.1　高聚物的分子结构与聚集态

高聚物一般经聚合反应制得，主要组成元素以 C、H、O、N 为主，在一些高聚物中

Chapter
1

Chapter
2

Chapter
3

Chapter
4

Chapter
5

Chapter
6

Chapter
7

Chapter
8

附录
1

附录
2

也存在 S、P、Si、F 等元素。

聚合物的分子结构有三种形式：线型、带有支链的线型、体型。如果聚合物的分子链呈不规则的线状（或者团状），聚合物是由一根根的分子链组成的，则称为线型聚合物，如图 1-1(a) 所示。在聚合物的大分子主链上带有一些或长或短的小支链，整个分子链呈枝状，如图 1-1(b) 所示，称为带有支链的线型聚合物。如果在大分子的链之间还有一些短链把它们连接起来，成为立体网状结构，则称为体型聚合物，如图 1-1(c) 所示。

| (a) 线型 | (b) 带有支链的线型 | (c) 体型 |

图 1-1　聚合物分子链结构示意图

分子聚集态是指平衡态时分子与分子之间的几何排列。高聚物在常温常压下，大多数为固态，没有气态，固体聚合物分子的排列有两种形式：分子有规则紧密排列的区域，称之为结晶区；分子处于无序状态的区域称之为非晶区，如图 1-2 所示。按照分子排列的几何特征，固态聚合物可分为结晶型和无定型（或非结晶型）两种。

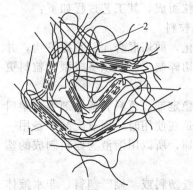

图 1-2　结晶型聚合物结构示意图
1—结晶区；2—非晶区

结晶型聚合物由结晶区和非晶区所组成，和晶区所占的质量百分数称为结晶度，例如低压聚乙烯在室温时的结晶度为 85%～90%。一般而言，聚合物大分子链的结构对称性好，主链上带有的侧基体积小、分子间作用力大，则有利于结晶；反之，则对结晶不利或不能形成结晶区。结晶只发生在线性聚合物和含交联不多的体型聚合物中。

结晶对聚合物的性能有较大影响。由于结晶造成了分子紧密聚集状态，增强了分子间的作用力，所以使聚合物的强度、硬度、刚度及熔点、耐热性和耐化学性等性能有所提高，但与链运动有关的性能如弹性、伸长率和冲击强度等则有所降低。

对于无定型聚合物的结构，大距离范围内其分子排列是杂乱无章的、相互穿插交缠的。小距离范围内有序，即"远程无序，近程有序"。体型聚合物由于分子链间存在大量交联，分子链难以作有序排列，所以绝大部分是无定型聚合物。

聚合物聚集态的多样性导致其成型加工的多样性。聚合物聚集态转变取决于聚合物的分子结构、体系的组成以及所受应力和环境温度。当聚合物及其组成一定时，聚集态的转变主要与温度有关。温度变化时，塑料的受力行为发生变化，呈现出不同的物理状态和力学性能特点。如图 1-3 所示为线型无定型聚合物和完全线型结晶型聚合物受恒定压力时变形程度与温度关系的曲线，也称热力学曲线。

T_b 称为聚合物的脆化温度，是聚合物保持高分子力学特性的最低温度。

T_g 称为玻璃化温度，是聚合物从玻璃态转变为高弹态（或相反）的临界温度。

T_f 称为黏流温度，是无定型聚合物从高弹态转变为黏流态（或相反）的临界温度。

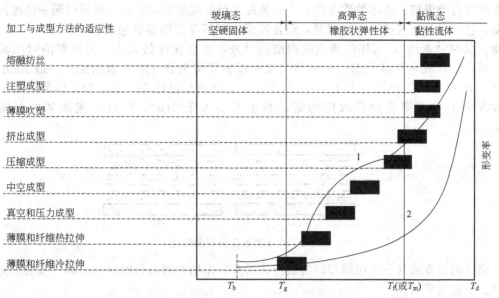

图 1-3　聚合物的物理状态与温度及加工的关系
1—线型无定型聚合物；2—完全线型结晶型聚合物

T_m 称为熔点，是结晶型聚合物由晶态转变为熔融态（或相反）的临界温度。

T_d 称为热分解温度，是聚合物在加热到一定温度时高分子主链发生断裂开始分解的临界温度。

1.2.2 高聚物在成型过程中的流动特性

高聚物在各种成型过程中，大部分工艺均要求它处于黏流态，因为在这种状态下，聚合物在外力的作用下易于发生流动和形变。流动与形变是聚合物成型加工中最基本的工艺特征。

高聚物流体有两种形式。一种是由固体加热到黏流温度或熔点以上，变成熔融状液体，即熔体。也称干法塑化，特点是利用加热将高聚物固体变成熔体，定型时仅为简单的冷却。但塑化时局部易产生过热现象。另一种是加入溶剂使高聚物达到黏流态，即分散体。也称湿法塑化，特点是用溶剂将塑料充分软化，定型时须脱溶剂，同时考虑溶剂的回收。其优点是塑化均匀，能避免高聚物过热。在成型加工过程中，两种高聚物流体都有着广泛的应用。

聚合物在加工过程中具有的流动和形变均是由外力作用的结果。聚合物成型时，在外力作用下，其内部必然会产生与外力相平衡的应力。主要的应力有三种：即切应力、拉伸应力和流体静压力。如熔体在注塑机喷嘴或模具的流道的流动产生剪切应力；熔体在挤出吹塑时被拉伸产生拉伸应力，实际加工过程中，聚合物的受力非常复杂，往往是这三种应力同时出现，如熔体在挤出成型和注塑成型中物料进入口模、浇口和型腔时流道截面积发生改变条件下的流动等，但剪切应力最为重要，因为聚合物流体在成型过程中流动的压力降、塑件的质量等都受其制约。流体静压力是熔体受到压缩作用而产生的，它对流体流动性质的影响相对较小，一般可以忽略不计，但对黏度有一定的影响，在压缩成型时流体静压力是较为主要的应力。

聚合物在一定的温度和压力条件下具有流动性，流体在平直圆管内流动的形式有层流和湍流两种，如图 1-4 所示。图 1-4(a) 为层流，层流是一层层相邻的薄层液体沿外力作用方向进行的滑移。流体的质点沿着许多彼此平行的流层运动，同一流层以同一速度向前移动，各流层的速度虽不一定相等，但各流层之间不存在明显的相互影响。图1-4（b）为湍流，又称"紊流"，流体的质点除向前运动外，各点速度的大小、方向都随时间而变化，质点的流线呈紊乱状态。层流和湍流是以临界雷诺数（Re）来判定，一般Re小于2100～4000时均为层流，大于4000时为湍流，在成型过程中，聚合物熔体流动时的雷诺数常小于10，聚合物分散体的雷诺数也不会大于2100，所以其流动基本上属于层流。

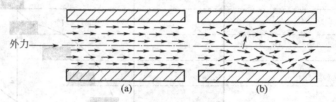

外力——

图1-4 流体在平直圆管内流动

　　层流流动看成是一层层相邻的薄层流体沿外力作用方向进行的相对滑移，流层是完全平行、平直的平面。

1.2.3 高聚物成型过程中的取向

　　高聚物的大分子、细而长的纤维状填料分子等在成型过程中由于受到应力作用而产生分子整齐、平行排列的现象，称为分子取向。根据应力性质，取向结构分为流动取向和拉伸取向两种类型。流动取向是在剪切应力作用下沿着熔体流动方向形成的；拉伸取向是由拉应力引起的，取向方向与应力作用方向一致。

　　取向过程是大分子的有序化过程，需靠外力场的作用才得以实现，和热运动相反，热运动是使大分子趋向紊乱无序，即解取向过程，解取向是一个自发过程。取向态在热力学上是一种非平衡态，取向只有相对的稳定性，时间拉长、特别是温度升高或高聚物被溶剂溶胀时，仍然要发生解取向。

（1）高聚物流动取向

　　成型过程中高聚物分子的取向，流动取向是伴随高聚物熔体或浓溶液的流动而产生的，一般情况下，高聚物分子几乎都会有取向，图1-5所示的是注塑成型长方形塑件采用双折射法实测的取向分布规律；当塑料熔体由浇口压入模腔时，与模壁接触的一层，因模温较低而冻结。在矩形试样的纵向，塑料流动的压力在入模处最高，而在料流的前锋最低，取向程度在模腔纵向呈递减分布。但取向最大点在靠近浇口一边距浇口不远的位置上，因为塑料熔体注入模腔后最先充满此处，有较长的冷却时间，冻结层形成后，分子在这里受到的剪切应力也最大，所以取向程度也最高。在矩形试样的横向，取向程度由中心向四周递增，由于取向程度低的前锋料遇到模壁被迅速冷却而形成无取向或取向甚小的冻

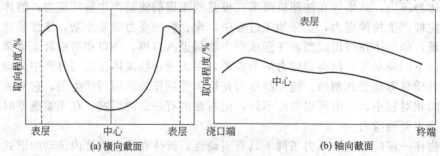

(a) 横向截面　　　　　　　　　　(b) 轴向截面

图1-5 长方形注塑模塑制件的取向

结层，从而使得横向取向程度最大处不在表层而是次表层一带。

在高聚物中常加入一些纤维状填料，它们也会在注塑成型高聚物中取向，如图1-6所示为注塑成型扇形薄片时纤维状填料在扇形塑件中的流动取向过程。含有纤维状填料的流体的流线自浇口处沿半径方向散开，在模腔的中心部分流速最大，当熔体前沿遇到模壁后，其流动方向转向两侧，改变为与半径方向垂直的流动，熔体中纤维状填料也随着熔体流线改变方向，最后填料形成同心环似的排列。并在扇形塑件的边缘部位排列得最为明显。测试表明，扇形试样在切线方向上的抗拉强度总是大于径向方向上的，而在切线方向上的收缩率又往往小于径向方向上的。

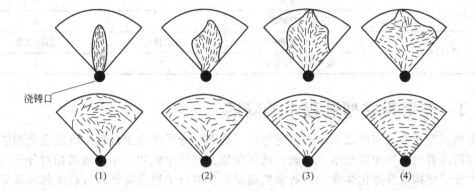

浇铸口

(1)　　　　　　(2)　　　　　　(3)　　　　　　(4)

图1-6　纤维状填料在扇形塑件中的流动取向

（2）高聚物的拉伸取向

高聚物在玻璃态温度与黏流态温度（或熔点）之间进行拉伸时，高聚物高分子链在很大程度上将顺着拉伸方向作整齐地排列，这种现象即为拉伸取向。当拉伸到预定要求时，迅速将温度冷却至玻璃化温度以下，则拉伸取向将得以保存。由于高聚物分子在玻璃态温度以上时才具有足够的活动，一般拉伸温度不得低于玻璃化温度，拉伸温度越低，拉伸速度越大，拉伸比越大，则取向程度越高。拉伸取向也会导致塑件性能的各向异性，顺着取向方向的机械强度总是大于其垂直方向的强度，伸长率乃至收缩率也总是取向方向大于其垂直方向。

取向作用对塑件的使用性能有很大影响，未取向的高聚物，力学性能各向是相同的。而取向后高聚物，力学性能呈现各向异性。塑件沿流动方向的抗拉强度高于垂直方向上的强度。例如在注塑成型塑件中，沿流动方向的抗拉伸强度约为垂直方向上的1～3倍，而抗冲击强度则为1～10倍。高聚物的取向导致出现的各向异性对塑件使用性能是不利的，许多厚度较大的塑件，取向或取向程度的不均使塑件在某些方向上力学性能提高，而在另外一些方向上却降低了性能，有时还会发生翘曲甚至开裂，影响塑件的使用性能。为了改善高聚物分子取向对塑件质量的影响，可在成型后进行解取向热处理，塑件中的分子链段得到足够的松弛，从而解除不稳定的取向单元；此外，还可适当提高模具温度，以使取向分子依靠自身的热运动来消除取向。纤维状填料的取向一旦在成型流动过程中形成，则很难靠分子的热运动来消除其取向，在成型后也无法消除。但取向有时对一些塑件又是所需要的，利用分子取向来改善塑件在某一方向上的性能，以满足使用要求。如单丝和薄膜等，取向提高了沿取向方向上的抗拉强度和光泽程度等。

成型过程中高聚物分子的取向程度不仅与塑料的类别、塑件的厚度有关，还与注塑工艺条件及模具的浇口设计密切相关。表1-1列出了注塑工艺条件及模具的浇口对分子取向程度的影响。

Chapter
1
Chapter
2
Chapter
3
Chapter
4
Chapter
5
Chapter
6
Chapter
7
Chapter
8
附录
1
附录
2

表 1-1　注塑工艺条件及模具的浇口对分子取向程度的影响

影响因素		取向程度	
		增　大	减　小
成型条件	物料温度	冷	热
	充模速度	慢	快
	注射压力	高	低
	充模时间	长	短
	模具温度	冷	热
	塑件冷却速度	快	慢
模具浇口	浇口位置选择	选较薄处	选较厚处
	浇口截面积大小	大	小

1.2.4　高聚物成型过程中的降解

塑料成型通常是在高温和压力下进行的。高聚物分子在成型过程中可能会受到热和应力的作用或者高聚物中微量水分、酸、碱等杂质及空气中氧的作用导致其相对分子质量降低，大分子结构改变等化学变化。通常把高聚物相对分子质量降低的过程则称为高聚物的降解。高聚物的降解实质是高聚物分子发生断链、交联、分子链结构的改变和侧基的改变。降解一般都难以完全避免，高聚物在热、力、氧、水、光、超声波和核辐射等作用下都会发生降解的化学过程，轻度降解使高聚物变色，严重的降解会使高聚物分解出低分子物质，相对分子质量降低，塑件出现气泡和流纹等弊病，削弱塑件的各项物理力学性能，甚至会使高聚物焦化变黑，产生大量的分解物质（称为解聚）。

高聚物在储存过程中也会发生降解，只是在储存过程中遇到的外界作用比在成型过程中要小，储存过程中在外界因素——物理的（热、力、光、电等）、化学的（氧、水、酸、碱、胺等）及生物的（霉菌、昆虫等）作用下，所发生降解过程进行地比较缓慢（又称老化），但降解的实质是相同的。

对塑料的成型来说，在正常操作的情况下，主要的降解是热降解，其次是由应力、氧气、水分与杂质引起的降解，但它们也都能通过温度对高聚物的降解起重要影响。

(1) 降解的类型

① 热降解　由过热而引起高聚物的降解称为热降解。容易发生热降解的高聚物有PVC、PVDC、POM 等。

② 氧化降解　在常温下，多数高聚物都能与氧发生极为缓慢的作用，在热或其他能源的作用下，氧化作用进行显著。通常把热和氧联合作用下的降解称为热氧降解。

③ 力降解　高聚物成型过程中常与设备接触（如粉碎、搅拌、混炼、挤压、注塑等）而反复受到剪切应力与拉伸应力的作用。当应力大于高聚物分子的化学键所能承受的强度时，则大分子断裂。通常在单纯应力作用下引起的降解称为力降解。事实上，力降解常伴随有热量的产生；在成型过程中，往往是力、热、氧等诸因素的联合作用。

④ 水解　在成型温度下高聚物含微量水分所引起的降解反应称为水解。含有酰胺基、酯基等基团的高聚物容易发生水解。

(2) 防止降解的措施

降解一般都使高聚物制品的外观变劣，使用性能下降、寿命缩短，不同高聚物对不同降解的敏感性不同，因此，为保证产品质量，在成型过程中，应采取各种措施，尽量避免和减少降解。通常采用以下措施。

① 严格控制原材料的技术指标，使用合格的原材料，避免因原料不纯对降解发生催化作用。

② 成型前应对成型原料进行预热干燥处理，严格控制含水量不超过工艺要求和塑件性能要求的数值，特别是 ABS、有机玻璃、尼龙、聚碳酸酯、聚砜等吸湿性强的塑料，使用前通常应使水分含量降低到 0.01%～0.05%。

③ 确定合理的工艺条件，针对各种高聚物对热和应力的敏感性的差异，合理选择成型温度、压力和时间，使各工艺条件达到最优匹配。尤其对那些热稳定性差、加工温度和分解温度接近的高聚物尤为重要。一般加工温度应低于高聚物的分解温度。表 1-2 列出了常用高聚物的加工温度和分解温度。

表 1-2　常用高聚物的加工温度和分解温度 ℃

高聚物	热分解温度	加工温度	高聚物	热分解温度	加工温度
聚苯乙烯	310	170～250	聚乙烯(高密度)	320	220～280
聚氯乙烯	170	150～170	聚苯烯	300	200～300
聚甲基丙烯酸甲酯	280	180～240	聚对苯二甲酸乙酯	380	260～280
聚碳酸酯	380	270～320	聚酰胺 6	360	230～290
氯化聚醚	290	180～270	聚甲醛	220～240	195～220

④ 设计模具和选用设备要求结构合理，尽量避免流道中存在死角及流道过长，改善加热与冷却装置的效率。

⑤ 对热、氧稳定性较差的高聚物或加工温度较高时加入热稳定剂、抗氧剂等，防止高温与氧接触，以加强高聚物对降解的抵抗能力。还应尽量减少高温停留的时间。

总之，降解对高聚物起破坏作用，但有时为了某种特殊需要，而使高聚物降解，如对天然橡胶的"塑炼"就是通过机械作用降解以提高塑性的。机械作用降解还可以使高聚物之间进行接枝或嵌段聚合制备共聚物，对高聚物进行改性和扩展其应用范围。

1.2.5　高聚物成型过程中的交联反应

高聚物在成型过程中，由线型结构转变为体型结构的化学反应过程称为交联反应。通过交联反应能制得体型高聚物，热固性高聚物在未交联前与热塑性高聚物相似，同属于线型高聚物，但热固性高聚物在分子链中带有反应基团（如羟甲基、羧基等）或反应活点（如不饱和键等），成型时分子链通过自带的反应基团的作用或反应活点与后加入的交联剂（硬化剂）的作用而发生反应称为交联反应。已发生作用的反应基团或反应活点对原有的反应基团的作用或反应活点的比值称为交联度。

体型高聚物的力学强度、耐热性、耐溶剂性、化学稳定性和塑件的形状稳定性比线型高聚物均有所提高，所以在一些对强度、工作温度、蠕变等要求较高的场合，体型高聚物有着广泛的应用。通常热固性酚醛树脂、环氧树脂、聚氨酯树脂、不饱和聚酯树脂、离子交换树脂等是通过交联反应的办法来实现交联的。对于热塑性高聚物，成型过程中不会产生交联反应，但由于加工条件不当或者原料不纯等，也可能在高聚物中产生交联反应，但这种交联是非正常交联。有时为了改善某些热塑性高聚物的性能，以满足某些特殊的性能要求，可通过辐射交联（物理交联）使分子链间产生一定的交联结构。如高密度聚乙烯的长期使用温度在 100℃左右，经辐射交联后，使用温度可提高到 135℃（在无氧条件下可高达 200～300℃），交联反应很难进行完全。

Chapter 1
Chapter 2
Chapter 3
Chapter 4
Chapter 5
Chapter 6
Chapter 7
Chapter 8
附录 1
附录 2

在塑料成型工业中，常用硬化或熟化代替交联一词。所谓"硬化得好"或"熟化得好"，并不意味着交联度达到100%，而是指交联度发展到一种最为适宜的程度（此时的硬化度为100%，但交联度仍小于100%），此时制件的物理力学性能达到最佳的状况。当硬化不足（欠熟）时，塑料中常存有比较多的可溶性低分子物，交联作用不够，使得制件的机械强度、耐热性、电绝缘性、耐化学腐蚀性等下降；而热膨胀、后收缩、内应力、受力时的蠕变量增加；制件表面缺乏光泽，容易产生裂纹或翘曲等，吸水量增大。硬化过度（过熟）时，会引起塑件变色、起泡、发脆、力学强度不高等。

过熟或欠熟均属成型时的交联度控制不当。交联度和交联反应进行的速度不仅依赖于反应物本身的结构及配方，还受应力、温度及固化时间等外界条件的影响。高聚物的反应基团或反应活点数目的增加，有利于交联度的提高。成型过程中由于应力的作用，如使物料流动、搅拌等扩散因素增加，都能增加反应基团或反应活点间的接触，有利于加快交联反应和提高交联度。如酚醛塑料的注塑成型比压缩成型周期短。一般说来，加工温度高则交联速度快，硬化时间长则交联度高。

测定硬化程度常用物理方法，如热硬度测定法、超声波法等。

1.3 塑料的类别及性能

1.3.1 塑料的类别及命名

为了方便对塑料进行研究和使用，需要从不同的角度对塑料进行分类。常见的分类方法有以下两种。一是根据塑料受热后的性能特点，可将塑料分为热塑性塑料和热固性塑料两大类；二是根据塑料的具体使用场合及特点，一般可以将塑料分为通用塑料、工程塑料和特种塑料等三类。

(1) 热塑性塑料

热塑性塑料中高聚物的分子结构呈线型或支链型结构，常称为线性聚合物。它在加热时可塑制成一定形状的塑件，冷却后保持已定型的形状。如再次加热，又可软化熔融，可再次制成一定形状的塑件，可反复多次进行，具有可逆性。在上述成型过程中一般无化学变化，只有物理变化。

由于热塑性塑料是能反复加热软化和冷却硬化的材料，因此热塑性塑料可经加热熔融而反复固化成型，所以热塑性塑料的废料通常可回收再利用，即有所谓的"二次料"之称。

(2) 热固性塑料热

热固性塑料在受热之初也具有链状或树枝状结构，同样具有可塑性和可熔性，可塑制成一定形状的塑件。当继续加热时，这些链状或树枝状分子主链间形成化学键结合，逐渐变成网状结构（称为交联反应）。当温度升高到达一定值后，交联反应进一步进行，分子最终变为体型结构，成为既不熔化又不熔解的物质（称为固化）。当再次加热时，由于分子的链与链之间产生了化学反应，塑件形状固定下来不再变化。塑料不再具有可塑性，直到在很高的温度下被烧焦炭化，其具有不可逆性。在成型过程中，既有物理变化又有化学变化。由于热固性塑料上述特性，故加工中的边角料和废品不可回收再生利用。

显然，热固性塑料的耐热性能比热塑性塑料好。常用的酚醛、不饱和聚酯等均属于热固性塑料。

由于固化定型后的热固性塑料，即使继续加热也无法改变其状态，也就无法再次变成熔融状态。因此，热固性塑料无法经过再加热来反复成型，所以热固性塑料的废料通常是不可回收再利用的。

（3）通用塑料

一般指产量大、用途广、性能相对比较低、价格低廉的一类塑料。如：聚乙烯、聚丙烯、聚氯乙烯、聚苯乙烯、酚醛塑料、氨基塑料等，它们约占塑料产量的 60%。

（4）工程塑料

工程塑料是指可以作为结构材料的塑料，它与通用塑料并没有明显的界线，工程塑料的强度、耐冲击性、耐热性、硬度及抗老化等性能都比较良好，可替代部分金属材料来用作工程材料。如尼龙、聚碳酸酯、聚甲醛、ABS 等。

（5）特种塑料

指那些具有特殊功能、适合某种特殊场合用途的塑料，主要有医用塑料、光敏塑料、导磁塑料、超导电塑料、耐辐射塑料、耐高温塑料等。其主要成分是树脂，有的是专门合成的树脂，也有一些是采用上述通用塑料和工程塑料用树脂经特殊处理或改性后获得特殊性能。这类塑料产量小，性能优异，价格昂贵。

（6）塑料的命名规则

由于塑料的主要成分是高分子聚合物，所以塑料常用聚合物的名称命名，因此，塑料的名称大都繁琐，说与写均不方便，所以常用国际通用的英文缩写字母来表示。

1.3.2　塑料的使用性能

塑料的使用性能即塑料制品在实际使用中需要的性能。主要有物理性能、化学性能、力学性能、热性能、电性能等。这些性能都可以用一定的指标衡量并可用一定的实验方法测得。

（1）塑料的物理性能

塑料的物理性能主要有密度、表观密度、透湿性、吸水性、透明性、透光性等。

密度是指单位体积中塑料的质量。而表现密度是指单位体积的试验材料（包括空隙在内）的质量。

透湿性是指塑料透过蒸汽的性质。它可用透湿系数表示。透湿系数是在一定温度下，试样两侧在单位压力差情况下，单位时间内在单位面积上通过的蒸汽量与试样厚度的乘积。

吸水性是指塑料吸收水分的性质。它可用吸水率表示。吸水率是指在一定温度下，把塑料放在水中浸泡一定时间后质量增加的百分率。

透光性是指塑料透过可见光的性质。它可用透光率来表示。透光率是指透过塑料的光通量与其入射光通量的百分率。

（2）塑料的化学性能

塑料的化学性能有耐化学性、耐老化性、耐候性、光稳定性、抗霉性等。

耐化学性是指塑料耐酸、碱、盐、溶剂和其他化学物质的能力。

耐老化性是指塑料暴露于自然环境中或人工条件下，随着时间推移而不产生化学结构变化，从而保持其性能的能力。

耐候性是指塑料暴露在日光、冷热、风雨等气候条件下，保持其性能的性质。

光稳定性是指塑料在日光或紫外线照射下，抵抗褪色、变黑或降解等的能力。

抗霉性是指塑料对霉菌的抵抗能力。

（3）塑料的力学性能

塑料的力学性能主要有抗拉强度、抗压强度、抗弯强度、断后伸长率、冲击韧度、疲劳强度、耐蠕变性、摩擦因数及磨耗、硬度等。

与金属相比，塑料的强度和刚度绝对值都比较小。未增强的塑料，通用塑料的抗拉强

Chapter 1
Chapter 2
Chapter 3
Chapter 4
Chapter 5
Chapter 6
Chapter 7
Chapter 8
附录 1
附录 2

度一般约 20~50MPa，工程塑料一般约 50~80MPa，很少有超过 100MPa 的品种。经玻璃纤维增强后，许多工程塑料的抗拉强度可以达到或超过 150MPa，但仍明显低于金属材料，如碳钢的抗拉强度高限可达 1300MPa，高强度钢可达 1860MPa，而铝合金的抗拉强度也在 165~620MPa 之间。但由于塑料密度小，塑料的比强度和比刚度高于金属。

塑料是高分子材料，长时间受载与短时间受载时有明显区别，主要表现在蠕变和应力松弛。蠕变是指当塑料受到一个恒定载荷时，随着时间的增长，应变会缓慢地持续增大。所有的塑料都会不同程度地产生蠕变。耐蠕变性是指材料在长期载荷作用下，抵抗应变随时间而变化的能力。它是衡量塑件尺寸稳定性的一个重要因素。分子链间作用力大的塑料，特别是分子链间具有交联的塑料，耐蠕变性就好。

应力松弛是指在恒定的应变条件下，塑料的应力随时间而逐渐减小。例如，塑件作为螺纹紧固件，往往由于应力松弛使紧固力变小甚至松脱，带螺纹的塑料密封件也会因应力松弛失去密封性。针对这类情况，应选用应力松弛较小的塑料或采用相应的防范措施。

磨耗量是指两个彼此接触的物体（实验时用塑料与砂纸）因为摩擦作用而使材料（塑料）表面造成的损耗。它可以用摩擦损失的体积表示。

(4) 塑料的热性能

塑料的热性能主要是线胀系数、热导率、玻璃化温度、耐热性、热变形温度、热稳定性、热分解温度、耐燃性、比热容等。

耐热性是指塑料在外力作用下，受热而不变形的性质，它可用热变形温度或马丁耐热温度来度量。方法是将试样浸在一种等速升温的适宜传热介质中，在一定的弯矩负荷作用下，测出试样弯曲变形达到规定值的温度。马丁耐热温度和热变形温度测定的装置和测定方法不同，应用场合也不同。前者适用于量度耐热性小于 60℃ 的塑料的耐热性；后者适用于量度常温下是硬质的模塑材料和板材的耐热性。

热稳定性是指高分子化合物在加工或使用过程中受热而不分解变质的性质。它可用一定量的聚合物以一定压力压成一定尺寸的试片，然后将其置于专用的实验装置中，在一定温度下恒温加热一定时间，测其质量损失，并以损失的质量和原来质量的百分率表示热稳定性的大小。

热分解温度是高分子化合物在受热时发生分解的温度。它是反映聚合物热稳定性的一个量值。它可以用压力法或试纸鉴别法测试。压力法是根据聚合物分解时产生气体，从而产生压力差的原理进行测试；试纸鉴别是根据聚合物发生分解放出的气体使试纸变色的原理进行测试。

耐燃性是指塑料接触火焰时抵制燃烧或离开火焰时阻碍继续燃烧的能力。

(5) 塑料的电性能

塑料的电性能主要有介电常数、介电强度、耐电弧性等。

介电常数是以绝缘材料（塑料）为介质与以真空为介质制成的同尺寸电容器的电容量之比；介电强度是指塑料抵抗电击穿能力的量度，其值为塑料击穿电压值与试样厚度之比，单位为 kV/mm。

耐电弧性是塑料抵抗由于高压电弧作用引起变质的能力，通常用电弧焰在塑料表面引起碳化至表面导电所需的时间表示。

(6) 塑料使用性能的不足

塑料虽然优点多，但与金属材料相比，也还有一些不足之处。例如，耐热性比金属等材料差，大部分的塑料仅能在 100℃ 以下使用，只有少数工程塑料可在 200℃ 左右的环境下使用；塑料的热膨胀系数要比金属大 3~10 倍，容易受温度变化而影响尺寸稳定性；在载荷作用下，塑料会缓慢地产生黏性流动或变形，即蠕变现象；此外，塑料在大气、阳光、长期压力或某些介质作用下会发生老化，使性能变坏等。这些不足使塑料在某些领域的应用受到限制。所以，选择塑料时一定要注意扬长避短。

1.3.3　热塑性塑料的结晶特性

热塑性塑料又可分为结晶型塑料和无定形塑料两种。结晶型塑料分子链排列整齐、稳定、紧密，而无定形塑料分子链排列则杂乱无章。因而结晶型塑料一般都较耐热、不透明和具有较高的力学强度，而无定形塑料则与此相反。常用的聚乙烯、聚丙烯和聚酰胺（尼龙）等属于结晶型塑料；常用的聚苯乙烯、聚氯乙烯和 ABS 等属于无定形塑料。

从表观特征来看，一般结晶型塑料是不透明或半透明的，无定形塑料是透明的。但也有例外，如聚 4-甲基戊烯-1 为结晶型塑料，却有高透明性，而 ABS 为无定形塑料，却是不透明的。

在热塑性塑料中，其高聚物的分子链有线型的或支链的结构，一般用相对平均分子量来表征和测定高聚物分子链的长度，分子量越大，固态高聚物的力学强度就越好，当高聚物处于流动状态时的流动性能就越差。

(1) 结晶型塑料的特点

结晶型塑料有明显的熔点，固体时分子呈规则排列。规则排列区域称为晶区，无序排列区域称为非晶区，晶区所占的百分比称为结晶度，通常结晶度在 80% 以上的聚合物称为结晶型塑料。常见的结晶型塑料有：聚乙烯 PE、聚丙烯 PP、聚甲醛 POM、聚酰胺 PA6、聚酰胺 PA66、PET、PBT 等。

(2) 结晶对塑料性能的影响

① 力学性能。结晶使塑料变脆（耐冲击强度下降），韧性较强，延展性较差。

② 光学性能。结晶使塑料不透明，因为晶区与非晶区的界面会发生光散射。减小球晶尺寸到一定程度，不仅提高了塑料的强度（减小了晶间缺陷），而且提高了透明度（当球晶尺寸小于光波长时不会产生散射）。

③ 热性能。结晶型塑料在温度升高时不出现高弹态，温度升高至熔融温度 T_M 时，呈现黏流态。因此结晶型塑料的使用温度从 T_g（玻璃化温度）提高到 T_M（熔融温度）。

④ 耐溶剂性、渗透性等得到提高，因为结晶使排列更加紧密。

(3) 影响结晶的因素

① 高分子链结构。对称性好、无支链或支链很少或侧基体积小的、大分子间作用力大的高分子容易相互靠紧，容易发生结晶。

② 温度。高分子从无序的卷团移动到正在生长的晶体的表面，模温较高时提高了高分子的活动性从而加快了结晶。

③ 压力。在冷却过程中如果有外力作用，也能促进聚合物的结晶，故生产中可提高射出压力和保压压力来控制结晶型塑料的结晶度。

④ 形核剂。由于低温有利于快速形核，但却减慢了晶粒的成长，因此为了消除这一矛盾，在成型材料中加入形核剂，这样使得塑料能在高模温下快速结晶。

(4) 结晶型塑料对注塑机和模具的特别要求

① 结晶型塑料熔解时需要较多的能量来摧毁晶格，故由固体转化为熔融的熔体时需要输入较多的热量，所以注塑机的塑化能力要大，最大注塑量也要相应提高。

② 结晶型塑料熔点范围窄，为防止射嘴温度降低时胶料结晶堵塞射嘴，射嘴孔径应适当加大，并加装能单独控制射嘴温度的发热圈。

③ 由于模具温度对结晶度有重要影响，所以模具水路应尽可能多，保证成型时模具温度均匀。

Chapter 1
Chapter 2
Chapter 3
Chapter 4
Chapter 5
Chapter 6
Chapter 7
Chapter 8
附录 1
附录 2

④ 结晶型塑料在结晶过程中发生较大的体积收缩，引起较大的成型收缩率，因此在模具设计中要认真考虑其成型收缩率。

⑤ 由于各向异性显著，内应力大，在模具设计中要注意浇口的位置和大小、加强筋的位置与大小，否则容易发生翘曲变形，而后靠成型工艺去改善是相当困难的。

⑥ 结晶度与塑件壁厚有关，壁厚冷却慢结晶度高，收缩大，易发生缩孔、气孔，因此模具设计中要注意塑件壁厚的控制。

(5) 结晶型塑料的成型特点

① 冷却时释放出的热量大，要充分冷却，高模温成型时注意冷却时间的控制。

② 熔态与固态时的密度差大，成型收缩大，易发生缩孔、气孔，要注意保压压力的设定。

③ 模温低时，冷却快，结晶度低，收缩小，透明度高。结晶度与塑件壁厚有关，塑件壁厚大时冷却慢结晶度高，收缩大，所以结晶型塑料应按要求必须控制模温。

④ 各向异性显著，内应力大，脱模后未结晶分子有继续结晶化的倾向，处于能量不平衡状态，易发生变形、翘曲，应适当提高料温和模具温度，采用中等的注塑压力和注射速度。

1.3.4 热塑性塑料的成型性能

塑料与成型工艺、成型质量有关的各种性能，统称为塑料的工艺性能。了解和掌握塑料的工艺性能，直接关系到塑料能否顺利成型和保证塑件质量，同时也影响着模具的设计要求。下面分别介绍热塑性塑料和热固性塑料成型的主要工艺性能和要求。

热塑性塑料的成型工艺性能除了热力学性能、结晶型、取向性外，还有收缩性、流动性、热敏性、水敏性、吸湿性、相容性等。

(1) 收缩性

塑料通常是在高温熔融状态下充满模具型腔而成型，当塑件从塑模中取出冷却到室温后，其尺寸会比原来在塑模中的尺寸减小，这种特性称为收缩性。它可用单位长度塑件收缩量的百分数来表示，即收缩率（S）。由于这种收缩不仅是塑件本身的热胀冷缩造成的，而且还与各种成型工艺条件及模具因素有关，因此成型后塑件的收缩称为成型收缩。可以通过调整工艺参数或修改模具结构，以缩小或改变塑件尺寸的变化情况。

成型收缩分为尺寸收缩和后收缩两种形式，而且同时都具有方向性。

① 塑件的尺寸收缩。由于塑件的热胀冷缩以及塑件内部的物理化学变化等原因，导致塑件脱模冷却到室温后发生的尺寸缩小现象，为此在设计模具的成型零部件时必须考虑通过设计对它进行补偿，避免塑件尺寸出现超差。

② 塑件的后收缩。塑件成型时，因其内部物理、化学及力学变化等因素产生一系列应力，塑件成型固化后存在残余应力，塑件脱模后，因各种残余应力的作用将会使塑件尺寸产生再次缩小的现象。通常，一般塑件脱模后10h内的后收缩较大，24h后基本定型，但要达到最终定型，则需要很长时间，一般热塑性塑料的后收缩大于热固性塑料。注塑和压注成型的塑件后收缩大于压塑成型塑件。

为稳定塑件成型后的尺寸，有时根据塑料的性能及工艺要求，塑件在成型后需进行热处理，热处理后也会导致塑件的尺寸发生收缩，称为后处理收缩。在对高精度塑件的模具设计时应补偿后收缩和后处理收缩产生的误差。

③ 塑件收缩的方向性。塑料在成型过程中高分子沿流动方向的取向效应会导致塑件的各向异性，塑件的收缩必然会因方向的不同而不同：通常沿料流的方向收缩大、强度高，而与料流垂直的方向收缩小、强度低。同时，由于塑件各个部位添加剂分布不均匀，

密度不均匀，故收缩也不均匀，从而塑件收缩产生收缩差，容易造成塑件产生翘曲、变形以至开裂。

塑件成型收缩率分为实际收缩率与计算收缩率，实际收缩率表示模具或塑件在成型温度的尺寸与塑件在常温下的尺寸之间的差别，计算收缩率则表示在常温下的尺寸模具的尺寸与塑件的尺寸之间的差别。计算公式如下

$$S'=\frac{L_{\rm C}-L_{\rm S}}{L_{\rm S}}\times100\%\tag{1-1}$$

$$S=\frac{L_{\rm m}-L_{\rm S}}{L_{\rm S}}\times100\%\tag{1-2}$$

式中　　S'——实际收缩率；

　　　　S——计算收缩率；

　　　　$L_{\rm C}$——塑件或模具在成型温度时的尺寸；

　　　　$L_{\rm S}$——塑件在常温时的尺寸；

　　　　$L_{\rm m}$——模具在常温时的尺寸。

因实际收缩率与计算收缩率数值相差很小，所以在普通中、小模具设计时常采用计算收缩率来计算型腔及型芯等的尺寸。而对大型、精密模具设计时一般采用实际收缩率来计算型腔及型芯等的尺寸。

在实际成型时，不仅塑料品种不同其收缩率不同，而且同一品种塑料的不同批号，或同一塑件的不同部位的收缩值也常不同。影响收缩率变化的主要因素有四个方面。

a. 塑料的品种。各种塑料都有其各自的收缩率范围，但即使是同一种塑料由于相对分子质量、填料及配比等不同，则其收缩率及各向异性也各不相同。

b. 塑件结构。塑件的形状、尺寸、壁厚、有无嵌件、嵌件数量及布局等，对收缩率值有很大影响，一般塑件壁厚越大收缩率越大，形状复杂的塑件小于形状简单的塑件的收缩率，有嵌件的塑件因嵌件阻碍和激冷收缩率减小。

c. 模具结构。塑模的分型面、加压方向及浇注系统的结构形式、布局及尺寸等直接影响料流方向、密度分布、保压补缩作用及成型时间，对收缩率及方向性影响很大，尤其是挤出和注塑成型更为突出。

d. 成型工艺条件。模具的温度、注射压力、保压时间等成型条件对塑件收缩均有较大影响。模具温度高，熔料冷却慢，密度高，收缩大。尤其对结晶塑料，因其体积变化大，其收缩更大，模具温度分布均匀也直接影响塑件各部分收缩量的大小和方向性，注射压力高，熔料黏度差小，脱模后弹性恢复大，收缩减小。保压时间长则收缩小，但方向性明显。

由于收缩率不是一个固定值，而是在一定范围内波动，收缩率的变化将引起塑件尺寸变化，因此，在模具设计时应根据塑料的收缩范围、塑件壁厚、形状、进料口形式、尺寸、位置成型因素等综合考虑确定塑件各部位的收缩率。对精度高的塑件应选取收缩率波动范围小的塑料，并留有修模余地，试模后逐步修正模具，以达到塑件尺寸、精度要求。

(2) 流动性

在成型过程中，塑料熔体在一定的温度、压力下充填模具型腔的能力称为塑料的流动性。塑料流动性的好坏，在很大程度上直接影响成型工艺的参数，如成型温度、压力、周期、模具浇注系统的尺寸及其他结构参数。在决定塑件大小和壁厚时，也要考虑流动性的影响。

流动性的大小与塑料的分子结构有关，具有线型分子而没有或很少有交联结构的树脂

Chapter 1
Chapter 2
Chapter 3
Chapter 4
Chapter 5
Chapter 6
Chapter 7
Chapter 8
附录 1
附录 2

流动性大。塑料中加入填料，会降低树脂的流动性，而加入增塑剂或润滑剂，则可增加塑料的流动性。塑件合理的结构设计也可以改善流动性，例如在流道和塑件的拐角处采用圆角结构时改善了熔体的流动性。

塑料的流动性对塑件质量、模具设计以及成型工艺影响很大。流动性差的塑料，不容易充满型腔，易产生缺料或熔接痕等缺陷，因此需要较大的成型压力才能成型。相反，流动性好的塑料，可以用较小的成型压力充满型腔。但流动性太好，会在成型时产生严重的溢料飞边。因此，在塑件成型过程中，选用塑件材料时，应根据塑件的结构、尺寸及成型方法选择适当流动性的塑料，以获得满意的塑件。此外，模具设计时应根据塑料流动性来考虑分型面和浇注系统及进料方向；选择成型温度也应考虑塑料的流动性。

热塑性塑料流动性的标示及试验方法见本手册本章的"1.5.1 塑料熔体流动性能的测试"。

按照注塑成型机模具设计要求，热塑性塑料的流动性可分为以下三类。

流动性好的塑料：如聚酰胺、聚乙烯、聚苯乙烯、聚丙烯、醋酸纤维素和聚甲基戊烯等。

流动性中等的塑料：如改性聚苯乙烯、ABS、AS、聚甲基乙烯酸甲酯、聚甲醛和氯化聚醚等。

流动性差的塑料：如聚碳酸酯、硬聚氯乙烯、聚苯醚、聚砜、聚芳砜和氟塑料等。

塑料流动性的影响因素主要有以下三个。

① 温度 料温高，则塑料流动性增大，但料温对不同塑料的流动性影响各有差异，聚苯乙烯、聚丙烯、聚酰胺、聚甲基丙烯酸甲酯、ABS、AS、聚碳酸酯、醋酸纤维素等塑料流动性对温度变化的影响较大；而聚乙烯、聚甲醛的流动性受温度变化的影响较小。

② 压力 注射压力增大，则熔料受剪切作用大，流动性也增大，尤其是聚乙烯、聚甲醛十分敏感。但过高的压力会使塑件产生应力，并且会降低熔体黏度，形成飞边。

③ 模具结构 浇注系统的形式、尺寸、布置、型腔表面粗糙度、浇道截面厚度、型腔形式、排气系统、冷却系统设计、熔料流动阻力等因素都直接影响熔料的流动性。

（3）热敏性

各种塑料的化学结构在热量作用下均有可能发生变化，某些热稳定性差的塑料，在料温高和受热时间长的情况下会产生降解、分解、变色的特性，这种对热量的敏感程度称为塑料的热敏性。热敏性很强的塑料（即热稳定性很差的塑料）通常简称为热敏性塑料。如硬聚氯乙烯、聚三氟氯乙烯、聚甲醛、聚三氟氯乙烯等。这种塑料在成型过程中很容易在不太高的温度下发生热分解、热降解或在受热时间较长的情况下发生过热降解，从而影响塑件的性能和表面质量。

热敏性塑料熔体在发生热分解或热降解时，会产生各种分解物，有的分解物会对人体、模具和设备产生刺激、腐蚀或带有一定毒性；有的分解物还会是加速该塑料分解的催化剂，如聚氯乙烯分解产生氯化氢，能起到进一步加剧高分子分解作用。

为了避免热敏性塑料在加工成型过程中发生热分解现象，在模具设计、选择注塑机及成型时，可在塑料中加入热稳定剂；也可采用合适的设备（螺杆式注塑机），严格控制成型温度、模温、加热时间、螺杆转速及背压等，及时清除分解产物，设备和模具应采取防腐等措施。

（4）水敏性

塑料的水敏性是指它在高温、高压下对水降解的敏感性。如聚碳酸酯即是典型的水敏性塑料。即使含有少量水分，在高温、高压下也会发生分解。因此，水敏性塑料成型前必须严格控制水分含量，进行干燥处理。

（5）吸湿性

吸湿性是指塑料对水分的亲疏程度。以此塑料大致可分为两类：一类是具有吸水或黏附水分性能的塑料，如聚酰胺、聚碳酸酯、聚酯、ABS 等；另一类是既不吸水也不易黏附水分的塑料，如聚乙烯、聚丙烯、聚甲醛等。

凡是具有吸水性倾向的塑料，如果在成型前水分没有去除，含量超过一定限度，那么在成型加工时，水分将会变为气体并促使塑料发生分解，导致塑料起泡和流动性降低，造成成型困难，而且使塑件的表面质量和力学性能降低。因此，为保证成型的顺利进行和塑件的质量，对吸水性和黏附水分倾向大的塑料，在成型前必须以除去水分，进行干燥处理，必要时还应在注塑机的料斗内设置红外线加热。

（6）相容性

相容性是指两种或两种以上不同品种的塑料，在熔融状态下不产生相分离现象的能力。

如果两种塑料不相容，则混熔时制件会出现分层、脱皮等表面缺陷。不同塑料的相容性与其分子结构有一定关系，分子结构相似者较易相容，例如高压聚乙烯、低压聚乙烯、聚丙烯彼此之间的混熔等；分子结构不同时较难相容，例如聚乙烯和聚苯乙烯之间的混熔。塑料的相容性又俗称为共混性。通过塑料的这一性质，可以得到类似共聚物的综合性能，是改进塑料性能的重要途径之一。

1.3.5 热固性塑料的成型性能

热固性塑料和热塑性塑料相比，塑件具有尺寸稳定性好、耐热好和刚性大等特点，所以更广泛地应用在工程塑料。热固性塑料的工艺性能明显不同于热塑性塑料，其主要性能指标有收缩率、流动性、水分及挥发物含量与固化速度等。

（1）收缩性

同热塑性塑料一样，热固性塑料经成型冷却也会发生尺寸收缩，其收缩率的计算方法与热塑性塑料相同。产生收缩的主要原因如下。

① 热收缩　热收缩是由于热胀冷缩而使塑件成型冷却后所产生的收缩。由于塑料主要成分是树脂，线胀系数比钢材大几倍至几十倍，塑件从成型加工温度冷却到室温时，会远远大于模具尺寸收缩量的收缩，收缩量大小可以用塑料线胀系数的大小来判断。热收缩与模具的温度成正比，是成型收缩中主要的收缩因素之一。

② 结构变化引起的收缩　热固性塑料在成型过程中由于进行了交联反应，分子由线型结构变为网状结构，由于分子链间距的缩小，结构变得紧密，故产生了体积变化。这种由结构变化而产生的收缩，在进行到一定程度时就不会继续产生。

③ 弹性恢复　塑件从模具中取出后，作用在塑件上的压力消失，由于塑件固化后并非刚性体，脱模时产生弹性恢复，会造成塑件体积的负收缩（膨胀）。在成型以玻璃纤维和布质为填料的热固性塑料时，这种情况尤为明显。

④ 塑性变形　塑件脱模时，成型压力迅速降低，但模壁紧压在塑件的周围，使其产生塑性变形。发生变形部分的收缩率比没有变形部分的大，因此塑件往往在平行加压方向收缩较小，在垂直加压方向收缩较大。为防止两个方向的收缩率相差过大，可采用迅速脱模的方法补救。

影响收缩率的因素与热塑性塑料也相同，有原材料、模具结构、成型方法及成型工艺条件等。塑料中树脂和填料的种类及含量，也将直接影响收缩率的大小。当所用树脂在固

Chapter 1
Chapter 2
Chapter 3
Chapter 4
Chapter 5
Chapter 6
Chapter 7
Chapter 8
附录 1
附录 2

化反应中放出的低分子挥发物较多时，收缩率较大；放出的低分子挥发物较少时，收缩率较塑料中填料含量较多或填料中无机填料增多时，收缩率较小。

凡有利于提高成型压力，增大塑料充模流动性，使塑件密实的模具结构，均能减少塑件的收缩率，例如用压缩或压注成型的塑件比注塑成型的塑件收缩率小。凡能使塑件密实，成型前使低分子挥发物溢出的工艺因素，都能使塑件收缩率减小，例如成型前对酚醛塑料的预热、加压等。

（2）流动性

流动性的意义与热塑性塑料流动性类同，但热固性塑料通常以拉西格流动性来表示。如图1-7所示，将一定质量的欲测塑料预压成圆锭，将圆锭放入压模中，在一定温度和压力下，测定它从模孔中挤出的长度（毛糙部分不计在内），此即拉西格流动性，拉西格流动性单位为mm，其数值越大则流动性越好。反之，则流动性差。

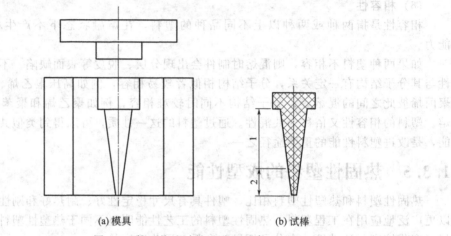

(a) 模具　　　　　　　　(b) 试棒

图1-7　拉西格流动性试验法示意

1—光滑部分；2—粗糙部分

每一品种塑料的流动性可分为三个不同等级：

拉西格流动值为100～131mm，用于压制无嵌件、形状简单、厚度一般的塑件；

拉西格流动值为131～150mm，用于压制中等复杂程度的塑件；

拉西格流动值为150～180mm，用于压制结构复杂、型腔很深、嵌件较多的薄壁塑件或用于压注成型。

塑料的流动性除了与塑料性质有关外，还与模具结构、表面粗糙度、预热及成型工艺条件有关。

（3）比容（比体积）与压缩率

比容是单位质量的松散塑料所占的体积，单位 cm^3/g；压缩率为塑料与塑件两者体积之比值，其值恒大于1。比容与压缩率均表示粉状或短纤维塑料的松散程度，均可用来确定压缩模加料腔容积的大小。

比容和压缩率较大时，则要求加料腔体积大，同时也说明塑料内充气多，排气困难，成型周期长，生产率低；比容和压缩率较小时，有利于压锭和压缩、压注。但比容太小，则以容积法装料则会造成加料量不准确。各种塑料的比容和压缩率是不同的，同一种塑料，其比容和压缩率又与塑料形状、颗粒度及其均匀性不同而异。

（4）水分和挥发物的含量

塑料中的水分和挥发物来自两方面，一是生产过程中遗留下来及成型之前在运输、保管期间吸收的；二是成型过程中化学反应产生的副产物。如果塑料中的水分和挥发物含量大，会促使流动性增大，易产生溢料，成型周期增长，收缩率增大，塑件易产生气泡、组织疏松、变形翘曲、波纹等缺陷。塑料中的水分和挥发物含量过小，也会造成流动性降低，成型困难，同时也不利于压锭。

对来源属于第一种的水分和挥发物，可在成型前进行预热干燥；而对第二种来源的水分和挥发物（包括预热干燥时未除去的水分和挥发物），应在模具设计时采取相应措施（如开排气槽或压制操作时设排气工步等）。

水分和挥发物的测定，采用（12±0.12）g实验用料在103～105℃烘箱中干燥30min后，测其前后质量差求得，其计算公式为

$$X = \frac{\Delta m}{M} \times 100\% \qquad (1\text{-}3)$$

式中　X——挥发物含量的百分比；

Δm——塑料干燥的质量损失，g；

M——塑料干燥前的质量，g。

(5) 固化特性

固化特性是热固性塑料特有的性能，是指热固性塑料成型时完成交联反应的过程。固化速度通常以塑料试样固化1mm厚度所需要的秒数来表示，单位为s/mm，数值越小，固化速度就越快。合理的固化速度不仅与塑料品种有关，而且与塑件形状、壁厚、模具温度和成型工艺条件有关，如采用预压的锭料、预热、提高成型温度，增加加压时间都能显著加快固化速度。此外，固化速度还应适应成型方法的要求。例如压注或注塑成型时，应要求在塑化、填充时交联反应慢，以保持长时间的流动状态。但当充满型腔后，在高温、高压下应快速固化。固化速度慢的塑料，会使成型周期变长，生产率降低；固化速度快的塑料，则不易成型大型复杂的塑件。

1.3.6　塑料受热时的三种状态

塑料的物理、力学性能与温度密切相关，温度变化时，塑料的受力行为会发生变化，呈现出不同的物理状态，表现出分阶段的力学性能特点。塑料在受热时的物理状态和力学性能对塑料的成型加工有着非常重要的意义。

(1) 热塑性塑料在受热时的三种状态

受到塑料的主要成分高聚合物的影响，热塑性塑料在受热时常存在的物理状态为：玻璃态（结晶聚合物亦称结晶态）、高弹态和黏流态。热塑性塑料在受热时的变形程度与温度关系的曲线，也称热力学曲线，如图1-8所示。

① 玻璃态　塑料处于温度 θ_g 以下时，为坚硬的固体，是大多数塑件的使用状态。θ_g 称为玻璃化温度，是多数塑料使用温度的上限。θ_b 是聚合物的脆化温度，低于 θ_b 下的某一温度，塑料容易发生断裂破坏，这一温度称为脆化温度，是塑料使用的下限温度。

处于玻璃态的塑料一般不适合进行大变形的加工，但可以进行诸如车、铣、钻等切削加工。

② 高弹态　当塑料受热温度超过 θ_g 时，塑料出现橡胶状态的弹性体，称为高弹态。处于这一状态下的塑料，其塑性变形能力大大增强，形变可逆，在这种状态下的塑料，可进行真空成型、中空成型、弯曲成型和压延成型等。由于此时的变形是可逆的，为了使塑件定型，成型后应立即把塑件冷却到 θ_g 以下的温度。

③ 黏流态　当塑料受热温度超过 θ_f 时，塑料出现明显的流动状态，塑料变成黏流的液体，通常称为黏流态。塑料在这种状态下的变形不再具有可逆性质，一经成型和冷却后，其形状永远保持下来。θ_f 称为黏流化温度，是聚合物从高弹态转变为黏流态（或黏流

Chapter 1
Chapter 2
Chapter 3
Chapter 4
Chapter 5
Chapter 6
Chapter 7
Chapter 8
附录 1
附录 2

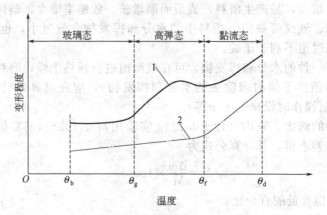

图 1-8　热塑性塑料热力学曲线
1—线型无定形聚合物；2—线型结晶聚合物

态转变为高弹态）的临界温度。

当塑料继续加热，温度至 θ_d 时，塑料开始分解变色，塑料的性能迅速恶化，θ_d 称为热分解温度，是聚合物在高温下开始分解的临界温度。所以，θ_f 和 θ_d 是塑料成型加工的重要参考温度，$\theta_f \sim \theta_d$ 的范围越宽，塑料成型加工时的工艺就越容易调整。

(2) 热固性塑料在受热时的物理状态

热固性塑料在受热时，由于伴随着化学反应，它的物理状态变化与热塑性塑料有明显不同。开始加热时，与热塑性塑料相似，加热到一定温度后，很快由固态变成黏流态，这使它具有成型的性能。但这种流动状态存在的时间很短，很快由于化学反应的作用，塑料硬化变成坚硬的固体，再加热后仍不能恢复，化学反应继续进行，塑料还是坚硬的固体。当温度升到一定值时，塑料开始分解。

1.3.7　塑料的改性及性能

由于塑料的基础成分合成树脂本身力学性能不足，同时在合成新材料方面可能存在技术上的困难或投资过大；因此，工业上可一般通过对塑料进行改性以实现投资少、品种多的要求。

对塑料进行改性的目的不一，常用的有提高塑料的稳定性、阻燃、消烟、着色、提高力学性能、提高热力学性能、提高成型加工性能等，常用的目标及技术如下。

① 增强：将玻璃纤维等与塑料共混以增加塑料的机械强度。

② 填充：将矿物等填充物与塑料共混，使塑料的收缩率、硬度、强度等性质得到改变。

③ 增韧：通过给普通塑料加入增韧剂共混以提高塑料的韧性，增韧改性后的产品如铁轨垫片。

④ 阻燃：给普通塑料树脂里面添加阻燃剂，即可使塑料具有阻燃特性，阻燃剂可以是一种或者是几种阻燃剂的复合体系，如溴＋锑系，磷系，氮系，硅系，以及其他无机阻燃体系。

⑤ 耐寒：增加塑料在低温下的强度和韧性，一般塑料在低温下固有的低温脆性，使得在低温环境中应用受限，需要添加一些耐低温增韧剂改变塑料在低温下的脆性，例如汽车保险杠等塑件，一般要求耐寒。

塑料经不同的工艺改性后，其性能亦发生较大的变化，具体的如表 1-3 所示。

Chapter 1
Chapter 2
Chapter 3
Chapter 4
Chapter 5
Chapter 6
Chapter 7
Chapter 8
附录 1
附录 2

表 1-3　常见改性剂对塑料性能的影响

塑料	流动性	耐热性	拉伸强度	弯曲模量	冲击强度	收缩率	硬度	外观	加工性能
玻纤	↓	↑	↑	↑	↓	↓	↑	变差	变差、翘曲变形
滑石粉	↑	↑	↑	↑	↓	↓		变差	高填充有影响
阻燃剂	↓	↓	↓	↓	↓	变化不大	—	变差	易分解变色
增韧剂	不定	↓	↓	↓	↑	不定	↓	不定	流动性变差
硫酸钡	变化不大	↑	变化不大			变化不大		变好	高填充有影响
合金化	不定,视材料而定								一般流动性变好
着色	一般不影响,极个别材料有影响					不变	不变	美观	色差

1.4　常用塑料及其性能

塑料的种类很多,目前全世界上投入生产的塑料有几百种,并且每年都有新的塑料不断被研发出来。这几百种塑料中,常用的有二十多种,其名称、代号、注塑性能及用途见表 1-4。

表 1-4　常用塑料及其性能

塑料种类	典型应用	注塑成型工艺条件	化学和物理性能
ABS(丙烯腈-丁二烯-苯乙烯共聚物)	汽车(仪表板、工具舱门、车轮盖、反光镜盒等),电冰箱,大强度工具(头发烘干机、搅拌器、食品加工机、割草机等),电话机壳机,打字机键盘,娱乐用车辆如高尔夫手推车以及喷气式雪橇车等	干燥处理:ABS 材料具有吸湿性,要求在注塑成型之前进行干燥处理。建议干燥条件为 80～90℃下最少干燥 2h。材料温度波动应保证小于 0.1% 熔化温度:210～280℃;建议温度:245℃ 模具温度:25～70℃(模具温度将影响塑料件光洁度,模具温度较低则会导致成型制品的光洁度较低) 注射压力:50～100MPa 注射速度:中高速度	ABS 是由丙烯腈、丁二烯、苯乙烯 3 种单体合成。每种单体都具有不同性能:丙烯腈具有高强度、热稳定性及化学稳定性;丁二烯具有坚韧性、抗冲击特性;苯乙烯具有易加工、高光洁度及高强度。从形态上看,ABS 是非结晶型材料。三种单体的聚合产生了具有两相的三元共聚物,一个是苯乙烯-丙烯腈的连续相,另一个是聚丁二烯橡胶分散相。ABS 的特性主要取决于三种单体的组成比率以及两相中的分子结构。这就可以在产品设计上具有很大的灵活性,并且由此产生了市场上百种不同品质的 ABS 材料。这些不同品质的材料提供了不同的特性,例如从中等到高等的抗冲击性,从低到高的光洁度和高温扭曲性能等 ABS 材料具有超强的易加工性,外观特性,低蠕变性和优异的尺寸稳定性以及很高的抗冲击强度
PA12(尼龙 12)	水量表及其他商业设备,电缆套,机械凸轮,滑动机构以及轴承等	干燥处理:加工之前应保证湿度在 0.1% 以下,如果材料是暴露在空气中储存,建议要在 85℃热空气中干燥 4～5h。如果材料在密闭容器中储存,那么经过 3h 温度平衡即可直接使用 熔化温度:240～300℃;对于普通特性材料不要超过 310℃,对于有阻燃特性的材料不要超过 270℃ 模具温度:对于未增强型材料为 30～40℃,对于薄壁或大面积塑料件为 80～90℃,对于增强型材料为 90～100℃。增加温度将增加材料的结晶度,精确地控制模具温度对于 PA12 来说是很重要的 注射压力:最大可到 100MPa(建议使用低压保压压力和高熔化温度) 注射速度:高速(对于有玻璃添加剂的材料更好些)	PA12 是线性半结晶-结晶的热塑性材料。它的特性和 PA11 相似,但晶体结构不同。PA12 具有较好的电气绝缘性,并且和其他聚酰胺一样不会因潮湿影响绝缘性能。它有很好的抗冲击性及化学稳定性。PA12 有许多种在塑化性能和增强性能方面的改良品种。与 PA6 和 PA66 相比,这些材料具有较低的熔点和密度,具有非常高的回潮率。PA12 对强氧化性酸无抵抗能力 PA12 的黏度主要取决于湿度、温度和贮藏时间。它的流动性很好。收缩率在 0.5% 到 2% 之间,收缩率主要取决于树脂品种规格、制品壁厚及其他工艺条件

塑料种类	典型应用	注塑成型工艺条件	化学和物理性能
PA12(尼龙 12)	水量表和其他商业设备,电缆套,机械凸轮,滑动机构以及轴承等	流道和浇口:对于未加添加剂的材料,由于材料粘贴性较低,流道应在 3~5mm 左右 对于增强型材料要求 5~8mm 的大流道直径。流道形状应全部为圆形。注入口距离应尽可能短些。可以采用多种形式的浇口。大型塑件不要使用小浇口,这是为了避免成型压力过高而产生过大收缩率。交口厚度最好和塑件厚度相等。如果使用潜伏浇口,建议浇口的直径最小为 0.8mm PA12 成型采用热流道模具很有效,但是要求温度控制很精确,以防止树脂在喷嘴处渗漏或凝固。采用热流道结构模具的浇口尺寸应当比冷流道结构模具浇口尺寸小些	PA12 是线性半结晶-结晶的热塑性材料。它的特性和 PA11 相似,但晶体结构不同。PA12 具有较好的电气绝缘性,并且和其他聚酰胺一样不会因潮湿影响绝缘性能。它有很好的抗冲击性及化学稳定性。PA12 有许多种在塑化性能和增强性能方面的改良品种。与 PA6 和 PA66 相比,这些材料具有较低的熔点和密度,具有非常高的回潮率。PA12 对强氧化性酸无抵抗能力 PA12 的黏度主要取决于湿度、温度和贮藏时间。它的流动性很好。收缩率在 0.5% 到 2% 之间,收缩率主要取决于树脂种类规格、制品壁厚及其他工艺条件
PA6(尼龙 6)	由于有很好的机械强度和刚度,被广泛应用于结构部件。由于有很好的耐磨损特性,还用于制造轴承	干燥处理:由于 PA6 很容易吸收水分,因此特别要注意注塑成型前的干燥。如果材料是用防水材料包装供应的,则容器应保持密封。如果湿度大于 0.2% 建议在 80℃ 以上的空气中干燥 16h。如果材料已经在空气中暴露超过 8h,建议进行 105℃、8h 以上的真空烘干 熔化温度:230~280℃,对于增强品种为 250~280℃ 模具温度:80~90℃。模具温度很显著地影响结晶度,而结晶度又影响着塑件的力学特性。对于结构部件来说,结晶度很重要,因此建议模具温度为 80~90℃。对于薄壁、流程较长的塑件也建议采用较高的模具温度。增高模具温度可以提高塑件的强度和刚度,但会降低塑件的韧性。如果塑件壁厚大于 3mm,建议模具温度为 20~40℃。成型玻璃增强材料的塑件时模具温度应大于 80℃ 注射压力:一般在 75~125MPa 之间(取决于材料和产品设计) 注射速度:高速(对于增强型材料要求稍微降低) 流道和浇口:由于 PA6 的凝固时间很短,因此浇口的位置非常重要。浇口孔径不要小于 0.5t(t 为塑件壁厚)。采用热流道尺寸比冷流道小些,因为热流道能防止熔融树脂过早凝固。如果用潜伏式浇口,浇口的最小直径应当不小于 0.75mm	PA6 的化学、物理性能和 PA66 很相似,然而,它的熔点较低,而且工艺温度范围很宽。它的抗冲击性和抗溶解性比 PA66 更好,但吸湿性也更强。因为塑料的许多品质特性都受到吸湿性的影响,因此设计采用 PA6 成型的塑件时,要求充分考虑到这一点。为了提高 PA6 的力学性能,经常加入各种各样的改性材料。玻璃纤维是最常用的增强材料,有时为了提高抗冲击性还加入合成橡胶如 EP-DM 和 SBR 等 对于没有添加改性材料的 PA6,其收缩率在 1% 到 1.5% 之间。加入玻璃纤维可以使收缩率降低到 0.3%(但和流程相垂直的方向还要稍高些)。塑件成型后的收缩率主要受到材料结晶度和吸湿性影响。实际的收缩率还和塑件结构、壁厚及其他工艺参数呈函数关系
PA66(尼龙 66)	广泛应用于汽车工业、仪器壳体以及其他需要有抗冲击性能和高强度要求的产品	干燥处理:如果加工前材料是密封的,那么就没有必要干燥。然而,如果储存容器被打开,那么建议在 85℃ 的热空气中进行干燥处理。如果湿度大于 0.2%,则需要在 105℃ 下进行 12h 的真空干燥 熔化温度:260~290℃。对加玻璃纤维的产品为 275~280℃。熔化温度应避免高于 300℃ 模具温度:建议 80℃。模具温度将影响成型塑件的结晶度,而结晶度将影响塑件的物理特性。对于薄壁塑件,如果采用低于 40℃ 的模具温度成型,则塑件的结晶度将随着时间而变化,为了保持塑件的几何稳定性,需要进行退火处理 注射压力:通常在 75~125MPa,取决于材料和塑件的设计 流道和浇口:由于 PA66 的凝固时间很短,因此浇口的位置非常重要。浇口孔径不能小于 0.5t(t 为塑件壁厚)。采用热流道时,浇口尺寸应比冷流道小些,因为热流道能防止熔融树脂过早凝固。如果用潜伏式浇口,浇口的最小直径应当不小于 0.75mm	PA66 在聚酰胺材料中属于熔点较高的一种树脂。它是一种半晶体材料。PA66 在较高的温度下也能保持较高的强度和刚度。PA66 在成型后仍然具有吸湿性,其程度主要取决于材料的组成成分、塑件壁厚及环境条件。在进行塑件设计时,一定要考虑吸湿性对几何稳定性的影响 为了提高 PA66 的力学性能,经常加入各种各样的改性材料。玻璃纤维是最常用的增强材料,有时为了提高抗冲击性还加入合成橡胶如 EPDM 和 SBR 等 PA66 的黏度较低,因此流动性很好(但不如 PA6)。利用这个性质可以成型很薄的塑件。它的黏度对温度的变化很敏感。PA66 成型收缩率在 1%~2% 之间,加入玻璃纤维改性后可以将成型收缩率降低到 0.2%~1%。收缩率在流动方向和垂直方向上的有较大的差异。PA66 对于许多溶剂具有抗溶性,但对酸和其他一些氯化剂的抵抗能力较弱

塑料种类	典型应用	注塑成型工艺条件	化学和物理性能
PBT（聚对苯二甲酸丁二醇酯）	家用器具（食品加工刀片、真空吸尘器元件、电风扇、头发干燥机壳体、咖啡器皿等）、电器元件（开关、电机壳、保险丝盒、计算机键盘按键等），汽车工业（散热器格窗、车身嵌板、车轮盖、门窗部件等）	干燥处理：这种材料在高温下很容易水解，因此注塑成型前的干燥处理很重要。建议在120℃的空气中干燥6~8h，或者在150℃的空气中干燥2~4h。湿度必须小于0.03%。如果用吸湿干燥器干燥，建议干燥条件为150℃，2.5h 熔化温度：225~275℃，建议温度250℃ 模具温度：对于未增强型材料为40~60℃。要很好地设计模具冷却回路以减小塑件的弯曲变形。冷却过程一定要快而均匀。建议模具冷却回路直径为12mm 注射压力：中等（最大到150MPa） 注射速度：应使用尽可能快的注射速度（因为PBT的凝固很快） 流道和浇口：建议使用圆形流道以减少压力传递中的压力损失（经验公式：流道直径＝塑件厚度＋1.5mm）。可以采用各种形式的流道浇口。也可以采用热流道，但要注意防止材料的渗漏和降解。浇口直径应在$(0.8~1.0)t$之间。如果用潜伏式浇口，浇口的最小直径应当不小于0.75mm	PBT是最坚韧的工程热塑性材料之一，它是半结晶材料，有非常好的化学稳定性、机械强度、电绝缘性能和热稳定性。这种材料在很广的环境条件下都有很好的稳定性。PBT吸湿性很弱 非增强型PBT的拉伸强度为50MPa，玻璃纤维增强型PBT的拉伸强度为170MPa。玻璃纤维添加过多将导致材料变脆。PBT的结晶很迅速，这将导致因冷却不均匀而造成弯曲变形。对于添加玻璃纤维等增强材料的制品，流动方向的收缩率可以减小，但与流动垂直方向的收缩率基本上和普通材料没有区别。一般材料收缩率在1.5%~2.8%之间。含30%玻璃纤维的材料，其成型收缩率在0.3%~0.16%之间。其熔点（225℃）和高温变形温度都比不添加玻璃纤维的PBT要低。维卡软化温度大约为170℃。玻璃转换温度（glass transition temperature）在22~43℃之间 由于PBT结晶速度很高，它的黏性很低，因此塑件成型的周期一般也较短
PC（聚碳酸酯）	电气和商业设备（计算机元器件、连接器等），家电器具（食品加工机、电冰箱抽屉等），交通运输（车辆的前后灯、仪表板等）	干燥处理：PC材料具有吸湿性，注塑成型前的干燥很重要。建议干燥条件为100~200℃，3~4h。加工前的湿度必须小于0.02% 熔化温度：260~340℃ 模具温度：70~120℃ 注射压力：尽可能地使用较高注射压力 注射速度：对于较小的浇口使用低速注塑，对于其他类型浇口使用高速注塑	PC是一种非结晶工程材料，具有特别好的抗冲击强度、热稳定性、光泽度、抑制细菌、阻燃特性以及抗污染性。PC的Izod缺口冲击强度非常高，并且收缩率和很低，一般为0.1%~0.2% PC具有很好的力学性能，但流动性较差，因此这种材料的注塑填充过程较困难。在选用PC材料时，要以产品的最终期望为基准。如果塑件要求较高的抗冲击性，那么就采用低熔体流动速率的PC材料；反之，可以使用高熔体流动速率的PC材料，这样可以优化注塑填充过程
PC/ABS（聚碳酸酯和丙烯腈-丁二烯-苯乙烯共聚物的共混物）	计算机和商业机器的壳体、电气设备、草坪和园艺机器、汽车零件（仪表板、内部装修以及车轮盖）	干燥处理：加工前的干燥处理是必要的。湿度应小于0.04%，建议干燥条件为90~110℃，2~4h 熔化温度：230~300℃ 模具温度：50~100℃ 注射压力：取决于塑件的结构和壁厚 注射速度：尽可能高些	PC/ABS具有PC和ABS两者的综合特性。例如ABS的易加工和PC的优良力学性能和热稳定性。二者的组成比率将影响PC/ABS材料的热稳定性。PC/ABS这种混合材料还显示了优异的流动性
PC/PBT（聚碳酸酯和聚对苯二甲酸丁二醇酯的混合物）	齿轮箱、汽车保险杠以及要求具有抗化学反应和耐腐蚀性、热稳定性、抗冲击性以及几何稳定性的塑件	干燥处理：建议110~135℃，约4h的干燥处理 熔化温度：235~300℃ 模具温度：37~93℃	PC/PBT具有PC和PBT二者的综合特性，例如PC的高韧性和几何稳定性以及PBT的化学稳定性、热稳定性和润滑特性等

塑料种类	典型应用	注塑成型工艺条件	化学和物理性能
HDPE（高密度聚乙烯）	电冰箱容器、储存容器、家用厨具、密封盖等	干燥处理：如果储存恰当则无需干燥 熔化温度：220～260℃。对于分子较大的品种，建议熔化温度范围在200～250℃之间 模具温度：50～95℃。6mm以上壁厚的塑件使用较低的模具温度。塑件冷却温度应当均匀以减小收缩率的差异。为了取得合理的成型周期，冷却回路直径应不小于8mm，并且距模具表面的距离应在1.3d之内（d为冷却回路的直径） 注射压力：70～105MPa 注射速度：建议使用高速注塑 流道和浇口：流道直径应在4～7.5mm之间，流道长度尽可能短些。可以使用各种类型的浇口，浇口长度不要超过0.75mm。这种树脂特别适合采用热流道	HDPE的高结晶度导致了它的高密度。HDPE比LDPE有更强的抗渗透性。HDPE分子量分布很窄。密度为0.91～0.925g/cm³，称为第一类型HDPE；密度为0.926～0.94g/cm³，称为第二类型HDPE；密度为0.94～0.965g/cm³，称为第三类型HDPE。这种材料的流动性很好，MFR在0.1～28之间。分子量越高，HDPE的流动性越差，但是有更好的抗冲击强度 HDPE是半结晶材料，成型收缩率较大，在1.5%～4%之间 HDPE很容易发生环境应力开裂现象。通常采用很低流动特性的品种以减小成型塑件的内部应力，从而减轻开裂现象。但在温度高于60℃的环境中，HDPE成型的塑件很容易在烃类溶剂中溶解，但其抗溶解性比LDPE还要好些
LDPE（低密度聚乙烯）	碗、箱柜、管道连接器	干燥处理：一般不需要 熔化温度：180～280℃ 模具温度：20～40℃ 为了实现冷却均匀以及较快地冷却，建议冷却回路的直径大于8mm，并且从冷却回路到模具表面的距离不要超过冷却回路直径的1.5倍 注射压力：最大可到150MPa 保压压力：最大可到75MPa 注射速度：建议使用快速注射速度 流道和浇口：可以使用各种类型的流道和浇口。LDPE特别适于采用热流道	商业用的LDPE材料密度为0.91～0.94g/cm³。气体和水蒸气对LDPE有渗透性。LDPE的热膨胀系数很高，不适合于加工长期使用的制品 LDPE的密度为0.91～0.925g/cm³之间时，其收缩率为2%～5%之间；密度在0.926～0.94g/cm³之间时，其收缩率在1.5%～4%之间。实际的收缩率还取决于注塑工艺参数 LDPE在室温下可以抵抗多种溶剂，但是芳香烃和氯化烃溶剂可使其膨胀。同HDPE类似，LDPE容易发生环境应力开裂现象
PEI（聚乙醚）	汽车工业（发动机配件如温度传感器、燃料和空气处理器等），电气及电子设备（电气联结器、印刷电路板、芯片外壳、防爆盒等），产品包装，飞机内部设备，医药行业（外科器械、工具壳体、非植入器械）	干燥处理：PEI具有吸湿特性并可导致材料降解。要求湿度值应小于0.02%。建议干燥条件为150℃，4h 熔化温度：普通类型材料为340～400℃，增强型材料为340～415℃ 模具温度：107～175℃，建议模具温度为140℃ 注射压力：70～150MPa 注射速度：采用尽可能高些的注射速度	PEI具有很强的高温稳定性，既使对非增强型的PEI，仍具有很好的韧性和强度。因此利用PEI优越的热稳定性可制作耐高温塑件。PEI还具有很低的收缩率及良好的各向异性、力学性能
PET（聚对二苯甲酸乙二醇酯）	汽车工业（结构器件如反光镜盒，电气部件如车头灯反光镜等），电气元件（马达壳体、电气联结器、继电器、开关、微波炉内部器件等）。工业应用（泵壳体、手工器等）	干燥处理：由于PET的吸湿性较强，注塑成型前必须进行干燥处理。建议干燥条件为120～165℃，4h。要求湿度小于0.02% 熔化温度：对于无玻璃纤维填充的品种为265～280℃；对于玻璃纤维填充的品种为275～290℃ 模具温度：80～120℃ 注射压力：30～130MPa 注射速度：在不导致脆化的前提下采用较高的注射速度 流道和浇口：可以使用所有常规类型的浇口。浇口尺寸应当为塑件厚度的50%～100%	PET的玻璃化转化温度在165℃左右，结晶温度范围为120～220℃ PET在高温下有很强的吸湿性。玻璃纤维增强型的PET材料，在高温下还常容易发生弯曲变形。可以通过添加结晶增强剂来提高材料的结晶程度。用PET加工的透明制品具有光泽度并且热变形温度高。可以向PET中添加云母等特殊添加剂，使弯曲变形减小到最小。采用较低的模具温度成型非填充的PET材料，可获得透明制品

塑料种类	典型应用	注塑成型工艺条件	化学和物理性能
PETG（乙二醇改性聚对二苯甲酸乙二醇酯）	医药设备（试管、试剂瓶等），玩具，显示器，光源外罩，防护面罩，冰箱保鲜盘等	干燥处理：加工前的干燥处理是必需的。湿度必须低于0.04%。建议干燥条件为：65℃，4h，注意干燥温度不要超过66℃ 熔化温度：220～290℃ 模具温度：10～30℃，建议为15℃ 注射压力：30～130MPa 注射速度：在不导致脆化的前提下可采用较高的注射速度	PETG是透明的非结晶材料。玻璃化转化温度为88℃。PETG的注塑工艺条件的允许范围比PET要广些，并具有透明、高强度、高韧性的综合特性
PMMA（聚甲基丙烯酸甲酯）	汽车工业（信号灯设备、仪表盘等），医药行业（储血容器等），工业应用（影碟、灯光散射器），日用消费品（饮料杯、文具等）	干燥处理：PMMA具有吸湿性，因此成型前必须进行干燥处理。建议干燥条件为90℃，2～4h 熔化温度：240～270℃ 模具温度：35～70℃ 注射速度：中等	PMMA具有优良的光学性质及耐气候变换的特性。白光的穿透性高达92%。PMMA制品具有很低的双折射，特别适合制作影碟等 PMMA具有室温蠕变特性。随着负荷加大、时间增长，可导致应力开裂现象。PMMA具有较好的抗冲击性
POM（聚甲醛）	POM具有很低的摩擦因数和很好的几何稳定性，特别适合于制作齿轮和轴承。由于它还具有耐高温特性，因此还用于管道器件（管道阀门、泵壳体），草坪设备等	干燥处理：如果材料储存在干燥的环境中，通常不需要干燥处理 熔化温度：均聚POM为190～230℃；共聚POM为190～210℃ 模具温度：80～105℃。为了减小成型后的收缩可选用较高的模具温度 注射压力：70～120MPa 注射速度：中等或偏高的注射速度 流道和浇口：可以使用任何类型的浇口。如果使用潜伏式浇口则要求浇口长度短些。对于POM，一般建议采用热浇口套流道系统	POM是一种坚韧与弹性的材料，既使在低温下仍有很好的抗蠕变特性、几何稳定性和抗冲击性能。POM既有均聚物品种也有共聚物品种。均聚POM具有很好的延展性、抗疲劳强度，但不易于加工。共聚POM有很好的热稳定性、化学稳定性并且易于加工。无论均聚POM还算共聚POM，都是结晶型材料，并且不易吸收水分 POM的高结晶程度导致它也有相当高的收缩率，可高达2%～3.5%。对于各种不同的增强型材料有不同的收缩率
PP（聚丙烯）	汽车工业（主要使用含金属添加剂的PP：挡泥板、通风管、风扇等），器械（洗碗机门衬垫、干燥机通风管、洗衣机框架与机盖、冰箱门衬垫等），日用消费品（草坪和园艺设备如剪草机和喷水器等）	干燥处理：如果储存适当则不需要干燥处理 熔化温度：220～275℃，注意不要超过275℃ 模具温度：40～80℃，建议使用50℃。结晶程度主要由模具温度决定 注射压力：可大到180MPa 注射速度：通常使用高速注塑可以使内部压力减小到最小。如果制品表面出现缺陷，那么应采用较高温度下的低速注塑工艺 流道和浇口：对于冷流道，典型的流道直径范围是4～7mm。建议采用圆形的主流道和分流道。可以采用所有类型的浇口。典型的浇口直径范围是1～1.5mm，有的也可以使用小到0.7mm的浇口。对于边缘浇口，最小的浇口深度应为塑件壁厚的一半；最小的浇口宽度应至少为塑件壁厚的两倍。PP材料很适宜采用热流道系统	PP是一种半结晶型材料。它比PE要更坚硬并且有更高的熔点 由于均聚物型的PP温度高于0℃以上时非常脆，因此许多商业的PP材料是加入1%～4%乙烯的无规共聚物。共聚物成型的PP材料与较低的热扭曲温度（100℃）、低透明度、低光泽度、低刚性，但是有更强的抗冲击强度。PP的强度随着乙烯含量的增加而增大 PP的维卡软化温度为150℃。由于结晶度较高，这种材料的表面刚度和抗划痕特性很好 PP不存在环境应力开裂的问题。通常，采用玻璃纤维、金属添加剂或热塑橡胶的方法对PP进行改性。PP的熔体流动速率（MFR）范围在1～40g/10min。低熔体流动速率的PP材料抗冲击性能较好但延展性较低。多于相同MFR的PP材料，共聚物的强度比均聚物型的强度要高 由于结晶，PP的收缩率相当高，一般为1.8%～2.5%。并且收缩率的方向均匀性比LDPE等材料要好得多。加入30%的玻璃纤维可以使收缩率降到0.7% 均聚物型和共聚物型的PP材料都具有优良的抗吸湿性、抗酸碱腐蚀性、抗溶解性。然而，它对芳香烃（如苯）溶剂、氯化烃（四氯化碳）溶剂等没有抵抗力。PP也不像PE那样在高温下仍具有抗氧化性

塑料种类	典型应用	注塑成型工艺条件	化学和物理性能
PPE/PPO(聚苯醚的共混合金)	家庭用品(洗碗机,洗衣机等),电气设备如控制器壳体、光纤连接器等	干燥处理:建议在加工前进行2～4h,100℃的干燥处理 熔化温度:240～320℃ 模具温度:60～150℃ 注射压力:60～150MPa 流道和浇口:可以采用所有类型浇口。特别适合采用柄型浇口和扇形浇口	通常,商业上提供的PPE或PPO材料一般都混入了其他热塑型材料例如PS、PA等。这些混合材料一般仍称为PPE或PPO 混合型的PPE或PPO比纯净的材料有好得多的注塑成型特性。性能的变化依赖于混合物中PPO和PS的比率。混入了PA66的混合材料在高温下具有更强的化学稳定性。这种材料的吸湿性很小,其制品具有优良的几何稳定性 混入了PS的材料都是非结晶型的,而混入了PA的材料都是结晶型的。加入玻璃纤维可以使收缩率减小到0.2%。这种材料还具有优良的电绝缘性特性和很低的热膨胀系数。其黏性取决于材料中混合物的比率,PPO的比率增大则导致黏性增加
PS(聚苯乙烯)	产品包装,家庭用品(餐具、托盘等),电气(透明容器、光源散射器、绝缘薄膜等)	干燥处理:除非储存不当,通常不需要干燥处理。如果需要干燥建议干燥条件为80℃,2～3h 熔化温度:180～280℃。对于阻燃型材料上限为250℃ 模具温度:40～50℃ 注射压力:20～60MPa 注射速度:建议使用快速的注射速度 流道和浇口:可以采用所有常规类型的浇口	大多数商业用的PS都是透明的、非结晶材料。PS具有非常好的几何稳定性、热稳定性、光学透过特性、电绝缘特性以及很弱的吸湿倾向。它能够抵抗水、稀释的无机酸,但能够被强氧化物如浓硫酸所腐蚀,并且会在一些有机溶剂中发生膨胀变形。典型的收缩率在0.4%～0.7%之间
PVC(聚氯乙烯)	供水管道,家用管道,房屋墙板,商用机器壳体,电子产品包装,医疗器械,食品包装等	干燥处理:通常不需要干燥处理 熔化温度:185～205℃ 模具温度:20～50℃ 注射压力:可到150MPa 保压压力:可到100MPa 注射速度:为避免材料降解,一般要用相当低的注射速度 流道和浇口:可以采用所有常规的浇口。如果注塑成型较小的塑件,最好采用针状浇口或潜伏式浇口;对于较厚的部件,最好使用扇形浇口。针状浇口或潜伏式浇口的最小直径应为1mm;扇形浇口的厚度不能小于1mm	硬质PVC是使用最广泛的塑料材料之一。PVC材料是一种非结晶型材料 PVC材料在实际使用中经常加入稳定剂、润滑剂、加工助剂、色料、抗冲击剂及其他添加剂。PVC材料具有阻燃性、高强度、耐气候变化性以及优良的几何稳定性 PVC对氧化剂、还原剂和强酸都有很强的抵抗力。然而它能够被强氧化物如浓硫酸、浓硝酸所腐蚀并且也不适用于与芳香烃、氯化烃接触的场合 PVC在加工时熔化温度是一个非常重要的工艺参数,如果此参数不当将导致材料分解 PVC的流动性相当差,其工艺范围很窄。特别是大分子量的PVC材料更难于加工(这种材料通常需要加入润滑剂改善流动特性),因此通常使用的都是小分子量的PVC材料 PVC的成型收缩率相当低,一般为0.2%～0.6%
SAN(苯乙烯-丙烯腈共聚物)	电气(插座、壳体等),日用商品(厨房器械、冰箱装置,电视机底座,卡带盒等),汽车工业(车头灯盒、反光镜、仪表盘等),家庭用品(餐具、食品刀具等),化妆品包装等	干燥处理:如果储存不当,SAN有一些吸湿特性。建议干燥条件为80℃,2～4h 熔化温度:200～270℃。如果注塑成型厚壁制品,可以采用融化温度的下限 模具温度:40～80℃。必须设计均衡的冷却系统,因为,模具温度将直接影响制品的外观、收缩率和弯曲 注射压力:35～130MPa 注射速度:建议使用高速注塑 流道和浇口:所有常规的浇口都可以使用。浇口尺寸必须恰当,以避免产生纹路、糊斑和空隙	SAN是一种坚硬、透明的材料。苯乙烯成分使SAN坚硬、透明且易于加工;丙烯腈成分使SAN具有化学稳定性和热稳定性 SAN具有很强的承受载荷的能力、抗化学反应能力、抗热变形特性和几何稳定性。SAN中加入玻璃纤维添加剂可以增加强度和抗热变形能力,减小热胀系数 SAN的维卡软化温度约为110℃。载荷下挠曲变形温度为100℃ SAN的收缩率约为0.3%～0.7%

Chapter 1

Chapter 2

Chapter 3

Chapter 4

Chapter 5

Chapter 6

Chapter 7

Chapter 8

附录 1

附录 2

1.5 塑料的检测与选用

1.5.1 塑料熔体流动性能的检测

反映塑料熔体流动性能的指标是熔融指数，可以用 MI 或 MFR 来标示，前者是英文 "Melt Index" 的缩写，后者是 "Melt Flow Rate"（熔体流动速率）的缩写，此外还可以用 MVR（Melt Volume Rate，熔体体积流动速率）来测定和标示。

熔融指数（MI），也称熔体流动速率（MFR），其定义为：在规定条件下，一定时间内挤出的热塑性物料的量，也即熔体每 10min 通过标准口模毛细管的质量，单位为 g/10min。熔体流动速率可表征热塑性塑料在熔融状态下的黏流特性，对保证热塑性塑料及其制品的质量，对调整生产工艺，都有重要的指导意义。

近年来，熔体流动速率已从"质量"的概念上，又引申到"体积"的概念上，即增加了熔体体积流动速率。其定义为：熔体每 10min 通过标准口模毛细管的体积，用 MVR（Melt Volume Rate，熔体体积流动速率）表示，单位为 cm^3/10min。从体积的角度出发，对表征热塑性塑料在熔融状态下的黏流特性，对调整生产工艺，又提供了一个科学的指导参数。对于原先的熔体流动速率，则明确地称其为熔体质量流动速率，仍记为 MFR。

熔体质量流动速率与熔体体积流动速率已在最近的 ISO 标准中明确提出，我国的标准也将作相应修订，而在进出口业务中，熔体体积流动速率的测定也将很快得到应用。

塑料熔融指数 MI（MFR）的测试装置如图 1-9 所示，具体的试验方法如下：在规定的温度与荷重下，测定熔融状态下的塑料材料在 10min 内通过某规定模孔的流量，即

$$MI = \frac{测定量（g）}{测定时间（s）} \times 600 \text{（g/10min）}$$

MI 越大，表示塑料的流动性越好。

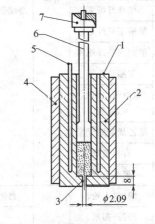

图 1-9 熔体流动速率测试仪
1—热电偶测温管；2—料筒；3—出料孔；4—保温层；5—加热棒；6—柱塞；7—砝码（砝码加柱塞共重 2160g）

试验要求：含有挥发性物质及水分的塑料粒必须进行预干燥，否则会引起重复性差和材料的降解。同时，应注意熔体流动速率与测试样品存在如表 1-5 所示的关系。

表 1-5 熔体流动速率与测试样品的关系

熔流范围/(g/10min)	建议样品用量/g	时间间隔/min	实测 MI/(g/10min)
0.15~1.0	2.5~3.0	6.0	1.67
1.0~3.5	3.0~5.0	3.0	3.33
3.5~10	5.0~8.0	1.0	10.00
10~25	4.0~8.0	0.5	20.00
25~50	4.0~8.0	0.5	40.00

1.5.2 常用塑料的简易辨别方法

在工业生产实际中，为了快速、低成本地辨别出塑料的种类，往往采用燃烧法来快速辨别塑料的种类，常用塑料在燃烧时的特点如表 1-6 所示。

表 1-6　常用塑料在燃烧时的特点

塑料代号	塑料名称	燃烧难易	离火后是否熄灭	火焰状态	塑料变化状态	气味
CN	硝化纤维素	极易	继续燃	—	迅速燃烧完	—
	聚酯树脂		燃烧	黑烟	微微膨胀,有时开裂	苯乙烯气味
ABS	ABS			黄色	软化,烧焦	特殊
AS	SAN(AS)			浓黑烟	软化,起泡,比聚苯乙烯易燃	特殊聚丙烯氰味
CA	乙酸纤维素			黑烟		特殊气味
EC	乙基纤维素			上端蓝色		
PE	聚乙烯			—	熔融滴落	石蜡燃烧味
POM	聚甲醛	容易	继续燃烧	上端黄色,下端蓝色		强烈刺激甲醛,鱼腥味
PP	聚丙烯					石油味
	醋酸纤维素			有少量黑烟		醋酸味
	醋酸丁酸纤维素			暗黄色		丁酸味
	醋酸丙酸纤维素				熔融滴落燃烧	丙酸味
	聚醋酸乙烯				软化	醋酸味
PETP	聚对苯二酸乙二醇酯			橘黄色　黑烟	起泡,伴有噼啪碎裂声	刺激性芳香味
	聚乙烯醇缩丁醛			黑烟	熔融滴落	特殊气味
PMMA	有机玻璃			浅蓝色,顶端白色	融化起泡	强烈腐烂花果,蔬菜臭
PS	聚苯乙烯			橙黄色,浓黑烟呈炭飞扬	软化,起泡	特殊苯乙烯单体味
PF	酚醛(木粉)		自熄	—	膨胀,开裂	木材和苯酚味
PF	酚醛(布基)	缓慢燃烧	继续燃烧	黄色　少量黑烟		布和苯酚味
PF	酚醛(纸基)			黑烟炭飞扬	熔融起泡	纸和苯酚味
PC	聚碳酸酯		缓慢自熄			强烈气味花果臭
PA	尼龙 NYLON(PA)			蓝色,上端黄色	熔融滴落,起泡	羊毛指甲烧焦味
UF	脲醛树脂		自熄	黄色,顶端淡蓝色	膨胀,开裂,燃烧处变白色	特殊气味,甲醛味
	三聚氰胺树脂			淡黄色		
PSU	聚苯砜		缓慢自熄	黄色,浓黑烟	熔融	略有橡胶燃烧味
CP	氯化聚醚	难		飞溅,上端黄色,底蓝色,浓黑烟	熔融,不增长	特殊
PPO	聚苯醚		熄灭	浓黑烟		花果臭
PSF	聚砜			黄褐色烟	熔融	略有橡胶燃烧味
MF	蜜胺树脂			淡黄色	膨胀,开裂,白化	尿素味、胺味、甲醛味
PVC	聚氯乙烯			黄色,下端绿色白烟		刺激性酸味
	氯乙烯-醋酸乙烯共聚物		离火即灭	暗褐色	软化	特殊气味
PVDC	聚偏氯乙烯	很难		黄色,端部绿色		
F3	聚三氟氯乙烯	不燃		—	—	—
F4	聚四氟乙烯					

表 1-7　常用塑料的性能

序号	塑料名称	英文缩写或代号	流动性能	屈服强度/MPa	拉伸强度/MPa	收缩率/%	吸水率/%	线胀系数/℃⁻¹	制品精度(SJ 1372—78)	密度/(g/cm³)	弯曲强度/MPa	压缩强度/MPa	断裂伸长率/%	冲击强度/(kJ/m²)	缺口冲击强度/(kJ/m²)	洛氏硬度	热变形温度/℃	摩擦因数
1	丙烯腈、丁二烯、苯乙烯共聚物	ABS	一般		35~62	0.3~0.8	0.2~0.45	8	3	1.05	69	69	3~60		7	R65~R115	86	
2	氨基树脂	AF							3									
3	氯化聚醚	CP			49	0.5	0.01		4	1.4	65	69	60~130				99	0.4
4	环氧树脂	EP							3									
5	聚三氟氯乙烯	F3	较差		37		<0.01	5.8		2.13	70	14	125		17	R115	198	0.3
6	聚四氟乙烯	F4	较差		27.6		<0.01	10.5		2.18	21	13	233		2.7		288	0.1
7	聚四氟乙烯增强	F4+20%GF	较差		17.5		<0.01	7.1	3	2.26	21	17	207		1.8			0.3
8	聚全氟乙丙烯	F46	较差		32		<0.01	5.8		2.11	55	12	190		37	R110	198	
9	高密度聚乙烯	HDPE	较好	22~30	27	2~5.0	<0.01	12.5	5	0.95	11	10	>500		40~70	R70	78	
10	高抗冲聚苯乙烯	HIPS			20	0.2~0.6	0.2	3.4~21		1.05			3.5					
11	硬质聚氯乙烯(不脆胶)	HPVC	较差		45.7	0.6~1.0	0.07~0.4	5	4	1.5	100	20.5			2.2~10.6	D75~D85		
12	液晶聚合物	LCP				0.006											315	
13	低密度聚乙烯	LDPE	较好		7~15	1.5~5.0	<0.01	22	6	0.92	34	28	>650		80~90	R45	50	
14	改性聚苯醚	MPPO																

Chapter 1
Chapter 2
Chapter 3
Chapter 4
Chapter 5
Chapter 6
Chapter 7
Chapter 8
附录 1
附录 2

续表

序号	塑料名称	英文缩写或代号	流动性能	屈服强度/MPa	拉伸强度/MPa	收缩率/%	吸水率/%	线胀系数/℃$^{-1}$	制品精度(SJ 1372—78)	密度/(g/cm³)	弯曲强度/MPa	压缩强度/MPa	断裂伸长率/%	冲击强度/(kJ/m²)	缺口冲击强度/(kJ/m²)	洛氏硬度	热变形温度/℃	摩擦因数
15	聚酰胺6	PA6	较好		74	0.6~1.4	3	8.3	4	1.14	120		70	33	8.3	M114	58	0.6
16	聚酰胺6增强	PA6+30%GF			110	0.3~0.7	1.1	2.2	3	1.37	1.37	210	3	3	76	M118	190	
17	聚酰胺66	PA66	较好		80	0.8~1.5	3.4~3.6	7	4	1.15	130		60	39	9.5		60	0.5
18	聚酰胺66增强	PA66+30%GF			189	0.2~0.8	0.5~1.3		3	1.38	262		3	102		M118	248	
19	聚芳砜	PASF			91	0.8	1.8	3.6	3	1.37	121	126	13	243	8.7	M110	274	
20	聚对苯二甲酸丁二醇酯	PBT			55	0.44	0.09	9.2		1.31	85		200~300		4.3	M72	66	
21	聚对苯二甲酸丁二醇酯增强	PBT+30%GF			137	0.2	0.07	2.7	3	1.53	196		4		7.8	R121	220	
22	聚碳酸酯(防弹胶)	PC			61	0.5	0.15	7.2		1.2	82	78	90		20	M80	133	0.4
23	聚碳酸酯增强	PC+30%GF	较差		132	0.2	0.1	2.7	3	1.45	170	125	<5		8	M90	146	
24	聚醚醚酮	PEEK			103			10		1.3			11		1387		145	
25	聚醚酮	PEK			102			8.4		1.3							185	
26	聚醚酮酮	PEKK											4					
27	聚醚砜	PES			85	0.6	0.25	5.5		1.14	89	110	80	296	12.1	M98	210	
28	聚对苯二甲酸乙二醇酯涤纶	PET			78	1.8	0.26	10	3	1.38	115		50		4		70	
29	(的确良)	PET+30%GF			124	0.2~0.9	0.05	2.9	3	1.6	196		3		80	R120	215	

序号	塑料名称	英文缩写或代号	流动性能	屈服强度/MPa	拉伸强度/MPa	收缩率/%	吸水率/%	线胀系数/$℃^{-1}$	制品精度(SJ 1372—78)	密度/(g/cm³)	弯曲强度/MPa	压缩强度/MPa	断裂伸长率/%	冲击强度/(kJ/m²)	缺口冲击强度/(kJ/m²)	洛氏硬度	热变形温度/℃	摩擦因数
30	酚醛塑料（电木粉）	PF							3									
31	聚酰亚胺	PI			100	0.75	0.3	3		1.38	205	166		53	4		360	0.4
32	聚甲基丙烯酸酯（亚克力）	PMMA	一般		55~77	0.2~0.8	0.34	7	3	1.19	110	130	2.5~6		21	M118	100	
33	聚甲醛共聚（赛钢）	共聚POM	一般		62	1.5~3.5	0.21	8.5	3	1.43	98	110			65	M80	110	0.3
34	聚甲醛共聚增强	共聚POM+25%GF			130			2.6	3	1.61	182				86		163	
35	聚甲醛均聚	均聚POM	一般		70	1.5~3	0.25	7.5	5	1.43	90	127	>200		76	M94	124	
36	聚丙烯（百折胶）	PP	较好		29	1~2.5	0.01	8	5	0.9	50	45			0.5	R80~R110	102	0.5
37	聚丙烯增强	PP+30%GF				0.4~0.8	0.05	4										
38	聚苯醚	PPO	较差		76	0.7	0.03	4	3	1.06	114		60	127		R119	173	
39	聚苯硫醚增强	PPS+40%GF	较好		137	<0.12	<0.05	3	3	1.6	204		1.3		76	R132	260	
40	聚苯乙烯（硬胶）	PS	较好		50	0.4~0.7	0.05	8	3	1.05	105	115	2		16	M65~M90	85	
41	聚砜	PSF	较差		75	0.6	0.22	5.7	3	1.24	128	98	50~100	310	14.2	M169	185	
42	聚氨酯	PU				1.5~2.5												
43	软质聚氯乙烯	SPVC			10.5~20.5	1	0.25	1	6	1.4	11	8.8					95	
44	超高分子量聚乙烯	UHMWPE			30~50	2~3	<0.01	12.5		0.94		10	>500		>100	R38		0.2

Chapter 1
Chapter 2
Chapter 3
Chapter 4
Chapter 5
Chapter 6
Chapter 7
Chapter 8
附录 1
附录 2

1.5.3 常用塑料的性能

常用塑料的性能如表 1-7 所示。

1.5.4 塑料的选用

塑料原料会影响到塑件的使用性能、塑件的成型工艺、塑件的生产成本以及塑件的质量。目前为止，作为原材料的合成树脂种类已达到上万种，实现工业化生产的也不下千余种。但实际上并不是所有工业化的合成树脂品种都获得了具体应用，在具体应用中，最常用的树脂品种不外乎二三十种。因此，人们所说的塑料材料的选用，一般只局限于二十多个品种之间。

在实际选用过程中，有些塑料在性能上十分接近，难分伯仲，需要多方考虑、反复权衡，才可以确定下来。因此，塑料材料的选用是一项十分复杂的工作，缺乏可遵循的规律。对于某一塑件，从选材这个角度应从以下因素中考虑。

(1) 选用的塑料要达到制品功能要求

要充分了解塑件的使用环境和实际使用要求，主要从以下几个方面考虑。

① 塑料的力学性能 如强度、刚性、韧性、弹性、弯曲性能、冲击性能以及对应力的敏感性等是否满足使用要求。

② 塑料的物理性能 如对使用环境温度变化的适应性、光学特性、绝热或电气绝缘的程度、精加工和外观的完美程度等是否满足使用要求。

③ 塑料的化学性能 如对接触物（水、溶剂、油、药品）的耐性以及使用上的安全性等是否满足使用要求。

根据材料性能数据选材时，塑料和金属之间有明显的差别，对金属而言，其性能数据基本上可用于材料的筛选和制品设计。但对具有黏弹性的塑料却不一样，各种测试标准和文献记载的聚合物性能数据是在许多特定条件下测定的，通常是短时期作用力或者指定温度或低应变速率下测定的，这些条件可能与实际工作状态差别较大，尤其不适于预测塑料的使用强度和对升温的耐力，所有的塑料选材在引用性能数据时一定要注意与使用条件和使用环境是否相吻合，如不吻合则要把全部所引数据转换成与实际使用性能有关的工程性能数据，并根据要求的性能进行选材。

(2) 塑料工艺性能要满足成型工艺的要求

材料的工艺性能对成型工艺能否顺利实施，模具结构的确定和产品质量的影响很大，在选材时要认真分析材料的工艺性能，如塑料的收缩率的大小、各向收缩率的差异，流动性、结晶型、热敏性等，以便正确制订成型工艺及工艺条件、合理设计模具结构。

(3) 考虑塑料的成本

选用塑料材料时，要首选成本低的材料以便制成物美价廉的塑件，提高在市场上的竞争力。塑件的成本主要包括原料的价格、加工费用、使用寿命、使用维护费等。

在实际生产中，找出了一些塑料材料选用的规律，根据这些规律作为塑料材料的选用原则。

① 一般质轻、比强度高的结构零件用塑料 一般结构零件，例如罩壳，支架，连接件，手轮，手柄等，通常只要求具有较低的强度和耐热性能，有的还要求外观漂亮，这类零件批量较大，要求有低廉的成本，大致可选用的塑料有：改性聚苯乙烯，低价聚乙烯，聚丙烯，ABS 等。其中前三种塑料经玻璃纤维增强后能显著提高机械强度和刚性，还能提高热变形温度。在精密、综合性能要求好的塑件中，使用最普遍的是 ABS。

有时，也采用一些综合性能更好的塑件达到某一项较高性能指标，如尼龙 1010 和聚碳酸酯等。

② 耐磨损传动零件用塑件　要求有较高的强度、刚性、韧性，耐磨损和耐疲劳性，并有较高的热变形温度，如各种轴承、齿轮、凸轮、蜗轮、蜗杆、齿条、辊子、联轴器等，优先选用的塑件有 MC 尼龙（浇铸尼龙）、聚甲醛、聚碳酸酯；其次是聚酚氧（超高分子量环氧树脂）、氯化聚醚、线性聚酯等。其中 MC 尼龙可在常压下于模具内快速聚合成型，用来制造大型塑件。各种仪表中的小模数齿轮可用聚碳酸酯制造；聚酚氧特别适用于精密零件及外形复杂的结构件；而氯化聚醚可用做腐蚀性介质中工作的轴承、齿轮等，以及摩擦传动零件与涂层。

③ 减摩自润滑零件用塑料　这类零件一般受力较少。对机械强度要求往往不高，但运动速度较高，要求具有低的摩擦因数，如活塞环、机械运动密封圈、轴承和装卸用箱框等。这类零件选用的材料为聚四氟乙烯和各种填充物的聚四氟乙烯以及用聚四氟乙烯粉末或纤维填充的聚甲醛、低压聚乙烯。

④ 耐腐蚀零件用塑料　塑料具有很高的耐腐蚀性，其耐腐蚀性仅次于玻璃及陶瓷材料，一般要比金属好。不同品种塑料的耐腐蚀性不同，大多数塑料不耐强酸、强碱及强氧化剂。要求耐强酸、强碱及强氧化剂的，则应选各种氟塑料，如聚四氟乙烯、聚全氟乙丙烯、聚三氟乙烯及聚偏氟乙烯等。一些化工管道、容器及需要润滑的结构部件都宜应用耐腐蚀塑料材料制造。

⑤ 耐高温零件用塑料　一般结构零件和耐磨损传动零件所选用的塑料，大都只能在 80～150℃温度下工作，当受力较大时，只能在 60～80℃工作，对耐高温零件的塑料，除了有各种氟塑料外，还有聚苯醚、聚酰亚胺、芳香尼龙等，它们人都可以在 150℃以上工作，有的还可以在 260～270℃下长期工作。

⑥ 光学用塑料　目前光学塑料已有十余种，可根据不同用途选用。常有的光学塑料有聚甲基丙烯酸甲酯、聚碳酸酯、聚苯乙烯、聚甲基戊烯-1、聚丙烯、烯丙基二甘醇碳酸酯、苯乙烯丙烯酸酯共聚物、丙烯腈共聚物等。另外，环氧树脂、硅树脂、聚硫化物、聚酯、透明聚酰胺等也是可供选择的光学材料。光学塑料在军事上已应用于夜视仪器、飞行器的光学系统、全塑潜望镜、三防（核、化学、生物）保护眼睛等。在民用领域，也已应用于照相机、显微镜、望远镜、各种眼镜、复印机、传真机、激光打印机等办公设备，视屏光盘等新型家用电器。

选择光学材料的主要依据是光学性能，即投射率、折射率、散射及对光的稳定性。因使用条件的不同，还应考虑其他方面的性能，如耐热、耐磨损、抗化学侵蚀及电性能等。

1.6　塑料制品

1.6.1　塑料制品的成型工艺性要求

① 充分考虑塑料制品的成型工艺性，如塑料熔体的流动性。

② 在保证使用要求的前提下，塑料制品的形状应有利于充模、排气和补缩，同时能适应高效冷却硬化。

③ 塑料设计应考虑成型模具的总体结构，特别是抽芯与脱出制品的复杂程度，同时应充分考虑到模具零件的形状及制造工艺，以便使制品具有较好的经济性。

④ 塑料制品设计主要内容是零件的形状、尺寸、壁厚、孔、圆角、加强筋、螺纹、嵌件、表面粗糙度的设计。

1.6.2　壁厚

塑料制品壁厚设计与零件尺寸大小、几何形状和塑料性质有关。

① 塑料制品的壁厚决定于塑料制品的使用要求，即强度、结构、尺寸稳定性以及装配等各项要求，壁厚应尽可能均匀，避免太薄，否则会引起零件变形，产品壁厚一般为2~4mm。小制品可取偏小值，大制品应取偏大值，如表1-8所示。

表 1-8　塑件的壁厚推荐值　　　　　　　　　　　　mm

塑　　料	最小壁厚	小型塑料制品推荐壁厚	中型塑料制品推荐壁厚	大型塑料制品推荐壁厚
聚酰胺(PA)	0.45	0.75	1.6	2.4~3.2
聚乙烯(PE)	0.6	1.25	1.6	2.4~3.2
聚苯乙烯(PS)	0.75	1.25	1.6	3.2~5.4
改性聚苯乙烯(HIPS)	0.75	1.25	1.6	3.2~5.4
有机玻璃(PMMA)	0.8	1.5	2.2	4~6.5
硬聚氯乙烯(PVC)	1.15	1.6	1.8	3.2~5.8
聚丙烯(PP)	0.85	1.45	1.75	2.4~3.2
聚碳酸酯(PC)	0.95	1.8	2.3	3~4.5
聚苯醚(PPO)	1.2	1.75	2.5	3.5~6.4
醋酸纤维素(EC)	0.7	1.25	1.9	3.2~4.8
聚甲醛(POM)	0.8	1.40	1.6	3.2~5.4
聚砜(PSF)	0.95	1.80	2.3	3~4.5
ABS	0.75	1.5	2	3~3.5

② 塑料制品相邻两壁厚应尽量相等，若需要有差别时，如图1-10所示，相邻的壁厚比应满足 $t:t_1\leqslant1.5~2$ 的要求。

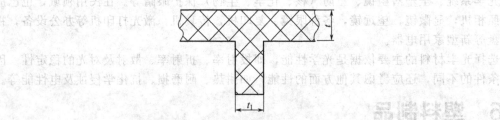

图 1-10　相邻壁厚关系

③ 塑料凸肩 H 与壁厚 t 之间关系如图1-11所示，图1-11(a) 中 $H>t$，则会造成塑料制品的厚度不均匀，应改成图1-11(b) 所示，$H\leqslant t$ 可使塑料制品壁厚不均匀程度减少。

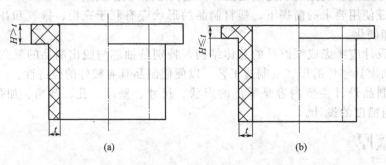

(a)　　　　　　　　(b)

图 1-11　凸肩壁厚的关系

1.6.3 过渡圆角

为了避免应力集中，提高强度和便于脱模，零件的各面连接处应设计过渡圆角。零件结构无特殊要求时，在两面折弯处应有圆角过渡，一般半径不小于 $0.5\sim1mm$，$R\geqslant t$。如图 1-12 所示。

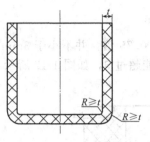

图 1-12　过渡圆角

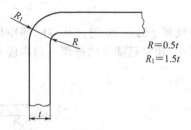

$R=0.5t$
$R_1=1.5t$

图 1-13　内外圆角 R 与壁厚的关系

零件内外表面的拐角处设计圆角时，应保证零件壁厚均匀一致，图 1-13 中以 R 为内圆角半径，R_1 为外圆角半径，t 为零件的壁厚，其关系如图 1-13 所示。

1.6.4 加强筋

为了确保零件的强度和刚度，而又不使零件的壁厚过大，避免零件变形，可在零件的适当部位设置加强筋。加强筋的尺寸关系如图 1-14 所示。

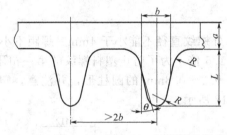

$L=(1\sim3)a$
$b=(0.5\sim1)a$
$R=(0.125\sim0.25)a$
$\theta=2°\sim4°$
当 $a\leqslant2mm$ 时，可选择 $a=b$

图 1-14　加强筋的尺寸关系

① 加强筋的高度与圆角半径如图 1-15 所示。

h	6	6~13	13~19	19以上
R	0.8~1.5	1.5~3	3~5	6~7

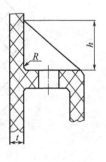

图 1-15　加强筋的高度与圆角半径关系

② 设计加强筋时，应使中间筋低于外壁 $0.5\sim1mm$，以减少支承面积，达到平直要求。如图 1-16 所示。

1.6.5 孔

孔的圆周壁厚会影响到孔壁的强度。孔口与塑件边缘间距离 a 不应小于孔径，并不小

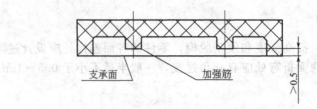

图 1-16　加强筋与外壁关系

于零件壁厚 t 的 0.25 倍。孔口间的距离 b 不宜小于孔径 0.75 倍，并不小于 3mm。孔的圆周壁厚 H 和突起部分的壁厚 c 和高度 h、h 与 c 之比不能超过 3，如图 1-17 所示。

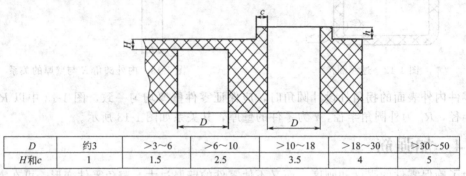

D	约3	>3～6	>6～10	>10～18	>18～30	>30～50
H 和 c	1	1.5	2.5	3.5	4	5

图 1-17　孔的参数关系

1.6.6　螺纹

内螺纹直径一般不能小于 2mm，外螺纹直径不能小于 4mm。螺距不小于 0.5mm，螺纹的拧合长度一般不大于螺纹直径的 1.5 倍，为了防止塑料螺纹的第一扣牙崩裂，并保证拧入，必须在螺纹的始端和末端留有 0.2～0.8mm 的圆柱形，并注意，塑料制品螺纹不能有退刀槽，否则无法脱模。如图 1-18 所示。

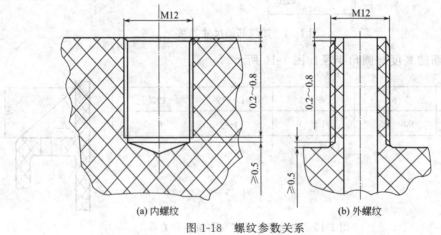

(a) 内螺纹　　　　　　　　(b) 外螺纹

图 1-18　螺纹参数关系

1.6.7　嵌件

由于用途不同，嵌件的形式不同，材料也不同，但使用最多的是金属嵌件。其优点是提高塑料制品的机械强度、磨损寿命、尺寸的稳定性和精度。

① 嵌件外塑料层最小厚度，如图 1-19 所示。

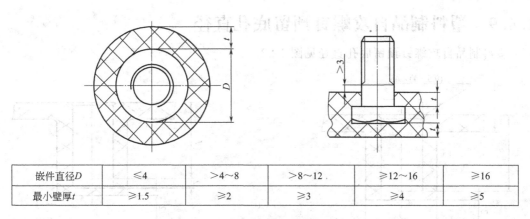

嵌件直径D	≤4	>4~8	>8~12	≥12~16	≥16
最小壁厚t	≥1.5	≥2	≥3	≥4	≥5

图 1-19　嵌件直径与外塑料层的厚度关系

② 回转体的轴及轴套嵌件形式，如图 1-20 所示。

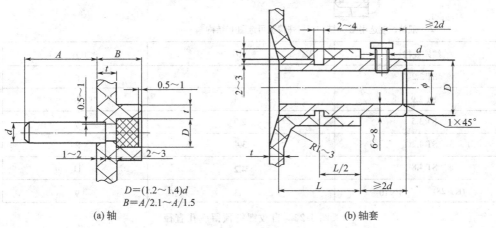

$D=(1.2\sim1.4)d$
$B=A/2.1\sim A/1.5$
(a) 轴　　　　　　　　　　　(b) 轴套

图 1-20　回转体的轴及轴套嵌件形式

1.6.8　压花

塑料制品的周围上滚花必须是直纹路的，并与脱模方向一致，滚花的尺寸可参考图1-21。

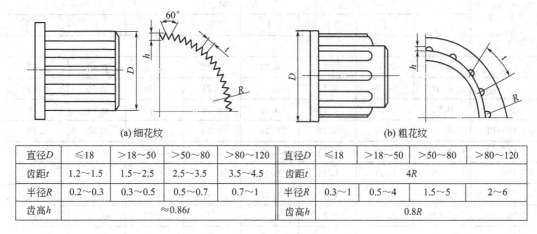

(a) 细花纹　　　　　　　　　　　　(b) 粗花纹

直径D	≤18	>18~50	>50~80	>80~120	直径D	≤18	>18~50	>50~80	>80~120
齿距t	1.2~1.5	1.5~2.5	2.5~3.5	3.5~4.5	齿距t	4R			
半径R	0.2~0.3	0.3~0.5	0.5~0.7	0.7~1	半径R	0.3~1	0.5~4	1.5~5	2~6
齿高h	≈0.86t				齿高h	0.8R			

图 1-21　滚花

1.6.9 塑料制品自攻螺钉预留底孔直径

塑料制品自攻螺钉预留底孔直径见图1-22。

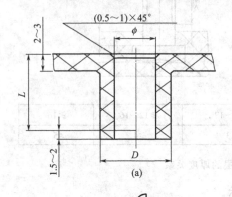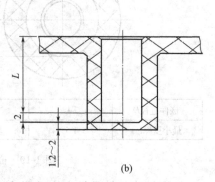

注：1.
　　2.一般情况应选用图(a)结构，特殊情况可选图(b)结构

螺纹规格	ϕ	D
ST 2.2	1.7	5
ST 2.9	2.4	6
ST 3.5	2.9	7
ST 4.2	3.4	9
ST 4.8	4.2	11
(KT-28)　　4×10	3.3	9

图 1-22　自攻螺钉预留底孔直径

1.6.10　塑料制品尺寸公差值

塑料制品的尺寸公差值如表1-9所示。

表 1-9　塑料制品的尺寸公差值

基本尺寸 /mm	等级							
	1	2	3	4	5	6	7	8
	/mm							
≥3	0.04	0.06	0.09	0.14	0.22	0.36	0.46	0.56
>3~6	0.04	0.07	0.10	0.16	0.24	0.40	0.50	0.64
>6~10	0.05	0.08	0.11	0.18	0.26	0.44	0.54	0.70
>10~14	0.05	0.09	0.12	0.20	0.30	0.48	0.60	0.76
>14~18	0.06	0.10	0.13	0.22	0.34	0.54	0.66	0.84
>18~24	0.06	0.11	0.15	0.24	0.38	0.60	0.74	0.94
>24~30	0.07	0.12	0.16	0.26	0.42	0.66	0.82	1.04
>30~40	0.08	0.14	0.18	0.30	0.46	0.74	0.92	1.18
>40~50	0.09	0.16	0.22	0.34	0.54	0.86	1.06	1.36

基本尺寸 /mm	等 级							
	1	2	3	4	5	6	7	8
	/mm							
>50~65	0.11	0.18	0.26	0.40	0.62	0.96	1.22	1.58
>65~80	0.13	0.20	0.30	0.46	0.70	1.14	1.44	1.84
>80~100	0.15	0.22	0.34	0.54	0.84	1.34	1.66	2.10
>100~120	0.17	0.26	0.38	0.62	0.96	1.54	1.94	2.40
>120~140	0.19	0.30	0.44	0.70	1.08	1.76	2.20	2.80
>140~160	0.22	0.34	0.50	0.78	1.22	1.98	2.40	3.10
>160~180		0.38	0.56	0.86	1.36	2.20	2.70	3.50
>180~200		0.42	0.60	0.96	1.50	2.40	3.00	3.80
>200~225		0.46	0.66	1.06	1.66	2.60	3.30	4.20
>225~250		0.50	0.72	1.16	1.82	2.90	3.60	4.60
>250~280		0.56	0.80	1.28	2.00	3.20	4.00	5.10
>280~315		0.62	0.88	1.40	2.20	3.50	4.40	5.60
>315~355		0.68	0.98	1.56	2.40	3.90	4.90	6.30
>355~400		0.76	1.10	1.74	2.70	4.40	5.50	7.00
>400~450		0.85	1.22	1.94	3.00	4.90	6.10	7.80
>450~500		0.94	1.34	2.20	3.40	5.40	6.70	8.60

注：1. 表中公差数值用于基准孔取（＋）号，用于基准轴取（－）号。

2. 表中公差数值用于非配合孔取（＋）号，用于非配合轴取（－）号，用于非配合长度取（±）号。

第2章
注塑机及其周边设备

2.1 注塑机的基本结构与类型

2.1.1 注塑机的基本结构

　　注塑机也称塑料注射成型机，是一种机、电、液一体化的设备，总体结构较为复杂，具体的类型也较多，其中螺杆式注塑机是应用最为广泛的一类注塑机，其基本结构如图2-1所示。

　　根据结构与功能的不同，一般把注塑机分为机身、塑化与注射装置、合模机构（装置）、液压系统、润滑系统、冷却系统、电气与控制系统、安全防护装置等，如图2-2所示。

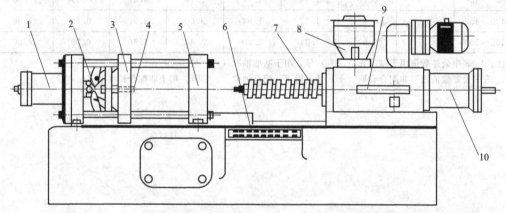

(a) 结构

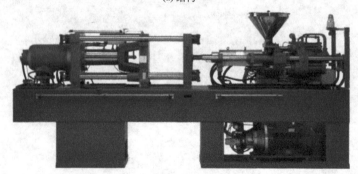

(b) 实物

图 2-1　卧式注塑机示意

1—锁模液压缸；2—合模机构；3—移动模具安装板；4—顶杆；5—固定板；
6—控制台；7—料筒；8—料斗；9—螺杆行程开关；10—注射液压缸

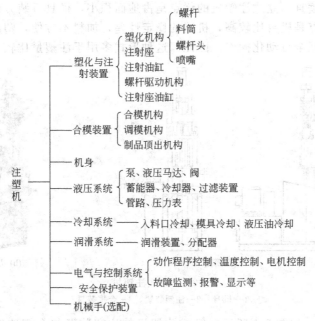

图 2-2 注塑机组成

2.1.2 注塑机的工作过程

① 加热并塑化原料 螺杆在传动系统的驱动下，将来自料斗的塑料向前输送、压实，在料筒外加热器、螺杆和机筒的剪切、摩擦的混合作用下，物料逐渐熔融，在料筒的头部已积聚了一定量的熔融塑料，在熔体的压力下螺杆缓慢后退。后退的距离取决于计量装置依据一次注塑所需的量，当达到预定的注塑量后螺杆停止旋转和后退。

② 合模并锁紧模具 合模机构推动动模板及安装在动模板上的模具动模部分与定模板上的模具定模部分合模并锁紧，以保证成型时提供足够的夹紧力使模具锁紧。

③ 注射装置前移 当合模完成后，整个注射座被推动，前移，以便注塑机喷嘴与模具主浇道口完全贴合。

④ 注射、保压 在注塑机喷嘴完全贴合模具浇口以后，注射液压缸进入高压油，推动螺杆相对料筒前移，将积聚在料筒头部的熔体以足够压力注入模具的型腔。因温度降低而使塑料体积产生收缩，为保证塑件的致密性、尺寸精度和力学性能，需对模具型腔内的熔体保持一定的压力，以补充塑件的收缩。

⑤ 卸压 当模具浇口处的熔体冻结时，螺杆后退，注塑机不再对进入模具的熔体施加压力。

⑥ 注射装置后退 一般来说，卸压完成后，螺杆即可旋转、后退，以完成下一次的加料、预塑化过程。预塑完成以后，注射装置撤离模具的主浇道口。

⑦ 开模、顶出塑件 模具型腔内的塑件经冷却定型后，锁模机构开模，并且推出模具内的塑件。

2.1.3 注塑机的类型与规格

(1) 按外形结构分类

按注塑部分和锁模部分的位置和方向不同，分为立式、卧式和角式三种。

① 立式注塑机 如图 2-3 所示，立式注塑机的注塑装置与合模装置的轴线在同一直

Chapter 1
Chapter 2
Chapter 3
Chapter 4
Chapter 5
Chapter 6
Chapter 7
Chapter 8
附录 1
附录 2

线上，并与水平面垂直。立式注塑机的优点是占地面积小，模具拆装方便，成型时嵌件的安放比较方便。缺点是机身比较高，机器的稳定性差，加料不方便，塑件脱模后通常靠人工取出，不容易实现全自动化操作。因此，这种形式多用于注塑量比较小的小型注塑机。

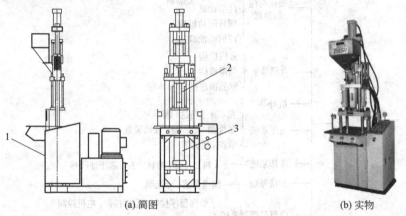

(a) 简图　　　　　　　　　(b) 实物

图 2-3　立式注塑机

1—机身；2—注塑装置；3—合模装置

② 卧式注塑机　如图 2-4 所示，卧式注塑机的注塑装置与合模装置的轴线重合，并呈水平排列。卧式注塑机的特点是机身底、机器的稳定性好、操作与维修方便。所以，卧式注塑机使用广泛，大、中、小型都适用，是目前国内外注塑机中的基本形式。

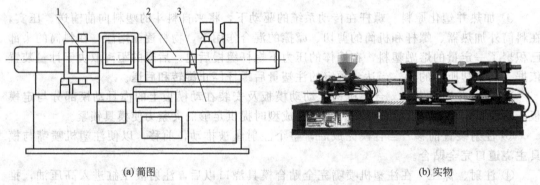

(a) 简图　　　　　　　　　(b) 实物

图 2-4　卧式注塑机

1—合模装置；2—注塑装置；3—机身

③ 角式注塑机　如图 2-5 所示，角式注塑机注塑装置的轴线与合模装置的轴线成 90° 夹角。因此，角式注塑机的优缺点介于立、卧两类注塑机之间，使用也比较普遍，在大、中、小型注塑机中都有应用。它特别适合于成型中心不允许留有痕迹的塑件，因为使用立式或卧式注塑机成型塑件时，模具必须设计成多模腔或偏置一边的模腔。但是，这经常受到注塑机模板尺寸的限制。在这种情况下，使用角式注塑机就不存在该问题，因为此时熔料是沿着模具的分型面进入到模腔的。

（2）按塑化方式分类

① 柱塞式注塑机　柱塞式注塑机的塑化装置如图 2-6 所示，是利用外加热的热传导方式使塑料受热而初步熔融，然后通过柱塞的推动，熔体经过分流梭的分流，被进一步塑化，最后再经过喷嘴而注入模具。

由于塑料的导热性差，如果料筒内的塑料层过厚，塑料外层熔融塑化时，中心部分的塑料也可能仍未熔化，而如果要等到中心部分的塑料熔化，则外层的塑料就会因受热时间

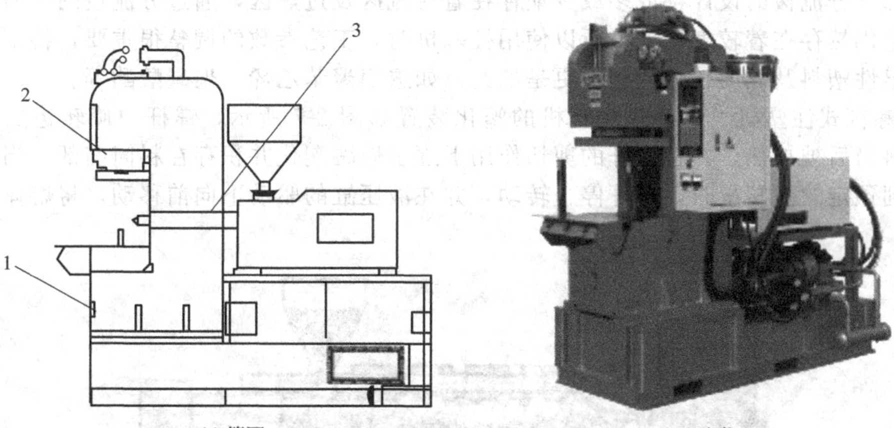

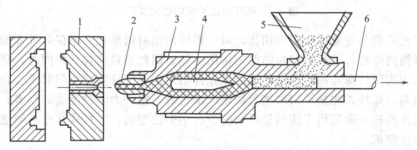

(a) 简图　　　　　　　　　　(b) 实物

图 2-5　角式注塑机
1—机身；2—合模装置；3—注塑装置

图 2-6　柱塞式注塑机的塑化装置
1—模具；2—喷嘴；3—料筒；4—分流梭；5—料斗；6—柱塞

过长而烧焦。所以，柱塞式注塑机的注塑量不能太大，一般不超过 $60mm^3$，而且不宜用来成型流动性差的塑料。

在柱塞式注塑机中，有待研究改进的是料筒内的分流梭。分流梭是柱塞式注塑机中一个非常重要的元件。塑料在未安置分流梭的料筒内受热软化后，黏度仍然很大，在柱塞的平移推动下，料流是一种平缓的滞流态势。因为料筒内同一横截面不同径距的质点，与料筒内壁距离不同，有着梯度变化式的流速，结果靠近料筒轴心的塑料向前流得快，停留时间短，而靠近料筒内壁的塑料向前流得慢，停留时间长；另外，这种料筒的温度分布状态也很差，靠近料筒内壁的塑料，由于流得慢，又直接受料筒外壁加热器的加热，所以温度特别高，而靠近料筒轴心的塑料，因为流动较快，又与料筒外壁加热器隔了一层导热性较差的塑料层，所以温度特别低。这样，在注塑出来的熔融塑料中同时并存着塑化程度不一的成分，俗称"夹生饭"。成型制品的品质无法保证，甚至难以维持正常生产。

分流梭正是为了克服空筒柱塞机的这种缺点而设。它是一个两端都呈流线型的圆锥体，以其凸出的棱片为支撑，固定在料筒内柱塞行程终点的前端，将熔料摊分成 5～10mm 厚的薄层，减少了料层之间的速度差异。同时，通过金属棱片的传热，使料筒中央部分亦有一定的热量供应，这样一来，穿过的塑料既能均匀受热，又缩短了升温时间。

分流梭还有一个作用，就是增大对塑料的剪切力，使其黏度下降，提高塑化程度。不过，仔细考察分流梭功能之后就可以发现，分流梭亦不能完全克服柱塞机的固有缺点。首先，在柱塞行程内，实际上还存在着空筒的弊病，进入料筒的料粒受外热从玻璃态变为黏流态的过程，仍然缺乏有效的搅拌和混合，反而被推送的注塞压实，影响热的传递。其次，大部分分流梭的设计都或多或少地存在着滞流区及过热区，通过分流梭的熔料在轴向和径向上仍然存在着较大温差。所以使用柱塞机时，工艺参数的调整很重要，特别是对一些热敏感性塑料及黏度较大的塑料更是如此，如透明聚苯乙烯、聚碳酸酯等。

② 螺杆式注塑机　螺杆式注塑机的塑化装置如图 2-7 所示，螺杆边旋转边后退，塑料进入料筒后被加热，并在螺杆的剪切作用下逐步熔融塑化并积存在料筒前部。当积存的熔体达到预定的注塑量时，螺杆停止转动，并在液压缸的驱动下向前移动，将熔体注入模具中。

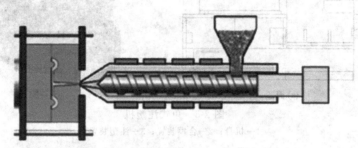

图 2-7　螺杆式注塑机的塑化装置

螺杆式注塑机与柱塞式注塑机相比，对于料筒内塑料的塑化，不仅靠外部加热元件的加热，也靠筒内螺杆转动时对塑料的剪切作用生热，因此当料筒容积相同时，螺杆式注塑机的塑化能力大于柱塞式的，所需外部加热元件功率也小于柱塞式。但对于含有玻璃纤维增强剂的塑料，螺杆式注塑机因摩擦剪切使纤维变短，塑件力学性能受到损害。

柱塞式注塑机一般只用于注塑量不大的中、小型注塑机，螺杆式注塑机则适用于从小到大的各型注塑机。

(3) 按注塑量大小（成型能力）分类

根据注塑机的成型能力，一般分为表 2-1 中的五类。

表 2-1　按注塑能力的注塑机分类

类　　型	锁模力/kN	理论注塑容量/cm³
超小型	<160	<16
小型	160～2000	16～630
中型	2000～4000	800～3150
大型	5000～12500	4000～10000
超大型	>16000	>16000

(4) 注塑机的规格型号

注塑机产品型号表示方法各国不尽相同，国内也没有完全统一，目前国内常用的型号编制方法有原机械工业部标准（JB 2485—78），该标准由基本型号和辅助型号两部分组成，如图 2-8 所示。

型号中的第一项代表塑料机械类，以大写汉语拼音字母 "S"（塑）表示；第二项代表注塑成型组，以大写汉语拼音字母 "Z"（注）表示；第三项代表区别于通用型或是专用型组，通用型者省略，专用型也用相应的大写汉语拼音字母表示，如多模注塑机以 "M"（模）表示，多色注塑机以 "S"（色）表示，混合多色注塑机以 "H"（混）表示，热固性塑料注塑机以 "G"（固）表示；第四项代表注塑容量主参数，以阿拉伯数字表示，单位为 cm³。卧式基本型主参数前不加注代号，立式的注 "L"（立），角式注 "J"（角），

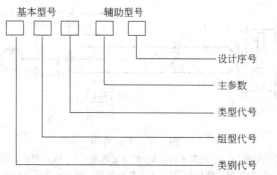

图 2-8　原机械工业部的注塑机型号表示方法

如果是不带预塑的柱塞式注塑机时在代号之前加注"Z"（柱）。如 SZ-ZL30 表示注塑容量为 30cm³ 的立式柱塞式塑料注塑成型机。

国际上比较通用的是注塑容积与合模力共同表示法，注塑容积与合模力是从成型塑件质量与锁模力两个主要方面表示设备的加工能力，因此比较全面合理。如 SZ-63/400，即表示塑料注塑机（SZ），理论注塑容积为 63cm³，锁模力为 400kN。如果我国宁波牌注塑机 SA-3800/2250 型注塑机就表示的是：海天牌天隆系列、锁模力为 3800kN、理论注塑容积为 2250cm³ 注塑机。

此外，还有用 XS-ZY 表示注塑机型号的，如 XS-ZY-125A，XS-ZY 指预塑式（Y）塑料（S）注塑（Z）成型（X）机，125 表示设备的注塑容积为 125cm³，A 表示设备设计序号第一次改型。也有塑料机械生产厂家为了加强宣传作用，用厂家名称缩写加上注塑容积或合模力数值来表示注塑机的规格。

2.2　注塑机的注射装置

2.2.1　注射装置的技术参数

(1) 注塑机构的主要技术参数

螺杆直径 d_s(mm)：注塑螺杆的外径。

螺杆长径比 L/d_s：注塑螺杆螺纹部分的有效长度（L）与其外径 d_s 之比。

理论注射容积 V_i(cm³)：一次注射的最大理论容积。

理论注射量 G_i(g)：一次注射的最大理论质量，一般用 PS 料测试。

注射压力 p_i(MPa)：注射时螺杆头部熔料的最大压强。

注射速率 q_i(cm³/s，g/s)：单位时间内，注射的最大理论容积或最大理论质量（PS）。

注射功率 N_i(kW)：螺杆推进熔料的最大功率。

塑化能力 Q_s(cm³/s，g/s)：单位时间内，螺杆可塑化好的塑料量（PS）。

螺杆转速 n_s(r/min)：预塑时，螺杆每分钟最高转数。

注座推力 P(kN)：注射喷嘴对模具主浇套的最大密封推力。

料筒加热功率 N_T(kW)：料筒加热圈单位时间供给料筒表面的总热能。

(2) 注射装置主要技术参数的计算

注射装置的主要技术参数之间的关系从图 2-9 中可以看出。

① 理论注射容积 V_i(cm³)　根据定义，理论注射容积应由注塑螺杆直径 d_s 及其最大注射行程 S_{imax} 来决定，即

$$V_i = \frac{\pi}{4} d_s^2 S_{imax} \qquad (2\text{-}1)$$

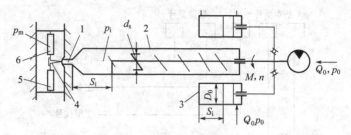

图 2-9 注射机构

1—喷嘴；2—注射装置（塑化装置）；3—注射油缸；4—模具主流道；5—模具型腔；6—模具浇口；p_m—模腔压力；
p_i—注射压力；S_i—注射行程（螺杆行程）；d_s—螺杆外径；M,n—液压马达输出扭矩和转速；Q_0，
p_0—液压系统的供油量和油压；D_0—注射油缸直径

由此可以看出，加大螺杆直径或螺杆行程，可加大注射容积。螺杆直径根据注塑机的系列来决定，而螺杆行程根据螺杆直径来决定，且与螺杆的结构有关，一般 $S_{imax}=(4\sim5)d_s$，如果取得过大会影响物料的塑化质量。

② 理论注射量 G_i(g)　根据定义有

$$G_i = V_i \rho \alpha \tag{2-2}$$

式中　ρ——塑料熔体密度，一般取 PS 的熔体密度 $\rho \approx 0.91\text{g/cm}^3$；

α——考虑螺杆结构、间隙、回流等因素的系数，$\alpha = 0.7 \sim 0.9$。

③ 注射压力 p_i(MPa)　如注射系统图 2-9 所示，注射压力 p_i 是由注射油缸 3 通过注射螺杆提供的，与其所建立的模腔压力 p_m 有关。

a. p_i 与模腔力的关系

$$p_i = p_m + \sum \Delta p \tag{2-3}$$

式中　$\sum \Delta p$——流道的各段压力损失之总和，即总压力损失，与流道的各段长度、几何形状及塑料的流变性能有关。

b. p_i 与注射油缸之间的关系

如注射系统图 2-9 所示

$$p_i = p_0 \frac{A_0}{A_s} \tag{2-4}$$

式中　A_0——注射油缸的总有效作用面积；

A_s——注射螺杆的作用面积。

由此可知，p_i 是反映注塑机注射能力和关系制品质量的重要参数。

④ 注射速率 q_i（cm^3/s，g/s）　根据定义有

$$q_i = \frac{V_i}{t_i} \tag{2-5}$$

或

$$q_i = \frac{G_i}{t_i} \tag{2-6}$$

式中　t_i——注射时间，s。

$$t_i = \frac{S_i}{v_i} \tag{2-7}$$

式中　v_i——注射速度，cm/s。

如注射系统图 2-9 所示，注射速度是由注射油缸的供油量提供的，由此得

$$v_i = \frac{Q_0}{A_0} \tag{2-8}$$

$$q_i = \frac{Q_0}{t_i A_0} \tag{2-9}$$

式中　Q_0——注射油缸的总供油量，cm^3/s；

　　　A_0——注射油缸的总有效作用面积，cm^2。

由此可知，注射速率是反映注射充模能力和注塑机供油能力的重要参数。

⑤ 注射功率 N_i（kW）　根据定义

$$N_i = 9.8 P_i v_i 10^{-5} \tag{2-10}$$

式中　P_i——注射螺杆的推力，kgf；

　　　v_i——注射速度，cm/s。

此注射功率是由注射的油压系统瞬间提供的，因此，$N_i \approx N_0$。

$$N_0 = p_0 Q_0 \tag{2-11}$$

式中　N_0——供油功率，kW；

　　　p_0——系统压力，即系统工作的最高压力，由系统安全溢流阀压力限定；

　　　Q_0——系统供油量，即系统最大工作流量，由流量阀调节泵的有效供油量来决定。

由此知，注射功率反映了注塑机注射系统的工作能力，即单位时间内做功能力。

⑥ 塑化能力 Q_s（cm^3/s，g/s）　塑化能力与螺杆均化段螺槽的输送能力一致，由此得下式

$$Q_s = 1.8 \pi^2 d_s^2 h_s n_s k \rho \sin\theta \cos\theta \tag{2-12}$$

式中　Q_s——螺杆塑化能力，g/s；

　　　d_s——螺杆外径，cm；

　　　h_s——均化段螺槽深度，cm；

　　　ρ——熔体密度，g/cm^3，对 PS 取 $0.93 \sim 0.98 g/cm^3$；

　　　k——修正系数，一般取 $0.85 \sim 0.9$；

　　　θ——螺杆的螺旋升角，（°）。

此塑化能力必须满足注塑成型周期中单位时间内注射量的要求，即

$$Q_s = \frac{V_i}{t_i} \tag{2-13}$$

式中　V_i——理论注射容积（cm^3/s）或注射量（g/s）；

　　　t_i——注射时间，s。

⑦ 螺杆转速 n_s（r/min）　螺杆在预塑时，其转速由液压马达或电机提供，如注射系统图 2-9 所示。

$$n_s = \frac{Q_M}{q_M} \tag{2-14}$$

式中　Q_M——液压马达的供油量，由油泵的有效供油量决定，cm^3/min；

　　　q_M——液压马达的每转排量，cm^3/r。

螺杆转速由流量阀调节其液压马达的供油量或驱动螺杆伺服电机的转速来决定；螺杆的工艺转速，由螺杆线速度及其加工塑料所允许的极限剪切速率来限定。

$$n_s = \frac{v_s}{\pi d_s} \tag{2-15}$$

$$v_s = \dot{\gamma} h_s \tag{2-16}$$

式中　v_s——螺杆线速度（圆周速度），cm/s；

　　　$\dot{\gamma}$——剪切速率（1/s），不同的塑料有不同的许用剪切速率，超过此值塑料有降解的危险；

h_s——均化段螺槽深度，cm。

⑧ 注射座推力（kgf、t） 为了在注射时将熔体可靠地注入型腔，必须使注射喷嘴压在模具的主浇套上，形成足够的压力来封闭从喷嘴流过的高压高速熔体，如图 2-10 所示。

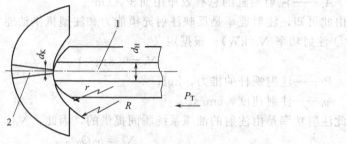

图 2-10　喷嘴封闭
1—注射喷嘴流道；2—模具主浇套流道；d_K—主浇口直径；d_H—喷嘴流道直径；
R—主浇套圆弧半径；r—喷嘴圆弧半径；P_T—注射座推力

注射座推力由注射座油缸提供

$$P_T = p_0 A_T \qquad (2-17)$$

式中　P_T——注射座推力；

　　　p_0——注座油缸的供油压力，MPa；

　　　A_T——注座油缸活塞总的有效面积，cm^2。

为了有效地封闭熔体不仅需足够的油缸推力 P_T，而且需有合理的喷嘴与浇套的结构、尺寸，即

$$d_K < d_H \qquad (2-18)$$
$$r < R \qquad (2-19)$$

⑨ 料筒加热功率（kW） 料筒加热功率由料筒加热圈的加热能力来决定。根据定义有

$$N_T = q_T A_T \qquad (2-20)$$

式中　A_T——料筒加热表面的有效面积，cm^2；

　　　q_T——加热圈单位面积上所提供的供热瓦数，W/cm^2。

q_T 与加热圈的结构及性能有关：

电阻加热圈　$q_T = 3 \sim 3.5 W/cm^2$

铸铝加热圈　$q_T = 4 \sim 5 W/cm^2$

陶瓷加热圈　$q_T = 6 \sim 7 W/cm^2$

料筒加热功率不足时会影响预热时的升温速度，延长升温时间；但如果加热功率过大，会影响加热圈的使用寿命。

$$A_T = \pi D_b L \qquad (2-21)$$

式中　D_b——料筒外径；

　　　L——料筒布置加热圈的有效长度。

由此可知，加大料筒直径或加长其有效长度有助提高加热功率及其加热圈的布置。

2.2.2　塑化机构的类型

(1) 柱塞式（如图 2-11 所示）

部件主要由料筒 5、分流梭 4 和柱塞 7 等组成。第一次预塑时，是物料从料口落入柱塞 7 的前端，然后，柱塞在注射油缸推力作用下推进，将物料注入分流梭 4 的四周流道

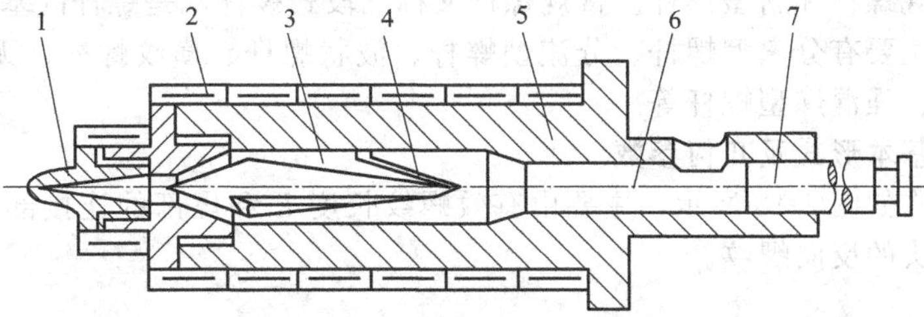

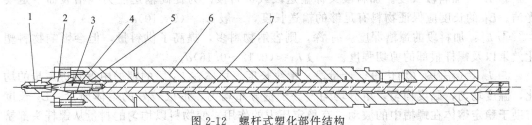

图 2-11　柱塞式塑化机构

1—喷嘴；2—加热圈；3—塑化室；4—分流梭；5—料筒；6—加料室；7—柱塞

内，料筒加热圈 2 的热能，通过内壁、分流梭传递给塑料。在注射时，在柱塞 7 执行推料，使其头部的物料被压缩成固体床并推动分流梭流道中的熔体，通过喷嘴注入模具，物料通过分流梭流道时，将产生强剪切作用，大大地提高了剪切速率和温升，使物料得到进一步地塑化和熔融。

此种结构特点是结构简单，轴向尺寸短，安装方便；但热能消耗大，注射压力损失大，塑化效果较差，现单独使用较少；但对物料的适应性强，可用再生料。

（2）螺杆式（如图 2-12 所示）

主要特点是在料筒 6 内装有螺杆 7，预塑时，螺杆旋转将从料口落入螺槽中的物料连续地向前推进，加热圈通过料筒壁把热量传递给螺槽中的物料，固体物料在外加热和螺杆旋转剪切双重作用下，并经过螺杆各功能段的热历程，达到塑化和熔融。熔料推开止逆环 4，经过螺杆头 3 的周围通道流入螺杆的前端，并产生背压，推动螺杆后移，完成对熔料的计量。在注射时，螺杆起柱塞的作用，在油缸作用下，迅速前移，将储料室中的熔体通过喷嘴 1 注入模具。位于喷嘴 1 和料筒 6 之间的前机筒 2，由固定螺钉连接。

图 2-12　螺杆式塑化部件结构

1—喷嘴；2—前机筒；3—螺杆头；4—止逆环；5—推力环；6—料筒；7—螺杆

此种塑化装置，塑化功能好，使塑化和注射良好地统一，结构简单、紧凑，得到普遍应用。

2.2.3　螺杆

（1）螺杆作用与类型

螺杆是塑化机构中的关键部件，和塑料直接接触，塑料通过螺杆的有效长度，经过很长的热历程，要经过三态（玻璃态、黏弹态、黏流态）的转变，螺杆各功能段的长度、几何形状、几何参数将直接影响塑料的输送效率和塑化质量，将最终影响注塑成型周期和制品质量。

注塑螺杆按其对塑料的适应性，可分通用螺杆和特殊螺杆。通用螺杆又称常规螺杆，可加工大部分具有低、中黏度的热塑性塑料，结晶型和非结晶型的民用塑料和工程塑料，是螺杆最基本的形式。与其相应的还有特殊螺杆，是用来加工用普通螺杆难以加工的塑料，例如热固性塑料、聚氯乙烯、高黏度的 PMMA 的螺杆。按螺杆结构及其几何形状的特征，可分为常规螺杆和新型螺杆。常规螺杆又称三段式螺杆，是螺杆的基本形式。新型螺杆形式很多，主要有分离型螺杆、分流型螺杆、波状螺杆、横纹螺杆、无计量段螺杆、两段式排气螺杆、强混炼型螺杆等。

(2) 螺杆的基本形式及几何参数

螺杆基本结构如图 2-13 所示，主要由有效螺纹长度 L 和尾部的连接部分组成。螺杆头部设有装螺杆头的反向螺纹。

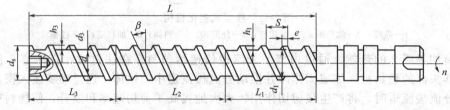

图 2-13　螺杆基本结构

① d_s：螺杆外径。螺杆直径大小直接影响着塑化能力的大小，也就直接影响到理论注射容积的大小。因此，理论注射容积大的注塑机其螺杆直径也大。

② L/d_s：螺杆长径比。L 是螺杆螺纹部分的有效长度。螺杆长径比愈大，说明螺纹长度愈长，直接影响到物料在螺槽中输送的热历程，影响吸收能量的能力。此能量又分两部分：一部分是料筒外面加热圈传给的，另一部分是螺杆转动时产生摩擦热和剪切热，由外部机械能转化的。因此，L/d_s 直接影响到物料的熔化效果和熔体质量。但是如果 L/d_s 太大，则传递扭矩加大，能量消耗增加。过去，L/d_s 数值为 16～18；现在，由于塑料品种增加，工程塑料增多，L/d_s 已增加到 19～23。

③ L_1：加料段长度。加料段又称输送段或进料段。为提高输送能力螺槽表面一定要光洁。L_1 的长度应保证物料有足够的输送长度，一般 $L_1 = (9～10)d_s$。

④ h_1：加料段的螺槽深度。h_1 深，则容纳物料多，提高了供料量，但会影响物料塑化效果以及螺杆根部的剪切强度。一般 $h_1 \approx (0.12～0.16)d_s$。

⑤ L_3：熔融段（均化段、计量段）螺纹长度。熔体在 L_3 段的螺槽中得到进一步的均化，温度均匀，黏度均匀，组分均匀，分子量分布均匀，形成较好的熔体质量。L_3 长度有助于稳定熔体在螺槽中的波动，有稳定压力的作用，使物料以均匀的料量从螺杆头部挤出，所以又称计量段。一般 $L_3 = (4～5)d_s$。

⑥ h_3：熔融段螺纹深度。h_3 小，螺槽浅，提高了塑料熔体的塑化效果，有利于熔体的均化。但 h_3 过小会导致剪切速率过高，以及剪切热过大，引起大分子链的降解，影响熔体质量。反之，如果 h_3 过大，由于在预塑时，螺杆背压产生的回流作用增强，会降低塑化能力。所以合适的 h_3 应由压缩比 ε 来决定

$$\varepsilon = \frac{h_1}{h_3}$$　　　　　　(2-22)

对于结晶型塑料，如 PP、PE、PA 以及复合塑料，ε＝3～3.5；

对黏度较高的塑料，如 VPVC、ABS、HIPS、AS、POM、PC、PMMA、PPS 等，ε＝1.4～2.5。

⑦ L_2：塑化段（压缩段）螺纹长度。物料在此锥体空间中不断地受到压缩、剪切和混炼作用，物料从 L_2 段入点开始，熔池不断地加大，到出点处熔池已占满全螺槽，物料完成从玻璃态，经过黏弹态向黏流态的转变，从固体床向熔体床的转变。L_2 长度会影响物料从固态到黏流态的转化历程，太短会来不及转化，使物料堵塞在 L_2 段的末端，形成很高的压力、扭矩或轴向力，太长也会增加螺杆的扭矩和不必要的能耗，一

般 $L_2 = (6\sim8)d_s$。

对于结晶型的塑料，物料熔点明显，熔融范围窄，所以 L_2 可短些，一般取 $(3\sim4)d_s$。

⑧ S：螺距，其大小影响螺旋角 β，从而影响螺槽的输送效率，一般 $S\approx d_s$。

⑨ e：螺棱宽度，其宽窄影响螺槽的容料量、熔体的漏流以及螺棱耐磨损程度，一般 $e = (0.05\sim0.07)d_s$。

⑩ 螺棱后角 α、螺棱推力面圆角 R_1 和背面圆角 R_2 的大小影响螺槽的有效容积，物料的滞留情况以及螺棱根部的强度等，一般 $\alpha = 25°\sim30°$，$R_1 = (0.3\sim0.5)R_2$，如图 2-14所示。

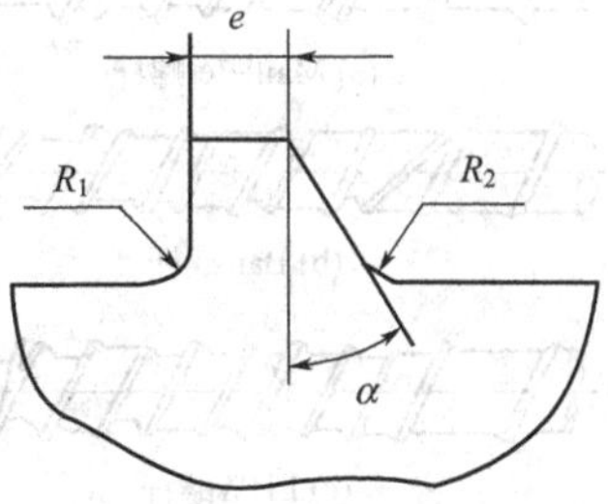

图 2-14　螺棱尺寸

(3) 普通螺杆

① 概述　普通注射螺杆螺纹有效长度通常分成加料段（输送段）、压缩段（塑化段）、均化段（计量段）。

根据塑料性质不同，可分为渐变型螺杆、突变型螺杆、通用型螺杆。

a. 渐变型螺杆：压缩段较长，塑化时能量转换缓和，多用于聚氯乙烯等，软化温度较宽的、高黏度的非结晶型塑料。

b. 突变型螺杆：压缩段较短，塑化时能量转换较剧烈，多用于聚烯烃、聚酰胺类的结晶型塑料。

c. 通用型螺杆：适应性比较强的通用型螺杆，可适应多种塑料的加工，避免更换螺杆频繁，有利提高生产效率。

通用型螺杆的压缩段长度介于渐变型螺杆和突变型螺杆之间。但通用型螺杆也绝非是"万能"螺杆，对某些有特殊注塑工艺要求的塑料，需要配备特殊螺杆。

② 普通螺杆参数

a. 螺杆长径比 (L/D_s)、分段　螺杆长径比大，可以实现低温、均质、稳定的塑化，螺杆长径比一般取 $18\sim22$。

普通螺杆各段长度如下所列：

螺杆类型	加料段（L_1）	压缩段（L_2）	均化段（L_3）
渐变型	$25\%\sim30\%$	50%	$15\%\sim20\%$
突变型	$65\%\sim70\%$	$15\%\sim50\%$	$20\%\sim25\%$
通用型	$45\%\sim50\%$	$20\%\sim30\%$	$20\%\sim30\%$

b. 压缩比（ε）　注射螺杆压缩比是指计量段螺槽深度（h_1）与均化段螺槽深度（h_3）之比。压缩比大，会增强剪切效果，但会减弱塑化能力，相对于挤出螺杆，压缩比应取用得小些为好，以有利于提高塑化能力和增加对物料的适应性。

对于结晶型塑料，如聚丙烯、聚乙烯、聚酰胺以及复合塑料，一般取 $2.6\sim3.0$；对高黏度的塑料，如硬聚氯乙烯、丁二烯与 ABS 共混，高冲击聚苯乙烯、AS、聚甲醛、聚碳酸酯、有机玻璃、聚苯醚等，约为 $1.8\sim2.3$，通用型螺杆可取 $2.3\sim2.6$，在均化段螺槽深度和螺杆压缩比确定后，对于单头等距变深螺杆，可由式 $\varepsilon = 0.93\dfrac{h_1}{h_3}$ 计算出加料段的螺槽深度。若 $h_1/h_3 = 2$，实际压缩比为 1.86。通常所说的压缩比，大于实际压缩比。

③ 螺杆材料与热处理　目前，国内常用的材料为 38CrMoAl，或者日本进口 SACM645。国内螺杆的热处理，一般采取镀铬工艺，镀铬之前高频淬火或氮化，然后镀铬，厚度 $0.03\sim0.05$mm。此种螺杆适于阻燃性塑料，透明 PC、PMMA。但镀铬层容易脱落，防腐蚀性能差，所以多采用不锈钢材料。

Chapter 1
Chapter 2
Chapter 3
Chapter 4
Chapter 5
Chapter 6
Chapter 7
Chapter 8
附录 1
附录 2

（4）特殊螺杆

"特殊螺杆"主要是与常规螺杆比较而言。目前常见的特殊螺杆是分离型螺杆（如图 2-15 所示）和变流道型螺杆（如图 2-16 所示）。

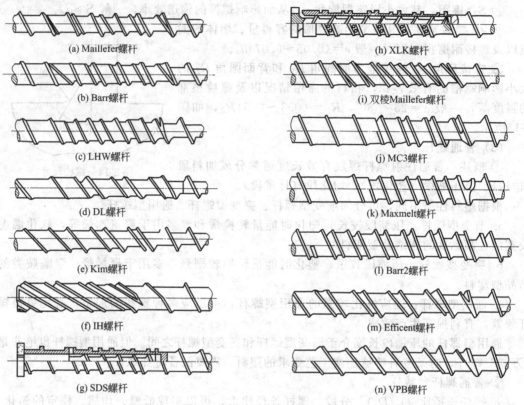

(a) Maillefer螺杆

(b) Barr螺杆

(c) LHW螺杆

(d) DL螺杆

(e) Kim螺杆

(f) IH螺杆

(g) SDS螺杆

(h) XLK螺杆

(i) 双棱Maillefer螺杆

(j) MC3螺杆

(k) Maxmelt螺杆

(l) Barr2螺杆

(m) Efficent螺杆

(n) VPB螺杆

图 2-15　分离型螺杆结构形式

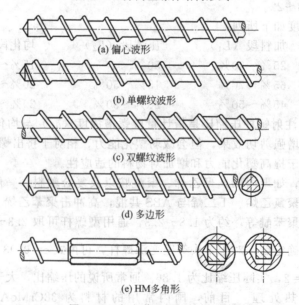

(a) 偏心波形

(b) 单螺纹波形

(c) 双螺纹波形

(d) 多边形

(e) HM多角形

图 2-16　变流道型螺杆结构形式

图 2-17 示出分离型螺杆结构特点主要是在压缩段 L_2，加一条副螺纹 2，由于其螺距 S_2 与主螺纹 1 的螺距 S_1 不一致，两条螺纹在 L_2 的末端收敛在一起，副螺纹将主螺纹的

螺槽分成两部分，由于副螺纹的螺棱比主螺纹的螺棱微低，因此在副螺纹槽中的熔融部分就会越过螺棱间隙Δ流入主螺槽中，形成液相与固相的分离，主螺纹槽中的液相在不断地增加，而副螺纹槽中的固相在不断地减小，直至为零。把物料实施液、固相分离，有利于热量的传递，有利于温度和黏度的均化和物料的熔融，Δ＝0.6～1.6mm。

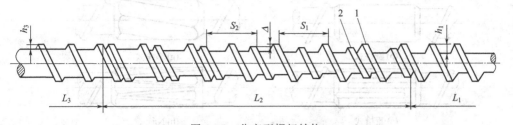

图 2-17　分离型螺杆结构

L_1—加料段；L_2—压缩段；L_3—均化段；h_1—加料段槽深；1—主螺纹；2—副螺纹；

h_3—均化段槽深；S_1—主螺纹螺距；S_2—副螺纹螺距；Δ—副螺棱与

主螺棱之高度差（副螺棱的间隙）

此外，此种螺杆还能有效地阻止均化段螺槽中的熔体向压缩段回流，减小反压流对塑化能力的影响，为此，可以适当增加均化段的螺槽深度，减小压缩比，提高螺杆塑化能力及产率。

(5) 螺杆塑化元件

为了提高螺杆的塑化质量、组分的分散和混分子量的分布与熔体的均化效果，常在螺杆的适当位置加塑化元件。按其功能主要有混合元件和剪切元件。前者以分散混合为主，后者以分子量的分布和均化为主。混合元件多为分流型，通过各种形式的凸块对料流形成阻力，进行反复地分流和切割，达到组分分散和混合效果，如图 2-18 所示。

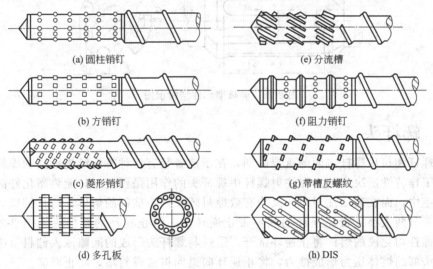

(a) 圆柱销钉　　　　　　　　　　(e) 分流槽

(b) 方销钉　　　　　　　　　　(f) 阻力销钉

(c) 菱形销钉　　　　　　　　　　(g) 带槽反螺纹

(d) 多孔板　　　　　　　　　　(h) DIS

图 2-18　分流型螺杆的几种结构形式

剪切元件多为屏障型，对熔体形成剪切间隙，如图 2-19 所示。

在沟槽之间通过间隙的阻力建立压力差，使料流从一个沟槽流向另一个沟槽时，要经过棱的间隙，产生强剪切作用，使熔体进一步均化。图 2-20 示出一典型剪切元件，料流从沟槽经过棱长 L 上与料筒形成的间隙δ流入沟槽2，由于δ很小，料流经过时产生很高的剪切效应，使熔体的分子量、流度、黏度、密度都得到进一步的均化，提高了熔体质量。

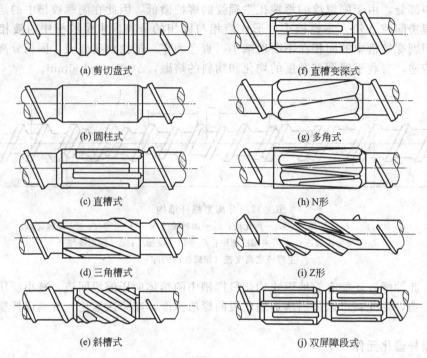

(a) 剪切盘式   (f) 直槽变深式

(b) 圆柱式   (g) 多角式

(c) 直槽式   (h) N形

(d) 三角槽式   (i) Z形

(e) 斜槽式   (j) 双屏障段式

图 2-19　屏障型螺杆结构形式

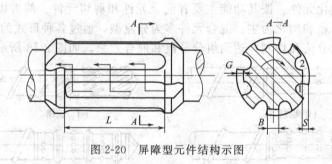

图 2-20　屏障型元件结构示图

2.2.4　螺杆头

　　注塑螺杆和挤出螺杆之间的重要区别,在于前者装有各种特殊结构形式的螺杆头,这是由螺杆工作特性所决定的。在注射螺杆中螺杆头的作用是预塑时,能将塑化好的熔体放流到储料室中,而在高压注射时,又能有效地封闭螺杆头前部的熔体,防止倒流。

　　螺杆头分两大类:带止逆环的和不带止逆环的。带止逆环的螺杆头如图 2-21 所示。预塑时,螺杆均化段的熔体将止逆环推开,通过与螺杆头形成的间隙流入储料室中;注射时,螺杆头部的熔体压力形成推力,将止逆环向退回将流道封堵,防止回流。

　　螺杆头的止逆环要灵活、光洁,有的要求增强混炼效果等,又有多种形式,如图 2-22(a)～(f) 所示,对有些高黏度物料如 PMMA、PC、AC 或者热稳定性差的物料 PVC 等,为减少剪切作用和物料的滞留时间,可不用止逆环,但这样在注射时会产生反流,延长建压时间。

　　对螺杆头的要求:

　　① 止逆环与料筒配合间隙要适宜,既要防止熔料回泄又要灵活;

　　② 既有足够的流通截面,又要保证止逆环端面有回程力,使在注射时快速封闭;

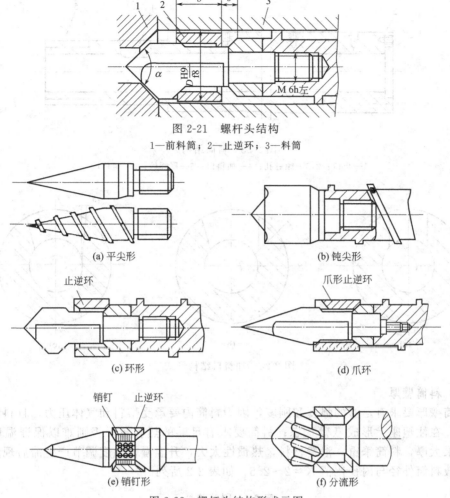

图 2-21　螺杆头结构

1—前料筒；2—止逆环；3—料筒

(a) 平尖形　　(b) 钝尖形

止逆环　　　　　爪形止逆环

(c) 环形　　(d) 爪环

销钉　止逆环

(e) 销钉形　　(f) 分流形

图 2-22　螺杆头结构形式示图

③ 止逆环属易磨损件，应采用硬度高的耐磨、耐蚀合金材料制造；

④ 结构上应拆装方便，便于清洗；

⑤ 螺杆头的螺纹与螺杆的螺纹方向相反，防止预塑时螺杆头松脱。

2.2.5　料筒

(1) 料筒结构

料筒是塑化机构中的重要零件，内装螺杆外装加热圈，承受复合应力和热应力的作用。料筒大多数采用整体结构，如图 2-23 所示。

止口 1 与料筒前体径向定位，并用端面封闭熔体，用多个螺钉旋入螺钉孔 2 内将前体与料筒压紧。螺钉孔 3 装热电偶，要与热电偶紧密地接触，防止虚浮，否则会影响温度测量精度。

(2) 加料口

加料口结构形式直接影响进料效果和塑化机构吃料能力。注塑机大多数靠料斗中物料的自重加料，常用进料口截面形式如图 2-24 所示。对称形料口如图 2-24(a) 所示，制造简单，但进料不利。现多用非对称形式，如图 2-24(b)、(c) 所示，此种料口由于物料与螺杆的接触角大，接触面积大，有利于提高进料效率，不易在料斗中形成架桥空穴。

Chapter 1

Chapter 2

Chapter 3

Chapter 4

Chapter 5

Chapter 6

Chapter 7

Chapter 8

附录 1

附录 2

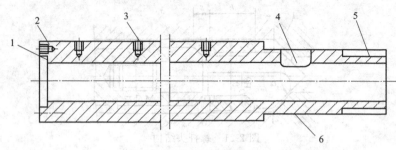

图 2-23　料筒结构

1—止口；2,3—螺钉孔；4—加料口；5—尾螺纹；6—定位段

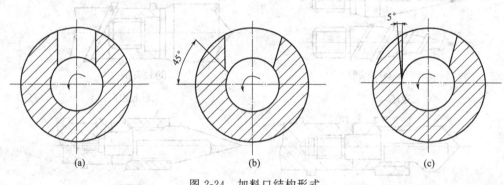

图 2-24　加料口结构形式

（3）料筒壁厚

料筒壁厚要求有足够的强度和刚度，因为料筒内要承受熔料和气体压力，且料筒长径比很大，在注塑座上形成悬臂状态；料筒要求有足够的热容量，否则难以保证温度稳定性；如果太厚，料筒笨重，浪费材料，热惯性太大，升温慢，温度调节产生滞后现象。

一般料筒外径与内径比值 $K=2\sim2.5$，如表 2-2 所列。

表 2-2　料筒壁厚

料筒内径/螺杆直径/mm	34	42	50	65	85	110	130	150
料筒壁厚/mm	25	29	35	47.5	45	75	75	67
比值 K	2.47	2.40	2.40	2.46	2.10	2.36	2.15	1.80

（4）料筒间隙

料筒间隙是指料筒内壁与螺杆外径的单面间隙。此间隙太大塑化能力降低，注射回泄量增加，注射时间延长；如果太小，热膨胀作用，使螺杆与料筒摩擦加剧，能耗加大，甚至卡死，此间隙 $\Delta=(0.002\sim0.005)d_s$，如表 2-3 所列。

表 2-3　料筒间隙　　　　　　　　　　　　　　　　　　　　　　　mm

螺杆直径	≥15~25	>25~50	>50~80	>80~110	>110~150	>150~200	>200~240	>240
最大径向间隙	≤0.12	≤0.20	≤0.30	≤0.35	≤0.15	≤0.50	≤0.60	≤0.70

（5）料筒的加热与冷却

注塑机料筒加热方式有电阻加热、陶瓷加热、铸铝加热，应根据使用场合和加工物料合理配置。常用的有电阻加热和陶瓷加热，后者较前者承载功率大。

根据注塑工艺要求，料筒需分段控制，小型机三段，大型机五段。控制长度为（3～

5)d_s，温控精度±(1.5～2)℃。而对热固性塑料或热稳定性塑料，为±1℃。

注塑机料筒内产生的剪切热比挤出机要小，常规下，料筒不专设冷却系统，靠自然冷却，但是为了保证螺杆加料段的输送效率和防止物料堵塞料口，在加料口处设置冷却水套，并在料筒上开沟槽。

2.2.6　喷嘴

(1) 喷嘴功能

喷嘴是连接塑化装置与模具流道的重要组件。喷嘴有多种功能：预塑时，在螺杆头部建立背压，阻止熔体从喷嘴流出；注射时，建立注射压力，产生剪切效应，加速能量转换，提高熔体温度均化效果；保压时，起保温补缩作用。

喷嘴可分为敞开式喷嘴、锁闭喷嘴、热流道喷嘴和多流道喷嘴。

(2) 喷嘴形式

① 敞开式喷嘴　如图 2-25 所示。敞开式喷嘴结构简单，制造容易，压力损失小，但容易发生流涎。

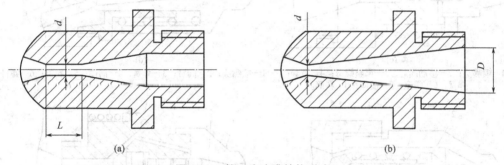

图 2-25　敞开式喷嘴结构形式

图 2-25(a) 所示为轴孔型，$d=2～3$mm，$L=(10～15)d$，适宜中低黏度、热稳定性好如 PE、ABS、PS 等的薄壁制品。

图 2-25(b) 所示为长锥型，$D=(3～5)d$，适宜高黏度、热稳定性差如 PMMA、PVC 等的厚壁制品。

② 自锁喷嘴　自锁喷嘴的结构形式有多种，如图 2-26 所示。此种结构主要用于加工某些低黏度塑料，如 PA 类，防止预塑时发生流涎。

图 2-26(a)～(f) 自锁原理基本一致。在预塑时，靠弹簧力通过挡圈和导杆将顶针压住，用其锥面将喷嘴孔封死；注射时，在高压作用下，用熔体压力在顶针锥面上所形成的轴向力，通过导杆、挡圈将弹簧压缩，高压熔体从喷嘴孔注入模具流道。此种喷嘴，注射时压力损失大，结构复杂，清洗不便，防流涎可靠性差，容易从配合面泄漏。

图 2-26(g)、(h) 结构的动作原理是借助注射座的移动力将喷嘴打开或关闭：预塑时，喷嘴与模具主浇套脱开，熔料在背压作用下，使喷嘴芯前移封闭进料斜孔；注射时，注射座前移，主浇套将喷嘴芯推后，斜孔打开，熔体注入模腔。

③ 液压式喷嘴　液压式喷嘴的结构形式如图 2-27 所示。喷嘴顶针在外力操纵下，在预塑时封死，注射时打开。

此种喷嘴顶针的封口动作参加注塑机的控制程序，需设置喷嘴控制油缸。

此种结构喷嘴顶针和导套之间的密封十分重要，在较大的背压作用下，熔体有泄漏可能，为此需与防涎程序配合。

④ 热流道喷嘴　由于热流道喷嘴的流道很细，并与模具主浇套接触，容易散热，经

Chapter 1
Chapter 2
Chapter 3
Chapter 4
Chapter 5
Chapter 6
Chapter 7
Chapter 8
附录 1
附录 2

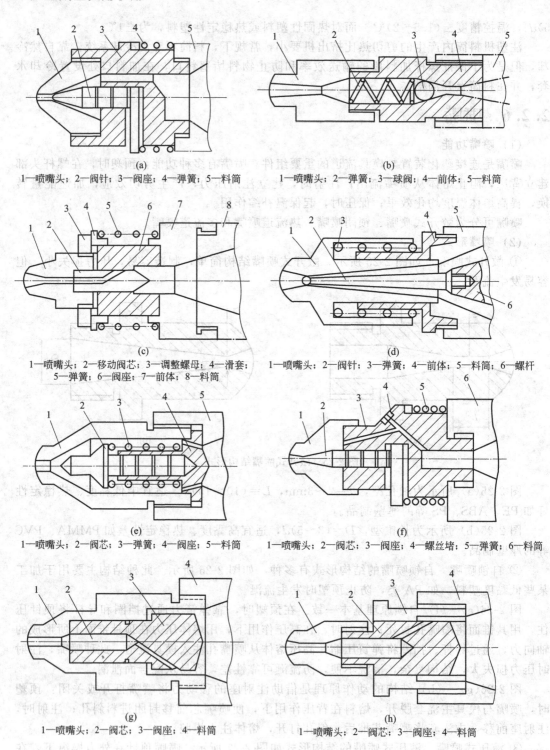

1—喷嘴头；2—阀针；3—阀座；4—弹簧；5—料筒

1—喷嘴头；2—弹簧；3—球阀；4—前体；5—料筒

1—喷嘴头；2—移动阀芯；3—调整螺母；4—滑套；
5—弹簧；6—阀座；7—前体；8—料筒

1—喷嘴头；2—阀针；3—弹簧；4—前体；5—料筒；6—螺杆

1—喷嘴头；2—阀芯；3—弹簧；4—阀座；5—料筒

1—喷嘴头；2—阀芯；3—阀座；4—螺丝堵；5—弹簧；6—料筒

1—喷嘴头；2—阀芯；3—阀座；4—料筒

1—喷嘴头；2—阀芯；3—阀座；4—料筒

图 2-26 自锁喷嘴结构形式

过保压、冷却后，喷嘴中的余料变冷料而封堵，影响下一次注射程序，且冷料也会影响制品质量。所以注塑成型常采用热流道喷嘴，并与热流道模具配合，形成一套完整的热流道注射系统，保证了制品质量，缩短了注塑成型周期，节约了原料，降低了能耗。

热流道喷嘴结构形式有绝热式和内加热式。

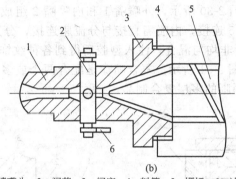

(a)

1—喷嘴头；2—阀芯；3—阀座；4—前体；5—料筒；6—螺杆；7—油缸

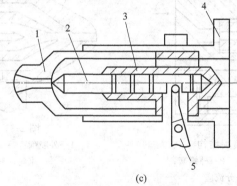

(b)

1—喷嘴头；2—阀芯；3—阀座；4—料筒；5—螺杆；6—油缸驱动杆

(c)

1—喷嘴头；2—阀芯；3—阀座；4—前体；5—油缸驱动杆

图 2-27　液压式控制喷嘴

　　a. 绝热式喷嘴结构如图 2-28 所示，其特点是在浇套 1 和压环 3 与喷嘴 4 之间形成一个容料空间，首次注射后被熔料充满，在较大的热容量作用下保持喷嘴流道的温度使之不被封堵，可连续注射。

　　b. 内加热式喷嘴结构如图 2-29 所示，其特点是在喷嘴 3 与流道座 6 之间，装分流体 5，其内装有加热器 4 和探针 2；喷嘴与模具形成容料空间，实现保温绝热。注射时，加热器通电，探针瞬时加热，使喷嘴的冷料熔化，注射保压后断电，喷嘴自然封堵。

　　⑤ 多流道喷嘴　多流道喷嘴与两个或多个注塑机构配合，注塑混色、双层或多层的复合制品，前者称混合喷嘴，后者称复合喷嘴。

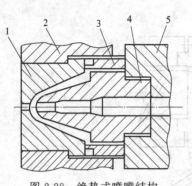

图 2-28　绝热式喷嘴结构
1—浇套；2—模具；3—压环；4—喷嘴；
5—连接座

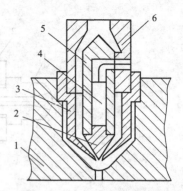

图 2-29　内加热式喷嘴结构
1—模具；2—探针；3—喷嘴；4—加热器；
5—分流体；6—流道座

　　a. 混合喷嘴结构　　如图 2-30 所示，外喷嘴 1 和内喷嘴 2 组成内外两层流道，外喷嘴通过螺纹套 3、4 与分流座 5 连接，内喷嘴直接与分流座连接，分别由塑化装置的 A 色与 B 色熔料在外喷嘴前部进行非均匀混合，注入型腔后得到各种纹饰的混色制品。

　　b. 复合喷嘴结构　　如图 2-31 所示。复合喷嘴是配合两个或多个不同熔料注射装置利用注射工艺程序得到层次明晰的多层复合制品。

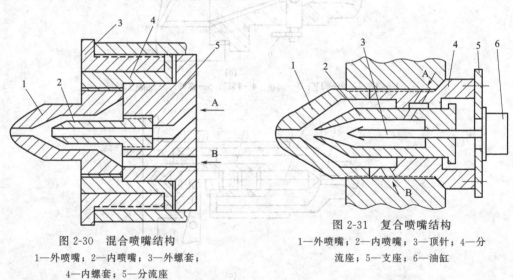

图 2-30　混合喷嘴结构
1—外喷嘴；2—内喷嘴；3—外螺套；
4—内螺套；5—分流座

图 2-31　复合喷嘴结构
1—外喷嘴；2—内喷嘴；3—顶针；4—分
流座；5—支座；6—油缸

　　复合喷嘴其结构特点是，外喷嘴 1 与可滑动的内喷嘴 2 及分流座 4 组成 B 料注射的外流道；而内喷嘴 2 与分流座 4 组成 A 料注射的内流道，为了使 A、B 物料形成双清色复合制品，必须防止两种物料在喷嘴处混合，按工艺程序通过由油缸 6 操纵顶针 3 来控制。当 B 料注射时，顶针在油缸操纵下将内喷嘴的 A 料封住；当 A 料注射时，顶针退回内喷嘴打开，在 A 料作用下，外喷嘴将外流道的 B 料封住，使 A、B 物料按程序分别注入型腔，形成双清的复合制品。

　　(3) 喷嘴的选择与安装

　　① 喷嘴安装　喷嘴头与模具的浇套要同心，两个球面应配合紧密，否则会溢料。一般要求两个球面半径名义尺寸相同，取喷嘴球面为负公差，而其口径略小于浇套口径 0.5～1mm 为宜，二者同轴度公差≤0.25～0.3。

　　② 喷嘴口径：喷嘴口径尺寸关系到压力损失、剪切发热以及补缩作用，与材料、注

塑座及喷嘴结构形式有关，如表 2-4 所示。

Chapter
1
Chapter
2
Chapter
3
Chapter
4
Chapter
5
Chapter
6
Chapter
7
Chapter
8
附录
1
附录
2

表 2-4　喷嘴口径　　　　　　　　　　　　　　mm

机器注射量/g		30～200	250～800	1000～2000
开式喷嘴	通用料	2～3	3.5～4.5	5～6
	硬聚氯乙烯类	3～4	5～6	6～7
锁闭式喷嘴		2～3	3～4	4～5

对高黏度物料取 $(0.1～0.6)d_s$；低黏度物料取 $(0.05～0.07)d_s$。（d_s 为螺杆直径）。

2.2.7　注射装置的典型结构

目前，常见的注射装置有单缸形式和双缸形式之分。在单缸中以液压马达或伺服电机直接驱动注塑螺杆的为常见，双缸以低速或高速液压马达驱动的居多，近年来还发展了一种用伺服电机驱动螺杆预塑和注射的注射装置。

(1) 单缸注射装置

① 单缸注射-液压马达直接驱动螺杆的基本结构形式，如图 2-32 所示。

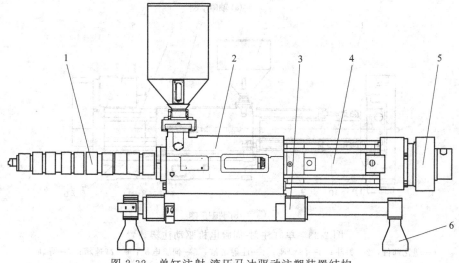

图 2-32　单缸注射-液压马达驱动注塑装置结构

1—塑化部件；2—轴承；3—注射油缸；4—整移油缸；5—液压马达；6—注射座

在预塑时，液压马达 5 带动塑化部件 1 中的螺杆旋转，推动螺杆中的物料向螺杆头部的储料室内聚集，与此同时螺杆在物料的反力作用下向后退，所以螺杆作的是边旋转边后退的复合运动。为了防止活塞随之转动、损害密封，在活塞和活塞杆之间装有滚动轴承 2。注射时，注射油缸 3 的右腔进高压油，推动注射活塞座通过推力轴承推动活塞杆注射。活塞杆一端与螺杆键连接，一端与液压马达主轴套键连接，在防涎时，注射油缸左腔进高压油，通过位于活塞杆与螺杆尾端的卡环，拉动螺杆直线后移，从而降低螺杆头部的熔体压力，完成防涎动作。

此种结构特点是，在注射活塞与活塞杆之间布置有滚动轴承和径向轴承，结构较复杂，由于螺杆、液压马达、注射油缸是一线式排列，导致轴向尺寸加大，注射座 6 的尾部偏载因素加大，影响其稳定性。整移油缸 4 固定在注射座 6 下部的机座上。许多注塑机常用两个整移油缸平排对称布置固定在前模板与注塑座之间，其活塞杆和缸体的自由端分别固定在前模板和注射座上，使喷嘴推力稳定可靠。

② 单缸注射-伺服电机驱动螺杆注塑装置的基本结构形式，如图 2-33 所示。

此种装置的特点是，预塑时螺杆由伺服电机通过减速箱驱动螺杆，其转速可实现精确的数字控制，使螺杆塑化稳定，计量准确，从而提高了注射精度。伺服电机安装在减速箱的高速轴上，更加节能，但结构复杂，轴向尺寸加长，造成悬臂或重量偏载。而且，高精度的齿轮减速箱会增加装置的制造成本。

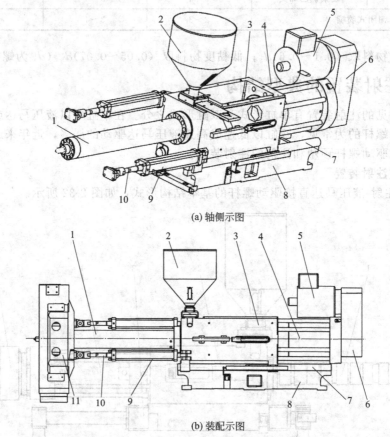

(a) 轴侧示图

(b) 装配示图

图 2-33　单缸注射-伺服电机驱动注塑装置

1—塑化部件；2—料斗；3—注塑座；4—注射油缸；5—伺服电机；6—减速箱；7—导轨；
8—底座；9—整移油缸；10—活塞杆；11—前模板

(2) 双缸注射装置

双缸注射-液压马达直接驱动螺杆注塑装置的基本结构形式，如图 2-34 所示。

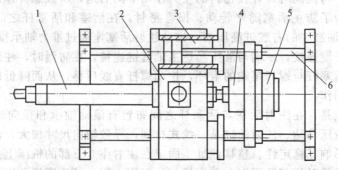

图 2-34　双缸注射-液压马达直接驱动注塑装置结构

1—塑化部件；2—注射座；3—注射油缸；4—推力座；5—液压马达；6—注射座导轨

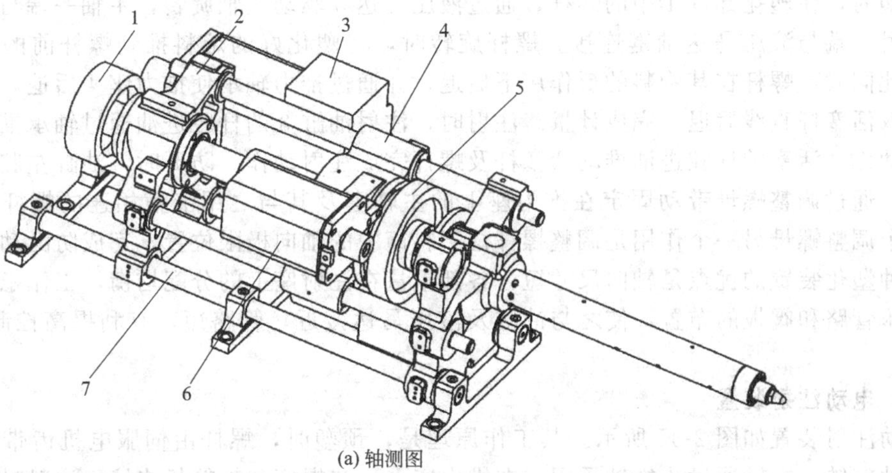

(a) 轴测图

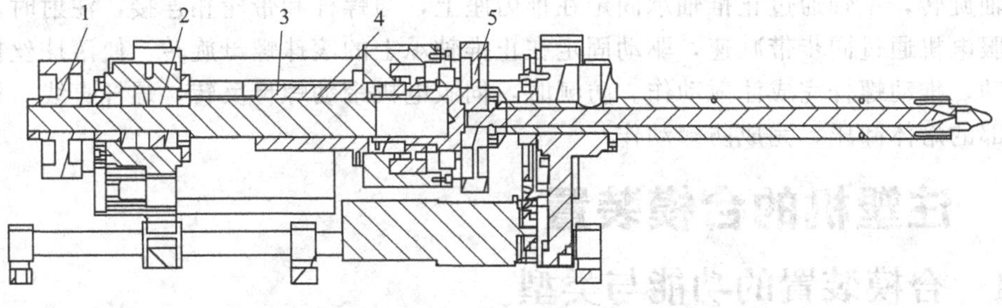

(b) 装配图

1—同步轮；2—轴承座；3—注射伺服电机；4—传动轴；5—传动座；6—预塑伺服电机；7—导柱

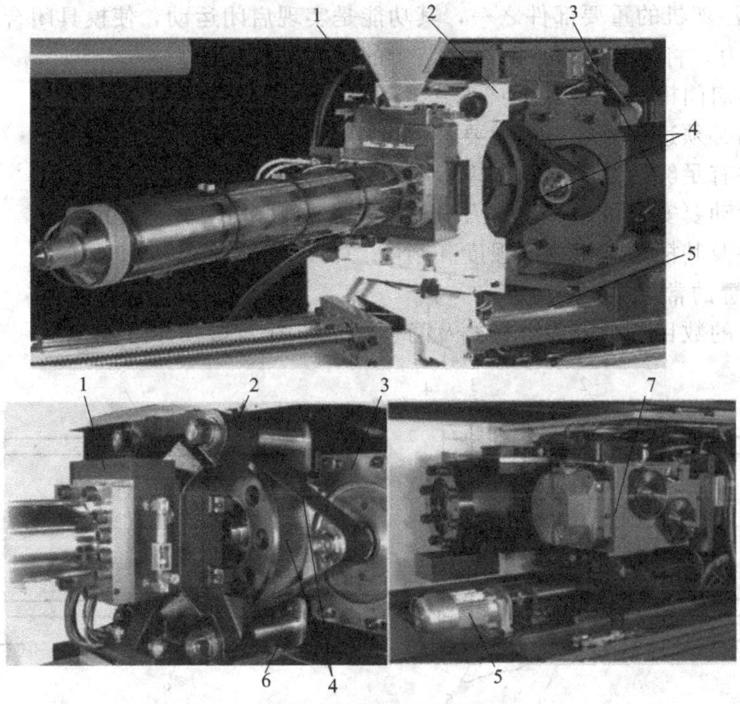

(c) FANUC电动注射装置

1—料斗座；2—注射座；3—注射伺服电机；4—注射同步带及带轮；
5—注射座移动电机；6—注射座拉杆；7—预塑伺服电机

图 2-35　电动注射装置

预塑时，在塑化部件 1 中的螺杆，通过液压马达 5 驱动主轴旋转，主轴一端与螺杆键链接，另一端与液压马达轴键连接。螺杆旋转时，将塑化好的熔料推到螺杆前的储料室中，与此同时，螺杆在其物料的反作用下后退，并通过推力轴承使推力座 4 后退，通过螺母拉动双活塞杆直线后退，完成计量。注射时，注射油缸 3 的杆腔进油通过轴承推动活塞杆完成动作。活塞的杆腔进油推动活塞杆及螺杆完成注射动作。防涎时，油缸左腔进油推动活塞，通过调整螺母带动固定在推力座上的主轴套及其与之用卡箍相连的螺杆一并后退，四个调整螺母另一个作用是调整螺杆位于料筒中的轴向极限位置，完成防涎动作。

此种塑化装置的优点是轴向尺寸短，各部重量在注射座上的分配均衡，工作稳定，并便于液压管路和阀板的布置，使之与油缸及液压马达接近，管路短，有利提高控制精度、节能等。

（3）电动注射装置

电动注射装置如图 2-35 所示。其工作原理是，预塑时，螺杆由伺服电机齿带减速的驱动主轴旋转，主轴通过止推轴承固定在推力座上，与螺杆和带轮相连接，注射时，另一独立伺服电机通过同步带减速，驱动固定在止推轴承上的滚珠螺母旋转，使滚珠丝杠产生轴向运动，推动螺杆完成注射动作。防涎时，伺服电机带动螺母反转，螺杆直线后移，使螺杆头部的熔体卸压，完成防涎动作。

2.3 注塑机的合模装置

2.3.1 合模装置的功能与类型

（1）合模装置的功能

合模装置是注塑机的重要部件之一，其功能是实现启闭运动，使模具闭合产生系统弹性变形达到锁模力，将模具锁紧。对合模装置的基本要求如下：

① 动模板的启闭模运动要高速、平稳、静音；
② 合模机构必须达到额定锁模力要求，可靠地锁紧模具；
③ 合模部件有足够的装模空间和模板行程；
④ 动模板运动要安全可靠，保护人身与模具安全，设置双重保险；
⑤ 合模部件及其模具有足够的强度和刚性。

（2）合模装置的常见类型

① 按主模板的数目，可分为三板式及两板式，如图 2-36 所示。

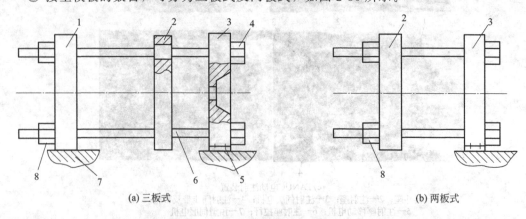

(a) 三板式　　(b) 两板式

图 2-36　三板、两板式结构示图

1—后模板；2—动模板；3—前模板；4—前螺母；5—固定螺钉；6—拉杆；7—机架；8—后螺母

a. 三板式合模装置，如图 2-36(a) 所示。合模框架由前模板（固定模板）3，螺钉 5 固定在机架 7 的基面上，并通过拉杆（导柱）6 与后模板 1 用前螺母 4 和后螺母 8 固定，形成刚性合模架。动模板在合模机构的作用下，沿拉杆在前后模板之间移动。

后模板对机架是不固定的，以便在调整模厚时随之移动。

后螺母根据调模形式不同，可以是固紧的，也可兼顾调节螺母的作用。三板式优点刚性强，稳定性好。

b. 两板式，如图 2-36(b) 所示。无后模板，动模板 2 兼固后模板与前模板 3 形成刚性合模架，后螺母 8 兼有锁紧与调整功能。两板式优点是刚性好，减重、省材、节能。

② 按合模架的形式可分为有拉杆式和无拉杆式，如图 2-37 所示，后者优点是操作空间大，安装模具及取下制品方便。

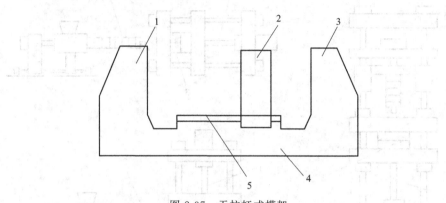

图 2-37　无拉杆式模架
1—后模板；2—动模板；3—前模板；4—机架；5—导轨

③ 按照合模装置的传动形式，可分为机械式、液压式、液压连杆式、液压复合式、电动连杆式、电动复合式等，如图 2-38 所示。

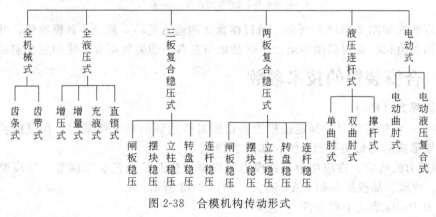

图 2-38　合模机构传动形式

④ 根据模位数目及换位方式不同，可分为单模位、双模位和多模位等类型，如图 2-39所示。

a. 单模位：按其开闭模方向与塑化部件轴线的相对位置，有水平式、垂直式（立式）、角式之分，如图 2-40 所示。

b. 双模位（交替模）：按模盘的转动方式有水平旋转、垂直旋转，如图 2-41 所示。

水平旋转式如图 2-41(a) 所示，两个 A、B 模具固定在模盘 2 上，并分别与两个相对应的注塑部件 5 同心。A、B 通过模盘的转动、换位注塑两种物料的复合制品。模盘转动通过齿轮、齿条机构在齿条油缸 7 的驱动下旋转。

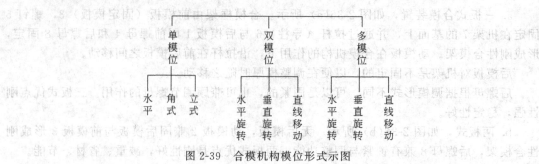

图 2-39 合模机构模位形式示图

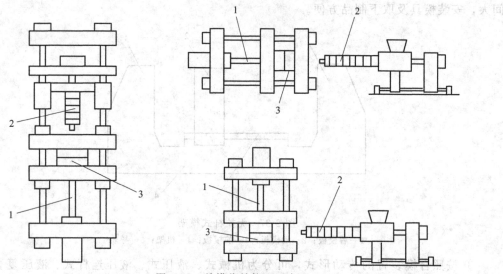

图 2-40 单模位结构配置布置

1—合模部件；2—注塑部件；3—模具

垂直旋转式如图 2-41(b) 所示，通过模盘 2 的垂直旋转，使 A、B 模换位，并在移动机构的作用下沿拉杆实现启闭模运动，交替地与左右注塑装置配合，注塑复合制品。

2.3.2 合模装置的技术参数

(1) 锁模力 (P_M)

① 定义：注塑机标定的额定锁模力是指模具能达到的最大锁紧力。在锁模状态，合模刚性框架形成的力封闭变形系统，如图 2-42 所示。

② 锁模力的确定：在应用中，锁模力可根据注塑制品工艺要求调节，与模腔平均压力 (p_{cp})、成型制品投影面积 (A) 有关，如图 2-43 所示。

锁模力 P_M 应满足下列条件

$$P_M \geqslant p_{cp}A/1000 \tag{2-23}$$

式中　p_{cp}——模腔平均压力，kgf/cm^2；

　　　A——模腔投影面积，cm^2；

　　　P_M——锁模力，t。

由此可知，额定锁模力应由所需的最大模腔压力 (p_{cpmax}) 和制品最大投影面积来决定。

(2) 拉杆间距 ($V \times H$)

拉杆间距是指拉杆内间距，常用 $V \times H$ 表示，如图 2-44 所示。

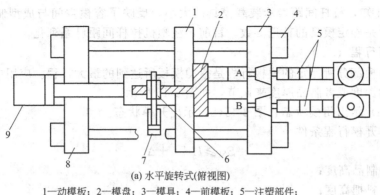

(a) 水平旋转式(俯视图)

1—动模板；2—模盘；3—模具；4—前模板；5—注塑部件；
6—齿轮齿条；7—齿条油缸；8—后模板；9—合模油缸

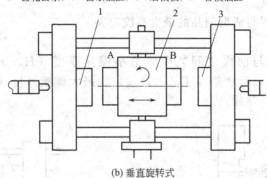

(b) 垂直旋转式

1—定模A；2—模盘；3—定模B

图 2-41　双模位配置视图

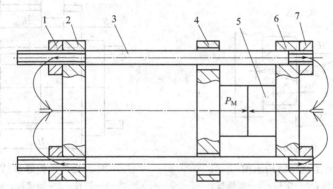

图 2-42　合模装置力封闭变形系统受力示图

1—调模螺母；2—后模板；3—拉杆；4—动模板；5—模具；6—前模板；7—锁紧螺母

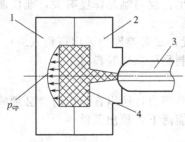

图 2-43　模腔压力分布示图

1—动模；2—定模；3—喷嘴；4—模腔

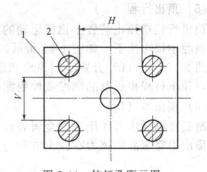

图 2-44　拉杆孔距示图

1—模板；2—拉杆

由图 2-44 知，拉杆间距表示装载模具的大小，反映了容模空间与成型制品的最大投影面积有关，是确定模具的首选参数。目前，注塑机拉杆间距已系列化。

(3) 模板行程 (S_M)

注塑机合模部分所标定的模板行程是指动模板所达到的最大行程。应用中，模板行程可根据模腔的深度或者制品厚度来调节，如图 2-45 所示。

图 2-45(a) 示出闭模状态，图 2-45(b) 示出开模状态。

由此知：开模行程条件

$$S_M \geqslant H + h + \Delta \tag{2-24}$$

式中　H——制品高度；

h——料把高度；

Δ——制品脱模间隙。

因此，动模板最大行程与成型制品的最大高度有关。

(4) 模具厚度

模具厚度是指动模板与前模之间装模的最小模具厚度（H_{min}）和最大模具厚度（H_{max}）。如图 2-46 所示。二者之差（$H_{max}-H_{min}$）为最大调模厚度（ΔS），由调模装置来完成，是模具选择的重要参数。

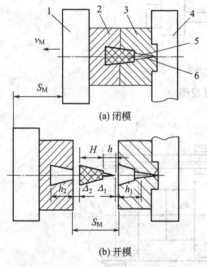

图 2-45　制品脱模结构示图
1—动模板；2—动模；3—定模；4—前模板；
5—制品；6—料把（水口料）

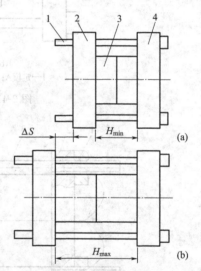

图 2-46　装模厚度结构示图
1—拉杆；2—动模板；3—模具；
4—前模板

(5) 顶出行程 (S_j)

顶出行程指顶出装置上顶杆运动的最大行程。顶出行程与制品深度有关，能使制品从模具型腔中顶出落下，如图 2-47 所示。

图 2-47(a)、(b) 分别示出顶出和退回极限的位置，二者差即为顶出行程（S_j）。在操作中，顶出行程根据制品高度或模腔深度来调整，使制品可靠地脱模落下。

(6) 顶出力 (P_j)

制品在模腔压力作用下与金属表面产生很大的静摩擦力，所以在顶出时，必须施以足够的顶出力克服静摩擦力在顶出方向的合力，制品才能落下，顶出条件

$$P_j \geqslant \sum_{i=1}^{n} P_{fi} \tag{2-25}$$

式中 P_{fi}——制品摩擦力;

   P_j——顶出力,kN,t。

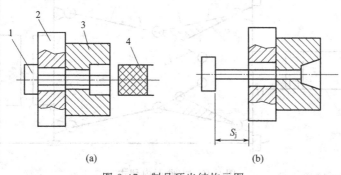

图 2-47   制品顶出结构示图

1—顶出杆;2—动模板;3—动模;4—制品

2.3.3   曲肘连杆式合模装置

(1) 机构特点与类型

曲肘连杆机构在注塑机的合模机构中得到较为普遍的应用,因为其有下列特点。

① 有力放大作用,即对输入端的主动件(活塞杆)输入一小的主动力(P_0),在输出端从动件(动模板)产生较大的输出力即移模力(P_m)。不同结构尺寸的连杆有不同的力的放大比。

② 曲肘连杆机构伸直时,可进入自锁状态,在锁紧模具后,由变形所产生的弹性反力无法使模具打开,因此可以暂时切断输入端的动力,节省能源。

③ 当用液压缸驱动活塞杆作匀速直线运动时,通过曲肘连杆机构传动的动模板会产生慢—快—慢的速度特性,适合模板启闭模的工艺要求;如果采用伺服电机驱动,可改变活塞杆的变速运动规律使之得到高速、平稳的动模板运动特性,并节能。

双曲肘连杆式合模机构有外翻式和内翻式之分。

双曲肘外翻式如图 2-48 所示,其特点:开模时,双曲肘相对于轴线向外翻;两后支铰及前支铰靠近轴心线,减小了支铰跨度,增加了模板锁模刚性,减小了挠度,较适用于大型机。

双曲肘内翻式如图 2-49 所示,其特点:开模时,双曲肘相对于轴线向内翻;结构较外翻式简单、紧凑,适合中小型机,是较有代表性的、应用最普遍的合模机构。

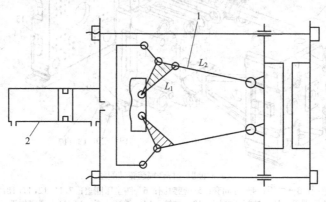

图 2-48   双曲肘外翻式

1—曲肘连杆机构;2—合模油缸

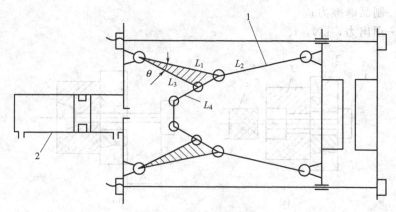

图 2-49　双曲肘内翻式
1—曲肘连杆机构；2—合模油缸

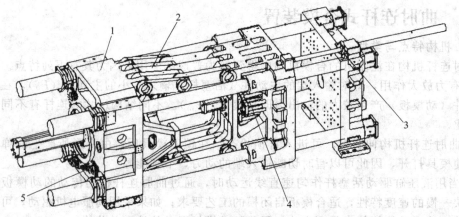

(a) 双曲肘连杆合模装置的组成

1—合模架；2—曲肘连杆；3—保险装置；4—顶出装置；5—调模装置

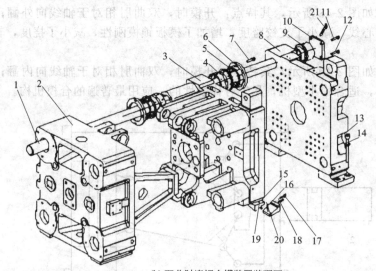

(b) 双曲肘连杆合模装置装配图

1—拉杆；2—尾板；3—二板；4—导向套；5—密封圈；6—防尘压圈盖；7,11,12,17,18,19,21—螺钉；
8—头板；9—拉杆螺母；10—拉杆压紧圈；13—螺栓；14—弹簧垫圈；15,16—滑脚斜铁；20—圆柱销

图 2-50　双曲肘连杆合模装置

从机械原理角度，双曲肘五支铰连杆机构可以看成是由两套对称的单曲肘五支铰连杆机构组成的，而每一套单曲肘，又可以看成是由两组曲柄连杆滑块机构组成的，一组是由大曲肘（L_1）、大连杆（L_2）和相当于滑块的动模板组成的 λ_1（L_1/L_2）系连杆机构；另一组是由小曲肘（L_3）、小连杆（L_4）和相当于滑块的活塞杆及其十字头组成的 λ_2（L_3/L_4）系连杆机构，而且大、小曲肘是刚性地连接在一起，以同一角速度（ω）绕后支铰旋转。这样，更便于对双曲肘连杆机构作运动分析和动力分析。

（2）装置的组成

双曲肘连杆合模装置主要由合模架 1、曲肘连杆 2、保险装置 3、顶出装置 4、调模装置 5 组成，如图 2-50 所示。

（3）曲肘连杆的结构

双曲肘、内翻式、五支点的曲肘连杆机构的装配示图，如图 2-51 所示。

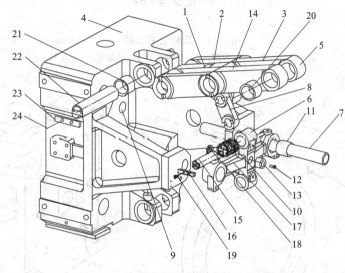

图 2-51　内翻式五支点双曲肘连杆结构

1,2—后连杆；3—前连杆；4—尾板；5,6—铰链支座；7—夹板拉杆；8—小连杆；9—活塞杆；
10—小钢套；11—导向套；12,19,24—螺钉；13—锁模杆螺母；14—曲肘；15,16—小销轴及其
定位键；17,18—推力座及其垫片；20～22—大销轴及其钢套；23—定位键

后连杆 1、2 通过大销轴 22 及其钢套 21 分别与尾板 4 的支座铰链、前连杆 3、二板的铰链支座 5 相连；小连杆 8 的一端通过小销轴 15 及其小钢套 10 与后连杆 1 相连，另一端与推力座 17 的铰链支座 6 相连。固定在尾板 4 上的合模油缸的活塞杆 9，由锁模杆螺母 13 调整并与推力座（图中未标示）紧固。在推力座水平锁孔上装有导向套 11，在活塞杆 9 作用下以夹板拉杆 7 为导向在其上滑动。推力座通过小连杆 8 带动曲肘 14 及前连杆 3 驱动动模板实现启闭模的往复运动。因此，各曲肘、连杆、销轴及其钢套及推力座的材料、结构、尺寸、各销轴及其孔的几何、尺寸的制造精度、装配精度、孔间同轴度、平行度等对曲肘连杆机构运行的平稳性，可靠性和锁模状态下的系统刚性及强度都有重要影响。

（4）调模装置

如图 2-52 所示，调模装置主要由液压马达 1、齿圈 2、定位轮 4、调模螺母的外齿圈 5 等组成，均固定在后模板 3 上。

调整螺母与拉杆端螺纹的配合精度及运行的同步精度，将影响调模的灵活性，调模误差，调模精确。调模装置的装配如图 2-53 所示。

Chapter 1
Chapter 2
Chapter 3
Chapter 4
Chapter 5
Chapter 6
Chapter 7
Chapter 8
附录 1
附录 2

从动作强度。双曲肘机构由机架(分离固定底座)、动力驱动件及连接料和基本组件构成。胶框缸(动力件)和机、一般装在动力座上，与从动件连杆交接相连接料出机动件(1)和从动件(1)。机械输出时它机械滚动机动机能，胶框缸、机械、机、机械、机械、机械、机械、机械、机械。

(2) 复合的搬动
双曲肘机构在机架、机械、机械、机械、机械、机械、机械、机械、机械、机械、机械、机械、机械、机械、机械、机械。

(3) 由机、机、机、机械
双曲肘机构，机、机械、机械、机械、机械、机械、机械、机械、机械、机械、机械、机械、机械、机械。

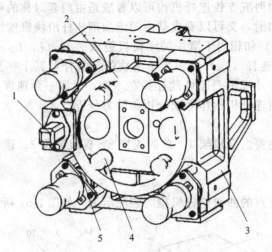

图 2-52 调模装置结构
1—液压马达；2—齿圈；3—后模板；4—定位轮；5—齿圈

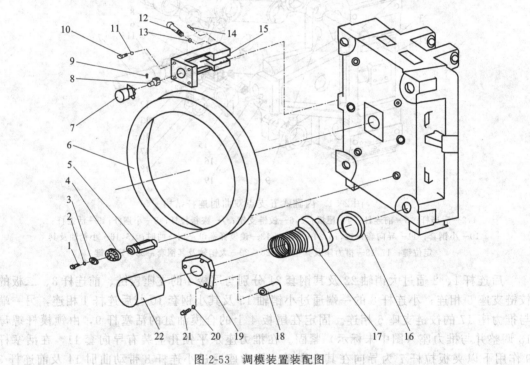

图 2-53 调模装置装配图
1,9,10,12,21—螺钉；2,3,11,13,20—垫圈；4—轴承；5—定位销；6—调模大齿圈；7—液压马达；
8—调模马达齿轮；14—圆锥销；15—液压马达座；16,17—调模螺母及其螺母垫；18—调模
压盖支杆；19—调模螺母压盖；22—拉杆护罩

　　调模大齿圈 6 是外齿圈，通过四个滚珠轴承 4 以其内圈进行定位，并固紧在尾板上。带有外齿的调模螺母 17 与拉杆上的尾螺纹相配合，轴向由调模螺母压盖 19 和调模螺母垫 16 来限位，并与大齿圈相啮合。液压马达座 15 由圆锥销在尾板上定位并用螺钉 12、21 固紧。液压马达 7 通过调模马达齿轮 8 驱动大齿圈及其相啮合的调模螺母 17 旋转，通过调模螺母压盖 19 和螺母垫 16，推动尾板沿拉杆尾螺纹移动，带动整个连杆及二板沿拉杆前后移动，根据允模厚度及工艺所要求的锁模力实现调模功能。

(5) 顶出机构

顶出装置要有足够的顶出力、顶出速度、顶出次数和顶出精度。

顶出装置如图 2-54 所示，主要由顶出油缸、顶出杆等组成，其中顶出油缸是固定在动模板的支铰座。

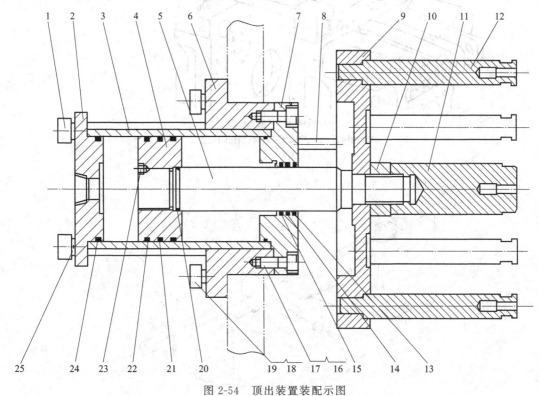

图 2-54　顶出装置装配示图

1,15,17,19,23—螺钉；2～8—顶出油缸各零件；9—顶出近接开关杆；10～12—顶出机构各零件；
13,14,16,18,20～22,24,25—防尘圈、密封圈、弹簧垫圈、活塞环

(6) 机械保险装置

为保证人、机和模具的绝对安全，除应设置电气、液压保险外，还应设置机械保险装置，如图 2-55(a) 所示，为防止误动作，预防如果电气、液压的安全保险装置或程序失灵时，在安全门未关闭的状态下，动模板失去合模能力。这是利用了曲肘连杆机构的特性，当动模板未闭合时，曲肘连杆机构处在弯曲状态，曲肘角 α 接近 α_{max} 时，力的放大比最小，于是动模板的推力很小，对动模板实行机械制动，达到安全保险的目的。

机械保险装置的单元装配图如图 2-55(b) 所示。其工作原理是，带有螺纹的机械保险杆 2，通过螺母 1 调节轴向位置并固紧在二板上，机械保险挡板 3 通过支承套 6、垫圈 9 及螺钉 10 固定在头板上，并以此为支点可以摆动。当安全门未关闭时，挡板 3 在自由状态下，头部重于带有轴承 7 及其螺钉 8 的尾部，向前倾斜，置于保险杆 2 和头板的穿孔之间。在此情况，如果动模板无论何种原因而发生闭模动作都将被挡板 3 阻止无法继续闭模。而且，这时的曲肘连杆位置处于曲肘角 α 较大的初始状态，这时的力放大比小，所以动模板的推力亦较小，容易被挡板止住。只有当安全门完全关闭时，固定在安全门上的机械保险触板 11 才压下挡板尾部的轴承，使之前部抬起，让开保险杆进入头板的穿孔位置，才能使二板闭模到底实现锁模，为此，起到保护模具及人身安全的作用。

第 2 章　注塑机及其周边设备　│　73

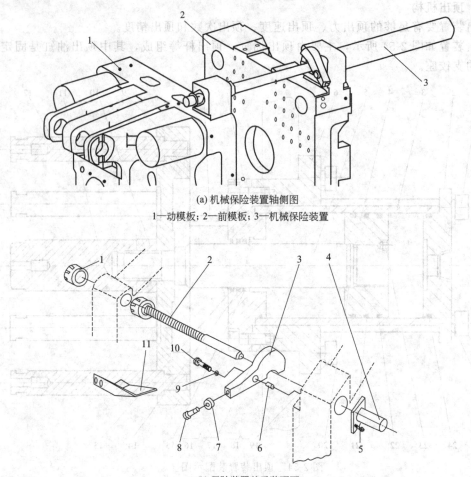

(a) 机械保险装置轴侧图

1—动模板；2—前模板；3—机械保险装置

(b) 保险装置单元装配图

1—螺母；2—保险杆；3, 4—保险挡板及其保险罩；5, 10—螺钉；
6, 9—支承套及其垫圈；7, 8—轴承及螺钉；11—保险触板

图 2-55　机械保险装置结构

2.4　新型注塑机

2.4.1　全电驱动注塑机

　　所谓全电动注塑机，是指采用伺服电机取代原来的液压装置，以完成螺杆的旋转、注射、开合模等动作过程的注塑机。全电动注塑机的机械原理与传统的液压注塑机是基本相同的，只是在控制部分采用伺服电机取代原来的液压装置，其注射装置也包括塑化和传动两个部分。塑化部件是由螺杆、机筒、喷嘴组成，传动部分是由滚珠丝杠、伺服电机、传动齿轮和离合器等组成。全电动注塑机的合模装置也有肘杆式和直压式两种，这一点也同传统的注塑机基本相同。

　　1983 年，日本制造出第一台全电动式注塑机，相对于普通液压驱动的注塑机来说，全电动式注塑机的突出特点为环保、省电节能、噪声低、射出速度高等。随着大容量交流伺服电动机性能的提升，价格降低，加之全球性能源紧张，世界环保的要求越来越高，电动机会越来越普遍。

　　如图 2-56 所示，全电动注塑机与液压注射机在性能上有较大的不同，由于电动注塑

机的驱动系统不用液压油，因此排除了因液压油可能的泄漏和液压油特征参数随温度变化造成的工艺参数波动。滚珠丝杠的精度更高，重复性更好，有利于加工的稳定性。采用伺服电机控制螺杆的塑化，其计量精度更高，也更稳定，并且更有利于调速。同时，电力直接传动也有利于节约能源。然而，此类注塑机是采用伺服电机带动滚珠丝杠驱动螺杆进行注射，由于滚珠丝杠负载大，高速旋转时磨损严重，因此一般全电动注塑机的注塑速率小于 500mm/s，这是全电动注塑机的一个弱点。

图 2-56　全电动注塑机

　　液压式注塑机在成型复杂制品方面有许多独特的优势，如合模精度高、开模力大等。它的合模装置有多种结构，如单缸充液式、多缸充液式、两板直压式，种类很多，差异也比较大。单缸充液式注射机体积庞大，液压油容易泄漏，升压速度慢，耗能也多。多缸充液式注射机在一定程度上缓解并改善了这些问题，其机身较短，体积也小了一些。两板直压式注塑机解决了上述的缺点，其开合模行程长，效率高，调模以及开合模精度高，锁模变形小，模具更换方便，但其控制技术的难度大，液压技术也难于掌握。

　　液压与全电动可以说各具特点。全电动式注塑机在开合模精度以及使用寿命上不如全液压式注塑机，而全液压注塑机要保证精度就必须采用伺服阀，这必然带来成本的提高。如今，人们积极开发电动-液压式精密注塑机，计量塑化过程采用电力驱动以达到节能的效果；液压或者电动-液压复合的锁模机构也能有效地保持加工的精度以及稳定性。因此，综合了电动注塑机的节能以及液压注塑机的高性能的电动-液压式精密注塑机已经成为当今精密注塑发展的新动向。

2.4.2　微型精密注塑机

　　市场需求推动了微型精密注塑成型机的发展。目前，可成型制件的件重仅 0.0003g，壁厚为 0.01mm，尺寸公差达到 ±0.005mm。因此，成型这些制品对注塑机提出了更高的要求。要使熔体通过细小的喷嘴和流道，要求注塑机提供更高的注射压力；为确保材料在冷却前充满整个型腔，则要求极高的注射速度。此外，精密注射量计量以及快速反应能力都是对微型注塑机所提出的要求，因此，精确的螺杆和料筒设计以及精密的注射控制都是必需的。

　　微型精密注塑机（如图 2-57 所示）是注塑成型设备发展的一个新方向，开创了微细结构零件和系统制造研究的新途径，其突出优点就是能够实现高精度、高精细零件的大批量、低成本生产。对于螺杆式微型精密注塑机，其塑化、计量和注射均由一组螺杆完成，所以结构简单，易于控制。其不足之处在于由于螺杆前端的止逆环结构，使得设备对一次注射量的控制精度较差，并且增加了材料在注射料筒中降解的概率，影响零件成型质量的

Chapter 1

Chapter 2

Chapter 3

Chapter 4

Chapter 5

Chapter 6

Chapter 7

Chapter 8

附录 1

附录 2

稳定性。对于柱塞式微型精密注塑机,虽然其对注射量的控制精度较螺杆式高,但是其塑化量小,混料性能差,材料的塑化品质较螺杆式差,不利于成型表面质量和光学特性要求较高的零件。而螺杆柱塞混合式微注射成型机则综合了柱塞式和螺杆式的优点,以螺杆作为塑化单元,柱塞作为计量和注射单元,使微注射成型的控制精度和零件的成型品质均有明显提高,但是通常其结构较为复杂,控制和维护较柱塞式和螺杆式烦琐。

图 2-57　微型精密注塑机

　　不同原理的微型精密注塑机有着不同的性能指标,适合不同微细结构零件的需求。因此要根据具体的微细结构零件的成本、尺寸和质量等各方面因素综合考虑选择配置适当的微型精密注塑机。目前机电一体化技术、计算机网络技术等相关技术的不断发展,为微型注射成型机的发展提供了许多新思路和新方向。从目前微型注射成型机研究状态看,未来一段时间关于微型注射成型的研究发展趋势可能体现在以下方面:开发高精度、高灵敏度和高推力、低成本的驱动设备和方式;探索新的材料塑化方式,解决现有塑化方式带来的诸多问题,达到整洁、高效塑化注射材料的目的;进一步完善新材料的微型注塑成型工艺研究,发展适用于多种成型材料的微型注射成型机;微型注射成型机的高精度、高效率产品检测单元的探索,为微型注射成型机提供可靠的性能测试和评价标准;智能化和网络化微注射成型机的开发应用研究,使微型注射成型机在计算机和网络的帮助下实现多元控制和远程在线控制生产。

　　微型注射成型机的研制发展历史并不长,但它是一个极具发展潜力的技术领域,开展这一领域的研究不仅可以带动传统注塑成型技术的发展,同时也可以促进精细微结构制品的制造和应用。随着各国对于微机电系统(MEMS)及精细 CAD/CAE/CAM 制品开发的力度不断加强,精细微结构制品的市场将持续增长,对精密微型注射成型机的需求也会相应逐年增加,微注射成型机在先进制造领域必将发挥日益重要的作用。

2.5　注塑机的选择

2.5.1　常见注塑机品牌

　　注塑机行业在全球发展很快,特别在我国制造业快速发展的时代,如今国内和国外注塑机品牌均有不少在塑料制品企业使用。比较著名的注塑机品牌有德国的德马格和克劳斯玛菲,日本的三菱、东芝和住友,我国香港的震雄、台湾的台中精机以及宁波的海天等。

(1) 德国的德马格注塑机

德马格是世界知名的德国 Demag Ergotech 公司的注塑机品牌，其主要特点是：注塑机采用液压锁模结构与计算机优化的位置控制和预设的加速曲线相吻合，保证了锁模快速平衡的运动，保证了模具的完好性，缩短了循环时间，而且它的液压顶出机构易于拆装，没有突出的软管，拉杆间距足以容纳体积大的模具；注塑机采用电控变量泵（DFE），可以达到闭环的油压控制，能满足任何高精度、高反应的要求，同时可以使能耗降至最低以达到更好的节能要求（比普通注塑机节能 30％以上）；采用 Ergotech Control 控制器，可以按照要求的时间、压力及流量从注射状态切换到保压状态，设定值既可以按百分比，也可以按物理值输入；NC4 可以控制外部设备，还提供一个专门的页面设定各项工艺参数，进行质量控制，所有的工艺控制都是由 NC4 控制系统自动完成。

(2) 德国的克劳斯玛菲（KRAUSS MAFFEI，KF）注塑机

KRAUSS MAFFEI（克劳斯玛菲）是德国高精度注塑机的主打品牌。EX 是克劳斯玛菲推出的全电动注塑机，速度快、精度高、清洁，同时比较节省能源，具有很短的干燥循环时间，循环速度快的同时还具有很高的精度。生产出来的产品也是高质量的。

(3) 日本的住友（Sumitomo）注塑机

住友是日本注塑机的第一品牌，也是世界全电动注塑机第一品牌，住友全电动注塑机连续五年居于世界市场首席占有率。住友从事注塑机研发制造已有四十多年的历史，以其高速、高压而在行业内享有盛名。自从全电动机得到广泛应用，住友更凭借强大的研发与创新能力走在整个电动机行业的最前端。目前住友拥有多项独家技术，如直接驱动、双压中心模板锁模结构、锁模力自动补正等，在行业内拥有杰出的表现力，近年住友年产全电动机 5000 台左右，在全电动机行业处于领先地位。

(4) 我国香港的震雄注塑机

香港震雄是目前全球注塑机销售量最大的生产商之一，年产注塑机接近 15000 台，全线系列注塑机锁模力为 5～6500t，射胶量为 1～100000g。震雄集团以创新科技为首要目的，创业初期于 1959 年自行研发生产出香港第一台双色吹瓶机，令同行为之瞩目。20 世纪 60 年代，震雄首创螺丝直射注塑机，奠定了震雄在注塑行业的领导地位。进入 21 世纪，震雄集团生产的注塑机已达世界级技术水平。近年来，震雄不断推出新产品、新技术，2000 年将亚洲第一个包括模具、注塑机及机械手的 PET 瓶坯注塑配套系统推向市场，2001 年推出全电式注塑机，同年 9 月推出精密超高速注塑机。

(5) 我国台湾的台中精机注塑机

台中精机是我国台湾地区成功开发全电动机并实现一定批量生产的公司。台中精机基于 50 余年工具机的成熟技术，目前已开发完成 50t、80t、100t、150t、200t 五个机种共 11 种模块搭配的完整系列电动式注塑机，已经销售到美国、英国、南非、日本、菲律宾、马来西亚等地区。今后计划持续推出中大型电动式注塑机，包括 250t、300t 和 350t 等，并将电动式注塑机系列往上延伸，以满足客户的殷切需求。

(6) 宁波海天注塑机

我国内地的注塑机械企业主要分布在东南沿海、珠江三角洲一带，其中宁波地区发展势头最猛，现已成为中国最大的注塑机生产基地，年生产量占国内注塑机年总产量 1/2 以上，占世界注塑机的 1/3。海天牌系列注塑成型机则是其中代表之一。

海天集团创业已有 40 多年，目前已成为中国最大的塑料机械生产基地，是一家专业生产注塑机的高新技术企业。海天牌注塑机以其优质、高效、节能、档次高、经济效益好而闻名于全国注塑机械行业。主要产品是锁模力 58～3600t（注射量为 50～54000g）的近百种规格的塑料注塑机，年产量近万吨，其产量和销售额占中国同行业首位。公司全方位

Chapter 1
Chapter 2
Chapter 3
Chapter 4
Chapter 5
Chapter 6
Chapter 7
Chapter 8
附录 1
附录 2

引进日本、德国、美国、英国等先进国家一流的全电脑、全自动控制的综合加工中心,以高精度、高质量生产制造海天牌系列注塑机,生产有 HTB 系列、HTF 系列、HTW 系列、HTK 系列、DH 系列五大系列,百余种规格的机型,以适合不同用户的需求。

2.5.2 注塑机的选型要点

目前,生产注塑机的厂商很多,提供的注塑机的规格、型号、品质档次也多有不同。用户在选购时应根据所要注塑的产品,结合当前和长远利益来选择塑机的规格、品质档次。

选购时,用户首先明确自己所生产产品的使用性能、材料、大小、重量、年产量等多方面因素后(例如,生产塑料桶的厂家和生产精密仪器塑料件的厂家,应持有不同的选购思路),可根据注塑机的以下几个重要技术参数和重要组成部分来具体选择塑机的规格型号。

在实际的选型过程中,必须先收集或具备下列信息:

◆ 模具尺寸(宽度、高度、厚度)、重量、特殊设计等;

◆ 使用塑料的种类及数量(单一原料或多种塑料);

◆ 注塑成品的外观尺寸(长、宽、高、厚度)、重量等;

◆ 成型要求,如品质条件、生产速度等。

在获得以上信息后,即可按照下列步骤来选择合适的注塑机。

① 选对型:由产品及塑料决定机种及系列。

由于注塑机有非常多的种类,因此一开始要先正确判断此产品应由哪一种注塑机,或是哪一个系列来生产,例如是一般热塑性塑胶或电木原料或 PET 原料等,是单色、双色、多色、夹层或混色等。此外,某些产品需要高稳定(闭回路)、高精密、超高射速、高射压或快速生产(多回路)等条件,也必须选择合适的系列来生产。

② 放得下:由模具尺寸判定机台的"大柱内距"、"模厚"、"模具最小尺寸"及"模盘尺寸"是否适当,以确认模具是否安放得下。

◆ 模具的宽度及高度需小于或至少有一边小于大柱内距;

◆ 模具的宽度及高度最好在模盘尺寸范围内;

◆ 模具的厚度需介于注塑机的模厚之间;

◆ 模具的宽度及高度需符合该注塑机建议的最小模具尺寸,太小也不行。

③ 锁得住:由产品及塑料决定"锁模力"吨数。

当原料以高压注入模穴内时会产生一个撑模的力,因此注塑机的锁模单元必须提供足够的"锁模力"使模具不至于被撑开。锁模力需求的计算如下:

◆ 由成品外观尺寸求出成品在开关模方向的投影面积;

◆ 撑模力=成品在开关模方向的投影面积(cm^2)×模穴数×模内压力(kgf/cm^2);

◆ 模内压力随原料而不同,一般原料取 $350 \sim 400 kgf/cm^2$;

◆ 机器锁模力需大于撑模力,且为了保险起见,机器锁模力通常需大于撑模力的 1.17 倍以上。

至此已初步决定合模单元的规格,并大致确定机种吨数,接着必须再进行下列步骤,以确认哪一个射出单元的螺杆直径比较符合所需。

④ 射得饱:由成品重量及模穴数判定所需"射出量"并选择合适的"螺杆直径"。

◆ 计算成品重量需考虑模穴数(一模几穴);

◆ 为了稳定起见,射出量需为成品重量的 1.35 倍以上,亦即成品重量需为射出量的 75% 以内。

⑤ 射得好：由塑料判定"螺杆压缩比"及"射出压力"等条件。

有些工程塑料需要较高的射出压力及合适的螺杆压缩比，才有较好的成型效果，因此为了使成品射得更好，在选择螺杆时亦需考虑射压的需求及压缩比的问题。

一般而言，直径较小的螺杆可提供较高的射出压力。

⑥ 射得快：即"射出速度"的确认。

有些成品需要高射出率速射出才能稳定成型，如超薄类成品，在此情况下，可能需要确认机器的射出率及射速是否足够，是否需搭配蓄压器、闭回路控制等装置。一般而言，在相同条件下，可提供较高射压的螺杆通常射速较低，相反的，可提供较低射压的螺杆通常射速较高。因此，选择螺杆直径时，射出量、射出压力及射出率（射出速度），需交叉考量及取舍。

此外，也可以采用多回路设计，以同步复合动作缩短成型时间。

2.6 注塑机周边设备

2.6.1 热风循环烘箱

如图 2-58 所示，热风循环烘箱一般由电加热炉丝、温度调节控制器、鼓风机、保温箱体等构成。使用热风循环烘箱时应经常检查温度控制是否准确，因为大多数塑料都有一个相对偏低的连续耐热温度极限。超过了这个极限，塑料将出现熔融黏结（通称结块）、老化。对热稳定性差的塑料，时间稍长小可能出现分解变色，所以，热风循环烘箱的温度控制很重要，一是设定的温度要合理；二是热风循环烘箱的温度要准确。

图 2-58　热风循环烘箱　　　　　　图 2-59　远红外线辐射干燥箱

由于塑料的导热性很差，放入烘箱静置烘干的料层如果过厚，在同样操作条件，同样干燥周期下，表层与中心层的干燥效果将会不同，因此需要有一个适当的料层厚度范围，不应随意堆放。

大部分热风在箱内循环，热效率高，节约能源。利用强制通风作用，箱内设有可调式分风板，物料干燥均匀。热源可采用蒸汽、热水、电、远红外，选择广泛。整机应噪声小，运转平稳，温度自控，安装维修方便。

2.6.2 远红外线干燥箱

远红外线干燥箱的结构类似于热风循环烘箱，见图 2-59，所不同的是加热源由电加热炉丝换成了远红外线加热装置，利用远红外线加热塑料排除水分，优点是升温快、干燥效率高、耗电少、设备简单、投资少、卫生。

由于远红外线是电磁波，传播的方向和速度与光波相同，而且吸收远红外线的塑料或其他物质是由基层分子共振而发热，所以不仅升温迅速，而且是自基体内部首先升温，这对于向外排除水分的塑料是十分适宜的。据有关资料介绍，辐射 3～20min，可使塑料含水率降到容许的限度以下。设计合适的远红外线加热装置，由于有效地利用辐射能，较之普通加热装置节电 30%～90%。

2.6.3　热风料斗干燥器

塑料成型设备中专门用来干燥塑料原料的装置就是热风料斗干燥器。这种干燥器附设在机台加料位置，正愈来愈多地取代固定式加热烘箱，如图 2-60 所示。

热风料斗干燥器的工作原理是，在注塑机料斗旁增设热风发生器，空气通过风机进入热风发生器，在温控下进行电加热，达到额定温度后从料斗底部送入料斗，自下而上地穿越料斗中的塑料粒料层，带走粒料中的水分，最后从料斗顶部排空。干燥料斗内的塑料可以是间歇式逐批加入，也可以是连续式源源不断地加入，按与热风相反的方向自上而下靠重力缓慢下降，愈往下停留的时间愈长，被热风带走的水分总量愈多，最后到达料斗的锥形底面，以合格的干燥状态进入机台。

图 2-60　热风料斗干燥器

热风料斗干燥器优点在于：节约了专门的烘箱、烘箱用地及烘箱管理；能实现加料的连续自动化；避免了对水分敏感的塑料在干燥后的重新吸潮；令进入机台原料有一个比较好的预热状态。最突出的优点是能够大大缩短干燥时间。

使用热风料斗干燥器应注意的问题如下。

① 风温度过高，从而导致料斗下部塑料熔融结块，影响热风的均匀吹送，严重时影响塑料顺利进入机台。

② 用于混法着色的塑料，颜料一定要选择分散性高、黏附能力强的助染剂，在长时间的热风作用下不易与塑料分离。

③ 转换原料的颜色时，一定要进行仔细的清扫，必要时还要清扫热空气分配器内部。用酒精清退器壁上的色渍较为理想。

2.6.4　除湿干燥机

除湿干燥机顾名思义就是在干燥材料前将空气中的湿气除去，从而保证进入材料干燥时能从材料中带走水汽，从而达到材料干燥的目的，如图 2-61 所示。

除湿干燥机核心是两个可以再生的蜂巢转子，蜂巢转子里装的是干燥剂，当一个转子处于干燥状态时，另一个转子则进入再生状态，这样轮流使用，使干燥空气始终保持干燥。因此过一段时间后一定要检查并更换蜂巢转子，以确保干燥效果，同时，由于大多数的厂家都在使用数量不等的再生料，再生料内粉末的含量较多，容易堵塞空气流通的过滤器，造成空气流量不足，因此定期清理过滤器显得很重要。

2.6.5　自动供料机

如图 2-62 所示，自动供料机主要是由真空泵、料位计、粉尘过滤器、储料斗、定时控制器等几部分构成，它的主要作用是把塑料从储料仓自动送到注塑机的料斗，具有自动、快捷、方便、安全等特点，特别是大型注塑机，塑料的使用量非常大，依靠人工搬运，不仅劳动强度大，而且不太安全，自动供料机就非常合适。对于自动化注塑工厂来说，这是必不可少的设备。

图 2-61　除湿干燥机

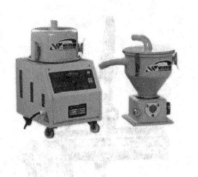

图 2-62　自动供料机

2.6.6　模具温度控制机

模具温度控制机的主要用途是控制模具成型的温度，一般由加热器、驱动泵、水箱（或称油箱）、温度控制器等几部分构成，如图 2-63 所示。

模具温度控制机所使用的介质通常是水及油两种，一般的选择原则是 100℃ 以下、非精密模具且水质较好的情况下使用水；100℃ 以上、精密模具使用油。

图 2-63　模具温度控制机

图 2-64　破碎机

2.6.7　破碎机

如图 2-64 所示，破碎机主要用来破碎流道、浇口及不良品，破碎后的材料一般称为二次料或再生料，二次料可按一定比例掺入原材料中使用。

破碎机主要是由机身、切刀、筛网、电动机等组成，切刀一般由耐磨的超硬钢经特殊热处理制成，坚固耐用；筛网根据需要有不同的孔径可供选择。

破碎机按切刀转速分为高速、中速、低速三种型号。高速一般用于韧性材料的破碎；

Chapter 1
Chapter 2
Chapter 3
Chapter 4
Chapter 5
Chapter 6
Chapter 7
Chapter 8
附录 1
附录 2

中速一般用于普通材料的破碎；低速一般用在注塑机旁边，作为即时回收用机。

2.6.8　取件机械手

取件机械手是配合注塑机及模具完成某项功能及动作的专用设备，如夹取浇口、取放制品等，机械手一般是由机械、气动元件组成，需要精密定位的则使用伺服电机。

机械手的种类及型号很多，除一些专用的机械手外，市面上常用的多为斜臂式及横走式两种。如图 2-65 所示。

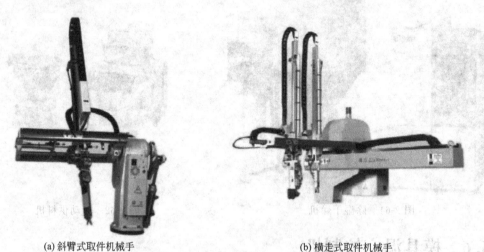

(a) 斜臂式取件机械手　　　　　　　　　　　(b) 横走式取件机械手

图 2-65　取件机械手

2.7　注塑机的调试

2.7.1　注塑前的准备与检查

（1）着装

操作注塑机的人员在上岗前应着工作服、安全帽、安全鞋等，如图 2-66 所示。

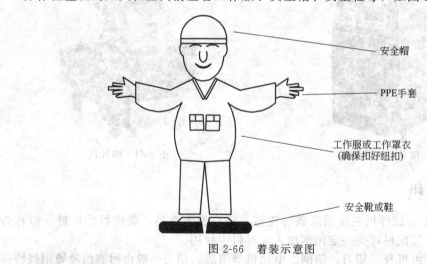

安全帽

PPE手套

工作服或工作罩衣
（确保扣好纽扣）

安全靴或鞋

图 2-66　着装示意图

（2）检查注塑机

开机前先检查各种电器开关是否正常，位置是否正确、油箱油位是否符合要求，模具是否和要求的产品一致，原料是否符合产品要求，烘料温度与时间是否符合工艺卡片要求，模具的冷却系统是否良好，油路是否畅通；检查模具安装是否牢靠，是否有其他非操作性标识，尤其对打开的模具要认真检查；对有采用热流道的模具，要待热流道温度达到设定的要求后，才能操作。在此过程中要注意注射时必须关闭安全门，以免高温熔体喷溅烫伤人员；开机空运行，观察注塑机的开模、关模、顶出等动作是否正常。

根据工艺卡片要求，将注塑机料桶烘干温度设定为规定的温度，待料温达到设定的温度 15min 后，开始下一步的工作；根据成型工艺卡片要求，设定好各种压力、速度、时间、位置参数。

(3) 选择合适的工作模式

一般往复式螺杆注塑机有四个动作模式：全自动、半自动、手动和点动（多数用在调模上）。各种模式的选择作用如下。

① 全自动　注塑机的全部工作动作按预先调整好的时间和程序自动进行。这种模式下，注塑机的每一个动作过程周期固定不变，塑料的加入量和在料筒受热塑化程度以及模具温度保持恒定，所以制品的质量和产量都可以得到保证。但是这种动作模式必须满足四个先决条件，即制品能可靠地从模具上脱出、低压合模保护、故障报警及自动停机等功能均完好。

② 半自动　除锁模为人工操作外，其余过程均为自动进行。采用这种动作模式的目的是为了能进行人工辅助产品脱模，取出水口料或将嵌件放入模具。由于生产周期大体上固定不变（操作工人的熟练程度不同，会有小的变化），因此制品质量及产量均有保障，是生产中常常采用的模式，特别是一些中小规模的企业。

③ 手动　按下某一动作按钮，注塑机仅完成某一动作。采用这种模式下，由于生产周期操作人员的动作快慢不同而变化，塑料的加入量、塑化程度、模具温度等均可能出现变化，制品的质量单位时间产量均不太稳定，一般是在观察及调整时使用。

④ 点动　点动又称调整，即按下某一动作按钮后，注塑机的相应动作将根据按下的时间长短分步运行。这种模式只在更换模架、调整注塑机各个动作之间的配合、对空注射时使用，生产上不能采用。要特别注意的是，点动时注塑机上各种安全保护设置都处于暂时停止工作状态，例如在不关安全门的情况下模具仍然可跟随活动模板开启和闭合，因此采用点动模式操作时无比小心谨慎，建议有一定经验的人方可操作。目前，先进的注塑机已取消点动功能，一部分功能由手动模式完成，一部分是由专门的功能键完成，如自动低压调模、自动对空射出以清洗料筒等。

(4) 安全注意事项

为了保护注塑机螺杆，应确保注塑机料筒各段温度达到设定的温度后 15～30min，再开始操作螺杆。

① 为防止螺杆损坏，在无料空转的情况下，应以 60r/min 以下的速度进行试运转。

② 勿让操作人员的手和脸部靠近注射喷嘴的前端。

③ 在注塑工作前应完成模具的安装。

④ 下一注塑步骤中未注明的操作都应在手动状态下进行。

(5) 油温检查

液压油的最佳工作温度大都为 45℃ 左右，如果液压油的温度低于 40℃，油的黏性会过高；而高于 55℃，则油的黏性过低。

为在注塑加工开始时机器就能处于最佳状态，如果液压油的温度低于 40℃，应先做液压油预热工作。预热的方法是只启动油泵电动机进行空运转，也可以进行某一动作，如顶出杆顶出、回收等。

2.7.2　模具的安装

安装模具时，注塑机的动作模式必须处在手动模式或调模状态下进行，以确保生产安全。

步骤1：启动注塑机的油泵电动机。

步骤2：开模，使注塑机的合模装置开启。

步骤3：将注射座向后移动。

步骤4：关闭注塑机的油泵电动机。

（如注塑机动模安装板已经处于开模停止位置时，上述步骤1～步骤4取消）。

步骤5：调整顶杆的位置与数目，使之与模具相适合。

步骤6：吊起整套模具放入注塑机内（此过程中要注意不要让模具与拉杆及其他机器部件相撞），使定模部分与注塑机的定模安装板贴紧。

步骤7：用螺栓、模具压板、压板垫块、平垫圈、弹簧垫圈等把模具定模座板与注塑机的定模连接起来，但此时还不能将螺栓拧死。

步骤8：启动注塑机的油泵电动机。

步骤9：以点动方式进行关模，使注塑机的移动模板与模具逐渐接触，直至紧贴。

步骤10：在模具完全闭合后，进行喷嘴中心与模具浇口中心的对准及接触可靠性的校调，确保喷嘴中心准确地对准模具浇口中心；在喷嘴与模具接触之前，交替地旋转注射座开关至中间位置和前进位置，如果喷嘴没有正确地调整至对准中心，可按需要作上下和左右调整。调整方法如图2-67所示。

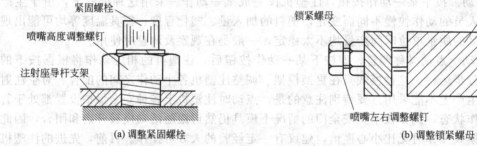
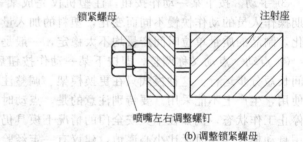

图 2-67　喷嘴中心调整方法

松开注射座前后导杆支架上的紧固螺栓和两侧的锁紧螺母，根据需要调整喷嘴高度调整螺钉，纠正上下偏差；调整喷嘴左右调整螺钉，纠正左右偏差。调整完毕，拧紧紧固螺栓和锁紧螺母。

在此过程中要注意的是，移动喷嘴前务必先观察喷嘴的长度以及模具进料口的深度是否合适，以避免可能导致喷嘴或电热圈的损坏。

步骤11：关闭注塑机的油泵电动机。

步骤12：拧紧定模座板上的压板螺栓，锁紧定模座板。

步骤13：与固定定模座板的方法相同，将动模座板与注塑机移动模板进行可靠锁紧，确保开模时模具能松动。

步骤14：卸下吊装模具所用的皮带或钢丝绳。

步骤15：设定好开模、关模位置、压力和速度，特别是要确保高压锁模压力设定为成型制品所要求的压力。

步骤16：启动注塑机的油泵电动机。

步骤17：设定开模、关模和调模参数，开启模具。

步骤 18：关上安全门，按下二次调模功能键，进入自动调模状态。

步骤 19：安全门再开关一次，机器将自动进行调模，调模完成后，机器将恢复为手动模式。

步骤 20：按关模键，进行关模操作，在关模结束后，关闭油泵电动机。

步骤 21：再次拧紧所有紧固模具的螺栓。

步骤 22：连接有关模具的其他管路，如冷却水管、气管等。

至此，模具安装完毕。

2.7.3　注塑机运行过程中的注意事项

① 注塑机合模前，操作人员要仔细观察顶杆是否复位、模具型腔内是否有产品或异物，如发现产品、机械或模具有异常情况，应立即停机，待查明原因、排除故障后再开机生产。

② 对空注射喷出的熔体凝块，要趁热撕碎或压扁，以利于回收再用；一般不要留存1.5cm 厚以上的料块。

③ 生产过程中的水口料或自检废品应放入废料箱，废料箱严禁不同品种、颜色的废料以及其他杂物混入。生产时如水口料掉在模具流道中或产品掉在型腔内，只可以用铜棒小心敲出或用烫料机清理，严禁采用铁棒或其他硬物伸进模具勾、撬，以免碰伤、划伤模具；特别是高光镜面模具的成型零件，不得用手触摸，若有油污必须揩擦时，只能用软绒布或者脱脂棉进行揩擦。

④ 当需要进行机器或模具的检修时，而人的肢体又必须进入模具或模具合模装置内时，一定要关闭油泵马达，以防机器误动作伤人或损坏机器、模具。

⑤ 停机时间较长后、重新生产前要进行对空注射时，车间人员人应远离喷嘴，以防止喷溅、烫伤事故的发生。

⑥ 每次停机时，螺杆必须处于注射最前的位置，严禁预塑状态下停机，停机后应关闭全部电源。

⑦ 凡因模具原因造成产品质量问题、需要检修模具时，必须保留两件以上未作任何修剪（带有水口料）的制品，以方便检修模具、查找原因。

⑧ 每次更换模具后，都要试注三件完整的制品进行质量首检，所有合格制品都需轻拿轻放，不得碰撞，装箱不能太紧，避免挤压擦伤。

2.7.4　注塑机的停机操作

注塑机在很多情况下都需要停机，如订单完成、模具或设备出现故障、缺少材料等，停机不是简单地把机器关掉一走了之，而是要遵循一定的程序，并做好相应的工作后才能一步一步地关掉机器。下文是停机操作的一些步骤及相应注意事项。

① 停机前保留 3～5 模次制品作为样品，该样品作为下次生产的参考或作为模具、机器设备修模的依据。

② 注塑机停机时将料筒内的存料尽可能减到最少，为此，应先关闭料斗上的供料阀门，停止塑料的供应，如果是订单完成，正常生产停机的话，可以将料筒内的塑料全部注塑完毕，直至塑化量不足，机器报警为止。如果是模具故障导致的故障停机，应将螺杆空转一段时间，将料筒内的料对空注射干净，以免螺杆加料段螺槽在停机后储满粒料，而这部分粒料在料筒停止加热后，受余热作用会变软粘成团块，在下次开机时会像橡胶一样抱住螺杆，随螺杆一起转动不能前进，阻止新料粒的进入。极端情况下，积存的冷粒块还会卡住螺杆，使螺杆难以转动，此时只好大大提高料筒温度使其熔融，而过高的温度又可

Chapter 1

Chapter 2

Chapter 3

Chapter 4

Chapter 5

Chapter 6

Chapter 7

Chapter 8

附录 1

附录 2

能导致塑料烧焦碳化；当热敏性高的塑料在螺杆槽与料筒内壁间隙中形成碳化物质时，情况则更为严重，将螺杆牢牢粘着不能转动，拆卸也甚为吃力。

③ 如果停机时间超过 15min，则应用 PP 清洗料筒，特别是热敏性塑料更应及时停机清洗料筒。

④ 停机前，如果只是短时间停机（模具、机器、塑料等均正常），模具动、定半模应先合拢，两者间保留 0.5～2mm 的间隙，而千万不能进行高压锁模将模具锁紧，因为模具长期处于强大的锁模力下，将使拉杆长期处于巨大拉力而产生变形，如果是较长时间停机，则最好是将模具拆下。

⑤ 射台（注射座）后退接近底部。

⑥ 将注塑机的电动机关闭。

⑦ 将料筒电源关闭。

⑧ 将注塑机总电源关闭。

⑨ 将模温机、机械手、干燥机、自动上料机、输送带等辅助设备的电源关闭。

⑩ 关闭高压空气及冷却水的阀门，注意的是，关闭冷却水时要注意入料口处的冷却水需待料筒温度降至室温时才能关闭。

⑪ 关闭车间电控柜内该注塑机的电源。

⑫ 将零件自检，将不合格品做好标识并放置到指定的位置。

⑬ 清扫机台，做好"5S"工作。

⑭ 做好注塑机的维护保养工作，特别是格林柱（注塑机合模拉杆）、导轨等活动部位要及时涂敷润滑油，易生锈部位应清洗干净后涂敷防锈油等。

⑮ 做好各项记录，如生产记录、设备停机原因、设备点检记录、维护保养记录等，以备下一次生产时参考。

总的要求是，停机后总体状况应做到机台内外无油污、灰尘，无杂物堆置，设备周围打扫干净，无污物垃圾，工装设备擦洗干净，摆放整齐，无损伤缺少。

2.7.5　模具的拆卸

从注塑机上拆下模具时，必须确保注塑机的动作模式处于手动模式下。

步骤 1：启动油泵电动机。

步骤 2：把模具完全闭合。

步骤 3：关停油泵电动机。

步骤 4：打开安全门，用锁模器将模具动、定部分锁紧；用吊环螺栓连接到模具上，将缆绳套入起吊设备，准备起吊。此过程要保证注塑机开启时，模具的两半不会分开。

步骤 5：卸下模具的连接管路和与模板固定的压板、螺栓。

步骤 6：启动油泵电动机。

步骤 7：按开模按钮，开模。

步骤 8：当开模操作完成时，关停油泵电动机。

步骤 9：把模具从注塑机上吊出并把它放在合适的地方。

2.8　注塑机的操作与使用（以克劳斯玛菲牌注塑机为例）

2.8.1　克劳斯玛菲牌注塑机简介

克劳斯玛菲（KRAUSS-MAFFEI，简称 KM），1838 年成立于慕尼黑，是全球著名的高端注塑机制造商，也是全球机械制造最全面的制造商之一。其 C 系列注塑机在我国拥有较多的用户，该型号注塑机的结构如图 2-68 所示。

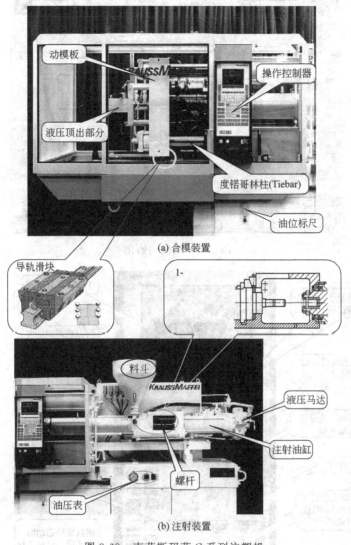

(a) 合模装置

(b) 注射装置

图 2-68　克劳斯玛菲 C 系列注塑机

2.8.2　注塑机的操作系统

(1) 系统的启动

先决条件：24V DC 供电正常，系统完整无异常。

启动主电源后，MC4 操作面板所有指示灯会闪动，显示屏出现电脑自检数据，待完全检测后进入画面，如图 2-69 所示。

如果无法启动系统，应检查 24VDC 供电是否正常，检查 24V DC 保险丝是否正常，NT500 供电装置是否正常，SR503 卡的红色警示灯是否亮起，根据屏幕故障提示排除问题。

(2) 操作系统界面

操作系统界面如图 2-70 所示。

(3) 特殊功能键

特殊功能键见图 2-71。

Chapter 1
Chapter 2
Chapter 3
Chapter 4
Chapter 5
Chapter 6
Chapter 7
Chapter 8
附录 1
附录 2

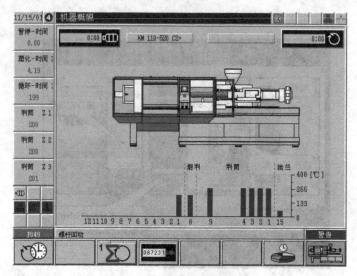

图 2-69　系统初始化

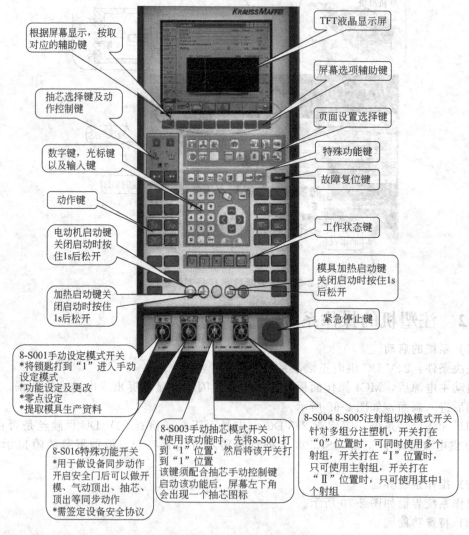

图 2-70　系统界面

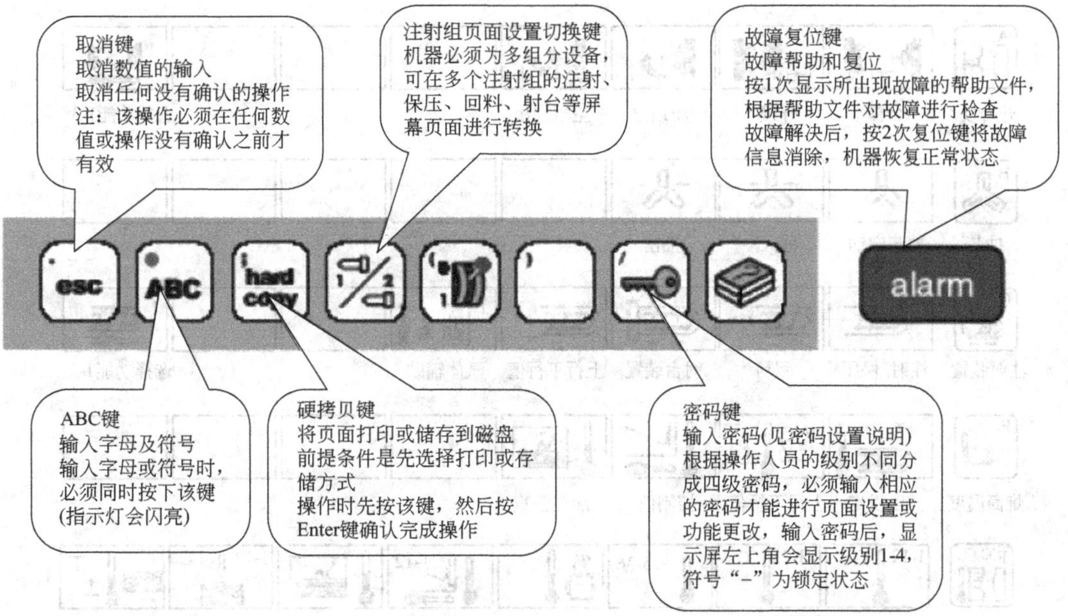

取消键
取消数值的输入
取消任何没有确认的操作
注：该操作必须在任何数值或操作没有确认之前才有效

注射组页面设置切换键
机器必须为多组分设备，可在多个注射组的注射、保压、回料、射台等屏幕页面进行转换

故障复位键
故障帮助和复位
按1次显示所出现故障的帮助文件，根据帮助文件对故障进行检查故障解决后，按2次复位键将故障信息消除，机器恢复正常状态

ABC键
输入字母及符号
输入字母或符号时，必须同时按下该键
(指示灯会闪亮)

硬拷贝键
将页面打印或储存到磁盘前提条件是先选择打印或存储方式
操作时先按该键，然后按Enter键确认完成操作

密码键
输入密码(见密码设置说明)
根据操作人员的级别不同分成四级密码，必须输入相应的密码才能进行页面设置或功能更改，输入密码后，显示屏左上角会显示级别1-4，符号"−"为锁定状态

图 2-71　特殊功能键

（4）功能按键

功能按键见图 2-72。

（5）页面设置

所有的数据均以实数显示（不是百分比），根据运用会有图 2-73 不同的计算单位来显示。

在 MC4 版本中根据功能的运用会有图 2-74 所示不同的按钮来进行激活，选定"确认"按钮符号显示如图 2-75 所示。

2.8.3　注塑机的参数设置

（1）合模

按页面选择键  进入合模设置。如图 2-76 所示。

（2）开模

按页面选择键  ，再按第二个辅助键进入开模设置，如图 2-77 所示。

机械手中间停顿功能：根据机械手动作，启动一个开模的位置用于开始机械手。

（3）液压顶出

按页面选择键  ，再按第三个辅助键进入液压顶出设置，如图 2-78 所示。

顶出方式：1—开始新循环时顶出装置退回；2—新循环开始之前顶出装置处于停机位置。

（4）气动顶出

按页面选择键  ，再按第四个辅助键进入气动顶出设置，如图 2-79 所示。

Chapter 1
Chapter 2
Chapter 3
Chapter 4
Chapter 5
Chapter 6
Chapter 7
Chapter 8
附录 1
附录 2

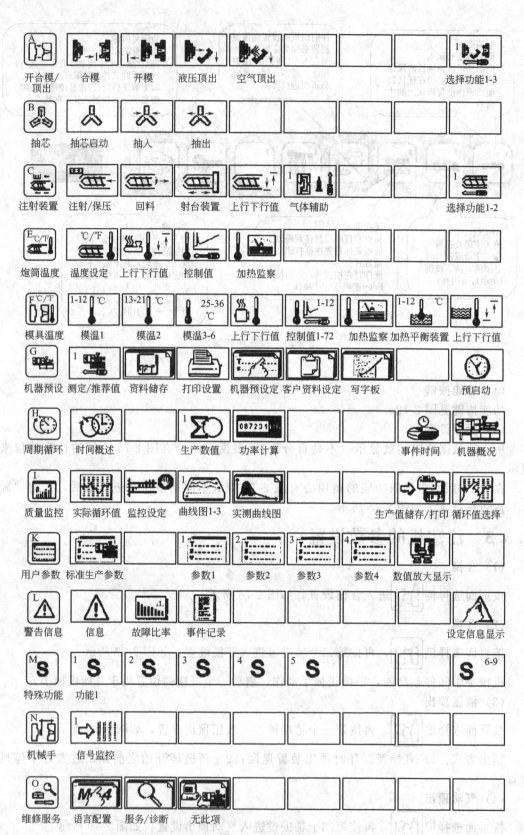

图 2-72　功能键

Chapter
1

Chapter
2

Chapter
3

Chapter
4

Chapter
5

Chapter
6

Chapter
7

Chapter
8

附录
1

附录
2

单位	陈述	计算单位	
S	行程位置	mm	毫米
V	速度	mm/s	毫米/秒
F	锁模力	kN	千牛
P	液压压力	bar	巴
T	温度	℃	摄氏度
n	转速	r/min	转/分钟
Q	容积流率	L/min	升/分钟

图 2-73　系统工艺参数的单位

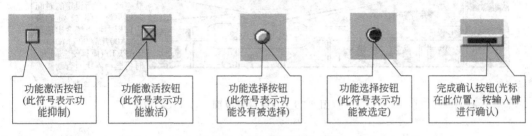

功能激活按钮(此符号表示功能抑制)　功能激活按钮(此符号表示功能激活)　功能选择按钮(此符号表示功能没有被选择)　功能选择按钮(此符号表示功能被选定)　完成确认按钮(光标在此位置，按输入键进行确认)

图 2-74　各个功能按钮含义

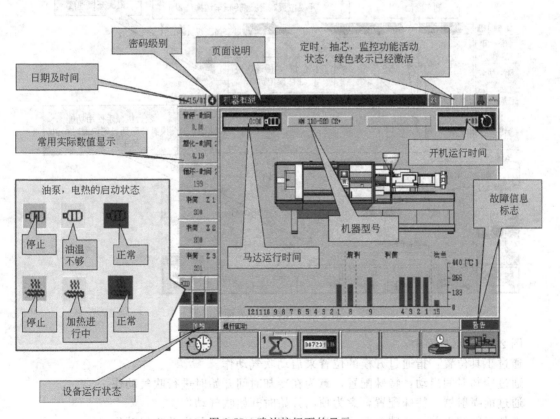

密码级别　页面说明　定时，抽芯，监控功能活动状态，绿色表示已经激活

日期及时间

常用实际数值显示

开机运行时间

油泵，电热的启动状态

停止　油温不够　正常

停止　加热进行中　正常

故障信息标志

机器型号

马达运行时间

设备运行状态

图 2-75　确认按钮下的显示

第 2 章　注塑机及其周边设备　91

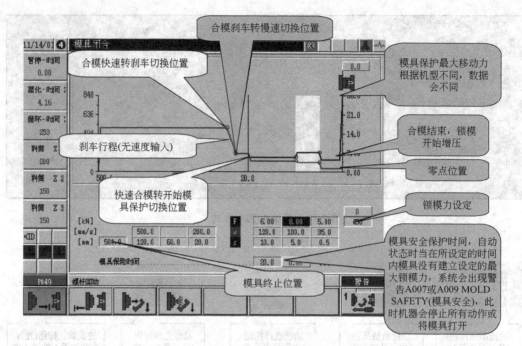

图 2-76　合模设置界面

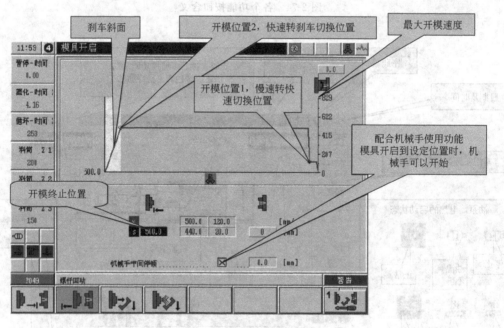

图 2-77　开模设置界面

图 2-79 所示界面中：

通过工具位置：指通过开模的位置来启动吹气动作。

通过冷却时间启动：特殊配置，意为在冷却时间开始时进行吹气动作。

通过前喷射器：特殊配置，意为顶出开始时开始吹气动作。

冷却时间结束前：特殊配置，意为在冷却时间结束之前启动吹气动作。

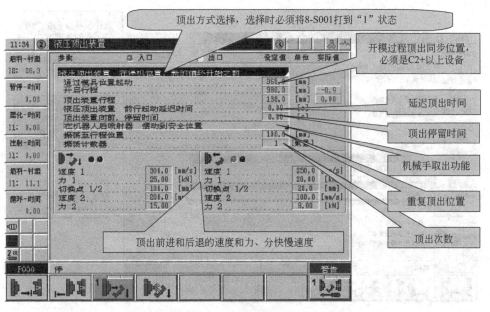

图 2-78 液压顶出界面

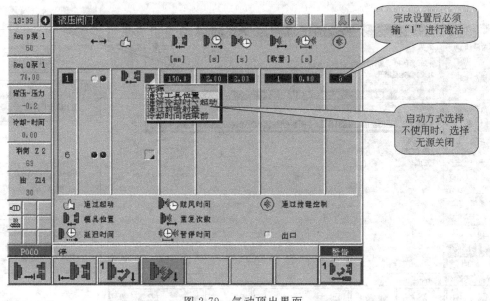

图 2-79 气动顶出界面

(5) 选择功能

按页面选择键，再按第八个辅助键进入选择功能 1，如图 2-80 所示。

按页面选择键，重复按第八个辅助键两次进入选择功能 2，如图 2-81 所示。

(6) 抽芯功能

按页面选择键，进入抽芯功能启动页面。如图 2-82 所示。

抽芯的限位开关接线位置在安装于动模板非操作端 7-X700A 插座上，具体点可参照

Chapter 1

Chapter 2

Chapter 3

Chapter 4

Chapter 5

Chapter 6

Chapter 7

Chapter 8

附录 1

附录 2

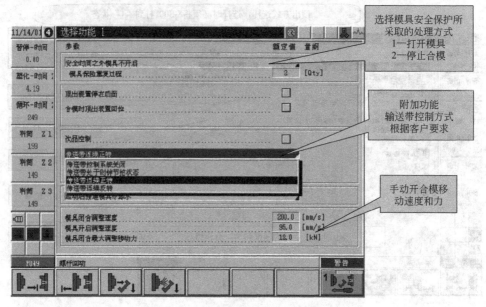

图 2-80　选择功能 1 界面

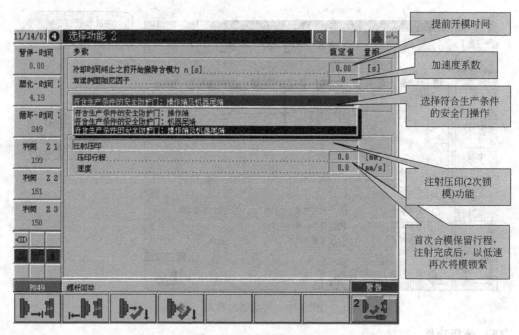

图 2-81　选择功能 2 界面

电路图。

按页面选择键，再按第二个辅助键进入抽芯入设置页面。如图 2-83 所示。

抽芯工作方式解析如下。

模具开启时：指模具到达最大开模行程后启动抽芯动作。

在模具位置：指在开模的过程中启动抽芯动作，启动位置见"模具位置设置"。

模具闭合时，卸载：指模具已经关闭但还没有建立锁模力之前，启动抽芯动作。

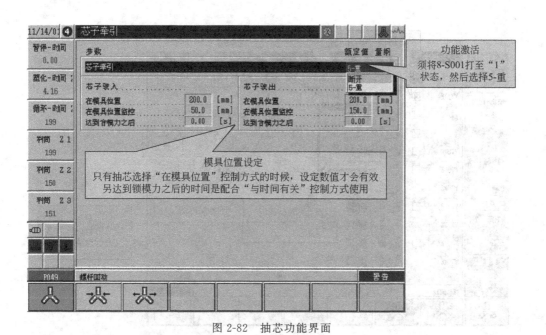

图 2-82　抽芯功能界面

图 2-83　抽芯入界面

模具闭合时，受载：指模具已经关闭并已经建立锁模力之后，启动抽芯动作。

与时间有关：指抽芯的启动与锁模力建立之后的时间有关，启动时间见"达到锁模力之后"。

发出机械手信号时：指抽芯的启动需要配合机械手的信号进行。

在特殊状态：特殊功能，需客户指定的特殊指令。

做为顶出装置：指抽芯动作做为一个顶出动作来使用。

按页面选择键 ，再按第三个辅助键进入抽芯出设置页面，如图 2-84 所示。

Chapter
1

Chapter
2

Chapter
3

Chapter
4

Chapter
5

Chapter
6

Chapter
7

Chapter
8

附录
1

附录
2

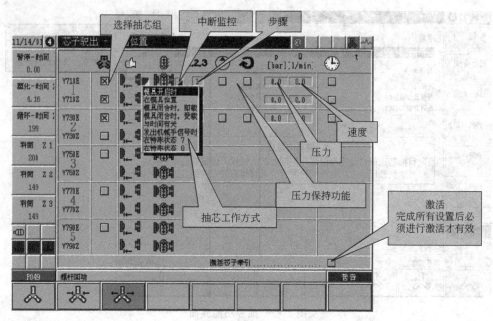

图 2-84　抽芯出界面

（7）注射/保压设置

按页面选择键 ![key] 进入注射 & 保压设置页面，如图 2-85 所示。

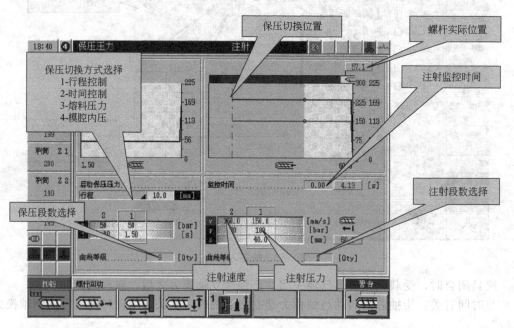

图 2-85　注射/保压界面

注射方式取决于保压切换方式选择，如果需要行程控制注射时，应在保压切换方式选择"行程"，输入注射位置，同时在监控时间输入需要监控的注射时间，输入数字"0"不起监控作用，当自动生产过程中在监控时间内螺杆没有达到设定的注射位置，设备将不能进行下一个循环，屏幕出现故障信息：

A064"保压压力切换";

模具内压/熔料压力切换或保压压力切换行程未能达到；

未能在保压压力切换时间内实现切换。

解决方法：

① 重新设定注射位置；

② 检查注射压力或速度；

③ 加大注射监控时间。

（8）回料

按页面选择键 ，再按第二个辅助键进入回料设置页面，如图 2-86 所示。

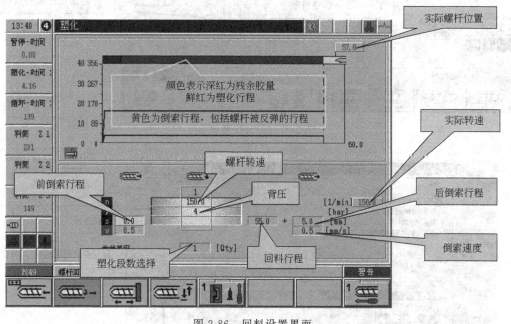

图 2-86　回料设置界面

当长时间塑化无法到达设定的位置时，系统会自动关闭马达，并显示故障信息 A068 及解决方法

A068 塑化时间监控

超出塑化时间（5min）·检查控制背压·检查进料状况

（9）射台设置

按页面选择键 ，再按第三个辅助键进入射台设置页面，如图 2-87 所示。

（10）自动料筒清洁功能

按页面选择键 ，再按第四个辅助键进入自动料筒清洁功能设置页面，如图 2-88 所示。

注：该功能只适用于不间断全自动换色生产的产品。

（11）选择功能

按页面选择键 ，再按第八个辅助键进入选择功能 1 设置页面，如图 2-89 所示。

Chapter 1
Chapter 2
Chapter 3
Chapter 4
Chapter 5
Chapter 6
Chapter 7
Chapter 8
附录 1
附录 2

第 2 章　注塑机及其周边设备 ┃ 97

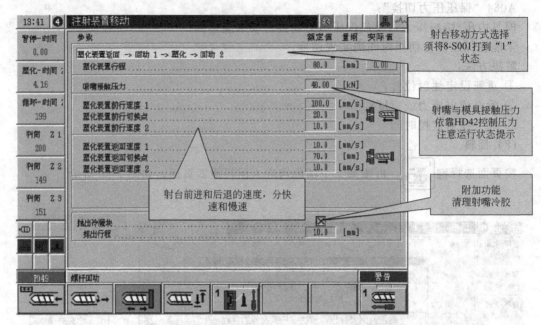

图 2-87　射台设置界面

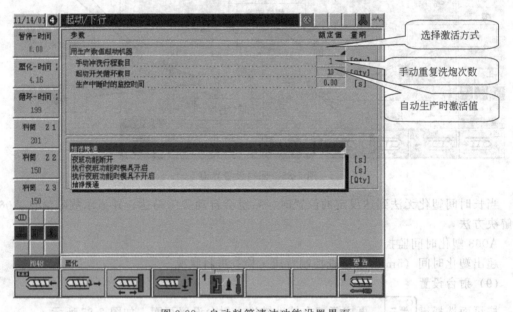

图 2-88　自动料筒清洁功能设置界面

按页面选择键,重复按第八个辅助键进入选择功能 2 设置页面,如图 2-90 所示。

（12）料筒温度控制

按页面选择键 ，进入料筒温度控制设置页面,如图 2-91 所示。

（13）料筒温度控制方式

按页面选择键 ，按第二个辅助键进入料筒温度控制方式设置页面,如图 2-92 所示。

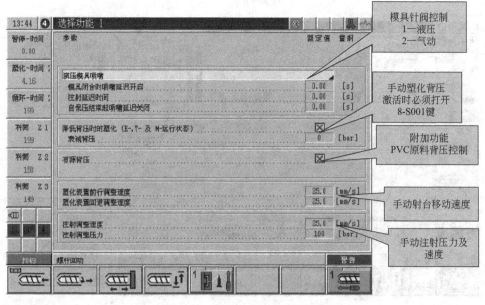

图 2-89　选择功能 1 设置页面

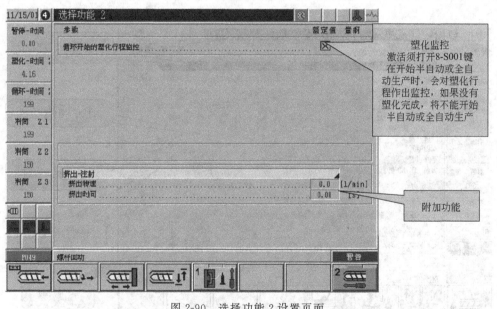

图 2-90　选择功能 2 设置页面

(14) 料筒加热优化

按页面选择键，，按第三个辅助键进入料筒加热优化设置页面，如图 2-93 所示。

优化加热系统的方法如下。

① 加热系统的优化作用在于可以使用更好控制数据来保证温度的稳定性。

② 在优化程序启动之前，要确保温度是否在室温状态（25～35℃）。

③ 当温度在室温状态时，可以启动优化程序，按启动键开始升温，在这过程中，设

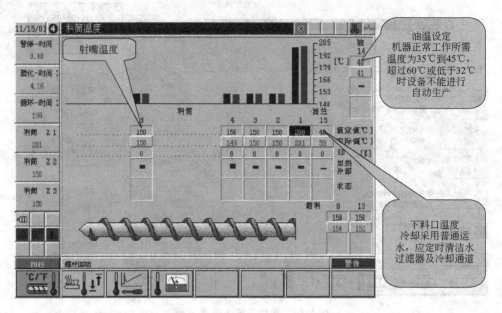

图 2-91　料筒温度控制设置页面

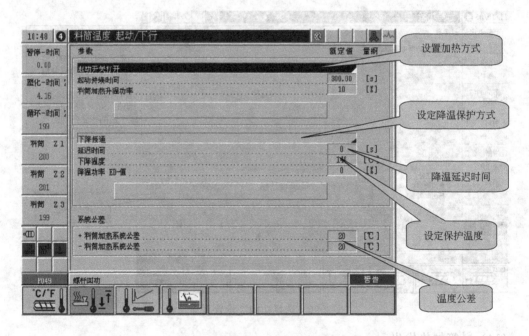

图 2-92　料筒温度控制方式设置页面

备会在屏幕上用手势表示优化结果，当手势全部转为绿色，表示优化成功；如果手势转为红色，表示优化失败，必须关闭加热状态，待温度下降到室温状态时再重新优化。如果重复出现红色手势，应检查感温线和发热圈。

（15）**模具加热控制**

按页面选择键 [F℃/℉ 180]，进入模具加热设置页面，如图 2-94 所示。

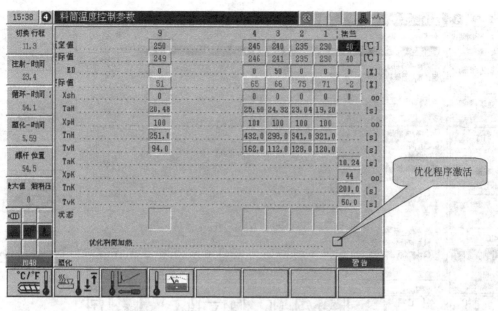

图 2-93　料筒加热优化设置页面

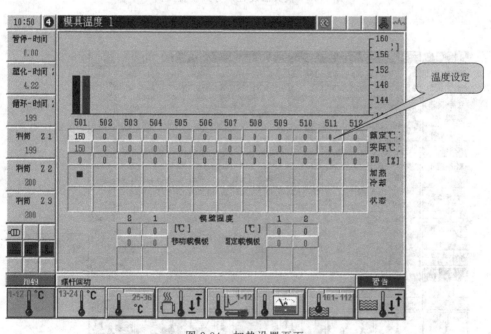

图 2-94　加热设置页面

(16) 模具加热方式选择

按页面选择键 [图标]，按第四个辅助键进入模具温度控制方式设置页面，如图 2-95 所示。

(17) 模具加热优化

按页面选择键 [图标]，按第四个辅助键进入模具温度加热优化设置页面，如图 2-96

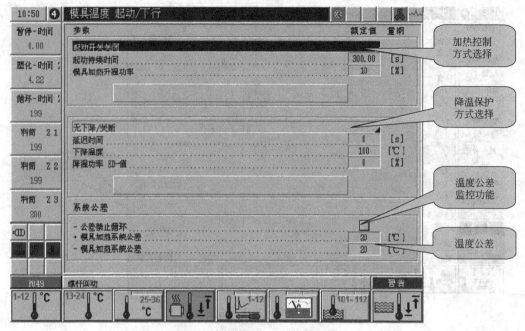

图 2-95　模具温度控制方式设置页面

所示。

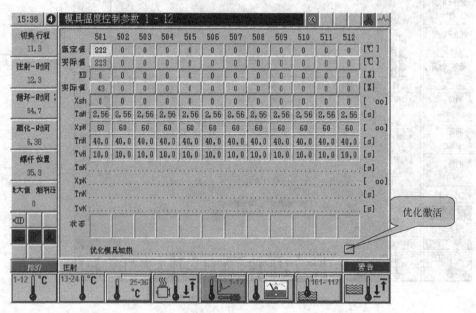

图 2-96　模具温度加热优化设置页面

(18) 零点校准

按页面键选择键 [G] ，进入零点校准页面，如图 2-97 所示。

进行零点校准的方法如下。

① 将一套大于最小模厚的模具吊入模板范围内，固定其中心位置。

② 打开"设置位置传感器零点"功能在手动位置。

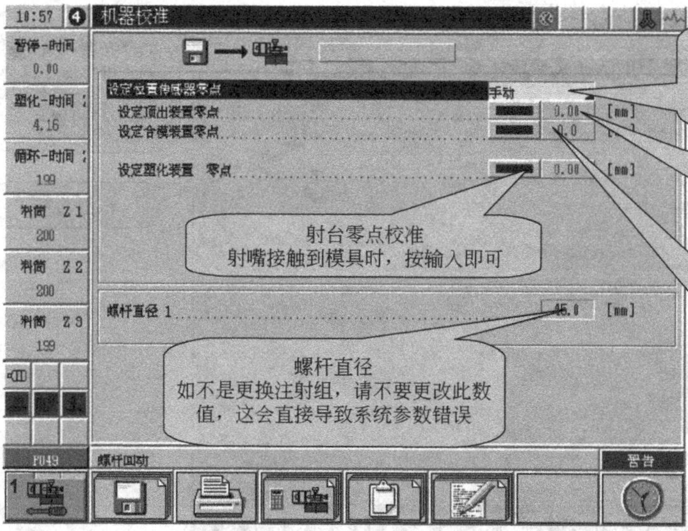

图 2-97　零点校准页面

③ 首先按顶出退回将顶杆退到适合做零点的位置，将光标移动到"设定顶出装置零点"位置按"Enter"键归零。

④ 然后开始合模动作直至模具完全合闭，将光标移动到"设定合模装置零点"位置按"Enter"键归零。

⑤ 最后将射台向前移动直至顶住模具，将光标移动到"设定塑化装置零点"位置按"Enter"键归零。

⑥ 完成以上设置后，将"设置位置传感器零点"功能关闭。

如果选择的模具小于最小模厚进行安装，将可能导致合模超过电子尺机械零点，马达无法启动，系统出现故障"信息 A012 模具高度低于最小安装高度，在'设置（S）'-状态下应答警告并打开模具，模具高度低于零点 20mm（带有定位系统的机器），校准零点"。

解决方法：

① 将 8-S001 键打到设置状态，按故障复位键将故障信息排除，然后启动马达将模具打开换上合适模具；

② 如果超过机械零点太多，应将合模电子松开（并做好标志），向前移动直至屏幕显示合模数值为正数，然后按故障复位键将故障信息排除，再启动马达将模具打开换上合适模具。

(19) 系统单位转换

按页面键选择键 ![G] ，重复按第一个辅助键进入，如图 2-98 所示。

(20) 模具资料存储

按页面键选择键 ![G] ，按第二个辅助键进入，如图 2-99 所示。

① 储存模具资料

a. 首先选择储存媒体（硬盘或软盘）。

b. 在数据组名处输入模具号。

c. 然后将光标移动到数据组储存位置按输入键完成储存。

图 2-98　单位转换界面

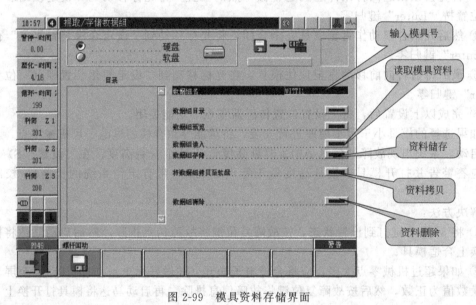

图 2-99　模具资料存储界面

② 读取模具资料

a. 确认设备已经设置好所有的零点位置。

b. 将 8-S001 键打到设置状态，选择储存媒体（硬盘或软盘）。

c. 将光标移动到数据组目录位置按输入显示所有的模具号。

d. 将光标移动到左边的模具数据目录表，选择需要的模具号，按输入后模具号会显示在数据组名位置。

e. 将光标移动到数据组读入位置，按输入键后会在右上角出现一个闪动的磁盘，直到磁盘消失才算是完成读入。注意读入过程中会有一些数值确认，直接按确定即可。

f. 同型号的设备模具资料可以通用，利用数据组拷贝功能任意调取数据。

注意：当实际生产值达到或超过设定的生产值后，会导致无法读入另一套模具资料，解决方法就是重新复位生产数值。

（21）打印功能

按页面键选择键 ，按第三个辅助键进入，如图 2-100 所示。

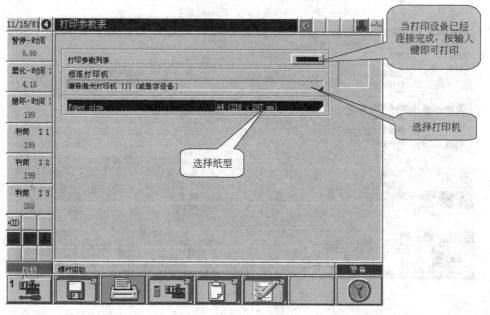

图 2-100 打印功能界面

在该项打印的内容是整部机的参数，内容太多，如果没有必要请不要打印，可在生产数据表及事件记录表进行有选择的打印。

（22）生产记录

按页面键选择键 ，按第五个辅助键进入，如图 2-101 所示。

该记录是用于产品的成型数据记录，对设备的生产没有任何影响，纯属记事本。

（23）定时启动功能

按页面键选择键 ，按第八个辅助键进入，如图 2-102 所示。

所有启动时间是根据设备目前设定时间进行，在激活功能之前务必检查设备时钟是否正确。

（24）循环时间分析

按页面键选择键 进入，如图 2-103 所示。

循环时间分析表的主要作用在于有效分析整个循环周期中时间的分布，有效找出无理损耗时间并重新调整生产周期，使设备达到最佳的生产速度。

（25）生产循环数值设定

按页面键选择键 ，按第三个辅助键两次进入，如图 2-104 所示。

当实际生产值达到或超过设定的生产值后，会导致无法读入另一套模具资料，解决方法就是重新复位生产数值，另外如果启动了"生产结束之后关断"功能，系统会自动关闭

Chapter
1

Chapter
2

Chapter
3

Chapter
4

Chapter
5

Chapter
6

Chapter
7

Chapter
8

附录
1

附录
2

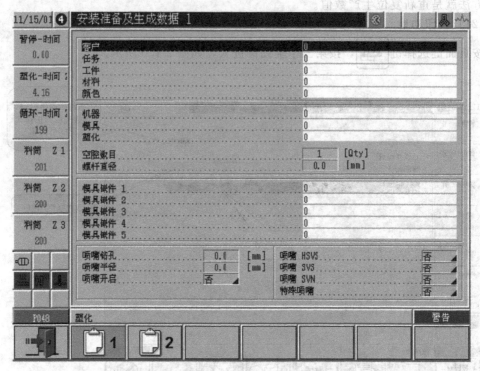

图 2-101　生产记录界面

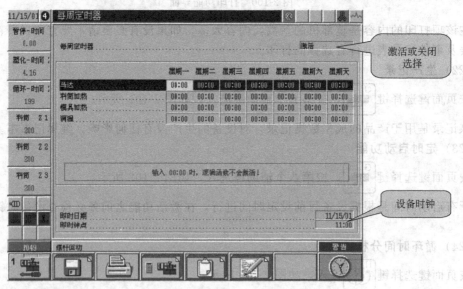

图 2-102　定时启动界面

马达并有信息 A063 提示：A063 工件数目关断。

达到预定工件数目，停机，复位后重新设定工件数目。

(26) 质量分析表

按页面键选择键 [图] 进入，如图 2-105 所示。

监控表主要功能是记录生产过程中的所有实际数值，用于监视设备的稳定性，并可以

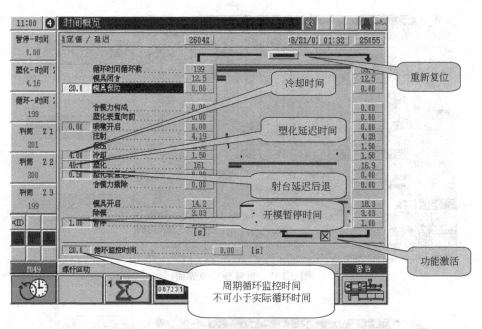

图 2-103 循环时间分析界面

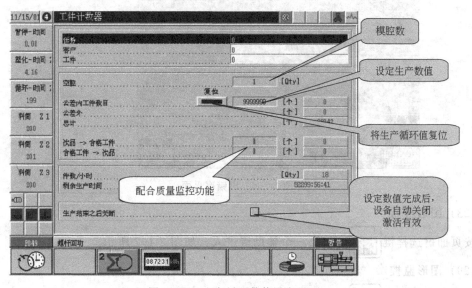

图 2-104 生产循环数值设定界面

任意选择监控项目，监控公差外的数值会以红色显示。

(27) 质量监控-出错率

按页面键选择键 ![icon]，按第二个辅助键两次进入，如图 2-106 所示。

在质量表选择了监控项目后，在该页面设置一个允许的出错率，一旦系统出错率超出设定值，设备将会停止运作。此时用户应根据故障提示及解决方案排除故障，并检查设定参数、质量标准的公差极限、材料类型、进料区、压力传感器、载荷放大器。

Chapter 1

Chapter 2

Chapter 3

Chapter 4

Chapter 5

Chapter 6

Chapter 7

Chapter 8

附录 1

附录 2

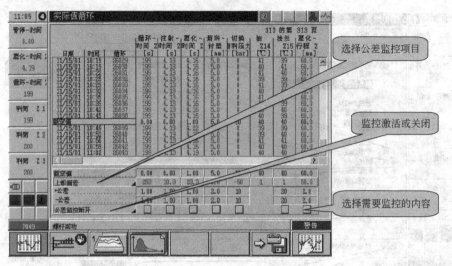

图 2-105　质量分析表界面

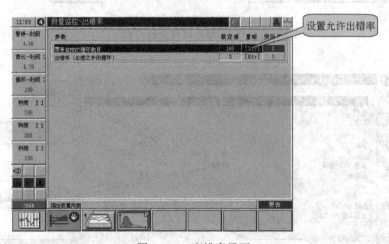

图 2-106　出错率界面

(28) 图形分析

按页面键选择键 ，按第三个辅助键进入，如图 2-107 所示。

(29) 图形监控

按页面键选择键 ，按第四个辅助键进入，如图 2-108 所示。

(30) 标准操作页

按页面键选择键 进入，如图 2-109 所示。

设备的标准操作页将一些经常更改的项目集中在一起方便设置，但必须注意有些条件和单位的差异。

(31) 故障信息

按页面键选择键 进入，如图 2-110 所示。

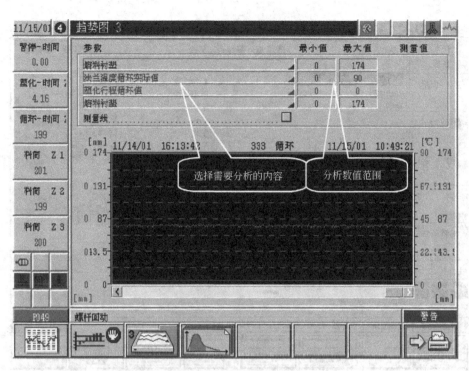

图 2-107　图形分析界面

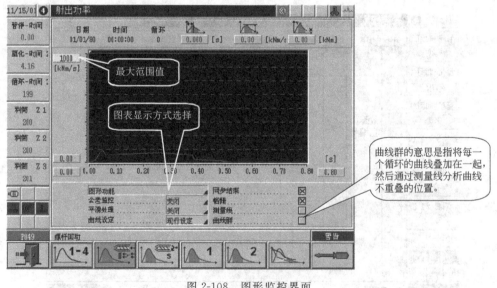

图 2-108　图形监控界面

（32）事件记录

按页面键选择键　L⚠　，按第三个辅助键进入，如图 2-111 所示。

事件记录的内容是从设备启动电源开始，记录设备的启动，不同级别操作人员在系统上的任何操作及故障记录。有利于记录回查、故障原因分析。最大记录值为 10000 条，以此向上推进．记录格式为 Excel，可以在台面电脑查看。

Chapter 1
Chapter 2
Chapter 3
Chapter 4
Chapter 5
Chapter 6
Chapter 7
Chapter 8
附录 1
附录 2

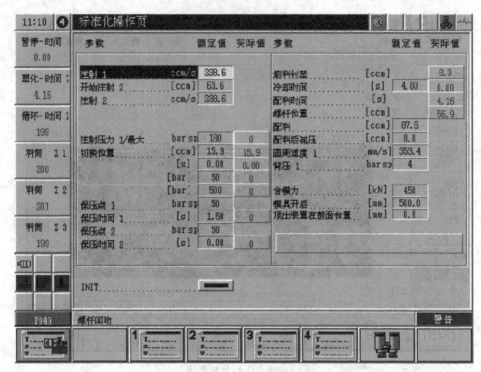

图 2-109 标准操作页

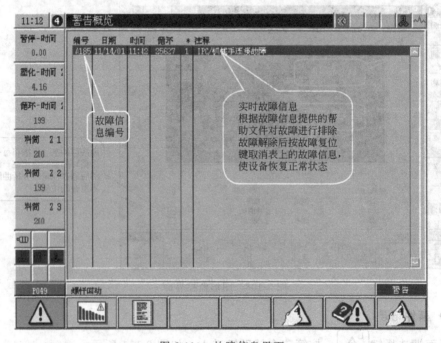

图 2-110 故障信息界面

(33) 故障帮助文件

按页面键选择键 ，按第七个辅助键进入，如图 2-112 所示。

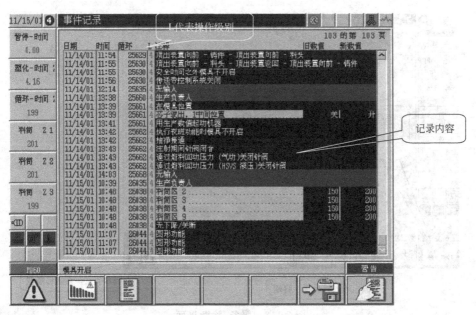

图 2-111　事件记录界面

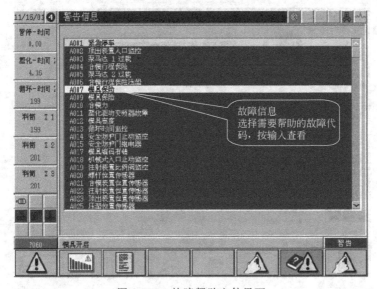

图 2-112　故障帮助文件界面

(34) 服务/诊断

按页面键选择键 进入，如图 2-113 所示。

(35) 语言选择

按页面键选择键 ，按第一个辅助键进入，如图 2-114 所示。

(36) 系统设置

按页面键选择键 ，按第一个辅助键进入后再按第四个辅助键，如图 2-115 所示。

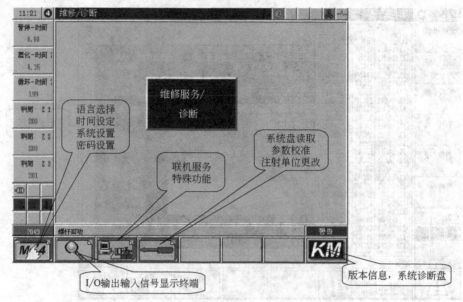

图 2-113　服务/诊断界面

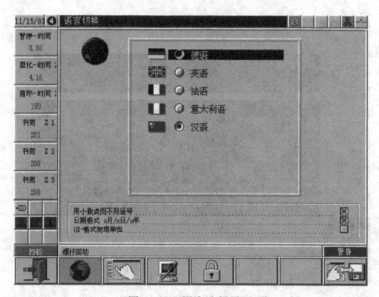

图 2-114　语言选择界面

（37）密码设置

按页面键选择键 ，按第一个辅助键进入后再按第五个辅助键，如图 2-116 所示。

（38）密码定义

按页面键选择键 ，按第一个辅助键进入后再按第八个辅助键，如图 2-117 所示。

该页面只有第四级密码持有人才能进入，负责人可以根据每一级操作人员不同的性质分配不同的操作页面给他们，防止不必要的误操作。

分配页面方法：利用光标键移动到需要分配项，左右移动光标到页面选择存取权或屏

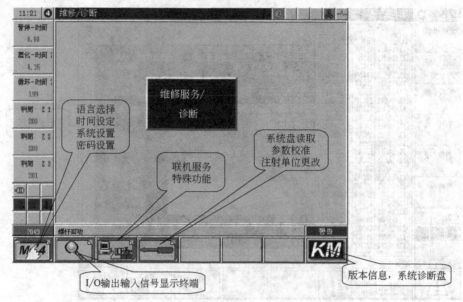

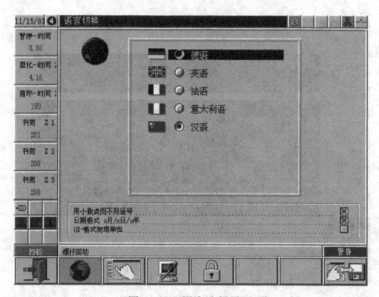

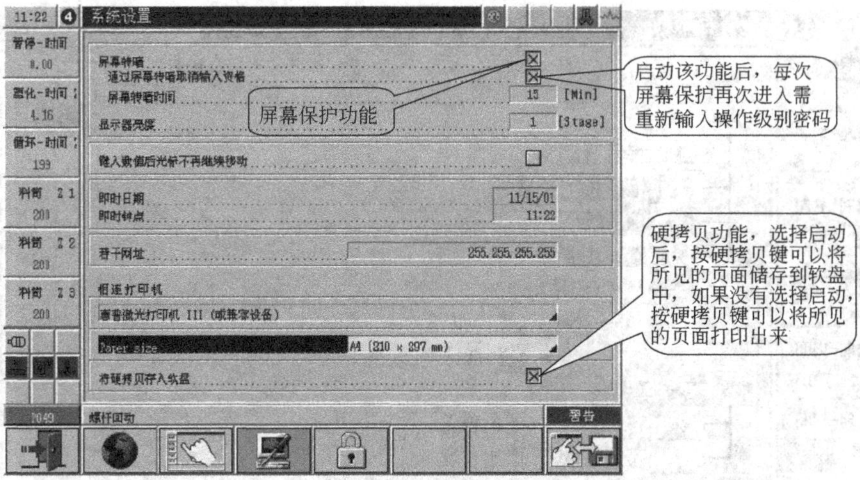

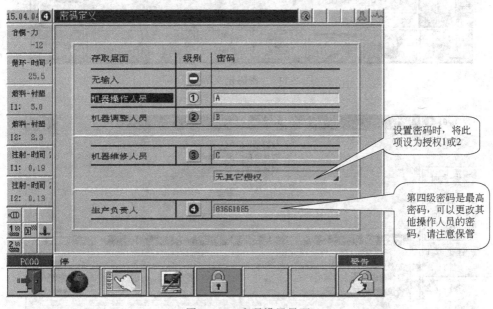

图 2-115 系统设置界面

图 2-116 密码设置界面

幕参数存取权，再通过＋或－键选择操作级别。

页面选择存取权：是在一个特定的级别内，可以查看但不能更改参数的页面。

屏幕参数选择存取权：是在一个特定的级别内，可以查看并可以更改参数的页面，这个级别一定要高于页面选择存取权的级别。

(39) 系统校准

按页面键选择键 ，按第四个辅助键进入，如图 2-118 所示。

系统校准页面，主要作用是校准系统的位置、压力、速度。当设备出现系统位置、压力、速度不正确时，可以通过随机的系统校准盘进行重新校准或者手动校准后将数据制作成校准盘，方便以后进行校准。

系统校准的方法如下：

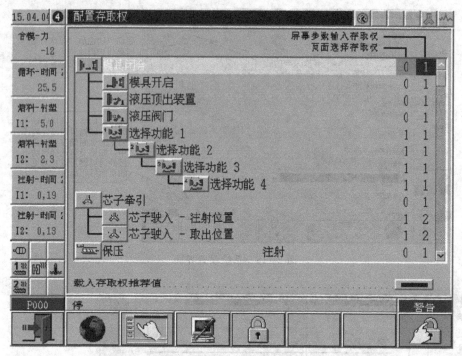

图 2-117　密码定义界面

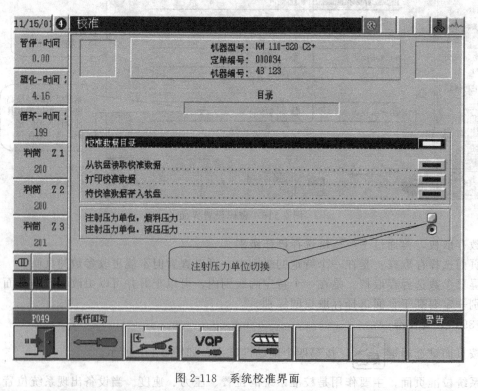

图 2-118　系统校准界面

① 插入随机系统校准盘，将锁匙键 8-S001 打到设置状态；

② 光标在校准数据目录时，按输入读取标识编码；

③ 然后将光标移动到从软盘读取校准数据，按输入进行读取，此时左上角会有磁盘

闪动；

④ 当左上角闪动磁盘消失后，表示已经完成读入；

⑤ 每次读取系统校准盘后，必须进行机器零点校准。

制作校准盘的方法如下：

① 插入一张空白存储盘；

② 然后将光标移动到将校准数据存入磁盘，按输入进行存储，此时右上角会有磁盘闪动；

③ 当右上角闪动磁盘消失后，表示已经完成储存。

(40) 系统诊断

按页面键选择键 ，按第八个辅助键进入，如图 2-119 所示。

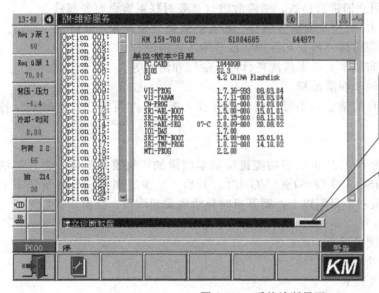

当设备发生一些不正常，但又无法判断是什么问题，但可以通过建立系统诊断盘将数据E-MAIL给客户服务中心进行分析
制作时将一张已经格式化好的空盘放入软盘驱动器内，在此位置时按输入键，右边会出现磁盘图案，直至磁盘图案消失，完成制作

图 2-119　系统诊断界面

2.8.4　注塑机的维护

(1) 总体维护说明

注塑机的维修工作仅限于清洁、辅助设备、维护操作程序（例如机器的清洁）、组件的更换和调整以及故障的消除。

对于在维修工作中所发生的事情作出适当的安全和预防措施。

以下的提示在维护操作中是必须要被重视的。

① 各个操作的说明，CAUTIOU（必须注意）、ATTENTION（一般性注意）和 NOTE（注意）的明确的划分能够直接让操作员了解操作系统的特殊性或机器可能发生的损害及伤害危险。

② 零件的温度无法在大部分的生产程序中明确标示。

警告：

① 塑化物、刚注塑出的制品和发热的机器组件对材料和人体可能造成的伤害会极高。

② 必须提供手套或其他适当的保护措施（例如支撑物、防护盖）。

③ 注塑机加工不同的塑料发出的损害性的气体、蒸气或粉末，一定要采取适当的措施进行排气，使用者一定要负责安装排气系统。

Chapter 1
Chapter 2
Chapter 3
Chapter 4
Chapter 5
Chapter 6
Chapter 7
Chapter 8
附录 1
附录 2

④ 当在处理以下的设备和生产材料时应该使用国内或法定规则作为防止意外事故：
- 注塑机；
- 吊车；
- 压力蓄能器；
- 清洁剂；
- 润滑油。

（2）总体维护措施

对注塑机尽责的维护、对整台机器噪声的检测和每天的日常检查是确保机器长的使用寿命及无机械故障的关键。

① 在开机之前必须检查管接口之间连接是否紧密，是否存在泄漏，这是非常重要的。

② 泵在进行中产生的噪声、液压系统的响声和急剧的运动都可能是因为在液压系统中有空气夹附物，所以必须立即进行检查，消除故障（必要时联系客户服务部）。

③ 停机之前（例如周末），应全面检查机器。所有的故障（像渗漏）都需一一排除。

④ 所有的维护和操作都得按"检查和维护"章节中所述的进行。

⑤ 用专用的棉质清洁布或羊毛布来清洗哥林柱、油缸和活塞等。

⑥ 使用所指定的液压油和润滑油脂。

⑦ 保持控制柜的散热片的清洁，不可将任何物体放入柜内，尽可能在任何时候保持散热的畅通。

（3）滚珠轨道的润滑

轨道的润滑需要型号为 NO12506 的多功能抗磨轴承润滑油；轨道每工作一个月加油一次，油的黏度参照标准 ISO-VG 68～ISO-VG 100。其后，至少定期每三个月给轨道上一次润滑油，如果机器停机一个星期以上，则开机时导轨需重新润滑。润滑步骤：

① 擦干净滚珠导轨面；
② 擦干净油嘴及其周围的地方；
③ 用油枪把黄油压入油嘴；
④ 用油枪最少来回压 2 次；
⑤ 检查润滑油脂是否溢出；
⑥ 确保黄油在轨道上均匀地散开。

（4）润滑分配器的替换

型号为 KM420C 到 KM650C 的机器已经装了由 Perma 公司生产的自动润滑分配器。此分配器注满了润滑脂，这种润滑脂是以锂和镉元素为基准的润滑油。此分配器适用的温度范围为－25～130℃。在室温 25℃ 的情况下，它可以连续工作 6 个月。但温度的升高会使它的使用寿命缩短。

注意：

① 在分配器工作期间不能卸下分配器，因为这样会导致释放掉建立起来的分配压力。

② 在分配器上有个分配量指示器。在一个外螺纹盖上，有一个彩色活塞将提示分配器分配量。

注释：

如果分配器储存在正常的环境下，它的储存寿命是一年。但由于润滑油寿命的缘故，一般情况下不建议储存超过一年。

替换润滑油分配器的步骤：

① 卸下旧的分配器；
② 卸下新分配器上的插头；

③ 把新分配器安装在润滑点的部位上；

④ 旋入一个彩色环，直到此环在断裂处断裂；

⑤ 在分配器上记上所更换的日期。

注意：

① 所换下来的分配器在一段时间内还会保持有一定的压力。此时千万不能打开分配器，因为里面会有腐蚀性液体流出。如果不慎，手接触到此液体，应务必马上用水冲洗。

② 此润滑油属于德国汉堡矿物油协会所有。

③ 必要时将废油进行正确合适的处理。

(5) 检查软管

机器每工作 500h 后要对液压系统的软管进行全面检查。检查时常见故障如下。

① 从外层到内层的损害（例如裂缝、磨损等）；

② 软管外层的脆裂；

③ 在有压力或无压力或弯曲状态下，软管不能还原成原来的形状；

④ 软管泄漏；

⑤ 软管接头的腐蚀、损坏；

⑥ 软管从接头中脱落出来；

⑦ 软管的保存不能超过 2 年，使用不能超过 6 年。每 20000 个工时替换一次。

(6) 液压系统的螺栓及其扭矩（见表 2-5）

表 2-5　固定液压元件的螺栓的扭矩值

螺栓型号	扭矩/N·m	螺栓型号	扭矩/N·m
M5	7.6	M12	110
M6	13	M16	270
M8	31	M20	530
M10	62		

注意：不要使用锁紧垫圈和扭矩。

(7) 液压系统的维护

液压系统的维护一般只要对污染指示器进行检查和对过滤器进行清洗和替换。还有液压油的贯注等。

注释：每 5000 个工时，必须对油箱进行清洗和换油。如果必要，还可以对油质进行分析。

注意：当油箱中的油已排完了，但在液压软管里、管路里、油缸里还留有一定数量的残余油。在其他新油加入前，一定要检查旧油与新油的兼容性和混合性。因为混合油会改变油的特性及降低过滤功能。

(8) 清洗油箱

① 卸掉加油管的盖子以及空气滤清器。

② 用泵抽干主油箱以及蓄油箱中的油，打开放油塞放干残余油。

③ 去掉油箱盖板，检查其密封性。如果不好，更换密封垫。

警告：可以根据厂家的实际情况来选用除净设备。

④ 用除净设备来清洗油箱并用压缩空气来干燥油箱。

⑤ 旋紧放油塞。

⑥ 把油箱盖板和密封垫紧固。

Chapter 1
Chapter 2
Chapter 3
Chapter 4
Chapter 5
Chapter 6
Chapter 7
Chapter 8
附录 1
附录 2

注意：油箱盖板和密封垫之间不能挤压得太紧。

⑦ 用 25N·m 的扭力把油箱盖板旋紧，注意密封件的正确位置。

⑧ 重新放入滤芯和空气滤清器。

⑨ 重新加油。

（9）冷却部分

冷却水的供应和回流都是根据机器型号来分的。供水管道必须与在操作侧反面的水分配器相连。

（10）液压油冷却

图 2-120 所示为液压油与料筒法兰冷却系统，系统在显示"料筒温度"的页面上显示油温（工作温度为 45℃），而且由冷却水自动来控制液压油的温度。

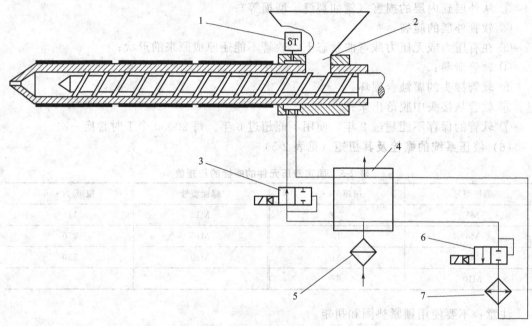

图 2-120　液压油与料筒法兰冷却系统

1—热电偶；2—法兰；3,6—电磁阀；4—分配器；5—过滤器；7—油冷却器

（11）清洗油冷却器

注意：冷却器的带肋圈是由一种 CU 合金组成的，采用一种反浸灰设备来清洗油冷却器。

注释：油冷却器不拆卸下来也可进行清洗，此时应卸下冷却水的供水管子和回流管子，而且装上一个具有反浸灰器的循环泵。

① 油冷却器的拆卸　油冷却器的结构如图 2-121 所示。

a. 首先确定液压系统无压力以及油箱内没有油。

b. 确定冷却水已关闭。

c. 把一个盘放在冷却水和液压油连接处下面。

d. 拆掉油冷却器法兰的 8 个锁紧螺母，把油冷却器从油箱中取出放稳。

② 油冷却器的解体

a. 拆掉 2 个螺母（1），然后把两个 O 形圈和垫圈取下（2、3）。

b. 拆掉螺栓（5），然后把锁紧垫圈（6）和固定架（7）取下。

c. 从架子上取下安装板（4）。

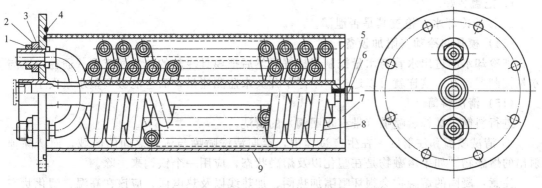

图 2-121　油冷却器

1—螺母；2—O形密封圈；3—垫圈；4—安装板；5—螺栓；6—锁紧垫圈；7—固定架；8—带肋圈；9—筒体

　　d. 把带肋圈（8）从筒体中抽出来，并且把它洗干净。

　　e. 把筒体和所有紧固元件洗干净。

　　③ 装配

　　注释：选用新的O形密封圈和安装板。

　　a. 把带肋圈（8）塞进筒体（9）。

　　注释：保证O形圈正对着带肋圈的光滑管末端。

　　b. 把两个O形圈装在管末端上。

　　c. 把垫片放上去。

　　d. 把螺母旋上，并旋紧。

　　e. 用紧固垫圈和螺栓把固定架装好。

　　f. 把筒体和安装板装配在一起。

　　④ 安装冷却器

　　a. 把冷却器放入主油箱，并用8个螺母把它旋紧。

　　b. 把油回路和冷却水回路连好。

　　c. 向主油箱加油。

　　d. 打开冷却水。

　　e. 液压系统加压。

　　f. 检查油冷却器法兰以及连接处是否漏油，拧紧各自连接处的螺母来消除漏油。

(12) 料筒法兰的冷却器

　　料筒法兰冷却器控制是为了防止落料口里的料被凝结。此段温度可以在料筒温度显示页上看到。

(13) 清洗水过滤器

　　水过滤器的结构如图 2-122 所示。

　　① 拆卸

　　a. 确定冷却水被切断。

　　b. 把一个盘放在防尘盘下面，把盖（1）拆下。

　　c. 拆掉密封圈（2）和滤芯（3）。

　　d. 洗清滤芯（3）。

　　② 安装

　　a. 把滤芯（3）放进防尘盘内，然后固定密封圈（2）。

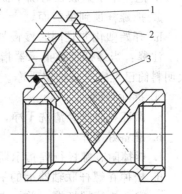

图 2-122　水过滤器

1—盖；2—密封圈；3—滤芯

b. 把盖装好。

c. 接通冷却水，检查其是否泄漏。

（14）模具的冷却（附加设备）

把冷却水的进出水管与水量控制器接好，然后把模具冷却的单独回流管（通径口）与水量控制器连好。这样就可以通过一个浮子开关来监测流量，而且能够调整水量大小。

（15）清洗料筒

进行料筒、螺杆、喷嘴（带有止回阀）的清洗。

① 清洗喷嘴和注射区　在生产过程中，定期清洗喷嘴与流道之间的区域，而清除掉射出的熔融物。如果熔融物是在塑化以及熔融状态，应用一个铁钩来去除。

注意：凝固的熔融物会损坏喷嘴加热圈、加热线以及热电偶，应该在高温、塑化状态下用一个铁刷把喷嘴射出的熔融物清除。

② 清洗料筒

注释：在全自动模式，按"INJECTION UNIT BACK"键，注射台能够退到最后，同时工作循环不会中断。

a. 首先确定安全盖和喷嘴已完全关闭。

b. 把模式 8-5001 设到"1"，并用手动模式 M-mode。

c. 按"INJECTION UNIT BACK"键使射台退到最后位置。

d. 移开料斗或者卸掉。

e. 把一个托盘放在射嘴下面。

注释：当螺杆在最前面时，应彻底清洗料筒。

f. 交替按"注射"（INJECTION）键和"塑化"（PLASTICISING）键，直到料筒完全清洗干净。

注释：在塑化、高温下，熔融物容易清除干净。

③ 用清洗剂清洗螺杆

注意：一定要注意清洗剂与料的兼容性。如果不兼容，会导致超温、爆炸等危害。

a. 准备好清洗剂。

b. 把喷嘴的安全门完全关好。

c. 把钥匙 8-S001 设置到"1"，把操作模式设为"M"模式。

d. 把射台退到最后。

e. 把料斗卸掉。

f. 把一个小盘放在射嘴下面，如果必要，把喷嘴拆下。

g. 把螺杆顶到最前面。

h. 开始塑化并且同时慢慢加入清洁剂。

注释：当螺杆位移指示器指示螺杆在最前端位置，而且此时已经没有清洁剂排出时，表明料筒已经完全被清洗干净。

④ 拆除料筒

a. 保证料筒已经清洗干净，料斗已拆除，料筒继续加热。

b. 准备好吊车。

c. 拆掉附有螺杆行程指示器的有机玻璃盖板。

d. 松掉在螺杆联轴器上的平头螺栓。

e. 完全松掉螺杆帽，并把它移到螺杆轴上。

f. 从螺杆帽上取下半个盘，如果必要，更换 O 形圈和半盘。

g. 从螺杆轴上取下螺杆帽。

注释：如果料筒没有清理干净而重新安装，在拆卸料筒之前螺杆必须向后退20～50mm，这有利于联轴器的更新安装。

h. 按"倒塑"（SCREW SUCK-BACK）键，使联轴器退到最后位置，并使螺杆轴脱离。

i. 按"射台退"（INJECTION UNIT BACK）键，使射台退到最后。

j. 关掉料筒加温，在控制面板上拔掉控制加热和热电偶的插头。

k. 拆除料筒法兰盘。

注意：当从射台上提升料筒时，螺杆能够从料筒中滑出。保证螺杆紧靠滑道不要碰伤。

l. 去掉定位块的螺钉。

m. 把料筒从射台上吊高。

n. 然后把料筒放置好。

⑤ 料筒的清洗

a. 在开始清洗之前，先把"喷嘴"止回阀拆下来。

b. 在清洗时，保证料筒元件是热的，如果加热，温度不能超过300℃。

c. 用一块金属片就可以清除掉料筒中的大部分熔融物。

⑥ 清洗螺杆　用一把铁毛刷就可以将螺杆清洗干净。

⑦ 清洗止回阀　用铁毛刷把止回阀的每个零件清洗干净，在安装之前，首先用纱布把每个零件擦干净。

⑧ 止回阀的拆卸

注释：所安装的螺杆必须允许拆卸止回阀。

a. 首先保证料筒已清洗干净。

b. 去除热防护罩，并脱离喷嘴和料筒头端。

c. 拆下加热圈和热电偶。

d. 拆除喷嘴和料筒头，并立即清洗。

e. 清洗螺杆头和止回阀。

f. 用钢棒松开螺杆头。

注意：螺杆头必须是左旋螺纹。

注释：如安装标准止回阀应按照第f及g步骤执行；如安装带滚珠止回阀应按照第h及i步骤执行。

g. 清洗螺杆头、止回阀、过胶圈。

h. 把球取下，拆除止逆环。

i. 放松螺杆头，把六角零件拆开，并清洗。

j. 清洗螺杆头、球以及止回环。

⑨ 止回阀的安装

a. 首先保证螺杆头、止回阀、螺杆、料筒已清洗干净。

b. 把高温油涂在螺杆头的螺纹上。

c. 将止回阀、过胶圈安装在螺杆头上。

注意：螺杆头必须是左旋螺纹。

d. 把高温油涂在螺杆轴上。

e. 用螺栓固定料筒头，如果高温油从安装孔中溢出，擦干净。并把高强度螺栓擦干，顺时针固定螺栓。

注意：避免将高温油涂在高强度螺栓上。

f. 安装喷嘴，拧紧加热圈以及热电偶。

g. 安装热保护罩。

⑩ 滚珠止回阀的装配　滚珠止回阀的结构如图 2-123 所示，装配的顺序和方法如下。

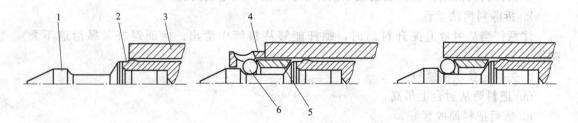

图 2-123　滚珠止回阀的结构
1—螺杆头；2—螺杆；3—料筒；4—安装环；5—止回环；6—滚珠

a. 首先把螺杆头、止回阀、料筒上的防腐剂擦干净。

b. 在螺杆头的螺纹上涂上高温油。

注意：螺杆头必须是左旋螺纹。

c. 将螺杆向前推直至螺杆头能够旋入。

d. 退后螺杆将止回环 5 装入，利用安装环 4 把六个滚珠 6 装入。

e. 把安装环紧紧压在料筒端面上，同时，螺杆向后退直到滚珠进入料筒中，然后拿掉安装环。

注意：此滚珠是易磨损部件，每 3 个月检查一次，如果必要，更换一次。

(16) 拆换加热圈

① 拆卸

a. 按"射台退键"（INJECTION UNIT BACK），把射台移到最后。

b. 卸掉热防护罩板。

c. 卸掉各自的热电偶。

d. 断开加热线缆。

e. 松开螺栓，打开加热圈并取下。

② 安装

a. 首先确保新加热圈与旧加热圈的功率一致。

b. 把加热圈装在固定的位置上。注意热电偶的排列顺序并且紧固加热圈。

注释：确保加热圈的传热性良好。

c. 拧紧安装螺栓。

d. 连上加热电线。

e. 安装好各自的热电偶。

f. 短时间加热，重新拧紧加热圈螺栓。

g. 安装加热防护罩。

(17) 料筒头螺栓的扭矩值

料筒头螺栓的扭矩值如表 2-6 所示。

Chapter 1

Chapter 2

Chapter 3

Chapter 4

Chapter 5

Chapter 6

Chapter 7

Chapter 8

附录 1

附录 2

表 2-6　料筒头螺栓的扭矩值

料筒型号	数量	螺栓型号 DIN 912	扭矩值/N·m
SP135,SP160	12	Cylinder screw M 12×80/10.9	104
SP190,SP220	12	Cylinder screw M 12×80/10.9	104
SP340,SP390	16	Cylinder screw M 12×80/10.9	104
SP460,SP520	16	Cylinder screw M 12×80/10.9	104
SP620,SP700	16	Cylinder screw M 12×80/10.9	104
SP900,SP1000	16	Cylinder screw M 12×80/10.9	250
SO1200,SP1400	15	Cylinder screw M 12×80/10.9	250
SP1650,SP1900	15	Cylinder screw M 12×80/10.9	250
SP2300,SP2700	16	Reduced-shaft screw M20×2×90/10.9	380
SP3000,SP3500	16	Reduced-shaft screw M20×2×90/10.9	380
SO4350	15	Reduced-shaft screw M24×2×100/10.9	623
SP5700	18	Reduced-shaft screw M24×2×100/10.9	623
SP8000	16	Reduced-shaft screw M30×2×153/10.9	1256

(18) 吸油过滤器

新一代液压系统的泵和阀需要非常纯净的液压油,因此吸油过滤器是决定液压泵使用寿命的重要因素。不清洁的、有故障的滤芯和密封件会导致噪声、局部过热和堵塞。从外部清洗过滤器滤芯。

以下将描述两种吸油过滤器的清洗过程。

(19) 清洗吸油过滤器 (一)

吸油过滤器 (一) 的结构如图 2-124 所示。

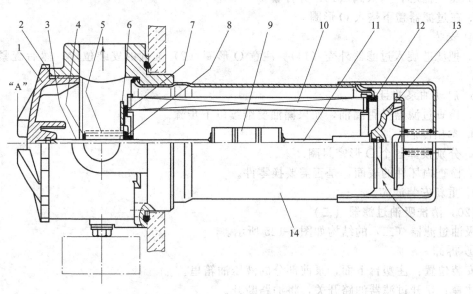

图 2-124　吸油过滤器 (一)

1—过滤器盖;2—O 形密封圈;3—衬套;4—垫片;5—压力弹簧;6—锁紧垫片;
7—密封件;8,12—橡胶套;9—磁性系统;10—滤芯;11—滤棒;13—阀;14—过滤器外壳

① 拆卸

第 2 章　注塑机及其周边设备　123

安装位置：在操作台反面的液压油箱里。

a. 确保已关掉油泵，使液压系统卸压。

注释：务必旋紧过滤器盖，否则会导致吸油过滤器的堵塞。

b. 松掉过滤器盖子。

c. 取出滤芯，注意 O 形密封圈。

d. 放置好滤芯。

② 清洗

a. 用过滤器盖（1）来固定过滤器，向左旋松滤芯（10）和阀（13），拿出滤芯并放置好。

b. 用台虎钳夹住芯棒旋松过滤器盖（1），拿掉衬套（3）、垫片（4）和带有垫片（6）的压力弹簧（5），此时应把安装位置作好标记。

c. 取下橡胶套（8）和密封件，更换橡胶套。

注释：用石油醚清洗磁铁系统。

d. 清洗阀（13）、过滤器盖（1）、滤棒（11）和磁性系统（9）；

e. 用软刷清洗滤芯（10），用压缩空气将它吹干。

f. 检查滤芯是否安装好。

g. 检查密封件是否安装好。

③ 装配

a. 将橡胶套（8）安装在滤棒（11）上。

b. 将密封件（7）垫在锁紧垫片（6）下，并安装好。

c. 塞入压力弹簧（5）、垫片（4）和衬套（3）并且旋紧过滤器盖（1）。

d. 将"A"面盖装入固定基座上，将滤芯（10）沿滤棒（11）滑入锁紧垫片（6）的密封件（7）上。

e. 压入滤芯，塞入阀（13）并拧紧。

f. 在过滤器盖下垫入 O 形圈。

④ 安装

a. 把滤芯旋入过滤器外壳（14）。注意 O 形圈（2）准确的安装位置，然后旋紧过滤器盖。

b. 启动油泵并且加压。

c. 检查过滤器是否漏油，如果漏油要继续以下步骤。

d. 拿出滤芯。

e. 分别换掉各个 O 形密封圈。

f. 检查损坏件的表面，是否需要换零件。

g. 重新安装滤芯。

(20) 清洗吸油过滤器（二）

吸油过滤器（二）的结构如图 2-125 所示。

① 拆卸

安装位置：注塑台下面，泵前部分的液压油箱里。

注释：松开过滤器油路开关，将油路断开。

a. 确保泵已关闭，使液压系统卸压。

b. 把阀芯（1）旋开。

c. 准备盛油盘。

d. 拆卸螺栓（4）。

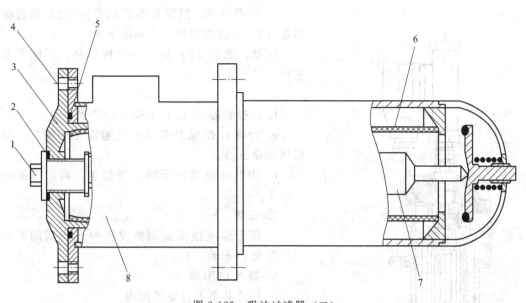

图 2-125　吸油过滤器（二）

1—阀芯；2—密封件；3—滤芯盖；4—螺栓；5—O形圈；6—滤网；7—磁棒；8—筒身

e. 从过滤器的外壳中取出滤芯盖（3）和磁棒（7）以及滤网（6）。

f. 将滤网和滤芯分开。

g. 用石油醚清洗每个零件（1，3，7），取出磨损的金属片，用压缩空气吹干所有零件。

h. 检查密封件（2）和O形圈（5），如果损坏，必须更换。

注释：滤芯由滤芯盖、滤网和磁棒组成。

② 安装

a. 首先使阀芯（1）松开。

b. 在滤芯盖（3）的圆锥面上对称地装上过滤网。

c. 带有滤网和磁棒的过滤塞插入筒身（8）。

d. 旋紧螺栓（4），旋紧阀芯（1）。

注释：重新打开过滤器油路开关。

e. 旋紧阀芯（1）。

f. 启动油泵，建立系统压力。

g. 检查过滤器是否漏油，如果漏油要继续以下步骤。

h. 拆卸滤芯。

i. 更换每个密封O形圈。

j. 检查损坏件的表面，是否需要换零件。

k. 重新安装滤芯。

(21) 高压过滤器滤芯的更换

高压过滤器的结构如图 2-126 所示。

① 拆卸

安装位置：高压过滤器位于泵出口位置。

a. 确保泵已关闭，液压系统卸压。

b. 准备一个盛油盘。

c. 拔掉污染报警监测器（1）的接头。

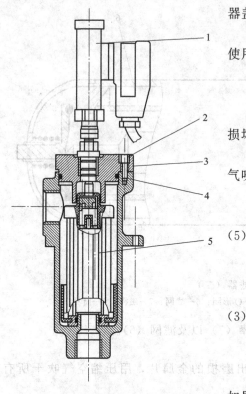

图 2-126　高压过滤器
1—污染报警监测器；2—螺栓；3—过
滤器盖；4—O 形圈；5—滤芯

d. 将带有污染报警监测器的螺栓（2）和过滤器盖（3）从过滤器外壳中拆除下来。

注意：滤芯（5）属于一次性零件，不能重复使用。

e. 卸下并更换滤芯（5）。

f. 从过滤器盖（3）上取下 O 形圈。

g. 检查 O 形圈及相应的接触面是否损坏，如损坏必须更换。

h. 用石油醚清洗干净过滤器盖，再用压缩空气吹干。

② 安装

a. 用干净液压油湿润螺纹密封面和新的滤芯（5）以及 O 形圈（4）。

b. 塞入 O 形圈（4）。

c. 把滤芯塞入过滤器筒内。

d. 将带有污染报警监测器（1）的过滤器盖（3）安装好，用螺栓（2）固定。

e. 连接污染报警监测器的接头。

f. 启动油泵，建立液压系统压力。

g. 检查过滤器盖与过滤器筒之间是否有泄漏，如果有泄漏参照以下步骤：

h. 拆卸滤芯。

i. 更换每个密封 O 形圈。

j. 检查损坏件的表面，是否需要换零件。

k. 重新安装滤芯。

（22）空气滤清器

空气滤清器的结构如图 2-127 所示，安装完毕后每 500 个工时，必须检查一次空气过滤器。在换油后每两年，必须更换空气滤清器的滤芯。

用压缩空气清洁排气滤清器的滤芯（最大值 5bar）。

① 每一次换油，并且工作 2 年后，必须更换加油排气滤清器，只能一次性更换。

② 对于排气滤清器来说，可以用压缩空气清洗。

注意：不能用石油醚及相关的清洗剂清洗滤芯。

（23）冷却水量控制器测量管子的清洗及替换

水量控制器的结构如图 2-128 所示。

应根据土质情况，定期清洗和维护管子。

① 关闭主控制水阀。

② 关闭上部控制水阀（6）。

③ 拧开螺钉盖。

④ 用配带的管刷清洗管子（3）。

⑤ 更换螺钉盖上的 O 形圈（2）。如果有磨损，连同管上的 O 形圈（4）一起更换。

⑥ 重新插上管子。

⑦ 旋紧螺钉盖。

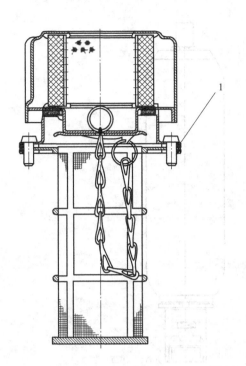

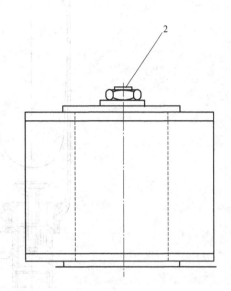

图 2-127　空气滤清器

1—注油排气滤清器；2—排气滤清器

（24）电控柜的冷却

由一个带有电扇的通风设备来冷却电控柜，根据空气污染程度来定期清洗过滤器罩。

① 取下通风栅栏。

② 取下过滤器罩。

③ 用加入清洗剂的温水清洗过滤器罩，如果有必要，更换它。

④ 烘干过滤器罩。

⑤ 重新装入过滤器罩。

⑥ 重新把通风栅栏装上。

注意：在易产生高温的开关柜内部安装空调机组；根据外部空气的污染程度定期清洗热交换器的滤芯。

⑦ 拆除滤芯。

⑧ 用压缩空气或敲打的方式清除滤芯上的污垢。

⑨ 用温水（最高温度不能超过 40℃）清洗滤芯上的污垢，必要时使用温和的清洁剂清洗。

⑩ 重新安装滤芯。

注意：① 带有过多污垢的滤芯会导致过热；

② 只能使用原装的备件；

③ 不能用过强的喷水器来冲洗滤芯，也不能拧扭。

（25）HK50 蓄能器的更换

HK50 蓄能器的结构如图 2-129 所示。

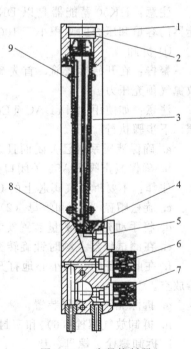

图 2-128　水量控制器

1—螺塞；2,4—O 形圈；3—管子；
5—热电流计；6,7—控制阀；
8—锥体；9—管挡块

Chapter 1
Chapter 2
Chapter 3
Chapter 4
Chapter 5
Chapter 6
Chapter 7
Chapter 8
附录 1
附录 2

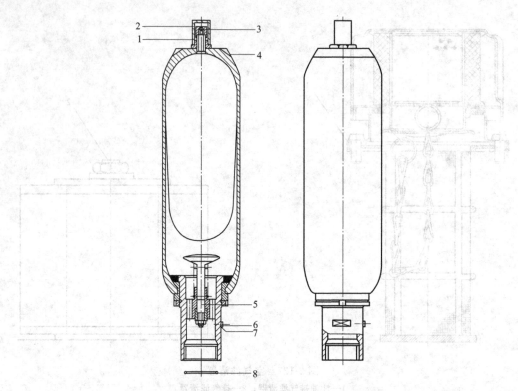

图 2-129　HK50 蓄能器

1—帽盖；2—螺母；3—气阀芯；4—蓄能器；5—液体阀身；6—放气螺栓；7—密封件；8—O形圈

注意：HK50 蓄能器是以 DRUCKBEH V 为标准的。根据"TRB"标准，HK50 蓄能器的容量和压力的乘积小于 1000。蓄能器既不用于焊接也不用于割削加工。

① 拆卸

警告：在开始拆之前，首先确保 HK50 蓄能器无压力。确保利用充气和测量装置释放氮气预充压力。

注意：如使用"HYDAC TECHNOLOGY GmbH"的特殊工具和检测装置，才可按照以下步骤执行。

a. 确保液压系统已关闭而且系统已卸压；

b. 确保截止阀 HA58 关闭口处于水平位置，而且旋松停止阀 HA58.1 的星形把手。

注释：不要拆掉气阀芯上的 O 形圈（8）。

c. 旋松帽盖（1）和螺母（2）。

d. 将手动充气和测量装置安装在气阀芯（3）上，调整到一个合适的可读位置。

e. 在测试仪器上顺时针旋转充气和测量装置上部的转轴，直到此仪器指示预充压力。

f. 在此设备的一侧小心地打开卸荷阀来卸掉预充压力。观察压力指示器，直到蓄能器放空。

g. 拆除充气和测量装置。

h. 拆卸放气螺栓（6）和密封件（7）。

i. 拆卸螺栓、螺母、垫。

j. 用六角扳手拧松储能器上的六角螺钉，有必要记住六角螺钉的位置。

k. 从蓄能器拆下 O 形圈。

l. 放好蓄能器。

② 安装

注释：如使用"HYDAC TECHNOLOGY GmbH"的特殊工具和检测装置，才可按照以下步骤执行。

a. 确保液压系统已关闭而且系统已卸压。

b. 确保截止阀 HA58 关闭口处于水平位置，而且旋松停止阀 HA58.1 的星形把手。

c. 安装新的 O 形圈（8）。

d. 把蓄能器竖起来，旋紧。

e. 旋紧螺母（2）和帽盖（1）。

f. 将充气和测量装置安装在气阀芯（3）上，调整到一个合适的可读位置。

g. 确保卸荷阀已关闭。

警告：此蓄能器只能用氮气，不能用氧气，否则会导致爆炸。如果氮气瓶的压力高于蓄能器的最大工作压力，则必须在氮气瓶与充气和测量装置中安装减压阀。

h. 用一软管把氮气筒和测试设备相连接。

i. 顺时针把测试设备旋紧。

注意：慢慢地将氮气充入蓄能器，直到达到一个稳定的压力，并防止气阀芯受到损害。

注释：预充压力是以 TECHNICAL DATA 技术参数为基础，用小氮气瓶充气，停留大约 5min 后重复 j 和 k 步骤。对于大的氮气瓶必须停留更长时间。

j. 打开氮气瓶的截止阀，观察充气和测量装置上的压力指示器，直到达到预允压力。

k. 等到达到预期的预充压力后，向左打开充气和测量装置上部的转轴直到拧紧，关闭气阀。

l. 放掉充气管子的压力，将充气和测量装置与氮气瓶单独分开。

m. 拆除充气和测量装置。

n. 用适当的测量器检查气阀芯是否泄漏，如果泄漏，用 HYDAC 的专用工具旋紧气阀芯，确保气阀芯无泄漏。

o. 把螺母（2）装在空气阀上并旋紧。

p. 把帽盖（1）装在空气阀上并旋紧。

(26) 检查和维护

表 2-7～表 2-9 所列为注塑机每 500 工时、1000 工时和 5000 工时时需要检测和维修的项目。

表 2-7　500 工时的检测和维修项目

维护种类	时　间	签　名
安全设施的检验：		
检查紧停按钮		
检查安全门(开合模)		
检查安全门(喷嘴)		
检查安全门(注射)		
检查安全门(顶针)		
检查固定安全盖		

Chapter 1

Chapter 2

Chapter 3

Chapter 4

Chapter 5

Chapter 6

Chapter 7

Chapter 8

附录 1

附录 2

维护种类	时间	签名
检查喷嘴中心：		
换模时的零点调整		
检查油量		
液压管路：		
检查使用寿命		
检查损坏及泄漏		
进行泄漏检查		
液压管路连接：		
检查损坏及泄漏		
进行泄漏检查		
对控制阀的泄漏检查		
检查系统压力		
测试蓄能器的氮气预充压力		
检查导轨和滑轮的状态		
检查料筒加热		
检查喷嘴加热		
检查热电偶		
水冷却块：		
检查连接处		
检查测量管		
检查冷却部分		
检查连接处塞子是否紧密		
检查热交换器的滤芯		

表 2-8　1000 工时的检测和维修项目

维护种类	时间	签名
安全设施的检验：		
检查紧停按钮		
检查安全门(开合模)		
检查安全门(喷嘴)		
检查安全门(注射)		
检查安全门(顶针)		
检查固定安全盖		
检查喷嘴中心：		
换模时的零点调整		
检查油量		
液压管路：		

维 护 种 类	时 间	签 名
检查使用寿命		
检查损坏及泄漏		
进行泄漏检查		
液压管路连接：		
检查损坏及泄漏		
进行泄漏检查		
对控制阀的泄漏检查		
清洗吸油过滤器		
出现警报后更换高压过滤器		
检查压力系统		
测试蓄能器的氮气预充压力		
检查导轨和滑轮的状态		
检查料筒加热		
检查喷嘴加热		
检查热电偶		
水冷却块：		
检查连接处		
检查测量管		
清洁冷却水过滤滤芯		
检查冷却部分		
检查连接处塞子是否紧密		
检查热交换器的滤芯		
检查止回阀里的钢球		
清洗空气过滤器		

表 2-9 5000 工时的检测和维修项目

维 护 种 类	时 间	签 名
安全设施的检验：		
拧紧按钮的检查		
检查安全门(开合模)		
检查安全门(喷嘴)		
检查安全门(注射)		
检查安全门(预针)		
检查固定安全盖		
检查喷嘴中心：		
换模时的零点调整		
控制机器的位置及水平		

维护种类	时间	签名
检查锁模系统/顶针/套筒		
检查哥林柱的延伸度		
检查模板的平行度		
检查导轨和滑轮的状态		
测试压力表		
更换油		
清洁油冷却器		
液压管路:		
检查寿命		
检查损坏及泄漏		
进行泄漏检查		
液压管路连接:		
检查损坏及泄漏		
进行泄漏检查		
检查管接头		
对控制阀的泄漏检查		
清洗吸油过滤器		
出现警报后更换高压过滤器		
检查系统压力		
检查比例压力阀的特性曲线		
检查比例流量阀的特性曲线		
测试蓄能器的氮气预充压力		
检查料筒加热		
检查喷嘴加热		
检查热电偶		
水冷却块:		
检查连接处		
检查测量管		
清洁冷却水过滤滤芯		
更换润滑分配器		
检查料斗冷却法兰		
检查止回阀里的钢球		
根据信号指示对 350t 以上的机器检查电动机的润滑		
清洁空气过滤器		
检查控制柜和线管匣		
旋紧配电器的线缆接口		
检查接触器		
检查限位开关		
检查插座		
检查 MC4 控制卡		
检查热交换器的过滤芯		

Chapter
1

Chapter
2

Chapter
3

Chapter
4

Chapter
5

Chapter
6

Chapter
7

Chapter
8

附录
1

附录
2

2.9 注塑机的保养与维护（以海天牌注塑机为例）

2.9.1 保养与维护计划

注塑机是注塑生产企业的重要设备，必须有一套较为完善的保养与维护制度，才能充分发挥其效能，延长其工作寿命。只有及时正确的保养与维护，才能将小问题及轻微故障及时化解，以免积重难返。保养与维护时，应制订相关的计划。

注塑机的机械、电气、液压系统及其各类元器件必须进行定期检查与维护，保养维护计划时间范围及具体工作内容，如表 2-10 所列。

表 2-10　保养维护计划

时间范围	维护保养工作
当发现吸油过滤器阻塞时，在屏幕上出现出错信息："滤油网故障"	更换吸油滤油器
每 500 个机器运转小时	检查液压油油箱上油标的油位
500 个工作小时后第一次更换旁路过滤器	第一次更换旁路过滤器
每 6 个月，水质较差时每个月	检查，清洗油冷却器
第一次投入运行后 1000 机器运转小时	更换或清洗吸油滤油器更换液压油
每 2000 个机器运转小时	更换油箱上通风过滤器的滤芯
在最大 2000 个工作小时后或当自带压力表显示最大值为 4.5bar 时	更换旁路过滤器
每 5000 个机器运行小时或至多一年	更换液压油
	更换或清洗吸油滤油器
	检查高压软管(如有必要进行更换)
	检测维修电动机
每 20000 个机器运转小时或至多 5 年	液压油缸—更换密封圈和耐磨环
	更换高压软管
每 3 年	更换系统控制器电池
每 5 年	更换操作面板上的电池

所有的高压软管必须每 5 年更换新的，以免由于老化原因引起故障。只有崭新的软管（替代品目录中的产品）才能使用。

2.9.2 日常检查

(1) 螺栓锁紧

在模具和各个移动部件上的螺栓要锁紧，检查是否有松弛情况，螺栓应在正确锁紧状态，如图 2-130 所示。

(2) 热电隅

热电偶系统随着机器的类型而有所不同，应检查安装使用情况是否正确，如图 2-131 所示。

(3) 料筒温升时间

检查加热温升的时间是否过短或过长，加热器线路是否会对加热圈、热电偶、接触器、保险丝以及配线等产生危险。

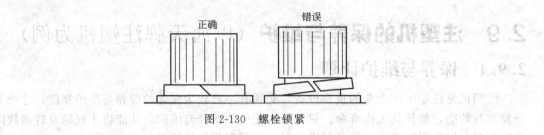

图 2-130 螺栓锁紧

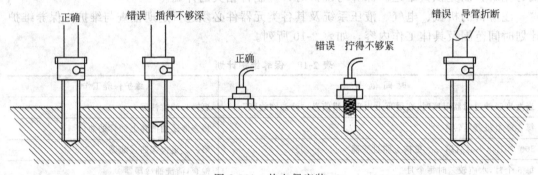

图 2-131 热电偶安装

(4) 安全门

检查各种安全门与各种安全门行程开关、锁模安全装置、紧急止动按钮、液压安全阀等附加安全装置（安全盖，清除盖等）是否位置正确、灵活、可靠。

(5) 冷却水

在带有模具冷却水流量检测器的机器上，要检查冷却水进口和出口的位置，流量的调节，以及是否有泄漏现象。

(6) 润滑油

机器有各种的注油器、注油杯或集中润滑系统，要检查润滑油的油平面，如果低于要求，要重新注满。各相对滑动表面要施加少量润滑油。

(7) 蓄能器充气

蓄能器要求充装氮气，严禁使用其他气体。氮气的充装用充气工具（随机附件）进行。充气时，松开溢流阀调节手柄，打开蓄能器上端的盖帽，装上充气工具并和高压氮气连接，缓慢打开充气工具的开关，达到规定气压 2～3MPa。当压力过高时，则拧开排气螺塞使气压降到规定值。充气工具上装有氮气压力表和排气螺塞，在使用过程中还要求定期检查蓄能器的气压，并使之保持在规定值。

蓄能器严禁使用除氮气外的其他气体。

未到达或超过规定气压，将使动模板液压支承滑脚系统失去作用，均不利于开闭模动作。

调节完后，可以装上模具再试，以观其调节效果是否良好，应经常检查螺母是否松动，及时调整，保护机器工作可靠性。

(8) 其他检查

检查各种管道、液压装置是否有泄漏；电动机、液压泵、液压马达、加热筒、运动机构工作时是否有异常噪声；检查加热圈的外部接线是否正确，是否有损坏或松动现象，如图 2-132 所示。

要经常从头到尾擦洗整台机器，使机器始终保持清洁。

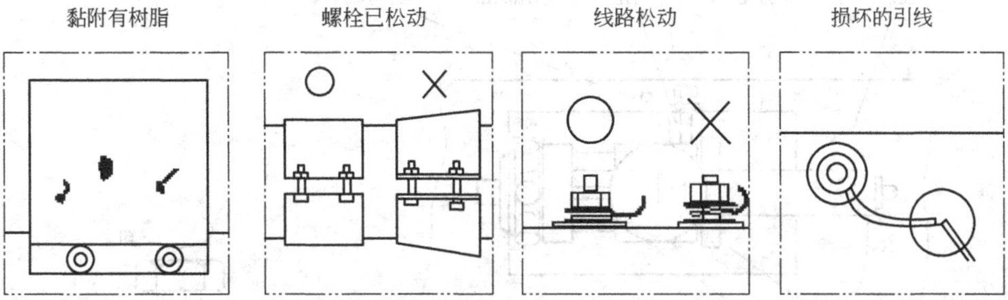

图 2-132　其他检查

2.9.3　螺杆和料筒的保养

(1) 保养要点

螺杆和料筒是注塑机的关键部件，也是比较容易出故障的部件，日常工作中，应注意检查以下几点。

① 定期检查预塑离合器液压马达的运行情况。

② 料筒入料口的冷却效果。

③ 料筒各段温度是否正常，隔热罩安装是否适当。

④ 射台移动的导轨应定期涂上润滑油并保持清洁，禁止放置包括工具、零件在内的异物，以免损伤平台。

⑤ 空射出的废料、塑料颗粒、粉尘等应随时清理、打扫。

(2) 拆卸螺杆和料筒所需工具

检查过程中发现螺杆和料筒出现异常，应拆下螺杆进行清洗并对其进行检测。拆卸时，除了各种工具外，应准备的工具如下。

① 四五根圆形木棒（木棒的直径应小于螺杆的直径，长度小于注塑机的注塑行程）。

② 四五个木块（正方形，100mm×100mm×300mm）。

③ 一把钳子。

④ 废棉布。

⑤ 一根长木棒或竹棍（木棒或竹棍的直径应小于螺杆直径、长度大于注塑机加热筒的长度）。

⑥ 不可燃溶剂，如三氯乙烯。

⑦ 黄铜棒和黄铜刷子。

被拆除的螺杆应放置在木块上，以防损坏螺杆。

(3) 拆卸前的准备工作

拆前首先应将注射座调整斜置，便于操作，如图 2-133 所示。

聚碳酸酯（PC）和硬聚氯乙烯（PVC）等树脂，在冷却时会粘在螺杆和加热料筒上。特别是聚碳酸酯，如果剥离时不小心，就会损坏金属表面。如果用的是这些树脂，应该先用聚苯乙烯（PS）、聚乙烯（PE）等清洗材料清洗，易于螺杆的清洁和拆卸工作。

(4) 注射装置移位

① 大型注塑机

步骤 1：用注塑装置的选择开关将注塑装置全程后退，直至不能动为止。

步骤 2：卸下导杆支座紧固螺栓。

步骤 3：卸下连接整移油缸与射台前板的圆柱销，使二者分离。

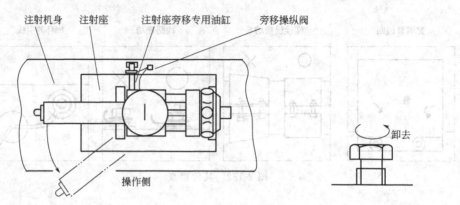

图 2-133　注射座调整位置

步骤 4：用安装在非操作者一侧注射机身台面上的专用油缸，推动注射座向操作者方向转动，能满足螺杆、料筒顺利退出即可，注意不要使电线和软管绷得过紧。

操作过程：

a. 通过操作面板选择 50% 系统压力，选择 30% 系统流量。

b. 卸掉安装在专用油缸旁边的操纵阀的防护罩壳。

c. 用手向前推动操纵柄，油缸即缓慢推动注射座，朝操作方转动，直至合适位置，然后将操纵柄回到中位。

d. 注射座需回位时将操纵柄后拉即可实现。

② 中型注塑机

步骤 1：与大型机相同。

步骤 2：卸下喷嘴水平位置的调整座块和导杆支座的紧固螺栓。

步骤 3：卸下连接整移油缸与射台前板的圆柱销，使二者分离。

步骤 4：通过操作面板选择 50% 系统压力、30% 系统流量，按座台退键，利用整移油缸使注射座朝操作侧转动至合适位置。

(5) 拆卸附件

步骤 1：将加热料筒的温度加热至接近树脂的熔融温度，然后断开加热器的电源。

步骤 2：调低注射速度和注射压力，将具有多级注塑功能的注塑速度和压力调低接近 0。

步骤 3：使螺杆（注射活塞）满行程返回停在原位置。

步骤 4：按图 2-134 所示顺序卸除料筒头和喷嘴。

步骤 5：按图 2-135 所示顺序卸去与螺杆相连的其他零件，将螺杆固定环螺栓和其他螺栓区别放置，避免混淆。

(6) 拆卸螺杆

步骤 1：取一段外径略小于螺杆直径、长度适当的木棒，放置于螺杆尾端面与射台后板之间，用夹具（不要用手）托住木棒，如图 2-136 所示。

步骤 2：点动注射动作键向前推动螺杆，同时除去夹具。

步骤 3：注射动作前移全程后，点动射退动作，使射台后板退回全程。

步骤 4：垫上第二块木棒。重复进行步骤 1 至 3 步骤，如图 2-137 所示。

螺杆过热，切勿赤手触摸。大螺杆约顶出 1/2 长度后，用吊绳套牢，吊钩好，使螺杆安全离筒。

步骤 5：螺杆应放在木块或木架上防止损伤。较长时间放置时，应垂直吊挂，防止弯曲变形。

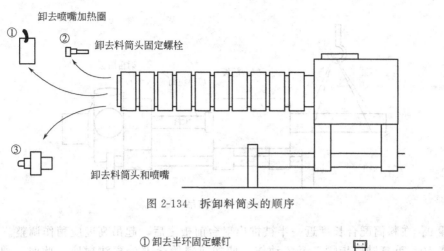

图 2-134　拆卸料筒头的顺序

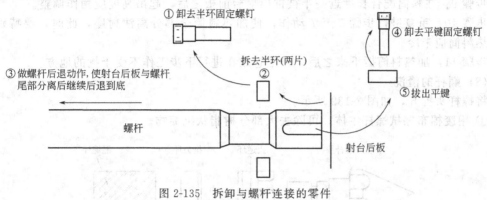

图 2-135　拆卸与螺杆连接的零件

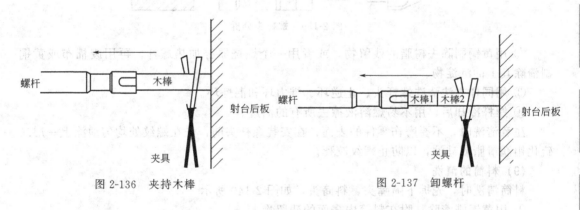

图 2-136　夹持木棒　　　　　　　　图 2-137　卸螺杆

(7) 拆卸料筒

步骤 1：拆除加热料筒全部电热圈，如有必要卸下热电线支架。

步骤 2：拧下将料筒与射台前板固定的大螺母。

步骤 3：将料筒吊住。

步骤 4：点动螺杆后退动作键，使射台后板全程退回。

步骤 5：如图 2-138 所示，在射台后板与料筒后端之间插入木杆，用夹钳夹住木棒，不要用手以防危险。

步骤 6：用低注射速度和压力，产生注射动作，向前推压料筒。

步骤 7：在料筒全程前移之后，点动射退动作，再次使射台后板全程退回。

步骤 8：重复进行步骤 5 至 7 动作。

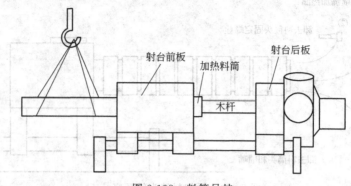

图 2-138 料筒吊挂

步骤 9：在料筒配合长度近一半被推出射台前板之后，起吊高度应稍作调整。

步骤 10：重复进行步骤 5 至 7 动作，使加热料筒全部分离注射座，此时，要特别注意加热料筒应未冷。

步骤 11：加热料筒拆下来之后，应把它放在进行下步工作不受干扰的地方。

(8) 螺杆的清洗

将螺杆头拆开，如图 2-139 所示。

① 用废棉布擦拭螺杆主体，可除去大部分树脂状沉淀物。

图 2-139 螺杆头分拆

② 用黄铜刷除去树脂的残留物，或者用一个燃烧器等加热螺杆，再用废棉布或黄铜刷清除其上的沉淀物。

③ 用同样方法清洗螺杆头、止逆环、推力环和混炼环。

④ 螺杆冷却后，用不易燃溶液擦去所有的油迹。

注意清洗时，不要磨伤零件的表面；在安装螺杆头前，先在螺纹处均匀地涂上一层二硫化钼润滑脂或硅油，以防止螺纹咬死。

(9) 料筒的清洗

料筒清洗时，先拆下喷嘴头、料筒头，如图 2-140 所示。

① 用黄铜刷清除黏附在料筒内表面的残留物。

② 用废棉布包在木棒或长竹子的端面，清洗筒体的内表面，在清洗过程中，应将清洗的废棉布做若干次更换。

③ 还要清洗料筒和喷嘴，特别注意与它们相配合的接触表面，小心将其擦伤导致树脂泄漏。

④ 使料筒的温度下降到 30～50℃ 以后，用溶剂润湿废棉布用上述方式清洗筒体内表面。

⑤ 检测筒体的内表面，并应确保其是干净的，检查方法如图 2-141 所示。

(10) 螺杆和料筒的安装

重新装配时，按拆卸的反向步骤依次安装各部件。两个工人在进行此项操作时，一定要相互提醒注意安全。

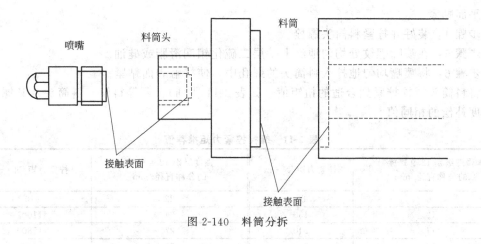

图 2-140　料筒分拆

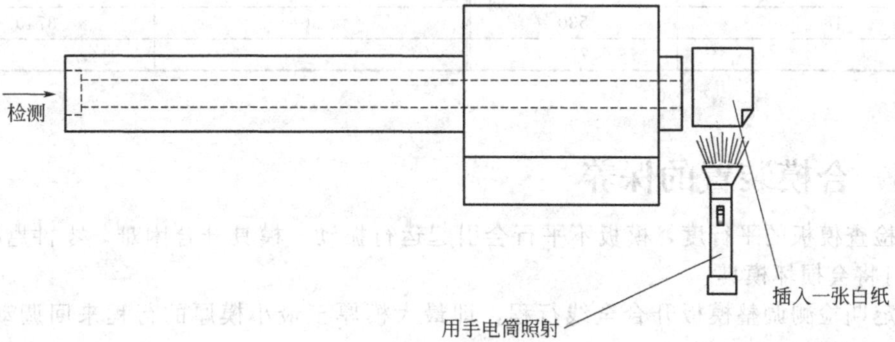

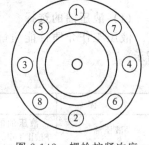

图 2-141　清洁检查

拧紧料筒头螺栓时应注意：

a. 必须是强度级别 12.9 级的优质螺栓，给螺栓的螺纹表面均匀涂上耐热润滑脂（如 MoS_2 等）。

b. 均匀地拧紧对角螺栓，按图 2-142 所示次序，每只拧数次。

c. 使用适合的转矩。最好使用扭矩扳手。

d. 最后拧紧所有螺栓。

e. 如果加热料筒头的螺栓拧得太紧，可能导致螺纹损坏，但如太松，又可能漏料。

① 螺杆头的安装

步骤 1：将螺杆平放在等高的两块木块上，在键槽部套上操作手柄。

步骤 2：在螺杆头的螺纹处均匀地涂上一层二硫化钼润滑脂或硅油。

步骤 3：将擦干净的止逆环、推力环、混炼环（有的机器没有），依次套入螺杆头。

步骤 4：用螺杆头专用扳手，套住螺杆头，反方向旋紧，完成塑化组件装配。

② 料筒头和喷嘴的安装

步骤 1：用吊车吊平塑化组件，仔细擦干净。

步骤 2：将塑化组件缓慢地推入料筒中，螺杆头朝外。

步骤 3：将料筒头上穿螺钉的光孔与料筒上的螺孔对齐，止口对正，用铜棒轻敲，使

图 2-142　螺栓拧紧次序

配合平面贴紧。

步骤 4：装好并拧紧料筒头螺栓。

步骤 5：在喷嘴螺纹处均匀地涂上一层二硫化钼润滑脂或硅油。

步骤 6：将喷嘴均匀地拧入料筒头的螺孔中，使接触表面贴紧。

将料筒头螺栓拧紧到合适的扭矩值（如表 2-11 所列），要等料筒、料筒头及其螺栓达到温度补偿的相同值。

表 2-11　螺栓拧紧力矩推荐值

强度级别 12.9 螺栓的公称直径/mm	拧紧力矩/N·m	强度级别 12.9 螺栓的公称直径/mm	拧紧力矩/N·m
10	80	22	910
12	150	24	1100
14	240	27	1580
16	370	30	2140
18	530	36	3740
20	720		

2.9.4　合模装置的保养

① 检查模板的平行度，模板不平行会引起运行振动，模具开合困难，零件磨损，过分不平行将会损坏模具。

② 定期检测调整模板开合全线行程，即最大模厚至最小模厚的行程来回调动几次，观察是否运动顺畅。

③ 检查活动部件的运动情况。可能由于运动速度调节不当，或由于速度改变时的位置与时间配合不当，或由于机械、油压转换不自然，都会引起锁模机构出现振动。这类振动会令机械部分加速磨损，紧固螺钉变松，噪声变大。所有活动部件均应有足够润滑，如果发现移动模板的滑脚磨损严重，应停机修复。

④ 检查高压锁模油缸行程保护装置、限位开关及油压安全开关、安全门行程开关的绝对可靠性。

⑤ 绝对禁止在锁模机构内放置任何无关的物品、产品、工具、废品、油枪、棉纱等。

2.9.5　液压系统的保养

(1) 液压油的选择

液压工作介质性能质量对注塑机工作性能影响甚大，推荐的液压油和润滑油如表2-12所示。

表 2-12　推荐的液压油和润滑油

名　称	规　格	备　注
液压油	液压油的黏度：68cSt/40℃ 美孚 Mobil DTE26、壳牌 Shell Tellus Oil 68、上海海牌 68 号抗磨液压油	用于系统液压
润滑油	68 号抗磨液压油	用于大型机的动模板滑脚和射台座板的润滑
特殊润滑脂	极压锂基脂 LIFP00 1 号锂基润滑脂 3 号锂基润滑脂	用于注射部分和锁模部分相关点的润滑

注：1cSt=1×10⁻⁶ m²/s。

(2) 液压油系统的保养

① 检查油箱内的压力油高度是否达到最低要求，不足时应及时加至足够高度，并认真找出油位下降的原因，如油箱渗漏应停机堵漏。

② 检查机台运行时油箱内油温是否正常。

③ 定期检查液压油的品质，如有混浊、变味、沉淀、变色或有水分混入，应立即更换处理。检查时在油箱内提取少量油样，在外界充足光线下仔细观察，静置若干时间再进行判断，如发现有水分混入，应坚持追根溯源，及时杜绝。

④ 定期清洗过滤网，清洗后要保证恢复原有的滤油功能后才能装回。清洗时禁用棉纱，以免遗下毛屑而堵塞滤芯或混入循环系统，干扰工作，应用干净的不会掉屑的布清洗。

应定期检查油质状况，正确控制冷却水流量和温度，把液压油的油温保持在（45±5）℃的温度范围内。

如果有另外选购的液压装置连接在机器上（如中子或液压喷嘴），这些装置必须彻底清洗。

连接需消耗液压油的各装置，必须保持清洁，不能影响液压油的质量和纯度标准，必须严格符合质量标准 NAS 1638 的 7 级到 9 级（美国国家标准）。如果送交的液压油有轻微的污染程度，注入时必须通过合适的过滤器进行过滤。

使用过的液压油均含有潜在伤害人体的成分，应避免与皮肤长时间或重复接触。

2.9.6 润滑系统的保养

(1) 润滑系统保养的基本要求

机器的运动部件设置了润滑装置和润滑点（如图 2-143 所示）。在合模机构一般采用自动润滑系统。

(2) 润滑系统的构成

① 定阻式润滑系统（小于 HTF250X/1、HTB250X/1、HTF250X/2 或 HTW228 的机型用）的润滑原理，如图 2-144 所示。

定阻式润滑系统配置有阻尼式分配器。当润滑油泵工作时，由于阻尼器的作用，从油泵出口到各分配器的油路中产生压力，当高于阻尼压差时，润滑油会克服阻尼不断地流向各润滑点，直到润滑时间结束。因分配器的阻尼孔大小不同，因此阻尼式分配器保证了润滑系统到达各润滑点的油量按需要分配。当润滑油路的压力在润滑时间内达不到压力继电器设定压力值时，机器会报警，润滑系统有问题需要检查维修。

② 定量加压式润滑系统（大于 HTF300X/1、HTB300X/1、HTF300X/2 或 HTW280 的机型）的润滑原理，如图 2-145 所示。

定量加压式润滑系统配置定量加压式分配器。当油泵工作时，油泵向各分配器加压，将定量分配器上腔的润滑油压向各润滑点，均匀地润滑各点。当润滑油路的压力达到压力继电器压力设定值时，油泵停止工作，开始润滑延时计时，各分配器卸压并自动从油路中补充润滑油到上腔，当润滑延时计时结束后，油泵再次启动，周而复始，直到润滑总时间结束。因分配器的排油量不同，因此保证各润滑点的油量按需要分配。当润滑油路的压力在润滑时间内达不到压力继电器压力设定值时，机器会报警，润滑系统出现问题需要维修。

(3) 润滑系统的保养明细

严禁水、蒸汽、尘埃及阳光污染润滑油。使用过程中，需要定期检查各润滑点是否正常工作。每次润滑时间必须足够长，保证各润滑点的润滑。机器的润滑模数（间隔时间）

Chapter 1
Chapter 2
Chapter 3
Chapter 4
Chapter 5
Chapter 6
Chapter 7
Chapter 8
附录 1
附录 2

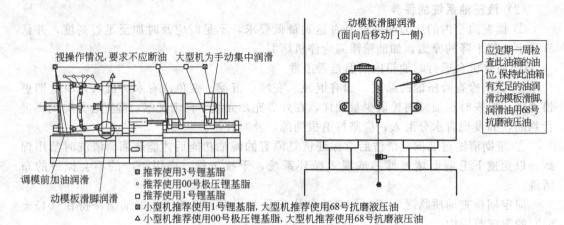

动模板滑脚润滑
(面向后移动门一侧)

应定期一周检查此油箱的油位, 保持此油箱有充足的油润滑动模板滑脚, 润滑油用68号抗磨液压油

视操作情况,要求不应断油　大型机为手动集中润滑

调模前加油润滑

动模板滑脚润滑

■ 推荐使用3号锂基脂
○ 推荐使用00号极压锂基脂
□ 推荐使用1号锂基脂
⊠ 小型机推荐使用1号锂基脂, 大型机推荐使用68号抗磨液压油
△ 小型机推荐使用00号极压锂基脂, 大型机推荐使用68号抗磨液压油

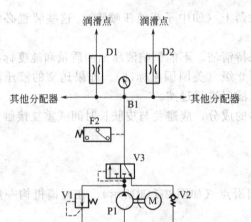

注: 润滑泵工作时油箱内油脂必须充足, 注射部分手动润滑泵(大机)位于射台后板后侧面, 合模部分自动润滑泵位于机身尾部或尾板前侧面(加油时可拉开前安全门)。大型机HTF1600X及以上机型动模板拉杆铜套润滑用集中式稀油润滑

图 2-143　润滑系统分布

及每次润滑的时间通过合理的设定来实现, 建议不要轻易更改电脑中相关参数的设置, 机器出厂前已合理设置, 但润滑模数用户可根据实际情况作一定的改动, 一般新机六个月内润滑模数设定少一点, 六个月以后可根据实际情况设定多一点。大型机设定少一点, 小型机设定多一点。定量加压式润滑的时间实际是润滑报警时间, 建议机器的每次润滑时间可以适当设定长一些, 有足够时间来保证压力继电器起压, 从而避免因润滑报警时间过短而产生的误报警。

定期观察润滑系统的工作状况, 保持油箱中的润滑油在一个合理的油位上。平时如发现润滑不良, 应及时润滑, 并检查各润滑点的工作情况, 以保证机器润滑良好。

润滑参数设定参考值如下。

定阻式润滑系统 (机器小于等于 HTF250X/1、HTB250X/1、HTF250X/2 或 HTW228 的机型):

润滑模数　　　　　5000~25000 (根据实际情况调整)

润滑时间　　　　　120　　(同时也是报警时间)

润滑延时　　　　　0

润滑总时间　　　　1

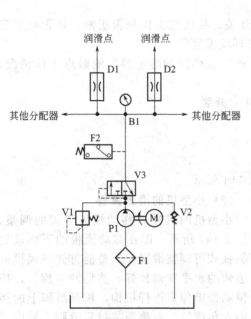

图 2-144　定阻式润滑原理

F1—吸油过滤器；V2—回油背压阀；B1—系统压力表；
P1—润滑泵；V3—二位三通换向阀；D1,D2—定
阻式分配器；V1—系统溢流阀；
F2—压力继电器；M—电动机

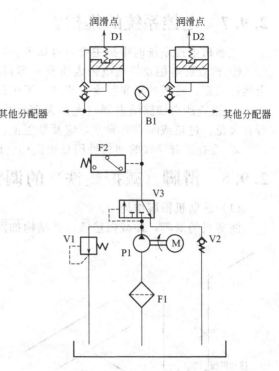

图 2-145　定量加压式润滑原理

F1—吸油过滤器；V2—回油背压阀；B1—系统压力表；
P1—润滑泵；V3—二位三通换向阀；D1,D2—定
量加压式分配器；V1—系统溢流阀；
F2—压力继电器；M—电动机

注意：

① 润滑延时必须为 0，否则润滑变为非连续润滑。

② 润滑总时间必须大于等于 1，否则润滑报警无效。

定量加压式润滑系统（机器大于等于 HTF300X/1、HTB300X/1、HTF300X/2 或 HTW280 的机型）：

润滑模数　　　　　5000~25000（根据实际情况调整）

润滑时间　　　　　100　　（报警时间）

润滑延时　　　　　30

润滑总时间　　　　500

注：小型机的动模板滑脚润滑是通过自动润滑系统供油的，无以上方式的动模板滑脚润滑装置。

动模板、拉杆、铜套润滑参数值的设定（在参数画面中设定）如下。

定量加压式润滑系统（HTF1600X 以上机型，其余机型此参数无效）

第二组润滑模数　　　20（根据实际情况调整）

第二组润滑时间　　　50　　（报警时间）

操作面板上的手动润滑按钮，在无特殊情况下勿随意按动，因为每按一次将供给一个月的油脂损耗量，将大大浪费油脂和污染环境。

润滑过程中如电脑出现润滑故障报警，则主要是润滑油箱油量不足或润滑管道泄漏所引起的，应及时加入油脂或修复。

第 2 章　注塑机及其周边设备 ｜ 143

2.9.7 电控系统的维护

注塑机电控系统的维护主要内容如下。

① 检查配电柜及控制电柜内所有元器件、开关、接线柱工作是否正常，是否处于安全运行状态，接线的可靠程度、清洁、干爽以及环境温度等。

② 检查所有线路继电器（尤其是驱动电机和电加热圈的继电器）的触点工作情况，若有火花、过热或响声有异常，应及早更换。

③ 检查所有导线的塑料外层是否损伤、硬化和开裂。

2.9.8 滑脚（减振垫铁）的调整

(1) 注塑机滑脚结构

注塑机的滑脚，即减振垫铁，其结构如图 2-146 所示。

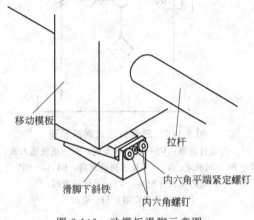

图 2-146 动模板滑脚示意图

(2) 小型机的滑脚调整

小型机的机械式移动模板滑脚的调整，如图 2-147 所示。即在移动模板的下部设置了斜铁式可调整滑脚。调整前首先将锁模部分道轨的水平度调校好，然后卸下模具，按合模动作键伸直连杆机构，松开滑脚上的两只内六角螺钉，对称调整每只滑脚上的内六角螺钉，使滑脚上一对下斜铁移动量相等。用内卡钳测量操作面的 h_1、h_2 和 h_3 及相对应的非操作方的 h_4、h_5 和 h_6，每测一点都与外径千分尺（0.02 级游标卡尺）校对出实际值，使各点的值相等。然后按调模键，观察模厚调节时的系统压力的大小和移动模板是否平稳，调整合适后装上模具再试，直至达到满意的效果，然后锁紧内六角螺钉。

在滑脚下斜铁底面配置了铜垫片，经过三年左右时间，铜片会磨损，应及时更换。

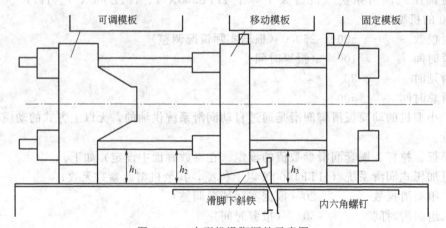

图 2-147 小型机滑脚调整示意图

(3) 大型机的滑脚调整

大中型机移动模板液压支承滑脚系统的调整原理及结构如图 2-148 所示。即大中型机移动模板采用液压支承滑脚系统，采用 2 组滑脚（中型机器 4 个柱塞油缸、大型机器 6 个柱塞油缸）同压支承，使移动模板对拉杆的弯矩减小到最低限度，保证拉杆始终处于水平状态，调整最佳的支承压力和保持一定的充气压力有利于提高合模部件工作性能。

支承压力的调整即调整压力继电器的压力，一般压力调整范围为 $2\sim6MPa$，具体根据模具重量在此范围内调整至拉杆水平为止。压力继电器和溢流阀安装在操作边的移动模板的侧面，并附有压力表，调整时按顺时针旋转压力继电器调整旋钮，压力升高，达到要求后放松调整旋钮，当压力过高时逆时针旋转调整旋钮，同时松开蓄能器的溢流阀调节手柄，使压力降低至要求压力以下，旋紧蓄能器的溢流阀调节手柄，再顺时针旋转压力继电器调整旋钮，使压力升高到要求压力，然后放松调整旋钮。

要升高支承压力时，机器应在手动工作状态，要求系统压力高于要求压力。此压力出厂时已调整为最佳，无特殊情况不要任意调整。

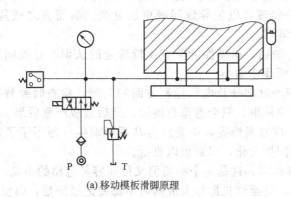

(a) 移动模板滑脚原理

电磁换向阀
叠加单向阀
压力继电器
溢流阀
盖帽
蓄能器
排油口
移动模板

(b) 结构

图 2-148　大型机滑脚结构

2.9.9　管路检测

注塑机的液压软管也要定期进行检查、调换，管路状况如有下列情况要进行更换。

① 从外层到内层包皮损坏或有摩擦痕迹等。

② 外皮变脆，软管裂缝。

③ 变形，已经改变了软管和软管管路的自然形状，在正常受压或弯曲情况下，如外皮割离或局部产生气泡状隆起。

④ 裂缝。

⑤ 密封套环损坏或变形。

第 2 章　注塑机及其周边设备　145

⑥ 软管脱离套环。

⑦ 由于腐蚀，套环功能和强度下降。

⑧ 储存时间和工作寿命超过保养计划要求时间。

当估计机器软管管路寿命时，应充分考虑储存时间，最长允许储存时间取制造后 2 年时间，新软管才能使用。

2.9.10 保养和维护时的注意事项

注塑机的保养和维护牵涉到很多方面，很难靠几条制度来概全，应根据企业的装备情况、技术条件、生产管理等情况，充分发挥各个岗位的主观能动性，共同做好机器的保养维护工作，保压和维护时应注意以下几点。

① 不可盲目检查修理，以免导致问题更加复杂。简而言之就是不熟不做，操作工、电工、机修工要各司其职。

② 对基本电路、油路、机械性能应有比较清楚的认识，寻找问题根源时，应集中于某一方面，把检查范围逐步缩小。

③ 对于高压锁模油缸部分及电脑控制方面的问题，检查时要特别冷静小心。不少经验教训证明，大意草率从事，只会愈修愈糊涂，最后造成严重后果。

④ 遇上小问题，应赶紧修妥，不要以为其不影响生产便不了了之，往往接踵而来的就是问题严重化，范围扩大化，以致难以收拾。

⑤ 建立维修保养档案，这是一个必需但又往往容易忽略的事情。档案内，维修内容、日期、维修人员名单，甚至试机操作人员的名单都要记录清楚，以便于日后的维修保养工作，少走弯路，提高效率。

⑥ 备用零件或替换零件应尽量选购原厂零件，以保证机器更换新零件后能发挥其正常的工作效能，从而避免不必要的损失。如果因贪图购买方便或以次充好，而忽略了新购的代用零件在精度、强度、尺寸、可靠性及安装位置等是否能与原零件匹配，将会造成更大的损失，更会牵涉到其他零件加速损坏。

第3章

注塑模具的结构与使用

3.1 注塑模具的基本结构与类型

3.1.1 注塑模具的基本结构

塑料产品千差万别，这就需要各不相同的模具来满足其生产需求，再加上设计人员的设计理念、设计习惯的不同，所以，生产实际中很难找到两副完全相同的模具。但是，不管模具差异多大，其基本的结构往往是相似的。

一般情况下，注塑模是由动模与定模两大部分组成，其中动模安装在注塑机的移动安装板上，定模安装在注塑机的固定安装板上。在注塑成型时，动模与定模闭合构成模腔和浇注系统，开模时动模与定模分离取出塑料件。图 3-1 所示为一典型两板式（单分型面）注塑模，其中，图 3-1(a) 为合模状态，图 3-1(b) 为开模状态。

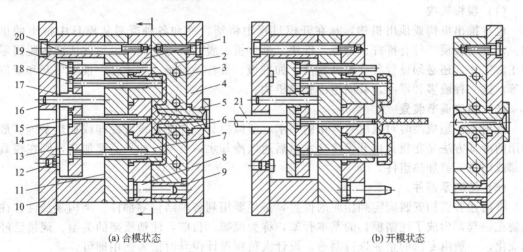

(a) 合模状态   (b) 开模状态

图 3-1 单分型面注塑模结构

1—动模板；2—定模板；3—冷却水道；4—定模座板；5—定位圈；6—浇口套；7—型芯；
8—导柱；9—导套；10—动模座板；11—支承板；12—限位钉；13—推板；
14—推杆固定板；15—拉料杆；16—推板导柱；17—推板导套；18—推板；
19—复位杆；20—垫块（模脚）；21—注塑机的顶杆

从图中看出，注塑模的零件比较多，根据模具上各零部件的主要功能，一般把注塑模分为以下几个基本的组成部分。

(1) 成型零部件

通常包括型芯（成型塑料件内部形状）和型腔（成型塑料件外部形状），如图 3-2 所示。型芯与型腔在合模后构成一个密闭的空腔，称模腔，熔融的塑料进入模腔后经冷却定型，就得到与模腔形状一模一样的塑料件。

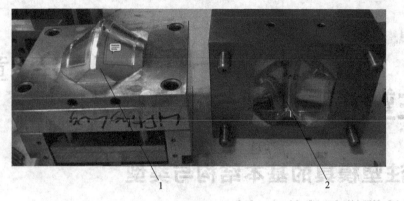

图 3-2　型芯和型腔
1—型芯；2—型腔

（2）浇注系统

将熔融的塑料由注塑机引向模腔的通道称为浇注系统，浇注系统一般由主流道、分流道、浇口和冷料井等部分组成。

（3）导向机构

为确保动模与定模合模时准确吻合而必须设置的机构。导向机构通常由导柱、导套或在动模定模上分别设置互相吻合的内外锥面等零件组成。

（4）脱模机构

也称推出机构或顶出机构，是在开模过程中将塑料件和各种凝料从模具中推出的机构。常见的脱模零件有推杆、推管、推块、推件板、脱浇板等；同时，为保证这些脱模零件正常工作，还必须设置各种辅助零件，如推板、推杆固定板、支承钉、推板导套和复位杆等，这一种或多种零件，共同组成脱模机构。

（5）温度调节装置

塑料在注塑成型时对温度有严格的要求，所以模具上往往要设置冷却或加热系统。最常用的冷却方法是在模具内开设冷却水道后通以冷却水；反之，如果需要加热，则在模具内部或周围安装加热组件。

（6）结构零部件

将前述各机构安装固定到相应的位置，必须要用到各种结构零部件。结构零部件往往组装在一起，构成了注塑模具的基本骨架，称为模架。目前，注塑模架的类型、规格已经标准化，一般由专门的企业进行制造，设计人员在设计模具时按需选用即可。

（7）其他机构

如果模具是双分型面注塑模，还必须设置顺序开模控制机构；如果塑料件有侧向的孔或凸台，模具还应该有侧向分型与抽芯机构；同时，为了将模腔内的气体排除模外，大部分的注塑模具往往都设计有排气系统等。

3.1.2　注塑模具的类型

注塑模的类型很多，按成型工艺特点可以分为热塑性注塑模、热固性注塑模、低发泡注塑模和精密注塑模；按其所使用注塑机的类型可分为卧式注塑机用注塑模、立式注塑机用注塑模和角式注塑机用注塑模；按浇注系统特点可分为冷流道注塑模、绝热流道注塑模、加热流道注塑模和温流道注塑模等。

Chapter
1

Chapter
2

Chapter
3

Chapter
4

Chapter
5

Chapter
6

Chapter
7

Chapter
8

附录
1

附录
2

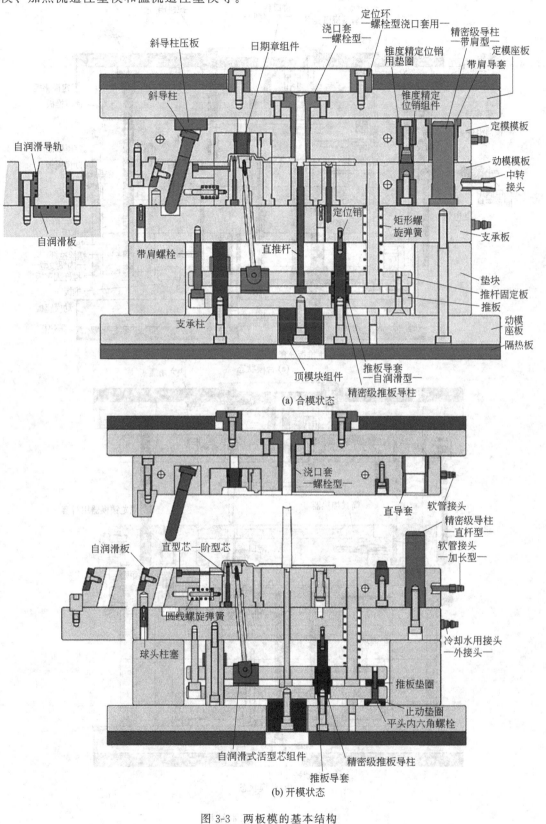

(a) 合模状态

(b) 开模状态

图 3-3　两板模的基本结构

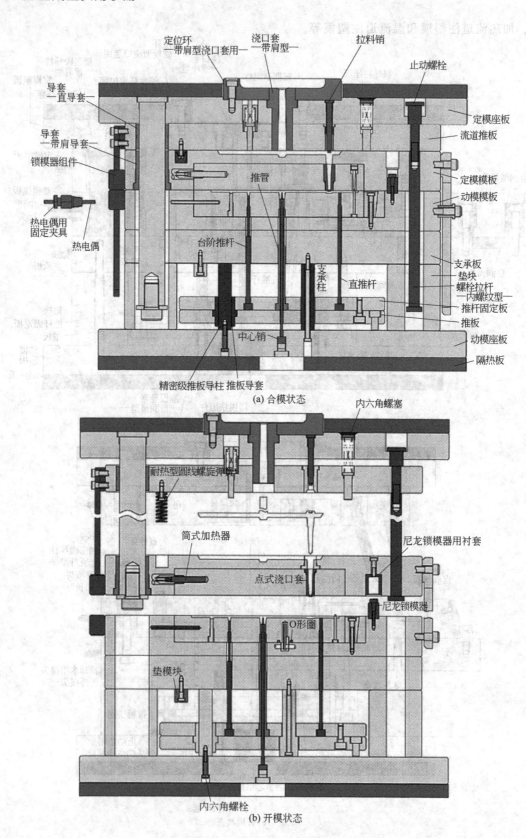

(a) 合模状态

(b) 开模状态

图 3-4 三板模的基本结构

目前的生产实际中，一般根据注塑模的总体结构特征将注塑模具分为两板式注塑模（又称单分型面注塑模）、三板式注塑模（又称双分型面注塑模）。

(1) 两板式注塑模

两板式注塑模，简称两板模，又称单分型面注塑模，只有一个将动、定模分开的主分型面，成型零件分设在动、定模两部分上，闭合后构成封闭的型腔。如图 3-3 所示，两板式注塑模结构简单，生产操作较方便，但有其局限性——除采用直接浇口外，型腔的浇口位置只能选在制品的侧面。

(2) 三板式注塑模

三板式注塑模，简称三板模，又称双分型面注塑模。如图 3-4 所示，与两板式注塑模相比较，三板式注塑模增加了一块可以移动的中间板，即整副模具有典型的三组板：定模板、中间板和动模板，故而得名。

由于三板式注塑模能在塑料件的中心位置设置点浇口，而点浇口是一种非常细小的浇口，它在制件表面只留下针尖大小的一个痕迹，不会影响制件的外观，而这对外观质量要求高的塑料件往往十分有利。但由于点浇口的进料平面不在分型面上，而且点浇口为一倒锥形，所以在模具上必须设置专门的凝料脱出机构，以将点浇口拉断；同时，为保证两个分型面的打开顺序和打开距离，必须在模具上增加相应的顺序开模控制机构。因此，相比较两板式注塑模而言，三板式注塑模结构要复杂得多。

3.2 注塑模具的模架

3.2.1 模架的结构

模架是模具的半制成品，由各种不同的钢板配合零件组成，可以说是整套模具的骨架。由于模架及模具所涉及的加工有很大差异，模具制造商会选择向模架制造商订购模架，利用双方的生产优势，以提高整体生产质量及效率。

经过多年的发展，模架生产行业已相当成熟。模具制造企业在制造模具过程中，除个别特殊模具需要量身定做模架外，大多采用标准化模架产品。标准模架款式多元化，而且供货时间较短，甚至即买即用，这为模具制造企业缩短模具的制造周期提供了保障。因此标准模架的普及性正不断提高。

一般而言，标准模架具有预成型装置、定位机构及顶出机构等。一般配置为面板（定模座板）、A板（定模板）、B板（动模板）、C板（支撑板，俗称"方铁"）、底板（动模座板）、顶针面板、顶针底板以及导柱、导套、复位杆（回针）等零配件。根据模具的类型不同，目前业界普遍供应以下三种类型的标准模架。

(1) 大水口模架

大水口模架（又称单分型面模架）的结构如图 3-5 所示，标准长宽规格一般由150mm×150mm（简称 1515 系列）至 600mm×800mm（简称 6080 系列）；由于不同的 A 板、B 板、推板及托板可以得到不同的组合形式，因此共分 A、B、C、D 四个型号。而模架因码模结构不同，而有工字模（I 型）、直身模（H 型）及直身模加面板（T 型）三类，结合 A、B、C、D 四个型号，标准大水口模架共有 12 种不同型号规格，同时，模具制造者可应产品要求而配置不同之板厚组合。

大水口模具（又称两板模）的流道及浇口设计在同一分模在线，与产品一同脱模，设计较简单，制作成本及时间较少，广泛被模具制作者接受及使用，但缺点是产品外观在水口位置较为明显，亦要进行后续处理将水口（浇口）及产品分离。

Chapter 1

Chapter 2

Chapter 3

Chapter 4

Chapter 5

Chapter 6

Chapter 7

Chapter 8

附录 1

附录 2

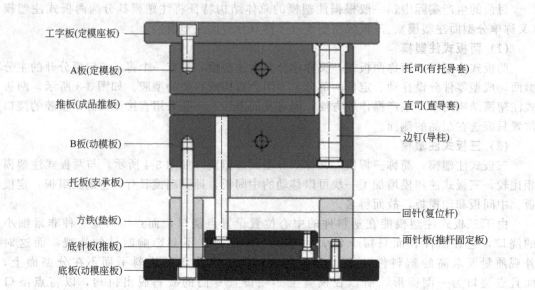

工字板(定模座板)
A板(定模板)
推板(成品推板)
B板(动模板)
托板(支承板)
方铁(垫板)
底针板(推板)
底板(动模座板)

托司(有托导套)
直司(直导套)
边钉(导柱)
回针(复位杆)
面针板(推杆固定板)

图 3-5 大水口模架（单分型面模架）

（2）细水口模架

细水口模架（又称双/多分型面模架）的结构如图 3-6 所示，标准长宽规格一般由 200mm×250mm（简称 2025 系列）至 500mm×700mm（简称 5070 系列）；细水口模架比大水口模架多了四支控制模板开合行程的拉杆及一块水口板，并分 D 及 E 两大类，D 型有水口推板而 E 型则没有，与大水口模架一样，因板件配置不同而再分为 A、B、C、D 四个型号，但细水口模架只有工字模（Ⅰ型）、直身模（Ⅱ型）两类，共有 16 种不同型号规格，模具制作者可应产品要求而配置不同之板厚组合。

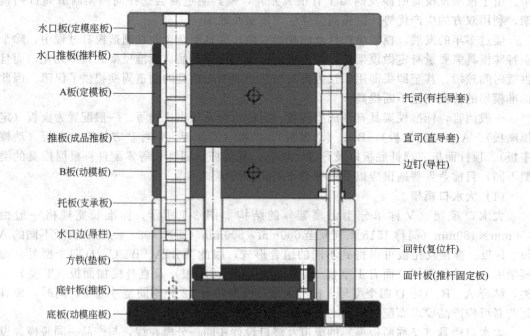

水口板(定模座板)
水口推板(推料板)
A板(定模板)
推板(成品推板)
B板(动模板)
托板(支承板)
水口边(导柱)
方铁(垫板)
底针板(推板)
底板(动模座板)

托司(有托导套)
直司(直导套)
边钉(导柱)
回针(复位杆)
面针板(推杆固定板)

图 3-6 细水口模架（双/多分型面模架）

细水口模具（又称三板模）的流道与浇口不在同一分模在线；产品在分模在线脱模，

水口料则另外在水口板分模在线脱模。由于细水口需要多设计一组水口板分模线及控制模具开合行程装置，设计复杂，制作时间及成本会较大水口模架为高；由于产品及浇口已分离，外观较佳，亦无需增加后续水口分离之工作。

(3) 简化型细水口模架

简化型细水口模架（又称双/多分型面模架）的结构如图 3-7 所示，是细水口模架的简化版本，标准长宽规格一般由 150mm×150mm（简称 1515 系列）至 500mm×700mm（简称 5070 系列）；简化型细水口模架少了四组拉杆，A、B 板导柱亦改为四组长导柱，由水口板延至方铁。模架分为 F 型及 G 型两大类，F 型有水口推板而 G 型则没有，由于 A 板及 B 板之间没有推板，故只有 A 及 C 两个型号，加上只有工字模（I 型）、直身模（H 型）两类，共有 8 种不同型号规格，模具制作者可应产品要求而配置不同之板厚组合。

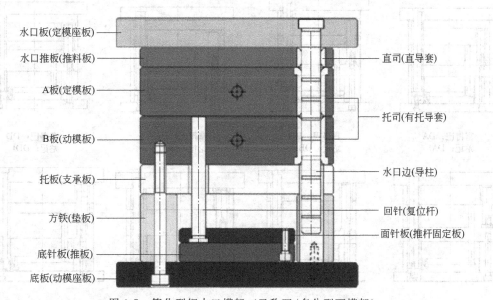

图 3-7　简化型细水口模架（又称双/多分型面模架）

简化型细水口模具（又称三板模）的功能与细水口模架相似，流道与浇口不在同一分模在线；产品在分模在线脱模，水口料则另外在水口板分模在线脱模。由于简化型细水口少了四组拉杆及导套，设计空间较大，所以允许 1515 至 2023 等较细尺寸的长宽标准存在，令模具制作更灵活；由于产品及浇口已分离，外观较好，也无需进行后续水口（浇口）分离工作。

3.2.2　标准模架的类别

(1) 中国国家标准模架

是按"GB/T 12555—2006《塑料注射模模架》"制造的模架。"GB/T 12555—2006《塑料注射模模架》"标准于 2007 年 4 月 1 日起实施，用于取代原来"GB/T 12556.1—1990《塑料注射模中小型模架》"和"GB/T 12555.1—1990《塑料注射模大型模架》"两个老标准。新标准与原来的两个老标准相比较，主要有以下特点。

①　将原来的两个标准合二为一，方便了数据查询。

②　将模架的基本型结构分为直浇口和点浇口两大类型。

③　吸收了不少模架企业的技术标准，与模架市场的实际情况进一步靠拢。避免了原标准与生产实际严重脱节的现象。特别是，在新标准的制定过程中，充分吸收了部分模架

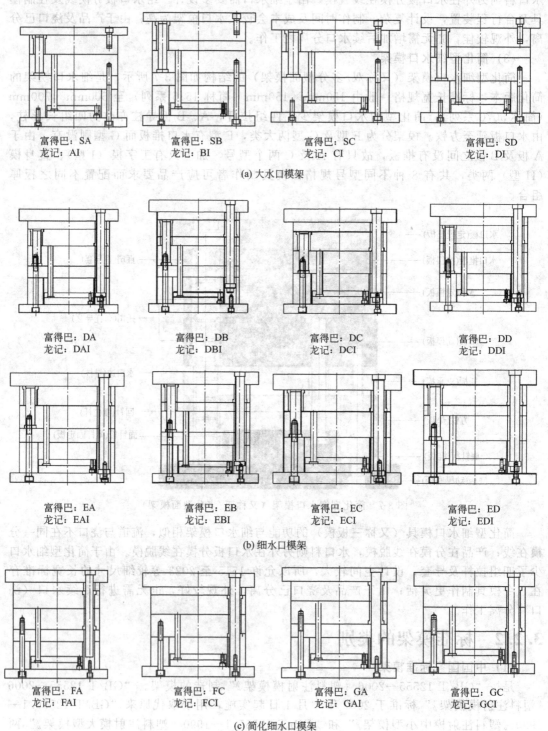

富得巴：SA　　富得巴：SB　　富得巴：SC　　富得巴：SD
龙记：AI　　　龙记：BI　　　龙记：CI　　　龙记：DI

(a) 大水口模架

富得巴：DA　　富得巴：DB　　富得巴：DC　　富得巴：DD
龙记：DAI　　　龙记：DBI　　　龙记：DCI　　　龙记：DDI

富得巴：EA　　富得巴：EB　　富得巴：EC　　富得巴：ED
龙记：EAI　　　龙记：EBI　　　龙记：ECI　　　龙记：EDI

(b) 细水口模架

富得巴：FA　　富得巴：FC　　富得巴：GA　　富得巴：GC
龙记：FAI　　　龙记：FCI　　　龙记：GAI　　　龙记：GCI

(c) 简化细水口模架

图 3-8　富得巴与龙记模架标示对比

企业的技术标准，因此，按 GB 生产的模架其市场占有率不断提高。

(2) 龙记 (LKM) 标准模架

是由我国香港的龙记集团制定标准并制造的模架。龙记集团为全球知名模架制造商，经过多年的发展，该集团的模架销售量多年来稳居亚洲前列，其制定的模架标准逐步成为了业界认可的标准之一，特别是，常用的模具设计软件如 Pro/E 和 UGNX，附带有该标准模架的数据库（如在 UGNX 中外挂龙记模架模块），设计中可以在软件中直接调取龙记模架的数据库而直接生成三维模型，极大地方便了模具的设计与制造。

（3）富得巴（Futaba）标准模架

由日本双叶电子工业株式会社下属的富得巴（Futaba）公司生产的模架。富得巴公司进入我国模架市场比较早，在我国香港、台湾、广东、上海和大连等地设有生产工厂，生产规模较大，市场占有率高。不少中小型模架厂所生产的模架也直接套用该标准。在相关的设计软件里，比如 Pro/E 和 UG NX，通过软件的 EMX 模架库，可以直接调用其发布的模架数据而生成模架三维模型，可以大幅度减轻模架设计的工作量。

富得巴标准将模架分为 3 个系列：大水口系列（简称为 S 系列）、小水口系列（D&E 系列）和简易小水口系列（F&G 系列）。

（4）哈斯高（HASCO）标准模架

德国 HASCO 公司制定制造的模架，HASCO 标准模架的特点是互配性强，可靠性高，但价格相对较高，在我国部分地区拥有特定的用户。

（5）迪恩易（D-M-E）标准模架

由美国的 D-M-E 公司制造的模架，D-M-E 公司在模架制造领域有 70 多年的历史，主要生产供应模具标准配件及热流道，是世界模具行业较大的模具标准配件生产商之一，销售网络遍及全球 70 多个国家。20 世纪 80 年代末开始，D-M-E 产品陆续进入我国香港及大陆市场，分别在深圳、上海、中山、天津设立了分公司或联络点。

D-M-E 公司所制定的模架标准在北美地区被普遍接受，其模架产品价格相对较高，在我国部分行业特别是精密模具行业拥有特定的用户。

3.2.3 富得巴模架与龙记模架对照

富得巴模架与龙记模架在我国业界应用广泛，两者的标准模架特别是工字形模架结构几乎完全相同，但标示不同，图 3-8 所示为这两大标准针对不同模架的标示对比图。

3.3 注塑模具的型腔排列

3.3.1 平衡式排列

对一模多腔的模具而言，在确定了型腔的数目后，接下来就要确定型腔在模具上的排列形式。型腔排列形式的改变，往往会影响到模具的浇注系统和模具的大小，因而在设计中需要进行综合考虑。

所谓的平衡式排列，就是模具上每一个型腔到注射机料筒的距离都完全相等。其特点是从主流道到各型腔浇口的分流道的长度、截面形状、尺寸都完全相等，因而在注射时，所有的型腔都是均匀进料并同时充满的，从而可以获得尺寸相同、性能一致的塑料件。常见的平衡式型腔排列方式有圆周式排列和 H 形排列，如图 3-9 所示。

平衡式排列的特点是：从主流道到各个型腔的分流道，其长度、横截形状和面积都完全相同，以保证各个型腔同时均衡进料，同时充满。这种布局方式主要有以下几种形式。

（1）辐射式

它是将型腔分布在以主流道为圆心的圆周处，分流道将均匀辐射至型腔，如图 3-10 所示。在图 3-10(a) 的布局中，由于分流道中没有设置冷料穴，其冷料有可能进入型腔

Chapter 1
Chapter 2
Chapter 3
Chapter 4
Chapter 5
Chapter 6
Chapter 7
Chapter 8
附录 1
附录 2

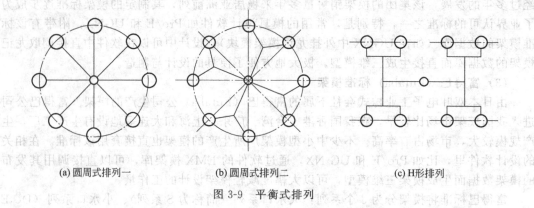

(a) 圆周式排列一　　　　(b) 圆周式排列二　　　　(c) H形排列

图 3-9　平衡式排列

内。图 3-10(b) 则比较合理，在分流道的末端设置冷料穴。图 3-10(c) 是最理想的布局，它克服了分流道分布过密的不足，节省了凝料用量，加工制造起来也比较方便。

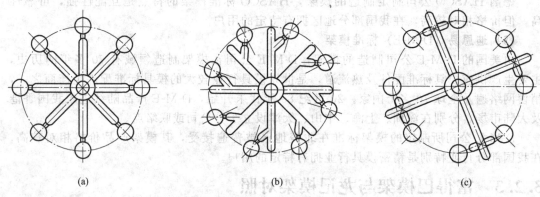

(a)　　　　　　　(b)　　　　　　　(c)

图 3-10　辐射式分流道布局

　　辐射式分布的缺点是：由于排列不够紧凑，在同等情况下使成型区域的面积较大，分流道较长，必须在分流道上设推料杆。同时，加工和画线时必须采用极坐标，给操作带来麻烦。

　　(2) 单排列式

　　单排列式的基本形式如图 3-11(a) 所示，在多型腔模具中普遍采用。而在需要对开侧向抽芯的多型腔模具中，如斜导柱或斜滑块的抽芯模具中，为了简化模具结构和均衡进料，往往采用 S 形分流道的结构形式，如图 3-11(b) 所示，此时必须将分流道设在定模一侧，以便于流道凝料完整取出。

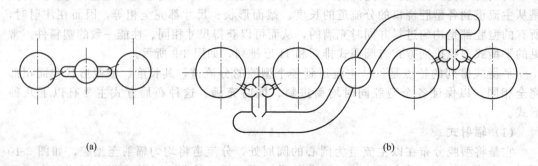

(a)　　　　　　　　　　　(b)

图 3-11　单排列式分流道布局

Chapter
1

Chapter
2

Chapter
3

Chapter
4

Chapter
5

Chapter
6

Chapter
7

Chapter
8

附录
1

附录
2

（3）Y 形

它是以 3 个型腔为一组按 Y 形排列，用于型腔数为 3 的倍数的模具，如图 3-12 所示，型腔数分别为 3、6、12 的分流道布局，其中图 3-12（a）和辐射式相似。它们的共同缺点是分流道上都没有设置冷料穴，但可以在流道交叉处设一个钩料杆式的冷料穴，则是较为理想的布局。

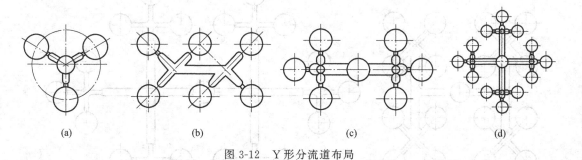

（a）　　　　　　　（b）　　　　　　　（c）　　　　　　　（d）

图 3-12　Y 形分流道布局

（4）X 形

X 形是以 4 个型腔为一组，分流道呈交叉的 X 状布局，如图 3-13 所示。

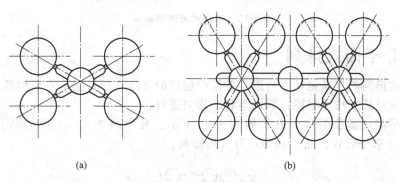

（a）　　　　　　　　　　　（b）

图 3-13　X 形布局

（5）H 形

这是最常用的一种排列方式，是以 4 个型腔为一组按 H 形布局排列，用于型腔数量为 4 的倍数的模具，如图 3-14 所示。

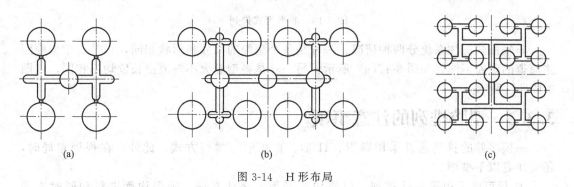

（a）　　　　　　　　（b）　　　　　　　　（c）

图 3-14　H 形布局

H 形布局的特点是：排列紧凑，对称平衡，且它们的尺寸都在模具的 X、Y 方向向上变化，易于加工，因此，在多型腔的模具中得到广泛的应用。

(6) 综合形

一模多腔的分流道有时采用 Y 形、X 形、H 形综合的形式。如图 3-15(a) 是 X 形和 H 形综合的分流道。图 3-15(b) 则是 Y 形和 H 形综合的分流道。因此，在实践中分流道的分布应根据具体情况综合考虑，灵活应用。

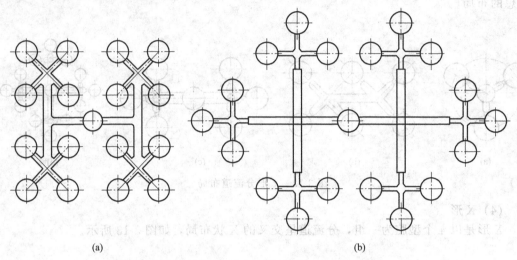

(a)   (b)

图 3-15   综合式分流道布局

3.3.2   非平衡式排列

非平衡式排列的特点是从主流道到各型腔浇口的分流道的长度不完全相等，或者各型腔的形状和流道长度均不相同，因而不利于均匀进料。

常见非平衡式型腔的排列方式如图 3-16 所示。其中图 3-16(a) 为直线形排列，图 3-16(b) 为 H 形排列式，图 3-16(c) 为 S 形排列。

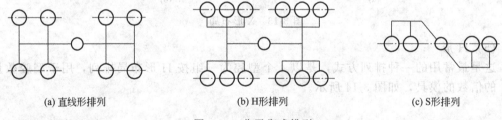

(a) 直线形排列   (b) H形排列   (c) S形排列

图 3-16   非平衡式排列

非平衡式浇注系统分两种情况：一种是各个型腔的尺寸和形状相同，只是各个型腔距主流道的距离不同，如图 3-17(a) 所示；另一种是各型腔大小与流道长度均不相同，如图 3-17(b) 所示。

3.3.3   型腔排列的注意事项

一模多腔的排列通常采用圆形、H 形、直线形等排列方式。此外，在规划布局时，还应注意以下事项。

① 尽可能采用平衡式排列，以便构成平衡式浇注系统，确保均衡进料和同时充满型腔。

② 采用非平衡式排列时，为了使各个型腔能同时均衡充满，必须注意流道和浇口的

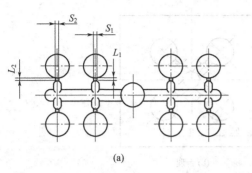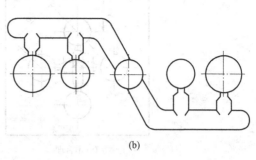

(a)   (b)

图 3-17　非平衡式分流道布局

平衡。

③ 型腔的圆形排列所占的模板尺寸大，虽有利于浇注系统的平衡，但流道的加工比较麻烦，一般情况下常用直线形排列或 H 形排列。

④ 型腔在模具平面中应对称，以防止模具胀开力不均匀，如图 3-18 所示，图3-18(b)的布局比图 3-18(a) 要合理。

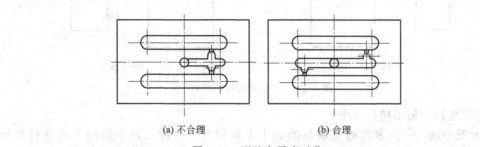

(a) 不合理   (b) 合理

图 3-18　型腔布局应对称

⑤ 塑料件的浇口位置应统一，力求同一种塑料件"一模一样"，避免出现在不同型腔的塑料件的浇口位置不一致的现象，如图 3-19 所示，图 3-19(b) 的布局比图 3-19(a) 要合理。

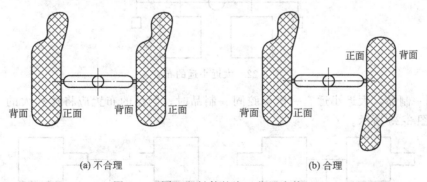

(a) 不合理   (b) 合理

图 3-19　同一塑料件的浇口位置应统一

⑥ 尽量使型腔排列紧凑，以减小模具的外形尺寸，如图 3-20 所示，图 3-20(b) 的布局比图 3-20(a) 要合理。

⑦ 大小制品对称布置。当同一模具中有多个制品而且制品尺寸不相同时，应对称布置大小不同的制品，如图 3-21 所示。

⑧ 对高精度制品，型腔数目尽可能少。因为每增加一个型腔，制品精度下降 4%。精

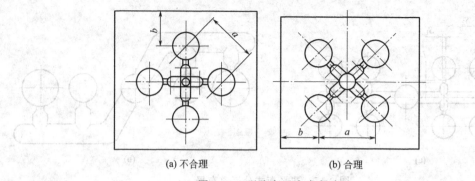

(a) 不合理　　　　　　　　(b) 合理

图 3-20　型腔布置力求紧凑

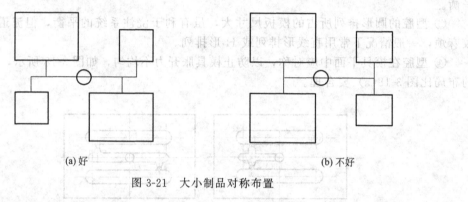

(a) 好　　　　　　　　(b) 不好

图 3-21　大小制品对称布置

密模具型腔数目一般不超过 4 个。

⑨ 大近小远。一模多腔而且制品的大小不相同时，应按大近小远的方式进行布置，如图 3-22 所示。

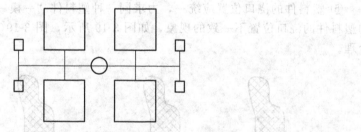

图 3-22　大近小远的布置

⑩ 同一制品，大近小远。一模多腔同一制品时，制品的布置应将体积大的一端靠近浇口，如图 3-23 所示。

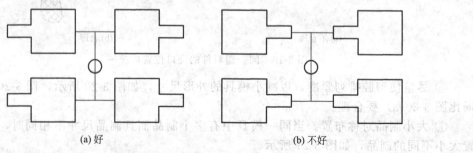

(a) 好　　　　　　　　(b) 不好

图 3-23　同一制品大近小远的布置

3.4 注塑模具的浇注系统

3.4.1 浇注系统的组成

注塑模具的浇注系统是指从注塑机喷嘴开始到型腔入口为止的流动通道，它可分为普通流道浇注系统和无流道浇注系统两大类型。普通流道浇注系统包括主流道、分流道、冷料井和浇口，如图 3-24 所示。

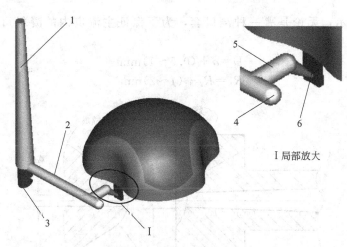

图 3-24 浇注系统的组成
1—主流道；2——级分流道；3—料槽兼冷料井；4—冷料井；5—二级分流道；6—浇口

3.4.2 浇注系统的总体要求

① 结合型腔的排位，应注意以下三点。

a. 尽可能采用平衡式布置，以便熔融塑料能平衡地充填各型腔。

b. 型腔的布置和浇口的开设部位尽可能使模具在注塑过程中受力均匀。

c. 型腔的排列尽可能紧凑，减小模具外形尺寸。

② 热量损失和压力损失要小，为此要注意以下几点。

a. 选择恰当的流道截面。

b. 确定合理的流道尺寸，在一定范围内，适当采用较大尺寸的流道系统，有助于降低流动阻力。但流道系统上的压力降较小的情况下，优先采用较小的尺寸，一方面可减小流道系统的用料，另一方面缩短冷却时间。

c. 尽量减少弯折，表面粗糙度要低。

③ 浇注系统应能收集温度较低的冷料，防止其进入型腔，影响塑件质量。

④ 浇注系统应能顺利地引导熔融塑料充满型腔各个角落，使型腔内气体能顺利排出。

⑤ 防止制品出现缺陷，避免出现充填不足、缩痕、飞边、熔接痕位置不理想、残余应力、翘曲变形、收缩不匀等缺陷。

⑥ 浇口的设置力求获得最好的制品外观质量。浇口的设置应避免在制品外观形成烘印、蛇纹、缩孔等缺陷。

⑦ 浇口应设置在较隐蔽的位置，且方便去除，确保浇口位置不影响外观及与周围零件发生干涉。

⑧ 考虑在注塑时是否能自动操作。

⑨ 考虑制品的后续工序，如在加工、装配及管理上的需求，须将多个制品通过流道连成一体。

3.4.3　主流道

主流道是指紧接注塑机喷嘴到分流道为止的一段流道，熔融塑料进入模具时首先经过它。一般地，要求主流道进口处的位置应尽量与模具中心重合。

热塑性塑料的主流道，一般由浇口套构成，它可分为两类：两板模浇口套和三板模浇口套。

如图 3-25 所示，无论是哪一种浇口套，为了保证主流道内的凝料可顺利脱出，应满足：

$$D = d + (0.5 \sim 1) \text{mm}$$
$$R_1 = R_2 + (1 \sim 2) \text{mm}$$

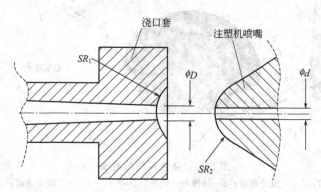

图 3-25　喷嘴与浇口套装配关系

3.4.4　冷料井

冷料井是为除去因喷嘴与低温模具接触而在料流前锋产生的冷料进入型腔而设置的。它一般设置在主流道的末端，分流道较长时，分流道的末端也应设冷料井。

一般情况下，主流道冷料井圆柱体的直径为 6~12mm，其深度为 6~10mm。对于大型制品，冷料井的尺寸可适当加大。对于分流道冷料井，其长度为（1~1.5）倍的流道直径。常用的冷料井结构有下列几种。

(1) 底部带顶杆的冷料井

如图 3-26(a) 所示为 Z 形拉料杆，其结构简单，加工方便，因此最为常用。但 Z 形拉料杆不宜多个同时使用，否则不易从拉料杆上脱落浇注系统。如需使用多个 Z 形拉料杆，应确保缺口的朝向一致。但对于在脱模时无法做横向移动的制品，应采用图 3-26(b) 或（c）所示的结构，这两种结构根据塑料不同的延伸率选用不同深度的倒扣 δ。若满足：$(D-d)/D < \delta_1$，则表示冷料井可强行脱出。其中 δ_1 是塑料的延伸率。

(2) 推板推出的冷料井

如图 3-27 所示，这种拉料杆专用于塑件以推板或顶块脱模的模具中。拉料杆的倒扣量可参照表 3-1。

表 3-1　常用塑料的延伸率　　　　　　　　　　　　　　　　　%

塑料	PS	AS	ABS	PC	PA	POM	LDPE	HDPE	RPVC	SPVC	PP
δ_1	0.5	1	1.5	1	2	2	5	3	1	10	2

Chapter
1

Chapter
2

Chapter
3

Chapter
4

Chapter
5

Chapter
6

Chapter
7

Chapter
8

附录
1

附录
2

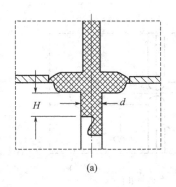 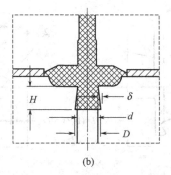 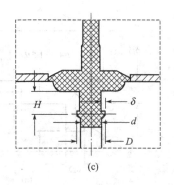

图 3-26 底部带顶杆的冷料井

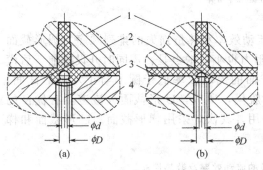 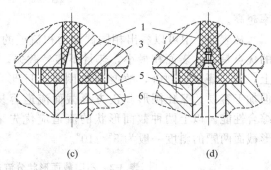

图 3-27 用于推板模的拉料杆

1—前模；2—推板；3—拉料杆；4—型芯固定板；5—后模；6—顶块

锥形头拉料杆［图 3-27(c)］靠塑料的包紧力将主流道拉住，不如球形头拉料杆和蘑菇形拉料杆［图 3-27(b)、(c)］可靠。为增加锥面的摩擦力，可采用小锥度，或增加锥面粗糙度，或用复式拉料杆［图 3-27(d)］来替代。后两种由于尖锥的分流作用较好，常用于单腔成型带中心孔的塑件上，比如齿轮模具。

(3) 无拉料杆的冷料井

对于具有垂直分型面的注塑模，冷料井置于左右两半模的中心线上，当开模时分型面左右分开，制品与前锋冷料一起拔出，冷料井不必设置拉料杆，如图 3-28 所示。

(4) 分流道冷料井

一般采用图 3-29 所示的两种形式：其中图 3-29(a) 所示为将冷料井做在动模的深度方向；图 3-29(b) 所示为将分流道在分型面上延伸成为冷料井。

3.4.5 分流道

熔融塑料沿分流道流动时，要求它尽快到达型腔，流动中温度降尽可能小，流动阻力尽可能低。同时，应能将塑料熔体均衡地分配到各个型腔。

(1) 分流道的截面形状

较大的截面面积，有利于减少流道的流动阻力；较小的截面周长，有利于减少熔融塑料的热量散失。一般称周长与截面面积的比值为比表面积（即流道表面积与其体积的比值），用它来衡量流道的流动效率。即比表面积越小，流动效

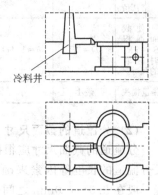

冷料井

图 3-28 无拉料杆的冷料井

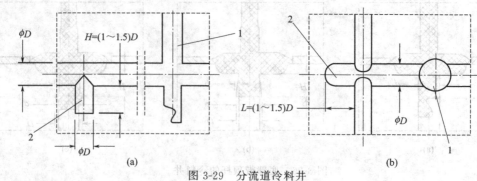

图 3-29　分流道冷料井
1—主流道；2—分流道冷料井

率越高。

　　从表 3-2 中可以看出相同截面面积流道的流动效率和热量损失的排列顺序。圆形截面的优点是：比表面积最小，热量不容易散失，阻力也小。缺点是：需同时开设在前、后模上，而且要互相吻合，故制造较困难。U 形截面的流动效率低于圆形与正六边形截面，但加工容易，又比圆形和正方形截面流道容易脱模，所以，U 形截面分流道具有优良的综合性能。以上两种截面形状的流道应优先采用，其次，采用梯形截面。U 形截面和梯形截面两腰的斜度一般为 5°～10°。

表 3-2　不同截面形状分流道的流动效率及散热性能

截面形状		圆　形	正六边形	U　形	正方形	梯　形	半圆形	矩　形	
流道截面图形及尺寸		R ϕD	b	$1.2d$ d $10°$ ϕd	b	$1.2d$ $10°$ d ϕd	d	h b	
效率($P=S/L$)值	通用表达式	$0.250D$	$0.217b$	$0.250d$	$0.250b$	$0.250d$	$0.153d$	h	$b/2$ $0.167b$
									$b/4$ $0.100b$
									$b/6$ $0.071b$
	截面面积$S=\pi R^2$时的P值	$0.250D$	$0.239D$	$0.228D$	$0.222D$	$0.220D$	$0.216D$	h	$b/2$ $0.209D$
									$b/4$ $0.177D$
									$b/6$ $0.155D$
	使截面面积$S=\pi R^2$时应取的尺寸	$D=2R$	$b=1.1D$	$d=0.912D$	$b=0.886D$	$d=0.879D$	$d=1.414D$	h	$b/2$ $1.253D$
									$b/4$ $1.772D$
									$b/6$ $2.171D$
热量损失		最小	小	较小	较大	大	更大		最大

（2）分流道的截面尺寸

　　分流道的截面尺寸应根据塑件的大小、壁厚、形状与所用塑料的工艺性能、注塑速率及分流道的长度等因素来确定。对于常见 2.0～3.0mm 的壁厚，采用的圆形分流道的直径一般在 3.5～7.0mm 之间变动，对于流动性能好的塑料，比如 PE、PA、PP 等，当分流道很短时，直径可小到 $\phi 2.5mm$。对于流动性能差的塑料，比如 HPVC、PC、PMMA

Chapter
1

Chapter
2

Chapter
3

Chapter
4

Chapter
5

Chapter
6

Chapter
7

Chapter
8

附录
1

附录
2

等，分流道较长时，直径可为 $\phi10\sim13$mm。实验证明，对于多数塑料，分流道直径在 $\phi5$ ~6mm 以下时，对流动影响最大。但在 $\phi8.0$mm 以上时，再增大其直径，对改善流动的影响已经很小了。

一般而言，为了减少流道的阻力以及实现正常的保压，要求：

a. 在流道不分支时，截面面积不应有很大的突变；

b. 流道中的最小横断面面积大于浇口处的最小截面面积。

对于三板模而言，以上两点尤其应该引起重视。

在图 3-30(a) 中，$H\geqslant D_1>D_2\geqslant D_3$；$d_1$ 大于浇口最小截面，一般取 1.5～2.0mm，$h=d_1$，锥度 α 及 β 一般取 2°～3°，δ 应尽可能大。为了减少拉料杆对流道的阻力，应将流道在拉料位置扩大，如图 3-30(c) 所示；或将拉料位置做在流道推板上，如图 3-30(d) 所示。

在图 3-30(b) 中，$H\geqslant D_1$，锥度 α 及 β 一般取 2°～3°，锥形流道的交接处尺寸相差 0.5～1.0mm，对拉料位置的要求与图 3-30(a) 相同。

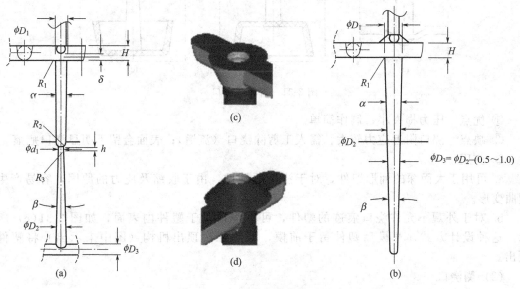

图 3-30　三板模流道结构及尺寸

3.4.6　浇口

浇口是浇注系统的关键部分，浇口的位置、类型及尺寸对塑件质量影响很大。在多数情况下，浇口是整个浇注系统中断面尺寸最小的部分（除主流道型的直接浇口外）。对于圆形流道截面，流道两端的压力降为 ΔP，有以下关系式

$$\Delta P=\frac{8\eta_a LQ}{\pi R^4} \tag{3-1}$$

式中　η_a——熔融塑料的表观黏度；

L——圆形通道的长度；

Q——熔融塑料单位时间的流量，cm^3/s；

R——圆管半径。

对于模具中常见的窄缝形流动通道，经推导，有

$$\Delta P=\frac{8\eta_a LQ}{WH^3} \tag{3-2}$$

式中　W——窄缝通道的宽度；

　　　H——窄缝通道的深度。

从式(3-1)和式(3-2)可知，当充模速率恒定时，模具浇口处的压力降 ΔP 与下列因素有关：

① 通道长度越长，即流道和型腔长度越长，压力损失越大；

② 压力降和流道及型腔断面尺寸有关。流道断面尺寸越小，压力损失越大。矩形流道深度对压力降的影响比宽度影响大得多。

一般浇口的断面面积与分流道的断面面积之比约为 $0.03\sim0.09$，浇口台阶长 $1.0\sim1.5\mathrm{mm}$ 左右。断面形状常见为矩形、圆形或半圆形。

(1) 直接式浇口

直接式浇口如图 3-31 所示。

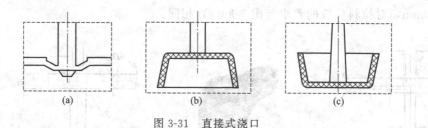

图 3-31　直接式浇口

① 优点　压力损失小；制作简单。

② 缺点　浇口附近应力较大；需人工剪除浇口（流道）；表面会留下明显浇口疤痕。

③ 应用

a. 可用于大而深的桶形塑件，对于浅平的塑件，由于收缩及应力的原因，容易产生翘曲变形。

b. 对于外观不允许浇口痕迹的塑件，可将浇口设于塑件内表面，如图 3-31(c) 所示。这种设计方式，开模后塑件留于前模，利用二次顶出机构（图中未示出）将塑件顶出。

(2) 侧浇口

侧浇口的结构如图 3-32 所示。

① 优点　形状简单，加工方便；去除浇口较容易。

② 缺点　塑件与浇口不能自行分离；塑件易留下浇口痕迹。

③ 参数　浇口宽度 W 为 $1.5\sim5.0\mathrm{mm}$，一般取 $W=2H$，大塑件、透明塑件可酌情加大，深度 H 为 $0.5\sim1.5\mathrm{mm}$。具体来说，对于常见的 ABS、HIPS，常取 $H=(0.4\sim0.6)\delta$，其中 δ 为塑件基本壁厚；对于流动性能较差的 PC、PMMA，取 $H=(0.6\sim0.8)\delta$；对于 POM、PA 来说，这些材料流动性能好，但凝固速率也很快，收缩率较大，为了保证塑件获得充分的保压，防止出现缩痕、皱纹等缺陷，建议浇口深度 $H=(0.6\sim0.8)\delta$；对于 PE、PP 等材料来说，小浇口有利于熔体剪切而降低黏度，浇口深度 $H=(0.4\sim0.5)\delta$。

④ 应用　适用于各种形状的塑件，但对于细而长的桶形塑件不宜采用。

(3) 搭接式浇口

搭接式浇口如图 3-33 所示。

① 优点　它是侧浇口的演变形式，具有侧浇口的各种优点；它是典型的冲击型浇口，可有效地防止塑料熔体的喷射流动。

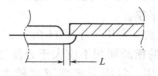

图 3-32 侧浇口

图 3-33 搭接式浇口

② 缺点 不能实现浇口和塑件的自行分离；容易留下明显的浇口疤痕。

③ 参数 可参照侧浇口的参数来选用。

④ 应用 适用于有表面质量要求的平板形塑件。

(4) 针点浇口

针点式浇口如图 3-34 所示。

① 优点 浇口位置选择自由度大；浇口能与塑件自行分离；浇口痕迹小；浇口位置附近应力小。

② 缺点 注塑压力较大；一般需采用三板模结构，结构较复杂。

③ 参数 浇口直径 d 一般为 $0.8\sim1.5mm$；浇口长度 L 为 $0.8\sim1.2mm$。为了便于浇口齐根拉断，应该给浇口增加一锥度 α，α 为 $15°\sim20°$；浇口与流道相接处圆弧 R_1 连接，使针点浇口拉断时不致损伤塑件，R_2 为 $1.5\sim2.0mm$，R_3 为 $2.5\sim3.0mm$，深度 h 为 $0.6\sim0.8mm$。

④ 应用 常应用于较大的面、底壳，合理地分配浇口有助于减少流动路径的长度，获得较理想的熔接痕分布；也可用于长桶形的塑件，以改善排气。

(5) 扇形浇口

扇形浇口如图 3-35 所示。

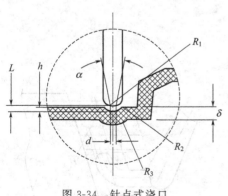

图 3-34 针点式浇口

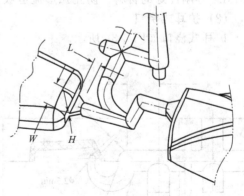

图 3-35 扇形浇口

① 优点 熔融塑料流经浇口时，在横向得到更加均匀的分配，降低塑件应力；减少空气进入型腔的可能，避免产生银丝、气泡等缺陷。

② 缺点　浇口与塑件不能自行分离；塑件边缘有较长的浇口痕迹，须用工具才能将浇口加工平整。

③ 参数　常用尺寸深 H 为 0.25~1.60mm，宽 W 为 8.00mm 至浇口侧型腔宽度的 1/4。浇口的横断面积不应大于分流道的横断面积。

④ 应用　常用来成型宽度较大的薄片状塑件，流动性能较差的透明塑件，如 PC、PMMA 等。

(6) 潜伏式浇口

潜伏式浇口如图 3-36 所示。

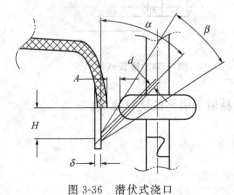

图 3-36　潜伏式浇口

① 优点　浇口位置的选择较灵活；浇口可与塑件自行分离；浇口痕迹小；两板模、三板模都可采用。

② 缺点　浇口位置容易拖胶粉；入水位置容易产生烘印；需人工剪除胶片；从浇口位置到型腔压力损失较大。

③ 参数　浇口直径 d 为 0.8~1.5mm，进料方向与铅直方向的夹角 α 为 30°~50°，鸡嘴的锥度 β 为 15°~25°。与前模型腔的距离 A 为 1.0~2.0mm。

④ 应用　适用于外观不允许露出浇口痕迹的塑件。对于一模多腔的塑件，应保证各腔从浇口到型腔的阻力尽可能相近，避免出现滞流，以获得较好的流动平衡。

(7) 弧形浇口

弧形浇口如图 3-37 所示。

① 优点　浇口和塑件可自动分离；无需对浇口位置进行另外处理；不会在塑件的外观面产生浇口痕迹。

② 缺点　可能在表面出现烘印；加工较复杂；设计不合理容易折断而堵塞浇口。

③ 参数　浇口入水端直径 d 为 ϕ0.8~1.2mm，长为 1.0~1.2mm；A 值为 2.5D 左右；ϕ2.5min 是指从大端 0.8D 逐渐过渡到小端 ϕ2.5。

④ 应用　常用于 ABS、HIPS。不适用于 POM、PBT 等结晶材料，也不适用于 PC、PMMA 等刚性好的材料，防止弧形流道被折断而堵塞浇口。

(8) 护耳式浇口

护耳式浇口如图 3-38 所示。

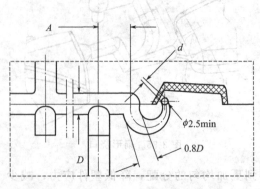

图 3-37　弧形浇口

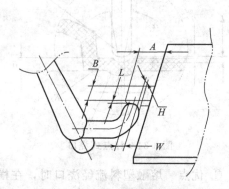

图 3-38　护耳式浇口

① 优点　有助于改善浇口附近的气纹。

② 缺点　需人工剪切浇口；塑件边缘留下明显浇口痕迹。

③ 参数　护耳长度 $A=10\sim15\text{mm}$，宽度 $B=A/2$，厚度为进口处型腔断面壁厚的7/8；浇口宽 W 为 $1.6\sim3.5\text{mm}$，深度 H 为 $1/2\sim2/3$ 的护耳厚度，浇口长为 $1.0\sim2.0\text{mm}$。

④ 应用　常用于 PC、PMMA 等高透明度的塑料制成的平板形塑件。

（9）圆环形浇口

圆环形浇口如图 3-39 所示。

① 优点　流道系统的阻力小；可减少熔接痕的数量；有助于排气；制作简单。

② 缺点　需人工去除浇口；会留下较明显的浇口痕迹。

③ 参数　为了便于去除浇口，浇口深度 h 一般为 $0.4\sim0.6\text{mm}$；H 为 $2.0\sim2.5\text{mm}$。

④ 应用　适用于中间带孔的塑件。

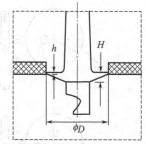

图 3-39　圆环形浇口

（10）斜顶式弧形浇口

斜顶式弧形浇口如图 3-40 所示。

① 优点　不用担心弧形流道脱模时被拉断的问题；浇口位置有很大的选择余地；有助于排气。

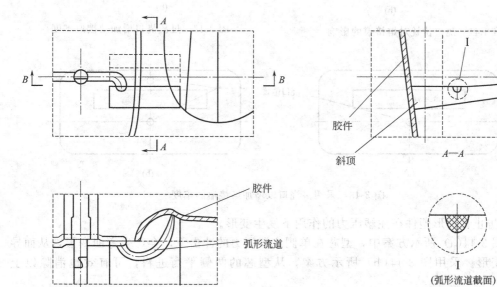

图 3-40　斜顶式弧形浇口

② 缺点　塑件表面易产生烘印；制作较复杂；弧形流道跨距太长可能影响冷却水的布置。

③ 参数　可参考侧浇口的有关参数。

④ 应用　主要适用于排气不良的或流程长的壳形塑件；为了减少弧形流道的阻力，推荐其截面形状选用 U 形截面；浇口位置应选择在塑件的拐角处或不显眼处。

3.4.7　浇口的位置

① 避免熔接痕出现于主要外观面或影响塑件的强度。

根据客户对塑件的要求，把熔接痕控制在较隐蔽及受力较小的位置。同时，避免各熔接痕在孔与孔之间连成一条线，降低塑件强度。如图3-41(a)所示，塑件上两孔形成的熔接痕连成了一条线，这将降低塑件的强度。应将浇口位置按图3-41(b)来布置。为了增加熔接牢度，可以在熔接痕的外侧开设冷料井，使前锋冷料溢出。对于大型框架型塑件，可增设辅助流道，如图3-42所示；或增加浇口数目，如图3-43所示，以缩短熔融塑料的流程，增加熔接痕的牢度。

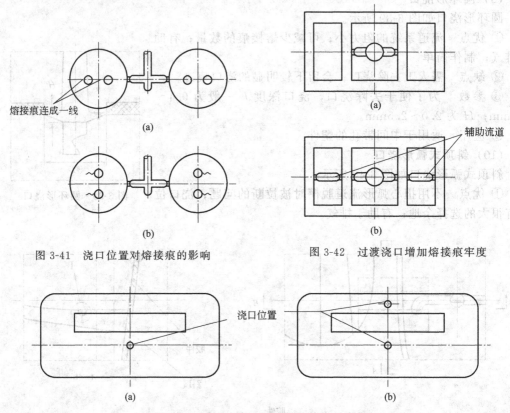

熔接痕连成一线

图3-41　浇口位置对熔接痕的影响　　　图3-42　过渡浇口增加熔接痕牢度

辅助流道

浇口位置

图3-43　采用多浇口以增加熔接痕的牢度

② 防止长杆形塑件在注塑压力的作用下发生变形。

如图3-44(a)所示方案中，型芯在单侧注塑压力的冲击下，会产生弯曲变形，从而导致塑件变形。采用图3-44(b)所示方案，从型芯的两侧平衡进料，可有效地消除以上缺陷。

③ 避免影响零件之间的装配或在外露表面留下痕迹。

如图3-45(a)所示，为了不影响装配，在塑料件上做一缺口，浇口位置设在缺口上，以防止装配时与相关塑件发生干涉。再如图3-45(b)所示，浇口潜伏在塑件的骨位上，一来浇口位置很隐蔽，二来没有附加塑料毛刺，便于注塑时自动生产。

④ 防止出现蛇纹、烘印，应采用冲击型浇口或搭底式浇口。

熔融塑料从流道经过小截面的浇口进入型腔时，速度急剧升高，如果这时型腔里没有阻力来降低熔体速度，将产生喷射现象，如图3-46(a)所示，轻微时在胶口附近产生烘印，严重时会产生蛇纹。如图3-46(b)所示，若采用厚模搭底，熔融塑料将喷到前模面上而受阻，从而改变方向，降低速度，均匀地充填型腔。图3-47(a)由于熔体进入型腔时没有受到阻力，而在塑件的前端产生气纹；按图3-47(b)改进后，以上缺陷可消除。

⑤ 为了便于流动及保压，浇口应设置在塑件壁厚较厚处。

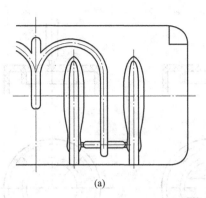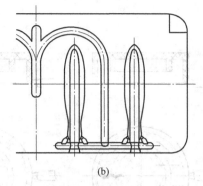

图 3-44 　长杆形胶件的浇口布置方案

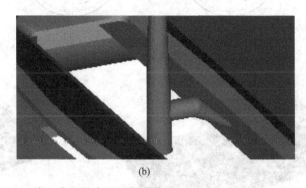

图 3-45 　浇口位置的布置不影响装配

⑥ 有利于排气。

如图 3-48 所示，一盖形塑件，顶部较四周薄，采用侧浇口，如图 3-48（a）所示，将会在顶部 A 处形成困气，导致熔接痕或烧焦。改进办法如图 3-48（b）所示，给顶面适当加胶，这时仍有可能在侧面位置 A 产生困气；如按图 3-48（c）所示，将浇口位置设于顶面，困气现象可消除。

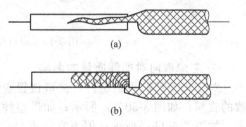

图 3-46 　避免产生喷射的浇口布

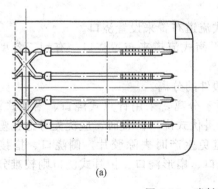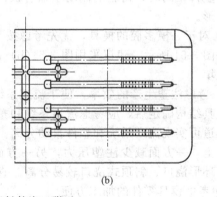

图 3-47 　喷射造成塑料件浇口附近

如图 3-49 所示，若按图 3-49（a）的方案进料，预计将在位置 A 产生困气，但采用图 3-49（b）所示方案，可有助于气体排出型腔。

Chapter 1

Chapter 2

Chapter 3

Chapter 4

Chapter 5

Chapter 6

Chapter 7

Chapter 8

附录 1

附录 2

注塑成型实用手册

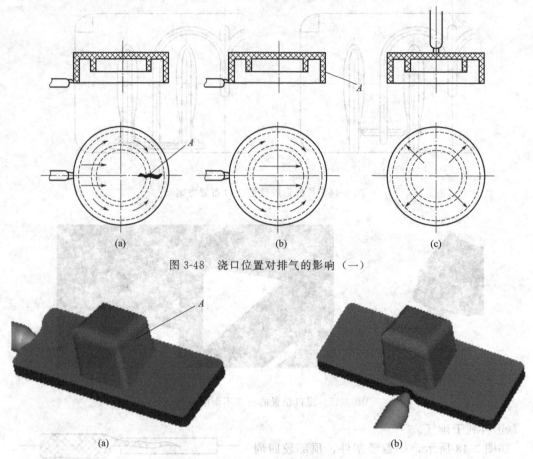

图 3-48　浇口位置对排气的影响（一）

图 3-49　浇口位置对排气的影响（二）

⑦ 考虑取向对塑件质量的影响。

对于长条形的平板塑件，浇口位置应选择在胶件的一端，使塑件在流动方向可获得一致的收缩，如图 3-50（a）所示；如果塑件的流动比较大时，可将浇口位置向中间移少量距离，如图 3-50（b）所示；但不宜将浇口位置设于塑件中间，从图 3-50（c）可以看出，浇口设于塑件中间时，树脂的流动呈辐射状，造成塑件的径向收缩与切线方向的收缩不匀而产生变形。

⑧ 对于一模多腔的模具，优先考虑按平衡式流道布置来设置浇口。

如图 3-51 所示，建议采用图 3-51（b）所示平衡式流道来布置浇口，有利于各型腔的平衡充填。

⑨ 考虑注塑生产的效率，便于流道系统与塑件的分离。

模具结构确定后，应考虑流道系统和塑件便于分离，采用针点式浇口、潜伏式浇口、弧形流道可实现流道系统和塑件自动分离。选择潜伏式浇口位置时，应优先考虑在塑件本身结构上，一方面减少注塑压力，另一方面，避免生产时去除胶片。侧浇口、搭接式浇口、圆环形浇口、斜顶式浇口较易分离。直接浇口、扇形浇口、护耳式浇口则较难分离。

⑩ 考虑模具零件的加工方便。

对于一模多腔的弧形流道结构，为了减少镶块的数量，应在后模将各弧形流道设置在大镶块的镶拼面上，如图 3-52 所示，后模由 7 块镶块组成，各个型腔的弧形流道在各镶块各出一半，这将简化加工工艺。

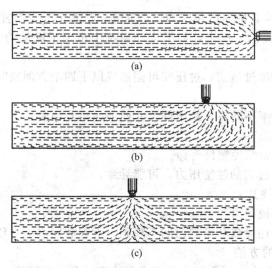

图 3-50 平板胶件不同浇口位置的流动

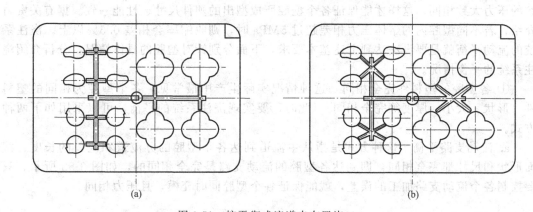

图 3-51 按平衡式流道来布置浇口

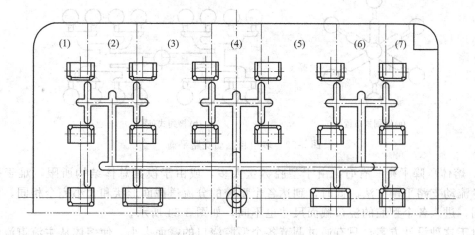

图 3-52 弧形流道的镶拼结构

3.4.8 浇注系统的流动平衡

(1) 流动平衡简介

流动平衡是浇注系统设计时保证塑件质量的一个重要方法。从单个型腔的角度来看，它要求所有的流动路径应该同时以相同的压力充满；从多个型腔而言，每个型腔都应在同一瞬时、以相同的压力充满。反之，如果浇注系统中出现了流动的不平衡，将导致下列问题。

① 先充填的区域产生过压实。过压实可能造成以下四个方面缺陷：

a. 浪费塑料；

b. 不同区域的收缩率不同将导致塑件尺寸的不一致及翘曲；

c. 粘模、顶白；

d. 过高的应力状态将缩短塑件寿命。

② 增加注塑压力。过大的注塑压力，可能导致：

a. 先充填型腔出现飞边；

b. 需要加大机器的锁模力。

③ 不平衡的流动往往导致分子取向的不规则，引起收缩率不一致，使塑件产生翘曲。

(2) 实现流动平衡的方法

对一模多腔的模具而言，一个基本的要求是成型时各个型腔能够同时充满，且各个型腔的压力大致相同，这样才能保证各个型腔所成型出的塑件尺寸、性能一致。据有关资料介绍，若不同型腔内的熔体压力相差超过 5MPa 时，则收缩率会相差 0.5％以上。浇注系统的流动平衡就是要设法达到上述基本要求，下面分别针对型腔的具体情况，分析介绍浇注系统的平衡情况。

① 各型腔的塑料件完全相同 这种情况实际生产中最常见，各个型腔为相同的塑料件（形状、大小、厚度等完全相同）。此时，要实现浇注系统的平衡，可以采用如下两种方式。

a. 流动支路平衡 这种方式是指从主流道到达各个型腔的分流道和浇口的长度、截面形状和尺寸都完全相同，即到达各型腔的流动支路是完全相同的，如图 3-53 所示。只要控制各个流动支路加工的误差，就能保证各个型腔同时充模，且压力相同。

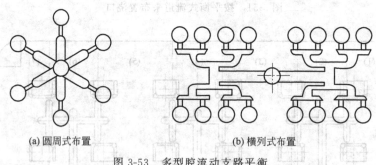

(a) 圆周式布置　　(b) 横列式布置

图 3-53　多型腔流动支路平衡

b. 熔体压降平衡 有时，由于型腔数量太多，或由于模具总体结构所限，难于采用上述各流动支路平衡方法。此时，到达各个型腔的分流道截面形状和大小完全相同，但长度不同，进入各个型腔的浇口截面尺寸也不同，如图 3-54 所示。

对于这种设计方案，只有通过调节各个型腔浇口的截面大小、使熔体从主流道流经不同长度的分流道，并经过截面大小不同的浇口产生相同的压降，才能使各型腔同时充满。对这种情况，目前尚没有一个准确的计算方法确定各型腔浇口的截面尺寸，主要是靠试模后修正浇口尺寸。根据实际经验，可能存在如下两种情况。

a) 型腔越远，浇口应越大。当分流道比较长、截面尺寸又较小时，熔体流至较远型腔会产生比较大的压降和温降，特别是黏度对压降和温降敏感的塑料，型腔越远，浇口截

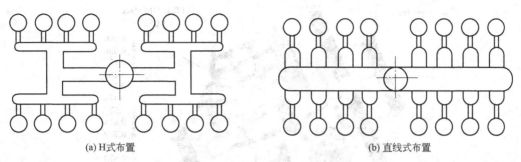

(a) H式布置　　　　　　　　　　　　(b) 直线式布置

图 3-54　多型腔支路压降平衡

面积应越大，才能保证各型腔同时充满。

b）型腔越远，浇口应越小。这似乎不符合一般规律，但生产实际证明确实存在这一现象。一般是当分流道截面尺寸较大时容易出现。这是因为分流道的流动阻力比浇口小得多，从主流道流向分流道的熔体不会首先越过截面很小的浇口先充满较近的型腔，而是首先充满整个分流道，待压力升高后，再由远及近地充入各个型腔，这时，型腔越远，浇口截面反而应该越小。

应该指示，熔体对不同距离型腔的填充顺序，其影响因素是极其复杂的，它不仅与分流道截面大小和长度有关，还与塑料熔体的温度、压力、黏度、模温以及黏度对压降和温降的敏感程度有关，但无论出现上述哪种情况，都应经过试模后修正浇口尺寸来达到各个型腔的平衡。

② 各型腔塑料件不相同　如果各型腔所成型的塑件不同，例如用同种塑料成型的配套塑料件，也需要对各型腔的流动支路压降进行平衡，使各不相同的型腔能同时充满。由于型腔大小不同，应调节各分流道、浇口的截面尺寸和长度，在保证熔体流动线速度和压降相同的情况下同时充满。因此，应通过估算得出相应的分流道、浇口的尺寸，并根据试模的情况加以修正。

3.4.9　一模多腔流动平衡示例

如图 3-55 所示的模具由大小不同的八个型腔组成，首先考虑：a. 将体积最大的型腔 A 布置在离主流道最近的位置；b. 且该型腔采用两点进料。利用 CAE 软件对该浇注系统进行流动分析，结果如图 3-55 所示，从中发现型腔 B 流程较短，最早被充填满，且熔体流动秩序与其他七个型腔相差很大。

比较充填压力的分布，结果如图 3-56 所示，从中发现与最高充填压力 71.7MPa 相比，型腔 B 将承受很大的额外压力，所以，该型腔将出现过压实。

为了获得较理想的流动平衡，应给型腔 B 选择合理的浇口位置，并对流道系统的尺寸进一步调整，重新进行流动分析。由图 3-57 分析结果可知，流道平衡得到了较好的改善。

再比较充填压力的分布。由图 3-58 分析结果可知，平衡后的流道系统有效地降低了整个模具的充填压力。

3.4.10　单型腔流动平衡实例

由于塑件结构和外观等的原因，模具的浇口位置可能是确定的，如图 3-59 所示，浇口定在矩形盘的中心，如果塑件采用各处相同的壁厚（2.0mm），则由于浅色区域流动路径最短，它将先于深色区域被充填满，从而形成不平衡流动。

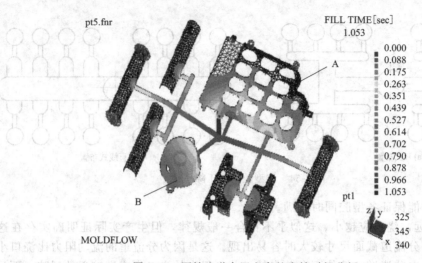

图 3-55　原始流道布置方案的充填时间分析

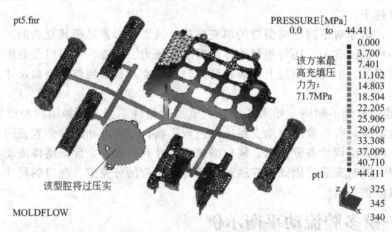

图 3-56　原始流道布置方案的充填压力分析结果

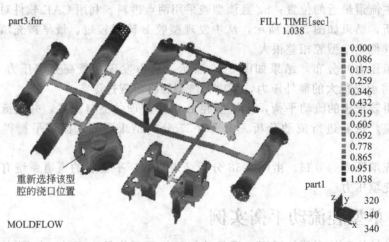

图 3-57　优化流道布置后的充填时间分析结果

针对上述情况，一般可以通过以下方法来实行流动平衡。

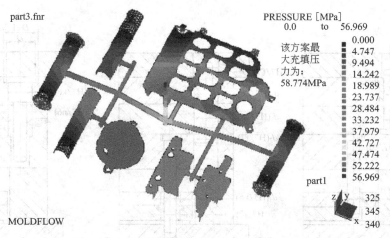

图 3-58　优化流道系统后的充填压力分析结果

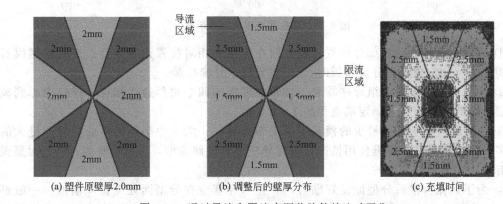

(a) 塑件原壁厚2.0mm　　　　(b) 调整后的壁厚分布　　　　(c) 充填时间

图 3-59　通过导流和限流来调节胶件的流动平衡

① 导流，即增加壁厚以加速流动。该案例中，将深色区域的壁厚从 2.0mm 增加到 2.5mm。

② 限流，即减少壁厚以减慢流动。该案例中，将浅色区域的壁厚从 2.0mm 减少到 1.5mm，通过调整塑件的壁厚，使熔体件获得平衡的流动秩序，如图 3-59(c) 所示。

导流和限流各有其优缺点。导流需增加塑料用量，并要延长冷却时间，从而可能会因冷却不均匀而造成塑件翘曲。然而，这种方法可以采用较低的注塑压力以降低浇口附近的应力水平，并且能得到较好的流动平衡，最后仍会使塑件翘曲变形减小。而限流可以节约材料，且不会延长冷却时间；但会增加充填压力。

实际生产中究竟适合采用哪一种方法，取决于应力和压力的大小，有时两种方法同时采用能收到良好的效果。

3.5　注塑模具的导向与定位机构

3.5.1　导柱导套导向机构

(1) 导柱与导套的组合形式

导柱和导套用于动模与定模间或推出机构零件间的定位与导向，其组合形式如图3-60所示。

设置导柱与导套时，应注意下面几个问题。

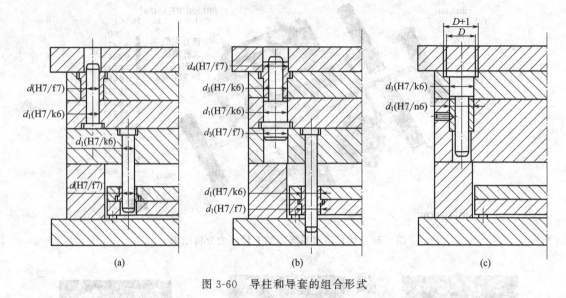

图 3-60 导柱和导套的组合形式

① 通常在模具的动模部分设置导柱，而在定模的相对位置设置导套；有时根据模具的结构要求（如定模部有分流道板时），可将导柱、导套反装。

② 注射模通常设置四组导柱导套，分布在模板的四个角落边缘部位，导柱中心到模板边缘的距离一般取导柱固定端直径的 1~1.5 倍。

③ 小型模具或塑件产量少的模具多采用带头导柱；大、中型注射模或塑件产量大的模具多采用带肩导柱。根据使用情况，可在导柱上开设储油槽，以减小摩擦；一些大型模具也有采用螺旋形储油槽的。

④ 为了确保合模后分型面良好贴合，导柱与导套应在分型面处设置承削槽：一般都是削去一个面，或在导套的孔口倒角，如图 3-61 所示。目的是防止导柱或导套高出分型面而影响动、定模的贴合。

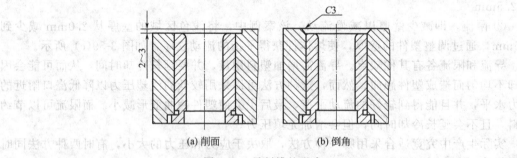

图 3-61 承削槽的形式

⑤ 导柱工作部分的长度应比型芯端面高出 6~8mm，起保护型芯的作用，如图 3-62 所示。

(2) 导柱的基本结构形式

导柱的基本结构形式有两种：一种是除安装部分的凸肩外，其余部分直径相同，称为带头导柱，如图 3-63（a）所示；另一种是除安装部分的凸肩外，安装用的配合部分直径比外伸的工作部分直径大，称为带肩导柱，如图 3-63（b）所示。

通常带头导柱和带肩导柱的前端都设计成锥形或球头形，以便于导向，锥形的长度为导柱直径的 1/3，单边斜度为 3°~5°。两种导柱都可以在工作部分带有储油槽，带储油槽

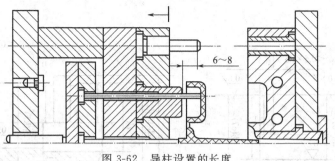

图 3-62　导柱设置的长度

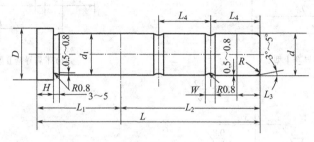

(a) 带头导柱

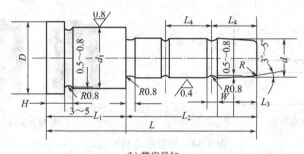

(b) 带肩导柱

图 3-63　导柱的结构形式

的导柱可以储存润滑油，减少工作时的摩擦。

（3）导套常用的结构形式

　　导套常用的结构形式也有两种：一种带有轴向定位台阶，称之为带肩导套；另一种不带轴向定位台阶，称之为直导套，如图 3-64(c) 所示。直导套用于较薄的模板，较厚的模板一般用带肩导套。带肩导套又可分为Ⅰ型和Ⅱ型，分别如图 3-64(a)、(b) 所示。导套壁厚一般为 3～10mm，导套孔工作部分的长度取决于安装导套模板的厚度，一般是孔径的 1～1.5 倍。导套的前端应倒角，倒角半径为 1～2mm。

3.5.2　锥面对合导向机构

　　用导柱、导套导向，虽然对中性好，但毕竟由于导柱与导套有配合间隙，导向精度难以实现极高的要求。当要求对合精度极高时，必须采用锥面对合的方法。

　　锥面对合导向有两种形式：一种是两锥面之间故意留出一定的间隙，再将经过淬火的零件装在间隙上，使之与锥面配合，如图 3-65 中的右上图；另一种是两锥面直接配合，如图 3-65 中的右下图，这时两锥面都要进行淬火处理，锥面角度越小越有利于定位，但由于开模力的关系，锥面角也不宜过小，一般取 5°～20°，锥面高度取 15mm 以上。

Chapter
1

Chapter
2

Chapter
3

Chapter
4

Chapter
5

Chapter
6

Chapter
7

Chapter
8

附录
1

附录
2

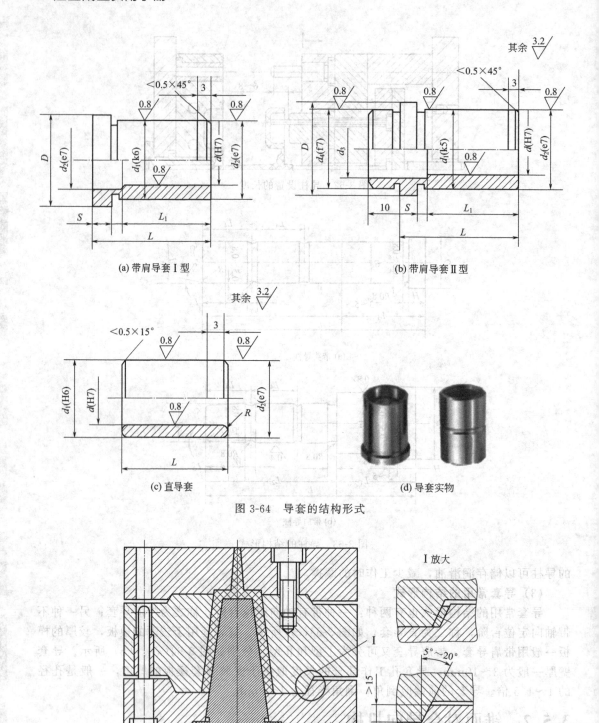

(a) 带肩导套Ⅰ型

(b) 带肩导套Ⅱ型

(c) 直导套

(d) 导套实物

图 3-64　导套的结构形式

图 3-65　锥面对合导向机构

3.5.3　斜面对合精确定位机构

斜面对合精确定位在注射模上的应用如图 3-66 所示。有的直接在模板上开设出精定位斜面，如图 3-66(a) 所示；有的采用斜面精定位镶块，如图 3-66(b) 所示；而为了提高寿命与便于调整，有时在精定位斜面上镶嵌上耐磨淬火镶块，如图 3-66(c) 所示；更为常见的是，直接在型腔和型芯零件上开设出 2 组或 4 组斜面，如图 3-66(d) 所示。斜面的角度一般不超过 20°，配合高度一般不小于 15mm。

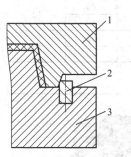

(a) 单斜面镶块精定位

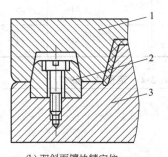

(b) 双斜面镶块精定位

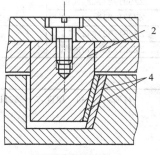

(c) 耐磨板斜面定位

(d) 型腔和型芯上直接开设4组斜面定位

图 3-66　斜面对合精确定位机构

1—定模；2—定位斜楔；3—动模；4—耐磨板

3.5.4　HASCO 定位块示例

表 3-3　定位块 ZZ091/...

材质：1.2343　硬度：50～56HRC

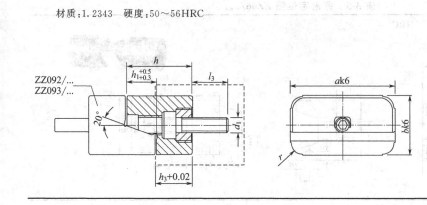

型　号	尺　寸							
	h_3	l_3	r	d_1	h	b	a	h_1
ZZ091/20×20×10	12	12	4	M5	22	20	20	10
ZZ091/20×40×10							40	
ZZ091/25×25×12	14	13	5	M6	26	25	25	12
ZZ091/25×40×12							40	
ZZ091/32×32×16	18	15	6	M8	34	32	32	16
ZZ091/32×50×16							50	

表 3-4　定位块 ZZ092/...

材质:1.2343　硬度:50~56HRC

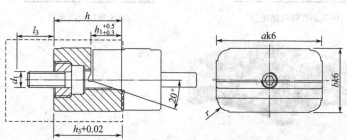

型　号	尺　寸							
	h_3	l_3	r	d_1	h	b	a	h_1
ZZ092/20×20×10	22	12	4	M5	22	20	20	10
ZZ092/20×40×10							40	
ZZ092/25×25×12	26	13	5	M6	26	25	25	12
ZZ092/25×40×12							40	
ZZ092/32×32×16	34	15	6	M8	34	32	32	16
ZZ092/32×50×16							50	

3.5.5　HASCO 定位锁示例

表 3-5　圆形定位锁 ZZ06/...

材质:1.2343　硬度:50~56HRC

型 号	尺 寸									
	t	d_4	d	l_5	l_4	l_3	l_2	l_1	s_1	d_3
ZZ06/30	5	4	M10	16.5	4.5	20	11.5	10.5	36	30
ZZ06/42	7	5		18.5	5.5		15.5	14.5	46	42
ZZ06/54	8	6	M12	20.5	7.5	25	18.5	17.5	56	54
ZZ06/80	11	8	M16	25.5		30	28.5	27.5	76	80

表 3-6 直身定位锁 ZZ08/...

材质：1.2343 硬度：50~56HRC

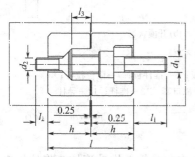
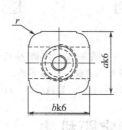

型 号	尺 寸									
	r	d_1	d_2	l_1	l_2	l_3	l	h	a	b
ZZ08/20×20	4	M5	M4	12	4	3.5	28	14	20	20
ZZ08/25×25	5	M6	M5	13	8	5.5	32	16	25	25
ZZ08/32×32	6	M8	M6	15	12	7.5	36	18	32	32
ZZ08/40×40		M10	M8	17	10	9.5	45	22.5	40	40

3.6 控制三板模开模顺序的定距机构

3.6.1 弹簧-拉杆式定距机构

如图 3-67 所示，弹簧式定距机构由弹簧 8 和限位拉杆 7 组成，模具开模时，弹簧 8 使 A 分型面首先打开，中间板 9 随动模一起移动，主流道凝料随之被拉出与中间板 9 一起后移。当动模部分移动一定距离（距离的大小由拉杆 7 的长度决定）后，限位拉杆 7 端部的螺母挡住了中间板 9，使中间板 9 停止移动。动模继续移动，模具的主分型面 B 面被打开。因塑件包裹在型芯 11 上，此时浇注系统凝料在浇口处自动拉断，然后在 A 分型面之间自动脱落或人工取出。动模继续移动，当注射机的推杆接触推板 2 时，推出机构开始工作，推件板 6 在推杆 13 的推动下将塑件从型芯 11 上推出，塑件在 B 分型面之间自行落下，如图 3-67（b）所示。在该模具中，限位拉杆 7 还兼作定模飞导柱，它与中间板 9 应按导向机构的要求进行配合导向。

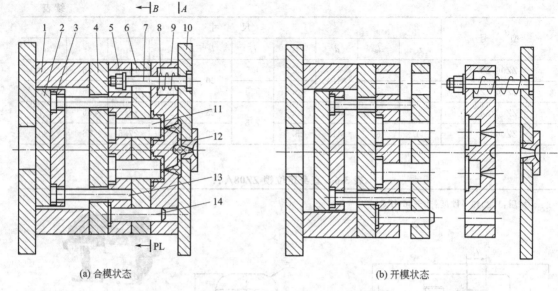

图 3-67　弹簧-拉杆式定距机构

1—垫块；2—推板；3—推杆固定板；4—支承板；5—型芯固定板；6—推件板；7—限位拉杆；
8—弹簧；9—中间板（型腔板）；10—定模座板；11—型芯；12—浇口套；13—推杆；14—导柱

3.6.2　弹簧-滚柱式定距机构

图 3-68 所示为弹簧-滚柱式定距机构，拉板 1 插入支座 2 内，弹簧 5 推动滚柱 4 将拉板 1 卡住。开模时，在拉板 1 的空行程 L 距离内模具进行第一次分型。模具继续开模，拉板 1 在滚柱 4 及弹簧 5 的作用下受阻，从而实现模具的第二次分型。弹簧-滚柱式定距机构的结构简单、适用性强，已成为标准系列产品，由专门的厂家生产，用户采购后直接安装于模具外侧即可。

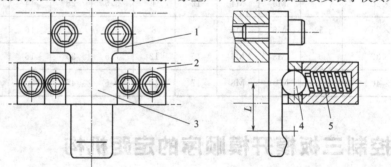

图 3-68　弹簧-滚柱式定距机构

1—拉板；2—支座；3—弹簧座；4—滚柱；5—弹簧

3.6.3　弹簧-摆钩式定距机构

图 3-69 所示为弹簧-摆钩式开模控制机构，该机构利用摆钩 2 与拉板 1 的锁紧力增大开模力，以控制分型面的开模顺序。开模时，摆钩 2 在弹簧 3 的作用下钩住拉板 1，因此确保模具进行第一次分型。随后在模具内定距拉杆的作用下，拉板 1 强行使摆钩 2 转动，拉板 1 从摆钩 2 中脱出，模具进行第二次分型。弹簧 3 对摆钩 2 的压力可由调节螺钉 4 控制。此种机构适用性广，也已成为标准系列化产品，由专门的厂家生产，用户采购后直接安装于模具外侧即可。

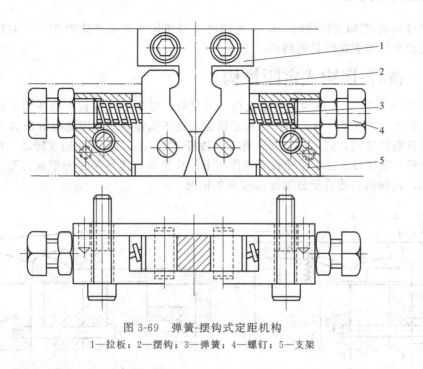

图 3-69　弹簧-摆钩式定距机构

1—拉板；2—摆钩；3—弹簧；4—螺钉；5—支架

3.6.4　压块-摆钩式定距机构

如图 3-70 所示，该模具利用摆钩来控制 A 和 B 分型面的打开顺序，以保证点浇口浇注系统凝料和塑件的顺序脱出。在图 3-70 中，摆钩式定距机构由挡板 1、摆钩 2、压块 4、弹簧 5 和限位螺钉 14 组成。模具开模时，由于固定在中间板 8 上的摆钩 2 拉住支承板 11 上的挡块 1，模具只能从 A 分型面分型，这时点浇口被拉断，浇注系统凝料脱出。模具继续开模到一定距离后，在压块 4 的作用下摆钩 2 摆动并与挡块 1 脱开 [见图 3-70(b)]，模具在主分型面 B 面打开。同时中间板 8 在限位螺钉 14 的限制下停止移动。

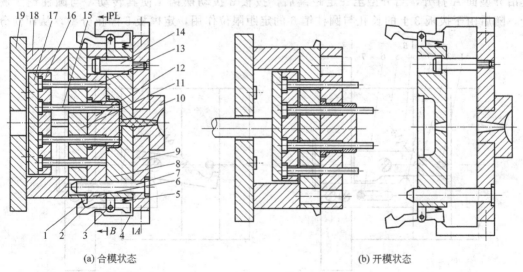

(a) 合模状态　　　　　　　　　　　(b) 开模状态

图 3-70　压块-摆钩式定距机构

1—挡块；2—摆钩；3—转轴；4—压块；5—弹簧；6—型芯固定板；7—导柱；8—中间板（型腔板）；9—定模座板；10—浇口套；11—支承板；12—型芯；13—复位杆；14—限位螺钉；15—推杆；16—推杆固定板；17—推板；18—垫块；19—动模座板

在设计压块-摆钩式机构时，应注意挡块 1 与摆钩 2 勾接处应有 1°～3°的斜度，并把摆钩和挡块对称布置在模具的两侧。

3.6.5 拨杆-摆钩式定距机构

图 3-71 所示为拨杆-摆钩式定距机构。闭模时，摆钩 2 在弹簧 5 的作用下锁紧，如图 3-71(a) 所示。开模时，由于摆钩 2 与定模板 3 处于钩锁状态，因此模具沿 A 分型面首先分型。模具继续开模，到达设定的距离时，拨杆 4 拨动摆钩使其绕轴 6 转动，摆钩 2 与定模板 3 脱开，定模板 3 在限位螺钉 7 的作用下停止运动，模具在 B 分型面打开，如图 3-71 (b) 所示。此种机构适合于分型距离较短的情况。

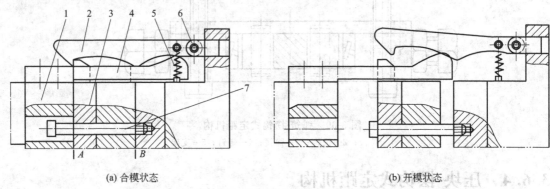

(a) 合模状态　　　　　　　　　　　　(b) 开模状态

图 3-71　拨杆-摆钩式定距机构

1—动模板；2—摆钩；3—定模板；4—拨杆；5—弹簧；6—轴；7—限位螺钉

3.6.6 拨板-摆钩式定距机构

图 3-72 所示为拨板摆钩式定距顺序分型机构。开模时，由于弹簧 2 的作用，摆钩 4 与圆柱销 1 处于钩锁状态，如图 3-72(a) 所示。因此定模座板 7 与定模板 5 首先分型，模具沿分型面 A 打开，当分型至一定距离后，拨板 3 拨动摆钩 4 使其转动，与圆柱销 1 脱开，随后由于拨板 3 上的长孔与圆柱销 6 的定距限位作用，定模板 5 停止分型，从而使分

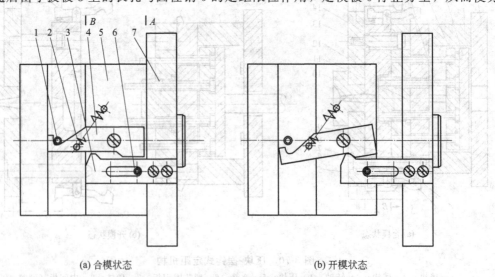

(a) 合模状态　　　　　　　　　　　　(b) 开模状态

图 3-72　拨板-摆钩式定距机构

1,6—圆柱销；2—弹簧；3—拨板；4—摆钩；5—定模板；7—定模座板

型面 B 面打开，如图 3-72(b) 所示。

3.6.7　滚轮-摆钩式定距机构

图 3-73 所示是滚轮-摆钩式定距机构。图 3-73(a) 所示为模具闭合时，摆钩 2 在弹簧 4 的作用下锁紧模具。开模时，由于摆钩 2 与动模板 1 处于钩锁状态，因此定模板 3 与定模座板 5 首先分型，即 A 分型面打开。当开模至滚轮 6 拨动摆钩 2 脱离动模板 1 后，继续开模时，由于限位螺钉 7 限制了定模板 3 的继续分型，从而使模具在 B 面分型，如图 3-73(b) 所示。

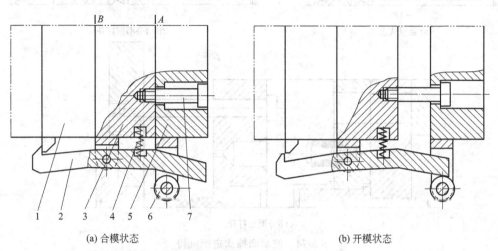

(a) 合模状态　　　　　　　　　　　　　(b) 开模状态

图 3-73　滚轮-摆钩式定距机构

1—动模板；2—摆钩；3—定模板；4—弹簧；5—定模座板；6—滚轮；7—限位螺钉

3.6.8　胶套摩擦式定距机构

如图 3-74 所示，该种机构主要由胶套 3、调节螺钉 4 和定距拉杆 2 等零件组成。胶套 3 用调节螺钉 4 固定在动模板 1 上，调节螺钉 4 的锥面与胶套 3 的锥孔配合，拧紧调节螺钉 4 可使胶套 3 的直径涨大，其与模板孔的摩擦力随之增大；反之，摩擦力会减少，如图 3-74(a) 所示。模具闭合时，胶套 3 被完全压入定模板 5 的孔内。模具开模时，由于胶套与内孔摩擦力的作用，使 B 分型面被拉紧，而 A 分型面被打开，即定模座板 6 与定模板 5 脱开，主流道凝料被拉出，如图 3-74(b) 所示。当定距拉杆 2 的头部与定模板 5 接触后，定模板 5 被定距拉杆 2 拉住而停止移动，胶套 3 从孔中脱出，模具沿 B 分型面开模，即可取出塑件，如图 3-74(c) 所示。

由胶套和调节螺钉等零件组成的这种胶套摩擦式顺序开模机构，简称开闭器，已成为标准系列化产品，如图 3-75(b) 所示，这类配件由专门的企业生产，用户采购后直接安装于模具内即可，如图 3-75(a) 所示。

3.6.9　滑块式定距机构

如图 3-76 所示，模具闭合时，滑块 3 在弹簧 8 的作用下伸出模外，被拉钩 2 钩住，分型面 B 被锁紧，如图 3-76(a) 所示。模具开模时，A 分型面分型先被打开，当开模到一定距离后，拨板 1 与滑块 3 接触，并压迫滑块 3 后退从而与拉钩 2 脱开，同时由于定距拉杆 6 的作用，使定模板 5 停止运动，模具继续开模时，分型面 B 被打开，如图 3-76(b) 所示。

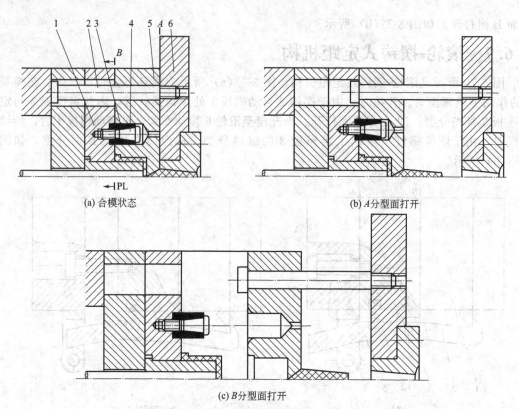

(a) 合模状态   (b) A分型面打开

(c) B分型面打开

图 3-74　胶套摩擦式定距机构

1—动模板；2—定距拉杆；3—胶套；4—调节螺钉；5—定模板；6—定模座板

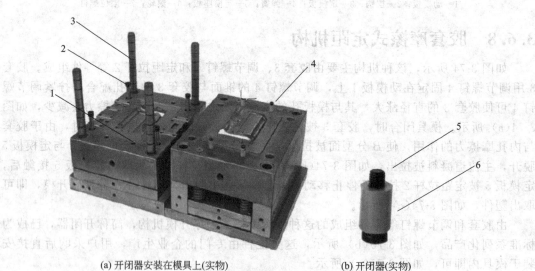

(a) 开闭器安装在模具上(实物)   (b) 开闭器(实物)

图 3-75　开闭器及其在模具上的安装

1—开闭器的配合孔；2—定距拉杆；3—导柱；4—开闭器；5—调节螺钉；6—胶套

3.6.10　三板模拉杆长度的计算

如图 3-77 所示，三板式模架计算拉杆行程应按以下规则进行。

水口拉杆行程＝水口总长＋10mm；

大拉杆行程＝水口拉杆行程＋10mm。

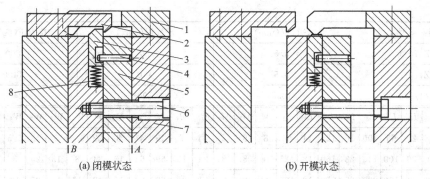

(a) 闭模状态　　　　　　　　(b) 开模状态

图 3-76　滑块式定距机构

1—拨板；2—拉钩；3—滑块；4—限位销；5—定模板；6—定距拉杆；7—定模座板；8—弹簧

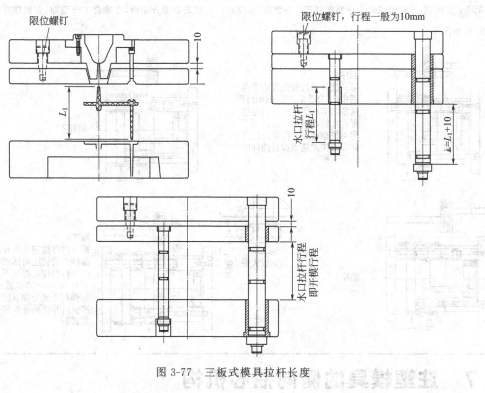

图 3-77　三板式模具拉杆长度

3.6.11　HASCO 标准定距机构组件示例

表 3-7　HASCO 标准定距机构组件示例　　mm

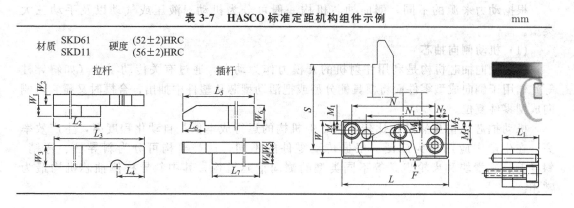

续表

型　号	S 行程（min）	S 行程（max）	拉力 F(≤)/kgf
ZZ170/1	5.5	80	800
ZZ170/2	9.5	110	1400
ZZ170/3	10.5	190	2400

型号	L	L_1	L_2	L_3	L_4	L_5	L_6	L_7	M	M_1	M_2	M_3	M_4	N	N_1	N_2	W	W_1	W_2	W_3	W_4	W_5	W_6
ZZ170/1	63	22	63	100	16	125	14	80	8	6	5	14	7	49	41	8	22	6.5	6	13	6.5	6	13
ZZ170/2	90	33	100	140	23	160	18	125	18	8	8	24	16	69	62	13	34	8	13	20	8	13	16
ZZ170/3	110	44	100	200	25	250	18	125	22	9	7	31	20	80	80	15	42	13	14	25	13	16	20

使用例:开模时先开 1 分型面再开 2 分型面,合模时一定要先合 2 分型面,才能合 1 分型面,合模顺序错误将导致锁模扣损坏。

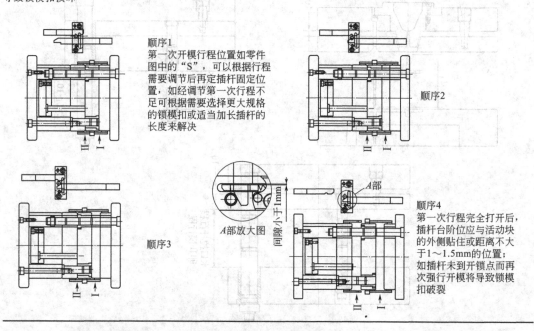

顺序1
第一次开模行程位置如零件图中的"S",可以根据行程需要调节后再定插杆固定位置,如经调节第一次行程不足可根据需要选择更大规格的锁模扣或适当加长插杆的长度来解决

顺序2

顺序3

A部放大图　间隙小于1mm

A部

顺序4
第一次行程完全打开后,插杆台阶位应与活动块的外侧贴住或距离不大于1~1.5mm的位置;如插杆未到开锁点而再次强行开模将导致锁模扣破裂

3.7　注塑模具的侧向抽芯机构

3.7.1　侧向抽芯机构的类型

根据动力来源的不同,侧向抽芯机构一般可分为机动、液压或气动以及手动三大类型。

(1) 机动侧向抽芯

机动侧向抽芯机构是利用注射机的开模力作为动力,通过有关传动零件(如斜导柱等)作用于侧向成型零件而将模具侧分型或把活动型芯从塑件中抽出,合模时又靠它使侧向成型零件复位。

机动抽芯机构虽然结构比较复杂,但机构的运行成本低,自动化程度高,生产效率高,在生产中应用最为广泛。根据传动零件的不同,这类机构可分为斜导柱、弯销、斜导槽、斜滑块和齿轮齿条等不同类型的侧向抽芯机构,其中斜导柱侧抽芯机构最为常用。

Chapter
1

Chapter
2

Chapter
3

Chapter
4

Chapter
5

Chapter
6

Chapter
7

Chapter
8

附录
1

附录
2

（2）液压或气动侧向抽芯

液压或气动侧向抽芯机构是以液压力或压缩空气作为动力进行侧向分型与抽芯，同样亦靠液压力或压缩空气使活动型芯复位。如图 3-78 所示为典型的液压侧向抽芯机构，其中液压缸（或气缸）固定于动模的一侧，开模前控制系统控制液压缸工作，将侧向型芯向外抽出；合模时则将侧向型芯向内推动而复位。

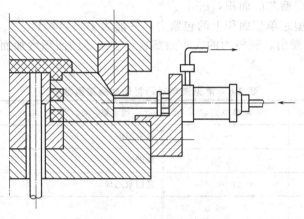

图 3-78　液压侧向抽芯

液压或气动侧向抽芯机构多用于抽拔力大、抽芯距比较长的场合，例如大型管子塑件的抽芯等。这类侧抽芯机构是靠液压缸或气缸的活塞来回运动进行的，抽芯的动作比较平稳，特别是有些注射机本身就带有抽芯液压缸，所以采用液压侧向抽芯更为方便，但缺点是液压或气动装置成本较高。

（3）手动侧向抽芯

手动侧向抽芯机构是利用人力将模具侧分型或把侧向型芯从成型塑件中抽出。这一类机构结构简单、加工制造成本低廉，但操作不方便、工人劳动强度大、生产效率低。因此，这类机构仅仅用于产品的试制、小批量生产或无法采用其他侧向抽芯机构的场合。

3.7.2　抽芯过程中脱模力的计算

对塑料件侧向抽芯，本质上就是侧向脱模，其抽拔力就是侧向脱模力（主要是塑料收缩包紧造成的阻力），因此抽拔力计算应按脱模力计算。

脱模力是指将塑料件从包紧的型芯上脱出时所需克服的阻力，塑件成型后，由于其体积的收缩，会对型芯产生包紧力，要从型芯上脱出塑件，就必须克服因包紧力而产生的摩擦阻力。对于不带通孔的壳体类塑件，由于脱模时塑件与型芯间产生真空，因此脱模时还要克服大气压力。图 3-79 为塑件脱模时型芯的受力分析图。

根据力的平衡原理，得到脱模力的平衡方程式

$$\sum F_x = 0$$

即
$$F_t + F_b \sin\alpha = F_m \cos\alpha \qquad (3\text{-}3)$$

式中　F_b——塑件对型芯的包紧力，N；

　　　F_m——脱模时型芯所受的摩擦阻力，N；

　　　F_t——脱模力，N；

　　　α——型芯的脱模斜度。

由于脱模斜度 α 很小，为了计算简单，型芯所受的摩擦阻力可以近似为

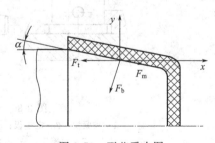

图 3-79　型芯受力图

第 3 章　注塑模具的结构与使用　█ 191

$$F_m = \mu F_b$$

于是
$$F_t = F_b(\mu\cos\alpha - \sin\alpha) \tag{3-4}$$

而包紧力为型芯的面积与单位面积上包紧力之积，即 $F_b = Ap$。由此可得脱模力为

$$F_t = Ap(\mu\cos\alpha - \sin\alpha) \tag{3-5}$$

式中　　μ——塑料对钢的动摩擦因数，见表 3-8；

　　　　A——塑料包容型芯的面积，m^2；

　　　　p——塑件对型芯单位面积上的包紧力，一般为 10~40MPa。

由式(3-3)可以看出，脱模力的大小随塑料包容型芯的面积增加而增大，随脱模斜度的增加而减小。

表 3-8　常见塑料对钢材的动摩擦因数 μ

塑 料 种 类	动摩擦因数	塑 料 种 类	动摩擦因数
尼龙	0.2~0.35	共聚甲醛	0.1~0.2
聚乙烯	0.2	聚碳酸酯	0.35
ABS	0.21~0.35	聚四氟乙烯	0.04
高抗冲击改性聚苯乙烯	0.4~0.5		

3.7.3　抽芯距离的计算

抽芯距是将侧型芯从成型位置抽到不妨碍塑件推出时，侧型芯所移动的距离，用 $S_{抽}$ 表示，如图 3-80 所示。

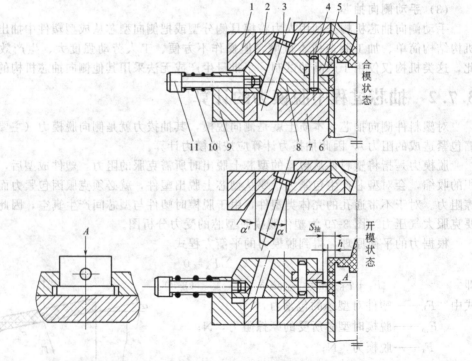

图 3-80　斜导柱抽芯机构的抽芯距

1—楔紧块；2—定模板；3—斜导柱；4—销钉；5—侧型芯；6—推杆；

7—动模板；8—滑块；9—限位块；10—弹簧；11—螺钉

一般情况下，抽芯距 $S_抽$ 只要比塑件上的侧孔、侧凹的深度或凸台高度大 $2\sim 3\text{mm}$ 即可，即

$$S_抽 = h + (2\sim 3) \tag{3-6}$$

式中 $S_抽$——设计抽芯距，mm；

　　　h——塑件侧孔深度或凸台高度，mm。

但在特殊情况下，如成型的是如图 3-81 所示的圆形绕线圈，由于该绕线圈外形是圆形并用二等分滑块绕线圈抽芯，因此，其抽芯距为

$$S_抽 = s_1 + (2\sim 3) = \sqrt{R^2 - r^2} + (2\sim 3) \tag{3-7}$$

式中 $S_抽$——设计抽芯距，mm；

　　　R——绕线圈大外圆半径，mm；

　　　r——绕线圈小外圆半径，mm。

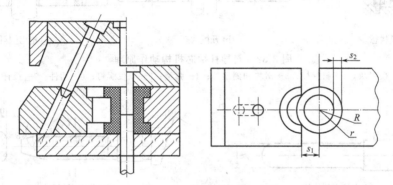

图 3-81　绕线圈抽芯距

3.7.4　斜导柱侧向抽芯机构（行位机构）

（1）工作原理

斜导柱抽芯机构，俗称行位机构，其动作原理如图 3-82 所示，图 3-82（a）为合模状态，图 3-82（b）为开模后的状态，图 3-82（c）为推出塑件后的状态。侧向抽芯机构的工作过程是：开模时斜导柱 2 作用于滑块 3，迫使滑块和侧型芯一起在动模板中的导滑槽内向外移动，完成侧抽芯动作，塑件 6 由推杆 7 推出型腔。限位螺钉 5、弹簧 4 使滑块 3 保持抽芯后最终位置，以保证合模时斜导柱能准确地进入滑块的斜孔，使滑块回到成型位置。在合模注射时，为了防止侧型芯受到成型压力的作用而使滑块产生位移，用楔紧块 1 来锁紧滑块和侧型芯。

（2）斜导柱的结构

斜导柱的典型结构如图 3-83 所示，其工作端的结构可以设计成半球形或锥台形。当设计成锥台形时必须注意斜角 θ 应大于斜导柱倾斜角 α，一般 $\theta = \alpha + (2°\sim 3°)$，以避免端部锥台参与侧向抽芯。为了减少斜导柱与滑块上斜导孔之间的摩擦，可在斜导柱工作长度部分的外圆轮廓铣出两个对称平面，如图 3-83（b）所示。

（3）斜导柱的配合与固定

斜导柱与固定模板之间采用的配合一般为 H7/m6。由于斜导柱在工作过程中主要用来驱动滑块作往复运动，滑块运动的平稳性由导滑槽与滑块之间的配合精度保证，而合模时滑块最终的准确位置由楔紧块决定。因此为了运动的灵活，滑块上斜导孔与斜导柱之间可以采用较松的间隙配合或取 $0.5\sim 1\text{mm}$ 间隙。

斜导柱的固定方式很多，基本要求是定位准确、固定可靠。常见的固定形式如图 3-84 所示。

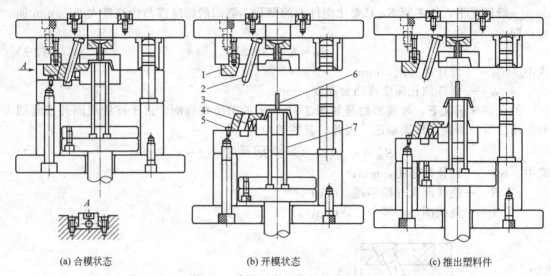

(a) 合模状态　　　　　　　(b) 开模状态　　　　　　　(c) 推出塑料件

图 3-82　斜导柱抽芯机构动作原理

1—楔紧块；2—斜导柱；3—滑块和侧型芯；4—弹簧；5—限位螺钉；6—塑件；7—推杆

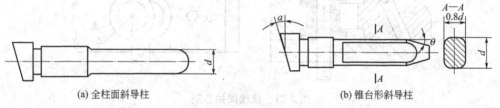

(a) 全柱面斜导柱　　　　　　　　　(b) 锥台形斜导柱

图 3-83　斜导柱的结构形式

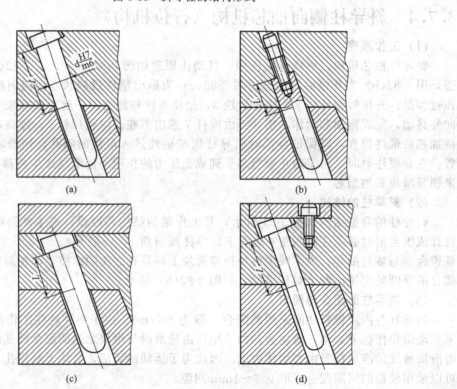

(a)　　　　　　　　　　　　　(b)

(c)　　　　　　　　　　　　　(d)

图 3-84　斜导柱的固定方式

在图 3-84 所示四种固定方式中，图 3-84（a）所示方式的配合面较长，稳定性较好，适用于模板较薄，且定模座板与定模板为一体的场合，二板模较多采用。

图 3-84（b）所示方式配合长度为 $L \leqslant 1.5d$，稳定性较差且加工困难，适用于模板厚度较大的场合，二板模、三板模均可用。

图 3-84（c）所示方式配合长度为 $L \geqslant 1.5d$，稳定性较好，适用于模板较厚、模具空间较大的场合，二板模、三板模均可用。

图 3-84（d）所示方式配合面较长，稳定性好，适用于模板较薄、且定模座板与定模板可分开的场合，二板半模较多采用。

（4）斜导柱的倾斜角

斜导柱轴向与开模方向的夹角称为斜导柱的倾斜角，一般用 α 表示，如图 3-85 所示。确定 α 时要综合考虑抽芯距以及斜导柱所受的弯曲力。

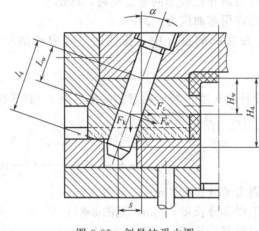

图 3-85　斜导柱受力图

由图 3-85 可知

$$l_4 = s/\sin\alpha \tag{3-8}$$
$$H_4 = s\cot\alpha \tag{3-9}$$

式中　α——斜导柱的倾斜角；

　　l_4——斜导柱工作部分长度，mm；

　　s——抽芯距，一般比塑件厚大 3mm；

　　H_4——完成抽芯距所需的开模行程，mm。

如果不考虑斜导柱与滑块以及滑块与导滑槽之间的摩擦力，则由图 3-85 所示斜导柱抽芯时的受力图可知

$$F_w = F_c/\cos\alpha \tag{3-10}$$
$$F_k = F_c\tan\alpha \tag{3-11}$$

式中　F_w——侧向抽芯时斜导柱所受的弯曲力，N；

　　F_c——侧向抽芯时的抽芯力，N；

　　F_k——侧向抽芯时所需的开模力，N。

由式（3-6）～式（3-9）可知，α 增大，l_4 和 H_4 减小，有利于减小模具尺寸，但 F_w 和 F_k 增大，影响斜导柱和模具的强度和刚度；反之，α 减小，斜导柱和模具受力减小，但要在获得相同抽芯距的情况下，斜导柱的长度就要增长，开模距就要变大，因此模具尺寸就会增大。

综合二者考虑，通常 α 取为 $15° \sim 20°$，一般不大于 $25°$。

Chapter 1
Chapter 2
Chapter 3
Chapter 4
Chapter 5
Chapter 6
Chapter 7
Chapter 8
附录 1
附录 2

(5) 斜导柱的直径

斜导柱的直径取决于它所承受的最大弯曲应力，按斜导柱所受的最大弯曲应力应小于其许用弯曲应力的原则，根据斜导柱的受力分析，可以推导出斜导柱直径的计算公式为

$$d = \sqrt[3]{\frac{M_{max}}{0.1[\sigma]_w}} = \sqrt[3]{\frac{F_w L_w}{0.1[\sigma]_w}} \qquad (3\text{-}12)$$

也可表示为

$$d = \sqrt[3]{\frac{F_w H_w}{0.1\cos\alpha[\sigma]_w}} \qquad (3\text{-}13)$$

式中　d——斜导柱直径，mm；

　　　F_w——斜导柱所受的弯曲力，N，见式(3-8)；

　　　L_w——斜导柱弯曲力臂，mm；

　　　H_w——抽芯力作用线与斜导柱根部的垂直距离，mm；

　　　$[\sigma]_w$——斜导柱材料的许用弯曲应力，MPa。

由于计算比较复杂，在实际的设计中，往往通过查表或估算的方法确定斜导柱的直径。

(6) 斜导柱的长度

如图 3-86 所示，斜导柱的长度根据活动型芯的抽芯距 s、斜导柱的大端直径 D、倾斜角 α 以及定模板厚度 h 来确定。其计算式为

$$L = l_1 + l_2 + l_4 + l_5$$
$$= \frac{D}{2}\tan\alpha + \frac{h}{\cos\alpha} + \frac{s}{\sin\alpha} + (5\sim10) \qquad (3\text{-}14)$$

式中　l_1，l_2——斜导柱固定部分长度，mm，见图 3-86；

　　　l_4——斜导柱工作部分长度，mm，见图 3-86；

　　　l_5——斜导柱引导部分长度，一般取 $5\sim10$mm；

　　　h——斜导柱固定板厚度，mm；

　　　s——抽芯距，mm。

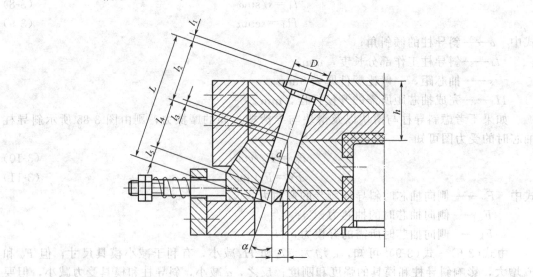

图 3-86　斜导柱的长度

(7) 滑块的运动形式

滑块的运动形式见表 3-9。

Chapter 1
Chapter 2
Chapter 3
Chapter 4
Chapter 5
Chapter 6
Chapter 7
Chapter 8
附录 1
附录 2

表 3-9 滑块的运动形式

序号	说　明	简　图
1	模具打开或闭合的同时,滑块也同步完成侧型芯的抽出和复位动作。这是最常用的侧滑块运动方式	
2	模具打开后,滑块借助外力驱动完成侧型芯的抽出和复位动作。这种滑块常常用于大型的滑块或侧抽芯距离比较长的场合	
3	与前两种形式不同,如右图所示,将滑块设置在定模,在模具打开前,借助其他的动力先将滑块抽出	

(8) 滑块的导滑方式

开模时滑块在斜导柱驱动下作横向滑动,闭模时又朝相反方向滑动。为保证滑动的顺畅平稳,滑块与导滑槽应具有适当的配合形式。图 3-87 所示是常用的导滑形式,其中图 3-87(b)~(d) 应用最多。

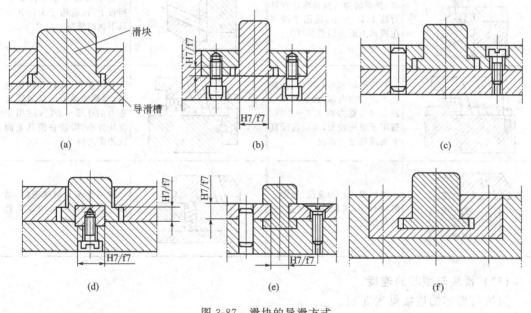

图 3-87 滑块的导滑方式

(9) 导滑槽的长度

导滑槽应具有足够的长度,一般为滑块宽度的 1.5 倍,如图 3-88 所示,在完成抽芯后,滑块还应有 2/3 的长度留在导滑槽内,以免复位困难。如果模具的尺寸较小,导滑槽的长度不够时,可以在局部增加导滑长度。滑块和导滑槽上下、左右应各有一对平面呈间隙配合,配合精度可选 H8/f7 或 H8/f8,其余各面应留有 0.5~1.0mm 的间隙。

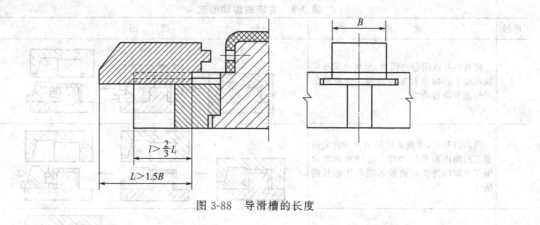

图 3-88　导滑槽的长度

(10) 滑块的定位

滑块的定位装置用于保证滑块在开模后停留在刚刚脱出斜导柱的位置，不再发生任何位移，以避免合模时斜导柱不能准确地进入滑块的斜导孔内，造成模具损坏。在设计滑块的定位装置时，应根据模具的结构和滑块所在的不同位置选用不同形式。表 3-10 所示是常用的几种滑块定位装置形式。

表 3-10　常用的几种滑块定位装置形式

简　图	说　明	简　图	说　明
	利用弹簧、螺钉和挡板定位，弹簧的弹力应是滑块自重力的 1.5～2 倍，适用于滑块在模具上面或侧面的情况		利用滑块自重力停留在挡板上，仅适用于滑块在模具下面的情况
	利用弹簧和螺钉定位，弹簧装入滑块的内部，弹簧的弹力是滑块自重力的 1.5～2 倍，适用于滑块较大，滑块在模具上面或侧面的情况		利用弹簧、螺钉和挡板定位，弹簧的弹力应是滑块自重力的 1.5～2 倍，适用于滑块较小，滑块在模具上面或侧面的情况
	利用弹簧和销定位，适用于滑块较小，滑块在模具左、右侧的情况		利用弹簧和钢球定位，适用于滑块较小，滑块在模具左、右侧的情况

(11) 滑块与型芯的连接

滑块与型芯的连接见表 3-11。

(12) 楔紧块

在成型过程中，侧向型芯会受到塑料熔体很大的推力作用，该推力通过滑块传给斜导柱，而一般的斜导柱为细长杆件，受力后容易变形导致滑块后移，因此在抽芯机构中必须设置楔紧块，承受来自侧向型芯的推力，以便在合模后锁住滑块。楔紧块（也称锁紧块、铲鸡）与模具的连接方式可根据推力的大小来确定。楔紧块的常用结构形式如表 3-12 所示。

表 3-11　滑块与型芯的连接

连接形式	说　明	图　示
一般型芯连接形式	一般型芯,为保证型芯强度,将型芯嵌入滑块部分做大,然后用螺钉连接,此种形式较为常用	
较小型芯连接形式	较小型芯,为保证型芯强度,将型芯嵌入滑块部分的加大,用无头螺钉连接,此种形式在镶针形式中较为常用	
多个型芯连接形式	多个型芯可采用如右图所示的连接板连接的形式,此种形式常用在塑料件有孔或有圆形凹陷的场合	
薄片型芯连接形式	薄片型芯可采用右图所示的通槽连接形式,塑料件侧面有凹槽,无法正常脱模,可以用此连接方式	

表 3-12　楔紧块的常用结构形式

简　图	说　明	简　图	说　明
	采用整体式锁紧方式,结构牢固可靠,但钢材消耗多,适用于侧向推力较大的场合	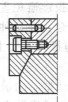	采用螺钉和销钉固定在定模板上固定锁紧块的形式,结构简单,制造方便,应用较广,但承受的侧向力较小

第 3 章　注塑模具的结构与使用　199

Chapter 1

Chapter 2

Chapter 3

Chapter 4

Chapter 5

Chapter 6

Chapter 7

Chapter 8

附录 1

附录 2

简 图	说 明	简 图	说 明
	采用嵌入式锁紧方式,锁紧块从模板上方嵌入,适用于滑块较宽、侧向推力较大的场合		采用嵌入式锁紧方式,锁紧块从模板下方嵌入,适用于滑块较宽、侧向推力较大的场合
	采用楔形块和螺钉固定楔紧块的形式,适用于侧向推力非常大的场合		采用镶入式锁紧方式,加工容易,适用于空间较大、侧向推力较大的场合

楔紧块的工作部分是斜面,如图 3-89 所示,楔紧角 β 是个重要的工作参数。为了保证楔紧块的斜面能在合模时压紧滑块,而在开模时又能迅速脱离滑块,楔紧角 β 应大于斜导柱倾斜角 α,当 $\beta>\alpha$ 时能够保证一旦开模,楔紧块就能脱开滑块,否则斜导柱将无法带动滑块作抽芯动作。在一般情况下,楔紧角 $\beta=\alpha+(2°\sim3°)$ 即可。

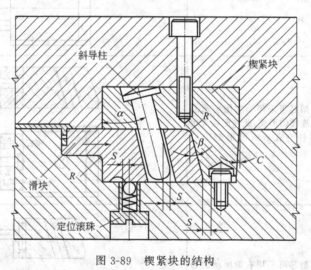

图 3-89　楔紧块的结构

3.7.5　侧向抽芯过程中的干涉现象及对策

对斜导柱在定模、滑块在动模的结构形式,当塑件采用推杆或推管推出时,复位时应注意滑块与推出元件的干涉现象,即当推出元件尚未复位到必要位置,滑块已在斜导柱驱动下过早复位,以致与推出元件发生撞击,如图 3-90 所示。

为了避免这种干涉现象,推出元件应尽可能安排在与侧型芯(或滑块)不产生干涉的位置,即两者在主分型面的投影避免重合。但有时由于模具结构复杂、空间位置有限,使两者的投影难以完全避免重合。在这种情况下,就必须设法避免干涉现象。

如图 3-91 所示,滑块与推杆不发生干涉现象的条件是

$$h'\tan\alpha>s' \tag{3-15}$$

式中　h'——推杆断面至活动型芯的最近距离;

s'——活动型芯与推杆或推管在水平方向上的重合距离。

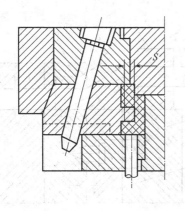
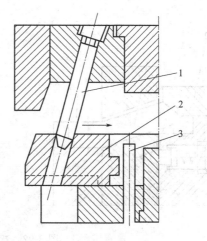

(a) 合模状态　　　　　　　　　(b) 滑块与推杆即将发生干涉

图 3-90　滑块与推杆的干涉现象

1—斜导柱；2—滑块；3—推杆

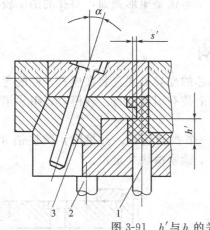
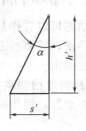

图 3-91　h' 与 h 的关系

1—推杆；2—复位杆；3—滑块

在实际的设计中，$h'\tan\alpha$ 往往比 s' 大 0.5mm 以上。

从以上分析可知，如果设计时难以完全避免推出元件与侧型芯的投影重合，只要重合程度满足公式(3-15)的条件，也可以避免干涉现象。反之，如果该条件不能满足，则必定产生干涉，在这种情况下，应通过设置先复位机构来让推出机构先行复位，以避免干涉现象的发生。

3.7.6　弯销侧向抽芯机构

弯销侧向抽芯原理与斜导柱抽芯很相似，以弯销驱动滑块进行抽芯，但弯销是以矩形截面代替了斜导柱的圆形截面，以弯折状代替了斜导柱的直状，滑块上的孔形也变为弯折状，这样的改变有利于在有限的开模行程中得到较大抽芯距，并可以承受较大抽拔阻力。斜角以小于 25°为好，最大可达 30°。

图 3-92 所示为弯销抽芯机构的典型结构。弯销固定在定模板上，开模时，侧型芯滑块 6 在弯销 4 的驱动下在动模板 1 的导滑槽内侧向移动，完成侧向抽芯。抽芯结束后，侧型芯滑块由弹簧和定位销 3 定位；合模时，侧型芯滑块 6 通过弯销 4 的作用进行复位，锁紧块 2 或支撑块 5 能有效阻止滑块在注射成型时可能产生的位移。

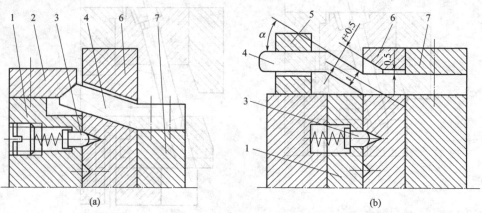

图 3-92　弯销抽芯机构
1—动模板；2—锁紧块；3—定位销；4—弯销；5—支撑块；6—滑块；7—定模座板

设计弯销抽芯机构时应使弯销和滑块的配合孔间隙配合较大，一般为 0.5mm 左右，以避免合模时发生碰撞或卡死现象。由于弯销是矩形截面，斜孔的加工较困难，因此弯销抽芯机构不如斜导柱抽芯机构应用普遍。

3.7.7　斜滑槽侧向抽芯机构

斜滑槽侧向抽芯可以看作是弯销抽芯的变异形式。装在模具外侧的弯折导板，其上面加工有弯折状引导槽，需要抽芯的滑块上装有引导销钉。开模时，引导销钉沿滑板上的引导槽移动，将滑块抽出。

图 3-93 所示是斜滑槽侧向抽芯的一个典型例子。开模时，圆柱销 8 沿引导槽运动，带动滑块完成抽芯动作，闭模时锁紧销 7 锁紧滑块并定位。

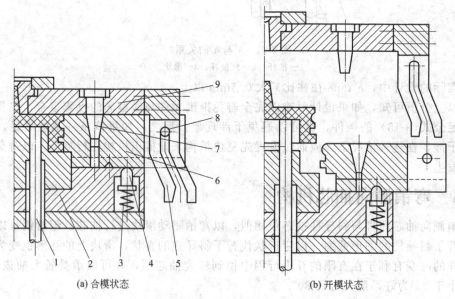

(a) 合模状态　　(b) 开模状态

图 3-93　斜滑槽抽芯机构
1—推杆；2—动模板；3—弹簧；4—销钉；5—斜滑槽板；
6—滑块；7—锁紧销；8—圆柱销；9—定模座板

斜滑槽的形式如图 3-94 所示。图 3-94(a) 为单一段斜滑槽结构，开模一开始便进行侧向抽芯，这时斜滑槽倾斜角 α 应小于 25°；图 3-94(b) 为两段斜滑槽结构，开模后，圆柱销先在直槽内运动，因此有一段延时抽芯动作，直至圆柱销进入斜槽部分，侧抽芯才开始；图 3-94(c) 为两段 α_1、α_2 角斜滑槽结构，开模时先在倾斜角 α_1 较小的斜滑槽内侧抽芯，然后进入倾斜角较大 α_2 的斜滑槽内侧抽芯，该结构用于抽芯距较大的场合；由于起始抽芯力较大，第一段的倾斜角 α_1 一般在 12°～15° 内选取，第二段的抽芯力比较小，其倾斜角可适当增大，但 α_2 仍应小于 40°。

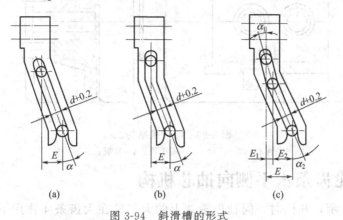

图 3-94　斜滑槽的形式

3.7.8　瓣合模（哈呋模）的结构

由两个或多个滑块拼合形成型腔，开模时滑块同时实现侧向分型的行位机构称为瓣合模，也称哈呋模。哈呋模的侧行程一般较小。哈呋模常采用的典型结构如下。

（1）结构一

如图 3-95 所示，型腔由两个位于前模一方的斜滑块组成。开模时在拉勾 1 及弹簧的作用下，斜滑块 3 沿斜滑槽运行，完成侧向分型。分型后由弹簧 2 及限位块 4 对斜滑块 3 进行定位。

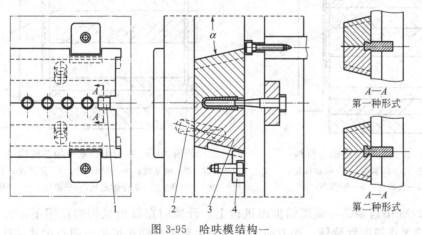

图 3-95　哈呋模结构一
1—拉勾；2—弹簧；3—斜滑块；4—限位块

拉勾 1 的结构及装配形式通常采用图中右侧所示的两种方式，斜滑块的斜角 α 一般不超过 30°。

（2）结构二

如图 3-96 所示，型腔由两个位于后模一方的斜滑块组成。顶出时斜滑块 3 在顶杆 5

的作用下，沿斜滑槽移动，完成侧向分型，同时推出塑料件。

斜滑块的斜角 α 一般以不超过30°为宜。

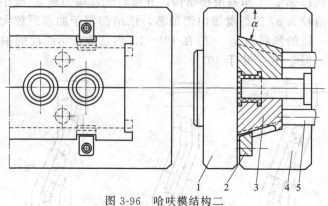

图3-96　哈呋模结构二
1—A板；2—挡块；3—斜滑块；4—B板；5—顶杆

3.7.9　齿轮齿条水平侧向抽芯机构

如图3-97所示，开模时，同轴齿轮3上的大齿轮在大齿条4作用下作逆时针旋转，同方向旋转的小齿轮则带动小齿条5向右运动，从而完成侧抽芯运动。

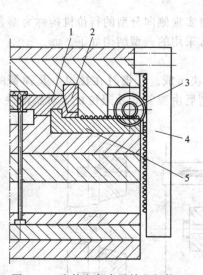

图3-97　齿轮齿条水平抽芯机构一
1—滑块；2—楔紧块；3—同轴齿轮；
4—大齿轮；5—小齿条

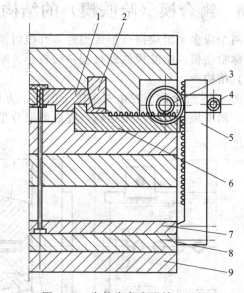

图3-98　齿轮齿条水平抽芯机构二
1—滑块；2—楔紧块；3—同轴齿轮；4—压紧轮；5—大齿条；
6—小齿条；7—推杆固定板；8—推板；9—动模座板

而图3-98中齿条装在动模的推出机构上，开模后在推出机构的作用下，大齿条5带动同轴齿轮3作逆时针旋转，同方向旋转的小齿轮则带动小齿条6向右运动，从而完成侧抽芯运动。其中压紧轮4用来防止大齿条5产生翘曲现象。

3.7.10　齿轮齿条倾斜侧向抽芯机构

图3-99所示是齿轮齿条倾斜抽芯的机构。开模时传动齿条5固定在定模座板3上，齿轮4和齿条型芯2固定在动模板7内。开模时，动模部分向下移动，齿轮4在传动齿条

5 的作用下作逆时针方向转动，从而使与之啮合的齿条型芯 2 向下方向运动而抽出侧向型芯。推出机构动作时，推杆 9 将塑件从主型芯 1 上脱下。合模时，传动齿条 5 插入动模板对应孔内与齿轮 4 啮合，顺时针转动的齿轮 4 带动齿条型芯 2 复位，然后锁紧装置将齿轮或齿条型芯锁紧。

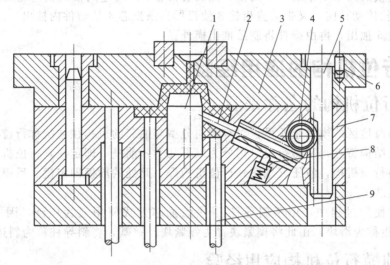

图 3-99　用开模力驱动的齿轮齿条倾斜抽芯机构
1—主型芯；2—齿条型芯；3—定模座板；4—齿轮；5—传动齿条；
6—止动销；7—动模板；8—定位销；9—推杆

　　图 3-100 所示为齿条固定在推板上的斜向抽芯机构。开模时，在注射机推杆的作用下传动齿条 3 带动齿轮 2 逆时针方向旋转并驱动型芯齿条 1 从塑件中抽出。继续开模时，固定齿条推板 6 和固定推杆的推板 5 相接触并同时动作将塑件推出。由于传动齿条 3 与齿轮 2 始终啮合，所以在齿轮轴上不需设定位装置。

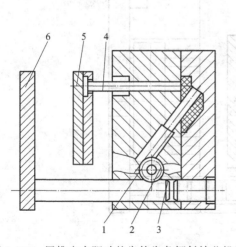

图 3-100　用推出力驱动的齿轮齿条倾斜抽芯机构
1—型芯齿条；2—齿轮；3—传动齿条；4—推杆；
5—推板；6—齿条推板

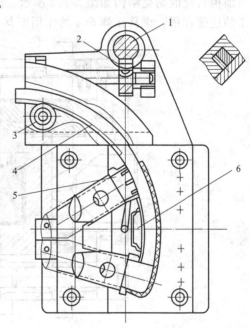

图 3-101　齿轮齿条弧线抽芯机构
1—齿条；2,3—直齿轮；4—弧形齿条
型芯；5—滑块；6—主型芯

3.7.11　齿轮齿条圆弧抽芯机构

图 3-101 所示是推出力驱动齿轮齿条长距离弧线抽芯的机构，其塑件是电话听筒。开模时，装在定模的齿条 1 带动位于动模一侧的直齿轮 2，通过同轴的斜齿轮与另一轴上互成 90°的斜齿轮传动转向，又带动直齿轮 3 使弧形齿条型芯 4 从塑件内抽出。开模的同时，斜导柱使滑块 5 抽出，再由推杆将制品推出模外。

3.8　行位机构的应用经验

3.8.1　行位机构的名称来源

在我国沿海地区的模具企业里，对有侧向分型与抽芯的机构往往统称行位机构。而根据行位机构的结构特点，又将行位机构分为以下几类：前模（即定模）行位机构，后模行位机构，内模行位机构，液压（气压）行位机构等。此处的前模即定模、后模即动模、内模即模型的型芯。

在实际的使用过程中，由于斜导柱-滑块的抽芯方式使用最为广泛，因此又往往将"行位"一词指称为滑块，由此将楔紧块称为锁紧块、铲基，将斜导柱称为斜边。

3.8.2　前模行位机构应用经验

前模行位是指行位设置在前模一方，因此须保证行位在开模前先完成分型或抽芯动作；或利用一些机构使行位在开模的一段时间内保持与塑料件的水平位置不变并完成侧抽芯动作。

前模行位的基本结构如图 3-102 所示。开模时由于拉勾 6 的连接作用，模具在弹弓胶 5 的作用下首先沿 A—A 面分型，与此同时，行位 4 在铲基（楔紧块）2 斜滑槽的作用下完成侧抽芯，当开模到一定距离时，由于定距拉板 1 的作用，拉勾 6 打开，完成 B—B 面分型。

前模行位的简化结构如图 3-103 所示，该结构使用简化型细水口模架，开模时由于拉勾 1 的连接作用，模具在弹簧 4 的作用下首先沿 A—A 面分型，与此同时，行位 3 在铲基

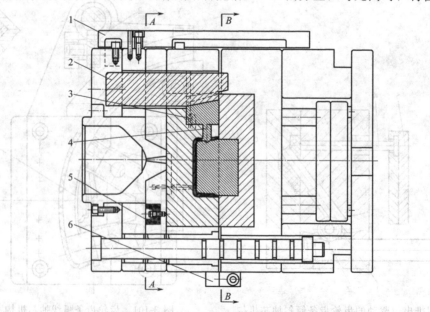

图 3-102　前模行位的基本结构
1—定距拉板；2—铲基（楔紧块）；3—弹簧；4—行位；5—弹弓胶；6—拉勾

（楔紧块）2 斜滑槽的作用下完成侧抽芯，当开模到一定距离时，由于定距拉板 5 的作用，拉勾 1 打开，完成 B—B 面分型。

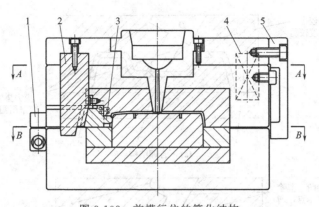

图 3-103　前模行位的简化结构

1—拉勾；2—铲基（楔紧块）；3—行位；4—弹簧；5—定距拉板

因为行位设置在前模一方，前模行位所成型的塑料件上的位置就直接影响着前模强度。为了满足强度要求，前模行位所成型的塑料件上的位置应满足下面要求。

当行位成型形状为圆形、椭圆形时，如图 3-104 所示，边间距要求 ≥3.0mm。

当行位成型形状为长方形时，边间距取决于 L 的长度。如图 3-105 所示，当 $L \leqslant 20.0$mm 时，$D \geqslant 5.0$mm；$L > 20.0$mm 时，$D > L/4$，并按实际适当调整 D 的大小并改善模具结构，如图 3-106 所示。

图 3-104　成型椭圆形孔

图 3-105　成型矩形孔

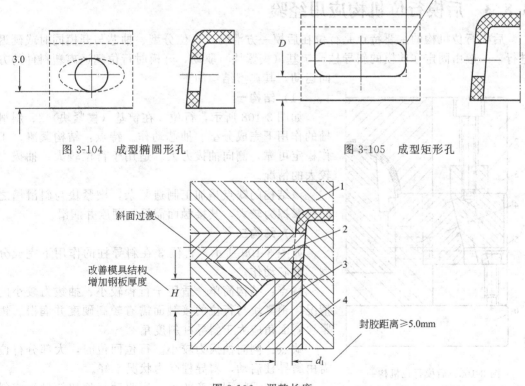

图 3-106　调整长度

1—前模；2—行位型芯；3—后模；4—后模镶件

此外，在设计前模行位时，除了受塑料件特殊结构影响外，应尽力避免因行位孔而产生薄钢、应力集中点等缺陷，提高模具强度。如图3-107所示。

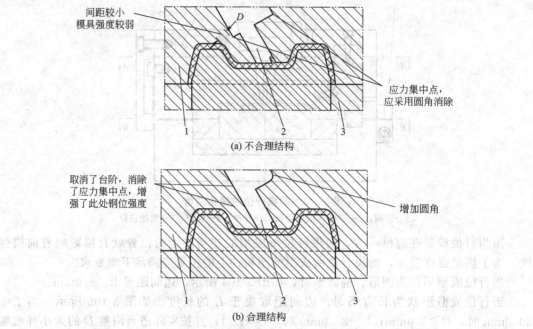

图3-107 避免产生薄钢和应力集中的结构
1—前模；2—前模行位；3—后模

3.8.3 后模行位机构应用经验

后模行位机构的主要特点是行位在后模一方滑动，行位分型、抽芯与开模同时或延迟进行，一般由固定在前模的斜导柱或铲基（楔紧块）驱动，开模时行位朝远离塑料件的方向运动，其典型结构如下。

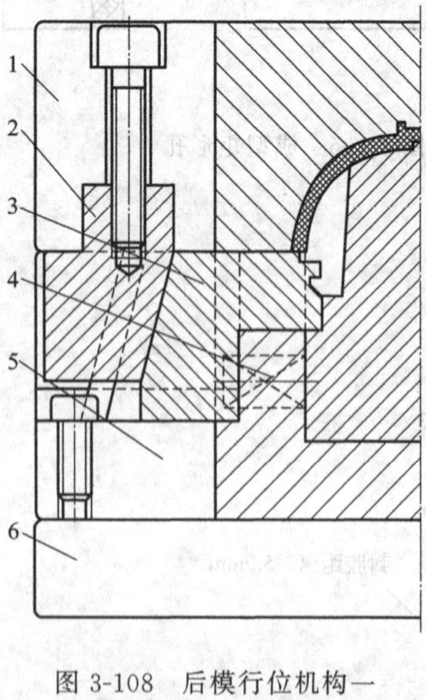

(1) 结构一

如图3-108所示，行位3在铲基（楔紧块）2、斜滑槽的作用下完成分型、抽芯动作。特点：结构紧凑，工作稳定可靠，侧向抽拔力大。适用于行位较大、抽拔力较大的情况。

该结构的缺点是加工制造复杂，楔紧块与斜滑槽之间的摩擦力较大，其接触面需提高硬度并润滑。

(2) 结构二

如图3-109所示，行位3在斜导柱的作用下完成分型、抽芯动作。

特点：结构简单。适用于行程较小、抽拔力较小的情况。锁紧块与行位的接触面需有较高硬度并润滑。锁紧块斜面角应大于斜导柱斜度角2°～3°。

缺点：侧向抽拔力较小。行位回位时，大部分行位需由斜导柱启动，斜导柱受力状况不好。

此外，需特别注意的是，当驱动行位的斜导柱或斜滑板开始工作前，前、后模必须由导柱导向。

图3-108 后模行位机构一
1—A板；2—铲基（楔紧块）；3—行位；
4—弹簧；5—B板；6—托板

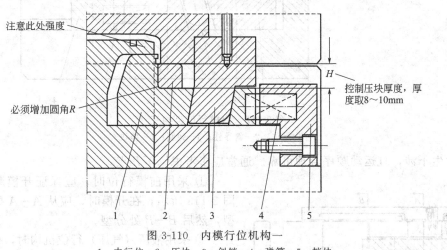

图 3-109 后模行位机构二

1—A板；2—锁紧块；3—行位；4—限位钉；5—弹簧；6—B板

3.8.4 内模行位机构应用经验

内模行位机构主要用于成型塑料件内壁侧凹或凸起，开模时行位向塑料件"中心"方向运动。其典型结构如下。

(1) 结构一

如图 3-110 所示，内行位成型塑料件内壁侧凹。内行位 1 在斜销 3 的作用下移动，完成对塑料件内壁侧凹的分型，斜销 3 与内行位 1 脱离后，内行位 1 在弹簧 4 的作用下使之定位。因须在内行位 1 上加工斜孔，内行位宽度要求较大。

注意此处强度

必须增加圆角R

控制压块厚度，厚度取8～10mm

H

1   2   3   4   5

图 3-110 内模行位机构一

1—内行位；2—压块；3—斜销；4—弹簧；5—挡块

(2) 结构二

如图 3-111 所示，内行位 1 上直接加工斜尾，开模时内行位 1 在镶块 5 的 A 斜面驱动下移动，完成内壁侧凹分型。此形式结构紧凑，内行位宽度不受限制，占用空间小。

(3) 结构三

如图 3-112 所示，内行位成型凸起。在这种形式的结构中，为了避免塑料件顶出时，后模刮坏成型的凸起部分，一般要求图示尺寸 $D > 0.5\text{mm}$。注意 α_1 应大于 α。

3.8.5 防止行位机构与其他部件发生干涉的方法

为了行位机构可以正常的工作，应保证在开、合模的过程中，行位机构不与其他结构

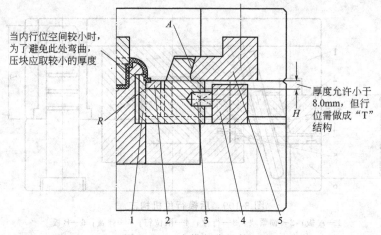

当内行位空间较小时，为了避免此处弯曲，压块应取较小的厚度

厚度允许小于8.0mm，但行位需做成"T"结构

图 3-111　内模行位机构二
1—内行位；2—压块；3—弹簧；4—挡块；5—镶块

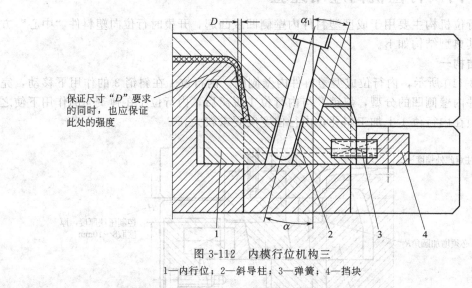

保证尺寸"D"要求的同时，也应保证此处的强度

图 3-112　内模行位机构三
1—内行位；2—斜导柱；3—弹簧；4—挡块

部件发生干涉，且运动顺序合理可靠。通常应多考虑以下几点。

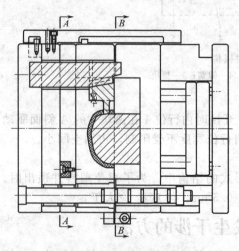

图 3-113　保证开模顺序

① 采用前模行位时，应保证开模顺序。如图 3-113 所示，在开模时，应从 A—A 处首先分型，然后 B—B 处分型。

② 采用液压（气压）行位机构时，行位的分型与复位顺序必须控制好，否则行位会碰坏。图 3-114 中，只有当锁紧块 2 离开行位后，行位机构才可以分型，合模前，行位机构须先行复位，合模后由锁紧块 2 锁紧行位。图 3-115 中，由于行位针穿过前模，需在开模前抽出行位针，合模后行位机构才可复位，由油缸压力锁紧行位。

③ 防止合模时行位机构与顶出机构发生干涉。当行位机构与顶出机构在开模方向上的投影重合时，应考虑采用先复位机构，让顶出机构先行复位。

④ 当驱动行位的斜导柱或斜滑板较长时，应增加导柱的长度。导柱长度 $L > D + 15\text{mm}$，如图 3-116 所示，加长导柱的目的是为了保证在斜导柱或斜滑板导入行位机构的驱动位置之前，前后模已由导柱、导套完全导向，避免行位机构在合模的过程中碰坏。

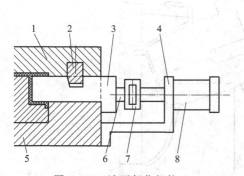

图 3-114　液压行位机构一

1—前模；2—锁紧块；3—行位；4—支架；5—后模；

6—拉杆；7—连接器；8—油缸

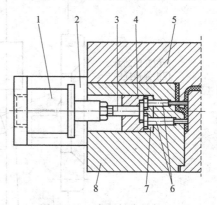

图 3-115　液压行位机构二

1—油缸；2—支架；3—拉杆；4—行位；5—前模；

6—行位针；7—固定板；8—后模

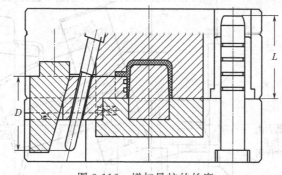

图 3-116　增加导柱的长度

⑤ 保证足够的行位行程，以利于塑料件脱模。行位行程一般取侧向孔位或凹凸深度加上 $0.5 \sim 2.0\text{mm}$。斜顶、摆杆类取较小值，其他类型取较大值。但当用拼合模成型线圈骨架一类的塑料件时，行程应大于侧凹的深度，如图 3-117 所示。

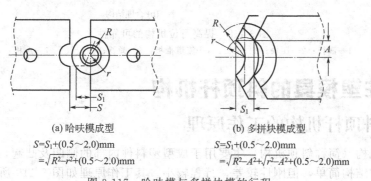

(a) 哈呋模成型

$S = S_1 + (0.5 \sim 2.0)\text{mm}$

$= \sqrt{R^2 - r^2} + (0.5 \sim 2.0)\text{mm}$

(b) 多拼块模成型

$S = S_1 + (0.5 \sim 2.0)\text{mm}$

$= \sqrt{R^2 - A^2} + \sqrt{r^2 - A^2} + (0.5 \sim 2.0)\text{mm}$

图 3-117　哈呋模与多拼块模的行程

3.8.6　提高行位机构可靠性的方法

行位开启需由机械机构保证，避免单独采用弹簧的形式。图 3-118 中，图 3-118（a）

Chapter 1
Chapter 2
Chapter 3
Chapter 4
Chapter 5
Chapter 6
Chapter 7
Chapter 8
附录 1
附录 2

采用由弹簧单独提供开启动力，结构不合理；图3-118（b）开启动力主要由拉板"3"提供，行位开启动力得到保证，结构合理。

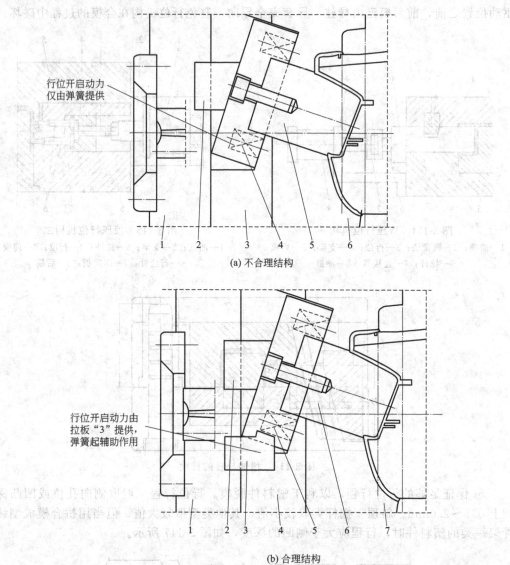

(a) 不合理结构

(b) 合理结构

图 3-118 提高行位机构的可靠性
1—面板；2—压块；3—拉板；4—流道推板；5—弹簧；6—行位；7—A板

3.9 注塑模具的斜顶杆机构

3.9.1 斜顶杆机构的工作原理

斜顶杆机构（简称斜顶机构）主要用于成型塑料件内部的侧凹及凸起，同时具有顶出功能，此机构结构简单，但刚性较差，行程较小。其工作原理如图3-119所示。斜顶杆放置在一个固定不动的模板的斜孔中，斜顶杆与斜孔配合。开模时，模具的顶出板从下向上给斜顶杆一个推动力，推动斜顶杆向上运动一段距离，此时，斜顶杆在斜孔和推力的作用下，不仅向上产生了位移，而且在水平方向也产生了位移，从而避免了斜顶杆与塑件的干涉。

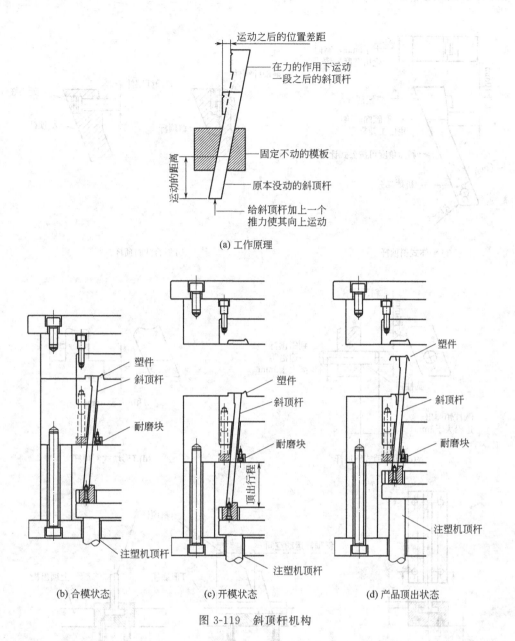

(a) 工作原理

(b) 合模状态　　　　　(c) 开模状态　　　　　(d) 产品顶出状态

图 3-119　斜顶杆机构

3.9.2　斜顶杆机构的类型与结构

斜顶杆机构一般由两个部分所构成：机体部分和成型部分。如图 3-120 所示，它与滑块一样，由机体部分与成型部分是否组合，斜顶可以分类为：整体式斜顶［如图 3-120(a) 所示，也可以叫做非组合式斜顶］和非整体式斜顶［如图 3-120(b) 所示，又可叫组合式斜顶］。

此外，由斜顶机体底端定位结构的不同，斜顶又可分类为：圆柱销式斜顶［图 3-120(c)］和 T 形块式斜顶［图 3-120(d)］。对于这两种斜顶而言，圆柱销式斜顶在设计当中运用很多，主要原因就是加工方便，安装配合、维修维护容易。T 形块式斜顶主用于较大的精密度要求较高的产品，它还要与专用的 T 形底座［图 3-120(e)］相配合，加工配合比较难，制造成本也会加大。

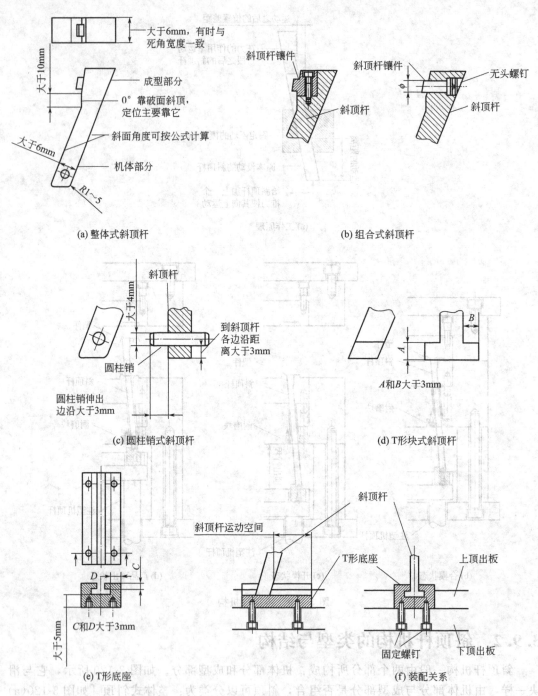

图 3-120 斜顶杆机构的类型与结构

3.9.3 斜顶杆机构的主要参数

斜顶杆机构的主要参数如图 3-121 所示。

3.9.4 斜顶杆无法脱模或者无法退出的原因

在注塑成型过程中，导致斜顶杆无法脱模或者无法退出的主要原因如表 3-13 所示。

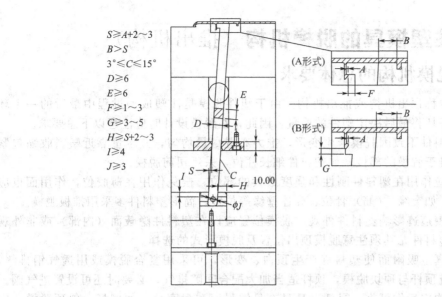

$S \geqslant A+2 \sim 3$
$B > S$
$3° \leqslant C \leqslant 15°$
$D \geqslant 6$
$E \geqslant 6$
$F \geqslant 1 \sim 3$
$G \geqslant 3 \sim 5$
$H \geqslant S+2 \sim 3$
$I \geqslant 4$
$J \geqslant 3$

(A形式)

(B形式)

图 3-121　斜顶杆机构的主要参数

表 3-13　斜顶杆无法脱模或者无法退出的原因

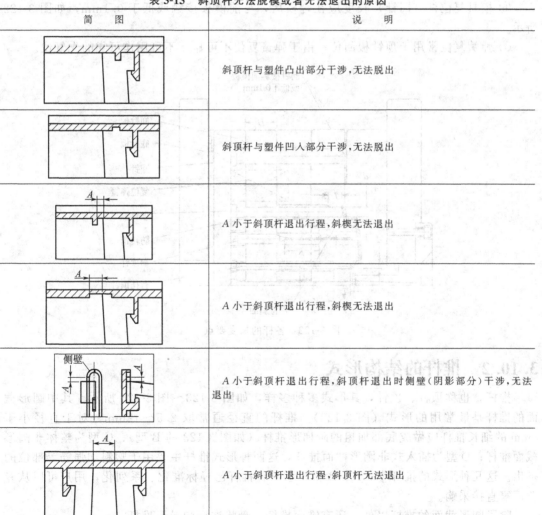

简　图	说　明
	斜顶杆与塑件凸出部分干涉,无法脱出
	斜顶杆与塑件凹入部分干涉,无法脱出
	A 小于斜顶杆退出行程,斜楔无法退出
	A 小于斜顶杆退出行程,斜楔无法退出
	A 小于斜顶杆退出行程,斜顶杆退出时侧壁(阴影部分)干涉,无法退出
	A 小于斜顶杆退出行程,斜顶杆无法退出

3.10 注塑模具的脱模机构（推出机构）

3.10.1 脱模机构的总体要求

脱模机构也称顶出机构或推出机构。由于塑件脱模是注塑成型过程中最后的一个环节，脱模质量好坏将最后决定塑件的质量，因此，在脱模设计时应注意以下总要求。

① 为使塑料件不致因脱模产生变形，推力布置尽量均匀，并尽量靠近塑料收缩包紧的型芯，或者难于脱模的部位，如塑料件细长柱位，采用司筒脱模。

② 推力点应作用在塑料件刚性和强度最大的部位，避免作用在薄胶位，作用面也应尽可能大一些，如突缘、（筋）骨位、壳体壁缘等位置，筒形塑料件多采用推板脱模。

③ 避免脱模痕迹影响塑料件外观，脱模位置应设在塑料件隐蔽面（内部）或非外观表明；对透明塑料件尤其须注意脱模顶出位置及脱模形式的选择。

④ 避免因真空吸附而使塑料件产生顶白、变形，可采用复合脱模或用透气钢排气，如顶杆与推板或顶杆与顶块脱模，顶杆适当加大配合间隙排气，必要时还可设置进气阀。

⑤ 脱模机构应运作可靠、灵活，且具有足够强度和耐磨性，如摆杆、斜顶脱模，应提高滑碰面强度、耐磨性，滑动面开设润滑槽；也可渗氮处理提高表面硬度及耐磨性。

⑥ 模具复位杆（回针）长度应在合模后，与前模板接触或低于 0.1mm，如图 3-122 所示。

⑦ 弹簧复位常用于顶针板回位；由于弹簧复位不可靠，不可用作可靠的先复位。

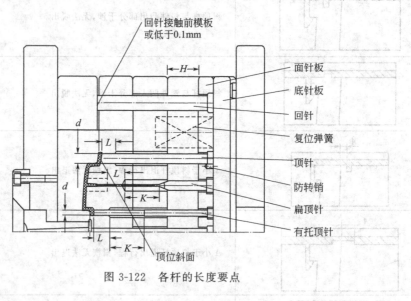

图 3-122　各杆的长度要点

3.10.2 推杆的结构形式

推杆，也称顶杆、顶针，其形式多种多样，如图 3-123～图 3-125 所示。其中圆形截面的推杆是最常用的形式（图 3-123）。推杆的直径通常取 2.5～12mm，对于直径小于 3mm 的细长推杆应做成底部加粗的阶梯形推杆（如图 3-123 的 B 型）；C 型为整体非圆形截面推杆；D 型为插入式非圆形截面推杆，这两种形式推杆主要用于塑料加强筋等部位的推出。这几种形式的推杆中，A、B 和 C 型三种推杆已经标准化、系列化，用户可以从专业厂家直接采购。

除了圆形截面的推杆以外，还有锥面推杆、盘状推杆和异形推杆。

Chapter 1

Chapter 2

Chapter 3

Chapter 4

Chapter 5

Chapter 6

Chapter 7

Chapter 8

附录 1

附录 2

A型

B型

C型

D型

图 3-123　圆形截面的推杆

　　锥面推杆靠近顶推塑料件的一端为倒锥形，如图 3-124 所示。这种推杆的优点是倒锥形工作部分与模板上的锥形孔可以贴合得很紧密，达到"无间隙配合"，推出塑料件时又无摩擦磨损，这对于要求配合间隙很小（如黏度很小的塑料）、精度和表面状况要求高的塑料件很适用，可以避免推出时配合部分的卡磨现象。锥面推杆的安装不能用普通推杆那样的凸肩，应在安装端留出安装螺纹孔。

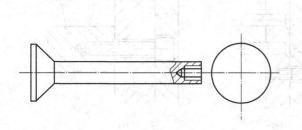

图 3-124　锥面推杆

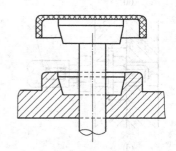

图 3-125　盘状推杆

　　盘状推杆的顶推一端截面较大，形如圆盘，且稍带锥度，如图 3-125 所示。对于薄壁塑料件，质软或性脆的塑料很适用，因为增大了顶推面积，可以防止塑件变形或顶裂。用盘状推杆可减少推杆的数量，对壳、罩、盒状塑料件，仅在中心部分用一个盘状推杆即可。盘状推杆安装一端也需采用螺纹代替凸肩。

3.10.3　推杆的布置

　　推杆应布置在推出阻力最大的地方，不宜布置在塑件薄壁处，如图 3-126 所示。当塑件各处推出阻力相同时，推杆应均衡布置，使塑件被推出时受力均匀，以防止变形。当塑件上有局部凸台或肋时，推杆通常设在凸台或肋的底部，如图 3-126(b) 所示；若结构需要，可增大推出面积以改善塑件受力状况。在气体较难排出的部位，也应多设置推杆，以用它代替排气槽排气。

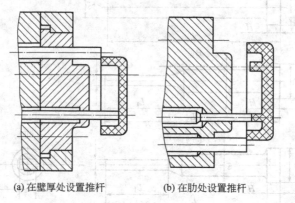

(a) 在壁厚处设置推杆　　(b) 在肋处设置推杆

图 3-126　推杆的设置

3.10.4　推杆的固定与配合

推杆在固定板上的固定方法如图 3-127 所示。最常采用的是将推杆凸肩压在固定板的沉孔和推板之间，并用螺钉紧固，如图 3-127(a) 所示。

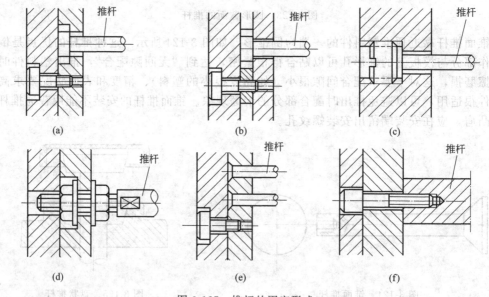

图 3-127　推杆的固定形式

在装配推杆时，也应使推杆端面和型芯平面平齐或者比型芯平面高出 $0.05\sim0.1\text{mm}$，以避免在塑件上留下凸台，且不应有轴向窜动，如图 3-128 所示。推杆与推杆孔应有一段配合，配合长度 L_1 一般为推杆直径的 $3\sim5$ 倍，配合要求一般为间隙配合（H8/f8 或 H9/f9），以防止塑料熔体溢出；其余部分均有扩孔，扩孔的直径 d_1 和 d_2 应比推杆大 $0.5\sim1\text{mm}$；推杆轴肩埋在固定板上，固定板沉孔的直径 D_1 应比 D 大 $4\sim5\text{mm}$。同时，推杆穿过的孔要保证垂直度，以保证推杆能顺畅地推出和返回。

当模具上在狭小的范围内布置的推杆较多时，在固定板上逐一加工出各个沉孔不仅麻烦，而且可能沉孔相互间会干涉穿透。在这种情况下，可以将固定板上该范围内的沉孔全部铣通即可，如图 3-129 所示。

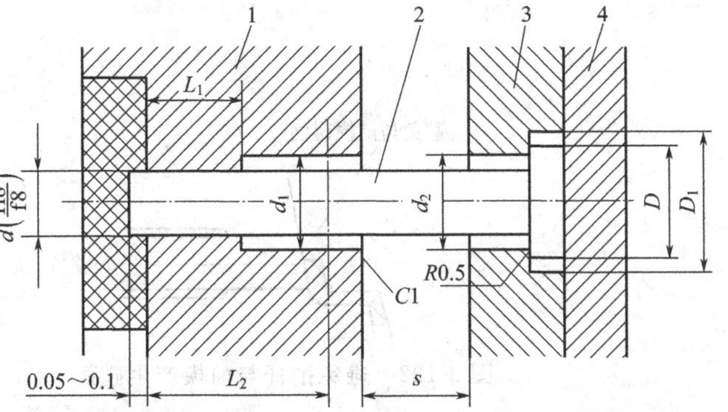

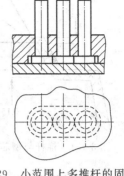

图 3-128　推杆的配合

1—动模板；2—圆形推杆；3—推杆固定板；4—推板

图 3-129　小范围上多推杆的固定方法

3.10.5　推杆、扁推杆脱模注意事项

塑料件脱模常用方式有推杆（也称顶杆、顶针）、推管、扁推针、推板，由于推管、扁推杆的价格较高（比顶针贵 8～9 倍），推板脱模多用在筒型薄壳塑料件，因此，脱模使用最多的是推杆。当塑料件周围无法布置推杆，如周围多为深骨位（加强筋），且骨深 15mm 时，可采用扁推杆脱模。推杆、扁推杆表面硬度在 55HRC 以上，表面粗糙度 $Ra1.6\mu m$ 以下。推杆、扁推杆脱模机构如图 3-130 所示，设置要点如下。

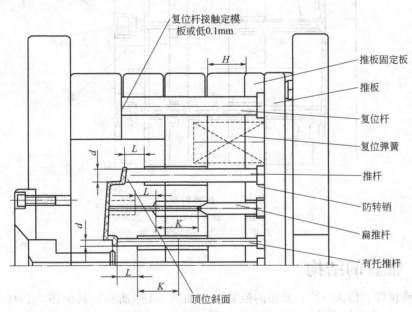

图 3-130　推杆、扁推杆脱模机构

① 推杆直径 $d\leqslant\phi2.5mm$ 时，选用有托推杆，提高推杆强度。

② 顶出面如是斜面，推杆固定端须加定位销；为防止顶出滑动，斜面可加工多个 R 小槽，如图 3-131 所示。

③ 扁推杆、推杆与孔配合长度 $L=10\sim15mm$；对小直径推杆，L 取直径的 5～6 倍。

④ 推杆距型腔边至少 0.15mm，如图 3-131 所示。

⑤ 避免推杆与前模（定模）产生碰面，如图 3-132 所示，否则极易损伤型腔而导致溢边现象。

第 3 章　注塑模具的结构与使用　219

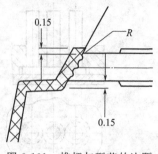

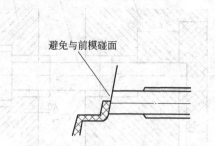

图 3-131　推杆与型芯的边距　　　　图 3-132　避免推杆与前模产生碰面

3.10.6　推管脱模机构

圆管形或带中心孔的塑料件，例如套管、轴套等，最适宜用推管顶出。如图 3-133 所示，推管可以看作是一种特殊的空心推杆，顶推塑料件时的运动与推杆相同，但模具结构却与推杆机构有很大的不同。推出时推管沿整个圆周顶推制品，塑件受力均匀，无推出痕迹。

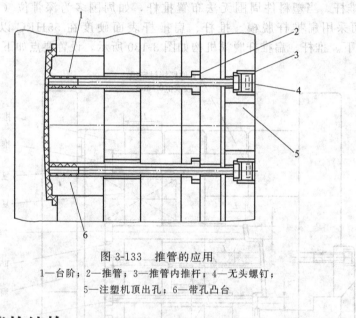

图 3-133　推管的应用
1—台阶；2—推管；3—推管内推杆；4—无头螺钉；
5—注塑机顶出孔；6—带孔凸台

3.10.7　推管的结构

推管也称顶管，俗称司筒，常用的推管形状如图 3-134 所示，其中图 3-134(a) 为直推管，图 3-134(b) 为阶梯推管，对于细长的推管，为提高其刚度应做成底部加粗的阶梯形。

3.10.8　推管的固定与配合

推管的固定形式与型芯的固定形式有关，如图 3-135 所示。其中，图 3-135(a) 为型芯固定在动模座板上的结构，这种结构形式的型芯较长，常用在推出距离不大的场合；图 3-135(b) 为用方销将型芯固定在动模板上的结构，推管在方销的位置处应开出一 U 形槽，槽的长度应大于推出距离，这种结构的型芯较短，但型芯紧固力小，只适用于受力不大的型芯；图 3-135(c) 为推管在模板内滑动的形式，这种结构可以缩短推管和型芯的长度，但增加了动模板的厚度。

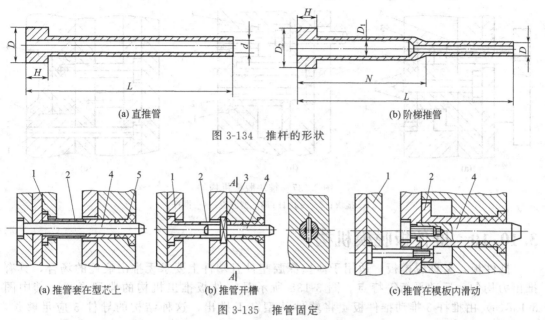

(a) 直推管   (b) 阶梯推管

图 3-134 推杆的形状

(a) 推管套在型芯上   (b) 推管开槽   (c) 推管在模板内滑动

图 3-135 推管固定

1—推管固定板；2—推管；3—方销；4—型芯；5—塑件

推管的配合如图 3-136 所示，推管的内径与型芯配合，外径与模板配合，一般均取间隙配合，对于小直径推管常取 H8/f8；对于大直径推管取 H8/f7。推管与型芯的配合长度比推出行程 s 大 3～5mm，推管与模板的配合长度为推管外径的 1.5～2 倍，其余部分扩孔，单边间隙为 0.5mm。

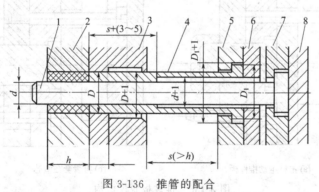

图 3-136 推管的配合

1—型芯；2—动模板；3—动模垫板；4—推管；5—推管固定板；6—推板；7—动模座板；8—压紧块

3.10.9 推块脱模机构

端面平直的无孔或仅带有小孔的塑料件，为保证塑料件在模具打开时能留到动模一侧，一般都把型腔安排在动模一侧，如果塑料件表面不希望留下推杆痕迹，可采用推块机构顶推塑料件，推块实际上是推管的一种特殊形式，如图 3-137 所示。

图 3-137(a) 无复位杆，推块的复位靠流道中的熔体压力来实现；图 3-137(b) 为复位杆在推块的台肩上，结构简单紧凑，但与图 3-137(a) 一样，在推出塑件时，型腔板 3 与推块 1 的移动空间应足以使推块推出塑件。图 3-137(c) 采用台阶推块推出塑件，推块 1 不得脱离型腔板 3 的配合面，复位杆 2 带动推杆 4 使推块 1 复位。当塑件表面不允许有推杆痕迹（如透明塑件），且表面有较高要求的塑件，可以采用这种推块式整体推出机构。

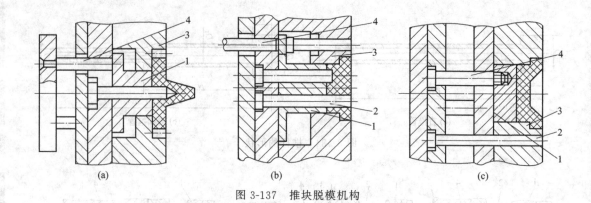

图 3-137　推块脱模机构
1—推块；2—复位杆；3—型腔板；4—推杆

3.10.10　推件板脱模机构

推件板，又称脱模板，适用于薄壁深腔塑件且塑件上要求无推出痕迹的场合，具有推出力均匀、运动平衡等特点。图 3-138 所示是推件板推出机构的典型形式，其中图 3-138(a) 由推杆 3 推动推件板 4 将塑件从型芯上推出，这种结构的导柱 5 应足够长，并且要控制好推出的行程，以防止推件板掉落；图 3-138(b) 为推杆头部与推件板用螺纹连接的结构，可避免推件板掉落。

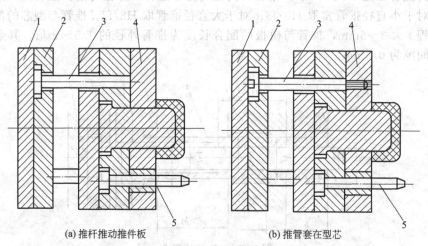

(a) 推杆推动推件板　　　　　　(b) 推管套在型芯

图 3-138　推件板脱模机构
1—推板；2—推杆固定板；3—推杆；4—推件板；5—导柱

推件板与型芯按一定配合精度相配合，能够在塑件的整个周边端面上进行推出。但由于推件板和型芯有摩擦，所以推件板也必须进行淬火处理，以提高其耐磨性。为了减少推出过程中推件板与型芯之间的摩擦，可采用如图 3-139 所示的结构，推件板与型芯之间留 0.20~0.25mm 的间隙，并采用锥面配合，锥面斜度取 5°~10° 左右，以防止推件板因偏心而溢料。

3.10.11　推出机构的导向

(1) 导柱和导套导向

如图 3-140 所示，导柱和导套导向是推出机构中最准确可靠的导向方法，适用于推杆数量多、顶推力分布明显不均的模具。它运动灵活、平稳，可防止倾斜和卡死现象。在大

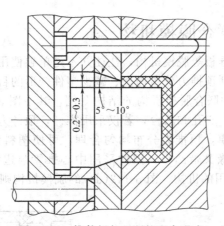

图 3-139　推件板与型芯的配合形式

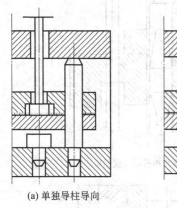

(a) 单独导柱导向

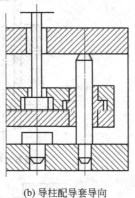

(b) 导柱配导套导向

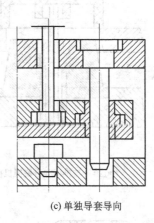

(c) 单独导套导向

图 3-140　导柱导套导向机构

型模具中，推板上的导柱还兼有支承动模板和增加模具刚性的作用。

（2）复位杆导向

复位杆又称回程杆或反推杆，如图 3-141 所示，复位杆通常装在与固定推杆的同一固定板上，一般设置 2～4 根。由于复位杆与脱模机构连接在一起，所以可以利用复位杆对顶出机构进行导向，此时应增大复位杆直径并增加复位杆与模板的配合长度，顶出机构的重量由这一配合面承受。

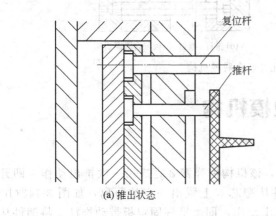

(a) 推出状态

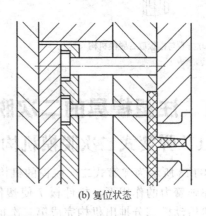

(b) 复位状态

图 3-141　复位杆导向机构

3.10.12 多元件联合脱模机构

推杆、推管、推块和推板等脱模机构，往往并不是单独使用的，可以根据塑料件的形状和特点联合使用，以达到顶推力分布均衡、减少塑件变形的目的。

图 3-142 所示为多元件联合脱模机构的结构图例，其中图 3-142(a) 是推杆与推板联合使用，图中塑料件带有中心孔和凸台，若仅采用推杆，顶件力将集中在塑料件中心，而采用推杆与推件板联合脱模，顶推力分布均匀合理，可使塑料件顺利脱下。图 3-142(b) 中塑料件带有中心孔，边缘又带凸台，因此采用中心推管与边缘推杆联合脱模机构。图 3-142(c) 是推管和推板共用的机构。图 3-142(d) 的脱模机构则是综合使用了推杆、推管和推板等推出元件。

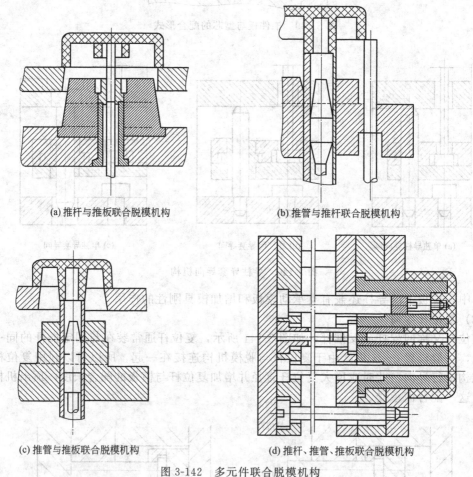

(a) 推杆与推板联合脱模机构　　　　　　(b) 推管与推杆联合脱模机构

(c) 推管与推板联合脱模机构　　　　　(d) 推杆、推管、推板联合脱模机构

图 3-142　多元件联合脱模机构

3.11　注塑模具的二次脱模机构

3.11.1　弹簧式二次脱模机构

图 3-143 所示为弹簧式二次脱模的机构，该机构由弹簧 8 完成第一次推出动作，即开模后，在弹簧力的作用下，推件板 7 使塑件从型芯 6 上脱出一定的距离，如图 3-143(b) 所示；然后动模部分推出机构完成第二次推出动作，即由推杆固定板带动推杆 3 将塑件从动模型腔板（推件板）中完全推出，如图 3-143(c) 所示。

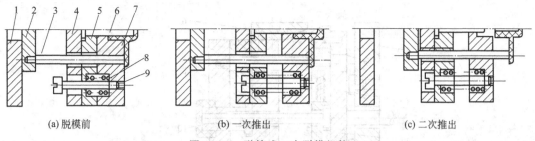

(a) 脱模前　　　　　　　　　(b) 一次推出　　　　　　　　　(c) 二次推出

图 3-143　弹簧式二次脱模机构

1—动模座板；2—推杆固定板；3—推杆；4—支撑板；5—型芯固定板；
6—型芯；7—动模型腔板（推件板）；8—弹簧；9—小拉杆

3.11.2　八字形摆杆二次脱模机构

图 3-144 所示为八字形摆杆二次脱模机构。其中图 3-144(a) 为动、定模刚打开，正准备推出状态。当注射机顶出杆 6 推动一次推板 7 时，连接推杆 2 与脱模板 1 一起以同样速度移动，使制品脱出型芯一定距离，完成第一次推出动作，如图 3-144(b) 所示。当一次推板 7 接触八字形摆杆 4 时，开始进行二次推出动作，直到把制品推离脱模板 1，最终完成二次推出，如图 3-144(c) 所示。

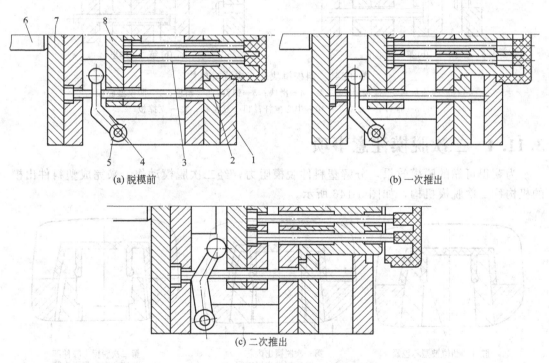

(a) 脱模前　　　　　　　　　(b) 一次推出

(c) 二次推出

图 3-144　八字形摆杆二次脱模机构

1—脱模板；2—连接推杆；3—推杆；4—八字形摆杆；5—定距块；
6—注射机顶出杆；7——次推板；8—二次推板

3.11.3　斜楔滑块式二次脱模机构

如图 3-145 所示，斜楔滑块式二次脱模机构是利用模具上的斜楔迫使滑块做水平运动，完成二次推出动作。

Chapter 1
Chapter 2
Chapter 3
Chapter 4
Chapter 5
Chapter 6
Chapter 7
Chapter 8
附录 1
附录 2

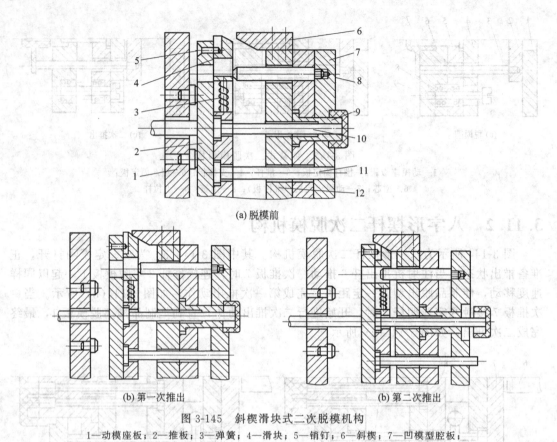

图 3-145　斜楔滑块式二次脱模机构
1—动模座板；2—推板；3—弹簧；4—滑块；5—销钉；6—斜楔；7—凹模型腔板；
8—推杆；9—型芯；10—中心推杆；11—复位杆；12—支撑板

3.11.4　二次脱模注意事项

为获得可靠的脱模效果，分解塑料件脱模阻力，经二次脱模动作，来完成塑料件出模
的机构称二次脱模机构，如图 3-146 所示。

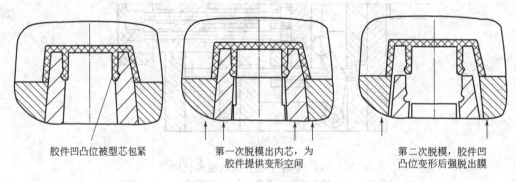

胶件凹凸位被型芯包紧　　第一次脱模出内芯，为　　第二次脱模，胶件凹
　　　　　　　　　　　　胶件提供变形空间　　　　凸位变形后强脱出膜

图 3-146　二次脱模机构

3.11.5　二次脱模机构示例

① 塑料件如图 3-147 所示，两骨间有半圆凹陷，被后模型腔包紧。脱模机构如图
3-148所示，第一次脱模使塑料件脱出后模型腔，为强脱变形提供空间；第二次脱模，由
顶针脱模，塑料件半圆凹陷位强脱出型芯推块。该机构运动过程：第一次脱模四块顶针板

都运动，带着顶针、型芯推块同时运动，脱模距离 h，使塑料件脱出后模型腔，一次脱模完成。当继续运动至摆块碰上限位面后，摆块摆动使上面两块针板快速运动，带动顶针脱出塑料件，完成二次脱模。此机构须注意：$h_1 > h$，$H > 10\mathrm{mm} + h_1 +$ 二次脱模运动距离。

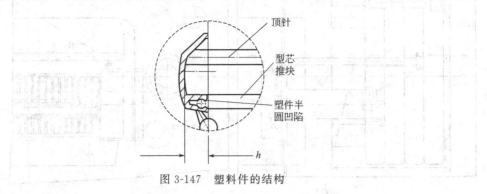

图 3-147 塑料件的结构

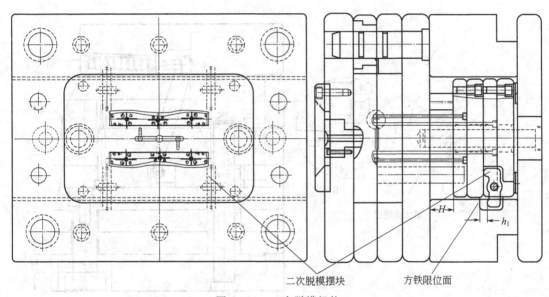

图 3-148 二次脱模机构

② 塑料件上入浇口、行位分模线如图 3-149 所示。由于潜浇道须设在斜顶行位块上，穿过斜顶块入胶，模具需实现浇道先脱出斜顶块，模具采用二次顶出机构，如图 3-150 所示。该机构第一次脱模时，拉料杆使浇道不动，顶针、斜顶脱出塑料件 M 距离，使塑料件与潜浇道断开，潜浇道从斜顶行位块中变形后脱出，第一次脱模结束。第二次脱模四块顶针板都动，顶出塑料件、浇道脱出后模型腔。需注意，为保证潜浇道脱出斜顶块，须 $M > S$（潜浇道长度）。

图 3-149 塑料件的结构

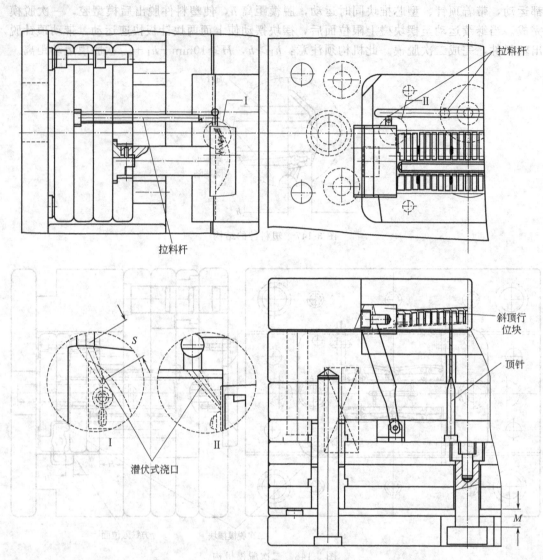

拉料杆

拉料杆

斜顶行
位块

顶针

S

潜伏式浇口

I

II

M

图 3-150　二次顶出机构

3.11.6　双脱模机构

在确定分型面时，应尽可能使塑件留在动模一侧，但在实际生产中往往会遇到一些形状特殊的塑件，开模后，塑件有可能留在动模一侧也可能留在定模一侧，这时就要求在定模和动模两侧均设置脱模机构，称为双脱模机构。定模上设置的辅助脱模机构在开模时能将塑件强迫留于动模一侧，保证塑件的顺利脱模。

图 3-151 为常见的双脱模机构，其中图 3-151(a) 所示为利用弹簧力使塑件先从定模板 1 中推出，此时塑件留于动模一侧，然后再利用动模上的推出机构使塑件从型芯 2 上脱出。该结构紧凑、简单，但弹簧容易失效，用于推出力较小和推出距离较短的场合。图 3-151(b) 所示为利用杠杆的作用实现定模推出的结构。开模时，固定在动模上的滚轮 4 压动杠杆 5，迫使杠杆绕销轴 3 向外转动，推动定模的推出机构动作，塑件脱离定模型腔板 1 留在型芯 2 上，然后利用动模上的推出机构塑件从型芯 2 上推出。

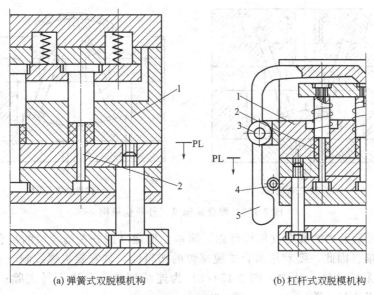

(a) 弹簧式双脱模机构　　　　　　(b) 杠杆式双脱模机构

图 3-151　双脱模机构

1—定模板；2—型芯；3—销轴；4—滚轮；5—杠杆

3.12　螺纹塑件的脱模机构

3.12.1　强制脱模

在脱模温度下仍具有较好弹性或较柔软的塑料，如聚烯烃塑料，可以用脱件板将塑件直接从螺纹型芯上强制脱下，如图 3-152 所示。采用强制脱模的塑件，其螺牙高度应小于螺纹外径的 2.5%，制品要有足够的厚度，塑料件被推出的面应为平面，型芯外圆与推件板孔应有 3°~5°的斜度，单边间隙最大为 0.05mm。强制脱模的方式用于螺纹精度要求不高、小批量生产的塑料件，优点是模具结构简单。

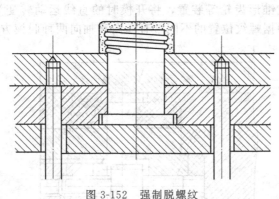

图 3-152　强制脱螺纹

3.12.2　瓣合式脱模

如图 3-153 所示，将螺纹型芯或螺纹型环做成两瓣组合形式，成型时合并在一起，脱模时瓣开。这种脱螺纹的方式，实际上是采用斜滑块或斜导杆侧向抽芯的方式。其中图 3-153(a) 是塑件外螺纹采用斜滑块外侧抽芯脱模，图 3-153(b) 为采用斜滑块内侧抽芯脱模。

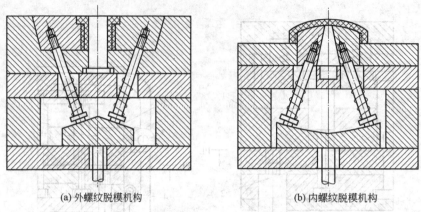

(a) 外螺纹脱模机构   (b) 内螺纹脱模机构

图 3-153 瓣合式螺纹塑件脱模机构

图 3-154 所示形式的脱螺纹机构可靠、简单，但螺纹部分在瓣合块的接合处易产生飞边，去除较困难。因此，要利用瓣合式脱螺纹的塑料件，常常要将螺纹制成不连续的，且把分型面选在无螺纹处。其中，图 3-154(a) 为连续螺纹，飞边不易去除；图 3-154(b) 为断面螺纹，飞边易去除。

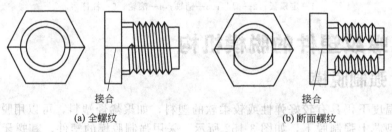

接合   接合
(a) 全螺纹   (b) 断面螺纹

图 3-154 瓣合式螺纹塑件的结构

3.12.3 齿轮齿条脱螺纹机构

利用齿轮与齿条或锥形齿轮等装置，将开模时的直线运动转变为螺纹型芯的旋转运动，使塑料件脱模。根据螺纹位置的不同常有横向和轴向两种脱模方式。图 3-155 所示为

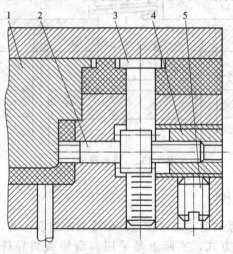

图 3-155 齿轮齿条式横向脱螺纹机构
1—定模型芯；2—螺纹型芯；3—导柱齿条；4—套筒螺母；5—紧固螺钉

横向脱螺纹的机构，它是利用固定在模具上的导柱齿条完成脱出螺纹型芯的。开模时，导柱齿条3带动螺纹型芯2旋转，而使其成型部分退出塑件，非成型部件旋入套筒螺母4内。该机构中，螺纹型芯2两端螺纹的螺距应一致，否则脱螺纹无法进行。另外，齿轮的宽度要保证螺纹型芯在脱模和复位过程中，齿轮移动到左右两端的极限位置时仍和齿条保持接触。

图3-156所示为轴向脱螺纹的结构，它适用于侧浇口多模腔模具。开模时，导柱齿条9带动齿轮机构和一对锥齿轮5和6，锥齿轮又带动圆柱齿轮3和4，使螺纹型芯1和螺纹

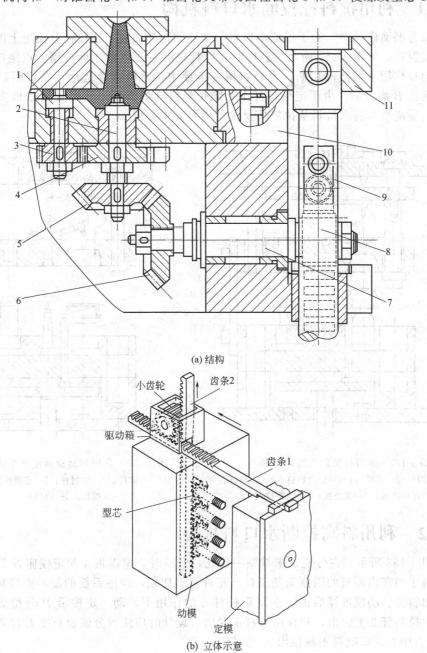

(a) 结构

(b) 立体示意

图 3-156　齿轮齿条轴向脱螺纹机构

1—螺纹型芯；2—螺纹拉料杆；3,4—齿轮；5,6—圆锥齿轮；7—轴；
8—直齿轮；9—导柱齿条；10—动模板；11—定模板

拉料杆 2 旋转，在旋转过程中，塑料件一边脱开螺纹型芯，一边向上运动，直到脱出动模板 10 为止。螺纹拉料杆的作用是为了把主流道凝料从定模中拉出，使其与塑料件一起滞留在动模一侧。值得注意的是由于圆锥齿轮 5 和 6 旋向相反，所以螺纹拉料杆 2 头部上的螺纹旋向也应和螺纹型芯 1 的旋向相反。

3.13 水口料脱出机构

3.13.1 利用拉料杆拉断水口料机构

在双分型面模具中，为了保证水口料与塑件的自动切断，往往在分流道上的定模一侧设置一拉料杆，如图 3-157 所示。开模时，模具先沿主分型面 A 面分型，点浇口凝料在拉料杆 4 勾拉作用下与塑件切断；水口料留在定模中，动模继续运动，在定距拉板 7 作用下，模具沿 B 面分型，由于定距拉杆 1 和限位螺钉 3 的作用，使模具沿 C 面实现第三次分型，由脱浇板 6 将水口料从拉料杆及主流道衬套中脱出。

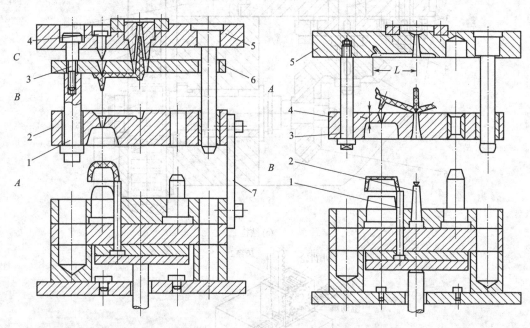

图 3-157　拉料杆拉断点浇口凝料
1—定距拉杆；2—定模板；3—限位螺钉；4—拉料杆；
5—定模座板；6—脱浇板；7—定距拉板

图 3-158　利用斜窝拉断浇注系统凝料
1—推杆；2—拉料杆；3—定距拉杆；
4—定模板；5—定模座板

3.13.2 利用斜窝拉断水口料机构

如图 3-158 所示，在分流道末端钻一斜孔，开模时，定模板 4 与定模座板 5 沿 A 面先分型，由于斜窝内凝料的限制而使浇口与塑件自动切断，浇注系统的凝料由拉料杆 2 拉出浇口套和斜窝。动模继续后退，在定距拉杆 3 的作用下，动、定模沿 B 分型面分型，使水口料由拉料杆 2 上脱出，塑件由推杆 1 脱出。设计时应注意分流道长度 L 比点浇口深度 l 要长，否则点浇口凝料不易拉出。

3.13.3 利用推板切断水口料机构

如图 3-159 所示的点浇口模具，在定模型腔板 3 内镶有一块定模推板 5，开模时由顺序开模控制机构保证定模型腔板 3 与定模座板 4 首先沿 $A—A$ 分型。拉料杆 2 将主流道凝料从浇口套中拉出，当开模到 L 距离时，限位螺钉 1（俗称小拉杆）带动定模推板 5 使主流道凝料与拉料杆脱离，即实现 $B—B$ 分型，同时拉断点浇口，浇注系统凝料便自动脱落。最后沿 $C—C$ 分型时，利用脱模板将塑件与型芯分离。

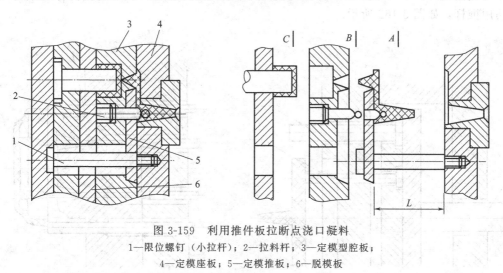

图 3-159　利用推件板拉断点浇口凝料
1—限位螺钉（小拉杆）；2—拉料杆；3—定模型腔板；
4—定模座板；5—定模推板；6—脱模板

3.13.4　潜伏式浇口凝料脱出机构

采用潜伏式浇口的模具，其脱模机构必须分别设置塑件推出机构和流道凝料推出机构，在推出过程中，浇口被切断，塑件与浇注系统凝料各自自动脱落。

潜伏式浇口模具常用的浇注系统凝料脱出机构如图 3-160 所示，是利用差动式推杆来切断凝料。为了防止潜伏式浇口被切断、脱模后弹出损伤塑件，可以设置延迟推出装置，其中图 3-160(a) 为闭模状态，在脱模过程中，先由推杆 2 推动塑件，将浇口切断而与塑件分离，如图 3-160(b) 所示。当推板 5 移动距离 l 后，限位圈 4 开始被推动，从而由推杆 3 推动流道凝料，最终塑件和流道凝料都被推出型腔，如图 3-160(c) 所示。

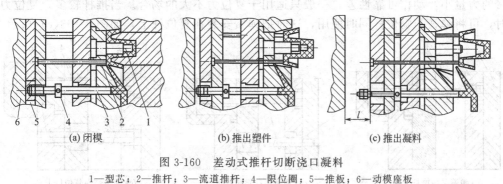

(a) 闭模　　　　　　　　(b) 推出塑件　　　　　　　　(c) 推出凝料

图 3-160　差动式推杆切断浇口凝料
1—型芯；2—推杆；3—流道推杆；4—限位圈；5—推板；6—动模座板

3.14　复位与先复位机构

3.14.1　复位杆复位机构

复位杆又称回程杆或反推杆，复位机构如图 3-161 所示。复位杆一般设置在推杆固定板的四周，一般设置 2～4 根，以保证推出机构合模复位时运动平稳。模具在闭合状态时，

Chapter 1
Chapter 2
Chapter 3
Chapter 4
Chapter 5
Chapter 6
Chapter 7
Chapter 8
附录 1
附录 2

复位杆的工作端面与主分型面平齐，完成推出行程后再次合模时，主分型面的定模撞击复位杆而使整个脱模机构复位。

某些模具，在保证将塑料件顺利推出的情况下，推杆工作端面的部分面积可以安排在塑料件底面之外，恰与主分型面的动模表面齐平，这时，推杆可以兼起复位杆的作用，称为两用推杆，如图 3-162 所示。

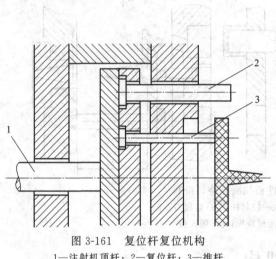

图 3-161　复位杆复位机构
1—注射机顶杆；2—复位杆；3—推杆

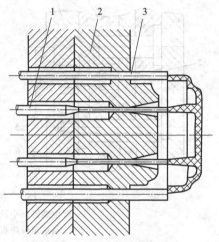

图 3-162　推杆兼作复位杆
1—推杆；2—动模；3—推杆（复位杆）

3.14.2　弹簧复位机构

弹簧复位机构如图 3-163 所示，是利用弹簧的弹力使推出机构复位。这种机构与复位杆复位的主要区别在于推出机构的复位先于合模动作完成，所以弹簧复位机构是一种先复位机构。

为了防止工作时弹簧扭斜，可将弹簧安装在推杆上，如图 3-163（a）所示；也可安装在定位柱上，如图 3-163（b）所示。弹簧复位机构结构简单，装配和更换都很方便，但是弹簧的力量小，动作可靠性差，一般只适用于复位力不大的场合。当推杆较多，复位力较大时，可将弹簧与复位杆同时使用，这时把弹簧安装在复位杆上，如图 3-163（c）所示。

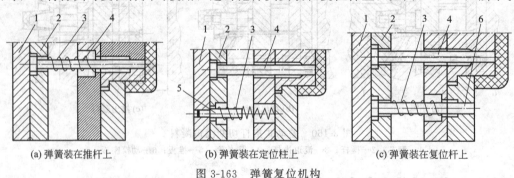

(a) 弹簧装在推杆上　　(b) 弹簧装在定位柱上　　(c) 弹簧装在复位杆上

图 3-163　弹簧复位机构
1—推板；2—推杆固定板；3—弹簧；4—推杆；5—定位柱；6—复位杆

3.14.3　弹簧式先复位机构

图 3-164 是弹簧先复位机构的一个例子。在推杆固定板与动模座间设置弹簧，推出塑件时弹簧被压缩，而当注射的推杆后移、推力消失后，弹簧驱使推杆立即复位。这种机构

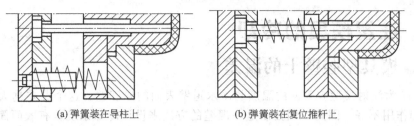

(a) 弹簧装在导柱上　　　　　　(b) 弹簧装在复位推杆上

图 3-164　弹簧先复位机构

简单，装配和更换十分方便，使用广泛，但要注意弹簧的失效问题。

3.14.4　连杆式先复位机构

图 3-165 是连杆式先复位机构一个例子。连杆固定在模具两侧的推杆固定板和支承板之间，合模时，固定在定模边的楔杆插入两连杆之间，迫使连杆伸直而驱动推杆先行复位，避免了与侧型芯的干涉。

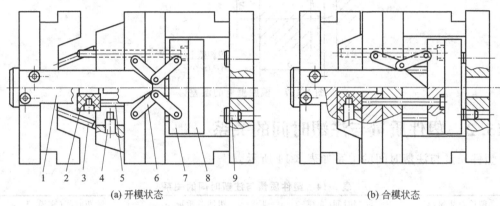

1　2　3　4　5　　6　7　8　9

(a) 开模状态　　　　　　　　　　　(b) 合模状态

图 3-165　连杆式先复位机构

1—楔形杆；2—塑件；3—斜导柱；4—侧型芯；5—推杆；
6—连杆；7—推杆固定板；8—推板；9—支承钉

3.14.5　楔形杆——三角滑块式先复位机构

如图 3-166 所示，合模时楔形杆 1 使三角滑块 2 向右移动时，带动推板 3 向下移动而使推杆 4 复位。

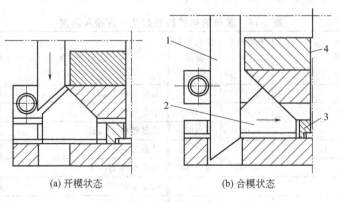

(a) 开模状态　　　　　　　　　(b) 合模状态

图 3-166　杠杆式先复位机构

1—楔形杆；2—三角滑块；3—推板；4—推杆

3.15 注塑模具的冷却

3.15.1 模具型腔壁上的温差

图 3-167 为注射模型腔表面的温度与冷水道壁表面的温度差。这个温差越大,则说明模具的冷却作用不好。因此,用控制这一温差的方法来设计冷却系统,有效而简便。

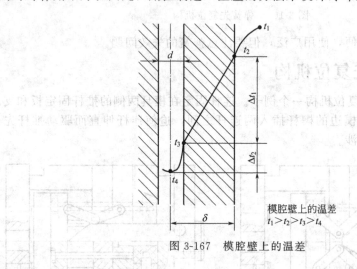

模腔壁上的温差
$t_1 > t_2 > t_3 > t_4$

图 3-167 模腔壁上的温差

3.15.2 塑件质量与注塑时间的关系

塑件质量与注塑时间的关系如表 3-14 所示。

表 3-14 塑件质量与注塑时间的关系

塑件总质量/g	注塑时间(充模)T_i/s	塑件总质量/g	注塑时间(充模)T_i/s
1~15	0.2~0.4	60~100	0.6~1.2
10~30	0.3~0.6	100~200	1.0~2.0
25~80	0.5~0.8		

3.15.3 塑料的热扩散系数及对应模具温度

塑料的热扩散系数及对应模具温度如表 3-15 所示。

表 3-15 塑料的热扩散系数及对应模具温度

塑料种类	平均热扩散系数 α_{eff} /(mm²/s)	模具平均温度 T_w/℃	塑料种类	平均热扩散系数 α_{eff} /(mm²/s)	模具平均温度 T_w/℃
非结晶塑料 PC	0.105	40~60	结晶塑料 PA6	0.070	80~100
非结晶塑料 CA	0.085	40	结晶塑料 PP	0.065	20~80
非结晶塑料 CBA	0.085	40	结晶塑料 LDPE	0.090	20
非结晶塑料 PS、HIPS、ABS	0.080	40~50	结晶塑料 LDPE	0.075	60
非结晶塑料 PMMA	0.075	40~60	结晶塑料 HDPE	0.095	20
非结晶塑料 PVC	0.070	40	结晶塑料 HDPE	0.055	80
结晶塑料 PET	0.090	80~100	结晶塑料 POM	0.065	60
结晶塑料 PA66	0.085	80~100	结晶塑料 POM	0.055	100

3.15.4　塑件壁厚与冷却时间的关系

塑件壁厚与冷却时间的关系如表 3-16 所示。

表 3-16　塑件壁厚与冷却时间的关系

塑件壁厚 /mm	冷却时间/s						
	ABS	PA	HDPE	LDPE	PP	PS	PVC
0.5	—	—	1.8	—	1.8	1.0	—
0.8	1.8	2.5	3.0	2.3	3.0	1.8	2.1
1.0	2.9	3.8	4.5	3.5	4.5	2.9	3.3
1.2	4.0	5.2	6.1	4.8	6.2	4.0	4.5
1.5	5.7	7.0	8.0	6.6	8.0	5.7	6.3
1.8	7.4	8.9	10.0	8.4	10.0	7.4	8.1
2.0	9.3	11.2	12.5	10.6	12.5	9.3	10.1
2.2	11.4	13.4	14.6	12.7	14.7	11.4	12.2
2.5	13.7	15.9	17.5	15.2	17.5	13.7	14.7
3.2	20.5	23.4	25.5	22.5	25.5	20.5	21.7
3.8	28.5	32.0	34.5	30.9	34.5	28.5	30.0
4.5	38.2	42.2	45.3	41.0	45.3	38.2	40.0
5.0	49.0	53.9	57.5	52.4	57.5	49.0	51.1
5.7	61.0	66.8	71.0	65.0	71.0	61.0	63.5
6.4	75.0	80.0	85.0	79.0	85.0	75.0	77.5

3.15.5　常用塑料的热扩散系数、传热系数、比热容和密度

常用塑料的热扩散系数、传热系数、比热容和密度如表 3-17 所示。

表 3-17　常用塑料的热扩散系数、传热系数、比热容和密度

塑料种类	热扩散系数 $\alpha/(\mathrm{mm^2/s})$	传热系数 $\lambda/[\mathrm{W/(mm^2 \cdot K)}]$	比热容 $C_p/[\mathrm{kJ/(kg \cdot K)}]$	密度 $\rho/(\mathrm{kg/cm^3})$
PS	0.089	1.26×10^{-4}	1.339	1.05
ABS	0.270	2.93×10^{-4}	1.047	1.05
PVC	0.062	1.95×10^{-4}	1.842	1.4
LDPE	0.170	3.35×10^{-4}	2.093	0.92
HDPE	0.200	4.81×10^{-4}	2.553	0.94
PP	0.067	1.17×10^{-4}	1.926	0.9
PA66	0.110	2.33×10^{-4}	1.884	1.14
PC	0.094	1.93×10^{-4}	1.716	1.2
POM	0.092	2.3×10^{-4}	1.758	1.42
PMMA	0.120	2.09×10^{-4}	1.465	1.2

3.15.6　冷却水道在稳定紊流下的流速与流量

冷却水道在稳定紊流下的流速与流量如表 3-18 所示。

Chapter 1
Chapter 2
Chapter 3
Chapter 4
Chapter 5
Chapter 6
Chapter 7
Chapter 8
附录 1
附录 2

表 3-18　冷却水道在稳定紊流下的流速与流量

水管直径/mm	最低流速/(m/s)	流量/(m³/min)	流量/(L/min)
8	1.66	0.005	5
10	1.32	0.0062	6.2
12	1.10	0.0074	7.4
15	0.87	0.0092	9.2
20	0.66	0.0124	12.4
25	0.53	0.0155	15.5
30	0.44	0.0187	18.7

注：雷诺数 $Re=10000$，温度 $T=10℃$。

3.15.7　水孔中心位置与型腔压力

　　水孔中心位置距离型腔表面不可太近，太近则使型腔壁表面温度不匀，同时当型腔内压力太大时，可使正对水孔的型腔壁面压溃变形。根据型腔内压力所允许的水孔中心位置见图 3-168。水孔间距离不可太远，但也不可太近。最小允许间隔为 $1.7d$（d 为冷水孔径），最大为 $3d$。

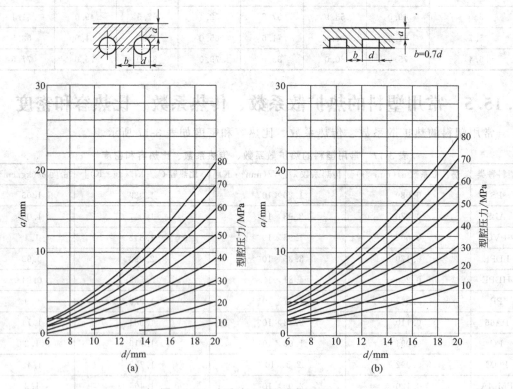

图 3-168　水孔中心位置与型腔压力

3.15.8　冷却水道的布置形式

　　常见的冷却水道的布置形式如表 3-19 所示。

表 3-19　冷却水道的布置形式

布置形式	简　图	特　点
外连接直通式	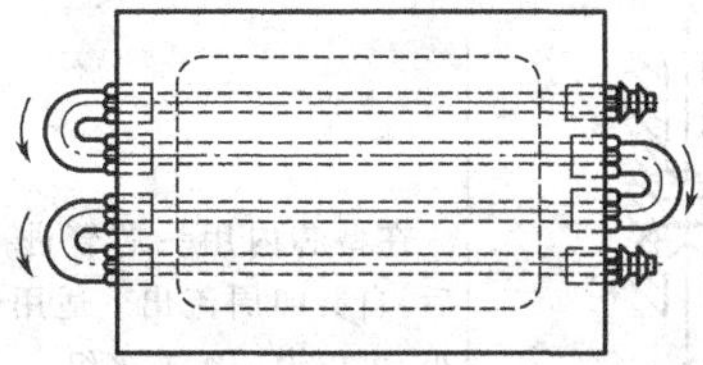	结构简单,用塑料管和水管接头从外部连接,可以连接成单路循环或多路并行循环 优点:加工容易,便于检查有无堵塞 缺点:外连接太多,容易碰坏
内循环式	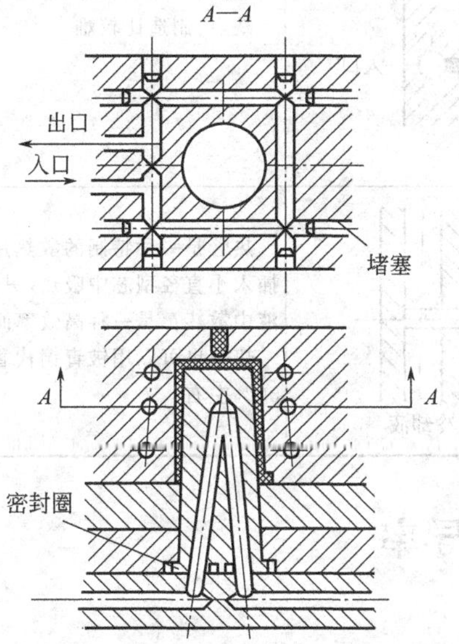	在型腔外围钻直通水道,然后用堵头堵住不需要处,构成内循环,可以多层 优点:接口少,模具外围整齐 缺点:①堵头不严时容易泄漏;②有堵头时不易检查
平面盘旋式	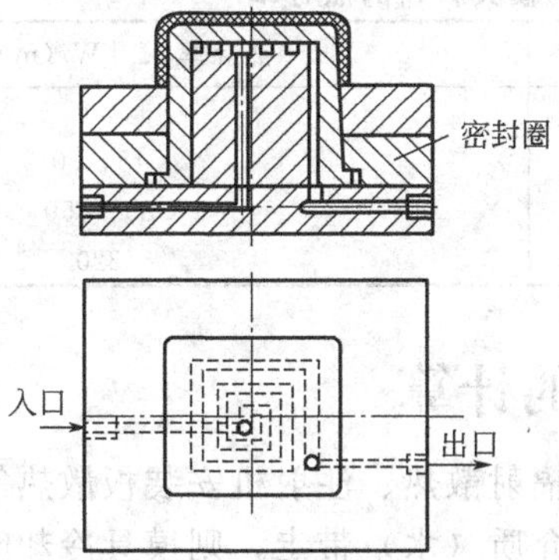	在开放的平面上做出螺旋槽,然后用另一嵌件封堵,适用于大型型芯 优点:冷却效果好 缺点:密封如果不良,容易引起泄漏
立体循环式	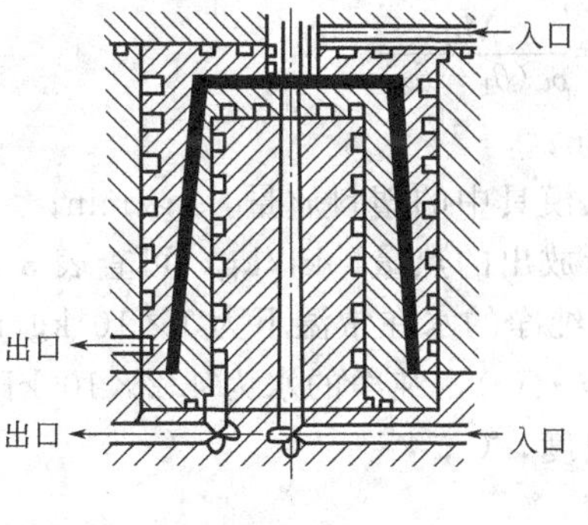	在圆柱形或矩形柱周围作出水道,然后用另外一相配嵌件封堵。适用于大型型芯及型腔 优点:冷却效果好 缺点:密封如果不良,容易引起泄漏

Chapter 1
Chapter 2
Chapter 3
Chapter 4
Chapter 5
Chapter 6
Chapter 7
Chapter 8
附录 1
附录 2

布置形式	简　图	特　点
立管喷淋式	型芯管	在型芯内用一芯管进冷却液,从芯管中喷出后,自其四周流出。适用于型芯,依型芯面积大小,可以设一组或多组 优点:冷却效果好 缺点:制造比较难
用热管导热式		热管是一种特制的散热用标准件,将它的一端插入小直径型芯中吸热,另外一端置于循环冷却液中散热。是一种高效率而容易应用的散热器 热管也可以用铍青铜代替,但散热效率要降低50%左右

3.15.9　常用模具材料的热导率

常用模具材料的热导率如表 3-20 所示。

表 3-20　常用模具材料的热导率

材　　料	热导率 $\lambda_w / [W/(m \cdot K)]$
一般钢材	50
高合金钢	15～30
铍青铜	80～150
铝	220

3.15.10　冷却介质体积流量的计算

如果忽略模具因空气自然对流散热、辐射散热、注射机安装板散热等因素,而只考虑塑料熔体传递给模具的热量,全部由冷却介质(水)带走,则模具冷却时所需冷却介质的体积流量可按下式计算

$$q_v = \frac{Mq}{\rho c(\theta_1 - \theta_2)} \tag{3-16}$$

式中　q_v——冷却介质体积流量,m^3/min;

M——单位时间(每分钟)内注入模具中的塑料质量,kg/min;

q——单位质量的塑件在凝固时所放出的热量,kJ/kg,可查表 3-21;

ρ——冷却介质的密度,kg/m^3,纯净的水在常温下为 $1 \times 10^3 kg/m^3$;

c——冷却介质的比热容,$kJ/(kg \cdot ℃)$,纯净的水为 $4.2 \times 10^3 kJ/(kg \cdot ℃)$;

θ_1——冷却介质从模具出来时的温度,℃;

θ_2——冷却物质进入模具时的温度,℃。

表 3-21　常用塑料熔体的单位热流量　　　　　　　　　kJ/kg

塑料品种	q	塑料品种	q
ABS	$3.1\times10^2\sim4.0\times10^2$	HDPE	$5.9\times10^2\sim6.9\times10^2$
POM	4.0×10^2	LDPE	$6.5\times10^2\sim8.1\times10^2$
丙烯酸酯	2.9×10^2	PP	5.9×10^2
CA	3.9×10^2	PC	2.7×10^2
PA	$6.5\times10^2\sim7.5\times10^2$	PVC	$1.6\times10^2\sim3.6\times10^2$

3.15.11　冷却回路传热面积的计算

冷却回路所需要的传热总面积，可用下式计算

$$A=\frac{60Mq}{\alpha\Delta\theta} \tag{3-17}$$

式中　A——冷却回路传热总面积，m^2；

α——冷却回路孔壁与冷却介质之间的传热膜系数，$kJ/(m^2\cdot h\cdot ℃)$；

$\Delta\theta$——模具与冷却介质温度之间的平均温差，℃。

其中传热膜系数 α 可用下式计算

$$\alpha=\frac{4.187f(\rho v)^{0.8}}{d^{0.2}} \tag{3-18}$$

式中　f——与冷却介质温度有关的物理系数，可查表 3-22；

v——冷却介质在管道中的流速，m/s；

ρ——冷却介质在一定温度下的密度，kg/m^3；

d——冷却管道的直径，m。

冷却介质在冷却管道中的流速为

$$v=\frac{4q_v}{\pi d^2} \tag{3-19}$$

式中　v——冷却介质的流速，m/s；

q_v——冷却介质的体积流量，m^3/s；

d——冷却管道的直径，m。

表 3-22　不同水温下的 f 值

平均水温/℃	0	5	10	15	20	25	30	35
f	4.91	5.30	5.68	6.07	6.45	6.48	7.22	7.60
平均水温/℃	40	45	50	55	60	65	70	75
f	7.98	8.31	8.64	8.97	9.30	9.60	9.90	10.20

3.15.12　冷却回路总长度的计算

冷却回路总长度可用下式计算

$$L=\frac{A}{\pi d} \tag{3-20}$$

式中　L——冷却回路总长度，m；

A——冷却回路传热总面积，m^2；

d——冷却管道的直径，m。

求出 L 后，根据冷却管道的排列可计算出管道的数量。

经验表明，确定冷却管道的直径时，无论多大的模具，管道的直径不能大于 $\phi 14\text{mm}$。否则，冷却水就难以成为湍流状态，以致降低热交换效率。一般管道直径可根据塑件的平均壁厚来确定，比如平均壁厚为 2mm 时，管道直径可取 $\phi 10 \sim 12\text{mm}$。

3.15.13 冷却系统的结构要点

(1) 冷却回路的布局力求合理

冷却水道的直径与间距会直接影响模温的分布。图 3-169 所示是在冷却水道数量和尺寸不同的条件下，通入不同温度（59.83℃和 45℃，两者相差近 15℃）的冷却水后，模具内的温度分布情况。由图可知，采用五个较大的冷却水道时，型腔表面温度比较平均，出现 60～60.05℃的变化，如图 3-169(a) 所示；而同一型腔采用 2 个较小的冷却水道时，型腔表面温度出现 53.33～61.66℃的变化，如图 3-169(b) 所示。由此可见，为了使型腔表面温度趋于平均，防止塑件不均匀收缩和产生内应力，在模具结构允许的情况下，应尽可能多设冷却水道且使用较大的截面尺寸。

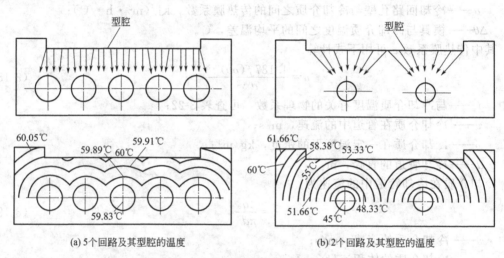

(a) 5个回路及其型腔的温度　　　　(b) 2个回路及其型腔的温度

图 3-169　冷却回路数量对温度分布的影响

(2) 注意平衡塑件不同部位的冷却

当塑件的壁厚均匀时，冷却水道与型腔表面的距离最好相等，分布尽量与型腔轮廓相吻合，如图 3-170(a) 所示；当塑件的壁厚不均匀时，则在壁厚处应加强冷却，冷却水道间距较小且靠近型腔，如图 3-170(b) 所示。

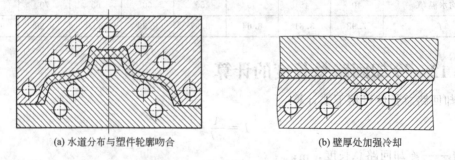

(a) 水道分布与塑件轮廓吻合　　　　(b) 壁厚处加强冷却

图 3-170　冷却水道的布置

(3) 尽量降低进、出水口的温度差

冷却水道两端进、出口温差小，则有利于型腔表面温度均匀分布。通常可通过改变冷

却水道的排列形式来降低进、出水口的温差，如图 3-171 所示。其中图 3-171(a) 所示的结构形式由于水道长，进口与出水口的温差大，塑件的冷却不均匀；图 3-171(b) 所示的结构形式因水道长度缩短，进口与出口水的温差小，冷却效果好。

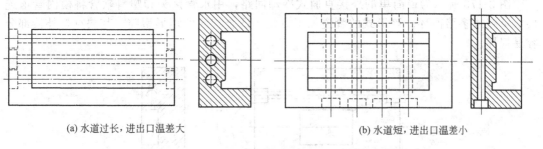

(a) 水道过长，进出口温差大   (b) 水道短，进出口温差小

图 3-171　冷却水道的排列方式

(4) 浇口处应加强冷却

塑料熔体在充模时，一般在浇口处附近的温度最高，而离浇口处越远温度也越低，因此应加强浇口处的冷却。通常采用将冷却回路的进水口设在浇口附近，可使浇口附近在较低水温下冷却。如图 3-172 所示，其中图 3-172(a) 为侧浇口冷却回路位置，图 3-172(b) 为多点浇口冷却回路的布置。

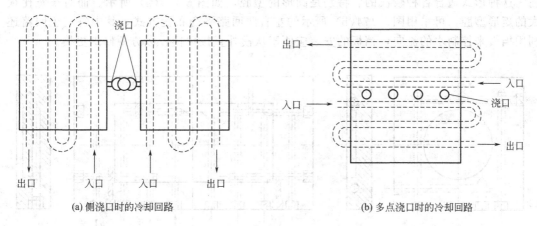

(a) 侧浇口时的冷却回路   (b) 多点浇口时的冷却回路

图 3-172　冷却回路进、出口的选择

(5) 避免将冷却水道设置在塑件易产生熔接痕的部位

当采用多浇口进料或模腔形状复杂时，多股熔体在汇合处易产生熔接痕。在熔接痕处的温度一般较其他位置低，为了不使温度进一步降低，保证熔接质量，在熔接痕部位尽可能不设置冷却水道。

(6) 注意水管的密封问题

一般冷却水道不应穿过镶块，以避免在接缝处漏水，若必须通过镶块时，则应设置密封装置进行密封。

(7) 冷却系统尽量不影响操作

进、出水的水管接头应设在不影响操作的方向，尽可能设在模具的同一侧，一般设置成朝向注射机的背面。

(8) 冷却管道应便于加工和清理

为了便于加工和操作，应将进口、出口水管接头尽量设置在模具同一侧，通常设置在注射剂背面的模具一侧。冷却管道应畅通无阻，不应有存水和产生回流的部位。

3.15.14　型腔的冷却回路

(1) 外接直通式冷却回路

图 3-173 所示为最简单的外接直通式冷却回路,用水管接头和塑料软管将模内管道连接成单路或多路循环。该形式的管道加工方便,适合较浅的矩形型腔,其缺点是外接部分容易损坏。

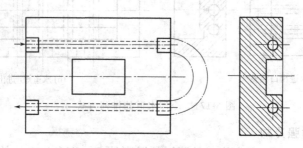

图 3-173　外接直通式冷却回路

(2) 平面式冷却回路

图 3-174 所示为型腔板内平面式的冷却回路。水道加工后,非进、出水口均用螺塞堵住。这种形式适合各种较浅的、特别是圆形的型腔,如图 3-174(a) 所示。而对长宽比很大的矩形型腔,可采用图 3-174(b) 所示的左右两回路平衡布置方式,其中每一个回路还利用挡板来控制水的流向,挡板的安装应便于从模外直接更换,以方便修理更换。

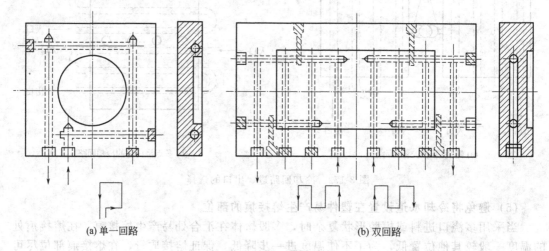

(a) 单一回路　　　　　　　　　　(b) 双回路

图 3-174　平面式冷却回路

(3) 多层式冷却回路

如图 3-175 所示,对于深腔的凹模,其冷却管道应采用多层立体布置呈曲折回路,目的是为了对主流道和型腔底部进行冷却。图 3-175(b) 将各层回路在深度方向连成一体,但这对大型模具会造成流程过长、冷却不均匀的缺点。型腔四周也可采用各平面的单独整体回路,如图 3-175(a) 所示,但这样会使模具外的管接头增多,各回路的冷却平衡也较难实现。

(4) 圆周式冷却回路

对于镶块式组合凹模,如果镶块为圆形,一般不宜在镶块上钻出冷却水道,此时可在圆形镶块的外圆上开设环形槽,如图 3-176 所示,其中图 3-176(a) 所示的结构比图 3-176

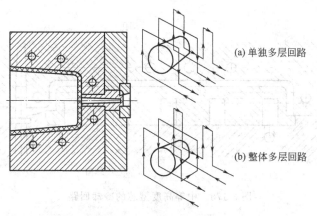

图 3-175 多层式冷却回路

(b) 所示的要结构合理，因为在图 3-176(a) 中，冷却环槽开在镶块上，冷却水与镶块的三个传热表面相接触；而在图 3-176(b) 中，冷却环槽开在了模板上，因此冷却水只与镶块的一个传热表面接触，镶块热交换面积比较小。

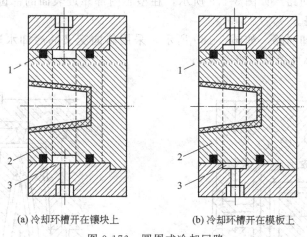

(a) 冷却环槽开在镶块上   (b) 冷却环槽开在模板上

图 3-176 圆周式冷却回路
1—密封圈；2—镶块；3—冷却槽

3.15.15 普通型芯的冷却回路

高度比较小的型芯，通常是在动、定膜两侧与型腔表面等距离钻孔构成冷却回路，如图 3-177 所示。中等高度的型芯可在型芯上开设一排矩形冷却槽构成冷却回路，如图 3-178所示。

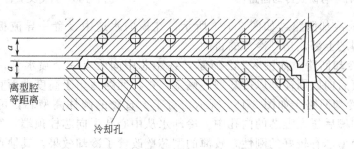

图 3-177 浅型芯的冷却回路

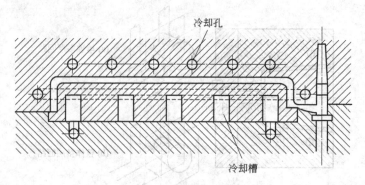

图 3-178　中等高度型芯的冷却回路

3.15.16　特殊型芯的冷却回路

对于较高的型芯，为使型芯表面迅速冷却，应设法使冷却水在型芯内循环流动，其形式有以下几种。

① 台阶式冷却回路　如图 3-179 所示，在型芯内部靠近表面的部位开设出冷却水道，形成台阶式冷却回路。

② 斜交叉式冷却回路　如图 3-180 所示，采用斜向交叉的冷却水道在型芯内构成冷却回路，主要用于小直径型芯的冷却。

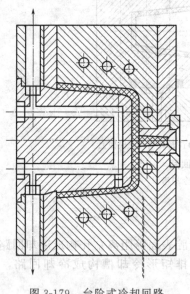

图 3-179　台阶式冷却回路

图 3-180　斜交叉式冷却回路

③ 导流板式冷却回路　如图 3-181 所示，在横向水道中设置一导流板，将横向水道的冷却水引向型芯上部，达到冷却的目的。

④ 喷流式冷却回路　如图 3-182 所示，在型芯中间装有一个喷水管，冷却水从喷水管中喷出，分流后向四周流动以冷却型芯侧壁，这种回路适用于高度大而直径小的型芯。

⑤ 螺旋式冷却回路　如图 3-183 所示，对于大直径的圆柱高型芯，可在芯柱的外表面加工出螺旋沟槽后压入型芯的内孔中。冷却水从中心孔引向芯柱顶端，经螺旋回路从底部流出。芯柱使型芯有较好的刚性，较薄的型芯壁改善了冷却效果，其缺点是型柱的加工复杂。

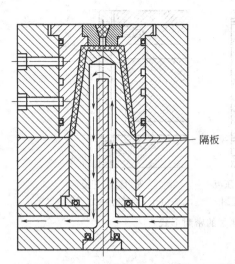

图 3-181　导流板式冷却回路

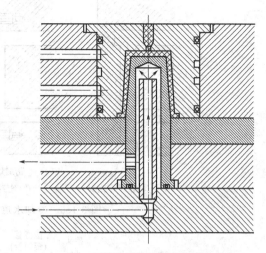

图 3-182　喷流式冷却回路

　　⑥ 铜棒和热管冷却方式　对于细小的型芯，常常无法在型芯内直接设置冷却回路，这时若不采用特殊的冷却方式，就会使型芯传热效率降低。图 3-184 所示为一种细小型芯的间接冷却方式。在型芯中心压入热传导性能好的软铜或铍铜芯棒，并将芯棒的一端伸到冷却水孔中冷却。

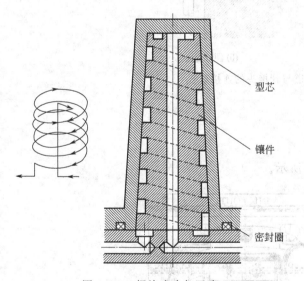

图 3-183　螺旋式冷却回路

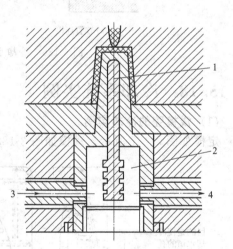

图 3-184　细小型芯的铜棒冷却方式
1—铜棒；2—冷却水；3—出口；4—进口

　　由于铜棒的传热效率不高，为了提高冷却效果，近年来又采用热管取代铜棒。热管是优良的导热元件，其导热效率约为同样大小铜棒的 1000 倍，有"热的超导体"之称。热管最早用于美国的航天工业，以后推广到许多工业领域，20 世纪 80 年代后期开始在注射模中应用，取得了明显的效果。

3.15.17　冷却水道的连接与密封

　　冷却水道的连接与密封形式很多，常用的方法如图 3-185 和图 3-186 所示，其中用到的管接头和密封圈，已经为标准件，其规格、尺寸可参考相关手册和资料。

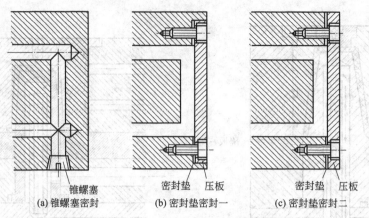

锥螺塞
(a) 锥螺塞密封

密封垫　压板
(b) 密封垫密封一

密封垫　压板
(c) 密封垫密封二

图 3-185　冷却水道上常用的密封形式

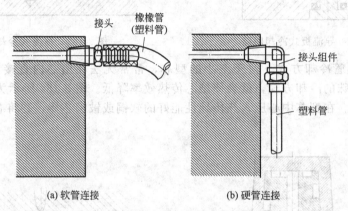

接头
橡橡管
(塑料管)

接头组件

塑料管

(a) 软管连接

(b) 硬管连接

图 3-186　冷却水道与管接头的连接形式

3.15.18　冷却系统实例

(1) 浅模腔的冷却实例

定模如图 3-187 所示，动模如图 3-188 所示。

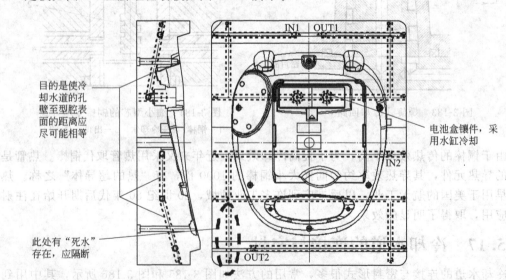

IN1　OUT1

目的是使冷
却水道的孔
壁至型腔表
面的距离应
尽可能相等

电池盒镶件，采
用水缸冷却

IN2

此处有"死水"
存在，应隔断

OUT2

图 3-187　电池盒定模冷却水路

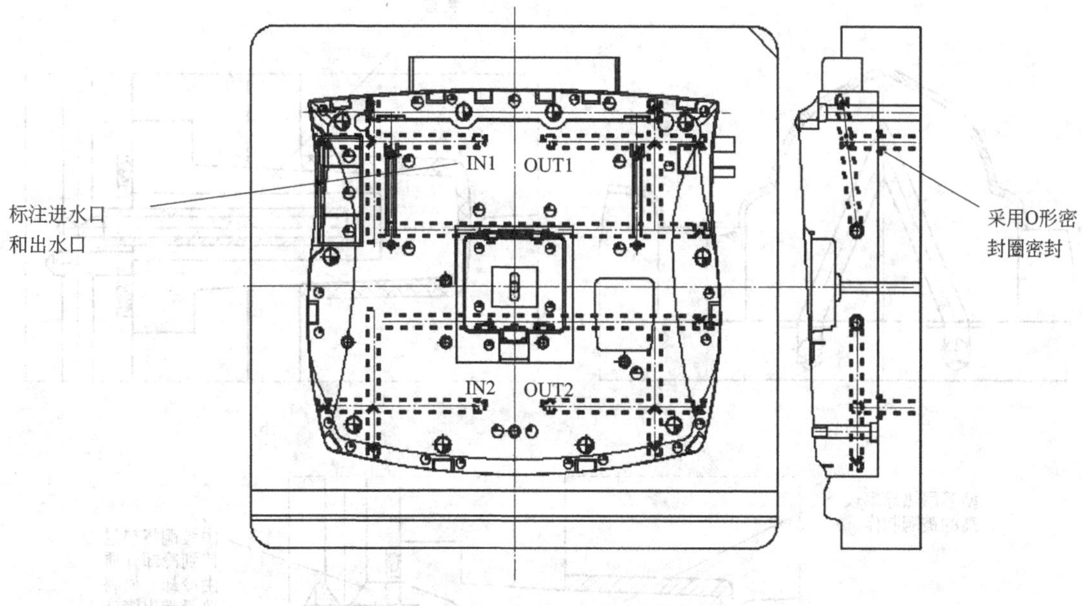

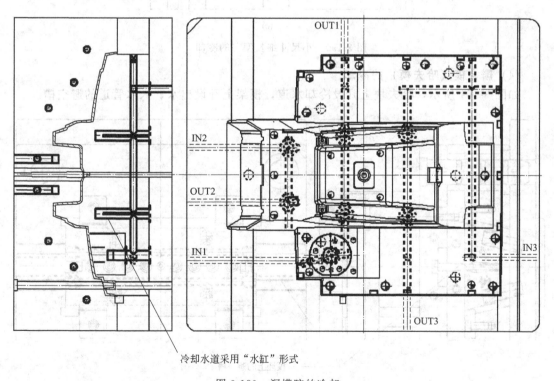

标注进水口
和出水口

IN1　OUT1

IN2　OUT2

采用O形密
封圈密封

图 3-188　电池盒动模冷却水路

(2) 深模腔的冷却实例

深模腔的冷却实例如图 3-189 所示。

OUT1

IN2

OUT2

IN1

IN3

OUT3

冷却水道采用"水缸"形式

图 3-189　深模腔的冷却

(3) 小尺寸的细长型芯的冷却

图 3-190 中为较小的高长型芯，其中图 3-190（a）采用斜向交叉冷却水道；图 3-190
（b）采用套管；图 3-190（c）为较小尺寸细长型芯的冷却实例。

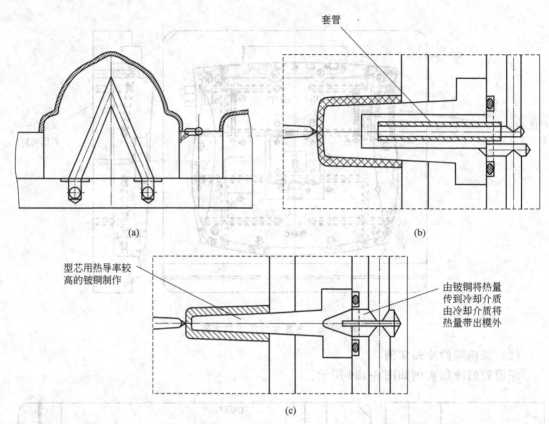

(a)

套管

(b)

型芯用热导率较高的铍铜制作

由铍铜将热量传到冷却介质由冷却介质将热量带出模外

(c)

图 3-190　小尺寸细长型芯的冷却

（4）瓣合模（哈夫模）的冷却

如图 3-191 所示，哈夫块上开设冷却水道，模架上开设出水、入水管道的避空槽。

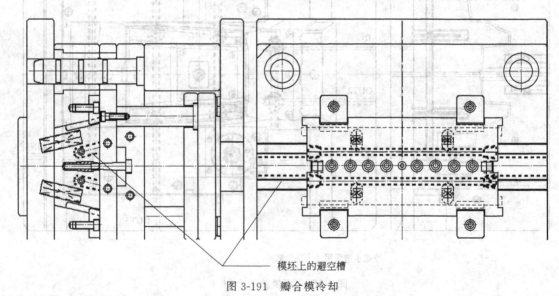

模坯上的避空槽

图 3-191　瓣合模冷却

（5）成型顶出块的冷却

如图 3-192 所示，在顶块的出水、入水管道的接口处开设避空槽，避空槽的大小应满足引水管在顶块顶出时的运动空间。

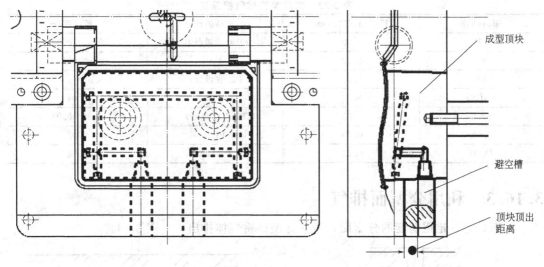

成型顶块

避空槽

顶块顶出
距离

图 3-192　成型顶出块的冷却

3.16　注塑模具的排气

3.16.1　排气系统的重要性

模具内的气体不仅包括型腔内的气，还包括流道里的空气和塑料熔体产生的分解气体。在注塑时，这些气体都应顺利地排出。如果模腔出现排气不良，则可能导致如下危害。

① 在塑件表面形成烘印、气花、接缝，使表面轮廓不清。
② 充填困难，或局部飞边。
③ 严重时在表面产生焦痕。
④ 降低充模速度，延长成型周期。

3.16.2　排气槽排气

排气槽一般开设在前模分型面熔体流动的末端，如图 3-193 所示，宽度 $b=5\sim8$mm，长度 $L=8.0\sim10.0$mm。

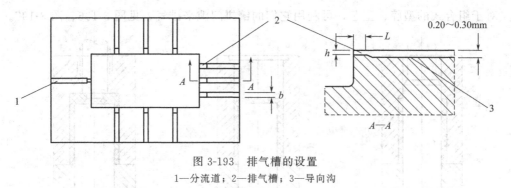

图 3-193　排气槽的设置
1—分流道；2—排气槽；3—导向沟

排气槽的深度 h 因树脂不同而异，主要是考虑树脂的黏度及其是否容易分解。作为原则而言，黏度低的树脂，排气槽的深度要浅。容易分解的树脂，排气槽的面积要大，各种树脂的排气槽深度可参考表 3-23。

表 3-23　常见塑料排气槽深度

塑料品种	排气槽深度/mm	塑料品种	排气槽深度/mm
PE	0.02	PA(含玻纤)	0.03~0.04
PP	0.02	PA	0.02
PS	0.02	PC(含玻纤)	0.05~0.07
ABS	0.03	PC	0.04
SAN	0.03	PBT(含玻纤)	0.03~0.04
ASA	0.03	PBT	0.02
POM	0.02	PMMA	0.04

3.16.3　利用分型面排气

对于具有一定粗糙度的分型面，可从分型面将气体排出，见图 3-194。

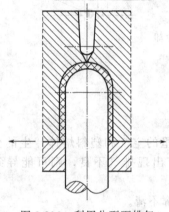

图 3-194　利用分型面排气

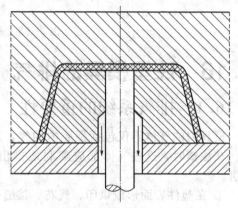

图 3-195　利用顶针排气

3.16.4　利用顶针排气

塑件中间位置的困气，可加设顶针，利用顶针和型芯之间的配合间隙，或有意增加顶针之间的间隙来排气，见图 3-195。

3.16.5　利用镶拼间隙排气

对于组合式的型腔、型芯，可利用它们的镶拼间隙来排气，见图 3-196、图 3-197。

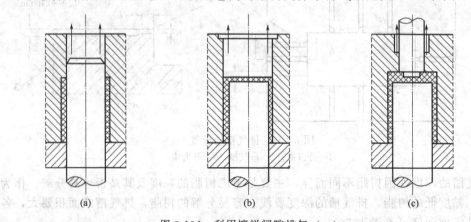
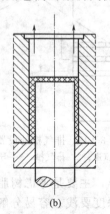
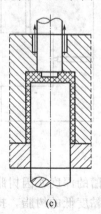

(a)　　　　　　　　(b)　　　　　　　　(c)

图 3-196　利用镶拼间隙排气（一）

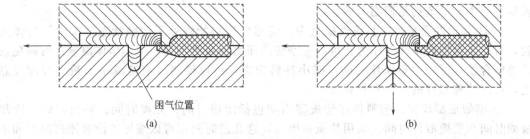

图 3-197　利用镶拼间隙排气（二）

3.16.6　透气钢排气

透气钢是一种粉末冶金材料，它是用球状颗粒合金烧结而成的材料，强度较差，但质地疏松，允许气体通过。在需排气的部位放置一块这样的合金即达到排气的目的。但底部通气孔的直径 D 不宜太大，以防止型腔压力将其挤压变形，如图 3-198 所示。由于透气钢的热导率低，不能使其过热，否则，易产生分解物堵塞气孔。

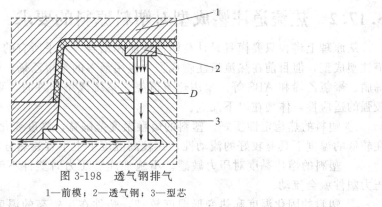

图 3-198　透气钢排气
1—前模；2—透气钢；3—型芯

3.17　热流道注塑模具

3.17.1　热流道注塑成型的原理及特点

热流道注塑模也称无流道注塑模，其浇注系统与普通浇注系统的区别在于，在整个生产过程中，浇注系统内的塑料始终处于熔融状态，注塑时的压力损失小，可以对多点浇口、多型腔模具及大型塑件实现低压注塑，另外，这种浇注系统没有浇注系统凝料，实现了无废料加工，省去了去除浇口的工序，可节约人力、物力。

由于热流道在成型过程的特殊工艺，因此，这类成型方法有以下特点。

① 节约材料、能源和劳动力。普通注塑件的浇注系统凝料占材料消耗的比例较大，对这些凝料的二次利用，是经过粉碎、挤出、切粒后掺入新鲜料重新成型塑件，存在的问题是易带进异物造成污染，使二次成型的塑件性能降低。统计表明，掺入二次回料的塑料件废品率增加约 5 倍，而且热固性塑料的流道中材料固化后将完全成为废品，不能再重新利用。

热流道注塑模中没有这些流道凝料，对热固性塑料而言，这部分塑料消耗就少；对热塑性塑料而言，就免除了对这些凝料的回收利用，因而不需要将这些凝料从塑件上分离、粉碎、挤出、切粒，节约了这些工作中每一工序所必需的能量消耗和劳动力。

没有流道凝料，模具设计中就可以选用较小的开模行程和较小的投影面积，对同一塑件可选用较小的注塑机，不仅设备费用减少，注塑机的电机、泵、料筒加热功率都较小，

Chapter
1

Chapter
2

Chapter
3

Chapter
4

Chapter
5

Chapter
6

Chapter
7

Chapter
8

附录
1

附录
2

长期生产中能量节约是相当大的。

② 改善塑件质量。在热流道模具中，流道内塑料始终处于熔融状态，减少了熔体流程，有利于向型腔中传递压力；可以使型腔内压力分布更均匀，减小熔体温差；可避免或改善熔合纹；可以缩短保压时间，减小补料应力，可以使浇口痕迹减小到最小程度。总之，可以改善塑件的内在和外观质量。

③ 缩短成型周期。塑料件注塑成型周期包括闭模时间、充模时间、补料时间、冷却凝固时间和脱模取件时间。采用热流道模具，这几段时间都可以缩短。没有流道凝料和不需要使用三板模（即使是采用点浇口），就使所需的开、闭模行程减小。流道熔体始终保持熔融，使保压补料容易进行，较厚的塑件，可以采用比一般流道更小的浇口，使冷却时间缩短。大批量的长期生产，成型周期缩短带来的工时减少是很可观的。

④ 节材、节能、节省劳动力。一般地说，热流道模具的模具费用约增加10%～20%，但这种增加可以由上述经济效益的提高很快得到补偿。

但是，热流道注塑模的结构十分复杂；特别是温度控制要求严格，否则容易使塑料分解、焦烧，而且制造成本较高，不适于小批量生产。

3.17.2 热流道注塑成型对塑料原料的要求

从原理上讲，只要模具设计与塑件性能相结合，几乎所有的热塑性塑料都可采用热流道注塑成型，但目前在热流道注塑成型中应用最多的是聚乙烯、聚丙烯、聚苯乙烯、聚丙烯腈、聚氯乙烯和ABS等。采用热流道浇注系统成型塑件时，要求塑件的原材料性能有较强的适应性，体现在以下几点。

① 塑料的热稳定性要好。塑料的熔融温度范围宽，黏度变化小，对温度变化不敏感，在较低的温度下具有较好的流动性，在较高温度下也不容易热分解。

② 塑料的熔体黏度对压力敏感。不施加注塑压力时塑件不流动，但施加较低的注塑压力塑件就会流动。

③ 塑料的固化温度和热变形温度较高。塑件在比较高的温度下即可固化，以缩短成型周期。

④ 塑料比热容小既能快速冷凝，又能快速熔融。

⑤ 塑料导热性能要好。能把树脂所带来的热量快速传给模具，以加速固化。

3.17.3 热流道注塑模具的基本结构

根据热流道注塑模中流道获取热量方式的不同，一般将热流道注塑模分为绝热流道注塑模和加热流道注塑模。其基本结构分别如图3-199和图3-200所示。

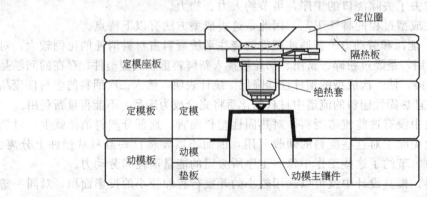

图3-199 绝热流道注塑模基本结构

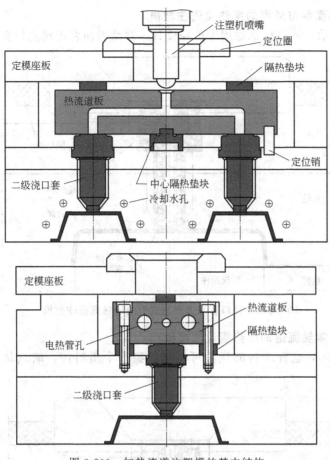

图 3-200　加热流道注塑模的基本结构

3.17.4　绝热流道注塑模结构示例

(1) 单点浇口进料的绝热流道注塑模

如图 3-201 所示，此结构仅适用于单腔模具。

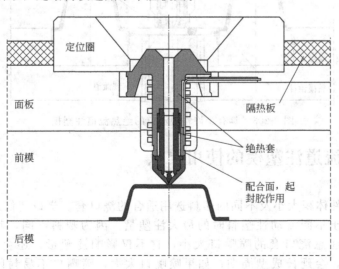

图 3-201　单点浇口形式进料的绝热流道注塑模

(2) 浇口套端面参与成型的绝热流道注塑模

如图 3-202 所示，该结构也适用于单腔模具，制品表面将出现浇口套痕迹。

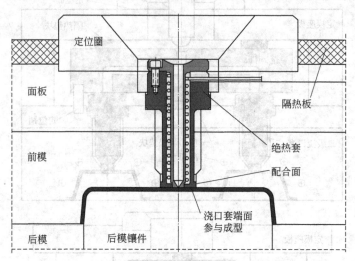

图 3-202　浇口套端面参与成型的绝热流道注塑模

(3) 具有少许常规流道的绝热流道注塑模

如图 3-203 所示，这种结构的模具可同时成型多个塑料件，缺点是会产生部分流道冷料。

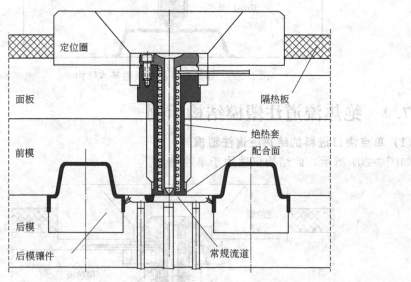

图 3-203　具有少许常规流道的绝热流道注塑模

3.17.5　热流道注塑模的使用要点

(1) 注塑量

应根据塑料件体积大小及不同的塑料选用适合的浇口套。浇口套供应商一般会给出每种浇口套相对于不同流动性塑料时的最大注塑量。因为塑料不同，其流动性就各不相同。另外，应注意浇口套的喷嘴口大小，它不仅影响注塑量，还会产生其他影响。如果喷嘴口太小，会延长成型周期；如果喷嘴口太大，喷嘴口不易封闭，易于流涎或拉丝。

（2）温度控制

浇口套和热流道板的温度直接关系到模具能否正常运转，一般对其分别进行温度控制。不论采用内加热还是外加热方式，浇口套、热流道板中温度应保持均匀，防止出现局部过冷、过热。另外，加热器的功率应能使浇口套、热流道板在 0.5～1h 内从常温升到所需的工作温度，浇口套的升温时间可更短。

（3）隔热

浇口套、热流道板应与模具面板、A 板等其他部分有较好的隔热，隔热介质可用石棉板、空气等。除定位、支撑、封胶等需要接触的部位外，浇口套的隔热空气间隙厚度通常在 3mm 左右；热流道板的隔热空气间隙厚度应不小于 8mm。如图 3-204～图 3-206 所示。

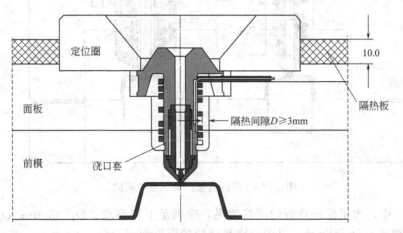

图 3-204　浇口套的隔热空气间隙一

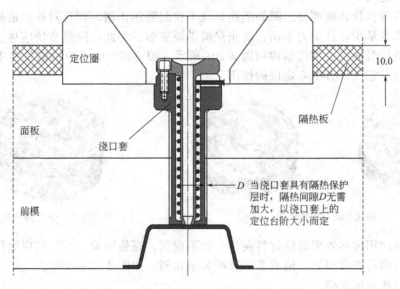

图 3-205　浇口套的隔热空气间隙二

热流道板与模具面板、A 板之间的支撑采用具有隔热性质的隔热垫块，隔热垫块由传热率较低的材料制作。

浇口套、热流道模具的面板上一般应垫以 6～10mm 的石棉板或电木板作为隔热之用。隔热垫板的厚度一般取 10mm。

Chapter 1
Chapter 2
Chapter 3
Chapter 4
Chapter 5
Chapter 6
Chapter 7
Chapter 8
附录 1
附录 2

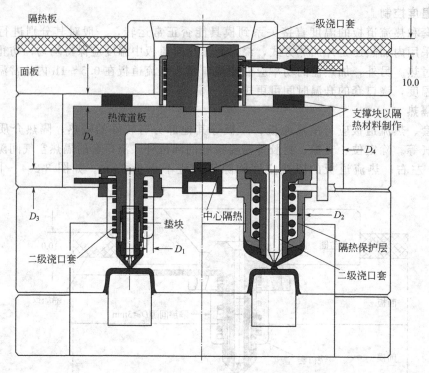

图 3-206 热流道板的隔热空气间隙

图 3-206 中，为了保证良好的隔热效果，应满足下列要求：$D_1 \geqslant 3mm$；D_2 以浇口套台阶的尺寸而定；$D_3 \geqslant 8mm$，以中心隔热垫块的厚度而定；$D_4 \geqslant 8mm$。

（4）隔热垫块

热流道板与模具其他部分之间的隔热垫块不仅起隔热作用，而且对热流道板起支撑作用，支撑点要尽量少，且受力平衡，防止热流道板变形。为此，隔热垫块应尽量减少与模具其他部分的接触面积，常用结构如图 3-207 所示。图 3-208 所示的结构是专用于模具中心的隔热垫块，它还具有中心定位的作用。

图 3-207 隔热垫块   图 3-208 中心隔热垫块

隔热垫块使用传热效率低的材料制作，如不锈钢、高铬钢等。不同供应商提供的隔热垫块的具体结构可能有差异，但其基本装配关系相同，如图 3-209 所示。

（5）热流道板的定位

为防止热流道板的转动及整体偏移，满足热流道板的受热膨胀，通常采用中心定位和槽型定位的联合方式对热流道板进行定位。具体结构如图 3-210 所示。受热膨胀的影响，起定位作用的长形槽的中心线必须通过热流道板的中心，如图 3-211 所示。

（6）热膨胀量的计算

由于浇口套、热流道板受热膨胀，所以模具设计时应预算膨胀量，修正设计尺寸，使

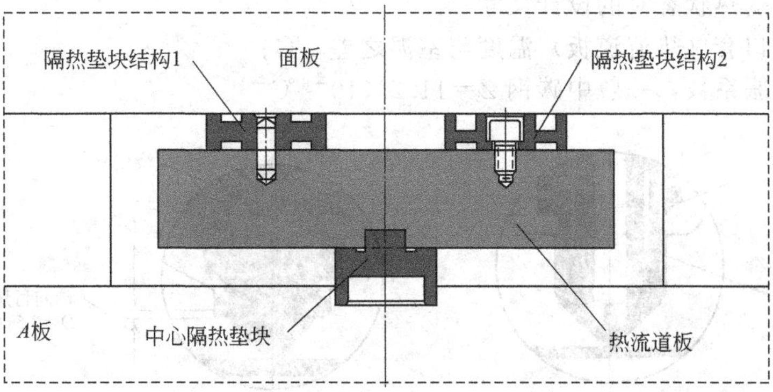

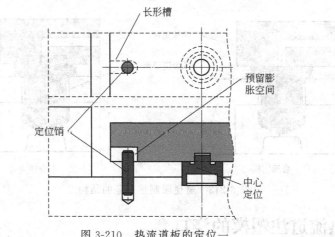

图 3-209　隔热垫块基本装配关系

图 3-210　热流道板的定位一

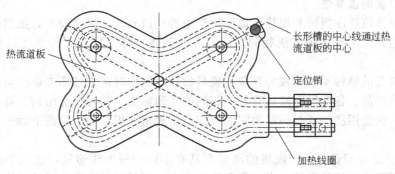

图 3-211　热流道板的定位二

膨胀后的浇口套、热流道符合设计要求。另外，模具中应预留一定的间隙，不应存在限制膨胀的结构，如图 3-212、图 3-213 所示。浇口套要考虑轴向热膨胀量，径向热膨胀量通过配合部位的间隙来补正；热流道板主要考虑长、宽方向，厚度方向由隔热垫块与模板之间的间隙调节。

热膨胀量按下式计算：

$$D = D_1 + 膨胀量$$

$$膨胀量 = D_1 TZ$$

式中　D——受热膨胀后的尺寸，此尺寸应满足模具的工作要求；

D_1——非受热状态时的设计尺寸；

T——浇口套（热流道板）温度与室温之差，℃；

Z——线胀系数，一般中碳钢 $Z=11.2\times10^{-6}℃^{-1}$。

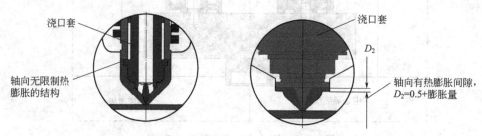

图 3-212　避免限制热膨胀的结构一

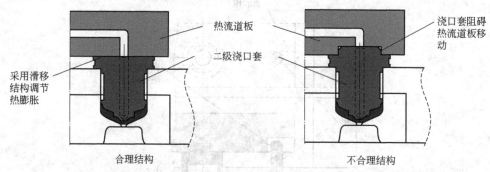

图 3-213　避免限制热膨胀的结构二

3.17.6　热流道注塑模的浇口套

(1) 浇口套的重要性

使用于绝热流道注塑模和加热流道注塑模中的浇口套、二级浇口套，虽然其结构形式略有不同，但其作用及选用方法相同，为了方便陈述，将浇口套、二级浇口套统称为浇口套。

由于浇口套的结构及制造较为复杂，模具设计、制作时通常选用专业供应商提供的不同规格的系列产品。各个供应商具有各不相同的系列标准，其浇口套结构、规格标识均不相同。因此，在选用浇口套时一定要明确供应商的规格标识，然后根据下面三个方面确定合适的规格。

① 浇口套的注塑量　不同规格的浇口套具有不同的最大注塑量，这就务必要求模具设计者根据所要成型的塑料件大小、所需浇口大小、塑料种类选择合适的规格，并取一定的保险系数。保险系数一般取 0.8 左右。

② 塑料件允许的浇口形式　塑料件是否允许浇口套顶端参与成型、浇口套顶端结构形状等都会影响其规格选择，浇口形式将影响浇口套的长度选择，详见下述浇口套长度确定。

③ 浇口与浇口套轴向固定位的距离　浇口套轴向固定位是指模具上安装、限制浇口套轴向移动的平面。此平面的位置直接影响浇口套的长度尺寸。

为了能更好理解浇口、浇口与浇口套轴向固定位的距离对浇口套长度尺寸的影响，下文给出了几类常见的浇口套结构（主要指顶端形状）、相应的浇口形状以及其长度的确定方法。

（2）浇口套的结构一

如图 3-214 所示，此类结构的浇口套允许其顶端参与塑料件成型，顶端允许加工以适应不同的塑料件形状。加工后浇口的大小应符合模具要求，图 3-215 为可加工的几种形式。

浇口套长度 $L=L_1-Z$，Z 为热膨胀量。

热膨胀量 $Z=L\times13.2\times10^{-6}\times[$浇口套（热流道板）温度$-$室温$]$（℃）

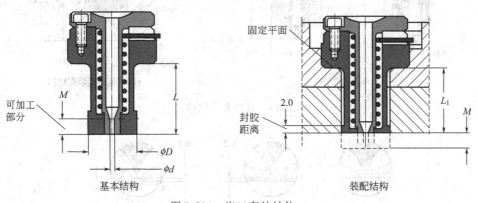

基本结构　　　　　　　　　　　装配结构

图 3-214　浇口套的结构一

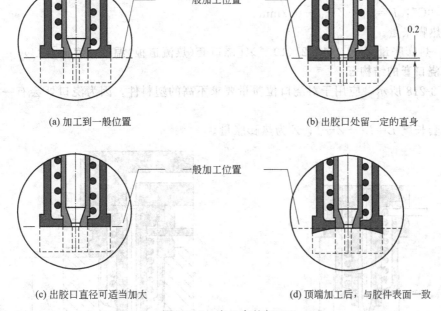

(a) 加工到一般位置　　　　　　(b) 出胶口处留一定的直身

(c) 出胶口直径可适当加大　　　(d) 顶端加工后，与胶件表面一致

图 3-215　浇口套的加工

（3）浇口套的结构二

如图 3-216 所示，这是较常用的结构形式，点浇口既可满足塑料件的表面要求，又可防止入胶口处产生拉丝。

浇口套长度"L"因浇口结构不同，计算方法不同。其中图 3-217 所示结构的计算方法如下。

浇口"A"：$L=L_1-Z$。

浇口"B"：$L=L_1-Z-0.2\mathrm{mm}$。

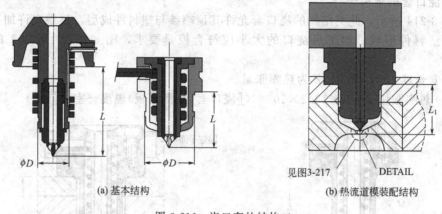

(a) 基本结构　　　　　　　　(b) 热流道模装配结构

图 3-216　浇口套的结构二

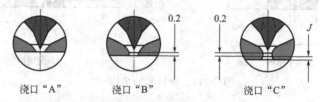

浇口 "A"　　　　　浇口 "B"　　　　　浇口 "C"

图 3-217　浇口套长度的计算

浇口 "C"：$L=L_1-Z-J-0.2\text{mm}$。

Z 为热膨胀量。

热膨胀量 $Z=L\times13.2\times10^{-6}\times[浇口套（热流道板）温度-室温](℃)$

（4）浇口套的结构三

如图 3-218 所示，应用于对浇口位质量要求不高的塑料件，因为浇口处会有一小点残余塑料。

浇口套长度 $L=L_1-Z-J$；Z 为热膨胀量。

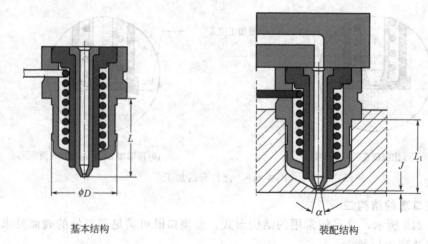

基本结构　　　　　　　　　　装配结构

图 3-218　浇口套的结构三

热膨胀量 $Z=L\times13.2\times10^{-6}\times[浇口套（热流道板）温度-室温](℃)$

（5）浇口套的结构四

如图 3-219 所示，此为针阀式结构，针阀由另外的机构控制，针阀一般穿过热流道板，所以热流道板上的过孔位置应合理计算热膨胀量。此类结构主要应用于流动性高的塑料，防止浇口产生流涎。

浇口套长度 $L = L_1 - Z - J$；Z 为热膨胀量。

热膨胀量 $Z = L \times 13.2 \times 10^{-6} \times [$浇口套(热流道板)温度$-$室温$]$（℃）

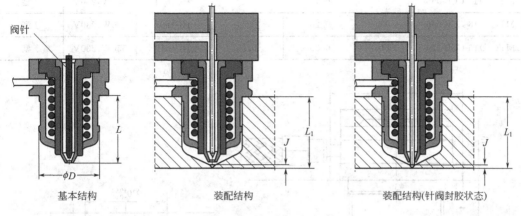

阀针

基本结构　　　　　　装配结构　　　　　　装配结构(针阀封胶状态)

图 3-219　浇口套的结构四

(6) 热流道模具的模架

浇口套模具使用的模架与一般形式的模具相同，只需选用合理的板厚即可。但热流道模具因为需要加设热流道板，所以 A 板与面板之间需增加支撑板，并需预留足够的空间以保证热流道板的安装要求。

(7) 加热连接线及其接口

为了对浇口套、热流道板单独进行加热及温度控制，每个组件上相应有两个接口：一个电源输入接口；一个温度输出接口。浇口套模具中，连接线及其接口形式较为简单，在连接线足够长时可以直接连接到温控箱上，如图 3-220 所示；也可采用图 3-221 所示形式。热流道模具中，需要控制温度的组件较多，一般将电源线、温控线各自集结在一个接口上，采用图 3-221 的形式与温控箱连接；也可将每个组件分别与温控箱连接，根据实际选用图 3-220 或图 3-221 的连接形式。

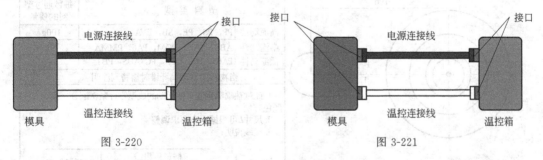

电源连接线　　　　接口　　　　　　　接口　　　　电源连接线　　　接口

模具　　温控连接线　　温控箱　　　模具　　温控连接线　　温控箱

图 3-220　　　　　　　　　　　图 3-221

模具设计时，要根据供应商提供的浇口套、热流道板的接口形式、厂方所使用的温控箱的接口形式、模具与温控箱之间的距离来决定是否需要连接线及其接头。若需要，一般需单独订购。

3.17.7　热喷嘴和热流道板示例

(1) 麦士德热喷嘴（MT16-CCB）

麦士德热喷嘴（MT16-CCB）见表 3-24 和图 3-222。

表 3-24　麦士德热喷嘴

热喷嘴型号	L	热膨胀量 E (250℃)	热膨胀量 E (350℃)	发热管型号	发热管功率	热电偶型号
MT(　)16-CCB-036	36	0.13	0.18	HC1602	250W,230V	J 型
MT(　)16-CCB-056	56	0.19	0.27	HC1604	330W,230V	J 型
MT(　)16-CCB-086	86	0.29	0.41	HC1607	470W,230V	J 型
MT(　)16-CCB-116	116	0.39	0.55	HC1610	550W,230V	J 型

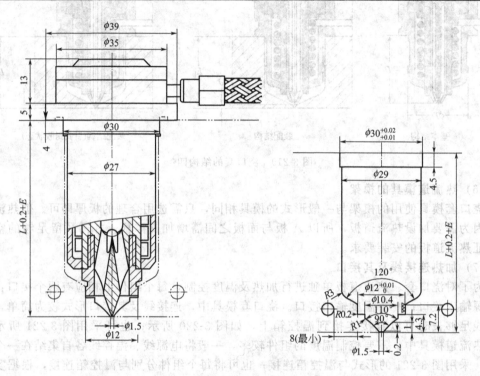

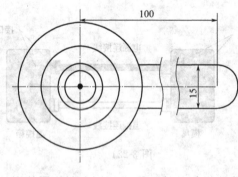

塑料类型		每秒通过塑料的质量
高流动性	PP，PS，PE，SB，EVA	100g
中流动性	ABS，SAN，POM，PA6，PMMA	70g
低流动性	PA66，PC，LCP，PC/ABS，PBT	—
当物料中含玻璃纤维时需特别注明		

1. 此款热喷嘴钢套可使活动的成型零件紧密配合，换颜色方便
2. 尺寸L可根据用户要求调整
3. 接线说明：

橘黄色粗线 灰色粗线	发热线
红色细线+ 蓝色细线-	热电偶
黄色线	地线

图 3-222　麦士德热喷嘴

(2) 一分四热热流道板示例

图 3-223 为某品牌一分四热热流道板结构。

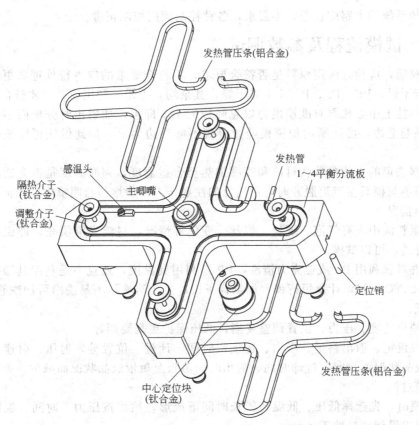

Chapter
1

Chapter
2

Chapter
3

Chapter
4

Chapter
5

Chapter
6

Chapter
7

Chapter
8

附录
1

附录
2

发热管压条(铝合金)

感温头

发热管

隔热介子
(钛合金)

主唧嘴

1～4平衡分流板

调整介子
(钛合金)

定位销

发热管压条(铝合金)

中心定位块
(钛合金)

图 3-223　一分四热热流道板结构

3.18　新模具的试模

3.18.1　试模的准备工作

(1) 模具的外观检查

① 成型零件、浇注系统等与熔料接触的表面应光滑、平整、无塌坑、伤痕等缺陷。

② 模具的闭合行程，安装于机器的各配合部位尺寸、脱模方式、开模距离、模具工件要求等应符合设备的相关条件。

③ 模具上应有生产号和合模标志，各种接头、阀门、附件、备件应齐全。

④ 各滑动零件的配合间隙应符合要求，起止位置定位正确，镶件紧固应紧固牢靠。

⑤ 对于注塑腐蚀性较强的注塑模，其模具型腔的表面应镀铬和防腐处理。

⑥ 模具的外观部分不应当有锐角，大、中型模具应有起吊用的吊孔、吊环。

⑦ 互相接触的承压零件，应有合理的承压面积和承压方式，避免直接承受挤压。

⑧ 模具的稳定性良好，有足够强度，工作时应受力均衡，行动平稳。

(2) 模具的空运转检查

① 将模具缓缓合拢，合模后各结合面均应接触紧密，不得出现间隙。

② 开模时顶出脱模机构应保证顺利脱模，以便取出塑件和浇注系统废料。

③ 活动型芯，顶出及导向部分等运动时应滑动平稳、灵活、动作协调可靠。

④ 检查各锁紧机构，应能可靠、稳妥地锁紧，各紧固件不得有任何松动现象。

⑤ 各气动、液动控制系统动作正确，不泄漏、不产生过大振动，各阀门工作正常。

⑥ 冷却系统的水路应畅通，不漏水，各种控制阀门控制正常。

3.18.2　试模流程及参数调试

① 试模前，应检查所用原料是否符合要求，不符合要求的应进行处理或更换；欲试之原料先行干燥，PE、PP、POM 不需干燥，其余均要干燥，利用新料试才符合标准。

② 模具挂上中心孔要对准锁模力以总吨数的 1/3 即可，如射出时分模面不是因射压太高之关系起毛边，可渐渐增加锁模吨数直到不起毛边为上，如此做法可增长模具使用寿命。

③ 根据选定的工艺参数将料筒和喷嘴加热至合适温度，判断温度是否合适的最好方法，是在喷嘴与模具主流道脱开时，用较低的注射压力，使熔料自喷嘴中缓慢流出，再观察料流流出情况。

④ 如果料流中没有气泡、硬块、银丝、变色等情况，料流光滑明亮，即说明料筒和喷嘴温度合适，可以试模。

⑤ 清洗料管利用 PP 或亚克力清洗，PP 是利用其黏度，亚克力是利用其摩擦性，料温在 240～250℃ 之间，计量短行程，加点背压快速射出清洗，不易洗净可加洗管剂清洗，依比例调配。

⑥ 开锁模速度、压力、位置调整妥当，低压保护更是要调好。

⑦ 条件设定、射出料量、压力、速度、时间、计量、位置等，射压、射速、计量由低而高依成品状况而设定。冷却时间、射出时间由长至短依成品状况而减少。如此可防止粘模及充填过饱。

⑧ 试模时，先选择低压、低温各较长时间下成形，然后按压力、时间、温度先后顺序变化，以求得到较好的工艺参数。

⑨ 若注射压力小，型腔难充满，可加大注射压力，当增压效果不明显时，再改变温度和时间，当延长时间仍然不能充满时，再提高温度，但不能升温太快，以免塑料发生过热分解。

⑩ 在生产壁薄、面积大的塑件时，一般采用高速注射，对于壁厚而面积小的塑件，则采用低速注射。

⑪ 若高速和低速都能充满型腔时，除了玻纤增强塑料外，均可采用低速注射。

⑫ 在喷嘴温度合适时，采用喷嘴固定形式可提高生产率，但喷嘴温度过高或过低时，需采用每成型周期向后移动喷嘴的形式。

⑬ 一定要用保压控制、垫料在 5～10m/m 为主。

⑭ 直压式需注意锁模压力是否足够，肘节式注意十字头伸直否，以防射出时模具被逼退而溢出大毛边弄坏模具。

⑮ 如对成形状况不了解，前几模需喷上脱模剂以利脱模，如脱模顺利又不会顶白则可免喷。

⑯ 依成品需要再逐步更改压力、速度二模后即可看出结果，更改料温、模温至少需 5min 以上才可以看出结果。

⑰ 试好的成品，分袋装好，并记录缺点，建议改善事项，最好配合模具制造者。

⑱ 依原料不同来选择不同的模温控制。如热模（60℃ 以上）：尼龙、PBT、POM、PPS、PET、亚克力、PC 等。如冷模（60℃ 以下）：PE、PP、PS、AS、ABS、PVC、PU 等。

⑲ 原料需完全由料管内射完后才可停机，模具水管拔除用 AIP 把模具内之水喷出，模具内部并喷上防锈油，料屑要先擦拭干净。

⑳ 试模中得到的塑件按图样要求进行仔细检查，如塑件合格，即可认为模具合格。

3.18.3 试模注意事项

试模时，应注意以下几点。

① 背压依成品状况而调整，一般均有 $2\sim5kgf/cm^2$ 以求进料平均，松退也以不介入气体为先决条件。

② 对于黏度高、热稳定性差的塑料，采用较慢的螺杆转速和略低的背压加料和预塑较好。

③ 对于黏度低和热稳定性好的塑料，可采用较快的螺杆转速和略高的背压。

④ 一个周期的设定，必须能使下次射出时，原料能够完全熔融为原则，如无法达到，则料温、背压、冷却时间、换较大机台都是考虑重点。

⑤ 如试模的原料是 PVC、POM、PBT、防火料等，试模完毕需用 PP 或 PE 将它冲洗掉。

⑥ 试完模将成型条件记录下来，并留下几模，待下回试第二次时作为参考，省时又省料。

⑦ 对尺寸有要求的成品，第二天需再量一次，确定才可修改模具。

⑧ 吊环要区别清楚公制牙（细牙）有 10mm、12mm、16mm、20mm 等，英寸牙（粗牙）有 3/8″、1/2″、5/8″、1″等，水管接头（PT 牙）也有粗细之分，要利用快速接头才会节省工时。

3.18.4 模具的验收

(1) 塑件的质量检验

① 塑件的形状应完整无缺，其表面平滑光泽，不得出现不允许的各种成型质量缺陷。

② 顶杆顶出塑件时残留的凹痕不得太深，一般不得超过 0.5mm。

③ 仔细按图样检查塑件尺寸和表面粗糙度，应符合图样要求，且毛边不得过大。

④ 该模具应能稳定地生产出合格塑件来，因此，多生产些塑件才能看得出来。

(2) 模具的检验

① 模具各运动部件灵活平稳，动作协调，工作部分动作稳定可靠。

② 动作起止位置正确，可保证模具稳定正常地工作，能满足成型和生产率要求。

③ 各主要受力零件有足够的强度和刚度，在工作时不致产生变形。

④ 易于脱模，塑件能按预定要求滞留在定模或动模上，脱模机构动作轻快灵活。

⑤ 模具平稳性好，调整方便，工作安全，配件及附近的使用性能良好。

⑥ 嵌件安装方便、可靠、正确，工作时加料方便，原料消耗少。

⑦ 模具试好后，把所有情形或不良、改善和建议记录在"新模具试作报告"中。

3.19 模具的安装、使用与维护

3.19.1 模具的安装

(1) 装模前的准备

① 测量模具的长、宽、高，根据测量后的数据，判定模具能否安装在本台机器上。

② 测量模具的定位环外径，是否与固定模板上的安装孔相配。

③ 测量模具的浇口唧嘴 R 位大小与本机注射座喷嘴是否能良好相配。

④ 测量模具顶出板的尺寸，检查模具顶棍孔（注塑机顶杆穿孔）位置大小及数量与

Chapter 1
Chapter 2
Chapter 3
Chapter 4
Chapter 5
Chapter 6
Chapter 7
Chapter 8
附录 1
附录 2

机器是否合适。

⑤ 根据模具的实际厚度，用手动调模方式粗调模具厚度，然后根据开模后制品顺利脱落下所需要的空间距离，设置开模间距。松开移动模板上的机械保险杆的螺母，通过其中一个螺母旋退，另一个旋进，使保险杆左右移动，调整到开模位置时，一打开防护门，装在固定模板顶部的机械保险挡板会自动掉下，而且保险杆右端的撞头刚好靠近保险挡板，然后锁紧保险杆螺母。

⑥ 根据模具的设计参数，设置好顶针行程（顶针行程小于模具顶板顶出行程），以便在后调整模具厚度时不致使模具受到损坏。

⑦ 准备好模具压板、压板垫块、压紧螺栓、螺母、平垫圈、弹簧垫圈、扳手、管件等。

(2) 装模步骤

需要强调的是，装模需要大量手工操作，下面所有的机械操作应在手动或调模状态下进行，手工操作（非机械操作）前应关闭油泵电动机，以确保操作人员的安全。

步骤1：启动油泵电动机。

步骤2：开模，使模板开启。

步骤3：将注射座向后移动。

步骤4：关闭油泵电动机。

步骤5：调整顶针的位置与数目，使之与模具相适合。

步骤6：首先清理模板平面及定位孔，以及模具表面的脏物、毛刺，再吊起成对的模瓣，放入模板内（放入时，注意不要让模具拉杆及其他机器部件相撞），把定位环装入固定模板上的安装孔内，使模具平面与定模板的安装面相贴。

（注意：起吊前，应确定前后模不会分离！）

步骤7：启动油泵电动机。

步骤8：以点动方式进行关模，使移动模板与模具逐渐接触，直至紧贴。

步骤9：在模具完全闭合后，进行喷嘴中心与模具浇口中心的对准和可靠接触的校调，要确保喷嘴中心准确地对准模子浇口中心。

注意：移动喷嘴前，先观察喷嘴长度以及模具进料口的深度，是否有冲突，否则可能导致喷嘴或电热圈的损坏！

步骤10：关闭油泵电动机。

步骤11：拧紧动模板、定模板上的模具压板螺栓，锁紧动、定模板上的模具。

步骤12：用螺栓、模具压板、压板垫块、平垫圈、弹簧垫圈等把模具的固定模板部分固定到模板上，此时注塑机不必用很大的锁紧力。注意：螺牙旋进机床固定板螺孔深度最少应为螺栓直径的1.5～2倍。

注意：应牢固地拧紧螺栓，以确保开模时模具不至于落下！

步骤13：卸下吊装所用的的皮带或钢绳。

步骤14：根据模具结构要求连接好模具抽芯、进芯装置，确保油管接头不会发生漏油现象。同时中子进、中子退，要设定一定的压力、流量和时间，确保抽芯、进芯动作能顺利完成。

步骤15：设定好开关模各个位置的压力和速度，特别是高压锁模压力设定为成型制品所要求的压力。

步骤16：启动油泵电动机。

步骤17：开模至开模终，调整开模——慢的位置大于关模高压位置。

步骤18：开关模和调模参数设定。

步骤19：关上安全门，按下二次调模功能键，进入自动调模状态。

步骤 20：安全门再开关一次，机器将自动进行调模，调模完成后，机器将恢复为手动。

步骤 21：按关模键，进行关模操作，在关模结束后，关闭油泵电动机。

步骤 22：连接有关模具的其他管路，如冷却水管等。

3.19.2 模具的使用与维护

(1) 正常生产时的维护

① 生产过程中，要定时清理模具分型面上的垃圾，半自动约 4h 一次，全自动约 2h 一次。

② 每班在模具的顶出、滑块等活动部分添加一次润滑油，以防相互摩擦而咬死损坏模具。并随时检查模具的润滑情况。

③ 装模后到产品正常生产时，要打开模具冷却水，并随时检查模具冷却情况。

④ 模具一旦出现问题时，要及时修理，不要带病生产，以防模具因小问题转变成大问题。

⑤ 若产品粘在模具型腔中，取拿时要注意方法，用铜棒或其他较软的工具去取拿，并注意力的方向。切忌强行或用尖、硬等物取拿。

⑥ 调机时，压力应由小到大，注射位置应准确，防止过盈注射，否则极易损坏模具。

(2) 结束注塑工作后的维护

① 机台结束注塑工作之前，要先关闭料斗挡板，将料筒内材料做完，冉关闭料筒电热。如果是临时短时间停机，不要关料筒电热。当材料用完或所需产品数已注塑完毕，此时必须关闭注塑机的加热系统并按停机操作规程进行操作。如果注塑机装有喷嘴温度调节用的温度调节器，将该调节器按钮旋转至 0，使调节器断开。

② 机台结束注塑工作前 5min 必须关闭模具冻水水道开关，及时做好模具防锈工作（在喷洒防锈剂时，喷嘴应垂直方向喷洒型腔。），对结构复杂或有深孔之模具，要仔细确认防锈剂是否覆盖到位。

第4章
注塑成型工艺的设置与调整

4.1 注塑成型的原理与工艺流程

4.1.1 注塑成型的原理

注塑成型，也称塑料注射成型，其基本设备是注塑机和注塑模具，图4-1所示为螺杆

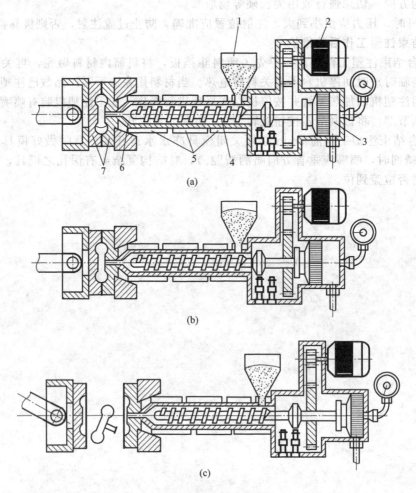

图 4-1 螺杆式注塑机注塑成型原理

1—料斗；2—螺杆转动传动装置；3—注射液压缸；4—螺杆；

5—加热器；6—喷嘴；7—模具

式注塑机的注塑成型原理。其原理是，将粒状或粉状的塑料加入注射机料筒，经加热熔融后，由注射机的螺杆高压高速推动熔融塑料通过料筒前端喷嘴，快速射入已经闭合的模具型腔［图 4-1(a)］，充满型腔的熔体在受压情况下，经冷却固化而保持型腔所赋予的形状［图 4-1(b)］，然后打开模具，取出制品［图 4-1(c)］。

除少数热塑性塑料外，几乎所有的热塑性塑料都可以用注塑成型方法生产塑件。注塑成型不仅用于热塑性塑料的成型，而且已经成功地应用于热固性塑料的成型。目前，其成型制品占目前全部塑料制品一半。为进一步扩大注塑成型塑件的范围，还开发了一些专门用于成型有特殊性能或特殊结构要求塑件的专用注塑技术，如高精度塑件的精密注塑、复合色彩塑件的多色注塑、内外由不同物料构成的夹芯塑件的夹芯注塑和光学透明塑件的注塑压缩成型等。

4.1.2　注塑成型的工艺流程

如图 4-2 所示，注塑成型工艺流程主要包括塑化—合模—注射—保压—冷却定型—开模取出制品等过程，上述过程循环进行，如图 4-3 所示，注塑生产即可以连续进行。

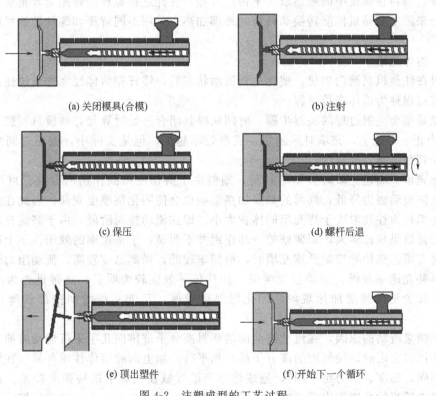

(a) 关闭模具(合模)　　　　　(b) 注射

(c) 保压　　　　　(d) 螺杆后退

(e) 顶出塑件　　　　　(f) 开始下一个循环

图 4-2　注塑成型的工艺过程

上述工艺过程中，关键的环节包括以下部分。

（1）塑料的塑化

塑化与流动是注射模塑前的准备过程，对它的主要要求有：达到规定的成型温度；温度、组分应均匀一致并能在规定的时间内提供足够数量的熔融塑料；分解物控制在最低限度。

塑化螺杆在预塑时，一边后退一边旋转，把塑料熔体从均化段的螺槽中向前挤出，使之集聚在螺杆头部的空间里，形成熔体计量室并建立起熔体压力，此压力称预塑背压。螺杆旋转时正是在背压的作用下克服系统阻力才后退的，后退到螺杆所控制的计量行程为

Chapter 1
Chapter 2
Chapter 3
Chapter 4
Chapter 5
Chapter 6
Chapter 7
Chapter 8
附录 1
附录 2

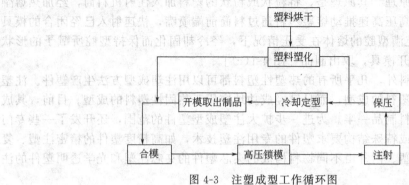

图 4-3　注塑成型工作循环图

止，这个过程叫做塑化过程。

塑料从料筒加料口到喷嘴由于热历程不同，物料也有三种聚集态：入口处的玻璃态，喷嘴及计量室处为黏流态，中间为高弹态。与之相对应的螺杆也分为固体输送段、均化段和压缩段。物料在螺槽中的吸热取决于传热过程，在此过程螺杆的转速起着重要作用，物料的热能来源主要是机械能转换和料筒的外部加热。采用不同背压和螺杆转数可改善塑化质量。

（2）熔体充填

塑料在注塑机料筒内加热、塑化达到流动状态后，螺杆将熔体经浇注系统注入模具的型腔，该过程称为熔体充填过程。

充填是整个注射过程的关键步骤，时间从模具闭合开始时算起，到模具型腔充填到大约 95% 为止。理论上，充填时间越短，成型效率越高，但是实际中，成型时间或者注塑速度要受到很多条件的制约。

高速充填。高速充填时剪切率较高，塑料由于剪切变稀的作用而存在黏度下降的情形，使整体流动阻力降低；局部的黏滞加热影响也会使固化层厚度变薄。因此在流动控制阶段，充填行为往往取决于待充填的体积大小。即在流动控制阶段，由于高速充填，熔体的剪切变稀效果往往很大，而薄壁的冷却作用并不明显，于是速率的效用占了上风。

低速充填。热传导控制低速充填时，剪切率较低，局部黏度较高，流动阻力较大。由于热塑料补充速率较慢，流动较为缓慢，使热传导效应较为明显，热量迅速为冷模壁带走。加上较少量的黏滞加热现象，固化层厚度较厚，又进一步增加壁部较薄处的流动阻力。

由于喷泉流动的原因，在流动波前面的塑料高分子链排向几乎平行流动波前。因此两股塑料熔体在交汇时，接触面的高分子链互相平行；加上两股熔体性质各异（在模腔中滞留时间不同，温度、压力也不同），造成熔体交汇区域在微观上结构强度较差。在光线下将零件摆放适当的角度用肉眼观察，可以发现有明显的接合线产生，这就是熔接痕的形成机理。熔接痕不仅影响塑件外观，同时由于微观结构的松散，易造成应力集中，从而使得该部分的强度降低而发生断裂。

（3）保压

保压阶段的作用是持续施加压力，压实熔体，增加塑料密度（增密），以补偿塑料的收缩行为。在保压过程中，由于模腔中已经填满塑料，背压较高。在保压压实过程中，注塑机螺杆仅能慢慢地向前作微小移动，塑料的流动速度也较为缓慢，这时的流动称为保压流动。由于在保压阶段，塑料受模壁冷却固化加快，熔体黏度增加也很快，因此模具型腔内的阻力很大。在保压的后期，材料密度持续增大，塑件也逐渐成型，保压阶段要一直持续到浇口固化封口为止，此时保压阶段的模腔压力达到最高值。

在保压阶段，由于压力相当高，塑料呈现部分可压缩特性。在压力较高区域，塑料较为密实，密度较高；在压力较低区域，塑料较为疏松，密度较低，因此造成密度分布随位置及时间发生变化。保压过程中塑料流速极低，流动不再起主导作用；压力为影响保压过程的主要因素。保压过程中塑料已经充满模腔，此时逐渐固化的熔体作为传递压力的介质。模腔中的压力借助塑料传递至模壁表面，有撑开模具的趋势，因此需要适当的锁模力进行锁模。胀模力在正常情形下会微微将模具撑开，对于模具的排气具有帮助作用；但胀模力过大，易造成成型品毛边、溢料，甚至撑开模具。因此在选择注塑机时，应选择具有足够大锁模力的注塑机，以防止胀模现象并能有效进行保压。

（4）冷却定型

在注塑成型模具中，冷却系统的设计非常重要。这是因为成型塑料制品只有冷却固化到一定刚性，脱模后才能避免塑料制品因受到外力而产生变形。由于冷却时间占整个成型周期约70%～80%，因此设计良好的冷却系统可以大幅缩短成型时间，提高注塑生产率，降低成本。设计不当的冷却系统会使成型时间拉长，增加成本；冷却不均匀更会进一步造成塑料制品的翘曲变形。

根据实验，由熔体进入模具的热量大体分两部分散发，一部分有5%经辐射、对流传递到大气中，其余95%从熔体传导到模具。塑料制品在模具中由于冷却水管的作用，热量由模腔中的塑料通过热传导经模架传至冷却水管，再通过热对流被冷却液带走。少数未被冷却水带走的热量则继续在模具中传导，至接触外界后散溢于空气中。

注塑成型的成型周期由合模时间、充填时间、保压时间、冷却时间及脱模时间组成。其中以冷却时间所占比重最大，大约为70%～80%。因此冷却时间将直接影响塑料制品成型周期长短及产量大小。脱模阶段塑料制品温度应冷却至低于塑料制品的热变形温度，以防止塑料制品因残余应力导致的松弛现象或脱模外力所造成的翘曲及变形。

（5）制品脱模

制品脱模是一个注塑成型循环中的最后一个环节，即利用人工或机械的方式，将塑料件从模具上脱出。虽然制品已经冷固成型，但脱模还是对制品的质量有很重要的影响，脱模方式不当，可能会导致制品在脱模时受力不均，顶出时引起制品变形等缺陷。脱模的方式主要有两种：顶杆脱模和脱料板脱模。设计模具时要根据制品的结构特点选择合适的脱模方式，以保证制品质量。

4.1.3　塑料在注塑成型过程中的变化

塑料原料在注塑过程中，依次会发生软化、熔融、流动、赋形及固化等变化，如图4-4所示。

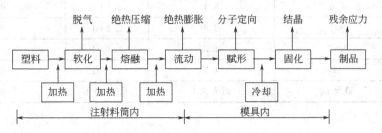

图4-4　塑料在注塑成型过程中物理化学变化

（1）软化和熔融

如图4-5所示为注塑机的料筒和螺杆结构，因料筒外部设有圆形加热器，在螺杆的转动下，塑料一边前进一边熔融，最后经喷嘴被注射到模具内。在这个过程中塑料将发生如下变化：

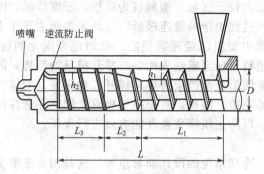

图 4-5 注塑机料筒和螺杆结构

L_1—送料段；L_2—压缩段；L_3—计量段；h_1/h_2—压缩比；D—螺杆直径

首先塑料从送料段（L_1）进入压缩段（L_2）时，因螺杆槽体积的变小而被压缩并发生脱气，在进入计量段（L_3）前，塑料温度已达到熔融温度而成为熔融体。为了保证制品的质量，塑料就须充分脱气后再熔融，否则塑料如果在进入压缩段就已经熔融的话，其脱气效果将受到很大的影响。

计量段（L_3）也称混炼段，由于螺杆槽深 h_2 更小，塑料将在螺杆旋转过程中受到较强的剪切力的混炼，因而熔融变得更加完全。

下列三个有关螺杆的数值，将影响塑料的脱气和熔融的程度。

① 螺杆的有效长度和直径比（长径比）：$L/D=22\sim25$。

② 螺杆的压缩比：$h_1/h_2=2.0\sim3.0$（一般为 2.5）。

③ 螺杆的压缩部分相对长度比：$L_1/L_2=40\%\sim60\%$。

这三个值越大，材料的熔融也就越完全；螺杆旋转时熔融的塑料将被输送至螺杆的前端，与此同时塑料产生的反压力又将使螺杆后退至某一个位置而完成计量过程，然后螺杆将在机械力的作用下前进，将熔融的塑料熔体注射到模具中去。在塑料被射入模具前的瞬间内，其熔体将受到急剧的压缩（称之为绝热压缩），有时熔体会因此而发生结晶，使喷嘴口变窄（结晶化较完全，由于其熔点上升而发生固化）。普通塑料用螺杆参数见表 4-1。

表 4-1　普通塑料用螺杆参数

直径/mm	加料段螺纹深度/mm	均化段螺纹深度/mm	压缩比	螺杆与料筒间隙/mm
30	4.3	2.1	2:1	0.15
40	5.4	2.6	2.1:1	0.15
60	7.5	3.4	2.2:1	0.15
80	9.1	3.8	2.4:1	0.20
100	10.7	4.3	2.5:1	0.20
120	12	4.8	2.5:1	0.25
>120	最大 14	最大 5.6	最大 3:1	0.25

（2）流动

熔体在高压高速下被注射入模具时，往往会发生两种现象。一是在料筒中处于受压熔融塑料会因突然的减压而膨胀，这种急剧的膨胀（称为绝热膨胀）将引起熔融塑料本身的温度下降（其原理和冷冻机的绝热膨胀相同）。有实例表明，聚碳酸酯的这种温度降可达

50℃，聚甲醛塑料的温度可达 30℃。熔融塑料进入模具并接触到冷壁面时，也将产生急剧的温度下降。二是熔融塑料的大分子将顺着其流动方向发生取向，图 4-6 是描述这种现象的模式图。

从图 4-6 中可知，熔体在模腔的壁面附近流动极慢，而在模腔的中心部分流动较快，塑料的分子在流动较快的区域中被拉伸和取向。塑料在这样的状态下经冷却固化成为制品后，由于和流动的平行方向及垂直方向产生的收缩率之差，往往会造成制品的变形和翘曲。

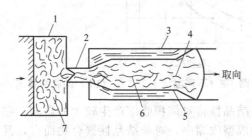

图 4-6　注塑时塑料流动引起的分子取向（定向作用）

1—注塑机；2—树脂注入模具（实际上由主流道、浇口组成）；3—模具（型腔内部）；
4—中心处流速较快的部分；5—沿模腔壁面而流速极慢的部分；6—同取向而
拉伸展开的树脂分子；7—缠绕在一起的树脂分子

(3) 赋形和固化

熔融塑料在注射时，经喷嘴进入模具中被赋予形状，并经冷却和固化而成为制品。但熔融塑料被充填到模具中的时间实际上只有数秒钟，要想观察其充填过程是非常困难的。

美国人斯迪文森采用计算机模拟的方法，描绘了有两个浇口的热流道模具成型聚丙烯汽车门时的充填过程，并以此计算出注射时间（即充填时间）、熔接线及所需锁模力等，图 4-7 是其模拟所得的模型。

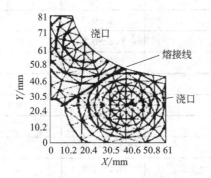

粗点线表示从浇口离开时间为 $t=0.23, 0.43, 0.68, 0.93, 1.28, 1.48(s)$ 的料流前端，——为熔接线段

图 4-7　塑件（汽车车门）注塑时料流前端即熔接线

从图 4-7 中熔体的流动充填状态看，和人们想象的相差不是很大，可能较正确地反映了汽车车门的实际充填过程。

对注射过程的流动模拟已经有了很多种方法（如：FAN 法、CAIM 模拟系统、Mold Flow 模拟系统等）。现在，人们往往采用这些模拟手段来预测熔融塑料在模具中的充填过程，以期进行更合理的模具设计，选择浇口位置和形式。

熔融塑料被赋形后就进入了固化过程，在固化过程中发生的主要现象是收缩，固化时因冷却引起的收缩和因结晶化而引起的收缩将同时进行。

图 4-8 表示三种不同结晶性的聚乙烯在温度下降时的收缩情况。

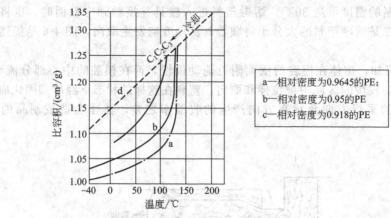

图 4-8 不同温度下聚乙烯（PE）的收缩情况

a—相对密度为0.9645的PE；
b—相对密度为0.95的PE
c—相对密度为0.918的PE

塑料在固化过程中其结晶性将对体积收缩产生较大的影响。在表 4-2 中给出了各种结晶性和非结晶性聚合物的成型收缩率，对非结晶性聚合物而言，其收缩率均在百分之零点几的范围，相比之下结晶性聚合物的收缩率都较大，一般达百分之一以上。表中所示聚酰胺塑料（打＊号者）的下限值，如 0.5%，是指在固化中采用急冷的方法将其结晶度控制在最小限度时所取的数值。

表 4-2 常见塑料的成型收缩率

类　　别	塑料名称	成型收缩率/%	
		非增强	玻璃纤维增强
非结晶性塑料	聚苯乙烯(PS)	0.3～0.6	
	苯乙烯-丁二烯共聚物(SB)	0.4～0.7	
	苯乙烯-丙烯腈共聚物(SAN)	0.4～0.7	0.1～0.3
	ABS 树脂	0.4～0.7	0.2～0.4
	有机玻璃(PMMA)	0.3～0.7	
	聚碳酸酯(PC)	0.6～0.8	0.2～0.5
	硬聚氯乙烯(HPVC)	0.4～0.7	
	苯乙烯改性(PPO)	0.5～0.9	0.2～0.4
	聚砜(PSF)	0.6～0.8	0.2～0.5
	纤维素塑料(CAB)	0.4～0.7	
结晶性塑料	聚乙烯(PE)	1.2～1.8	
	聚丙烯(PP)	1.2～2.5	0.5～1.2
	聚甲醛(POM)	1.8～3.0	0.2～0.8
	聚酰胺(尼龙6)	＊0.5～2.2	0.7～1.2
	聚酰胺(尼龙66)	＊0.5～2.5	
	聚酰胺(尼龙610)	＊0.5～2.5	
	聚酰胺(尼龙11)	＊1.8～2.5	
	PET 树脂	1.2～2.0	0.3～0.6
	PBT 树脂	1.4～2.7	0.4～1.3

聚合物在固化过程中如果冷却不均，成型品中会因收缩的时间差而造成残留应力的蓄

集。特别是对收缩率较大的结晶聚合物，这一点必须引起注意。在某些情况下，采用较慢的冷却速度以减少收缩中的时间差，也是一种改善和减少制品残留应力的方法。

4.2 注塑成型的工艺条件

4.2.1 影响工艺条件的因素

(1) 塑料的收缩率

热塑性塑料成型收缩的形式及计算如前所述，影响热塑性塑料成型收缩的因素如下。

① 塑料品种。热塑性塑料成型过程中由于还存在结晶化引起的体积变化，内应力强，冻结在塑件内的残余应力大，分子取向性强等因素，因此与热固性塑料相比则收缩率较大，收缩率范围宽、方向性明显，另外成型后的收缩、退火或调湿处理后的收缩率一般也都比热固性塑料大。

② 塑件特性。成型时熔融料与型腔表面接触，外层立即冷却形成低密度的固态外壳。由于塑料的导热性差，使塑件内层缓慢冷却而形成收缩大的高密度固态层。所以以壁厚、冷却慢、高密度层厚的则收缩大。另外，有无嵌件及嵌件布局、数量都直接影响料流方向、密度分布及收缩阻力大小等，所以塑件的特性对收缩大小、方向性影响较大。

③ 进料口形式、尺寸、分布。这些因素直接影响料流方向、密度分布、保压补缩作用及成型时间。直接进料口、进料口截面大（尤其截面较厚的）则收缩小但方向性大，进料口宽及长度短的则方向性小。距进料口近的或与料流方向平行的则收缩大。

④ 成型条件。模具温度高，熔融料冷却慢、密度高、收缩大，尤其对结晶料则因结晶度高，体积变化大，因此收缩更大。模温分布与塑件内外冷却及密度均匀性也有关，直接影响到各部分收缩量大小及方向性。另外，保持压力及时间对收缩也影响较大，压力大、时间长的则收缩小但方向性大。注射压力高，熔融料黏度差小，层间剪切应力小，脱模后弹性回跳大，因此收缩也可适量的减小，料温高、收缩大，但方向性小。因此在成型时调整模温、压力、注塑速度及冷却时间等诸因素也可适当改变塑件收缩情况。

模具设计时根据各种塑料的收缩范围，塑件壁厚、形状，进料口形式尺寸及分布情况，按经验确定塑件各部位的收缩率，再来计算型腔尺寸。对高精度塑件及难以掌握收缩率时，一般宜用如下方法设计模具。

a. 对塑件外径取较小收缩率，内径取较大收缩率，以留有试模后修正的余地。

b. 试模确定浇注系统形式、尺寸及成型条件。

c. 要后处理的塑件经后处理确定尺寸变化情况（测量时必须在脱模后 24h 以后）。

d. 按实际收缩情况修正模具。

e. 再试模并可适当地改变工艺条件略微修正收缩值以满足塑件要求。

(2) 塑料的流动性能

① 热塑性塑料流动性大小，一般可从分子量大小、熔融指数、阿基米德螺旋线流动长度、表现黏度及流动比（流程长度/塑件壁厚）等一系列指数进行分析。分子量小，分子量分布宽，分子结构规整性差，熔融指数高、螺旋线流动长度长、表现黏度小，流动比大的则流动性就好，对同一品名的塑料必须检查其说明书判断其流动性是否适用于注塑成型。按模具设计要求大致可将常用塑料的流动性分为以下三类。

a. 流动性好：PA、PE、PS、PP、CA。

b. 流动性中等：聚苯乙烯系列塑料（如 ABS、AS）、PMMA、POM、聚苯醚。

c. 流动性差：PC、硬 PVC、聚苯醚、聚砜、聚芳砜、氟塑料。

② 各种塑料的流动性也因各成型因素而变，主要影响的因素有如下几点。

Chapter 1

Chapter 2

Chapter 3

Chapter 4

Chapter 5

Chapter 6

Chapter 7

Chapter 8

附录 1

附录 2

a. 温度。料温高则流动性增大，但不同塑料也各有差异，PS（尤其耐冲击型及 *MFR* 值较高的）、PP、PA、PMMA、改性聚苯乙烯（如 ABS、AS）、PC、CA 等塑料的流动性随温度变化较大，对 PE、POM 则温度增减对其流动性影响较小。所以前者在成型时宜调节温度来控制流动性。

b. 压力。注射压力增大则熔融料受剪切作用大，流动性也增大，特别是 PE、POM 较为敏感，所以成型时宜调节注射压力来控制流动性。

c. 模具结构。浇注系统的形式、尺寸、布置，冷却系统设计，熔融料流动阻力（如型面光洁度，料道截面厚度，型腔形状，排气系统）等因素都直接影响到熔融料在型腔内的实际流动性，凡促使熔融料降低温度，增加流动性阻力的则流动性就降低。模具设计时应根据所用塑料的流动性，选用合理的结构。成型时则也可控制料温、模温及注射压力、注塑速度等因素来适当地调节充填情况以满足成型需要。

(3) 塑料的结晶性能

热塑性塑料按其冷凝时是否出现结晶现象可划分为结晶型塑料与非结晶型（又称无定形）塑料两大类。

所谓结晶现象即为塑料由熔融状态到冷凝时，分子由独立移动、完全处于无次序状态，变成分子停止自由运动，按略微固定的位置，并有一个使分子排列成为正规模型的倾向的一种现象。

作为判别这两类塑料的外观标准可视塑料的厚壁塑件的透明性而定，一般结晶性料为不透明或半透明（如 POM 等），无定形料为透明（如 PMMA 等）。但也有例外情况，如聚甲基戊烯为结晶型塑料却有高透明性，ABS 为无定形料但却并不透明。

在模具设计及选择注塑机时应注意对结晶型塑料有下列要求及注意事项。

① 料温上升到成型温度所需的热量多，要用塑化能力大的设备。

② 冷却固化时放出热量大，要充分冷却。

③ 熔融态与固态的密度差大，成型收缩大，易发生缩孔、气孔。

④ 冷却快，结晶度低，收缩小，透明度高。结晶度与塑件壁厚有关，壁厚则冷却慢，结晶度高，收缩大，物性好。因此结晶型塑料应严格控制模温。

⑤ 各向异性显著，内应力大。脱模后未结晶化的分子有继续结晶化倾向，处于能量不平衡状态，易发生变形、翘曲。

⑥ 结晶化温度范围窄，易发生未熔体未注入模具或堵塞进料口。

(4) 塑料的热敏性与水解性

热敏性系指某些塑料对热较为敏感，在高温下受热时间较长或进料口截面过小，剪切作用大时，料温增高易发生变色、降解、分解的倾向，具有这种特性的塑料称为热敏性塑料，如硬 PVC、聚偏氯乙烯、醋酸乙烯共聚物，POM，聚三氟氯乙烯等。热敏性塑料在分解时产生单体、气体、固体等副产物，特别是有的分解气体对人体、设备、模具都有刺激、腐蚀作用或毒性。因此，模具设计、选择注塑机及成型时都应注意，应选用螺杆式注塑机，浇注系统截面宜大，模具和料筒应镀铬，不得有尖角滞料，必须严格控制成型温度、塑料中加入稳定剂，减弱其热敏性能。

有的塑料（如 PC）即使含有少量水分，但在高温、高压下也会发生分解，这种性能称为易水解性，对此必须预先加热干燥。

(5) 塑料的应力开裂及熔体破裂

有的塑料对应力敏感，成型时易产生内应力并质脆易裂，塑件在外力作用下或在熔剂作用下即发生开裂现象。为此，除了在原料内加入添加剂提高抗开裂性外，对原料应注意干燥，合理地选择成型条件，以减少内应力和增加抗裂性。并应选择合理的塑件形状，不宜设置嵌件等措施来尽量减少应力集中。模具设计时应增大脱模斜度，选用合理的进料口及顶出机构，成型时应适当地调节料温、模温、注射压力及冷却时间，尽量避免塑件过于冷脆时脱模，成型后塑件还宜进行后处理提高抗开裂性，消除内应力并禁止与熔剂接触。

当熔融的聚合物熔体以一定的速率在恒温下通过喷嘴孔时其流速超过某值后，熔体表面发生明显横向裂纹称为熔体破裂，有损塑件外观及物性。因此在选用熔体流动速率高的聚合物等，应增大喷嘴、浇道、进料口截面，减少注塑速度，提高料温。

（6）塑料的热性能及冷却速度

各种塑料有不同比热容、热传导率、热变形温度等热性能。比热容高的塑料塑化时需要热量大，应选用塑化能力大的注塑机。热变形温度高的塑料冷却时间可短，脱模早，但脱模后要防止冷却变形。热传导率低的塑料冷却速度慢（如离子聚合物等冷却速度极慢），因此必须充分冷却，要加强模具冷却效果。热浇道模具适用于比热容低、热传导率高的塑料。比热容大、热传导率低、热变形温度低、冷却速度慢的塑料则不利于高速成型，必须选用适当的注塑机及加强模具冷却。

各种塑料按其种类特性及塑件形状，要求必须保持适当的冷却速度。所以模具必须按成型要求设置加热和冷却系统，以保持一定模温。当料温使模温升高时应予冷却，以防止塑件脱模后变形，缩短成型周期，降低结晶度。当塑料余热不足以使模具保持一定温度时，则模具应设有加热系统，使模具保持在一定温度，以控制冷却速度，保证流动性，改善充填条件或用以控制塑件使其缓慢冷却，防止厚壁塑件内外冷却不均及提高结晶度等。对流动性好、成型面积大、料温不均的则按塑件成型情况有时需加热或冷却交替使用或局部加热与冷却并用。为此模具应设有相应的冷却或加热系统。

（7）塑料的吸湿性

塑料中因有各种添加剂，使其对水分有不同的亲疏程度，所以塑料大致可分为吸湿、黏附水分及不吸水也不易黏附水分的两种，料中含水量必须控制在允许范围内，否则在高温、高压下水分变成气体或发生水解作用，使塑料熔体起泡、流动性下降、外观及力学性能不良。所以吸湿性塑料必须按要求采用适当的加热方法及规范进行预热，在使用时防止再吸湿。

4.2.2　注射压力

（1）注射压力分布

注射压力是为了克服熔体在流动过程中的阻力，流动过程中存在的阻力需要注塑机的压力来抵消，给予熔体一定的充填速度及对熔体进行压实、补缩，以保证充填过程顺利进行。

如图 4-9 所示，在注塑过程中，注塑机喷嘴处的压力最高，以克服熔体全程中的流动阻力；其后，注射压力随着流动长度往熔体最前端逐步降低，如果模腔内部排气良好，则熔体前端最后的压力就是大气压。

如图 4-10 所示，随着流动长度的增加，沿途需要克服的阻力也增加，注射压力也随着增大。为了维持恒定的压力梯度以保证熔体充填速度的均一，必须随着流动长度的变化而相应地增加注射压力，因而必须相应增加熔体入口处的压力，以维持需要的注塑流动速度。

（2）影响注射压力的因素

影响熔体注射压力的因素很多，主要有三类：A 类是材料因素，如塑料的类型、黏度等；B 类是结构性因素，如浇注系统的类型、数目和位置、模腔形状以及制品的厚度

Chapter 1
Chapter 2
Chapter 3
Chapter 4
Chapter 5
Chapter 6
Chapter 7
Chapter 8
附录 1
附录 2

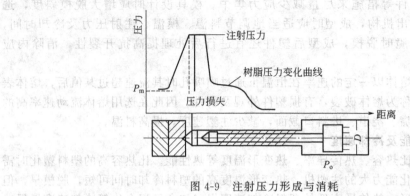

图 4-9　注射压力形成与消耗

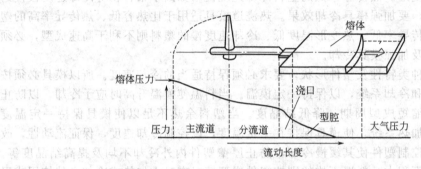

图 4-10　注射压力沿着熔体流动路径上的分布

等；C 类是成型的工艺要素。

模腔所需的注射压力与注塑流道系统（主流道、分流道、浇口）、材料的黏度、制品的厚度、熔体的流动长度以及流动速率有关，图 4-11 中显示注射压力随着上述参数变化的趋势。从图中看出，注射压力与熔体黏度成正比，和熔体的流动长度成正比，即熔体在模具型腔中的流动长度越长，则注射压力越大；和浇口或截面积成反比；与熔体的流动速率成正比。

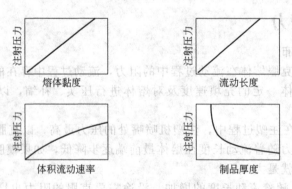

图 4-11　注射压力随各因素的变化简图

（3）注射压力与浇口位置和数目的关系

流动长度越长，熔体在流动过程中损失的压力也越大，熔体到达制品的末端需要的压力也越高，流动长度越短越好。

如表 4-3 所示。对于给定的制品，要想缩短熔体的流动长度，唯一的办法就是增加浇口数量，或者调整浇口的位置，使其以尽可能短的距离来完成充填。

表 4-3　浇口数量和位置对注射压力、熔体流程的影响示例

浇口模式	射胶压力	填充模式及相应的流径
单点边浇口	132.6MPa	
单点中央浇口	84.3MPa	
三点浇口	41.2MPa	

（4）注射压力与制品厚度的关系

制品厚度明显地影响所需的注射压力。成品的厚度越小，则熔体在流动时越容易冷却，流动也受到限制，因此熔体填充所需的压力越高。对于一定的塑材料，在许可的注射压力下，具有特定的许可流长比 L（流动长度/制品的最小厚度），一般为 $L=30\sim40$，熔体的流动长度越长，则制品的厚度必须越大。

（5）注射压力与塑料材料的关系

不同的塑料材料，其熔体的流动行为会不同，所需注射压力亦不同，理论和经验表明，熔体黏度是流动性质中影响注射压力最显著的。材料选择是根据制品的使用要求而定的，确定材料种类、制品的形状和结构后，就只能通过调整浇口数量和位置来降低成型压力，或者通过提高熔体的温度来降低熔体黏度，进而达到降低成型压力的目的。当调整它们不能满足压力要求时，根据要求，可以更换材料，或者修改制品的结构以满足压力要求。

（6）注射压力与注射时间的关系

一般而言，填充时间越短，熔体的容积流动速率越高，所需的注射压力也越高。对于一个固定的模腔容积而言，填充时间与容积流动速率成反比，但是高速填充产生的摩擦热会使材料温度升高；塑料熔化的高温和高剪切率（由于高流动速率）引起的摩擦热会使得熔体黏度降低，从而弥补了压力需求。

另一方面充填时间也同时取决于模壁的冷却效果，如果充填时间较长，则熔体在冷却过程中将产生较厚的凝固（固化）层，从而使流动管道较窄，因此需要较高的注射压力。

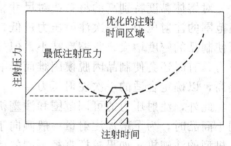

图 4-12　注射压力随充填时间的变化曲线

定性的分析表明，填充时间与注射压力之间的关系呈现一 U 形曲线，如图 4-12 所示，最佳填充时间位于曲线中注射压力的最低点，即为：如果用较小的注射时间填充充满模腔，就必须要有很高的注射速度，因此也就必须要有较高的压力；当注射时间很长时，熔体温度下降，黏度增加，从而增加了填充难度，因此也需要很大的注射压力。只有在曲线的中间位置出现了一个最低点，此时的注射时间恰好对应于注射压力最低的区域。

Chapter 1
Chapter 2
Chapter 3
Chapter 4
Chapter 5
Chapter 6
Chapter 7
Chapter 8
附录 1
附录 2

(7) 注射压力与熔体及模壁温度的关系

熔体及模具温度不仅对成型过程有影响，而且对制品的最终成型结果亦有直接影响。熔体及模具温度影响注射压力、制品的表面质量、成品的收缩/变形、成型周期等，例如，升高熔体及模具温度将降低熔体的黏度，进而降低成型时所需的注射压力。经验分析表明，在特定材料的成型温度范围内，熔体温度每增加 10℃，将导致熔体黏度降低，从而使得注射压力降低约 10％。但是升高温度只对分子链较柔软的"温敏性"塑料有比较大的影响，例如 PC 等；对于分子链较刚性的"剪敏性"塑料影响却较小，例如 PP 等。过分地升高料筒温度则会使塑料降解，影响制品的表面质量和强度。根据经验，料筒温度每升高 1℃，注射压力往往会下降 1.5MPa 左右；另外料筒温度过高使得塑料黏度下降很大，导致飞边的出现和收缩痕迹加重，因此在注塑过程中要合理地把握好这个参数。注射压力与熔体、模壁温度的关系（示例）见表 4-4。

表 4-4 注射压力与熔体、模壁温度的关系（示例）

序号	熔体温度/℃	模壁温度/℃	注射压力/MPa
1	215	50	48.6
2	205	40	57.2
3	215	40	51.8
4	225	40	48.2
5	215	30	54.8

(8) 注射压力与注射速度的关系

最佳的注射速度分布使熔体以较缓慢的流动速率通过浇口区域，以避免喷射流和过高的剪应力，然后增加流动速率使熔体填充大部分的模穴。在熔体完全填满模穴之前，注塑速度会再度降低，以避免压力突增及因超过锁模力，使模具被撑开而造成溢料现象。

注射压力一般分为两个阶段：第一阶段是把塑料熔体高速地注射入模具中的阶段，此时的压力称为一次注射压力，这就是通常所称的注射压力；第二阶段是材料充满模具后所加的压力，称为二次注射压力或保压压力。因塑料熔体在流动时的抵抗与其熔融特性、制品结构及模具构造有关。所以一次注射压力要根据具体要求来设定，一般为 80～120MPa（800～1200kgf/cm²）。

对熔体黏度特别高的材料或对尺寸精度要求特别高的制品，可采用 150～200MPa 较高范围的注射压力。一次注射压力过低，会引起充填不足的情况，而较高的一次注射压力可使制品的密度增大、收缩率减小；但过高的话，则会使制品产生毛边或发生较大的残留应力，有时还会使制品因脱模困难而影响工效。因此，在试制塑件时应从低压开始并逐渐提高，以确定合适的一次注射压力。

此外，注射压力的可调范围和注塑机的机型有关，也应引起注意。例如，成型各种家用小商品时，为了增加注射量一般倾向于使用较大螺杆直径的注塑机，即使是同一厂家同一机型的注塑机，如果螺杆直径不同的话，其最大注射压力也会发生变化，其最大注射压力能否满足要求应该进行确认。

4.2.3 保压压力

在注射过程将近结束时，注射压力切换为保压压力后，就会进入保压阶段。保压过程中注塑机由喷嘴向型腔补料，以填充由于制件收缩而空出的容积；如果型腔充满后不进行保压，制件大约会收缩 25％左右，特别是筋处由于收缩过大而形成收缩痕迹。保压压力一般为充填最大压力的 85% 左右，当然要根据实际情况来确定。

保压压力控制对于减小溢边（飞边）和防止塑件粘模有着非常重要的意义，良好的保压压力控制方式有助于减小制品收缩，提高制品的外观质量。保压压力一般为注射压力的 75%～85%，采用如图 4-13 所示的保压压力控制曲线有助于减小注射压力和锁模力，保持良好的制品质量。

图 4-13 中，1 表示注射开始；3 表示填充过程中发生了保压切换位置；4 代表型腔已经充满，填充过程进入补塑阶段，后填充阶段包含保压和冷却两个过程。

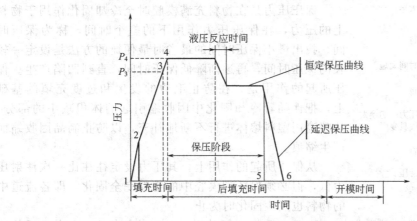

图 4-13 保压过程控制

经验表明，保压时间过长或过短都对成型不利。过长会使得保压不均匀，塑件内部应力增大，塑件容易变形，严重时会发生应力开裂；过短则保压不充分，制作体积收缩严重，表面质量差。

保压曲线分为两部分，一部分是恒定压力的保压，大约需要 2～3s，称为恒定保压曲线；另一部分是保压压力逐步减小释放，大约需要 1s，称为延迟保压曲线，延迟保压曲线对于成型制件的影响非常明显。如果恒定保压曲线变长，制件体积收缩会减小，反之则增大；如果延迟保压曲线斜率变大，延迟保压时间变短，制件体积收缩会变大，反之则变小；如果延迟保压曲线分段且延长，制件体积收缩变小，反之则变大。

注塑填充过程中，当型腔快要充满时，螺杆的运动从流动速率控制转换到压力控制，这个转化点称为保压切换控制点。保压切换对于成型工艺的控制很重要，保压切换点以前熔体前进的速度和压力很大，保压切换后，螺杆向前挤压推动熔体前进的压力较小。如果不进行保压切换，当型腔充满时压力会很大，造成注射压力陡增，所需锁模力也会变大，甚至会出现飞边等一系列的缺陷。保压切换的选择应该适当，过早或过迟的保压切换都对成型不利。过早地进行保压切换会使充模压力降低，充模困难，甚至出现注不满的现象。过迟的保压切换将导致注射压力增大，甚至于出现飞边。保压切换方式有位置、速度、压力、时间等。例如，当注射压力达到一定值时即进行保压切换；如果按照位置进行切换，一般选择型腔填充到 95%（注塑体积）时进行切换。

注塑机中的保压切换一般都是按照注塑位置进行的，也就是说当螺杆进行到某一位置即发生保压切换，保压切换的位置、时间和压力如图 4-14 所示。

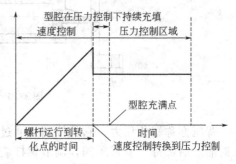

图 4-14 保压切换点的控制简图

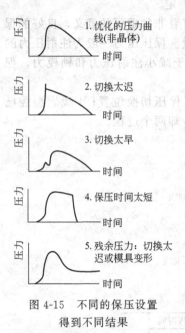

图 4-15 不同的保压设置
得到不同结果

获得最佳注塑质量的关键是在恰当的时刻从熔体注射阶段切换到保压阶段。如果切换过早，模腔在保压阶段中被填充（产生内部应力），切换过迟，注射过度。确定模腔注满时刻的方法，未考虑保持压力，而是基于下列参数：时间；液压压力；螺杆位置；模腔压力。

相比之下，在恒定的保持压力水平切换，是控制注塑的最佳方式。

保压压力是在物料充满模腔时至冷却固化作用于物料上的压力，在保压压力作用下的整个时间，称为保压时间。找出最小保压时间的最省时最便捷的方法是设定一较长的保压时间，再逐渐降低保压时间，直到凹陷产生。保压所起的作用是，在防止毛边的发生和过度充填的基础上，把伴随着冷却固化中因收缩引起的体积减小的部分，从喷嘴用塑料熔体进行不断地补充，以防止制品因收缩而产生缩痕。

从保压所起的作用上，其压力设定往往比一次注射压力低，但必须保持到模腔中的物料完全固化，即各流道中的物料也发生固化时为止。

如图 4-15 所示为不同的保压设置而可能得到的结果，下面分析如下：1 为经过优化的设置，没有出现错误，可以期望得到高质量的零件；2 的模腔压力出现尖峰，原因是 V-P 切换过迟（过度注射）；3 是在压缩前压力下降，原因是 V-P 切换过早（充填失控，注塑件翘曲）；4 是保压阶段中压力下降，导致压力保持时间过短，熔体回流，浇口附近出现凹痕；5 为制品残余压力大，原因是模具刚度不够大，或者是 V-P 切换太迟，注射阶段模板发生变形，导致熔体凝固后应力没有释放。

4.2.4 螺杆背压

(1) 背压的形成

在塑料熔融、塑化过程中，熔体不断移向料筒前端（计量室内），且越来越多，逐渐形成一个压力，推动螺杆向后退。为了阻止螺杆后退过快，确保熔体均匀压实，需要给螺杆提供一个反方向的压力，这个反方向阻止螺杆后退的压力称为背压，如图 4-16 所示。

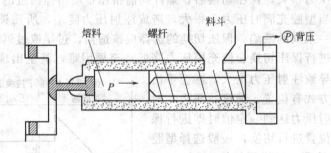

图 4-16 背压的形成原理

背压亦称塑化压力，它的控制是通过调节注射油缸之回油节流阀实现的。预塑化螺杆注射油缸后部都设有背压阀，调节螺杆旋转后退时注射油缸泄油的速度，使油缸保持一定的压力（如图 4-16 所示）；全电动机的螺杆后移速度（阻力）是由 AC 伺服阀控制的。

（2）适当调校背压的好处

① 能将料筒内的熔体压实，增加密度，提高注射量、制品重量和尺寸的稳定性。

② 可将熔体内的气体"挤出"，减少制品表面的气花、内部气泡，提高光泽均匀性。

③ 减慢螺杆后退速度，使料筒内的熔体充分塑化，增加色粉、色母与熔体的混合均匀度，避免制品出现混色现象。

④ 适当提升背压，可改善制品表面的缩水和产品周边的走胶情况。

⑤ 能提升熔体的温度，使熔体塑化质量提高，改善熔体充模时的流动性，制品表面无冷胶纹。

（3）背压太低时可能导致的问题

① 背压太低时，螺杆后退过快，注入料筒前端的熔体密度小（较松散），带入空气相应增多。

② 会导致塑化质量差、注射量不稳定，制品的重量和尺寸变化增大。

③ 制品表面会出现缩水、冷料纹、光泽不匀等不良现象。

④ 制品内部易出现气泡，制品周边及加强筋等处容易充填不足。

（4）过高的背压可能导致的问题

① 料筒前端的熔体压力太高、料温高、熔体黏度下降，熔体在螺杆槽间产生逆流增大，从而会降低塑化效率（单位时间内塑化的料量）。

② 对于热稳定性差的塑料（如 PVC、POM 等）或着色剂，因熔体的温度升高且在料筒中受热时间增长而造成热分解，或着色剂变色程度增大，制品表面颜色/光泽变差。

③ 背压过高，螺杆后退慢，预塑回料时间长，会增加成型周期的时间，导致生产效率下降。

④ 背压高，熔体压力高，注射后喷嘴容易发生熔体流涎现象，下一循环注射时，流涎产生的冷料会堵塞浇口或在制品中出现冷料斑。

⑤ 在注塑过程中，常常会因背压过大，喷嘴出现熔体泄漏（漏胶）现象，浪费原料并导致喷嘴附近的发热圈损坏。

⑥ 预塑机构和螺杆筒磨损增大。

4.2.5 锁模力

锁模力是为了抵抗塑料熔体对模具的胀力而设定的，其大小根据注射压力等具体情况决定。但实际上，塑料熔体从注塑机的料筒喷嘴射出后，要经过模具的主流道、分流道、浇口而进入模腔，途中的压力损失是很大的。如图 4-17 所示为注射压力在料筒至进入模

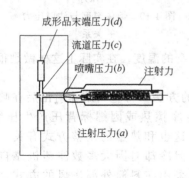
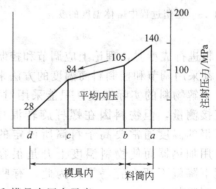

图 4-17　注射压力和模具内压力示意

具的整个过程中变化情况，从图中压力变化可知，到达模腔的末端时其压力将下降到仅相当于初始注射压力的20%。

因此，可以认为一般在注塑成型中模腔内的平均压力为35～50MPa左右。具体地对某一制品进行锁模力预测时，可以根据以下公式把包括流道和浇口在内的面积计算在内，模具一般就不会发生胀模现象。

$$F > AP \times 10^3$$

式中　F——锁模力；
　　　A——总投影面积，cm^2；
　　　P——模腔内的平均压力（35～50MPa）。

对针点式浇口的模具进行总投影面积计算时可以不包括流道和浇口，对于使用聚碳酸酯塑料、聚甲醛塑料等工程塑料的制品，且要求精密度较高时，可采用100MPa作为模腔内平均压力进行计算。

4.2.6　料筒温度

料筒温度是影响注射压力的重要因素，注塑机料筒有5～6个加热段，每种原料都有其合适的成型温度，具体的成型温度可以参阅供应商提供的数据，表4-5所示是常用塑料的成型温度。

表 4-5　常用塑料的成型温度（示例）

塑料	ABS	PP	PS	PC	POM	PVC
温度/℃	235	225	235	300	205	190

熔体温度必须控制在一定的范围内，温度太低，熔体塑化不良影响成型件的质量，增加工艺难度；温度太高，原料容易分解。在实际的注塑成型过程中，熔体温度往往比料筒温度高，高出的数值与注塑速率和材料的性能有关，最高可达30℃，这是由于熔体通过浇口时受到剪切而产生很高的热量造成的，如图4-18所示。

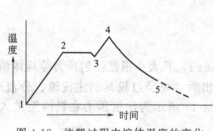

图 4-18　注塑过程中熔体温度的变化

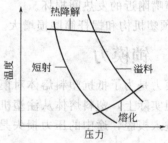

图 4-19　熔体温度与注射压力的关系

对材料进行成型时，理论上应调节和控制物料本身的温度，在实际上这样做是很困难的，一般都采用调节和控制料筒温度的方法来进行。

为了了解物料的实际温度，只能采用对空注射的方法，将塑料熔体射出后在喷嘴处用温度直接测量，但物料因在螺杆旋转混炼时产生摩擦热或因螺标背压产生压缩热，其测量所得的温度通常要高于料筒所设定的温度。这也和热量的调整方式有关，如加热时因使用加热器而使物料温度上升是很容易的，但冷却时因大多数注塑机靠自然放热使温度下降就不那么容易了。为此，有些注塑机采用在料筒外部送风的方式，对料筒进行强制冷却。

对料筒进行温度设定时，一般是使之保持一定的温度梯度，即从后部至前部的喷嘴应设定使其温度逐步增高。在料斗下的送料段设定的温度，主要是对物料进行预备加热；压缩段的前半部的温度设定要稍微低于材料的熔点；而压缩段后半部及计量段的温度应高于材料的熔点。

关于注射温度即喷嘴附近的温度调整的大体原则，主要是根据塑料的基本情况来考虑。如具有活性原子团的聚合物（多为缩合物）的最佳注射温度一般离熔点较近，寻找和考察其最佳温度时，每次进行 2～3℃ 范围的小幅度调节即可。而对于不具有活性原子团的聚合物，其最佳注射温度比熔点要高得多（50℃前后），而且考察其最佳注射温度，要进行 5～10℃ 范围的较大幅度的调节，如图 4-19 所示。

4.2.7 喷嘴温度

喷嘴具有加速熔体流动、调整熔体温度和使物料均化的作用。在注塑过程中，喷嘴与模具直接接触，由于喷嘴本身热惯性很小，与较低温度的模具接触后，会使喷嘴温度很快下降，导致熔体在喷嘴处冷凝而堵塞喷嘴孔或模具的浇注系统，而且冷凝料注入模具后也会影响制品的表面质量及性能，所以，喷嘴需要控制温度。

喷嘴温度通常要略低于料筒的最高温度。一方面，这是为了防止熔体产生"流涎"现象；另一方面，由于塑料熔体在通过喷嘴时，产生的摩擦热使熔体的实际温度高于喷嘴温度，但喷嘴温度控制过高，还会使塑料发生分解，反而影响制品的质量。

喷嘴温度的设定还与注射成型中的其他工艺参数有关。如：当注射压力较低时，为保证物料的流动，应适当提高喷嘴的温度；反之，则应降低喷嘴温度。在注射成型前，一般要通过"对空注射法"和制品的"直观分析法"来调整成型工艺参数，确定最佳料筒和喷嘴的温度。

4.2.8 模具温度

模具温度是与注塑成型的生产效率（成型周期）、产品质量有关的重要条件之一。模具温度越低，模腔内熔体的冷却速度越快，可大大地缩短制品的取出时间，提高注塑生产的效率。但模具温度过低，则易引起制品外观不良，如产生流痕、熔接痕或缩痕等。

为了保证制品的质量，对模具温度的设定也存在着最佳温度，如制造对外观要求较高的 ABS 盒状制品时，可将模腔中制品的外表面侧（即固定模板侧）温度设定在 50～65℃，而将内表面侧（动模板侧）的温度设在低于外表面侧 10℃ 左右，此时得到的制品其表面无缩痕，外观好。又如，模具温度较高的话，制品表面的转印性能较好，特别是成型表面有花纹等制品时，应注意适当地提高模具温度。模具内不同位置的温度-时间曲线见图 4-20。

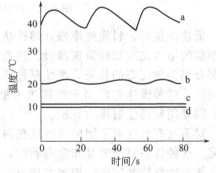

图 4-20　模具内不同位置
的温度-时间曲线

a—模腔表面；b—冷却管路壁面；c—冷却
管路出口；d—冷却管路进口

对结晶性塑料而言，其结晶速度受冷却速度所支配，如果提高模具温度，由于冷却慢，可以使其结晶度变大，有利于提高和改善其制品的尺寸精度和机械物性等。如：尼龙塑料、聚甲塑料、PBT 塑料等结晶性塑料，都因这样的理由而需采用较高的模具温度。常用热塑性塑料注射成型模具温度见表 4-6。

Chapter 1
Chapter 2
Chapter 3
Chapter 4
Chapter 5
Chapter 6
Chapter 7
Chapter 8
附录 1
附录 2

表 4-6　常用热塑性塑料注射成型模具温度

塑料种类	模温/℃	塑料种类	模温/℃
HDPE	60~70	PA6	40~80
LDPE	35~55	PA610	20~60
PE	40~60	PA1010	40~80
PP	55~65	POM	90~120
PS	30~65	PC	90~120
PVC	30~60	氯化聚醚	80~110
PMMA	40~60	聚苯醚	110~150
ABS	50~80	聚砜	130~150
改性 PS	40~60	聚三氟氯乙烯	110~130

4.2.9　注射速率

注射速率是指螺杆前进将塑料熔体充填到模腔时的速率，一般用单位时间的注射质量（g/s）或螺杆前进的速率（m/s）表示，它和注射压力都是注射条件中的重要条件之一。

充模速率的不同，可能出现不同的效果，图 4-21 表示低速和高速充模时的料流情况。

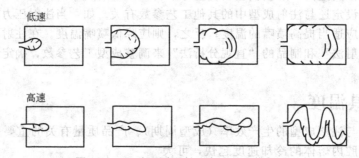

图 4-21　两种不同注射速率下的充模情况

低速注射时，料流速率慢，熔体从浇口开始渐向型腔远端流动，料流前呈球形，先进入型腔的熔体先冷却而流速减慢，接近型腔壁的部分冷却成高弹态的薄壳，而远离型腔壁的部分仍为黏流态的热流，继续延伸球状的流端，至完全充满型腔后，冷却壳的厚度加大而变硬。这种慢速充模由于熔体进入型腔进时间长，冷却使得黏度增大，流动阻力也增大，需要用较高注射压力充模。

对不具有活性原子团的非极性塑料而言（如 PP），剪切应力的增加将引起熔体黏度的下降。这种性质对注塑是非常有利的，因为注射速率可以作为温度和压力以外的第三种手段，能对物料的黏度进行控制和调节。

怎样是理想的注射成型速率？在注塑理论中是指"将最均匀熔融的塑料，用最短的时间传送至模具内使其在均一状态下固化"。从这理论观点来看一般都希望注射速率快，但实际成型时受到注塑机性能的限制，高速注射的制品产品外观容易产生种种缺陷，因此不能期望流速太高。所以合适的注射速率应以塑件的表观质量和模具的结构来确定。

4.2.10　注射量

注射量为制品和主流道分流道等加在一起时的总质量（g），如果其值小于注塑机最大注射量（g），在理论上是可以成型的。但是，一般情况下，注射量应小于注塑机的额定注射量的85％。但实际使用的注射量如果太小的话，塑料会因在料筒中的滞留时间过长而产生热分解，为避免这种现象的发生，实际注射量应该在注塑机的额定注射量30％以上。因此，一般注射量最好设定在注塑机额定注射量的30％～85％之间。

4.2.11　螺杆的射出位置

注射位置是注塑工艺中最重要的参数之一，注射位置一般是根据塑件和凝料（水口料）的总质量来确定的，有时要根据所用的塑料种类、模具结构、产品质量等来合理设定注射段注射的位置。

大多数塑料制品的注塑成型，均采用三段以上的注射方式，注射的位置包括残料量位置、注射的各段位置、熔体终点位置及倒索（抽胶）位置等，如图4-22所示。

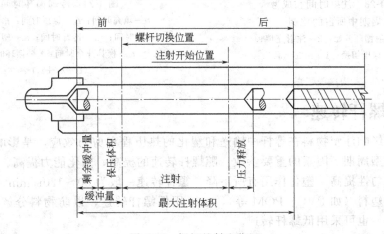

图 4-22　螺杆的射出位置

4.2.12　注射时间

注射时间就是施加压力于螺杆的时间，包含塑料的流动、模具充填、保压所需的时间，因此注射时间、注射速度和注射压力都是重要的成型条件，至于寻找正确的注射时间可以用两种方法进行：外观设定方法和重量设定方法。

尽管注射时间很短，对于成型周期的影响也很小，但是注射时间的调整对于浇口、流道和型腔等压力控制有着很大作用。合理的注射时间有助于熔体实现理想充填，而且对于提高制品的表面质量以及减小尺寸公差值有着非常重要的意义。注射时间可以通过冷却时间的长短来估计，而冷却时间则可以用以下公式来简单估算

$$t \approx \frac{\delta^2}{4\alpha}$$

式中，δ 为需要冷却的制品厚度，mm；α 为塑料的热导率。

注射时间要远远低于冷却时间，大约为冷却时间的1/15～1/10，这个规律可以作为预测塑件全部成型时间的依据，如图4-23所示。

4.2.13　冷却时间

冷却过程基本是由注塑开始而并不是注塑完成后开始，而冷却时间的长短，是基于保证塑件定型能开模取出，一般冷却时间占整个注射周期时间的70％～80％。冷却循环时间见图4-24。

Chapter 1

Chapter 2

Chapter 3

Chapter 4

Chapter 5

Chapter 6

Chapter 7

Chapter 8

附录 1

附录 2

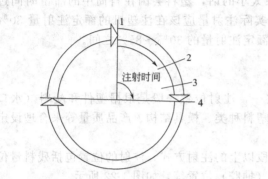

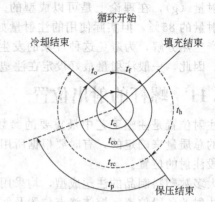

图 4-23　注射时间在成型
周期中所占的比例
1—注射循环开始；2—注射充填；
3—保压切换；4—型腔充满

图 4-24　冷却循环时间
t_f—填充时间；t_h—保压时间；t_{rc}—剩余
冷却时间；t_{co}—冷却时间；t_p—塑化时间；
t_o—模具开合时间；t_c—循环时间
（$t_f + t_{co} + t_o$）

4.2.14　螺杆转速

螺杆转速影响注塑物料在螺杆中输送和塑化的热历程和剪切效应，是影响塑化能力、塑化质量和成型周期等因素的重要参数。随螺杆转速的提高，塑化能力提高、熔体温度及熔体温度的均匀性提高，塑化作用有所下降，螺杆转速一般为 $50\sim120 r/min$。

对热敏性塑料（如 PVC、POM 等），也采用低螺杆转速，以防物料分解；对熔体黏度较高的塑料，也可采用低螺杆转速。

4.2.15　防涎量（螺杆松退量）

防涎量是指螺杆计量（预塑）到位后，又直线地倒退一段距离，从而使计量室中熔体的空间增大，内压下降，防止熔体从计量室向外流出（通过喷嘴或间隙），这个后退动作称防流涎，后退的距离称防涎量或防流涎行程。防流涎还有另外一个目的就是在喷嘴不退回进行预塑时，降低喷嘴流道系统的压力，减少内应力，并在开模时容易抽出主流道。防涎量的设置要视塑料的黏度和制品的情况而定，过大的防涎量会使计量室中的熔体夹杂气泡，严重影响制品质量，对黏度大的物料可不设防涎量（一般为 $2\sim3 mm$）。

4.2.16　残料量

螺杆注射结束之后，并不希望把螺杆头部的熔体全部注射出去，还希望留存一些，形成一个余料量。这样，一方面可防止螺杆头部和喷嘴接触发生机械碰撞事故；另一方面可通过此余料垫来控制注射量的重复精度，达到稳定注塑制品质量的目的（余料垫过小，则达不到缓冲的目的，过大会使余料累积过多），一般残料量为 $5\sim10 mm$。

4.2.17　注塑过程模腔压力的变化

模腔压力是能够清楚地表征注塑过程的唯一参数，只有模腔压力曲线能够真实地记录注塑过程中的注射、压缩和压力保持阶段，模腔压力变化是反映注塑件质量的重要特征（如重量、形状、飞边、凹痕、气孔、收缩及变形等），模腔压力的记录不仅提供了质量检验的依据，而且可准确地预测塑件的公差范围。

(1) 模腔压力特征

模腔压力曲线上的典型特征点如表 4-7 所示。表 4-7 中所示的图揭示了相关特征点或时间段的压力变化效应。该模腔压力曲线反映了注塑过程的普遍状态。

表 4-7　模腔压力曲线

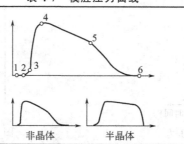

特征点	动作	过程事件	熔体注入	对材料、压力曲线和注塑的影响
1	注射开始	液压上升螺杆向前推进		
1—2	熔体注入模腔	传感器所在位置的模腔压力＝1bar		
2	熔体到达传感器	模腔压力开始上升		
2—3	充填模腔	充填压力取决于流动阻力	平稳上升	(1)缓慢注入 (2)无压力峰 (3)内部应力低
			快速上升	(1)快速注入 (2)出现压力峰 (3)内部压力大 (4)注塑件飞边
3	模腔充满	理想的 V-P（体积-压力）切换时刻		(1)注射控制适当 (2)切换适时,注塑件内部压力适中
3—4 （—5）	压缩熔体	体积收缩的平衡	平稳上升	(1)压缩率低 (2)无压力峰 (3)平稳过渡 (4)注塑件内部应力低 (5)可能产生气孔
			快速上升	(1)压缩率高 (2)压力峰,过渡注射 (3)内部应力高 (4)注塑件飞边
4	最大模腔压力	取决于保持压力和材料特性		
4—6	压力持续下降		非晶体材料	(1)保压时间适当 (2)过程优化
4—6	压力下降出现明显转折	晶态固化	半晶体材料	(1)保压时间适当 (2)过程优化
4—6	压力下降出现明显转折	熔体回流	非晶体材料	(1)保压时间过短 (2)浇口未密封 (3)注塑件凹陷
5	凝固点	浇口处熔体冷却（模腔内体积不变）		
6	大气（压力＝收缩）过程开始	保持尺寸稳定的重要监控依据		压力波动通常标志着注塑件尺寸不一致

（2）最大模腔压力

如图 4-25 所示，最大模腔压力取决于保持压力的设定值，也会受到注射速度、注塑件的几何形状、塑料本身的特性及模具和熔体温度的影响。

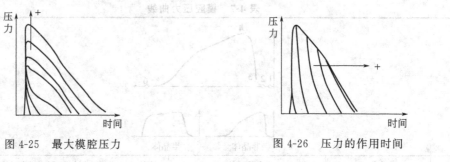

图 4-25　最大模腔压力　　　　　　　　图 4-26　压力的作用时间

（3）压力的作用时间

如图 4-26 所示，压力的突然下降表明压力保持时间过短，熔体尚未从凝固的浇口回流。

（4）模腔压力的变化曲线

一般而言，流动阻力小，压力损耗小，保压较完全，浇口封闭时间晚，补偿收缩时间长，模腔压力较高。

① 保压时间的影响　保压时间越短，模腔压力降低越快，最终模腔压力降低，如图 4-27 所示。

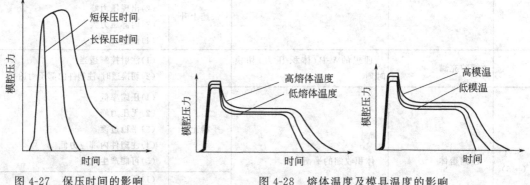

图 4-27　保压时间的影响　　　　　　图 4-28　熔体温度及模具温度的影响

② 塑料熔体温度的影响　注塑机喷嘴入口塑料温度越高，浇口越不易封口，补料时间越长，压降越小，因此模腔压力较高（如图 4-28 所示）。

③ 模具温度的影响　模具的模壁温度越高，与塑料的温度差越小，温度梯度越小，冷却速率较慢，塑料熔体传递压力时间较长，压力损失小，因此模腔压力较高。反之，模温越低，模腔压力越小（如图 4-28 所示）。

④ 塑料种类的影响　保压及冷却过程中，结晶性塑料的比体积变化较非晶性塑料大，模腔压力曲线较低（如图 4-29 所示）。

⑤ 流道及浇口长度的影响　一般而言，流道越长，压降损耗越大，模腔压力越低；浇口长度与模腔压力也是成反比的关系（如图 4-30 所示）。

⑥ 流道及浇口尺寸的影响　流道尺寸过小造成压力损耗较大，将降低模腔压力；浇口尺寸增加，浇口压力损耗小，使模腔压力较高；但截面积超过某一临界值，塑料通过浇口发生的黏滞加热效应削弱，料温降低，黏度提高，使压力传递效果变差，反而降低模腔压力（如图 4-31 所示）。

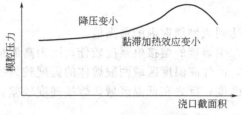

图 4-29 塑料种类的影响 　　　　　　　　　　图 4-30　流道及浇口长度的影响

图 4-31　流道及浇口尺寸的影响

4.2.18　注塑成型过程时间、温度、压力分布

塑料在注塑成型过程中，时间、温度和压力等工艺条件在不同阶段分布关系如图 4-32 所示。

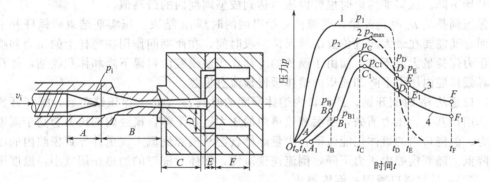

图 4-32　注射过程的时间、压力、温度分布

v_i—螺杆速度；p_i—注射压力；A—计量室流道；B—喷嘴流道；

C—主流道；D—分流道；E—浇口；F—型腔

(1) 塑化期

料筒温度的选择与各种塑料特性有关，每种塑料材料都有自己的黏流温度（T_f）和熔点（T_m）。在设置料筒温度参数时，首先设置的是料筒温度，它必须是高于（T_f）和（T_m），低于分解温度（T_d），因此料筒最合适的温度范围是在 T_f 或 $T_m \sim T_d$ 之间。料筒的首段温度通常可比 T_f 或 T_m 高 25℃ 左右设定，在中段及末段温度按每段降低于首段 15～30℃ 的范围来设置。对于 $T_m \sim T_d$ 范围较窄的塑料，料筒温度比 T_m 或 T_f 稍高一点；对于 $T_m \sim T_d$ 范围较宽的塑料，料筒温度可比 T_f 或 T_m 高许多。例如 PVC、PS。

(2) 充填期

注射过程是一个间歇过程，因而需要充填准备期，也称螺杆的空载期，相当于 t_0 到 t_A 这段时间。

螺杆在 t_0 时刻开始前进，由于流过喷嘴与浇注系统需要一定的时间，因此在 t_A 时刻前熔体尚未进入模腔。由于熔体高速通过截面很小的喷嘴和流道时受到很大的流动阻力并产生大量的剪切摩擦热，因此在这一时期结束时物料温度明显升高而作用在螺杆上和喷嘴内的压力均迅速升高。

充填：这一时期从 t_A 时刻开始，至熔体到达模腔末端的时刻 t_B 结束。在这一时期螺杆继续快速前进，直至熔体完全充满。

充填时间很短，模具对熔体的冷却不显著，且高速熔体在模腔内流动时有剪切摩擦热产生，因此充填结束时物料温度有一定升高，达到成型周期内的最高值。在模腔未充满之前，熔体流动的阻力不大，因此模腔内的压力仍比较低，但作用在螺杆上的压力和喷嘴内的压力均上升到最高值。

充填结束时熔体温度达到成型周期内的最高值。

一般而言，在高温区产生熔接的熔接痕强度较佳，因为高温情形下，高分子链活动性较佳，可以互相穿透缠绕，此外高温度区域两股熔体的温度较为接近，熔体的热性质几乎相同，增加了熔接区域的强度；反之在低温区域，熔接强度较差。

(3) 保压期

保压的过程又可细分为压实、保压、封口等三个过程，压实是从 t_B 时刻开始，至螺杆到达其行程的最大位置的时刻 t_C 结束。

在此之前模腔虽已被充满，但由于此时喷嘴内的压力远高于模腔内的压力，因此进入这一时期后仍有少量熔体被挤进模腔，使模腔内熔体密度增大而压力急剧升高，压实期结束时模腔内压力达到整个成型周期内的最高值。因受到低温模具的冷却，物料温度在这一时期开始下降。压实期结束时模腔内压力达到成型周期内的最高值。

保压则是从 t_C 时刻开始，到螺杆开始退回的时刻 t_D 结束。压实期结束后螺杆并不立即退回，而需要在最大前进位置继续保持一段时间，在此期间作用在螺杆上的压力和喷嘴内的压力保持最大值不变，而由于模具的冷却作用使模腔内料温下降和体积收缩，体积收缩又导致模腔内压力下降和流道内熔体缓慢地流进模腔。

封口是从 t_D 时刻开始，到浇口内熔体凝固的时刻 t_E 结束。保压结束后，螺杆开始后退，作用在其上的压力消失，喷嘴和流道内的压力迅速下降，模腔内的压力会高于流道内的压力，但浇口内的熔体仍能流动，少量熔体就会从模腔倒流入流道并导致模腔内的压力迅速降低。随着模腔内压力下降，倒流速度减慢，熔体对浇口的加热作用减小，温度迅速下降，到 t_E 时刻浇口凝固，倒流停止。

(4) 冷却定型期

冷却定型期从 t_E 时刻开始，到模具开始开启的时刻 t_F 结束。这一时期虽然外部作用的压力已经消失，但模腔内仍可能保持一定的压力，随冷却过程的进行这一时期内物料温度和压力逐渐下降，通常在开模时模腔内仍可能残留一定的压力。

4.2.19 速度-压力（v-p）的切换

注塑填充过程中当型腔快要充满时，螺杆的运动从流动速率控制转换到压力控制，这个转化点称为保压切换控制点，即 v-p 转换点。如图 4-33 所示。

正确设定转压点是注塑生产中很重要的工艺设置。过早转压就需要利用保压压力把过多的熔料推进型腔，这样很容易产生缺料；但如果保压太迟，则制品会被压缩过大，形成很多部位有溢边、制品内应力过高、脱模不够稳定等缺陷。

在生产实践中，常用的 v-p 切换方式有压力切换、时间切换和位置切换等。

压力切换意思是注塑机的优先权是压力，当机器检测到射出瞬间压力达到用户设定的 v-p 切换压力大小的时候，射出动作就切换为保压动作，直至完成保压。由于这种方法建

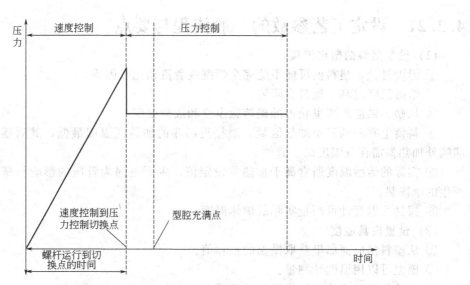

图 4-33　型腔在压力控制下持续充填过程图

立在稳定可靠的压力绝对值信号的基础上，因此，这种切换是最有效的。同时，由于采用了压力监控，从而消除了螺杆行程和止逆阀的影响。但是，这种方法不能补偿液压油、熔体以及模具温度的变化，即注射速率的变化。实践表明，压缩阶段的压力增长越快，这种方法越有效，因为在这种情况下，精确和及时的切换避免了压力峰的产生。

位置切换（也称行程切换）是指当螺杆射出动作到用户设定的 v-p 切换位置时，射出动作就直接转换到保压动作。这种方法是较为常用的方法，实践证明也是有效的。切换信号由保压位置的限位开关发出，由于注射行程基本恒定，因此，可以认为这种切换是在填充相同体积时发生一次。但如果保压行程非常短，这种方法就很不可靠，因为很小的变化会导致开关每次不能准确启动，在这种情况下，最好不要进行切换。由于位置切换不考虑切换压力，所以射出最高压力应尽量设置得宽松一些。

时间切换是指注射开始后经过预定时间，系统发出一个切换信号并将螺杆动作转换为保压动作。这种方法没有考虑螺杆前端的熔体压缩、熔体黏度、进料精度或液压压力等的变化，也没有考虑螺杆推进速率的变化，以及相应的行程变化，其结果是制品质量特别是制品的重量和尺寸波动较大。因此，这种方法只适合一些精度要求不高的普通制品。

4.2.20　结晶性塑料与非结晶性塑料注塑工艺对比

结晶性塑料与非结晶性塑料注塑工艺对比见表 4-8。

表 4-8　结晶性塑料与非结晶性塑料注塑工艺对比

序号	非结晶性塑料	结晶性塑料
1	加工温度范围较宽	温度波动范围小
2	加热和冷却期间的黏度逐渐变化	在熔体和固相之间有明显的转变温度，即熔融温度 T_m
3	冷却期间需带走的热量较少	冷却结晶时需带走较多热量
4	用低脱模温度防止制品变形	可有较高的脱模温度
5	因成本原因用较低的模具温度成型	以较高的模具温度来获取合适的结晶度
6	对于精密制品，用较高的模具温度来减小内应力	为控制制品质量，模具温度应较高
7	较小的收缩率，且受保压时间和压力影响很小	较大的收缩率，需要足够高的保压压力来改善缩水
8	制品的性能取决于冷却时内应力的大小	制品的性能取决于结晶温度的高低

4.2.21 设定工艺参数的一般流程与要点

(1) 设置塑料的塑化温度

① 温度过低，塑料就可能不能完全熔融或者流动比较困难。

② 熔融温度过高，塑料会降解。

③ 从塑料供应商那里获得准确熔融温度和成型温度。

④ 料筒上有三到五个加热区域，最接近料斗的加热区温度最低，其后逐渐增温，在喷嘴处加热器需保证温度的一致性。

⑤ 实际的熔融温度通常高于加热器设定值，主要是因为背压的影响与螺杆的旋转而产生的摩擦热。

⑥ 探针式温度计可测量实际的熔体温度。

(2) 设置模具温度

① 从塑料供应商那里获取模温的推荐值。

② 模温可以用温度计测量。

③ 应该将冷却液的温度设置为低于模温 $10 \sim 20℃$。

④ 如果模温是 $40 \sim 50℃$ 或者更高，就要考虑在模具与锁模板之间设置绝热板。

⑤ 为了提高零件的表面质量，有时较高的模温也是需要的。

(3) 设置螺杆的注射终点

① 注射终点就是由充填阶段切换到保压阶段时螺杆的位置。

② 如图 4-34 所示，垫料不足的话制品表面就有可能产生缩痕。一般情况下，垫料设定为 $5 \sim 10mm$。

③ 经验表明，如在本步骤中设定注射终点位置为充填模腔的 2/3，这样可以防止注塑机和模具受到损坏。

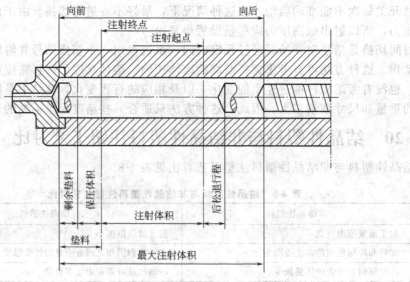

图 4-34 设置螺杆的注射终点

(4) 设置螺杆转速

① 设置所需的转速来塑化塑料。

② 塑化过程不应该延长整个循环周期的时间；如果这样，就需提高速度。

③ 理想的螺杆转速是在不延长循环周期的情况下，设置为最小的转速。

（5）设置背压压力值

① 推荐的背压是 5~10MPa。

② 背压太低会导致不一致的制品出现。

③ 增加背压会增加摩擦热并减少塑化所需的时间。

④ 采用较低的背压时，会增加材料停留在料筒内的时间。

（6）设置注射压力值

① 设置注射压力为注塑机的最大值的目的是为了更好地利用注塑机的注射速度，所以压力设置将不会限制注射速度。

② 在模具充填满前，压力就会切换到保压压力阶段，因此模具不会受到损坏。

（7）设置初始保压压力值

① 设置保压压力为 0MPa，那么螺杆到达注射终点时就会停止，这样就可以防止注塑机和模具受到损坏。

② 保压压力将会增加，达到其最终设定值。

（8）设置注射速度为注塑机的最大值

① 采用最大的注射速度时，将会获得更小的流动阻力，更长的流动长度，更强的熔合纹强度。

② 但是，这样就需要设置排气孔。排气不畅的话会出现困气，这样在型腔里产生非常高的温度和压力，导致熔体烧焦、材料降解和短射。

③ 应该设计合理的排气系统，以避免或者减小由困气引起的缺陷。

④ 此外还需要定期地清洗模具表面和排气设施，尤其是对于 ABS/PVC 材料。

（9）设置保压时间

① 理想的保压时间取浇口凝固时间和零件凝固时间的最小值。

② 浇口凝固的时间和零件凝固的时间可以计算或估计出。

③ 对于首次实验，可以根据 CAE 软件预测的充模时间，设置保压时间为此充模时间的 10 倍。

（10）设置足够的冷却时间

① 冷却时间可以估计或计算，包括保压时间和持续冷却时间。

② 开始可以估计持续冷却时间为 10 倍注射时间，例如，如果预测的注射时间是 0.85s，那么保压时间是 8.5s，而额外的冷却时间是 8.5s，这就可以保证零件和流道系统充分固化以便脱模。

（11）设置开模时间

① 通常来说，开模时间设置为 2~5s，这包括开模、脱模、合模，如图 4-35 所示。

② 加工循环周期是注射时间、保压时间、持续冷却时间和开模时间的总和。

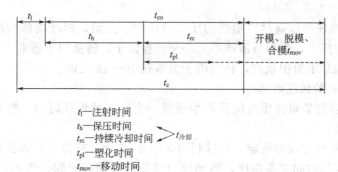

图 4-35　开模时间在注塑周期中的比例

(12) 逐步增加注射体积直至95％

① CAE 软件可以测出塑件和浇口流道等质量，有了这些信息，加上已知的螺杆直径或料筒的内径，每次注射的注射量和注射起点位置就可以估计出。

② 因此，仅仅充填模具的 2/3。保压压力设定为 0MPa。这样，在螺杆到达注射终点位置时，充模会停止，这可以保护模具。接下来，每步增加 5％到 10％，直到充满模具的 95℃。

③ 为了防止塑料从喷嘴流涎，使用了压缩安全阀。在螺杆转动结束后，立即回退几毫米，以释放在塑化阶段建立的背压。

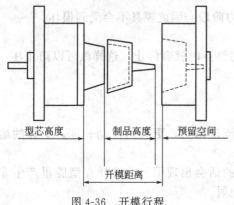

型芯高度　　制品高度　　预留空间

开模距离

图 4-36　开模行程

(13) 切换到自动操作

进行自动操作的目的是为了获得加工过程的稳定性。

(14) 设置开模行程

开模行程设置包括了型芯高度、零件高度、取出空间，如图 4-36 所示。应当使开模行程最短，每次开模时，起始速度应当较低，然后加速，在快结束时，再次降低。合模与开模的顺序相似：即慢—快—慢。

(15) 设置脱模行程、起始位置和速度

首先消除所有的滑动，最大的顶杆行程是型芯的高度。如果注塑机装有液压顶杆装置，那么开始位置设置在零件完全能从定模中取出的位置。当顶出的速度等于开模速度，则零件保留在定模侧。

(16) 设置注射体积到模具充满99％

① 当工艺过程已经固定（每次生产出同样的零件）时，调节注射终点位置为充满型腔 99％。

② 这样可以充分利用最大的注射速度。

(17) 逐步增加保压压力

① 逐步增加保压压力值，每次增加约 10MPa。如果模腔没有完全充满，就需要增加注射体积。

② 选择可接受的最低压力值，这样可使制品内部的压力最小，并且能够节约材料，也降低了生产成本；一个较高的保压压力会导致高的内应力，内应力会使零件翘曲。内应力可以通过将制品加热到热变形温度 10℃ 以下进行退火进行释放。

③ 如果垫料用尽了，那么保压的末期起不到作用，这就需要改变注射起点位置以增加注射体积。

④ 液压缸的液压可以通过注塑机的压力计读得。然而，螺杆前部的注射压力更为重要，为了计算注射压力，需要将液压乘上一个转换因子，转换因子通常可以在注塑机的注射部分或者用户指导手册中找到，转换因子通常在 10～15 之内。

(18) 得到最短的保压时间

① 最简单的获得最短保压时间是开始设置一个较长的保压时间，然后，逐步减少直到出现缩痕的现象。

② 如果零件的尺寸较为稳定，可以利用如图 4-37 所示获得更精确的保压时间，根据图中制品质量和保压时间关系曲线，得到浇口或制品凝固的时间。例如，在 9s 之后，保压时间对于零件的质量没有影响，这就是最短保压时间。

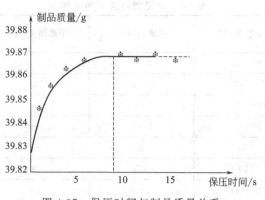

图 4-37　保压时间与制品质量关系

(19) 得到最短的持续冷却时间

减少持续冷却时间直到零件的最大表面温度达到材料的热变形温度，热变形温度可以从供应商提供的塑料材料手册中查到。

在上述过程中，如果是新产品投产，对工艺参数值没有把握时，应注意以下几点。

① 温度：偏低设置塑料温度（防止分解）和偏高设置模具温度。

② 压力：注射压力、保压压力、背压均从偏低处开始（防止过量充填引起模具、机器损伤）。

③ 锁模力：从偏大处开始（防止溢料）。

④ 速度：注射速度，从稍慢开始（防止过量充填）；螺杆转数，从稍慢开始；开闭模速度，从稍慢开始（防止模具损伤）；计量行程，从偏小开始（防止过量填充）。

⑤ 时间：注射保压时间，从偏长开始（确认浇口密封）；冷却时间，从偏长开始。

4.3　注塑成型的准备工作

4.3.1　塑料的配色

某些塑料制品对颜色有精确的要求，因此，在注塑时必须进行准确的颜色配比，常用的配色工艺有以下两种。

第一种方法是用色母料配色，即将热塑性塑料颗粒按一定比例混合均匀即可用于生产，色母料的加入量通常为 0.1%～5%。

第二种方法是将热塑性塑料颗粒与分散剂（也称稀释剂、助染剂）、颜色粉均匀混合成着色颗粒。分散剂多用白油，25kg 塑料用白油 20～30mL、着色剂 0.1%～5%。可用作分散剂的还有松节油、酒精以及一些酯类等。热固性塑料的着色较为容易，一般将颜料混入即可。

4.3.2　塑料的干燥

塑料材料分子结构中因含有酰胺基、酯基、醚基、腈基等基团而具有吸湿性倾向，由于吸湿而使速率含有不同程度的水分，当水分超过一定量时，制品就会产生银纹、收缩孔、气泡等缺陷，同时会引起材料降解。

易吸湿的塑料品种有 PA、PC、PMMA、PET、PSF（PSU）、PPO、ABS 等，原则上，上述材料成型前都应进行干燥处理。不同的塑料，其干燥处理的条件不尽相同，表4-9 所示为常见塑料的干燥条件。

表 4-9　常见塑料的干燥条件

干燥条件 材料名称	干燥温度/℃	干燥时间/h	干燥厚度/mm	干燥要求(含水量)/%
ABS	80～85	2～4	30～40	0.1
PA	95～105	12～16	<50	<0.1
PC	120～130	>6	<30	0.015
PMMA	70～80	2～4	30～40	—
PET	130	5	—	—
PBT	120	<5	<30	—
PSF(PSU)	120～140	4～6	20	0.05
PPO	120～140	2～4	25～40	—

　　干燥的方法很多，如循环热风干燥、红外线加热干燥、真空加热干燥、气流干燥等。应注意的是，干燥后的物料应防止再次吸湿。表 4-10 所示为常见塑料成型前允许的含水量。

表 4-10　常见塑料成型前允许的含水量

塑料名称	允许含水量/%	塑料名称	允许含水量/%
PA6	0.10	PC	0.01～0.02
PA66	0.10	PPO	0.10
PA9	0.05	PSU	0.05
PA11	0.10	ABS(电镀级)	0.05
PA610	0.05	ABS(通用级)	0.10
PA1010	0.05	纤维素塑料	0.20～0.50
PMMA	0.05	PS	0.10
PET	0.05～0.10	HIPS	0.10
PBT	0.01	PE	0.05
硬 PVC	0.08～0.10	PP	0.05
软 PVC	0.08～0.10	PTFE	0.05

4.3.3　嵌件的预热

　　由于塑料与金属材料的热性能差异很大，两者比较，塑料的热导率小，线胀系数大，成型收缩率大，而金属收缩率小，因此，有金属嵌件的塑料制品，在嵌件周围易产生裂纹，致使制品强度较低。

　　要解决上述问题，设计塑料制品时，应加大嵌件周围塑料的厚度，加工时对金属嵌件进行预热，以减少塑料熔体与金属嵌件的温差，使嵌件四周的塑料冷却变慢，两者收缩相对均匀，以防止嵌件周围产生较大的内应力。

　　嵌件预热需要由塑料的性质、嵌件的大小和种类决定。对具有刚性分子链的塑料，如PC、PS、PSF、PPO 等，当有嵌件时必须预热。而含柔性分子链的塑料且嵌件又较小时，可不预热。

　　嵌件一般预热温度为 110～130℃，如铝、铜预热可提高到 150℃。

4.3.4　脱模剂的选用

　　对某些结构复杂脱模结构的塑料制品，注塑成型时需要在模具的型芯上喷洒脱模剂，以使塑料制品从模具的型芯上顺利脱出。

传统的脱模剂有：硬脂酸锌、白油、硅油。硬脂酸锌除聚酰胺外，一般塑料均可使用，白油作为聚酰胺的脱模剂效果较好，硅油效果好，但使用不方便。

4.3.5　料筒和螺杆的清洗

(1) 采用料筒清洗剂

如果注塑用原料更换比较频繁或者是料筒中残料与换料的塑化温度范围相差较大，为了节省原料和提高工作效率，采用料筒清洗剂是比较经济的。料筒清洗剂是一种类似橡胶料的物质，在料筒中高温不熔融，在螺杆的螺纹槽中呈软化胶团状，在螺杆的螺纹槽中前移时可把残料带走，使料筒内得到清理。

清洗剂有 LQ-1、LQ-2、LQ-3、LQ-4、LQ-5 等型号。用量、适用范围见表4-11。

表4-11　料筒清洗剂品种、适用范围及用量

品种 / 适用温度及范围	适用范围/℃	用量/g （注射机型号，清洗剂）
LQ-1 型	180～200	Z-S-60 以下　　　50
LQ-2 型	200～220	Z-S-60　　　50～100
LQ-3 型	220～240	XS-ZY-125　　100～150
LQ-4 型	240～260	XS-ZY-250　　150～200
LQ-5 型	360～380	XS-ZY-500 以上适当增加

(2) 采用换料射出法

如果准备新换的原料塑化温度范围高于料筒中残料的塑化温度范围，可把料筒和喷嘴加热升温至新换原料的最低塑化温度，然后加入新换料并连续对空注射，直至料筒中没有残料。

但如果料筒中残料的塑化温度范围高于准备更换的塑化温度范围，应先将料筒加热升温至料筒中残料的塑化温度范围，进行残料的清除。后面可继续加入二次回收料进行清洗，最后投放新料生产，如果制品的颜色要求高，新料注塑所得的前几模可作废品处理。

4.4　多级注射成型的注塑工艺

4.4.1　注射速度对熔体充模的影响

充模指高温塑料熔体在注射压力的作用下通过流道及浇口后在低温型腔内的流动及成型过程。影响充模的因素较多，从注塑成型条件上讲，充模流动是否平衡、持续与注射速度（浇口处的表现）等因素密切相关。

图4-38描述了4种不同注射速度下的熔体流动特征状态。其中图4-38(a)显示出采用高速注射充模时产生的蛇形流纹或"喷射"现象；图4-38(b)为使用中速偏高注射速度的流动状态，熔体通过浇口时产生的"喷射"现象减少，基本上接近"扩展流"状态；图4-38(c)为采用中速偏低注射速度的流动状态，熔体一般不会产生"喷射"现象，熔体能以低速平稳的"扩展流"充模；图4-38(d)为采用低速注射充模，可能因为充模速度太慢而造成充模困难甚至失败。

通常聚合物熔体在扩展流［见图4-38(c)］模型下进行的扩展流动也分三个阶段进行：熔体刚通过浇口时前锋料头为辐射状流动的初始阶段，熔体在注射压力作用下前锋料头呈弧状的中间流动阶段，以黏弹性熔模为前锋头料的匀速流动阶段。

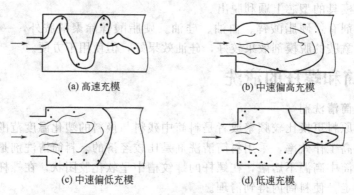

(a) 高速充模　　　　　　　　　(b) 中速偏高充模

(c) 中速偏低充模　　　　　　　(d) 低速充模

图 4-38　不同流动速度下的充模特征

　　初始阶段熔料的流动特征是，经浇口流出的熔料在注射压力、注射速度的作用下具有一定的流动动能，这种动能（这时刚进入型腔，不受任何流动阻力的影响）的大小影响着锋头熔料的辐射状态特征、扩散的体积大小等。当这种作用力特别强时，可能产生"喷射"现象；当这种作用力的动能适当时，从源头出发的熔体各流向分布均匀，扩散状态较佳。

　　随着初期阶段的发展，熔体将很快扩散，与型腔壁接触时会出现两种现象：①受型腔壁的作用力约束而改变了扩散方向的流向；②受型腔壁的冷却及摩擦作用而产生流动阻力，使熔体在各部位的流动产生速度差。这种流动特征表现为熔体各点的流动速度不等，熔体芯部的流速最大，前锋头料的流动呈圆弧状；同时各点的流动形成一个速度不等的拖曳及牵制，流动阻力随流动行程的增加而呈增大的趋势。

　　最后阶段流动的熔料以黏弹性熔模为锋头快速充模。在第二、第三阶段充模过程中注射压力与注射速度形成的动能是影响充模特征的主要因素。图 4-39 为扩展流动变化过程及速度分布。注塑件的形状是多种多样的，图 4-39 仅为一种模型。充模流动过程中的流动特征、能量损失与制品的形状关系甚大，而不同的塑料具有不同的流动特征。

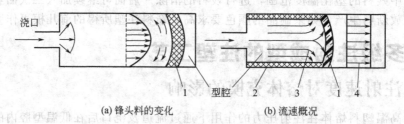

(a) 锋头料的变化　　　　　　　(b) 流速概况

图 4-39　扩展流动过程的模型

1—低温熔模；2—塑料的冷固层；3—熔体的流动方向；4—低温熔模处的流速分布

4.4.2　多级注射成型的工艺原理

(1) 熔体在型腔中的理想流动状态

　　如 4.4.1 节所述，匀速扩展流的特征及塑料熔体从浇口开始流动的阶段不应发生类似于"喷射"及喷射的特征，要求熔体在流动到浇口的初级阶段不应具有特别大的动能（过大的流动动能会导致喷射及蛇形纹）；在充模中期扩展状态应具有一定的动能用以克服流动阻力，并使扩展流达到匀速扩展状态；在充模的最后阶段要求具有黏弹性的熔体快速充模，突破随着流动距离增加而增大的流动阻力，达到预定的流速均匀稳态。从流变学原理判断，这种理想状态的流动可使注塑制品具有较高的物理力学性能，消除制品的内应力及取向，消除制品的凹陷缩孔及表面流纹，增加制品表面光泽的均匀性等。

（2）理想状态下熔体的流动方程

理想状态下型腔内熔体的流动表现为接近于匀速流动。即线速度与注塑模型腔的形状、熔体的流动黏数等有关。要达到在型腔内各不同截面流速相同，即为

$$V_s = \frac{Q_s}{S_o}$$

式中　　V_s——流速；

　　　　Q_s——不同截面的体积流速；

　　　　S_o——截面的面积。

熔体的总流量为

$$Q_u = VL$$

式中　　Q_u——熔体的总流量；

　　　　V——熔体在截面的流速；

　　　　L——型腔的理论流程。

因而在注射控制中可以将不同形状的型腔分成多个区域。为了达到在整个型腔中理想的匀速流动，可以依据截面积的不同进行分段并提供不同的流量及流动动能，体积流量 Qv_n 为分段后第 n 段的流量，而 Qs_n 为分段后第 n 段的体积流速。

（3）多级注射进程的实现

多级注射成型实质上是在塑料熔体向型腔充模的瞬间实现不同注射速度的控制，使塑料熔体在充模流动中达到一种近似理想的状态。这种理想状态下的充模流程不会给塑料制品带来质量缺陷，不会产生应力、取向力。一般而言，注塑成型过程中，注射充模的过程仅需在几秒至十几秒内完成，而多级注射成型工艺就是要求在很短的时间内将充模过程转化为不同注射速度控制的多种充模状态的延续。

按照实际多段注射状态的 5 级要求实施不同的注射量，熔体的动能必须由注塑机来实现。在目前的注塑机控制中已经可以实现分段甚至更多段的注射控制，如图 4-40 所示。

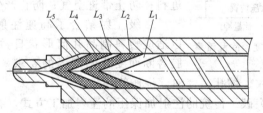

图 4-40　注塑机螺杆的分段控制示意图

如图 4-40 所示可以实现 5 段注射控制，每段具有不同的注射量，通过行程控制的注射量为

$$Q_{L_n} = \frac{\pi}{4} D^2 L_n \rho$$

式中　　Q_{L_n}——注射量；

　　　　L_n——注射行程；

　　　　D——注塑机螺杆直径；

　　　　ρ——塑料的密度。

因而在每一段均可以使用不同的注射速度与注射压力来实现这一阶段熔料的动能。其中 L_n 段与前面在型腔中分区的 n 区对应。虽然它的流动动能受浇注系统的影响而发生改

变，但要求其体积流量的变化要小。

在生产实际中，实现多级注射的注塑机的注射速度是进行多级控制的，通常可以把注射过程如图 4-41 所示那样分 3 个或 4 个区域，并把各区域设置成各自不同的适当注射速度即可以实现多级注射成型。目前，一些注塑机还具有多级预塑和多级保压功能。

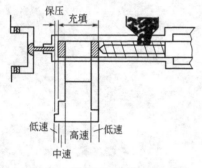

图 4-41　注射速度的程序控制

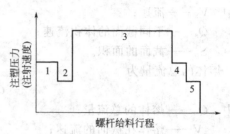

图 4-42　典型的多级注射成型工艺曲线

（4）多级注射成型工艺曲线

多级注射成型工艺虽然是对熔料充模状态的描述，但它的控制是由注塑机来实现的。从注塑机的控制原理来看，可以利用注射速度（注射压力）与螺杆给料行程形成的曲线关系。图 4-42 为典型的多级注射成型工艺的曲线，即在注射过程中对不同的给料量施加不同的注射压力与注射速度。

4.4.3　多级注射成型的优点

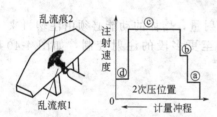

图 4-43　用不同的注射速度消除乱流痕

在注塑成型中，高速注射和低速注射各有优缺点。经验表明，高速注射大体上具有如下优点：缩短注射时间；增大流动距离；提高制品表面光洁度；提高熔接痕的强度；防止产生冷却变形。而低速注射大体上具有如下的优点：有效防止产生溢边；防止产生流动纹；防止模具跑气跟不上进料；防止带进空气；防止产生分子取向变形。

多级注射结合了高速注射和低速注射的优点，以适应塑料制品几何形状日益复杂、模具流道和型腔各断面变化剧烈等的要求，并能较好地消除制品成型过程中产生的注射纹、缩孔、气泡、烧伤等缺陷。

多级注射成型工艺突破了传统的注射加保压的注射加工方式，有机地将高速与低速注射加工的优点结合起来，在注射过程中实现多级控制，可以克服注塑件的许多缺陷。图 4-43 就采用了在注射的初期使用低速、模腔充填时使用高速、充填接近终了时再使用低速注射的方法。通过注射速度的控制和调整，可以防止和改善制品外观如毛边、喷射痕、银条或焦痕等各种不良现象。

实践表明，通过多级程序控制注塑机的油压、注射速度、螺杆位置、螺杆转速，大都能改善注塑制品的外观不良，如改善制品的缩水、翘曲和毛边等。

4.4.4　多级注射成型的工艺设置

多级注射成型工艺的曲线反映的是螺杆给料行程与注塑机提供的注射压力和注射速度的关系，因而设计多级注射成型工艺时需要确定两个主要因素：其一是螺杆给料行程及分段；其二是需要设置的注射压力与注射速度。图 4-44 给出了典型的制品（分 4 区）与注塑机分段的对应关系。通常可以依据该对应关系确定出分段的规则，并可根据浇注分流的特征同样确定各段的工艺参数。

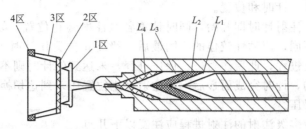

图 4-44　螺杆给料行程与注塑件分区的对应关系

在实际生产中，多级注射控制程序可以根据流道的结构、浇口的形式及注塑件结构的不同，来合理设定多段注射压力、注射速度、保压压力和熔体充填方式，从而有利于提高塑化效果、提高制品质量、降低不良率及延长模具、机器等的寿命。

(1) 分级的设定

在进行多级注射成型工艺设计时，首先应对制品进行分析，确定各级注射的区域。一般分为 3～5 区，具体划分时要依据制品的形状特征、壁厚差异特征和熔料流向特征等进行，制品的壁厚一致或差异小时近似为 1 区；以料流换向点或壁厚转折点确定为多级注射的每一区段转换点；浇注系统可以单独设置为一区。

在生产实践中，一般的塑件注塑时至少要设定三段或四段注射才是比较科学的。浇口和流道为第一段、进浇口处为第二段、制品充填到 90% 左右时为第三段、剩余的部分为第四段（亦称末段）。

对于结构简单且外观质量要求不高的塑件，可采用三段注射。但对结构比较复杂、外观缺陷多、质量要求高的塑件注塑时，需采用四段以上的注射控制程序。

设定几段注射程序，一定要根据流道的结构，浇口的形式、位置、数量和大小，塑件结构，制品要求及模具的排气效果等因素进行科学分析、合理设定。

① 对于直浇口的制品，既可以采用单级注射的形式，也可以采用多级注射的形式。对于结构简单精度要求不高的小型塑件，可采用低于三级注射的控制方式。

② 对于复杂和精度要求较高的、大型的塑料制品，原则上选择四级以上的多级注射工艺。

(2) 注射进程的设置

如图 4-44 所示，根据制品的形状特征将制件分区后，反映在注塑机螺杆上分别对应于螺杆的分段，那么螺杆的各分段距离可以依据分区的标准进行预算，首先预算出制品分区后对应的各段要求的注射量（容积），采用对应方法可以计算出螺杆在分段中的进程，如 n 区的容积为 Q，则注塑机 n 段的行程为

$$L_n = \frac{Q_{Vn}}{\frac{\pi}{4}D^2}$$

在多级注射的注塑生产实践中，确定螺杆注射进程方法如下。

第一级的注射量（即注射终止位置）是浇注系统的浇口终点。除直浇口，其余的几乎都采用中压，中速或者中压低速；第二级注射的终止位置是从浇口终点开始至整个型腔 $1/2～2/3$ 的空间。

第二级注射应采用高压、高速，高压、中速或者中压、中速，具体数值根据制品结构和使用的塑料材料而定；第三级开始注射级别，宜采用中压中速或中压低速，位置是恰好

充满剩余的型腔空间。上述 3 级进程都属于熔体充填过程。

最后一级注射属于增压、保压的范畴，保压切换点就在这级注射终止位置之间，切换点的选择方法有两种：计时和位置。

当注射开始时，注射计时即开始，同时计算各级注射终止位置，如果注射参数不变，依照原料的流动性不同，流动性较佳的，则最后一级终止位置比计时先到达保压切换点，此时完成充填和增压进程，此后注射进入保压进程，未达到的计时则不再计时而直接进入保压；流动性较差的，计时完成而最后一级注射终止位置还未到达切换点，同样不需等位置到达而直接进入保压。

综上所述，设置多级注射的注射进程应注意以下几点。

① 塑料原料流动性中等的注塑，可在测得保压点后，再把时间加几秒，作为补偿。

② 塑料原料流动性差的注塑，如混合有回收料的塑料、低黏度塑料，由于注射过程不太稳定，应使用计时较佳，将保压切换点减小（一般把终止位置设定为零），以计时来控制，自动切换进入保压。

③ 塑料原料流动性好的注塑，以位置来控制保压切换点较佳，将计时加长，到达设定切换点后进入保压。

④ 保压切换点即模具型腔已充填满的位置，注射位置已难再前进，数字变换很慢，这时必须切换压力才能使制品完全成型，该位置在注塑机的操作画面上可以观察到（计算机语言）。

此外，关于多级保压的使用问题，可以按照以下方法确定：加强筋不多、尺寸精度要求不高的制品及高黏度原料的制品使用一级保压，保压压力比增压进程的压力高，而保压时间短；而加强筋较多、尺寸精度要求不高的制品，一般要启用多级保压。

(3) 注射压力与注射速度的设定

① 浇注系统的注射压力与注射速度 一般浇注系统的流道较小，常常使用较高的注射速度及注射压力（选用范围为 $60\%\sim70\%$），使熔料快速充满流道与分流道，并且使流道中的熔体压力上升，形成一定的充模势能。对于分流道截面积较大的模具，注射压力及注射速度可设置低些，反之，对于分流道截面积较小的模具，可设置高些。

② 2 段的注射速度与注射压力 当熔料充满流道、分流道，冲破浇口（小截面积）的阻力开始充模时，所需要的注射速度可偏低些，克服不良的浇注纹及流动状态。在这一段可减小注射速度，而注射压力降幅较小，对于浇口截面积较大的可以不减小注射压力。

③ 3 段的注射速度与注射压力 如图 4-44 所示，3 段对应注射 3 区部分，3 区是注塑件的主体部分，此时熔体已完全充满型腔。为了实现扩散状态的理想形式，需要增速充模，因而在这一段需要注塑机提供较高的注射压力与注射速度。同时这一区段也是熔体流向转折点，熔体的流动阻力增大，压力损失较多，也需要补偿。一般说来，多级注射在这一区段均实施高速高压。

④ 4 段的注射速度与注射压力 从图 4-44 的对应关系判断，当熔体到达 4 区时，制件壁厚可变或不变化。熔体已基本充满型腔。由于熔体在 3 区获得了高压高速，因而在此阶段可进行缓冲，以实现熔体在型腔内的流动线速度在各部位近似一致。一般的设计原则是，进入 4 区时，若壁厚增大，可减速减压；若壁厚减小，可减速不减压，或者可不减速而适当减压或不减压。总之，在 4 段既要使注射体现多级控制特点又要使型腔压力快速增大。

图 4-45 是根据工艺条件设置的不同速度，对注射螺杆进行多级速度转换（切换）的一个案例。

图 4-46 所示是基于对制品几何形状分析的基础上选择的多级注射成型工艺；由于制

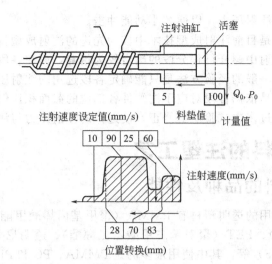

图 4-45 注射速度设定示例（一）

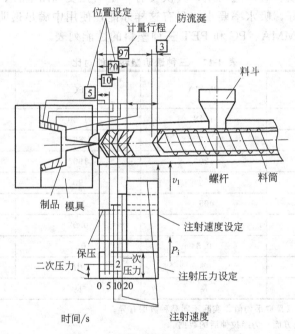

图 4-46 注射速度设定示例（二）

品的型腔较深而壁又较薄，使模具型腔形成长而窄的流道，熔体流经这个部位时必须很快地通过，否则易冷却凝固，会导致充不满模腔的危险，在此应设定高速注射。但是高速注射会给熔体带来很大的动能，熔体流到底时会产生很大的惯性冲击，导致能量损失和溢边现象，这时须使熔体减缓流速，降低充模压力而要维持通常所说的保压压力（二次压力，后续压力）使熔体在浇口凝固之前向模腔内补充熔体的收缩，这就对注塑过程提出多级注射速度与压力的要求。图 4-46 中所示的螺杆计量行程是根据制品用料量与缓冲量来设定的。注射螺杆从位置"97"到"20"是充填制品的薄壁部分，在此阶段设定高速值为 10，其目的是高速充模可防止熔体散热时间长而流动终止；当螺杆从位置"20"→"15"→"2"时，又设定相应的低速 5，其目的是减少熔体流速及其冲击模具的动能。当螺杆在"97"、"20"、"5"的位置时，设定较高的一次注射压力以克服充模阻力，从"5"到"2"

时又设定了较低的二次注射压力，以便减小动能冲击。

多级注射成型工艺是目前注射成型技术中较为先进的注射成型技术。在多级注射成型工艺的研究中，对于注射中螺杆行程分段的确定较为精确，而在各段注射压力及注射速度的选择上经验性较强。一般的经验方法是只能确定各段选用的注射压力及注射速度的段间对应关系，通常的做法是依据各段对应于注塑件各部位的截面积比例，在设计好多级注射成型工艺之后，需要通过多次试验反复修正，使选择的注射压力与注射速度达到最佳值。

4.5 透明塑料的注塑工艺

4.5.1 透明塑料的品种及性能

目前工业上一般使用的透明塑料有 PMMA（聚甲基丙烯酸甲酯，俗称亚克力或有机玻璃）、PC（聚碳酸酯）、PET（聚对苯二甲酸乙二醇酯）、透明尼龙、丙烯腈-苯乙烯共聚物（AS）、聚砜（PSF）等。其中使用最多的是 PMMA、PC 和 PET 三种塑料，下面就以这三种塑料为例，分析透明塑料的成型性能及注塑工艺。

透明塑料首先必须要有高透明度，其次要有一定的强度和耐磨性，能抵抗冲击，耐热性、耐化学腐蚀性要好，吸水率要小，只有这样才能在使用中满足透明度的要求而长久不变。表 4-12 所示为 PMMA、PC 和 PET 三种塑料的性能列表。

表 4-12 三种透明塑料性能对比

塑料 性能指标	PMMA	PC	PET
密度/(g/cm³)	1.18	1.20	1.37
抗拉强度/MPa	75	66	165
缺口冲击/(J/m²)	1200	1900	1030
透明度/%	92	90	86
变形温度/℃	95	137	120
允许含水量/%	0.04	0.02	0.03
收缩率/%	0.5	0.6	2
耐磨性	差	中	良
抗化学性	良	良	优

注：1. 因品种繁多，这只是取平均值，实际不同品种数据有异。
2. PET 数据（力学性能方面）为经拉伸后的数据。

从表 4-12 数据可知 PC 是较理想的选择，但由于其原料价格较高而且注塑工艺相对困难，所以仍以选用 PMMA 为主（对一般要求的制品），而 PET 由于要经过拉伸才能得到好的力学性能，所以多在包装、容器中使用。

4.5.2 透明塑料注塑前的准备工作

透明塑料由于透光率要求高，必然要求塑料制品表面质量要求严格，不能有任何斑纹、气孔、泛白、雾晕、黑点、变色、光泽不佳等缺陷，因而在整个注塑过程对原料、设备、模具甚至制品的设计，都要十分注意，并提出严格甚至特殊的要求。由于透明塑料多为熔点高、流动性差，因此，为保证制品的表面质量，往往对温度、注射压力、注射速度等工艺参数进行反复的摸索和调整，以使注塑料时既能充满模，又不会产生内应力而引起制品变形和开裂。

下面就透明塑料的原料准备、对设备和模具的要求、注塑工艺等方面，分别分析其应注意的事项。

(1) 原料的干燥

由于在塑料中含有任何一点杂质，都可能影响制品的透明度，因此在储存、运输、加料过程中，必须注意原料的密封，保证原料干净。特别是原料中如果吸入过多的水分，加热后会引起原料变质，所以透明塑料注塑前一定要进行干燥，应注意的是，干燥过程中，输入的空气最好应经过滤、除湿，以便保证原料不会被空气中的杂质污染。常见的三种透明塑料的干燥工艺如表 4-13 所示。

表 4-13　透明塑料的干燥工艺

塑料 ＼ 工艺	干燥温度/℃	干燥时间/h	料层厚度/mm	备　　注
PMMA	70~80	2~4	30~40	采用热风循环干燥
PC	120~130	大于6	小于30	采用热风循环干燥
PET	140~180	3~4	小于50	采用连续干燥加料装置为佳

(2) 料筒、螺杆及其附件的清洁

注塑机的螺杆及附件凹陷处存有旧料或杂质，特别热稳定性差的残存塑料存在，均可能污染透明塑料的原料。因此，在注塑机使用前、停机后都应用螺杆清洗剂清洗干净螺杆及其附件，使其不得粘有杂质，当没有螺杆清洗剂时，可用 PE、PS 等塑料对空注射而清洁螺杆。当临时停机时，为防止原料在高温下停留时间长而引起解降，应将干燥机和料筒温度降低，如 PC、PMMA 等料筒温度都要降至 160℃ 以下（料斗温度对于 PC 应降至 100℃ 以下）。

(3) 塑件与模具应注意的问题

① 壁厚应尽量均匀一致，脱模斜度要足够大。

② 过渡部分应逐步过渡或圆滑过渡，防止有尖角、锐边等的产生，特别是 PC 制品一定不要有缺口。

③ 浇口和流道尽可能宽大、粗短，且应根据收缩冷凝过程设置浇口位置，必要时应加冷料井。

④ 模具表面应光洁，粗糙度高（最好高于 0.8μm）。

⑤ 排气孔、排气槽等必须足够，以及时排出空气和熔体中的气体。

⑥ 除 PET 外，壁厚不要太薄，一般不得小于 1mm。

(4) 注塑工艺方面应注意的问题

① 应选用专用螺杆、带单独温控喷嘴的注塑机。

② 在塑料熔体不分解的前提下，宜用较高注射温度。

③ 注射压力一般较高，以克服熔体黏度大的缺陷，但压力太高会产生内应力造成脱模困难和变形。

④ 注射速度：在满足充模的情况下，一般宜低，最好能采用慢—快—慢的多级注射工艺。

⑤ 保压时间和成型周期：在满足制品充模，不产生凹陷和气泡的情况下，应该尽量短，以尽量缩短熔体在料筒的停留时间。

⑥ 螺杆转速和背压：在满足塑化质量的前提下，应尽量低，防止塑料产生解降。

⑦ 模具温度：制品的冷却好坏，对其表面质量影响极大，所以一定要精确控制模具温度，为减少流纹等缺陷，透明塑料注塑时的模温一般偏高。

Chapter 1
Chapter 2
Chapter 3
Chapter 4
Chapter 5
Chapter 6
Chapter 7
Chapter 8
附录 1
附录 2

(5) 其他事项

为了防止制品表面受到污染，透明塑料注塑时一般不得使用脱模剂；原料中添加二次回收料时，回收料的比例不得超过 20%。

除 PET 外，制品注塑后都应进行后处理，以消除内应力。PMMA 应在 70~80℃ 热风中循环干燥 4h 以上；PC 应在清洁空气、甘油或液体石蜡等中加热 110~135℃，时间根据制品大小确定，最长的需要十几个小时。而 PET 必须经过双向拉伸的工序，才能获得良好的力学性能。

4.5.3 三种常用透明塑料的注塑工艺

(1) PMMA 的注塑工艺

PMMA 黏度大，流动性稍差，因此必须高料温、高注射压力进行注塑，其中注射温度的影响大于注射压力，但注射压力提高，有利于改善制品的收缩率。注射温度范围较宽，熔融温度为 160℃，而分解温度达 270℃，料温调节范围宽，工艺性较好。要改善 PMMA 的流动性，可从注射温度着手。

PMMA 制品冲击性差，耐磨性不好，易划花，易脆裂，因此应提高模温，改善冷凝过程以克服前述缺陷。

(2) PC 的注塑工艺

PC 黏度大，熔料温度高，流动性差，因此必须以较高温度进行注塑（270~320℃ 之间）。相对而言，PC 的料温调节范围较窄，工艺性不如 PMMA。注射压力对流动性影响较小，但因黏度大，仍要较大注射压力，相应地，为了防止制品产生过大内应力，保压时间要尽量短。PC 的收缩率大，制品内应力大，易开裂，所以宜用提高温度而不是压力去改善流动性，并且从提高模具温度、改善模具结构和对制品进行后处理等方面去减少开裂的可能。当注射速度低时，浇口处易产生波纹等缺陷，注塑机喷嘴温度要单独控制，模具温度要高，流道、浇口阻力要小。

(3) PET 的工艺特性

PET 成型温度高，且料温调节范围窄（260~300℃），但熔化后，流动性较好，因此要在喷嘴中加防流涎装置。制品的机械强度不高，必须通过拉伸工序和改性才能改善其力学性能。注塑时模具温度应精确控制，以防止制品翘曲。建议采用热流道模具，模具温度要稍高，否则会引起表面光泽差和脱模困难等缺陷。

4.6 精密注塑成型工艺

4.6.1 精密注塑的工艺特点

通常说的精密注塑成型是指注塑制品的精度应满足严格的尺寸公差、形位公差和表面粗糙度。要进行精密注塑必须有许多相关的条件，而最本质的是塑料材料、注塑模具、注塑工艺和注塑设备这四项基本因素。

"精密注塑成型"这一概念，主要是区别于"常规注塑成型"，它是基于高分子材料的迅速发展，在仪表、电子领域里采用精密塑料零件取代高精度的金属零件的技术。目前针对精密注塑制品的界定指标有两个，一是制品尺寸重复精度，二是制品质量的重复精度。

下面从制品尺寸重复精度方面分析精密注塑成型。但由于各种材料本身的性质和加工工艺不同，不能把塑料制件的精度与金属零件的精度等同起来。

精密注塑成型是一门涉及原材料性能、配方、成型工艺及设备等多方面的综合技术，精密塑料制品包括 DVD 数码光盘、DVD 激光头、数码相机零件、电脑接插件、导光板、非球面透镜等精密产品，这类产品的显著特点是不但尺寸精度要求高，而且对制品的内在质量和成品率要求也极高。成型制品的模具是决定该制品能否达到设计要求的尺寸公差的重要条件，而精密注塑机是保证制品始终在所要求的尺寸公差范围内成型及保证极高成品率的关键设备。塑料制品最高的精度等级是三级。

精密注塑具有如下特点。

① 制件的尺寸精度高、公差小，即有高精度的尺寸界限。

② 制品重量重复精度高，要求有日、月、年的尺寸稳定性。

③ 模具的材料好、刚性足，型腔的尺寸精度、粗糙度以及模板间的定位精度高。

④ 采用精密注塑机更换常规注塑机。

⑤ 采用精密注塑成型工艺。

⑥ 选择适应精密注塑成型的材料。

评定制品最重要的技术指标，就是注塑制品的精度（尺寸公差、形位公差和制品表面的粗糙度）。我国使用的标准是 SJ1372 D78，与日本塑料制品的精度和模具精度等级很接近。欲注塑出精密的塑料制品，需从材料选择、模具设计、注塑成型工艺、操作者的技术水平等四大因素进行严格控制。

如图 4-47 所示，精密注塑机要求制品尺寸精度一般在 0.01～0.001mm 以内，许多精密注塑还要求注塑机具有高的注射压力、高的注射速度；要求合模系统具有足够大的刚性和足够高的锁模精度。所谓锁模精度是指合模力的均匀性、可调、稳定和重复性高，开合模位置精度高；要求对压力、流量、温度、计量等都能精确控制到

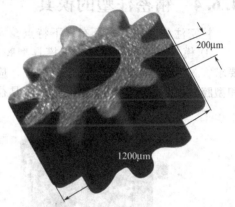

图 4-47　微型塑料齿轮

相应的精度，采用多级或无级注塑，保证成型工艺再现条件和制品尺寸的重复精度等。

4.6.2　精密注塑成型的塑料材料

适用于精密注塑的塑料应具有如下特性，即机械强度高、尺寸稳定性好、抗蠕变性能好、环境适应范围广。常用的有以下四种材料。

① POM 及碳纤维（CF）增强 POM 或玻璃（GF）增强 POM。这种材料的特点是耐蠕变性能好，耐疲劳、耐候性、介电性能好，难燃，加入润滑剂易脱模。

② PA 及玻璃纤维增强 PA66。其特点：抗冲击能力及耐磨性能强，流动性能好，可成型 0.4mm 壁厚的制品。玻纤增强 PA66 具有耐热性（熔点 250℃），其缺点是具有吸湿性，一般成型后都要通过调湿处理。

③ PBT 增强聚酯。特点是成型周期短，成型时间比较如下：PBT≤POM≈PA66 ≤PA6。

④ PC 及玻璃纤维增强 PC。特点：良好的耐磨性，增强后刚性提高，尺寸稳定性好，耐候性、难燃及成型加工性好。

4.6.3　精密注塑成型的收缩问题

影响收缩的因素有四种：热收缩、相变收缩、取向收缩以及压缩收缩。

① 热收缩。热收缩是成型材料与模具材料所固有的热物理特性。模具温度高，制品的温度也高，实际收缩率会增加，因此精密注塑的模具温度不宜过高。

② 相变收缩。结晶型树脂在定向过程中，伴随高分子的结晶化，由于比体积减小而引起的收缩，即叫相变收缩。模具温度高，结晶度高，收缩率大；但另一方面，结晶度提高会使制品密度增加，线胀系数减小，收缩率降低。因此实际收缩率由两者综合作用而定。

③ 取向收缩。由于分子链在流动方向上的强行拉伸，使在冷却时的大分子有重新卷曲恢复的趋势，在取向方向将产生收缩。分子取向程度与注射压力、注塑速度、树脂温度及模具温度等有关。但主要的是注塑速度。

④ 压缩收缩与弹性复位。一般塑料都具有压缩性，即在高压下比体积发生显著变化。在一般温度下，提高压力成型制品比体积会减小，密度会增加，膨胀系数减小，收缩率会显著下降。对应于压缩性，成型材料具有弹性复位作用，使制品收缩减小。影响制品成型收缩的因素与成型条件和操作条件有关。

4.6.4　精密注塑的模具

精密注塑所用的模具有以下特点。

① 模具精度。主要取决于模具型腔尺寸精度，型腔定位准确或分型面精度是否满足要求。一般精密注塑模具的尺寸公差，应控制在制品尺寸公差的 1/3 以下。为了提高型芯和型腔合模后的精度，精密注塑的模具往往增设自动对中系统，如图 4-48 所示。

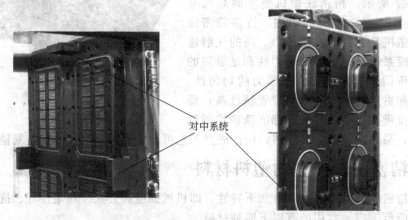

图 4-48　精密注塑用模具的对中系统

② 可加工性与刚性。在模具结构设计中，型腔数不宜过多，而底板、支承板、型腔壁都要厚一些，以避免零件在高温、高压作用下发生剧烈弹性形变。

③ 制品脱模性。模具要尽量采取少的型腔数、少而短的流道以及比普通模具有更高的粗糙度，这样有利于脱模。

④ 精密模具的材料。选择机械强度高的合金钢。制作型腔、浇道的材料要经过严格的热处理，选用硬度高（成型零件要达到 52HRC 左右）、耐磨性好、抗腐蚀性强的材料。

4.6.5　精密注塑的注塑机

(1) 技术参数方面的特点

从注射压力方面划分：普通注塑机，147～177MPa；精密注塑机，216～243MPa；超高压注塑机，243～392MPa。精密注塑机必须选用高压注塑机，理由如下。

① 提高精密制品的精度和质量，注射压力对制品成型收缩率有最明显的影响。当注射压力达到 392MPa 时，制品成型收缩率几乎为零。而这时制品的精度只受模具控制或环

境的影响。实验证明：注射压力从 98MPa 提高到 392MPa 后，机械强度提高 3%～33%。

② 可减小精密制品的壁厚、提高成型长度。以 PC 为例，普通机注射压力 177MPa，可成型 0.2～0.8mm 壁厚的制品，而精密机注射压力在 392MPa 时可成型厚度在 0.15～0.6mm 之间的制品。超高压注塑机可获得流长比更大的制品。

③ 提高注射压力可充分发挥注塑速率的功效。欲达到额定注塑速率，只有两个办法：一是提高系统最高注射压力；二是改造螺杆参数，提高长径比。精密注塑机的注塑速率要求高。以德国制造的 DEMAG 精密注塑机（60～420t）为例，它的注塑速度能达到 1000mm/s，螺杆能获得 $12m/s^2$ 的加速度。

(2) 精密注塑机在控制方面的特点

① 对注塑成型参数的重复精度（再现性）要求高，宜采用多级注塑反馈控制：多级位置控制；多级速度控制；多级保压控制；多级背压控制；多级螺杆转速控制。位移传感器的精度要求达到 0.1mm，这样可以严格控制计量行程、注塑行程以及余料垫的厚度（射出监控点），保证每次注塑量准确，提高制品成型精度。料筒及喷嘴温度控制要精确，升温时超调量要小，温度的波动要小。精密注塑应采用 PID 控制，使温度精确度在 ±0.5℃之间为宜。

② 塑化质量要求。塑料塑化的均匀性不仅影响到注塑件的成型质量，还会影响到熔融塑料通过浇口时所受阻力的大小，为了得到均匀的塑化，设计专用的螺杆和使用专用的增塑技术必不可少。另外，机筒的温度也应精确控制，现在螺杆、机筒温度多采用 PID 控制（比例、微分、积分），精度可控制在 ±1℃内，基本可满足精密注塑的要求，如果采用 FUZZY 控制方法，就更适合于精密注塑了。

③ 工作油的温度控制要求。油温的变化导致注射压力的波动，必须对工作油采用加热、冷却的闭环装置，把油温稳定在 50～55℃为宜。

④ 保压压力的影响。保压对精度塑件的影响极大，准确地说，保压能较好地补缩，减小塑件变形，控制塑件精度，保压压力的稳定决定了塑件的成型精度，螺杆的终止位置不变是决定保压效果的决定因素。

⑤ 对模具温度的控制要求。若冷却时间相同，模具型腔温度低的制品厚度要比温度高的制品厚度尺寸大。如 POM、PA 类材料，模温 50℃时厚度为 50～100μm 的制品，在 80℃时厚度减小到 20～40μm，100℃时减小到只有 10μm。室温也对精密制品尺寸公差有影响。

(3) 精密注塑机的液压系统

① 油路系统需要采用比例压力阀、比例流量阀或伺服变量泵的比例系统。

② 在直压式合模机构中，把合模部分油路和注塑部分油路分开。

③ 由于精密注塑机具有高速性，为此必须强调液压系统的反应速度。

④ 精密注塑机的液压系统，更要充分体现机、电、液、仪一体化工程。

(4) 精密注塑机的结构特点

① 由于精密注塑机注射压力高，这就要强调合模系统的刚度。动、定模板的平行度控制在 0.05～0.08mm 的范围内。

② 要求对低压模具的保护及合模力大小精度的控制。因为合模力的大小要影响模具变形的程度，最终要影响到制件的尺寸公差。

③ 启、闭模速度要快，一般在 60mm/s 左右。

④ 塑化部件如螺杆、螺杆头、止逆环、料筒等，要设计成塑化能力强、均化程度好、注塑效率高的结构形式；螺杆驱动扭矩要大，并能无级变速。在此基础上，如图 4-49 所示，精密注塑机往往采用模块化单元，以适应不同精密塑件的生产需要。

Chapter 1

Chapter 2

Chapter 3

Chapter 4

Chapter 5

Chapter 6

Chapter 7

Chapter 8

附录 1

附录 2

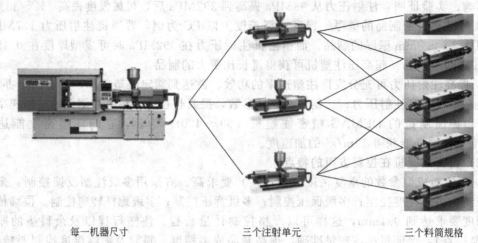

每一机器尺寸　　　　　　　三个注射单元　　　　　　　三个料筒规格

图 4-49　精密注塑机的注塑装置

综上所述，无论哪一种精密注塑机，最终都必须能够稳定地控制制品尺寸重复精度和质量重复精度。

4.7　气体辅助注塑成型

4.7.1　工艺原理与特点

气体辅助注塑成型（Gas Assistant Injection Molding，GAIM）是指在注塑工艺中，当熔融塑料充填到型腔适当的时候（90%～100%），向模腔内充入高压惰性气体，借助于气体的压力推动熔融塑料继续充填满型腔，使塑件内部膨胀而形成中空，用气体保压来代替塑料保压过程的一种新兴的注塑成型技术。其原理如图 4-50 所示。

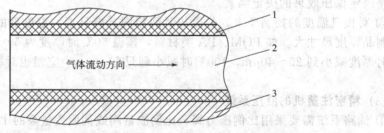

气体流动方向 →

图 4-50　气体辅助注塑成型原理
1—塑料熔体；2—惰性气体；3—注塑模具

气体辅助注塑成型的工艺流程如图 4-51 所示。该过程可以分为以下几个阶段。

① 注塑期：以定量的塑化塑料充填到模腔内。这一阶段是为保证在吹气期间，气体不会把产品表面冲破及有一理想的吹气气体。

② 吹气期：可以在注塑期中或后，不同时间注入气体。气体注入的压力必须大于注塑压力，以保证制品成中空状态。

③ 气体保压期：当产品内部被气体充填后，气体作用于产品中空部分的压力就是保压压力，可大大减低产品的收缩及变形。

④ 脱模期：随着冷却周期的完成，模具的气体压力降至大气压力，产品由模腔内顶出。

由于气体具有高效的压力传递性，可使气道内部各处的压力保持一致，因此，气体辅

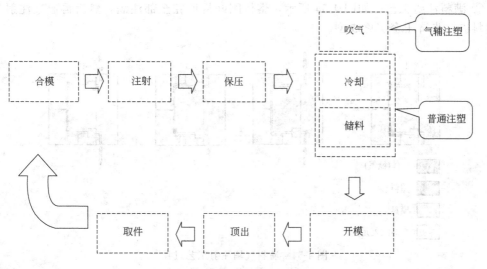

图 4-51　气体辅助注塑成型工艺流程

助注塑成型具有注射压力低、制品翘曲变形小、表面质量好以及易于加工壁厚差异较大的制品等优点。与传统的注塑成型工艺相比，气体辅助注塑成型有更多的工艺参数需要确定和控制，因而对于制品设计、模具设计和成型过程的控制都有特殊的要求。

4.7.2　气辅成型的三种方式

气辅注塑成型有三种方式：溢料注射工艺，缺料注塑工艺，满料注射工艺。

① 溢料注射工艺　如图 4-52 所示，将模腔全部注满，然后通过注射气体挤压一些熔体到溢流腔。溢流腔用来控制芯部材料的流动，从而实现芯部材料的均匀分布。

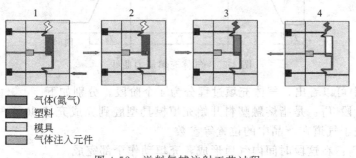

图 4-52　溢料气辅注射工艺过程

② 缺料注射工艺　如图 4-53 所示，熔体不将模腔全部注满，然后通过注射气体挤压熔体紧贴模具型腔壁而成型。

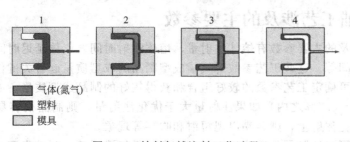

图 4-53　缺料气辅注射工艺过程

③ 满料注射工艺　如图 4-54 所示，熔体刚好将模腔全部注满，然后再通过注射气体将塑料进一步挤压密实再成型。

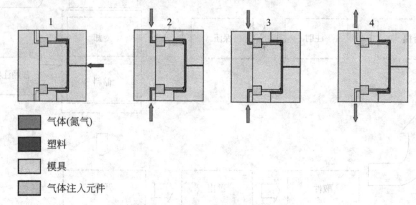

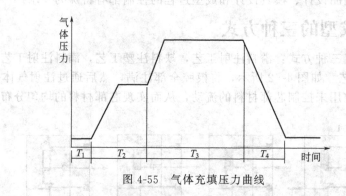

图 4-54　满料气辅注射工艺过程

4.7.3　关键工艺环节——气体充填

气体辅助注塑成型工艺参数除了传统注塑工艺参数外，气体的充填曲线尤为重要，曲线在很大程度上决定了制品的质量。理论上气体的充填压力曲线如图 4-55 所示。

图 4-55　气体充填压力曲线

从图 4-55 中可以看出，气体充填过程分为 4 个阶段，分别如下。

延迟充填阶段 T_1：是指熔融塑料开始充填模具型腔到完成充填 $90\%\sim95\%$ 的这段时间，其长短取决于气道在产品中的位置等参数。

充填阶段 T_2：在这段时间内气道形成，充填动作全部完成。

保压阶段 T_3：当制品内部被气体充填后，气体作用于成品中空部分的压力就成为保压压力，同时进行制品冷却。

降压阶段 T_4：产品冷却定型后，释放气体并准备开模。

4.7.4　气辅工艺涉及的主要参数

气辅工艺涉及的主要参数有熔体注射量、熔体注射时间、气体延迟时间、气体注射压力、气体注射时间等。这些工艺参数对气辅成型制品的成型质量起着关键作用。通过对上述参数的优化，可确定工艺参数的较好组合和获得较好的制品成型质量。如注射量必须恒定（一般控制在 $\pm0.5\%$ 之内）如果注射量大于优化注射量，则制品很容易出现缩痕；如果注射量小于优化注射量，则容易出现短射和吹穿等现象。

优化注射量可保证制品无缩痕、短射和吹穿，无气滞现象，制件表面光滑。此外，加气压力也强烈地依赖于聚合物熔体的注射量。注塑量的大小，决定气道内材料的多少，材料越多，越容易自溢，吹气阻力也越大，越容易出现气滞现象，所以要选择合适的平衡点。对溢料式气辅成型来说，用保压来控制气道内压是较好的办法。

4.7.5 气辅设备

气辅设备主要包括氮气发生器、气罐、气辅控制器、带有气道装置的注塑模具。它是独立于注塑机外的另一套系统，其与注塑机的唯一接口是注射信号连接线。注塑机将一个注射信号"注射开始"或螺杆位置传递给气辅控制器之后，便开始一个等待吹气和吹气过程，等下一个注射过程开始时再给出另一个注射信号，开始另一个循环，如此反复进行。

气辅注塑所使用的气体必须是惰性气体，由于氮气容易获取，可以直接从大气中提取，因此通常采用氮气（N_2）。气体最高压力为 35MPa，特殊者可达 70MPa，氮气纯度≥98%。

气辅控制器是控制吹气时间和吹气压力的装置，它具有两组气路设计，可同时控制两组气路的气辅生产，气辅控制器设有气体回收功能，尽可能降低气体耗用量。今后气辅设备的发展趋势是将气辅控制器内置于注塑机内，作为注塑机的一项新功能。生产之前需提前将气辅设备开启。

4.8 塑件的后期处理

4.8.1 退火处理

由于塑化不均匀或塑料在型腔中的结晶、定向和冷却不均匀，造成塑件各部分收缩不一致，或由于金属嵌件的影响和塑件的二次加工不当等原因，塑件内部不可避免地存在一些内应力。而内应力的存在往往导致塑件在使用过程中产生变形或开裂，因此塑件常需要退火处理，消除残余应力。

退火的方法是把塑件放在一定温度的烘箱中或液体介质（如水、热矿物油、甘油、乙二醇和液体石蜡等）中一段时间，然后缓慢冷却至室温。利用退火时的热量，加速塑料中大分子松弛，从而消除或降低塑件成型后的残余应力。

退火的温度一般控制在高于塑件的使用温度 10～20℃或低于塑料热变形温度 10～20℃。温度不宜过高，否则塑件会产生翘曲变形；温度也不宜过低，否则达不到后处理的目的。

退火的时间决定于塑料品种、加热介质的温度、塑件的形状和壁厚、塑件精度要求等因素。表 4-14 为常用热塑性塑料的热处理条件。

表 4-14 常用热塑性塑料的热处理条件

塑料名称	热处理温度/℃	时间/h	热处理方式
ABS	70	4	烘箱
聚碳酸酯	110～135	4～8	红外灯、烘箱
	100～110	8～12	
聚甲醛	140～145	4	红外线加热、烘箱
聚酰胺	100～110	4	盐水
聚甲基丙烯酸甲酯	70	4	红外线加热、烘箱
聚砜	110～130	4～8	红外线加热、烘箱、甘油
聚对苯二甲酸丁二(醇)酯	120	1～2	烘箱

Chapter 1
Chapter 2
Chapter 3
Chapter 4
Chapter 5
Chapter 6
Chapter 7
Chapter 8
附录 1
附录 2

4.8.2 调湿处理

将刚脱模的塑件（聚酰胺类）放在热水中隔绝空气，防止氧化，消除内应力，以加速达到吸湿平衡，稳定其尺寸，称为调湿处理。如聚酰胺类塑件脱模时，在高温下接触空气容易氧化变色，在空气中使用或存放又容易吸水而膨胀，经过调湿处理，既隔绝了空气，又使塑件快速达到吸湿平衡状态，使塑件尺寸稳定下来。

经过调湿处理，还可以改善塑件的韧度，使冲击韧度和抗拉强度有所提高。调湿处理的温度一般为100~120℃，热变形温度高的塑料品种取上限；相反，取下限。

调湿处理的时间取决于塑料的品种、塑件形状、壁厚和结晶度大小。达到调湿处理时间后，缓慢冷却至室温。

第5章

注塑成型常见问题及解决方法

5.1 注塑过程常见问题及解决方法

5.1.1 下料不顺畅

下料不顺畅是指注塑过程中，烘料桶（料斗）内的塑料原料有时会发生不下料的现象，从而导致进入注塑机料筒的塑料不足，影响产品质量。导致下料不顺畅的原因及改善方法如表 5-1 所示。

表 5-1 下料不顺畅的原因及改善方法

原 因 分 析	改 善 方 法
回用水口料的颗粒太大（大小不均）	将较大颗粒的水口料重新粉碎（调小碎料机刀口的间隙）
料斗内的原料熔化结块（干燥温度失控）	检修烘料加热系统,更换新料
料斗内的原料出现"架桥"现象	检查/疏通烘料桶内的原料
水口料回用比例过大	减少水口料的回用比例
烘料筒下料口段的温度过高	降低送料段的料温或检查下料口处的冷却水
干燥温度过高或干燥时间过长（熔块）	降低干燥温度或缩短干燥时间
注塑过程中射台振动大	控制射台的振动
烘料桶下料口或机台的入料口过小	改大下料口孔径或更换机台

5.1.2 塑化噪声

塑化噪声是指在注塑过程中，螺杆转动对塑料进行塑化时，料筒内出现"叽叽"或"啾啾"的摩擦声音（在塑化黏度高的 PMMA、PC 料时噪声更为明显）。

塑化噪声主要是由于螺杆的旋转阻力过大，导致螺杆与塑料原料在压缩段和送料段发生强烈的摩擦所引起的。导致该现象的原因及改善方法如表 5-2 所示。

表 5-2 塑化噪声的原因及改善方法

原 因 分 析	改 善 方 法
背压过大	降低背压
螺杆转速过快	降低螺杆转速
料筒（压缩段）温度过低	提高压缩段的温度
塑料的黏度大（流动性差）	改用流动性好的塑料
树脂的自润滑性差	在原料中添加润滑剂（如:滑石粉）
螺杆压缩比较小	更换螺杆压缩比较大的注塑机

5.1.3　螺杆打滑

注塑过程中，螺杆无法塑化塑料原料而只产生空运转的现象称为螺杆打滑。发生螺杆打滑时，螺杆只有转动行为，没有后退动作。导致该现象的原因及改善方法如表 5-3 所示。

表 5-3　螺杆打滑的原因及改善方法

原因分析	改善方法
料管后段温度太高，料粒熔化结块(不落料)	检查入料口处的冷却水，降低后段熔料温度
树脂干燥不良	充分干燥树脂及适当添加润滑剂
背压过大且螺杆转速太快(螺杆抱胶)	减小背压和降低螺杆转速
料斗内的树脂温度高(结块不落料)	检修烘料桶的加热系统、更换新料
回用水口料的料粒过大，产生"架桥"现象	将过大的水口料粒挑拣出来，重新粉碎
料斗内缺料	及时向烘料桶添加塑料
料管内壁及螺杆磨损严重	检查或更换料管/螺杆

5.1.4　喷嘴堵塞

注塑过程中，熔体无法进入模具流道的现象称为喷嘴堵塞。导致该现象的原因及改善方法如表 5-4 所示。

表 5-4　喷嘴堵塞的原因及改善方法

原因分析	改善方法
射嘴中有金属及其他不熔物质	拆卸喷嘴清除射嘴内的异物
水口料中混有金属粒	检查/清除水口料中的金属异物或更换水口料(使用离心分类器处理)
烘料桶内未放磁力架	将磁力架清理干净后放入烘料桶中
水口料中混有高熔点的塑料杂质	清除水口料中的高熔点塑料杂质
结晶型树脂(如 PA、PBT)喷嘴温度偏低	提高喷嘴温度
喷嘴头部的加热圈烧坏	更换喷嘴头部的加热圈
长喷嘴加热圈数量过少	增加喷嘴加热圈数量
射嘴内未装磁力管	射嘴内加装磁力管

5.1.5　喷嘴流涎

在对塑料进行注塑过程中，喷嘴内出现熔体流出的现象称为喷嘴流涎。接触式注塑作业中，如果喷嘴流涎，熔体流到主流道内，冷却的塑料会影响注塑的顺利进行（堵塞浇口或流道）或在塑件表面造成外观缺陷（如冷斑、缩水、缺料等），特别是 PA 料最容易产生流涎。导致喷嘴流涎原因及改善方法如表 5-5 所示。

表 5-5　流涎原因分析及改善方法

原因分析	改善方法
熔料温度或喷嘴温度过高	降低熔料温度或喷嘴温度
背压过大或螺杆转速过高	减小背压或螺杆转速
抽胶量不足	增大抽胶量(熔前或熔后抽胶)
喷嘴孔径过大或喷嘴结构不当	改用孔径小的喷嘴或自锁式喷嘴
塑料黏度过低	改用黏度较大的塑料
接触式注塑成型方式	改为射台移动式注塑成型

5.1.6 喷嘴漏胶

在注塑过程中，热的塑料熔体从喷嘴头部或喷嘴螺纹与料筒连接接处流出来的现象称为喷嘴漏胶。喷嘴出现漏胶现象会影响注塑生产的正常进行，轻者造成产品重量或质量不稳定，重者会造成塑件出现缩水、缺料、烧坏发热圈等现象，影响产品的外观质量，且不良品增多，浪费原料。导致喷嘴漏胶的原因及改善方法如表 5-6 所示。

表 5-6 喷嘴漏胶原因及改善方法

原因分析	改善方法
射嘴与模具唧嘴贴合不紧密	重新对嘴或检查射嘴头与模具的匹配性
射嘴的紧固螺纹松动或损伤	紧固射嘴螺纹或更换射嘴
背压过大或螺杆转速过高	减小背压或螺杆转速
熔料温度过高或射嘴温度过高(黏度低)	降低射嘴及料筒温度
抽胶行程不足	适当增加抽胶距离
塑料黏度过低(FMI 指数较高)	改用熔融指数(FMI)低的塑料

5.1.7 压模

注塑过程中，如果制品或水口料没有完全取出来或制品粘在模具上操作人员又没有及时分析，合模后留在模具内的塑件或水口料会造成压伤模具的现象，称为压模。压模故障是注塑生产中严重的安全生产问题，会造成生产停止，需拆模进行维修。某些尺寸精度要求高的模芯无法修复，需更换模芯，造成很大的损失甚至影响订单的交货期。因此，注塑生产中要特别预防出现压模事件，需合理设定模具的低压保护参数，安装模具监控装置。压模的原因及改善方法如表 5-7 所示。

表 5-7 压模原因及改善方法

原因分析	改善方法
胶件粘前模	改善胶件粘模现象(同改善粘模措施)
模具低压保护功能失效	合理设定模具低压保护参数
全自动生产中未安装产品脱模监控装置	全自动生产中加装模具监控装置
顶针板无复位装置	加设顶针板复位装置
作业员未发现胶件粘模	对作业员进行操作培训并加强责任心
全自动注塑的胶件粘模	有行位和深型腔结构的产品不宜使用全自动生产,改为半自动生产模式
水口(流道)拉丝	清理拉丝并彻底消除水口拉丝现象

5.1.8 制品粘前模

注塑过程中，制品在开模时整体粘在前模（定模）的模腔内而导致无法顺利脱模，这种现象称为塑件粘前模。导致该现象的原因及改善的方法如表 5-8 所示。

Chapter 1

Chapter 2

Chapter 3

Chapter 4

Chapter 5

Chapter 6

Chapter 7

Chapter 8

附录 1

附录 2

表 5-8 制品粘前模的原因及改善方法

原 因 分 析	改 善 方 法
射胶量不足(产品未注满),塑件易粘在模腔内	增大射胶量
注射压力及保压压力太高	降低注射压力和保压压力
保压时间过长(过饱)	缩短保压时间
末端注射速度过快	减慢末端注射速度
料温太高或冷却时间不足	降低料温或延长冷却时间
模具温度过高或过低	调整模温及前、后模温度差
进料不均使部分过饱	变更浇口位置或浇口大小
前模柱位及碰穿位有倒扣	检修模具,消除倒扣
前模表面不光滑或模边有毛刺	抛光模具或清理模边毛刺
前模脱模斜度不足(太小)	增大前模脱模斜度
前模腔形成真空(吸力大)	延长冷却时间或改善进气效果
启动时开模速度过快	减慢开模速度

5.1.9 水口料（流道凝料）粘模

注塑过程中,开模后水口料(流道凝料)粘在模具流道内不能脱离出来的现象称为水口料粘模,水口料粘前模主要是由于注塑机喷嘴与浇口套(主流道衬套)的孔径不匹配,水口料产生毛刺(倒扣)无法顺利脱出所致。该现象的原因及改善方法如表 5-9 所示。

表 5-9 水口料粘模的原因及改善方法

原 因 分 析	改 善 方 法
射胶压力或保压压力过大	减小射胶压力或保压压力
熔料温度过高	降低熔料温度
主流道入口与射嘴孔配合不好	重新调整主流道入口与射嘴配合状况
主流道内表面不光滑或有脱模倒角	抛光主流道或改善其脱模倒角
主流道入口处的口径小于喷嘴口径	加大主流道入口孔径
主流道入口处圆弧半径比喷嘴头部的半径小	加大主流道入口处圆弧半径
主流道中心孔与喷嘴孔中心不对中	调整两者孔中心在同一条直线上
流道口外侧损伤或喷嘴头部不光滑	检修模具,修复损伤处,清理喷嘴头(防止产生飞边倒扣)
主流道无拉料扣	水口顶针前端做成"Z"形扣针
主流道尺寸过大或冷却时间不够	减小主流道尺寸或延长冷却时间
主流道脱模斜度过小	加大主流道脱模斜度

5.1.10 水口（主流道前端部）拉丝

注塑过程中,水口(主流道前端部)在脱模时会出现拉丝的现象,如果拉丝留在模具上会导致合模式模具背压坏,如留在模具流道则会被后续熔体冲入型腔而影响产品的外观。PP、PA 等塑料在注塑时水易产生拉丝现象。该现象的产生原因及改善方法如表 5-10 所示。

Chapter 1

Chapter 2

Chapter 3

Chapter 4

Chapter 5

Chapter 6

Chapter 7

Chapter 8

附录 1

附录 2

表 5-10　水口拉丝的原因及改善方法

原 因 分 析	改 善 方 法
料筒温度或喷嘴温度过高	降低料筒温度或喷嘴温度
喷嘴和浇口衬套配合不良	检查/调整喷嘴
背压过大或螺杆转速过快(料温高)	减小背压或螺杆转速
冷却时间不够或抽胶量不足	增加冷却时间或抽胶量行程
喷嘴流涎或喷嘴形式不当	改用自锁式喷嘴

5.1.11　开模困难

注塑生产过程中,如果出现锁模力过大、模芯错位、导柱磨损、模具长时间处于高压锁模状态下造成模具变形而生产"咬合力",就会出现打不开模具的现象,这种现象统称为开模困难。尺寸较大的塑件、型腔较深的模具及注塑机采用肘节式锁模机构时,上述不良现象最为常见。导致该现象的原因及改善方法如表 5-11 所示。

表 5-11　开模困难原因及改善方法

原 因 分 析	改 善 方 法
锁模力过大造成模具变形,产生"咬合"	重新调模,减小锁模力
导柱/导套磨损,摩擦力过大	清洁/润滑导柱或更换导柱、导套
停机时模具长时间处于高压锁紧状态	停机时手动合模(勿升高压)
单边模具压板松脱,模具产生移位	重新安装模具、拧紧压板螺钉
注塑机的开模力不足	增大开模力或将模具拆下更换较大的机台
模具排气系统阻塞,出现"闭气"	清理排气槽/顶针孔内的油污或异物(疏通进气道)
三板模拉钩的拉力(强度)不够	更换强度较大的拉钩

注:一般的铰链式注塑机的开模力只能达到锁模力的 80% 左右。

5.1.12　其他异常现象

注塑生产过程中,由于受材料、模具、机器、注塑工艺、操作方法、车间环境、生产管理等多方面因素的影响,出现的注塑过程异常的现象会很多,除了上述一些不良现象外,还有可能出现如断柱、顶针位凹陷、多胶等一种或多种异常现象,这些异常现象的原因及改善方法如表 5-12 所示。

表 5-12　其他异常现象及改善方法

异常现象	缺陷原因	改善方法
断柱	①注射压力或保压压力过大 ②柱孔的脱模斜度不够或不光滑,冷却时间不够 ③熔胶材质发脆	①减小注射压力或保压压力 ②增大柱孔的脱模斜度、抛光柱孔 ③降低料温、干燥原料、减少水口料比例
多胶	模具(模芯或模腔)塌陷、模芯组件零件脱落、成型针/顶针断等	检修模具或更换模具内相关的脱落零件
模印	模具(模芯或模腔)上凸凹点、模具碰伤、花纹、烧焊痕、锈斑、顶针印等	检修模具,改善模具上存在的此类问题,防止断顶针及压模
顶针位凹陷	顶针过长或松脱出来	减短顶针长度或更换顶针

续表

异常现象	缺陷原因	改善方法
顶针位凸起	顶针板内有异物、顶针本身长度不足或顶针头部断	清理顶针板内的异物、加大顶针长度或更换顶针
顶针位穿孔	顶针断后卡在顶针孔内,变成了"成型针"	检修/更换顶直,并在注塑生产过程中打顶针油(防止烧针)
顶针孔进胶	顶针孔磨损,熔料进入间隙内	扩孔后更换顶针、生产中定时打顶针油、减小顶出行程、减少顶出次数、减小注射压力/保压压力/注射速度
断顶针	顶出不平衡、顶针次数多、顶出长度过大、顶出速度快、顶出力过大、顶针润滑不良	更换顶针、生产中定时打顶针油,减小顶出行程、减少顶出次数、减小注射压力/保压压力
断成型针	保压压力过大、成型针单薄(偏细)、材质不好、压模	更换成型针、选用刚性好/强度高的钢材,减小注射压力及保压压力、防止压模
字唛装反	更换/安装字唛时,字唛装错或方向装反	对照样板安装字唛或字唛加定位销

5.2 塑件常见缺陷及解决方法

5.2.1 欠注（缺料）

(1) 缺陷现象

欠注又称缺料、短射、充填不足等,是指塑料熔体进入型腔后未能完全填满模具成型空间的各个角落,如图 5-1 所示。

  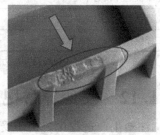

(a) 示意图　　　　　　(b) 实物图一　　　　　　(c) 实物图二

图 5-1　欠注的塑料制品

(2) 缺陷原因与解决方法

① 设备选型不当。因此,在选用注塑设备时,注塑机的最大注射量必须大于塑件质量。在校核时,注射总量（包括塑件、流道凝料）不能超出注射机塑化量的 85%。

② 供料不足。即注塑机料斗的加料口底部可能有"架桥"现象,解决的方法是适当增加螺杆的注射行程,以增加供料量。

③ 原料流动性能太差。应设法改善模具浇注系统的滞流缺陷,如合理设置流道位置、扩大浇口、流道等的尺寸以及采用较大的喷嘴等。同时,可在原料配方中增加适量助剂,改善塑料的流动性能。

④ 润滑剂超量。应减少润滑剂用量或调整料筒与螺杆间隙。

⑤ 冷料杂质阻塞流道。应将喷嘴拆卸清理或扩大模具冷料穴和流道的截面。

⑥ 浇注系统设计不合理。设计浇注系统时,要注意浇口平衡,各型腔内塑件的质量要与浇口大小成正比,以保证各型腔能同时充满;浇口位置要选择在厚壁部位,也可采用

分流道平衡布置的设计方案。如果浇口或流道小、薄、长，则熔体的压力在流动过程中沿程损失会非常大，流动受阻，容易产生充填不良的现象，如图 5-2 所示。对此现象，应扩大流道截面和浇口面积，必要时可采用多点进料的方法。

图 5-2　流道过小导致熔体提早凝固

图 5-3　困气导致熔体流动受阻

⑦ 模具排气不良，如图 5-3 所示。应检查有无冷料穴，或冷料穴的位置是否正确。对于型腔较深的模具，应在欠注部位增设排气沟槽或排气孔，在合理的分型面上，可开设深度为 0.02～0.04mm、宽度为 5～10mm 的排气槽，排气槽应设置在型腔的最终充填处。此外，使用水分及易挥发物含量超标的原料时也会产生大量气体，导致模具排气不良，此时应对原料进行干燥及清除易挥发物。在注塑成型工艺方面，可通过提高模具温度、降低注射速度、减小浇注系统流动阻力，以及减小合模力、加大模具间隙等辅助措施改善排气不良现象。

⑧ 模具温度太低。对此，开机前必须将模具预热至工艺要求的温度。刚开机时，应适当控制模具内冷却水的通过量，如果模具温度升不上去，应检查模具冷却系统的设计是否合理。

⑨ 熔体温度太低。在适当的成型范围内，熔体温度与充模流程接近于正比例关系，低温熔体的流动性能下降，充模流程将缩短。同时，应注意将料筒加热到仪表温度后还需恒温一段时间才能开机，在此过程中，为了防止熔体分解不得不采取低温注射时，可适当延长注射时间，以克服可能出现的欠注缺陷。

⑩ 喷嘴温度太低。对此，在开模时应使喷嘴与模具分离接触，以减少模具对喷嘴温度的影响，使喷嘴处的温度保持在工艺要求的范围内。

⑪ 注射压力或保压不足。注射压力与充模流程接近于正比例关系，注射压力太小，充模流程会变短，导致型腔充填不满。对此，可通过减慢螺杆前进速度、适当延长注射时间等办法来提高注射压力。

⑫ 注射速度太慢。注射速度与熔体充模速度直接相关，如果注射速度太慢，熔体充模缓慢，则低速流动的熔体很容易冷却，从而使熔体流动性能进一步下降产生欠注现象。对此，应适当提高注射速度。

⑬ 塑件结构设计不合理。如图 5-4 所示，当塑件的宽度与其厚度比例过大或形状十分复杂且成型面积很大时，熔体很容易在塑件薄壁部位的入口处流动受阻，致使型腔很难充满而产生欠注缺陷。因此，在设计塑件的形状和结构时，应注意塑件厚度与熔体极限充模长度的关系。经验表明，注塑成型的塑件，壁厚大都采用 1～3mm，大型塑件的壁厚为 3～6mm，塑件厚度超过 8mm 或小于 0.5mm 都对注塑成型不利，设计时应避免采用这样的厚度。

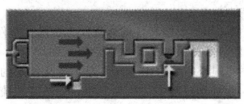

图 5-4　熔体流程过长而产生欠注

综上所述，注塑过程中出现制品缺料的原因及改善方法如表5-13所示。

表 5-13   缺料原因及改善方法

原因分析	改善方法
熔料温度太低	提高料筒温度
注射压力太低或油温过高	提高注射压力或清理冷凝器
熔胶量不够（注射量不足）	增加计量行程
注射时间太短或保压切换过早	增加注射时间或延迟切换保压
注射速度太慢	加快注射速度
模具温度不均	重开模具运水道
模具温度偏低	提高模具温度
模具排气不良（困气）	恰当位置加适度的排气槽/针
射嘴堵塞或漏胶（或发热圈烧坏）	拆除/清理射嘴或重新对嘴
浇口数量/位置不适，进胶不平均	重新设置浇口或调整平衡
流道、浇口太小或流道太长	加大流道、浇口尺寸或缩短流道
原料内润滑剂不够	酌情加润滑剂（改善流动性）
螺杆止逆环（过胶圈）磨损	拆下止逆环并检修或更换
机器容量不够或料斗内的树脂不下料	更换较大的机器或检查并改善下料情况
成品胶厚不合理或太薄	改善胶件的胶厚或加厚薄位
熔料流动性太差（FMI低）	改用流动性较好的塑料

5.2.2   缩水

(1) 缺陷现象

注塑过程中由于模腔某些位置未能产生足够的压力，当熔体开始冷却时，塑件上壁厚较大处的体积收缩较慢而形成拉应力，如果制品表面硬度不够，而又无熔体补充，则制品表面便被应力拉陷，这种现象称为缩水，如图5-5所示。缩水现象多出现在模腔上熔体聚集的部位和制品厚壁区，如加强筋、支撑柱等与制品表面的交界处。

缩水

图 5-5   制品缩水现象

(2) 缺陷原因与解决方法

注塑件表面上缩水现象，不但影响塑件的外观，也会降低塑件的强度。缩水现象与使用塑料种类、注塑工艺、塑件和模具结构等均有密切关系。

① 塑料原料方面   不同塑料的缩水率不同，通常容易缩水的原料大都属于结晶型塑料（如尼龙、聚丙烯等）。在注塑过程中，结晶型塑料受热变成流动状态时，分子呈无规则排列；当被射入较冷的模腔时，塑料分子会逐步整齐排列而形成结晶，从而导致体积收

缩较大，其尺寸小于规定的范围，即出现所谓的"缩水"。

② 注塑工艺方面　在注塑工艺方面，出现缩水的情况有保压压力不足、注射速度太慢、模温或料温太低、保压时间不够等。

因此，在设定注塑工艺参数时，必须检查成型条件是否正确及保压是否足够，以防出现缩水问题。一般而言，延长保压时间，可确保制品有充足的时间冷却和补充熔体。

③ 塑件和模具结构方面　缩水产生的根本原因在于塑料制品的壁厚不均，典型的例子是塑件非常容易在加强筋和支撑柱表面出现缩水。此外，模具的流道设计、浇口大小及冷却效果对制品的影响也很大，由于塑料的传热能力较低，距离型腔壁越远，则其凝固冷却越慢，因此，该处应有足够的熔体填满型腔，这就要求注塑机的螺杆在注射或保压时，熔体不会因倒流而降低压力；另一方面，如果模具的流道过细、过长或浇口太小而冷却太快，则半凝固的熔体会阻塞流道或浇口而造成型腔压力下降，导致制品缩水。

综上分析，塑件出现缩水的原因及改善方法如表 5-14 所示。

表 5-14　缩水原因及改善方法

原 因 分 析	改 善 方 法
模具进胶量不足	增强熔胶注射量
① 熔胶量不足	① 增加熔胶计量行程
② 注射压力不足	② 提高注射压力
③ 保压不够或保压切换位置过早	③ 提高保压压力或延长保压时间
④ 注射时间太短	④ 延长注射时间(采用预顶出动作)
⑤ 注射速度太慢或太快(困气)	⑤ 加快注射速度或减慢注射速度
⑥ 浇口尺寸太小或不平衡(多模腔)	⑥ 加大浇口尺寸或使模具进胶平衡
⑦ 射嘴阻塞或发热圈烧坏	⑦ 拆除清理射嘴内异物或更换发热圈
⑧ 射嘴漏胶	⑧ 重新对嘴、紧固射嘴或降低背压
料温不当(过低或过高)	调整料温(适当)
模温偏低或太高	提高模温或适当降低模温
冷却时间不够(筋/骨位脱模拉陷)	酌情延长冷却时间
缩水处模具排气不良(困气)	在缩水处开设排气槽
塑件骨位或柱位胶壁过厚	使胶厚尽量均匀(改为气辅注塑)
螺杆止逆环磨损(逆流量大)	拆卸与更换止逆环(过胶圈)
浇口位置不当或流程过长	浇口开设于壁厚处或增加浇口数量
流道过细或过长	加粗主、分流道，缩短流道长度

不同的塑料，其缩水率是不一样的，表 5-15 所示为常见塑料的缩水率。

表 5-15　常见塑料的缩水率

代　号	原 料 名 称	缩水率/%
GPPS	普通级聚苯乙烯(硬胶)	0.5
HIPS	抗冲击聚苯乙烯(不碎硬胶)	0.5
SAN	AS 胶	0.4
ABS	聚丙烯腈-丁二烯-苯乙烯	0.6
LDPE	低密度聚乙烯(花胶)	1.5~4.5

Chapter 1

Chapter 2

Chapter 3

Chapter 4

Chapter 5

Chapter 6

Chapter 7

Chapter 8

附录 1

附录 2

续表

代　号	原料名称	缩水率/%
HDPE	高密度聚乙烯	2～5
PP	聚丙烯(百折胶)	1～4.7
PA66	尼龙66	0.8～1.5
PA6	尼龙6	1.0
PPO	聚苯醚	0.6～0.8
POM	聚甲醛(赛钢、特灵)	1.5～2.0
CAB	乙酸丁酸纤维素(酸性胶)	0.5～0.7
PET	聚对苯二甲酸乙二醇酯	2～2.5
PBT	聚对苯二甲酸丁二醇酯	1.5～2.0
PC	聚碳酸酯(防弹胶)	0.5～0.7
PMMA	亚克力(有机玻璃)	0.5～0.8
PVC硬	硬PVC	0.1～0.5
PVC软	软PVC	1～5
PU	PU胶、乌拉坦胶	0.1～3
EVA	EVA胶(橡皮胶)	1.0
PSF	聚砜	0.6～0.8

5.2.3　鼓包

(1) 缺陷现象

某些塑件在成型脱模后，很快在某些位置出现了局部体积变大的现象，称之为鼓包或肿胀，如图5-6所示。

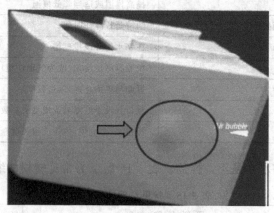

图5-6　塑件上出现的鼓包现象

(2) 缺陷原因与解决方法

塑件的鼓包是因为未完全冷却硬化的塑料在内压的作用下释放气体，导致塑件膨胀引起的。该缺陷的改善措施如下。

① 有效的冷却。方法是降低模温，延长开模时间，降低塑料的干燥与塑化温度。

② 降低充模速度，减少成形周期，减少流动阻力。

③ 提高保压压力和时间。

④ 改善塑件结构，避免塑件上出现局部太厚或厚薄变化过大的状况。

5.2.4 缩孔（真空泡）

(1) 缺陷现象

制品缩孔，也称真空泡或空穴，一般出现在塑件上大量熔体积聚的位置，是因熔体在冷却收缩时得到充分的熔体补充而引起的。缩孔现象常常出现在塑件的厚壁区，如加强筋或支撑柱与塑件表面的交处。如图 5-7 所示。

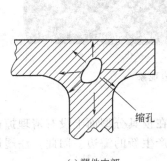

(a) 塑件内部   (b) 塑件表面

图 5-7　塑件上出现的缩孔现象

(2) 缺陷原因与解决方法

塑件出现缩孔的原因是熔体转为固体时，壁厚处体积收缩慢，形成拉应力，此时如果制品表面硬度不够，而又无有熔体补充，则制品内部便形成空洞。塑件产生缩孔的原因与缩水相似，区别是缩水在塑件的表面凹陷，而缩孔是在内部形成空洞。缩孔通常产生在厚壁部位，主要与模具冷却快慢有关。熔体在模具内的冷却速度不同，不同位置的熔体的收缩程度就会不一样，如果模温过低，熔体表面急剧冷却，将壁厚部分内较热的熔体拉向四周表面，就会造成内部出现缩孔。

塑件出现缩孔现象会影响塑件的强度和力学性能，如果塑件是透明制品，缩孔还会影响制品的外观。改善制品缩孔的重点是控制模具温度，具体的原因及改善方法如表 5-16 所示。

表 5-16　缩孔原因及改善方法

原 因 分 析	改 善 方 法
模具温度过低	提高模具温度(使用模温机)
成品断面、筋或柱位过厚	改善产品的设计,尽量使壁厚均匀
浇口尺寸太小或位置不当	改大浇口或改变浇口位置(厚壁处)
流道过长或太细(熔料易冷却)	缩短流道长度或加粗流道
注射压力太低或注射速度过慢	提高注射压力或注射速度
保压压力或保压时间不足	提高保压压力,延长保压时间
流道冷料穴太小或不足	加大冷料穴或增开冷料穴
熔料温度偏低或射胶量不足	提高熔料温度或增加熔胶行程
模内冷却时间太长	减少模内冷却,使用热水浴冷却
水浴冷却过急(水温过低)	提高水温,防止水浴冷却过快
背压太小(熔料密度低)	适当提高背压,增大熔料密度
射嘴阻塞或漏胶(发热圈会烧坏)	拆除/清理射嘴或重新对嘴

Chapter 1
Chapter 2
Chapter 3
Chapter 4
Chapter 5
Chapter 6
Chapter 7
Chapter 8
附录 1
附录 2

5.2.5 溢边（飞边、披锋）

(1) 缺陷现象

塑料熔体被从模具分型面挤压出模具型腔而在制品边缘产生的薄片称为溢边，也称飞边，俗称披锋，如图5-8所示。

图 5-8 塑件上出现的溢边现象

(2) 缺陷原因与解决方法

溢边是注塑生产中较为恶劣的现象，如果溢边粘在模具分型面上没有清理掉而直接锁模的话，则会损伤模具分型面，该损伤部位又会导致产生新的溢边。因此，注塑过程需特别注意是否出现溢边现象。

注塑生产过程中，导致溢边的原因较多，如注射压力过大、末端注射速度过快、锁模力不足、顶针孔或滑块磨损、合模面不平整（有间隙）、塑料的黏度太低（如尼龙料）等，具体分析如表5-17所示。

表 5-17 溢边原因及改善方法

原 因 分 析	改 善 方 法
熔料温度或模温太高	降低熔料温度及模具温度
注射压力太高或注射速度太快	降低注射压力或末端注射速度
保压压力过大（胀模力大）	降低保压压力
合模面贴合不良或合模精度差	检修模具或提高合模精度
锁模力不够（产品周边均有披锋）	加大锁模力
制品投影面积过大	更换锁模力较大的机器
进浇口不平衡,造成局部披锋	重新平衡进浇口
模具变形或机板变形（机铰式机）	模具加装撑头或加大模具硬度
保压切换（位置）过迟	提早从注射转换到保压的位置
模具材质差或易磨损	选择更好的钢材并进行热处理
塑料的黏度太低（或:PA、PP料）	改用黏度较大的塑料或加填充剂
合模面有异物或机铰磨损	清理模面异物或检修/更换机铰

5.2.6 熔接痕

(1) 缺陷现象

在塑料熔体充填模具型腔时，如果两股或多股熔体在相遇时前锋部分温度没有完全相同（如图5-9所示），则这些熔体无法完全融合，在汇合处会产生线性凹槽，从而形成熔接痕，如图5-10所示。

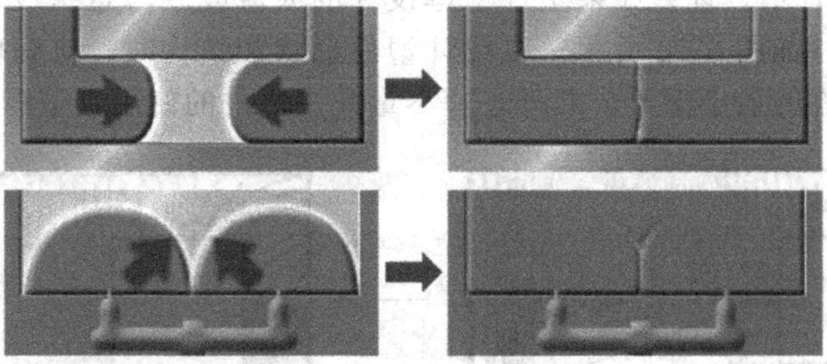

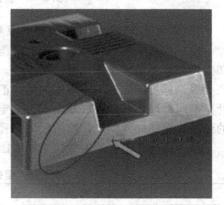

图 5-9　熔接痕形成示意图

（2）缺陷原因与解决方法

① 熔体温度太低。低温熔体的分流汇合性能较差，容易形成熔接痕。如果塑件的内外表面在同一部位产生熔接细纹时，往往是由于料温太低引起的熔接不良。对此，可适当提高料筒及喷嘴的温度，或者延长注射周期，促使料温上升。同时，应控制模具内冷却水的通过量，适当提高模具温度。一般情况下，塑件熔接痕处的强度较差，如果对模具中产生熔接痕的相应部位进行局部加热，提高成型件熔接部位的局部温度，往往可以提高塑件熔接处的强度。如果由于特殊需要，必须采用低温成型工艺时，可适当提高注射速度及注射压力，从而改善熔体的汇合性能。也可在原料配方中适当增用少量润滑剂，提高熔体的流动性能。

图 5-10　塑件上产生的熔接痕

② 模具缺陷。在模具结构上，如浇口位置在塑件左侧［图 5-11（a）］，浇口位置在塑件上部［图 5-11（b）］，浇口位置在塑件右侧［图5-11（c）］。

应尽量采用分流少的浇口形式并合理选择浇口位置，尽量避免充模速率不一致及充模料流中断。在可能的条件下，应选用单点进料。为了防止低温熔体注入模腔产生熔接痕，可在提高模具温度的同时，在模具内设制冷料穴。

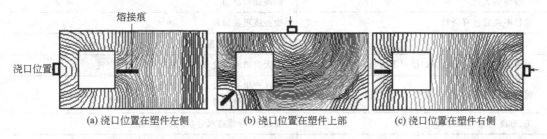

(a) 浇口位置在塑件左侧　　　(b) 浇口位置在塑件上部　　　(c) 浇口位置在塑件右侧

图 5-11　改变浇口位置对熔接痕的影响

③ 模具排气不良。此时，首先应检查模具排气孔是否被熔体的固化物或其他物体阻塞，浇口处有无异物。如果阻塞物清除后仍出现炭化点，应在模具汇料点处增加排气孔，也可通过重新定位浇口，或适当降低合模力，增大排气间隙来加速汇料合流。在注塑工艺方面，可采取降低料温及模具温度，缩短高压注射时间，降低注射压力等辅助措施。

④ 脱模剂使用不当。在注塑成型中，一般只在螺纹等不易脱模的部位才均匀地涂用少量脱模剂，原则上应尽量减少脱模剂的用量。

⑤ 塑件结构设计不合理。如果塑件壁厚设计的太薄或厚薄悬殊或嵌件太多，都会引起熔体的熔接不良，如图 5-12 所示。在设计塑件形状和结构时，应确保塑件的最薄部位必须大于成型时允许的最小壁厚。此外，应尽量减少嵌件的使用且壁厚尽可能趋于一致。

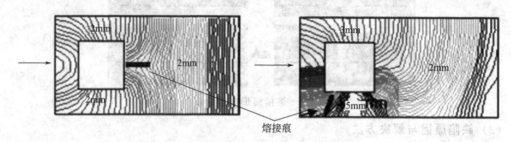

图 5-12　塑件壁厚对熔接痕的影响示例

⑥ 其他原因。如：使用的塑料原料中水分或易挥发物含量太高，模具中的油渍未清除干净，模腔中有冷料或熔体内的纤维填料分布不均，模具冷却系统设计不合理，熔体冷却太快，嵌件温度太低，喷嘴孔太小，注射机塑化能力不够，柱塞或注射机料筒中压力损失大等，都可能导致不同程度的熔体汇合不良而出现熔接痕迹。对此，在操作过程中，应针对不同情况，分别采取原料干燥，定期清理模具，改变模具冷却水道设计，控制冷却水的流量，提高嵌件温度，换用较大孔径的喷嘴，改用较大规格的注射机等措施予以解决。

综上所述，塑件产生熔接痕的原因及改善方法如表 5-18 所示。

表 5-18　熔接痕产生的原因及改善方法

原 因 分 析	改 善 方 法
原料熔融不佳或干燥不充分	①提高料筒温度 ②提高背压 ③加快螺杆转速 ④充分干燥原料
模具温度过低	提高模具温度(蒸汽模可改善夹水纹)
注射速度太慢	增加注射速度(顺序注塑技术可改善之)
注射压力太低	提高注射压力
原料不纯或掺有杂料	检查或更换原料
脱模剂太多	少用脱模剂(尽量不用)
流道及进浇口过小或浇口位置不适当	增大浇道及进浇口尺寸或改变浇口的位置
模具内空气排除不良(困气)	①在产生夹水纹的位置增大排气槽 ②检查排气槽是否堵塞或用抽真空注塑
主、分流道过细或过长	加粗主、分流道尺寸(加快一段速度)
冷料穴太小	加大冷料穴或在夹水纹部位开设溢料槽

5.2.7　气泡（气穴）

在塑料熔体充填型腔时，多股熔体前锋包裹形成的空穴或者熔体充填末端由于气体无法排出导致气体被熔体包裹在熔体，就会在塑件上形成了气泡，也称气穴，如图 5-13 所示。

气泡与真空泡（缩孔）不相同，它是指塑件内存在的细小气泡；而真空泡是排空了气体的空洞，是熔体冷却定型时，收缩不均而产生的空穴，穴内并没有气体存在。注塑成型过程中，如果材料未充分干燥、注射速度过快、熔体中夹有空气、模具排气不良、塑料的热稳定性差，塑件内部就可能出现细小的气泡（透明塑件可以看到，如图5-14所示）。塑件内部有细小气泡时，塑件表面往往会伴随有银纹（料花）现象，透明件的气泡会影响外观质量，同时也属塑件材质不良，会降低产品的强度。

图5-13 气穴形成示意图

图5-14 透明塑件内出现的气泡

综上所述，塑件产生气泡的原因及改善方法如表5-19所示。

表5-19 产生气泡的原因及改善方法

原因分析	改善方法
背压偏低或熔料温度过高	提升背压或降低料温
原料未充分干燥	充分干燥原料
螺杆转速或注射速度过快	降低螺杆转速或注射速度
模具排气不良	增加或加大排气槽，改善排气效果
残量过多，熔料在料筒内停留时间过长	减少料筒内熔料残留量
浇口尺寸过大或形状不适	减小浇口尺寸或改变浇口形状，让气体滞留在流道内
塑料或色粉的热稳定性差	改用热稳定性较好的塑料或色粉
熔胶筒内的熔胶夹有空气	降低下料口段的温度，改善脱气

5.2.8 翘曲（变形）

(1) 缺陷现象

翘曲指的是注塑件的形状与图纸的要求不一致，如图5-15所示，也称塑件变形。翘曲通常是因塑件的不平均收缩而引起，但不包括脱模时造成的变形。常见的翘曲塑件是采用玻璃增强的塑料成型的大面积或细长的制品。

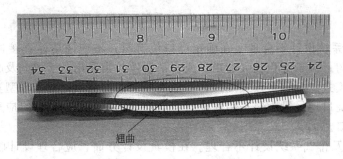

图5-15 制品产生翘曲

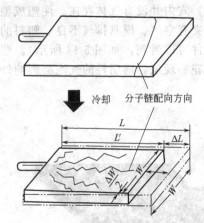

冷却　分子链配向方向

图 5-16　分子取向不均衡导致塑件翘曲

（2）缺陷原因与解决方法

① 分子取向不均衡，如图 5-16 所示。为了尽量减少由于分子取向差异产生的翘曲变形，应创造条件减少流动取向或减少取向应力，有效的方法是降低熔体温度和模具温度，在采用这一方法时，最好与塑件的热处理结合起来，否则，减小分子取向差异的效果往往是短暂的。热处理的方法是：塑件脱模后将其置于较高温度下保持一定时间再缓冷至室温，即可大量消除塑件内的取向应力。

② 冷却不当。塑件在成型过程冷却不当极易产生变形现象，如图 5-17 所示。设计塑件结构时，各部位的断面厚度应尽量一致。塑件在模具内必须保持足够的冷却定型时间。对于模具冷却系统的设计，应注意将冷却管道设置在温度容易升高、热量比较集中的部位，对于那些比较难以冷却的部位，应尽量进行缓冷，以使塑件各部分的冷却均衡。

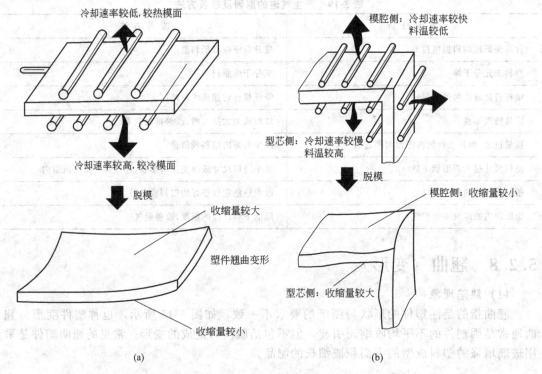

图 5-17　冷却不当导致塑件变形示例

③ 模具浇注系统设计不合理。在确定浇口位置时，不应使熔体直接冲击型芯，应使型芯两侧受力均匀；对于面积较大的矩形或扁平塑件，当采用分子取向及收缩大的塑料原料时，应采用薄膜式浇口或多点式浇口，尽量不要采用侧浇口；对于环型塑件，应采用盘型浇口或轮辐式浇口，尽量不要采用侧浇口或点浇口；对于壳型塑件，应采用直浇口，尽量不要采用侧浇口。

④ 模具脱模及排气系统设计不合理。在模具设计方面，应合理设计脱模斜度、顶杆位置和数量，提高模具的强度和定位精度；对于中小型模具，可根据翘曲规律来设计和制

造反翘模具。在模具操作方面，应适当减慢顶出速度或顶出行程。

⑤ 工艺设置不当。应针对具体情况，分别调整对应的工艺参数。

综上所述，塑件翘曲的原因及改善方法如表 5-20 所示。

表 5-20　翘曲的原因及改善方法

原 因 分 析	改 善 方 法
成品顶出时尚未冷却定型	①降低模具温度 ②延长冷却时间 ③降低原料温度
成品形状及厚薄不对称	①脱模后用定型架(夹具)固定 ②变更成品设计
填料过饱形成内应力	减少保压压力、保压时间
多浇口进料不平均	更改进浇口(使其进料平衡)
顶出系统不平衡	改善顶出系统或改变顶出方式
模具温度不均匀	改善模温使之各局部温度合适
胶件局部粘模	检修模具，改善粘模
注射压力或保压压力太高	减小注射压力或保压压力
注射量不足导致收缩变形	增加射胶量，提高背压
前后模温不适(温差大或不合理)	调整前后模温差
塑料收缩率各向异性较大	改用收缩率各向异性小的塑料
取货方式或包装方式不当	改善包装方式，增强保护能力

5.2.9　收缩痕

(1) 缺陷现象

在塑件壁厚差别较大分界位置，由于两处厚度收缩不均匀而产生的明显痕迹，如图 5-18 所示。

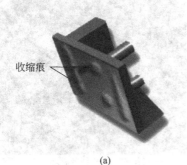
(a)

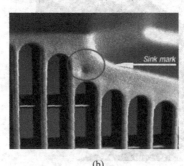
(b)

图 5-18　塑件上的收缩痕

(2) 缺陷原因与解决方法

① 成型工艺控制不当。对此，应适当提高注射压力及注射速度，增加熔料的压缩密度，延长注射和保压时间，补偿熔体的收缩，增加注射缓冲量。但保压不能太高，否则会引起凸痕。如果凹陷和缩痕发生在浇口附近时，可以通过延长保压时间来解决；当塑件在壁厚处产生凹陷时，应适当延长塑件在模内的冷却时间；如果嵌件周围由于熔体局部收缩引起凹陷及缩痕，这主要是由于嵌件的温度太低造成的，应设法提高嵌件的温度；如果由

Chapter 1
Chapter 2
Chapter 3
Chapter 4
Chapter 5
Chapter 6
Chapter 7
Chapter 8
附录 1
附录 2

于供料不足引起塑件表面凹陷，应增加供料量。此外，塑件在模内的冷却必须充分。

② 模具缺陷。对此，应结合具体情况，适当扩大浇口及流道截面，浇口位置尽量设置在对称处，进料口应设置在塑件厚壁的部位。如果凹陷和缩痕发生在远离浇口处，一般是由于模具结构中某一部位熔体流动不畅，妨碍压力传递。对此，应适当扩大模具浇注系统的结构尺寸，最好让流道延伸到产生凹陷的部位。对于壁厚塑件，应优先采用翼式浇口。

③ 原料不符合成型要求。对于表面要求比较高的塑件，应尽量采用低收缩率的塑料，也可在原料中增加适量润滑剂。

④ 塑件形状结构设计不合理。设计塑件形状结构时，壁厚应尽量一致。如果塑件的壁厚差异较大，可通过调整浇注系统的结构参数或改变壁厚分布来解决，如图 5-19 所示。

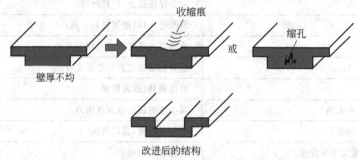

图 5-19 改变壁厚减小缩痕

5.2.10 银纹（料花）

(1) 缺陷现象

在塑件表面沿着熔体流动方向形成的喷溅状线条被称为银纹（见图 5-20），也叫银丝或料花。

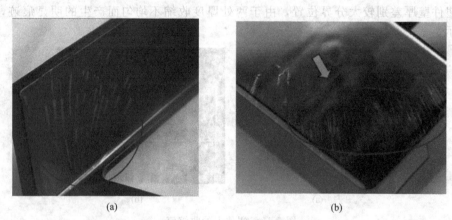

图 5-20 塑件上产生的银纹现象

(2) 缺陷原因与解决方法

银纹的产生，一般是由于注射启动过快，使熔体及模腔中的空气无法排出，空气夹混在熔体内，致使塑件表面产生了银色丝状纹路。银纹不但影响塑件外观，而且使塑件的机械强度降低许多。银纹的形成主要是塑料熔体中含有气体，查找这些气体产生的根源即可找出解决缺陷的方法，相应的原因及方法主要有以下几点。

① 塑料本身含有水分或油剂。由于塑料在制造过程时暴露于空气中，吸入水气、油剂或

者在混料时掺入了错误的比例成分,使这些挥发性物质在溶胶时,受高温而变成气体。

② 熔体受热分解。如果熔体筒温度、背压及熔体速度调得太高,或成型周期太长,则对热敏感的塑料(如 PVC、赛钢及 PC 等),容易因高温受热分解产生气体。

③ 空气。塑料颗粒与颗粒之间均含有空气,如果熔体筒在近料斗处的温度调得很高,使塑料粒的表面在未压缩前便熔化而粘在一起,则塑料粒之间的空气便不能完全排除出来(脱气不良)。

④ 熔体塑化不良。对此,适当提高料筒温度和延长成型周期,尽量采用内加热式注料口或加大冷料井及加长流道。

塑件产生银纹的原因及改善方法如表 5-21 所示。

表 5-21　银纹产生的原因及改善方法

原因分析	改善方法
原料含有水分	原料彻底烘干(在允许含水率以内)
料温过高(熔料分解)	降低熔料温度
原料中含有其他添加物(如润滑剂)	减少其使用量或更换其他添加物
色粉分解(色粉耐温性较差)	选用耐温较高的色粉
注射速度过快(剪切分解或夹入空气)	降低注射速度
料筒内卷有空气	①减慢熔胶速度 ②提高背压
原料混杂或热稳定性不佳	更换原料或改用热稳定性好的塑料
熔料从薄壁流入厚壁时膨胀,挥发物气化与模具表面接触激化成银丝	①改良模具结构设计(平滑过渡) ②调节射胶速度与位置互配关系
进浇口过大/过小或位置不当	改善进浇口大小或调整进浇口位置
模具排气不良或模温过低	改善模具排气或提高模温
熔料残量过多(熔料停留时间长)	减少熔料残量
下料口处温度过高	降低其温度,并检查下料口处冷却水
背压过低(脱气不良)	适当提高背压
抽胶位置(倒索量)过大	减少倒索量

5.2.11　水波纹

(1) 缺陷现象

水波纹是熔体流动的痕迹在成型后无法去除而以浇口为中心呈现的水波状纹路,多见于光面模具注塑成型的塑件上,如图 5-21 所示为塑件上产生的水波纹。

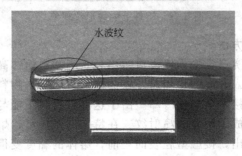

水波纹

图 5-21　塑件上产生的水波纹

（2）缺陷原因与解决方法

水波纹是最初流入型腔的熔体冷却过快，而其后射入的热熔体推动前面的熔体滑移而形成的水波状纹路。对此，可通过提高熔体温度和模具温度，加快注射速度，提高保压压力等途径来改善。残留于喷嘴前端的冷料，如果直接进入成型模腔内，也会造成水波纹，因此在主流道的末端应开设冷料井可有效地防止水波纹的发生。

塑件产生水波纹的原因及改善方法如表 5-22 所示。

表 5-22　水波纹产生原因及改善方法

原因分析	改善方法
原料熔融塑化不良	①提高料筒温度 ②提高背压 ③提高螺杆转速
模温或料温太低	提高模温或料温
水波纹处注射速度太慢	适当提高水波纹处的注射速度
一段注射速度太慢（太细长的流道）	提高一段注射速度
进浇口过小或位置不当	加大进浇口或改变浇口位置
冷料穴过小或不足	增开或加大冷料穴
流道太长或太细（熔料易冷）	改短或加粗流道
熔料流动性差（FMI 低）	改用流动性好的塑料
保压压力过小或保压时间太短	增加保压压力及保压时间

5.2.12　喷射纹（蛇形纹）

（1）缺陷现象

注塑成型过程中，如果熔体在经过浇口处的注射速度过快，则塑件表面（侧浇口前方）会产生像蛇行状的喷射纹路，如图 5-22 所示。

图 5-22　塑件上的蛇形纹现象

（2）缺陷原因与解决方法

喷射现象多在模具的浇口类型为侧浇口时出现。当塑料熔体高速流过喷嘴、流道和浇口等狭窄区域后，突然进入开放的、相对较宽的区域后，熔融物料会沿着流动方向如蛇一样弯曲前进，与模具表面接触后迅速冷却。由于这部分材料不能与后续进入型腔的树脂很好地融合，就在制品上造成了明显的喷射纹。在特定的条件下，熔体在开始阶段以一个相对较低的温度从喷嘴中射出，接触型腔表面之前，熔体的黏度变得非常大，因此产生了蛇型的流动，而接下来随着温度较高的熔体不断地进入型腔，最初的熔体就被挤压到模具中较深的位置处，因此留下了蛇形纹路。

塑件产生喷射纹的原因及改善方法如表 5-23 所示。

表 5-23　喷射纹产生的原因及改善方法

原 因 分 析	改 善 方 法
浇口位置不当(直接对着空型腔注射)	改变浇口位置(移到角位)
料温或模温过高	适当降低料温和模温
注射速度过快(进浇口处)	降低(进浇口处)注射速度
浇口过小或形式不当(侧浇口)	改大浇口或做成护耳式浇口(亦可在浇口附近设阻碍柱)
塑料的流动性太好(FMI 高)	改用流动性较差的塑料

5.2.13　气纹（阴影）

注塑成型过程中，如果浇口太小而注射速度过快，熔体流动变化剧烈且熔体中夹有空气，则在塑件的浇口位置、转弯位置和台阶位置会出现气纹（阴影），如图 5-23 所示。ABS、PC、PPO 等塑料的制品在浇口位置较容易出现气纹。

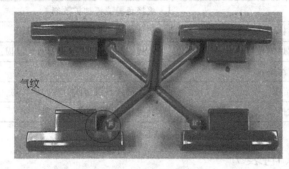

图 5-23　塑件上的气纹

气纹产生的原因及改善方法如表 5-24 所示。

表 5-24　气纹产生原因及改善方法

原 因 分 析	改 善 方 法
熔料温度过高或模具温度过低	降低料温(以防分解)或提高模温
浇口过小或位置不当	加大浇口尺寸或改变浇口位置
产生气纹部位的注塑速度过快	多级射胶,减慢相应部位的注射速度
流道过长或过细(熔料易冷)	缩短或加大流道尺寸
产品台阶/角位无圆弧过渡	产品台阶/角位加圆弧
模具排气不良(困气)	改善模具排气效果
流道冷料穴太小或不足	增开或加大冷料穴
原料干燥不充分或过热分解	充分干燥原料并防止熔料过热分解
塑料的黏度较大,流动性差	改用流动性较好的塑料

5.2.14　黑条（黑纹）

黑条是塑件表面出现的黑色条纹，也称黑纹，如图 5-24 所示。

Chapter 1
Chapter 2
Chapter 3
Chapter 4
Chapter 5
Chapter 6
Chapter 7
Chapter 8
附录 1
附录 2

图 5-24　塑件上的黑条现象

黑条发生的主要原因是成型材料的热分解，常见于热稳定性差的塑料（如PVC 和 POM 等）。有效防止黑条发生的对策是防止料筒内的熔体温度过高，并减慢注射速度。料筒或螺杆如果有伤痕或缺口，则附着于此部分的材料会过热，引起热分解。此外，止逆环开裂亦会因熔体滞留而引起热分解，所以黏度高的塑料或容易分解的塑料要特别注意防止黑条的发生。

黑条产生的原因及改善方法如表 5-25 所示。

表 5-25　黑条产生的原因及改善方法

原 因 分 析	改 善 方 法
熔料温度过高	降低料筒/喷嘴温度
螺杆转速太快或背压过大	降低螺杆转速或背压
螺杆与炮筒偏心而产生摩擦热	检修机器或更换机台
射嘴孔过小或温度过高	适当改大射嘴孔径或降低其温度
色粉不稳定或扩散不良	更换色粉或添加扩散剂
射嘴头部粘滞有残留的熔料	清理射嘴头余胶
止逆环/料管内有使原料过热的死角	检查螺杆、止逆环或料管有无磨损
回用水口料中有杂色料(被污染)	检查或更改水口料
进浇口太小或射嘴有金属堵塞	改大进浇口或清除射嘴内的异物
残量过多(熔料停留时间过长)	减少残量以缩短熔料停留时间

5.2.15　裂纹（龟裂）

(1) 缺陷现象

注塑成型后，塑件表面开裂形成的若干条长度和大小不等的裂缝，如图 5-25 所示。

(2) 缺陷原因与解决方法

① 残余应力太高。对此，在模具设计和制造方面，可以采用压力损失最小、而且可以承受较高注射压力的直接浇口，可将正向浇口改为多个针点状浇口或侧浇口，并减小浇口直径。设计侧浇口时，可采用成型后可将破裂部分除去的凸片式浇口。在工艺操作方面，通过降低注射压力来减少残余应力是一种最简便的方法，因为注射压力与残余应力呈正比例关系。应适当提高料筒及模具温度，减小熔体与模具的温度，控制模内型坯的冷却时间和速度，使取向分子链有较长的恢复时间。

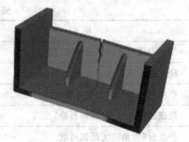

图 5-25　制品上产生裂纹

② 外力导致残余应力集中。一般情况下，这类缺陷总是发生在顶杆的周围。出现这类缺陷后，应认真检查和校调顶出装置，顶杆应设置在脱模阻力最大部位，如凸台、加强筋等处。如果设置的顶杆数由于推顶面积受到条件限制不可能扩大时，可采用小面积多顶杆的方法。如果模具型腔脱模斜度不够，塑件表面也会出现擦伤形成褶皱花纹。

③ 成型原料与金属嵌件的热胀系数存在差异。对于金属嵌件应进行预热，特别是当

Chapter

1

Chapter

2

Chapter

3

Chapter

4

Chapter

5

Chapter

6

Chapter

7

Chapter

8

附录

1

附录

2

塑件表面的裂纹发生在刚开机时，大部分是由于嵌件温度太低造成的。另外，在嵌件材质的选用方面，应尽量采用线胀系数接近塑料特性的材料。在选用成型原料时，也应尽可能采用高分子量的塑料，如果必须使用低分子量的成型原料时，嵌件周围的塑料厚度应设计的厚一些。

④ 原料选用不当或不纯净。实践表明，低黏度疏松型塑料不容易产生裂纹。因此，在生产过程中，应结合具体情况选择合适的成型原料。在操作过程中，要特别注意不要把聚乙烯和聚丙烯等塑料混在一起使用，这样很容易产生裂纹。在成型过程中，脱模剂对于熔体来说也是一种异物，如用量不当也会引起裂纹，应尽量减少其用量。

⑤ 塑件结构设计不良。塑件结构中的尖角及缺口处最容易产生应力集中，导致塑件表面产生裂纹及破裂。因此，塑件结构中的外角及内角都应尽可能采用最大半径做成圆弧。试验表明，最佳过渡圆弧半径与转角处壁厚的比值为1:1.7。

⑥ 模具上的裂纹复映到塑件表面上。在注射成型过程中，由于模具受到注射压力反复的作用，型腔中具有锐角的棱边部位会产生疲劳裂纹，尤其在冷却孔附近特别容易产生裂纹。当模具型腔表面上的裂纹复映到塑件表面上时，塑件表面上的裂纹总是以同一形状在同一部位连续出现。出现这种裂纹时，应立即检查裂纹对应的型腔表面有无相同的裂纹。如果是由于复映作用产生裂纹，应以机械加工的方法修复模具。

经验表明，PS、PC料的制品较容易出现裂纹现象。而由于内应力过大所引起的裂纹可以通过退火处理的方法来消除内应力。

塑件产生裂纹的原因及改善方法如表5-26所示。

表5-26 龟裂产生的原因及改善方法

原 因 分 析	改 善 方 法
注射压力过大或末端注射速度过快	减少注射压力或末端注射速度
保压压力太大或保压时间过长	减小保压压力或缩短保压时间
熔料温度或模具温度过低/不均	提高熔料温度或模具温度(可用较小的注射压力成型)，并使模温均匀
浇口太小，形状及位置不适	加大浇口、改变浇口形状和位置
脱模斜度不够，模具不光滑或有倒扣	增大脱模斜度、抛光模具、消除倒扣
顶针大小或数量不够	增大顶针或增加顶针数量
顶出速度过快	降低顶出速度
金属嵌件温度偏低	预热金属嵌件
水口料回用比例过大	减小添加水口料比例或不用回收料
内应力过大	控制或改善内应力，退火处理
模具排气不良(困气)	改善模具排气效果，减少烧焦

5.2.16 烧焦（碳化）

(1) 缺陷现象

注塑过程中如果模具排气不良或注射太快，模具内的空气来不及排出，则空气会在瞬间高压的压缩下，急剧升温（极端情况下温度可高达300℃）而将熔体在某些位置烧黄、烧焦的现象，如图5-26所示。

(2) 缺陷原因与解决方法

塑件烧焦的具体原因及改善方法如表5-27所示。

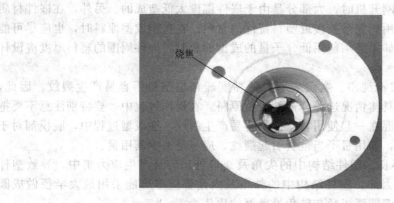

烧焦

图 5-26　制品上产生的烧焦现象

表 5-27　烧焦原因分析及改善方法

原 因 分 析	改 善 方 法
末端注射速度过快	降低最后一级注射速度
模具排气不良	加大或增开排气槽(抽真空注塑)
注射压力过大	减小注射压力(可减轻压缩程度)
熔料温度过高(黏度降低)	降低熔料温度,降低其流动性
浇口过小或位置不当	改大浇口或改变其位置(改变排气)
塑胶材料的热稳定性差(易分解)	改用热稳定性更好的塑料
锁模力过大(排气缝变小)	降低锁模力或边锁模边射胶
排气槽或排气针阻塞	清理排气槽内的污渍或清洗顶针

5.2.17　黑点

(1) 缺陷现象

透明塑件、白色塑件或浅色塑件,在注塑生产时常常会出现黑点现象,如图 5-27 所示。塑件表面出现的黑点会影响制品的外观质量,造成生产过程中废品率高、浪费大、成本高。

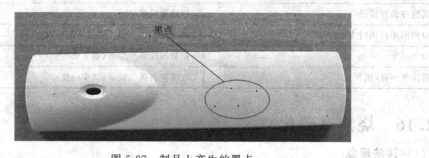

黑点

图 5-27　制品上产生的黑点

(2) 缺陷原因与解决方法

黑点问题是注塑成型中的难题,需要从水口料、碎料、配料、加料、环境、停机及生产过程中各个环节加以控制,才能减少黑点。塑件出现黑点的主要原因是混有污料的塑料熔体在高温下降解,从而在制品表面产生黑点,具体原因及改善方法如表 5-28 所示。

表 5-28　黑点原因分析及改善方法

原 因 分 析	改 善 方 法
原料过热分解物附着在料筒内壁上	①彻底射空余胶 ②彻底清理料管 ③降低熔料温度 ④减少残料量
原料中混有异物(黑点)或烘料桶未清理干净	①检查原料中是否有黑点 ②需将烘料桶彻底清理干净
热敏性塑料浇口过小,注射速度过快	①加大浇口尺寸 ②降低注射速度
料筒内有引起原料过热分解的死角	检查射嘴、止逆环与料管有无磨损/腐蚀现象或更换机台
开模时模具内落入空气中的灰尘	调整机位风扇的风力及风向(最好关掉风扇),用薄膜盖住注塑机
色粉扩散不良,造成凝结点	增加扩散剂或更换优质色粉
空气内的粉尘进入烘料桶内	烘料桶进气口加装防尘罩
喷嘴堵塞或射嘴孔太小	清除喷嘴孔内的不熔物或加大孔径
水口料不纯或污染	控制好水口料(最好无尘车间)
碎料机/混料机未清理干净	彻底清理碎料机/混料机

5.2.18　顶白（顶爆）

(1) 缺陷现象

塑件从模具上脱模时,如果采用的是顶杆顶出方式,顶杆往往会在塑件上留下或深或浅的痕迹,如果这些痕迹过大,即成为所谓的顶白现象,严重的会发生顶穿塑件的情况,称为顶爆,如图 5-28 所示。

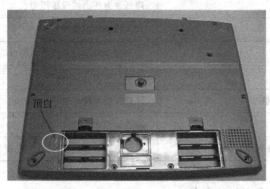

图 5-28　制品上产生的顶白现象

(2) 缺陷原因与解决方法

塑件出现顶白现象具体的原因及改善方法如表 5-29 所示。

表 5-29　顶白原因分析及改善方法

原 因 分 析	改 善 方 法
后模温度太低或太高	调整合适的模温
顶出速度过快	减慢顶出速度
有脱模倒角	检修模具(省光)

Chapter 1
Chapter 2
Chapter 3
Chapter 4
Chapter 5
Chapter 6
Chapter 7
Chapter 8
附录 1
附录 2

原 因 分 析	改 善 方 法
成品顶出不平衡（断顶针板弹簧）	检修模具（使顶出平衡）
顶针数量不够或位置不当	增加顶针数量或改变顶针位置
脱模时模具产生真空现象	清理顶针孔内污渍，改善进气效果
成品骨位、柱位粗糙（倒扣）	抛光各骨位及柱位
注射压力或保压压力过大	适当降低其压力
成品后模脱模斜度过小	增大后模脱模斜度
侧滑块动作时间或位置不当	检修模具（使抽芯动作正常）
顶针面积太小或顶出速度过快	增大顶针面积或减慢顶出速度
末段的注射速度过快（毛刺）	减慢最后一段注射速度

5.2.19 拉伤（拖花）

塑件脱模时，如果模腔侧面蚀纹太粗且脱模斜度不够，则塑件被脱离型芯后会出现蚀纹模糊的现象，此现象被称为拉伤或拖花。

拉伤的原因主要是注射压力或保压压力过大，模腔内侧有倒扣（毛刺），具体的原因及改善方法如表 5-30 所示。

表 5-30　拖花原因及改善方法

原 因 分 析	改 善 方 法
模腔内侧边沿有毛刺（倒扣）	抛光模腔内侧的毛刺（倒扣）
注射压力或保压压力过大	降低注射压力或保压压力
模腔脱模斜度不够	加大模腔的脱模斜度
模腔内侧面蚀纹过粗	将粗纹改为幼纹或改为光面台阶结构
锁模力过大（模腔变形）	酌减锁模力，防止模腔变形
前模温度过高或冷却时间不够	降低模腔温度或延长冷却时间
模具开启速度过快	减慢开模启动速度
锁模末端速度过快（模腔冲撞压塌）	减慢末端锁模速度，防止型腔撞塌

5.2.20 色差（光泽差别）

塑件成型后在同一表面出现颜色不一致或光泽不相同的现象，称为色差或光泽差别。

色差由于塑件着色及分布不均或者是着色剂的排列跟随熔体流动方向不同而引起。热效应的破坏和注塑件的严重变形，例如使用过大的脱模力，也可导致颜色不均匀而产生色差痕。

注塑过程中如果原料、色粉的变化，水口料回收量未控制，注塑工艺（料温、背压、残量、注射速度及螺杆转速等）变化，机台变更，混料时间不同，原料干燥时间过长，颜色需配套的产品分开做模（多套模具），样板变色及库存产品颜色不一样等，都会导致出现色差现象。具体原因及改善方法如表 5-31 所示。

Chapter 1

Chapter 2

Chapter 3

Chapter 4

Chapter 5

Chapter 6

Chapter 7

Chapter 8

附录 1

附录 2

表 5-31　色差的原因及改善方法

原 因 分 析	改 善 方 法
原料的牌号/批次不同	使用同一供应商/同一批次的原料生产同一订单的产品
色粉的质量不稳定(批次不同)	改用稳定性好的色粉或同一批色粉
熔料温度变化大(忽高或忽低)	合理设定熔料温度并稳定料温
水口料的回用次数/比例不一致	严格控制水口料的回用量及次数
料筒内残留料过多(过热分解)	减少残留料
背压过大或螺杆转速过快	降低背压或螺杆转速
需颜色配套的产品不在同一套模内	模具设计时将有颜色配套的产品尽量放在同一套模具内注塑
注塑机大小不相同	尽量使用同一台或同型号的注塑机
配料时间及扩散剂用量不同(未控制)	控制配料工艺及时间(需相同)
产品库存时间过长	减少库存量,以库存产品为颜色板
烤料时间过长或不一致	控制烤料时间,不要变化或时间太长
颜色板污染变色	保管好颜色板(同胶袋密封好)
色粉量不稳定(底部多、顶部少)	使用色浆、色母粒或拉粒料

　　塑件出现色差是注塑成型中经常发生的问题,也是最难控制的问题之一,令注塑技术和管理人员十分头痛。解决色差现象是一项系统工程,需要从注塑生产过程中的各个工序(各环节)加以控制,才可能得到有效改善。

5.2.21　混色

　　塑件的表面或流动方向变化的部位会产生局部区域颜色偏差(混色)现象,如图 5-29 所示。

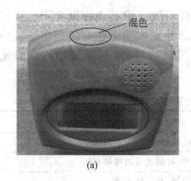
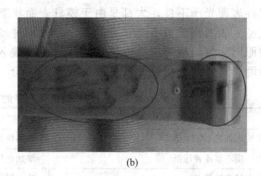

(a)　　　　　　　　　　　　　　(b)

图 5-29　塑件上产生的混色现象

　　混色的原因很多,如注塑过程中色粉扩散不均(相容性差)、料筒未清洗干净、原料中混有其他颜色的水口料、回料比例不稳定、熔体塑化不良等,原因分析及改善方法如表 5-32 所示。

表 5-32　混色原因及改善方法

原 因 分 析	改 善 方 法
熔料塑化不良	改善塑化状况,提高塑化质量
色粉结块或扩散不良	研磨色粉或更换色粉(混色头射嘴)

续表

原 因 分 析	改 善 方 法
料温偏低或背压太小	提高料温、背压及螺杆转速
料筒未清洗干净(含有其他残料)	彻底清洗熔胶筒(必要时使用螺杆清洗剂)
注射机螺杆、料筒内壁损伤	检修或更换损伤的螺杆/料筒或机台
扩散剂用量过少	适当增加扩散剂用量或更换扩散剂
塑料与色粉的相容性差	更换塑料或色粉(可适量添加水口料)
回用的水口料中有杂色料	检查/更换原料或水口料
射嘴头部(外面)滞留有残余熔胶	清理射嘴外面的余胶

5.2.22 表面无光泽或光泽不均匀

塑件成型后,成品表面失去材料本来的光泽,形成乳白色层膜,或为模糊状态(哑色)等均称为表面无光泽,如图 5-30 所示。

图 5-30 塑件表面光泽不均匀现象

塑件表面光泽不良,大都是由于模具表面状态不良所致。模具表面抛光不良或有模垢时,成型品表面当然得不到良好的光泽;使用过多的离型剂或油脂性离型剂也是表面光泽不良的原因。材料吸湿或含有挥发物及异质物混入(污染),同样是造成制品表面光泽不良的原因。具体的分析及改善方法如表 5-33 所示。

表 5-33 制品表面无光泽的原因及改善方法

原 因 分 析	改 善 方 法
模具温度太低或料温太低	提高模具温度或料温(改善复制性)
熔料的密度不够或背压低	增加保压压力/时间或适当增加背压
模具内有过多脱模剂	控制脱模剂用量,并擦拭干净
模具表面渗有水或油	擦拭干净水或油并检查是否漏水及油
模内表面不光滑(胶渍或锈迹)	模具抛光或清除胶渍
原料干燥不充分(整体发哑)	充分干燥原料
模具型腔内有模垢/胶渍	清除模具型腔内的模垢/胶渍
熔料过热分解或在料筒内停留时间过长	降低熔料温度或减少残量
流道及浇口过小(冷料)	加大流道及浇口尺寸
注射速度太慢或模温不均	提高注射速度或改善冷却系统
料筒未清洗干净	彻底清洗料筒

5.2.23 透明度不足

注塑成型透明塑件过程中，如果料温过低、原料未干燥好、熔体分解、模温不均或模具表面光洁度不好等，都会出现透明度不足的现象，从而影响塑件的使用。其原因及改善方法如表 5-34 所示。

表 5-34 透明度不足的原因及改善方法

原因分析	改善方法
熔料塑化不良或料温过低	提升熔料温度,改善熔料塑化质量
熔料过热分解	适当降低熔料温度,防止熔料分解
原料干燥不充分	充分干燥原料
模具温度过低或模温不均	提高模温或改善模具温度的均匀性
模具表面光洁度不够	抛光模具或采用表面电镀的模具,提高模具的光洁度
结晶型塑料的模温过高(充分结晶)	降低模温,加快冷却(控制结晶度)
使用了脱模剂或模具上有水及污渍	不用脱模剂或清理模具内的水及污渍

5.2.24 表面浮纤

注塑玻璃纤维增强塑料时，在塑件的表面出现纤维的现象，如图 5-31 所示。塑件表面浮纤严重影响制品的质量。

图 5-31 塑件上出现的表面浮纤现象

塑件出现浮纤的原因主要有两个，一是射出的熔体在接触模壁时已冷却较多，玻璃纤维难以浸润于熔体中，从而形成纤痕；二是玻璃纤维与塑料收缩率不同，导致局部玻璃纤维凸出制品外。具体的分析及改善方法如表 5-35 所示。

表 5-35 塑件表面浮纤原因及改善方法

原因分析	改善方法
模具温度过低或料温偏低	提高模具温度或熔料温度
保压压力/注射压力偏小	提高保压压力及注射压力
玻璃纤维长度偏长	改用短玻纤增强塑料(注意强度变化)
注塑速度偏低	提高注塑速度
流口过小或流道过细/过长	加大浇口或流道尺寸,缩短流道长度
冷料穴不足或尺寸过小	加开冷料穴或加大冷料穴尺寸
背压过低	适当提高背压,增大熔料的密度
玻纤塑料的相容性差	在塑料中添加偶联剂

Chapter 1
Chapter 2
Chapter 3
Chapter 4
Chapter 5
Chapter 6
Chapter 7
Chapter 8
附录 1
附录 2

5.2.25　尺寸超差

注塑成型中，如果注塑工艺不稳定或模具变形等，塑件尺寸就会产生偏差，达不到所需尺寸的精度。产生该缺陷的原因及改善方法如表 5-36 所示。

表 5-36　塑件尺寸超差的原因及改善方法

原 因 分 析	改 善 方 法
注射压力及保压压力偏低（尺寸小）	增大注射压力或保压压力
模具温度不均匀	调整/改善模具冷却水流量
冷却时间不够（胶件变形——尺寸小）	延长冷却时间，防止胶件变形
模温过低，塑料结晶不充分（尺寸大）	提高模具温度，使熔料充分结晶
塑件吸湿后尺寸变大	改用不易吸湿的塑料
塑料的收缩率过大（尺寸小）	改用收缩率较小的塑料
浇口尺寸过小或位置不当	增大浇口或改变浇口位置
模具变形（尺寸误差大）	模具加撑头，酌减锁模力，提高模具硬度
背压过低或熔胶量不稳定（尺寸小）	提升背压，增大熔料密度
塑件尺寸精度要求过高	根据国际尺寸公差标准确定其精度

5.2.26　起皮

注塑过程中，如果模具温度过低，熔体相互没有完全相容，熔体中有杂质，料筒未清洗干净，制品表面就会出现剥离、分层（起皮）等现象，如图 5-32 所示。

图 5-32　塑件上的起皮现象

塑件产生起皮的原因及改善方法如表 5-37 所示。

表 5-37　起皮原因及改善方法

原 因 分 析	改 善 方 法
熔胶筒未清洗干净（熔料不相容）	彻底清洗熔胶筒
回用的水口料中混有杂料	检查或更换水口料
模具温度过低或熔料温度偏低	提高模温及熔料温度

原 因 分 析	改 善 方 法
背压太小,熔料塑化不良	增大背压,改善熔料塑化质量
模具内有油污/水渍	清理模具内的油污/水渍
脱模剂喷得过多	不喷脱模剂

5.2.27 冷料斑

注塑过程中,如果熔体塑化不彻底或模具流道中有流涎的冷料,则塑件内部或表面就会产生冷料斑。冷料斑产生原因及改善方法如表 5-38 所示。

表 5-38 冷料斑产生的原因及改善方法

原 因 分 析	改 善 方 法
流道内有流涎的冷料	降低喷嘴温度,减少背压,适当抽胶改善流涎
熔料塑化不良(料温偏低,产生死胶)	提高料温,改善塑化质量
回用水口料中含有熔点高的杂料	检查/更换水口料
模具(顶针位、柱位、滑块)内留有残余的胶屑(胶粉)	检修模具并清理模内的胶屑/胶粉
模具内有倒扣(刮胶)	检修模具并抛光倒扣位

5.2.28 塑件强度不足(脆性大)

注塑生产中,如果熔体过热产生分解、熔体塑化彻底、水口料回用比例过大、水口料中混有杂料(塑胶被污染)、塑件太薄、内应力过大等,注塑件在一些关键部分会发生强度不足的现象。当塑件强度不足时,在受力或使用时会出现脆裂(断裂)问题,影响产品的功能、使用寿命及外观。

塑件强度不足的原因及改善方法如表 5-39 所示。

表 5-39 塑件强度不足的原因及改善方法

原 因 分 析	改 善 方 法
料温过高,熔料过热分解发脆	适当降低料温
熔料塑化不良(温度过低)	提高料温/背压,改善塑化质量
模温过低或塑料干燥不充分	提高模温或充分干燥塑料
残量过多,熔料在料筒内停留时间过长(过热分解)	减少残留量
脱模剂用量过多	控制脱模剂用量或不使用脱模剂
胶件局部太薄	增加薄壁位的厚度或增添加强筋
回用水口料过多或水口料混有杂料	减少回用水口料比例或更换水口料
料筒未清洗干净,熔料中有杂质	将料筒彻底清洗干净
喷嘴孔径或浇口尺寸过小	增大喷嘴孔径或加大浇口尺寸
PA(尼龙)料干燥过头	PA 胶件进行"调湿"处理
材料本身强度不足(FMI 大)	改用分子量大的塑料
夹水纹明显(熔合不良,强度降低)	提高模温,减轻或消除夹水纹
胶件残留应力过大(内应力开裂)	改善工艺及模具结构、控制内应力
制品锐角部位易应力集中造成开裂	锐角部位加 R 角(圆弧过渡)
玻纤增强塑料注塑时,浇口过小	加大浇口尺寸,防止玻纤因剪切变短

5.2.29　金属嵌件不良

注塑生产中，对于一些配合强度要求高的塑件，常在注塑件中放入金属嵌件（如螺钉、螺母、轴等），制成带有金属嵌件的塑件或配件。在注塑带有金属嵌件的塑件时，常出现金属嵌件的定位不准、金属嵌件周边塑料开裂、金属嵌件周边溢变及金属嵌件损伤等问题，如图 5-33 所示。

图 5-33　金属嵌件周边溢边现象

出现金属嵌件不良的原因及改善方法如表 5-40 所示。

表 5-40　金属嵌件不良原因及改善方法

原因分析	改善方法
注射压力或保压压力过大	降低注射压力及保压压力
注射速度过快（嵌件易产生披锋）	减慢注射速度
熔料温度过高	降低熔料温度
嵌件定位不良（卧式注塑机）	检查定位结构尺寸或稳定嵌件尺寸
嵌件未摆放到位（易压伤）	改善金属嵌件的嵌入方法（放到位）
嵌件尺寸不良（过小或过大），放不进定位结构内或松动	改善嵌件的尺寸精度并更换嵌件
嵌件卡在定位结构内，脱模时拉伤	调整注塑工艺条件（降低注射压力、保压压力及注射速度）
嵌件注塑时受压变形	减小锁模力或检查嵌入方法
定位结构内有胶屑或异物（放不到位）	清理模具内的异物
金属嵌件温度过低（包胶不牢）	预热金属嵌件
金属嵌件与制品边缘的距离太小	加大金属嵌件周围的胶厚
嵌件周边包胶（披锋）	减小嵌件间隙或调整注塑工艺条件
浇口位置不适（位于嵌件附近）	改变浇口位置，远离嵌件

5.2.30　通孔变盲孔

注塑过程中，可能出现塑件内本应通孔的位置却变成了盲孔，其产生原因及改善方法如表 5-41 所示。

Chapter 1

Chapter 2

Chapter 3

Chapter 4

Chapter 5

Chapter 6

Chapter 7

Chapter 8

附录 1

附录 2

表 5-41　制品产生盲孔的原因及改善方法

原 因 分 析	改 善 方 法
成型孔针断或掉落	检修模具并重新安装成型孔针
侧孔行位/滑块出现故障(不复位)	检修行位(滑块),重新做成型孔针
成型孔针材料刚性/强度不够	使用刚性/强度高的钢材做成型孔针
成型孔针太细或太长	改善成型孔针的设计(加粗/减短)
注射压力或保压压力过大(包得紧)	降低注射压力或保压压力
锁模力大,成型孔针受压过大(断)	减小锁模力,防止成型孔针压断
成型孔针脱模斜度不足或粗糙	加大成型孔针的脱模斜度或抛光
胶件压模,压断成型孔针	控制压模现象(加装锁模监控装置)

5.2.31　内应力过大

当塑料熔体进入快速冷却的模腔时,制品表面的降温速率远比内层快,表层迅速冷却而固化,由于凝固的塑料导热性差,制品内部凝固很缓慢,当浇口封闭时,不能对中心冷却收缩进行补料。内层会因收缩处于拉伸状态,而表层则处于相反状态的压应力,这种应力在开模后来不及消除而留在制品内,被称为残余应力过大。该缺陷产生的原因及改善方法如表 5-42 所示。

在注塑件产生内应力后,可通过"退火"的方法减轻或消除,用四氯化碳溶液或冰醋酸溶液检测其是否有内应力。

表 5-42　制品内应力过大的原因及改善方法

原 因 分 析	改 善 方 法
模具温度过低或过高(阻力小)	提高模具温度(或降低模温)
熔料温度偏低(流动性差,需要高压)	提高熔料温度,降低压力
注射压力/保压压力过大	降低注射压力及保压压力
胶件结构存在锐角(尖角-应力集中)	在锐角(直角)部位加 R 圆角
顶出速度过快或顶出压力过大	降低顶出速度,减小顶出压力
顶针过细或顶针数量过少	加粗顶针或增加顶针数量
胶件脱模困难(粘模力大)	改善脱模斜度,减小粘模力
注射速度太慢(易分子取向)	提高注射速度,减小分子取向程度
胶件壁厚不均匀(变化大)	改良胶件结构,使其壁厚均匀
注射速度过快或保压位置切换过迟	降低注射速度或调整保压切换位置

5.2.32　白点

注塑 PS、PMMA、PC 等塑料时,由于注塑机螺杆压缩比较小、熔体塑化不彻底,原料中可能出现无法塑化的颗粒或粉末,这些颗粒或粉末在透明塑件中就会呈现出白点,影响产品的外观质量。其具体的原因及改善方法如表 5-43 所示。

表 5-43 制品出现白点的原因及改善方法

原 因 分 析	改 善 方 法
注塑机螺杆的压缩比不够(塑化不良)	更换压缩比较大的注塑机
背压偏低或螺杆转速太低	适当提高背压或螺杆转速
熔料温度偏低或喷嘴温度较低	提高熔料温度或喷嘴温度
螺杆或料筒内壁损伤	检查螺杆或料筒内壁,必要时需更换
喷嘴与主浇口衬套配合不良	重新对嘴或清理射嘴头部余胶
原料中含有难熔物质(异物)	检查来料或更换原料(除粉末料外)

5.3 制品缺陷的分析与处理

5.3.1 注塑成型简介

注塑成型是一门知识面广、技术性和经验性强的技术,涉及塑料性能、注塑模具结构、注塑机功能、注塑工艺调校、着色技术、水口料回收与利用、品质控制及生产管理等方面的知识。在注塑生产过程中,会经常出现一些现象(如:喷嘴流涎、漏胶、水口拉丝、粘模、塑化噪声、螺杆打滑、开模困难等)及产品质量缺陷(如:缩水、缺料、溢边、夹水纹、水波纹、气纹、流纹、料花、开裂、粘模、顶白、拖花、漏胶、内应力、气泡、色差、盲孔、断柱、翘曲变形等),如何快速有效地改善这些注塑不良现象,仅凭过去的经验是不够的,需要全面系统地掌握注塑专业技术知识和积累丰富的实践经验,学会科学分析问题和处理问题的方法与技巧。

注塑成型的制品大都是根据规格/标准和客户的要求来制造的,但在实际的注塑生产过程中,它的变化是相当广泛而复杂的。常见的现象是,注塑生产进行得很顺利时,会突然产生缩水、变形、裂痕、流纹等不良缺陷。因此,在注塑生产过程中,需要从制品产生的缺陷来准确分析、判断导致缺陷的根本原因,从中再找出解决问题的方法,这是一种专业性的技术,并需要大量的经验积累。某些时候,只要调整注塑工艺条件和参数、对注塑机和模具进行稍微的调整、或者更换所使用的原料或色粉,很多问题就可以迎刃而解。

5.3.2 制品缺陷的调查与了解

在注塑成型过程中,当制品出现缺陷时,应重点掌握以下信息。

a. 产生何种缺陷? 它发生于何时(开始注塑时还是生产过程中)、何处? 程度怎样?

b. 缺陷发生的频率是多少(是每一次,还是偶然发生)? 缺陷制品的数量有多少?

c. 模腔数是多少? 注塑缺陷是否总是发生于相同的模腔(模穴)?

d. 该缺陷在成型时是否总是发生于相同的位置?

e. 该缺陷在模具设计/制造时是否已经被预估到会发生?

f. 该缺陷在浇口处是否已经明显发生? 还是远离浇口部位?

g. 更换新的原料或色粉时,缺陷是否还会发生?

h. 换一台注塑机试试看,缺陷是否只在某一台注塑机发生,还是也发生于其他注塑机?

在注塑成型过程中,当制品出现缺陷时,应按照以下流程进行调查与了解。

① 必须搞清楚问题的本质,如:

a. 问题是什么?

b. 什么时候发生的?

c. 发生在哪一部位？哪一个型腔？

d. 每模都发生还是偶尔有？

② 必须思考可能的原因有哪些。

③ 必须确认材料是否有问题，如：

a. 材料干燥吗？

b. 原材料质量好吗？

c. 回料质量好吗（是否无长料杆，无其他杂料，无污物，无太多粉尘等）？

d. 回料比添加合理吗，过程控制准确吗？

④ 须确认模具是否有问题，如：

a. 水路、气路连接正确吗？

b. 型腔内部清洁吗？

c. 模具型腔有损坏吗？

⑤ 必须确认注塑机器是否有问题，如：

a. 机床止回阀坏吗？

b. 料筒磨损了吗？

c. 注塑时实际压力能达到吗？

值得注意的是，一般情况下，在注塑过程稳定生产 24h 以上而没有任何问题出现的话，该生产工艺参数被认为是稳定并合理的。因此，在稳定生产过程中出现的问题不应是工艺参数问题，应主要查找其他方面。

5.3.3　处理制品缺陷的 DAMIC 流程

在处理注塑成型中出现缺陷时，可以采用图 5-34 所示的 DAMIC 流程进行。

图 5-34　DAMIC 流程

定义：出现何种缺陷、它发生于什么时候、什么位置、频率如何、不良数/不良率是多少？

分析：产生该缺陷的相关因素有哪些？主要因素是什么？根本原因是什么？

测量：MAS（Measurement System Analysis）分析，外观质量目测、内在质量分析，尺寸大小进行量测、颜色目视或色差仪。

改善：制订改善注塑缺陷的有效方案/计划（该用什么方法），并组织实施与跟进。

控制：巩固改善成果（记录完整的注塑工艺条件），对这一类结构所产生的该缺陷进行总结/规范，将此种改善方法应用到其他类似的产品上，做到举一反三，触类旁通。

5.3.4　系统性验证与分析方法

注塑成型过程中发现制品出现缺陷，可能的原因有多个，确定的方法一是凭经验，二是通过系统性验证的方法。

在开始验证前，必须先熟悉该注塑成型的塑料物料、注塑机、注塑模具、注塑制品等详细的资料，并明确验证的目的。

① 注塑成型的时间窗口。注塑件的质量只在"一定"的参数设定范围内获得保证。而这"一定范围"常被称为注塑成型的时间视窗。只有在时间窗口中的参数设定才可生产废品率较低的注塑件。

② 以下的方法来设定注塑过程称之为容许"误差"方法。假设在生产的过程中，注

塑件的品质出现问题，首要做的是检查注塑机及模具的各部分，以确保加工温度、检查物料的焙干情况和比较各参数的设定值实际数据。

③ 转换参数的步骤。通过改变工艺参数的方法来查找问题原因的时候，每一次只可以改变一个参数并立刻记录下来。特别是当改变熔体温度和模壁温度时，如果要对注塑件作出评价，必须先确定在生产的过程中，温度已达要求的设定值。

5.3.5 影响制品质量的因素

注塑成型中影响注塑缺陷的因素应从以下四个方面来考虑：塑料原料；注塑机；注塑模具；成型条件。上述四个因素对塑料制品质量的影响关系如图 5-35 所示。

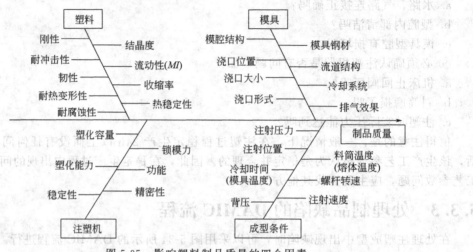

图 5-35 影响塑料制品质量的四个因素

第6章

注塑成型实践经验

6.1 提高注塑质量的关键零件与工艺

6.1.1 几种常用塑料注塑时的螺杆选用

(1) PVC (聚氯乙烯)

PVC 为热敏性塑料，一般分为硬质和软质，其区别在于原料中加入增塑剂的多少，少于 10% 的为硬质，多于 30% 为软质。

特点：

① 无明显熔点，60℃变软，100~150℃呈黏弹态，140℃时熔融，同时分解，170℃分解迅速，软化点接近于分解点，分解释放出 HCl 气体。

② 热稳定性差，温度、时间都会导致分解，流动性差。

注塑 PVC 的螺杆应注意以下要点：

a. 温度控制严格，螺杆设计尽量要低剪切，防止过热。

b. 螺杆、料筒要防腐蚀。

c. 注塑工艺需严格控制。

一般讲，螺杆参数为 $L/D=16\sim20$，$h_3=0.07D$，$\varepsilon=1.6\sim2$，$L_1=40\%$全长，$L_2=40\%$全长。

为防止藏料，无止逆环，头部锥度 20°~30°，对软胶较适应，如制品要求较高，可采用无计量段，分离型螺杆，此种螺杆对硬质 PVC 较适合，而且为配合温控，加料段螺杆内部加冷却水或油孔，料筒外加冷水或油槽，温度控制精度±2℃左右。

(2) PC (聚碳酸酯)

PC 特点：

① 非结晶性塑料，无明显熔点，玻璃化温度 140~150℃，熔融温度 215~225℃，成型温度 250~320℃。

② 黏度大，对温度较敏感，在正常加工温度范围内热稳定性较好，300℃长时停留基本不分解，超过 340℃开始分解，黏度受剪切速率影响较小。

③ 吸水性强。

注塑 PC 的螺杆应注意以下要点：

a. L/D：针对其热稳定性好、黏度大的特性，为提高塑化效果尽量选取大的长径比，一般取 26。由于其融熔温度范围较宽，压缩可较长，故采用渐变型螺杆。$L_1=30\%$全长，$L_2=46\%$全长。

b. 压缩比 ε：由渐变度 A 需与熔融速率相适应，但目前熔融速率还无法快递精确计算得出，根据 PC 从 225℃熔化至 320℃之间可加工的特性，其渐变度 A 值可相对取中等偏上的值，在 L_2 较大的情况下，普通渐变型螺杆 $\varepsilon=2\sim3$，A 一般取 2.6。

c. 因其黏度高，吸水性强，故在均化段之前、压缩段之后于螺杆上加混炼结构，以加强固体床解体，同时，可使其中夹带的水分变成气体逸出。

d. 其他参数如 e、s、φ 以及与料筒的间隙都可与其他普通螺杆相同。

(3) PMMA (有机玻璃)

PMMA 的特点：

① 玻璃化温度 105℃，熔融温度大于 160℃，分解温度 270℃，成型温度范围很宽。

② 黏度大，流动性差，热稳定性较好。

③ 吸水性较强。

注塑 PMMA 的螺杆应注意以下要点。

a. L/D 选取长径比为 20～22 的渐变型螺杆，根据其制品成型的精度要求一般 $L_1=40\%$，$L_2=40\%$。

b. 压缩比 ε，一般选取 2.3～2.6。

c. 其有一定亲水性，故在螺杆的前端采用混炼环结构。

d. 其他参数一般可按通用螺杆设计，与料筒间隙不可太小。

(4) PA (尼龙)

PA 的特性：

① 结晶性塑料，种类较多，种类不一样，其熔点也不一样，且熔点范围窄，一般所用 PA66 其熔点为 260～265℃。

② 黏度低，流动性好，有比较明显的熔点，热稳定性差。

③ 吸水性一般。

注塑 PA 的螺杆应注意以下要点。

a. L/D 选取长径比 18～20 的突变型螺杆。

b. 压缩比一般选取 3～3.5，其中防止过热分解 $h_3=(0.07\sim0.08)D$。

c. 因其黏度低，故止逆环处与料筒间隙应尽量小，约 0.05，螺杆与料筒间隙约 0.08，如有需要，视其材料，前端可配止逆环，射嘴处应自锁。

d. 其他参数可按通用螺杆设计。

(5) PET (聚酯)

PET 的特性：

① 熔点 250～260℃，吹塑级 PET 则成型温度较广一点，大约 255～290℃。

② 吹塑级 PET 黏度较高，温度对黏度影响大，热稳定性差。

注塑 PET 的螺杆应注意以下要点。

a. L/D 一般取 20，三段分布 $L_1=50\%\sim55\%$，$L_2=20\%$。

b. 采用低剪切、低压缩比的螺杆，压缩比 ε 一般取 1.8～2，同时剪切过热导致变色或不透明，$h_3=0.09D$。

c. 螺杆前端不设混炼环，以防过热、藏料。

d. 因这种材料对温度较敏感，而一般厂家多用回收料，为提高产量，一般采用的是低剪切螺杆，所以可适当提高马达转速，以达到目的。同时在使用回收料方面（大部分为片料），根据实际情况，为加大加料段的输送能力，也采取了加大落料口径、在料筒里开槽等方式，取得了比较好的效果。

6.1.2 注意与塑料原料相关的三个关键因素

(1) 塑料的收缩

① 收缩的原因

a. 热胀冷缩。

b. 熔体结晶（结晶度越高，熔体收缩越严重）。

c. 分子取向（一般来说，分子总是沿着流动方向取向的，对于未增强型材料，其熔体在流动方向上的收缩总是大于垂直方向；对于增强型材料，正好相反）。

d. 状态变化。

② 收缩的阶段　收缩从注射开始就随着熔体的逐步冷却而开始，它包括三个阶段：

a. 从注射开始到保压结束；

b. 从冷却时间开始到脱模前；

c. 脱模后。

③ 变形　变形的根本原因是收缩的不均匀。造成收缩不均匀的原因有：

a. 冷却（即温度分布）不均匀；

b. 壁厚不均匀；

c. 压力分布不均匀；

d. 分子取向；

e. 脱模受力不均。

(2) 塑料的结晶

① 结晶的概念：简单地说，结晶就是指分子的有序排列。

② 结晶的影响因素：结晶的影响因素主要是冷却速度，冷却速度越快，结晶程度越低。

③ 结晶对制品性能的影响：结晶度越高，密度越高，收缩越大，光洁度越好，强度越高，但制品的韧性变差。

(3) 塑料的黏度

① 黏度概念　黏度是流体本身的一种性能，它的大小是流体流动性能的一种衡量，数值越大，流体的流动性能越差。

② 黏度的影响因素

a. 温度。

b. 剪切速度。

c. 压力。

值得注意的是，往往黏度是温度、剪切速度和压力三者共同作用的结果，不同的材料对温度、剪切速度和压力的敏感程度是不同的，并且在不同的注射速度下哪一个起主导作用也是不同的。通常情况下，对温度敏感材料如 PA、PC 等，在高速注射的情况下，剪切速度起主导作用（因此，对于薄壁塑件或含薄壁部分的产品宜采用高速注射）。

6.1.3　注意几个影响注塑质量的工艺条件

(1) 料筒温度（原料温度）

考虑到原料和制品的厚度，一般而言，料筒温度应设置在高于原料额定熔化温度以上 10~20℃。非晶体原料如 PS、ABS 等，没有一个确定的熔点，因而料筒温度应参考熔体流动指数（MI）及螺旋工艺线（SPR）。近年来，各种小型和/或大型塑料制品不断出现，这使得 L/T（原料流动长度/产品温度）成为一个相当重要的参数，当 L/T 大的时候，最好将料筒的温度设置为比一般温度高，从而促进流动。表 6-1 列出了一些常用塑料原料的料筒温度设置。

表 6-1　常用塑料的料筒温度设置

原料	熔点 /℃	料筒温度/℃						
		(喷嘴)					(下方料斗)	
		1H	2H	3H	4H	5H	6H	7H
高密度聚乙烯(HDPE)	135	210 (180~260)	210 (180~260)	210 (180~260)	210 (180~260)	210 (180~260)	210 (180~260)	190 (170~220)
聚丙烯(PP)	168	190 (160~250)	190 (160~250)	190 (160~250)	190 (160~250)	190 (160~250)	190 (160~250)	180 (150~200)
TSOP-1	168	200 (190~210)	200 (190~210)	200 (190~210)	200 (190~210)	200 (190~210)	200 (190~210)	180 (170~190)
TSOP-5	168	200 (190~210)	200 (190~210)	200 (190~210)	200 (190~210)	200 (190~210)	200 (190~210)	180 (170~190)
聚苯乙烯(PS)	—	210 (180~250)	210 (180~250)	200 (180~250)	200 (180~250)	200 (180~250)	200 (180~250)	180 (160~200)
ABS	—	220 (180~260)	220 (180~260)	210 (180~260)	210 (180~260)	210 (180~260)	210 (180~260)	200 (170~210)
丙烯(PMMA)	—	240 (210~260)	240 (210~260)	240 (210~260)	240 (210~260)	240 (210~260)	240 (210~260)	230 (180~240)
Noryl(PPO)(变形 PPO)	—	280 (240~290)	280 (240~290)	280 (240~290)	280 (240~290)	280 (240~290)	280 (240~290)	260 (230~270)
尼龙 6(PA6)	220	240 (230~250)	240 (230~250)	240 (230~250)	240 (230~250)	240 (230~250)	240 (230~250)	220 (200~230)
尼龙 6G30(PA6 G30)	220	280 (250~290)	280 (250~290)	280 (250~290)	280 (250~290)	280 (250~290)	280 (250~290)	260 (240~260)
尼龙 66(PA66)	260	275 (270~280)	275 (270~280)	275 (270~280)	275 (270~280)	275 (270~280)	275 (270~280)	260 (240~260)
尼龙 66G30(PA66 G30)	260	280 (270~290)	280 (270~290)	280 (270~290)	280 (270~290)	280 (270~290)	280 (270~290)	260 (250~270)
聚碳酸酯(PC)	—	280 (270~310)	280 (270~310)	280 (270~310)	280 (270~310)	280 (270~310)	280 (270~310)	260 (250~270)

(2) 注射压力

注射和保压是决定注塑制品质量非常重要的条件。注射压力是指塑料熔体充填到模具内各处的必要压力。熔体进入模具后,沿模具壁逐渐冷却。因此,流动较长、薄壁、塑料温度较低及模具温度较低时,就需要较高的注射压力。此外,需要快速充填时,也需要较高的注射压力。

注射压力和注射速度均可以任意设定。通常注射压力可以设定得保守些,注射速度根据需要(希望充填时间、制品出现缺陷时的解决措施)进行设定。注射压力的初期设定,标准机型、可以设定在机器的中间(注射压力 $70 \sim 80 \mathrm{kgf/cm^2}$),注射速度的 40% 进行 1 压 1 速成型,并确认充填状况及模具的状况。此时,保压不进行,保压时间设定为 0s。

(3) 注射速度

① 注射速度概念:通常所设定的注射速度是指螺杆前进的速度,但是真正重要的是熔体在型腔里前进的速度,它与流动方向的截面积大小有关。

② 注射速度的确定:一般来说注射速度应越快越好。它的确定取决于熔体的冷却速度和熔体黏度,冷却速度快的或黏度高的熔体采用高的注射速度。值得注意的是,冷却速

度的快慢取决于材料本身的性能、壁厚以及模具温度高低。

③ 注射速度太快，易出现焦斑，飞边，内部气泡或造成熔体喷射；注射速度太慢，易出现流动痕，熔接痕，并且造成表面粗糙，无光泽。

综合经验，设定注射速度与注射时间可参考表 6-2。

表 6-2　注射速度与注射时间

注射体积 /cm³	注射时间/s		
	低黏度塑料	中黏度塑料	高黏度塑料
1~8	0.2~0.4	0.25~0.5	0.3~0.6
8~15	0.4~0.5	0.5~0.6	0.6~0.75
15~30	0.5~0.6	0.6~0.75	0.75~0.9
30~50	0.6~0.8	0.75~1.0	0.9~1.2
50~80	0.8~1.2	1.0~1.5	1.2~1.8
80~120	1.2~1.8	1.5~2.2	1.8~2.7
120~180	1.8~2.6	2.2~3.2	2.7~4.0
180~250	2.6~3.5	3.2~4.4	4.0~5.4
250~350	3.5~4.6	4.4~6.0	5.4~7.2
350~550	4.6~6.5	6.0~8.0	7.2~9.5
塑料品种示例	PE,PP,PA6,PA66,POM, PET,PBT,PPS	PE,PP,PA12,ABS,PS	PC,PMMA

注射速度的初期设定，标准机型时设定在中速以下的 40% 左右。如图 6-1 所示的某塑件注塑过程中，从注射 1 开始到注射 4 为止为 40%、注射 5 为 20%，针对外观较差的位置可以改变螺杆位置，改变速度及速度切换位置来调整。

该注塑案例中，充填完成后发生的飞边等可以通过保压来调整，可怕的是飞边和充填不足同时发生，此时必须首先找出注塑工艺条件下、没有飞边而且充填不足最少的条件。其次，通过保压来充填不足部分。如果保压切换被延迟、模腔内充填率变高，则会产生峰压而容易出现飞边，此时与其降低注射压力，还不如提早切换至保压为好。

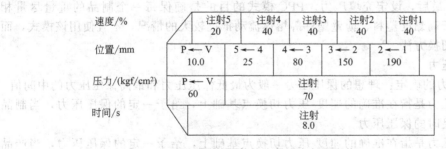

图 6-1　某塑件的注射速度与压力值

注：注射速度可以用%来设定，实际速度因机型的不同而不同。注射率除以螺杆端面积而得到的值就是速度（mm/s）。

（4）保压切换（VP 切换）

所谓保压切换，是指从向模腔内充填的注射过程（速度控制）切换到保压过程（压力控制）。此切换非常重要，它直接影响塑件的质量。保压切换（在注塑机的显示屏上显示的是"VP 切换"）有以下三种模式。

① 位置：在螺杆前进到预先确定的位置（在注塑机的显示屏上显示的是"P←V"）时切换为保压。此模式不经过充填过程。

② PPC：在螺杆前进到预先确定的位置（在注塑机的显示屏上显示的是"P←V"），而且超过了预先确定的压力，经过充填过程而切换为保压。在该充填过程中，可以设定充填压力、充填时间、充填速度。

③ 时间：在经过了预先设定的时间（在画面上为注射时间）就切换为保压。与位置模式相同，不经过充填过程。

速度控制转为压力控制的时刻被称为切换点，也称转压点，其表征的是在熔体充填过程中，当产品充填到该模腔体积一定比例时，注塑机的螺杆由注射到保压的切换点。对于薄壁制品，一般充填产品的 98％进行切换；对于非平衡流道，一般为 70％～80％，并建议采用慢—快—慢多级注射。转压点太高，容易出现产品充模不足、熔接痕、凹陷、尺寸偏小等缺陷；转压点太低，容易出现飞边、脱模困难、尺寸偏大等缺陷。

在注塑实践中，保压切换的初期条件设定可以使用位置切换。图 6-2 所示为注塑某塑件的切换参数，在完成了计量行程的 80％左右开始进行切换，V-P 切换点为螺杆最初始位置前 10～20mm 处。

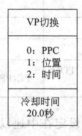

图 6-2　某塑件注塑时的 VP 切换条件

充填过程中，在选择保压切换的 PPC 模式时，除注射条件及保压条件以外，还可以单独设定速度和压力，并在螺杆前进的注射参数和螺杆停止只有压力的保压条件之间进行控制，通常设定值仅比保压切换时的注射压力高出 5kgf/cm² 左右。

使用 PPC 模式时，首先应确定位置切换，之后在观察油压波形的同时渐渐地提高 V-P切换压力。最后，设定充填压力。PPC 模式的目的是确保每一个制品的重量尽量相同。但是，对于高黏度塑料、薄壁塑件等熔体流动抵抗较大的情况，不宜使用该模式，而应该使用位置切换方法。

（5）保压压力

① 保压压力的确定：理想的保压压力一般为最低保压压力和最高保压压力的中间值。

最低保压压力是指在准确的速度-压力切换点基础上，给予一定的保压压力，当制品刚出现充模不足时的保压压力。

最高保压压力是指在准确的速度-压力切换点基础上，给予一定的保压压力，当产品刚出现溢边时的保压压力。

② 不同的塑料品种，具体的保压压力值不完全相同，实践中，一般采用占注射压力百分比的方式进行设置。比如：PA 的保压压力＝50％注射压力，POM 的保压压力＝80％注射压力，PP/PE 的保压压力＝30％～50％注射压力；极端情况下，对于尺寸要求高的塑件，其保压压力可达到 100％注射压力。

（6）保压时间

① 保压时间的确定：保压时间的确定以浇口冷凝为依据，一般通过产品称重来确定。

② 保压时间太长，会影响注塑周期；保压时间太短，塑件的重量不足，产品内部空洞，尺寸偏小。要注意的是，保压压力会影响保压时间的长短，保压压力越大保压时间越长。

(7) 螺杆转速

注塑过程中螺杆转动的目的是对塑料进行预塑，预塑的目标是获得均一稳定的熔体，即塑化均匀，无冷料，无降解，无过多气体。

① 螺杆转速的确定：一般原则是，螺杆转速应使螺杆的预塑时间、回吸时间、注射座的回退时间等三者之和略短于制品的冷却时间。

② 螺杆转速太快，塑化不均会造成产品冷料、充模不足和断裂、塑料分解（从而造成焦斑、色差和断裂等缺陷）；但螺杆转速太慢会增加注塑周期，降低生产效率。

(8) 冷却时间

一般原则是，制品冷却时间应越短越好，但以产品不变形、不粘模、无过深的顶出痕迹等为基本要求

成型材料确定后，根据制品的壁厚和塑料温度、模具温度及取出时制品的温度可以计算出理论冷却时间。取出时的制品温度、一般可以参考热变温度。

下列是理论冷却时间的计算式：

$$Q = \{(-t^2)/(2\pi\alpha)\}\ln\{(\pi/4)[(T_X - T_m)/(T_c - T_m)]\}$$

式中，Q 为理论冷却时间，s；α 为塑料的热放散率，cm^2/s，$\alpha = R/(rC_p)$；t 为产品壁厚，cm；T_X 为制品取出温度，℃；R 为塑料的热导率，$cal/(cm \cdot s \cdot ℃)$；T_c 为塑料温度，℃；T_m 为模具温度，℃；r 为塑料的密度，g/cm^3；C_p 为塑料的比热容，$cal/(g \cdot ℃)$。

上述参数中，常见塑料的热放散率等参数值如表 6-3 所示。

表 6-3　常见塑料的热放散率等参数值

成形材料	$T_X/℃$	$\alpha/(cm^2/s)$	R $/[cal/(cm \cdot s \cdot ℃)]$	$r/(g/cm^3)$	C_p $/[cal/(g \cdot ℃)]$
高密度聚乙烯（HDPE）	75	2.18×10^{-3}	11.5×10^{-4}	0.96	0.55
聚丙烯（PP）	100	0.67×10^{-3}	3.0×10^{-4}	0.90	0.50
聚苯乙烯（PS）	80	0.86×10^{-3}	2.9×10^{-4}	1.05	0.32
ABS	100	1.71×10^{-3}	6.3×10^{-4}	1.05	0.35
丙烯（PMMA）	100	1.20×10^{-3}	5.0×10^{-4}	1.19	0.35
尼龙 6（PA6）	100	1.27×10^{-3}	5.8×10^{-4}	1.14	0.40
聚碳酸酯（PC）	120	1.32×10^{-3}	4.6×10^{-4}	1.20	0.29

注：制品壁厚是去除塑料流道后的平均厚度。

计算示例：

用 PP 材料在塑料温度 200℃、模具温度 30℃、壁厚 2.5 的制品成型时，理论冷却时间为

$$Q = \{(-0.25^2)/(2\pi\alpha)\}\ln\{(\pi/4)[(100-30)/(200-30)]\} = 16.7 \text{ (s)}$$

即冷却时间为 16.7s。把该值输入在注塑机操作系统的注射·计量画面框内即可。

此外，生产实践中，还有一种更简单的冷却时间计算方法，具体如下：壁厚为 1mm 的制品冷却时间假设为 2s，则壁厚的平方乘以 2 就是冷却时间。

当然，在实际操作时由于成型条件和成型材料种类及成型形状的不同会发生偏差，因

Chapter 1
Chapter 2
Chapter 3
Chapter 4
Chapter 5
Chapter 6
Chapter 7
Chapter 8
附录 1
附录 2

此，暂且按照算出的冷却时间进行成型，根据制品的品质确定最终的冷却时间。

在成型周期中，冷却时间往往约占整个周期的50%。因此如要缩短成型周期，提高模具的冷却效率是非常有效的。

此外，对模具进行冷却的目的是保证塑件能顺利脱模而不变形，因此，确定合理的脱模温度实质上就是确定合理的冷却时间。不同塑料的脱模温度是不一样的，表6-4所示为部分塑料的脱模温度。

表6-4　部分塑料的脱模温度

塑料品种	脱模温度/℃		
	低限值	中间值	高限值
PC	60~85	85~110	110~130
PE(软)	300~40	40~50	50~65
PE(硬)	40~50	50~60	60~75
PP	45~55	55~65	65~80
PA6	50~70	70~90	90~110
PA66	75~90	90~120	120~150
PA12	40~60	60~80	80~100
POM	60~80	80~100	100~130
PS	20~35	35~45	45~60
ABS	35~55	55~75	75~90
PBT	60~75	75~90	90~120
PPS	120~145	145~170	170~190
PMMA	50~70	70~90	90~110

（9）背压

背压是指螺杆预塑时，液压缸阻止螺杆后退的压力，其大小等于螺杆前端熔体对螺杆的反作用力。背压的应用可以确保螺杆在边旋转边后退时，能产生足够的机械能量，把塑料熔化及混合。此外，背压还有以下的功用。

① 把挥发性气体和空气排出料筒外。

② 把塑料中的添加剂（如色粉、色种、防静电剂、滑石粉等）和熔料均匀地混合起来，使流经螺杆长度的熔料均匀化。

③ 提供均匀稳定的塑化材料以获得精确的制品质量。

原则上，所选用的背压数值应尽可能地低（例如4~15bar），只要熔体有适当的密度和均匀性，熔体内并没有气泡、挥发性气体和未完全塑化的塑料便可以。实际注塑成型时，具体的数值取决于不同塑料材料的性能，通常由材料供应商提供。例如，PA为20~80bar；POM为50~100bar；PP/PE为50~200bar。如果背压太高，材料容易分解、流涎，并需要更长的预塑时间；背压太低则会塑化不均（特别对于含色母料）、塑化不实（从而造成产品气泡，焦斑等）。

背压的利用使得注塑机的压力、温度和塑体温度上升，上升的幅度和所设定背压数值有关。较大型的注塑机（螺杆直径超过70mm）的油路背压可以高至25~40bar。但需要

Chapter
1

Chapter
2

Chapter
3

Chapter
4

Chapter
5

Chapter
6

Chapter
7

Chapter
8

附录
1

附录
2

注意，太高的背压引起在料筒内的熔料温度过高，这种情况对于热量很敏感的塑料生产是有破坏作用的。

而且太高的背压亦引起螺杆过大和不规则的越位情况，导致注射量不稳定，越位的多少是受塑料的黏弹性特性所影响。熔体所储藏的能量愈多，螺杆在停止旋转时，产生突然的向后跳动，热塑性塑料的跳动现象较其他的塑料严重，例如 LDPE、HDPE、PP、EVA、PP/EPDM 合成物、PPVC 等，就比 GPPS、HIPS、POM、PC、PPO-M 和 PM-MA 等都较易发生跳动现象。

为了获得最佳的生产条件，正确的背压设定至关重要，这样，塑料就可以得到适当的混合，而螺杆的越位范围亦不会超过 0.4mm。

(10) 回吸量（倒索量）

回吸量的大小应用结合背压大小进行确定，以喷嘴不产生流涎为原则。回吸量太大，容易产生气泡、焦斑、料垫不稳等缺陷；回吸量太小，会出现流涎、料垫不稳（由于止回阀关不住）等现象。

(11) 锁模力

锁模力的大小取决于型腔投影面积和注射压力的大小，锁模力太大，会出现排气不畅（会导致焦斑、充模不足等现象）、模具变形等问题；锁模力太小，容易出现飞边缺陷。

由于根据制品投影面积和模腔内压可以算出锁模力，模腔内压可以根据使用的成型材料、壁厚和流动长度及模具浇口种类推算出。

根据经验，表 6-5 为常见塑料的模腔内压值。

表 6-5 常见塑料的模腔内压值

成型材料	模腔内压值/(kgf/cm²)	成型材料	模腔内压值/(kgf/cm²)
高密度聚乙烯（HDPE）	300 250~350	Noryl(变形 PPO)	500 450~550
聚丙烯（PP）	300 250~350	尼龙 6(PA6)	400 350~450
TSOP-1,5	300 250~350	尼龙 6 G30(PA6 G30)	500 450~550
聚苯乙烯（PS）	350 300~400	尼龙 66(PA66)	400 350~450
ABS	450 400~500	尼龙 66 G30(PA66 G30)	500 450~550
丙烯（PMMA）	450 400~500	聚苯酸酯（PC）	500 450~550

(12) 模具温度

① 模具温度的作用：合适的模具温度起保证熔体流动、并冷却制品的作用。值得注意的是，模温是指模具型腔的温度，而不是模温机上显示的温度。通常，在稳定生产过程中型腔温度会达到一个稳定的动态平衡，并高于显示温度 10℃ 左右，对于大型模具，在注塑生产之前必须使模具充分加热，尤其是薄壁且流长比很大的产品模具。

② 模具温度的影响：模温会影响熔体的流动性和冷却速度。影响流动性，从而影响产品外观（表面质量，毛刺）和注塑压力；影响冷却速度，从而影响产品结晶度，进而影响产品收缩率和机械强度性能。

③ 模温高则熔体流动性好、塑料结晶度高、制品收缩率大（从而造成尺寸偏小）、制

品容易变形、需要更长的冷却时间；模温低则熔体流动性差（从而造成流动纹、熔接痕）、结晶度低、收缩率小（从而造成尺寸偏大）。

注塑实践中，模具温度将根据塑料物理和化学性能、流动性及制品表面质量要求等来确定，一般尽可能设定较高的温度，从而降低熔体的流动抵抗，迅速充填模具内，并使熔体在均一的速度冷却和固化。但是，较高的模具温度使表面光滑的同时、也会使凹陷更明显，使成型周期加长，应该充分考虑成型周期和品质的前提来确定温度。表 6-6 是部分常见塑料注塑成型时的模具温度。

表 6-6　常见塑料注塑成型时的模具温度

成形材料	熔点/℃	模具温度/℃	
		模腔内	型　芯
高密度聚乙烯(HDPE)	135	30 20～60	20 20～50
聚丙烯(PP)	168	30 20～60	20 20～50
TSOP-1	168	40 30～60	30 20～50
TSOP-5	168	40 30～60	30 20～50
聚苯乙烯(PS)	—	40 20～60	30 20～50
ABS	—	70 40～80	60 40～70
丙烯(PMMA)	—	80 40～90	70 40～80
Noryl(变性 PPO)	—	80 70～100	70 60～90
尼龙 6(PA6)	220	80 20～90	70 20～80
尼龙 6 G30(PA6G30)	220	80 70～100	70 60～90
尼龙 66(PA66)	260	80 20～90	70 20～80
尼龙 66 G30(PA66G30)	260	80 70～100	70 60～90
聚碳酸酯(PC)	—	80 70～100	70 70～90

注：1. 模架温度中，上段表示的是标准温度，下段表示成型可能的温度。随着温度的提高，表面性和流动性也随之提高。在该温度外并不表示不能成型。

2. 中子侧的温度比模腔温度的设定值低 10℃。

3. 因材料的不同及模具温度的差异，塑料的物理和化学性能会发生较大的变化，对此应该注意。比如：尼龙 6 和尼龙 66，温度上升后会使材料的刚性提高，同时也会降低冲击性。另外，对于尼龙及聚丙烯，如果模具温度急剧降低，会造成透明。

(13) 计量行程

计量行程并不是根据一次的制品质量而是根据塑料的熔融密度计算的。严格讲必须考虑机械效率（止流阀关闭为止的损耗行程），但一般来说可以忽略。表6-7为部分常见塑料熔融后的密度。

表6-7　部分常见塑料熔融后的密度

成型材料	熔融密度/(g/cm³)	成型材料	熔融密度/(g/cm³)
高密度聚乙烯（HDPE）	0.74 0.96	Noryl(变性 PPO)	0.94 1.06
聚丙烯（PP）	0.72 0.90	尼龙 6(PA6)	0.98 1.14
TSOP-1	0.92 0.98	尼龙 6 G30(PA6 G30)	1.20 1.36
聚苯乙烯（PS）	0.94 1.05	尼龙 66(PA66)	0.98 1.14
ABS	0.94 1.05	尼龙 66 G30(PA66 G30)	1.20 1.36
丙烯（PMMA）	1.10 1.19	聚碳酸酯（PC）	1.06 1.20

注：1. 该熔融密度可以因成型温度多少而变化。比如，为了提高塑料的流动性，适当提高料筒的温度进行成型时熔融密度会变小。

2. 混有滑石粉和矿物及玻璃纤维的复合强化材料的熔融密度，因其含有率的不同而不同。

计量行程的计算公式：

$$S=(4W)/(\pi D^2 \rho)$$

式中，S 为计量行程，mm；W 为含有塑料流道的成型质量，g；D 为螺杆径，mm；ρ 为塑料的熔融密度，g/cm³。

注塑实践中，如果成型的塑料、塑件质量、注塑机螺杆直能够确定，则计量行程可以简单地进行计算。比如，对 PP 塑料，质量为 1500g 的塑件，适用注塑机螺杆的直径为100mm，则计量行程为

$$S=(4×1500)/(\pi×10^2×0.72)=26.5 \ (cm)$$

而且，计量行程的初期设定假设是为了从注射开始成型算出的 265mm 的 80%，在注塑机的操作面板上，在"计量完了"处输入 210mm，最终把保有量估算为 5～10mm，则设定计量参数为 270～275mm。

6.1.4　注意区分注射和保压条件的设置

注射和保压既有相同的地方，又有较大的差别。在操作的层面，注射与保压有如下相同之处。

① 除非使用注射伺服阀，否则注射方向阀在注射及保压时都是打开的，其间不会关闭（当然亦不会转向）。

② 在一般注塑机的显示屏幕上，注射及保压均有速度及压力控制。

③ 注射的分段虽然以螺杆位置区分最为准确，但也可用时间区分（称为时间注射），这与保压的分段相同。

基于上述情况，某些工程技术人员在设置注塑工艺参数时，根本不使用保压段而使用注射的后段或后几段作保压。某些简单的注塑成型，如两段注射及两段保压的情况下，这是可以接受的，如表6-8所示，但在复杂塑件的注塑成型中一般能采用。

Chapter 1
Chapter 2
Chapter 3
Chapter 4
Chapter 5
Chapter 6
Chapter 7
Chapter 8
附录 1
附录 2

表 6-8　简单注塑成型的压力与速度设置

		螺杆位置	压力控制	速度控制	备注
注射	注射一			✓	充填
	注射二		✓		挤压
	注射三		✓		以注射段充当保压段。用时间注射
	注射四		✓		
	保压点	保压点值			
保压	保压一				
	保压二				不用保压段
	保压三				

值得注意的是，如注射三及注射四选用了时间注射，这限制了注射一及注射二（挤压段）只能采用时间注射，而不能用较精确的位置注射来区分。

一般而言，计算机控制的注塑机都会有以下两个功能。

① 在"位置＋时间"模式下，可指定注射时间上限。注射时间上限到后螺杆还未到保压点，过程还是会转到保压，这在多腔注塑时有模腔的流道堵塞便会出现。不采用保压段时，便用不上此模式，只能用时间注射。

② 在"保压点"前后的范围外有两个报警区，螺杆未到位区称为欠注区，螺杆过了保压点的称为溢料区，因为这两种情况都有可能产生废品，因此，系统会发出报警提示通知操作人员进行处理，如图 6-3 所示。当然，不采用保压段亦用不上此报警功能。

图 6-3　注塑机的报警区

此外，精密及薄壁注塑都会采用闭环控制，闭环控制只允许注射段采用速度控制，配合挤压段的压力上限控制，而保压段则用压力控制。欧美所产注塑机大都不设注射前段的压力控制，只设挤压段的压力控制，从而便避免了用注射来作保压的可能。

综上所述，注塑成型时的注射和保压的区分如表 6-9 所示。

表 6-9　注射和保压的区分

		螺杆位置	压力控制	速度控制	备注
注射	注射前段			✓	填充模腔到100% 压力设置为系统最高压力设置
	挤压段		✓		超填。设置压力上限以防止毛边的产生
	保压点	保压点值			
保压	保压一段		✓		设定压力＜挤压段
	保压二段		✓		压力渐降为佳
	保压三段		✓		设置低的速度以达节能效果

6.2　调机方法与技巧

6.2.1　注塑件混色严重时的解决措施与调机技巧

　　一般情况下，注塑件出现混色时，适当增加熔体背压或者升高 10～15℃ 熔体温度，或者增加一些配色用的扩散油，增加二次回收料的用量，可改善混料操作。如果螺杆转速过快，再降低 20～50r/min 的转速，经过这些措施的使用，混色问题通常都可以得到解决。

　　但也有很严重的时候，使用上述方法都难以消除混色问题。例如某些易混色的色粉配方加上容易混色的 PP 原料，或者注塑件过大，熔体需求量超过注塑机最大熔体能力的 2/3 以上时，混色问题就相当难解决。

　　当遇到这个严重问题时，可先试用下面的调机技巧，可较好改善。

　　先将熔体的转速调到 100～150r/min，然后再增加熔体背压，直到整个熔体时间接近注塑件的冷却时间，这样就可以在不影响生产速度的情况下，大大地增加了原料与色粉的加热时间和搅拌次数，熔体质量会得到明显提高，此时，混色问题已经有了很大的改善。必要时可以再延长一点熔体时间，效果将会更佳。

　　由于增加了剪切的时间和速度，熔体温度会被提升，可能会引起颜色的偏差，必要时需要进行调色。

　　当使用上述办法都无法解决问题时，只有将模具调到更大的机或质量更好或更新的机去生产了，注塑机偏小或偏旧都是造成混色问题难以解决的重要原因。

　　如果实在解决不了混色问题，就只有使用最后一招，预先将原料和色粉混好，然后用预塑拉粒机将它们进行拉粒。经过拉粒后的原料，几乎就不会再有混色问题出现，但仍需要注意颜色的变化。

6.2.2　注射量占机器额定注射量的比例越大越易产生混色

　　注塑件的熔体量需求越大，每注射时的熔体需要的热量也就越大，而原料从料筒后部移至料筒前部受加热的时间也越短。由于发热圈功率有限，致使塑料熔体受热时间不足、搅拌不够，出现熔体温度偏低和不均匀的情况，产生混色问题的可能性就越来越大。特别是塑化到后面的部分。

　　因此在普通的注塑机中，当注塑件熔体需求量大于注塑机最大注射量的 2/3 时，注塑件就已非常容易出现混色问题了，而且越来越难消除。如果生产容易混色的 PP 等原料或白色注塑件时，熔体量超过注塑机最大注射量的 1/2，就可能已经开始出现混色。所以，小型机注塑大模具较易出现混色问题。

　　事实上优质注塑机和较新的注塑机，由于注射系统的质量好些，混色问题确实会轻一点，但注射量需求量越大，越容易混色是肯定的，而且注塑机越残旧，混色问题来得就会越早。

　　所以，遇上这种因注射量太大而造成较难解决的混色问题时，就需要采取一些相应的调机技巧和措施来解决了。但如果混色实在太严重，依靠调机来彻底消除会比较难，最好安排到大型注塑机上去生产，或者将原料与色粉混合后先进行预塑拉粒，混色问题才有可能得到彻底地解决。

　　此外，塑化速度太快也会造成混色问题。塑化速度太快，也即螺杆后退的速度过快，塑料和色粉受加热和搅拌的时间相对减少，原料和色粉都可能出现温度不够、塑化不均匀的问题，混色就不可避免。

　　因此，除了温度以外，螺杆的转速对塑化质量的影响也很大。如果不注意对螺杆转速的控制，开始生产时，随便调出一个转速参数，有时就会误将螺杆转速调得相当快；也有的人为了加快生产速度而有意将螺杆转速调得很快，注塑件混色问题就难免了。对于那些容易混色的 PP 等原料或某些颜色的色粉，混色问题将更加严重。因此，螺杆转速的调校很重要，不能随便调得太快，一般控制在 100r/min 以下。

当出现混色问题时，首先就要检查塑化的温度是否足够，跟着就要检查螺杆转速是否调得太快。只要温度足够，适当降低转速和增加螺杆的背压，迫使螺杆后退的速度放慢，改善塑化质量，必要时升高一点塑化温度，或者再采取一些其他常用的改善混料质量的措施，比如增加一点扩散油粉等，大多数的混色问题都是可以解决的。

6.2.3　通过调节温度来控制生产中注塑件的颜色

注塑件的颜色，会受到塑化时熔体温度的改变而改变。通常温度相差 10℃ 左右，就已经可以看得出注塑件的颜色偏差。

因此，当注塑件的颜色与样品偏差不是很大时，就应通过调整温度来解决。在原料的正常注塑温度的范围内上下调整 5~15℃，就已经收到明显的改善颜色偏差的效果。

多数情况下，温度上升，深色件会变浅，白色件会偏黄。反之，温度降低颜色变深，白色则更白。但也有个别颜色是相反的或让人难以捉摸的，例如带有荧光的颜色就较难让人捉摸。

如果颜色偏差实在太大，通过调整温度难以解决，此时，再通知配色人员进行调色也不迟，这样可以减少很多调色次数。但调色时切记要在生产该产品所需的注塑温度中。

由于温度对颜色的影响较大，因此生产时也必须注意控制温度。一旦颜色已经确定，温度的变动范围应保持在正负 5℃ 之内。浅色等受温度影响较大的料，甚至连烘料温度和时间都要注意不能太高和太长，否则也会对颜色产生不稳定影响，尤其是带荧光的颜色和紫色。因此，如果一定需要长时间烘料解决水汽问题，最好是烘完料之后再去配色。

6.2.4　生产中造成颜色不稳定的影响因素

注塑生产中，有时会出现几天变一次颜色，甚至一天之内出现几种颜色偏差的情况。造成颜色不稳定的因素很多，下面列出一些会导致颜色不稳定的主要因素，以便生产时对照改善。

① 注塑机的温度不稳定，时高时低，颜色一定会不稳定，这是一大影响因素，需要优先检查。

② 生产周期不稳定，时开时停，背压调得过大造成跑温，都会使颜色产生变化。

③ 混料工没有按照混料工艺要求混合色粉与原料，比如混料时间不足、加料方式或顺序不对等导致色粉不均匀，这点也是要重点检查的。

④ 烘料温度太高或者太久。每一种原料和颜料都有它烘料温度和时间的范围，严重超出这个范围，注塑件的颜色就会产生变化。如果加料时多时少，受温度影响较为明显的颜色也会出现不稳定，比如含有荧光材料的颜色或是浅色注塑件。因此对于温度敏感的塑料，最好不要烘料或用底温烘料，烘好料后再混色粉最保险。

⑤ 在烘料斗中，由于受热风的影响，色粉出现局部集中，致使颜色越来越深，需有麻点效果的注塑件其麻点也会出现过多的情况。此时，需要增加一些扩散油，让色粉牢牢粘在原料上。

⑥ 原料湿度太大，造成色粉黏结无法扩散。

⑦ 色粉配得不准确。每一批色粉配方中各元素的用量都有较大的偏差，致使在用新一批颜料时，颜色产生偏差，这种事情时有发生。

⑧ 二次回收料的回用量时多时少，这对浅色注塑件的影响较大。

⑨ 原料的牌号不一致。由于每种原料底色不同，致使相同的色粉注塑件颜色会有不同。有时同一供货商，原料批号不同，底色都会有些偏差，因此对颜色偏差要求高的产品，甚至要控制到每批来料的底色是否一致。

⑩ 色粉质量太差，不耐热，或是用错不适宜该原料用的色粉，都会使颜色不稳定。

6.2.5　紫色PVC件在校色和生产时的注意事项

紫色PVC料的塑件注塑时相对麻烦，成型出来后还不能马上去对色，因为颜色肯定不对，而且偏差很大。

这是因为此类注塑件在生产出来一段时间之后都还会继续变色，而且越变越紫，12h以后才会相对稳定，只有此时，才可以拿注塑件去核对颜色，所以生产时颜色很难控制。

通常，注出来时是什么颜色，12h将会是什么颜色，平时只能凭经验去做大概的估计。但注出来4~6h后，基本上已经可以作一个初步的判定，因为之后的变化，已经不像刚开始时那么大了，而且随着时间的推移，变化越来越小。

其他塑料的紫色件也有类似的情况，如紫色PP料。但变化量就没有PVC料的大，但还是需要注意12h甚至24h以后的变化。特别是需要上下左右配对组合的注塑件，很容易出现鸳鸯色问题。

6.2.6　一些配色颜料对注塑件强度的影响

(1) 用色种配色引起的强度缺陷

因为色种熔完后还要与原料在注塑机的加热筒内充分的混合，不像色粉已事先在料机内与原料混合均匀，所以用色种配色，注塑件容易出现混色问题。

更关键的是，由于有的色种本身的脆性就比较严重，因而含量过高会使注塑件变脆。如果分布不均的色种集中到注塑件的熔接痕位置更是雪上加霜。关于这方面的危害，黑种和银种是最大的。

因此，遇到混色和脆性大的问题无法解决时，如果使用了色种配色，不妨将色种改成色粉，相信会收到很好的改善效果。

还有一个现象需要引起注意，在生产黑色注塑件时，有时配料工会不严格按照配方的要求，在配料时随心所欲地加黑种，因此常常会出现加多的情况，颜色也看不出来都是黑色，有时还担心不够黑有意多加一点，这就是为什么某些黑色注塑件未加多少二次回收料也会忽然变得很脆的主要原因。

(2) 白色注塑件中钛白粉的含量对强度的影响

白色注塑件一般是用钛白粉来配色。钛白粉越多，注塑件就越白，但是注塑件也跟着变脆。钛白粉是一种金属粉，它与塑料是不能够互溶的，就相当于一种杂质存在于塑料之中，破坏着塑料的组织结构和胶与胶之间的连接。因此，塑料的强度会随着钛白粉的含量的增加而不断下降，PVC件就像生胶一样可以轻易被拉断和扭断，注塑件有熔接痕的地方则会下降得更严重。

所以，在能够满足颜色要求的情况下，钛白粉的含量应尽量越少越好。

6.2.7　提高塑件尺寸精度的注塑工艺

在生产某些尺寸要求比较精确的重要注塑件时，每个塑件的尺寸允许波动的范围非常小，甚至要求只有0.01~0.02mm的波动量。

在生产过程中，通常影响注塑件尺寸精度的主要因素是注塑件的收缩率。收缩率越

Chapter 1
Chapter 2
Chapter 3
Chapter 4
Chapter 5
Chapter 6
Chapter 7
Chapter 8
附录 1
附录 2

大，精度就越差。因此，由于 PP 料和 POM 料注塑件的收缩率都很大，它们的注塑件的精度通常都比较差就是这个原因。而其他材料的收缩率通常也不是很小，所以注塑件的尺寸精度在一般常规的注塑条件下都不是很高。

其实可以通过调机来减小注塑件的收缩，从而达到提高注塑件尺寸精度的目的。只需要大大增加注射或保压的时间和压力，就可以使注塑件的收缩量得到减少，收缩率明显减小，尺寸精度自然就可以得到提高。

由于注塑机质量的限制，注射的压力一般不能调得太高，否则就会产生大量的溢边。因此，在常用的普通注塑机上，主要还是依靠增加注射或保压的时间来达到提高注塑件尺寸精度的目的。

为了确保注塑件的尺寸精度，模具的精度是首先需要保证的条件，而选择一台稳定可靠（参数波动不大）、压力充足的注塑机来生产更为重要。

目前新发展的一些高精度注塑机，大都是些性能稳定、参数精度极高的高压注塑机。据介绍，其注塑件的收缩几乎可以为 0，也就是说每次注塑出来的件的尺寸几乎和型腔的尺寸一样长，波动范围只有 0.01mm 左右，精度可谓极其高。

6.2.8 厚壁塑件缩水难题的解决技巧——表面缩凹

硬质塑件的缩水问题（表面缩凹和内部缩孔），大都是因为体积较厚大部位冷却时熔体补充不足而造成的缺陷。常常会遇到无论如何加大压力，加大浇口，延长注射时间，缩水问题就是无法解决的情况。在常用的原料中，由于冷却速度快，PC 料的缩孔问题可谓最难解决，PP 料的缩凹和缩孔问题也是比较难处理的。

因此，当遇上厚大件比较严重的缩水问题时，就需要采取一些非常规的注塑技巧，否则就很难解决问题。在实践生产中，人们摸索了一套比较有效的技巧去应付这个注塑的疑难问题。

首先，在保证注塑件脱模不变形的前提下，采取尽量缩短冷却时间的方法，让注塑件在高温下提早脱模。此时注塑件外层的温度仍然很高，表皮没有过于硬化，因此内外的温差相对已不是很大，这样就有利于整体收缩，从而减少了注塑件内部的集中收缩。由于注塑件总体的收缩量是不变的，所以整体收缩得越多，集中收缩量就越小，内部缩孔和表面缩凹程度因此得以减小。

由于模具表面升温，冷却能力下降，刚刚凝固的注塑件表面仍然较软（不像 PC 件脱模后表面较硬，极易产生缩孔），未被完全消除的内部缩孔由于形成了真空，致使注塑件表面在大气压力的压迫下向内压缩，同时加上收缩力的作用，缩凹问题就这样产生了。而且表面硬化速度越慢越易产生缩凹，比如 PP 料，反之越易产生缩孔。

因此在将注塑件提早脱模后，要对其作适当的冷却，使注塑件表面保持一定的硬度，令其不易产生缩凹。但如果缩凹问题较为严重，适度冷却将无法消除，就要采取冻水激冷的方法，使注塑件表面迅速硬化才可能防止缩凹，但内部缩孔还会存在。像 PP 这样表层较软的材料，由于真空和收缩力的作用，注塑件还会有缩凹的可能，但缩凹的程度已大为减轻。

在采取上述措施的同时，如果再采用延长注射时间来代替冷却时间的方法，表面缩凹甚至内部缩孔的改善将会更好。

在解决缩孔问题时，因模温过低会加重缩孔程度，因此模具最好用常温水冷却，不要使用冻水，必要时还将模温再升高一些，例如注塑 PC 料时将模温升到 100℃，缩孔的改善效果才会更好。但如果为了解决缩凹问题，模温就不能升高了，反而需要降低一些。

最后，有时以上方法未必能彻底将问题解决，但已经有了较大的改善，如果一定要将表面缩凹的问题彻底解决，适量加入防缩剂也是一个不得已的有效办法。但透明塑料件不能这样做。

6.2.9　缩水问题难解决时需留意的三个工艺条件

(1) 两个不利于解决缩水难题的温度条件

① 模具温度太高不利于解决缩水难题

硬质塑件缩水问题（表面缩凹和内部缩孔）都是因为熔体冷却收缩时，集中收缩留下的空间得不到来自浇口方向的熔体充分补充而造成的缺陷。所以，不利于补缩的因素都会影响到解决缩水的问题。

一般的注塑工程人员都知道，模具温度太高容易产生缩水问题，通常都喜欢降低模具温度来解决问题。但是有时如果模具温度过低，也不利于解决缩水的问题，这是很多人不太注意到的。

模具温度太高，熔体冷却太快，离浇口处较远的稍厚胶位，由于中间部分冷却太快而被封死了补缩的通道，远处便得不到熔体的充分补充，致使缩水问题更难解决，厚大注塑件的缩水问题尤为突出。

再者，模具温度太高，也不利于增加注塑件的整体收缩，使集中收缩量增加，缩水问题更加严重明显。

因此，在解决比较难的缩水问题时，检查一下模具温度会有好处。有经验的技术人员通常会用手去触摸一下模具型腔表面，看是否太冰凉或是太烫手了。每种原料都有它合适的模具温度。例如 PC 料的缩孔问题，如果用热油注塑，缩孔会得到较好的改善，但模温如果太高了，注塑件又会出现缩水的问题。

② 熔体温度过低也不利于解决缩水难题

熔体温度太高，注塑件容易产生缩水问题，适当降低温度 $10 \sim 20\,℃$，缩水问题就会得到改善。

但如果注塑件在某处比较厚大的部位出现缩水时，再把熔体温度调得过低，比如接近注塑熔体温度的下限时，反而不利于解决缩水问题，甚至还会更加严重，注塑件越厚情况就越明显。

原因和模温太高相似，熔体冷凝太快，从缩水位置到浇口之间无法形成较大的有利于补缩的温度差，缩水位置的补缩通道会过早被封死，问题的解决就变得更加困难了。由此也可看出，熔体冷凝速度越快越不利于解决缩水问题，PC 料就是一个冷凝相当快的原料，因此它的缩孔问题可以说是个注塑的大难题。

此外，熔体温度太高也一样不利于增加整体收缩的量，导致集中收缩的量增加，从而加剧了缩水的问题。

因此，在调机解决较难的缩水问题时，也应检查一下熔体温度是否调得过低了极为重要，除了看温度表，用空射的方法检查一下熔体的温度和流动性比较直观。

(2) 注射速度过快不有利于解决缩水严重的问题

解决缩水问题，首先会想到的是升高注射压力和延长注射时间。但如果注射速度已调得很快，就不利于解决缩水问题了。因此有时缩水难以消除时，应配合降低注射速度来解决。

降低注射速度，可使走在前面的熔体与浇口之间形成较大的温度差，因而有利于熔体由远至近顺序凝固和补缩，同时也有利于距浇口较远的缩水位置获得较高压力补充，对问题的解决会有很大的帮助。

由于降低注射速度，走在前面的熔体温度较低，速度又已放慢，注塑件便不易产生溢边，注射压力和时间就可以再升高和放长一些，这样还更有利于解决缩水严重的问题。

此外，如果再采用速度更慢、压力更高、时间更长的最后一级末端充填和逐级减慢并加压的保压方式，效果将会更加明显。因此当无法一开始便采用较慢的速度注射时，从注射后期开始采用此法也是个很好的补救办法。

但要值得提醒的是，充填实在太慢了反而又会不利于解决缩水的问题。因为等到充满型腔的时候，熔体都已经完全冷冻，就像熔体温度过低一样，根本就没有能力再对远处的缩水进行补缩了。

6.2.10 硬质塑件缩水问题相对软质塑料件难解决的原因

软质塑料相对硬质塑料的弹性要大得多，因此，软质塑料可以被压缩和蓄存压力的能力比硬质塑料要强得多。注塑件产生缩水问题的原因，是因为熔体冷凝收缩时留下的空间得不到熔体的补充而造成的。由于软质塑料在射满型腔之后仍然可以继续压缩，也就是说可以在型腔内蓄存较高的压力和较多的熔体，因此型腔即使得不到来自浇口方向的熔体补充，所蓄存的压力和熔体也足以进行自我补充，所以软质塑料件的缩水问题就比较容易解决，只需要给够注射的压力和时间就可以。

有时还会见到这样的情况，当压力太大的时候，PVC 软质塑料件不但不会缩水，甚至还会出现膨胀的现象。

而硬质塑料在这方面的能力就差得多了，当浇口冷凝封死后，蓄存在型腔之中的压力和熔体，不足以补充熔体冷凝收缩后留下的空间，因此来自浇口方向的补充就成为硬质塑件补缩的重要来源。

由此可见，硬质塑件的缩水问题相对软质塑料较为容易产生，而且注塑件越厚，问题就越难解决，而软质塑料件就不用担心这个问题。

6.2.11 大平面塑件变形问题的解决技术与技巧

大平面塑件面积大，收缩量也就很大。由于大型塑件的分子定向排列较为严重，加上模具冷却也不均匀，致使塑件各方向的收缩率出现不一致，导致单薄的大平面塑件注塑成型后很容易发生变形和扭曲的现象。有时大平面注塑件的某一面设计有支承筋，此时的注塑件一定还会朝着有支撑筋的一面弯曲。

要彻底解决大平面塑件变形的问题确实是个难题，在生产中总结了一些较为有效的措施来改善变形的问题。

① 将模具改成多点式浇口（通常都是三板模），24t 锁模力以上的大平面塑件最好达到 4 点以上。这样可以减轻分子定向排列的程度，减小各向收缩不一致的差距。

② 适当提高模具温度，ABS 塑料通常保持在 60℃ 以上，以降低塑件的冷却速度，减小因过快冷却引起的变形，同时可降低分子定向排列的程度。

③ 最重要的一项是，增大注射或保压压力，并大大地延长注射或保压的时间，使注塑件的尺寸增大，减小它的收缩量，变形的程度因此会得到明显的改善。因此，延长注射或保压的时间（如延长 10~15s），已成为解决变形问题常用的重要手段。

④ 如果以上三项措施都未能达到理想的效果，只有采取脱模定型的办法了。因为这种工艺运用较为困难，因此需要注意以下几点。

首先，要将塑件提早脱模，然后趁塑件仍处于几十摄氏度高温的状态下，放在工作台上用夹具定型，注意的是定型夹具的设计需要合适。同时还要考虑塑件的回弹程度，通常12h 之后回弹才会基本停止，而且脱模温度越低回弹量就越大。

最后要强调的是，必须注意注塑件的包装和摆放问题。这点确实相当重要，否则上述的一切努力都将前功尽弃。一般情况下，可以将注塑件侧着装箱，当然也要根据注塑件的形状来决定摆放的形式。绝不能让塑件互相挤压，也不能让注塑件的某个部位悬空，否则注塑件摆放几天之后就会变形。

6.2.12　注塑件外表面在柱位缩凹严重时的解决措施

有时由于模具制造的缺陷，注塑件在圆柱（顶管）位置外表面的缩凹无论如何调机都难以解决。就算勉强解决，注塑件也已是全身溢边。

造成顶管位缩凹严重的原因主要有两个。

① 顶管太短或太细，致使注塑件在顶管根部位置的胶件太厚（比如大于4mm，而注塑件其他位置的壁厚只有2mm），缩水问题就难免了，而且越厚越难解决，甚至无法通过调机来解决。生产中出现的多数是这样的情况。

② 顶管太长，致使注塑件与顶管端头处的壁厚太薄（比如小于0.3mm），造成胶件此处的热强度非常低。注塑件脱模时，顶管往外抽，顶管孔内部就形成了真空，外面的大气压力就会将注塑件表面压凹，形同缩凹。

因此在解决这样的缩凹问题前，应先将注塑件切开观察，发现注塑件该位置太厚，一般不要厚过注塑件的壁厚，就要加长顶管，直到缩凹消失；如果发现缩凹位置太薄（通常不要小于0.5mm），可用打磨机将顶管磨短，缩凹问题就可以得到解决。

此外，在顶管上喷点脱模剂，也可以作为一种辅助手段，加强缩凹的改善效果。因为脱模剂可以使顶管冷却，增强了该位置的冷却效果，从而减轻缩水程度，同时还可以防止顶管顶出时形成真空，因为脱模剂多少会产生一点气体。

6.2.13　POM塑件（赛钢件）的尺寸与控制问题

POM（俗称"赛钢"）的收缩率非常大，最高可达2.5%以上。因此注塑件的尺寸受注射压力和注射时间的影响也非常大。

当注射压力升高或注射时间加长时，注塑件的尺寸都会增长。反之，当注射压力降低或注射时间缩短时，尺寸就会变短。通常升降10%的压力或增减2～4s的注射时间，注塑件的尺寸已有了很大的变化。

也就是说，赛钢件的收缩率可随着注射的压力和时间的不同而发生很大的变化，所以很容易通过注射的压力和时间的调整，令赛钢件的收缩率在0.3%～2.5%的范围内变化。一个100mm长的型腔，通过调校压力和时间，可以得到约97.5～99.7mm不同尺寸的注塑件。

因此，注塑件尺寸一经确定，压力和时间就不能随便调整。由于机器的质量问题，一定会出现不同程度的压力波动，因而对注塑件的尺寸肯定会造成不稳定影响。如果尺寸要求比较稳定，就必须经常定时定批检查注塑件的尺寸。如果尺寸精度要求得很高，比如公差要求在±0.02mm以下，一台较稳定和精确的高质量注塑机就不可缺少。

需要特别注意的是，注塑件脱模后在很长的时间内，尺寸还会不断收缩变化。通常需要6h以后，尺寸才会相对稳定。当尺寸精度要求高时，就要等足24h。

至于注射压力和时间对其他料的尺寸也有类似的影响，但只是尺寸变化的程度各有不同。总而言之，材料可达的最大收缩率越大，影响就越大，尺寸的变化也就越大，而且也越难控制。除了POM料之外，PP料的收缩率也是很大的。

6.2.14　透明的厚壁塑件注塑成型应注意的问题

因特殊功能需要，注塑成型时经常会遇到一些厚壁的透明注塑件，由于性能的原因，

Chapter 1
Chapter 2
Chapter 3
Chapter 4
Chapter 5
Chapter 6
Chapter 7
Chapter 8
附录 1
附录 2

这些塑件又采用 PC 为原料，而且平均壁厚超过 6mm，壁厚最大处超过 12mm。对这类塑件，注塑时往往出现两个问题，一个是制品表面缩水，二是制品里面出现气泡。由于壁厚较厚的原因，变形反而不是主要问题。

① 表面缩水：主要原因就是壁厚过厚，产品收缩较大。在这个收缩过程中，必须要有更多的熔体补充进来防止收缩，需要更高的模温来使产品整体收缩（而不透明的产品则需要降低模温，不必担心真空泡的问题）。

解决表面缩水措施如下：

a. 模具上增加浇口数量，增加冷料穴的体积；

b. 放慢注射速度，增加背压及料筒温度，加大保压压力及时间，延长冷却时间，升高模具温度。

② 制品内出现气泡：出现气泡原因有两个，一个是熔体里有气体，另一个是收缩产生的真空泡。熔体里面有气体大都是空气及少量塑料分解时产生的气体，解决的方法是充分烘干原料；而真空泡比较棘手一点，需要模具和成型工艺配合效果才更好，解决的方法和缩水相同。

6.2.15 如何通过调机来控制注塑件的装拆力

两个可以装拆配合的注塑件，一般被俗称称为公件和母件。

当公件的注射压力和注射时间增加，或者母件的注射压力和注射时间减小时，公件的外径增大，母件的内径则会减小，互相配合所需的装拆力就会增大。

反之，当公件的注射压力和注射时间减小，或者母件的注射压力和注射时间增大时，公件的外径变小，母件的内径会增大，装拆力就会减小。

因此，模具尺寸一经确定，生产时就要通过调机来调整注塑件之间的配合装拆力度，确保装拆力度控制在规格要求的范围内。但是，可以调机的范围是有限的，如果能够调整的力度无法满足产品的规格要求时，就需要进行改模了。

由于注塑机的注射压力和注射时间会因种种原因，存在不同程度的波动，注塑件的装拆力也会随着波动，因此生产中需要经常去检查注塑件的装拆力是否合格，及时对压力进行调整。

如果两个需要互相配合的注塑件同在一套模具上，情况就变得比较复杂了。此时，就需要研究注射的压力和时间，对哪个件的尺寸影响要大一些来决定装拆力出现过大或过小时，是增加压力还是减少压力。最好还是通过阻塞某个件的浇口或流道的方式，来调整分配各注塑件所获得的压力，以便生产时容易控制。

同样道理，也可以通过调节压力和时间来调整注塑件的尺寸大小。而调校注射和保压时间，是最常用和有效的重要手段。

6.2.16 影响注塑件强度的几个关键工艺参数

(1) 提高注射压力可以提升PP注塑件的拉伸强度

PP 料相对其他硬质塑料而言弹性较大，因此注塑件的致密度会随着压力的增加而增加这个特性相对比较明显。当塑料件的致密度增加时，它的抗拉强度自然会跟着增强，反之则会减小。

但是，当致密度增加到 PP 本身能够达到的最大值时，再升高压力，拉伸强度也不会继续增强，反而会增加注塑件的残余内应力，令注塑件变脆，因此应适可而止。

其他料也有类似的情形，但明显的程度会有所不同。

(2) 模具用热油注塑可以改善赛钢件和尼龙件的强度

尼龙和 POM 料均属于结晶型塑料。模具用热油机进行加热注塑，可以使注塑件的冷却速度放慢，塑料的结晶度得到提高。同时由于冷却速度的放慢，注塑件的残余内应力也因此减小。所以，用热油机进行加热注塑的尼龙和POM件的抗冲击性能和拉伸强度都会相应地得到提高。

需要注意的是，用热油机进行加热注塑的尼龙和POM件相对用水注塑的注塑件尺寸会有些不同，尼龙件也许还会偏大一些。

（3）塑化速度太快即使180℃塑化也会出现夹生料

通常情况下，硬度为90度PVC塑料用180℃进行塑化，温度已经足够，一般不会出现生胶（塑化不充分，即"夹生料"）问题。但常常是由于未引起操作者注意的原因，或者为了加快生产而有意加快熔体速度，致使螺杆后退的速度相当快，比如只用了两三秒的时间，螺杆就退到最大熔体量二分之一以上的位置，PVC料被加热和搅拌的时间严重不足，造成熔体温度和混合不均的生胶问题，致使注塑件的强度和韧性都会变得相当的差。

因此，在注塑PVC料的时候，千万要注意不要随便将熔体转速调到100r/min以上。如果一定要调得相当快，就要记住将料温升高5～10℃，或者适当增加熔体背压来配合，同时还要注意经常检查有没有发生生胶问题，否则极有可能会造成重大的损失。

关于这个问题，因一般人都不会太在意，所以这里特别提出来提醒生产时必须注意，并且要记得做好检查功夫。

相反也要注意的是，如果熔体速度过慢，哪怕是180℃注塑PVC料，也会造成烧焦的问题，特别是透明PVC，注塑件上会有许多黑斑和气纹产生。

6.2.17 镜面标识（Logo）出现熔体冲击痕的改善方法

在注塑成型过程中经常会出现许许多多的不良现象，尤其是试模过程中尤为明显。某些表面需要成型出一定花纹（俗称"咬花"）的塑件，并在其凸起或凹陷地方需要成型出客户的镜面Logo，如果注塑成型时Logo出现图6-4所示的难看熔体冲刷痕迹（简称"冲痕"），制品将成为废品。

上述缺陷出现的原因，在于该处在厚度方向存在差别并有折角，塑料熔体流动到此处时出现拐弯，把部分气体包在断差的角落里，然后后面的熔体继续推动熔体移动，这就形成了图6-4中所示的冲痕。

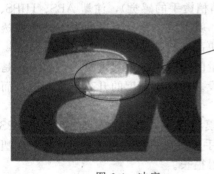

图6-4 冲痕

图6-5 冲痕消失

解决的方法是，在成型工艺上，设法将流经此处的熔体速度放慢，则冲痕会明显减轻，但这会引起其他不良（如加强筋处缺料、咬花面发亮等），因此，需要采用多级注射工艺，即在熔体中速充填到Logo位置前先降速，待熔体充填过Logo后再转为快速。此外，还有升高模具温度等一些辅助办法，也可以改善该不良现象。

但上述工艺在实际应用中相对比较难操作，因此，可以考虑在模具上进行修，以彻底将问题解决。由于熔体的充填速度慢时会避免冲痕的产生，那么在模具上进行修改以让熔体流经 Logo 位置时自动慢下来即可。经验表面，当壁厚不均的塑件进行注塑成型时，熔体充填过程中容易产气体被包裹、熔接痕明显等缺陷，原因是因为熔体在薄壁（相对）处流动较慢导致。因此，可通过减少 Logo 处的壁厚就可以降低熔体充填的速度，从而可以避免 Logo 出现冲痕的产生了。

上述方法已经在生产实践中得到了验证，配合提高模具温度进行注塑成型，效果非常明显，冲痕就此消失，如图 6-5 所示。

6.2.18　浅色 PVC 件存放几天后出现许多麻点的原因

有时会发现，白色等浅色 PVC 件在注塑生产出来几天后，会发现在表面上出现许多小小的麻点，不得不作报废处理，原因却与注塑生产的排序有关。

在生产黑色或蓝色等深色件的时候，由于热风烘烤原料之故，在烤炉周围的空气中会飘着许多色粉尘埃。如果在其粉尘飞扬的范围之内生产白色 PVC 塑件，色粉尘埃就会落到白色 PVC 件上，但当时用肉眼无法看见这些尘埃。

经过几天之后，色粉扩散，污染的范围逐渐增大，慢慢就会变成看得很清楚的蓝色或黑色麻点，注塑件只好拿去打料。

所以，在生产白色等浅色 PVC 件时，附近不能有黑色或蓝色等深色的件在生产。

6.2.19　保证注塑件表面光洁的重要工艺条件

注塑生产中经常会遇到注塑件表面哑色、光亮度不够以及透明度不足等外观质量的问题。除了模具型腔表面首先必须保证具有良好的光亮度之外，生产中会造成这一问题的主要原因，是因为在注射过程中，熔体温度下降得太多，致使熔体表面已不够光泽，而且流动性变差，熔体与模具表面的接触就不够贴切，这样光亮的模具表面就没有被注塑件如实地展现出来。

要提高注塑件的表面光亮度或透明度，必须保证熔体充填时不能冷却太快，要具有良好的流动性。因此熔体温度和模具温度对注塑件的外观具有重要影响。

事实上，适当升高十几摄氏度熔体温度，和稍增加熔体背压，注射不要太慢，确实都能起到较好的改善作用，但如果没有模具温度的配合，就比较难达到理想的效果。

当将模具温度提升到 50℃以上时（用手触摸会有稍稍烫手的感觉），注塑 ABS、HIPS、PP、PVC 等常用塑料，只需使用正常的熔体温度生产，就可以很容易地得到表面光亮或透明度优良的注塑件。如果注塑 PC 料，模温则需要升得更高一些，最好到 80℃以上。

因此，除了熔体温度，模具温度对注塑件外观质量的影响也是至关重要的，效果也是明显的，它已成为解决这类问题的重要条件和常用手段。而熔体温度的升高也只能适可而止，过高了容易产生缩水、烧焦和变色等问题。

但是，模具温度的升高一样也要有一定的限度。模温升得太高了，例如 ABS、HIPS 等硬质塑料的模温超过 80℃（用手触摸会感到非常烫手），PC 料模温超过 120℃时，注塑件就很容易产生缩水等问题，生产周期也会因此而变得很长。

相反，如果注塑件需要哑色的效果，降低熔体温度和模具温度也会有一定的作用。但模具表面必须经过喷砂或蚀纹是保证哑色效果最重要的先决条件。

6.2.20　易造成溢边顶白而又不易引起注意的事项

(1) 熔体充填速度过慢

通常，充填速度过快会产生溢边、顶白等问题。但是，速度过慢，也一样易产生这样的问题。

速度过慢充填时间太长，熔体冷却得多就比较难充填充分，必须升高注射压力。随着压力的升高，溢边和顶白的问题势必就要产生了。

此时，制品的溢边通常都集中在接近流道的一带，而快速注射产生的溢边则在注塑件的全身都有机会产生。

适当加快注射速度，可以减小注射压力，对顶白溢边等问题会有较好的改善作用。但是加得太快，溢边顶白又会再来。如果一定要用快速注射，可在即将充满型腔时起二级慢速、低压作最后的充填和保压，可以减轻或消除溢边或顶白。

因此，一般情况下，还是用中速或稍快的速度来注塑为好。除非因快速而产生其他问题，如浇口位气纹、溢边等，或者需要用慢速来解决某些问题时才会用到慢速或超慢速注射。

(2) 熔体温度过低

温度过高，容易产生溢边，这很容易理解。但是温度过低，同样也容易产生溢边问题。

原因和用慢速注射一样，熔体冻了充填就困难，必须升高注塑压力才可以充填充分，但溢边也就跟随会产生，甚至有时还未走齐料，注塑件已在浇口周围产生了大量的溢边。

此外熔体温度低，调机也会变得困难，其他问题还会一起跟着产生。

因此，平时在开始调机前，一定要养成检查温度是否足够的良好习惯，空射打出的熔体流动性是否良好（平时要练习观察），必要时检查一下各发热筒是否正常（可用浇口凝料检查），同时也要注意温度是否过高（会有大量的烟雾产生或烧焦等）。这样，在调机时才不会走太多的弯路，浪费太多的时间。

6.2.21　注塑件溢边顶白严重时的多级调机方法

初中级注塑技术人员多数都只使用一级注射方式进行注塑生产。生产中很多溢边、缩水等问题都可以只使用一级注射调校就可以解决。结果渐渐养成了习惯，多年都不改变。

当出现稍微严重的缩水或充填困难时，为了让熔体能够充满型腔或解决缩水等问题，必须使用较高的压力和较快的注射速度，此时，注塑件就很容易产生顶白和溢边等问题。因此，对模具质量的要求就比较高，动不动就需要修模部，修溢边，修顶白，故这是单级注射的缺陷之一。

学会和养成多级注射的良好习惯，许多顶白、溢边等问题都是可以通过调机来解决的，从而减少了许多模具维修费用和时间。

简单点的，可以在原来一级注射参数不变的情况下，当注射达到约90%左右的充填量时，立即转二级稍低的压力和速度继续射满型腔并进行保压。或是在射满型腔之后再起第三级，用更低的压力和速度进行保压，溢边问题相信会得到很好的解决。使用"定位注射"法也是解决溢边和顶白问题的一个好办法。

如果还伴有缩水问题存在，适当延长保压时间或升高点第三级的保压压力，同时降低第三级的速度，程度不是特别严重的缩水问题都应该可以同时被解决。

如果溢边和顶白问题确实太严重，经过调机的努力都无法解决时，再送去修模也不迟。

所以，学会多级注射调机技术会有很多好处，能帮助人们解决很多的技术难题，初中级人员必须熟练掌握，否则调机技术就无法向更高层次进步。

6.2.22　光亮塑件的表面出现许多细小麻点的原因及消除方法

出现麻点时，很易联想到模具是否生锈等问题。但仔细检查却发现模具仍然相当光

Chapter 1
Chapter 2
Chapter 3
Chapter 4
Chapter 5
Chapter 6
Chapter 7
Chapter 8
附录 1
附录 2

亮，丝毫没有一点小斑痕存在。

经过增加熔体温度和背压等方法改善熔体质量后，情况会有所好转，但有时仍然很难将麻点彻底清除。

其实这是色粉没有完全熔化的原因。因模具型腔表面太光滑光亮，注塑件同样也很光亮，细小未熔的色粉粒留在注塑件表面上都会被如实地反映出来的缘故。

所以，转用色种来配色，麻点自动消失了，注塑件表面又如镜子一般的光亮。

实际生产中，发现黑色注塑件出现这种情况的比例比较多。因此，表面光亮件在出现麻点问题时，不妨考虑一下色粉的问题。

6.2.23　需要快速充填时防止产生气纹的多级调机技巧

充填困难的原料和尺寸较大较薄的注塑件，通常都要使用较快的注射速度充填，才有可能充满型腔。但是，很多注塑件跟着会在浇口周围产生明显的射纹或气纹，注件喷油后还会出现烧焦等问题。特别是要喷银色油漆时，即使是很轻微，连肉眼都不易察觉的气纹，都会使注塑件喷油后出现烧焦的问题。生产中常会出现这种情况。

经过观察，浇口周围的气纹或射纹是由于快速注射开始进入型腔时造成紊流所引起的。因此，必须使用不能够产生气纹或射纹的较慢注射速度作为一级注射，但这样下去必然导致后面的充填困难。

所以，当较慢速度的注射进入型腔有一小部分，气纹或射温已经消除之后，就要立即起回二级快速注射，同时也要给足压力以保证启动快速充填，这样才可以先后解决两个互相矛盾的问题。

只是这个二级的起级点需要调得比较准确。因为起早了，解决不了气纹或射纹问题，起晚了又会造成充填困难，因此需要一点耐心去调整位置。

如果模具流道过长，可在这个一级慢速注射之前再加一级稍快一点的速度注射，或是加粗横流道或浇口尺寸，以免熔体过早冷冻，影响后面的充填过程。

此外，如果注塑件中间的某个部位有凹腔或者凸台等结构存在，那么在快速注射经过此位置时，注塑件也会产生气纹和喷油烧焦的问题。因此当快速注射到此之时又要求转回慢速注射，待熔体流过这些位置，消除气纹之后，再转回快速注射。

最后，在快速注射阶段，如果一直让它这样快注射满型腔，注塑件很容易产生很多溢边。此时，当快速注射即将充满型腔的时候（通常充满90%之后），就应立即转用中低速度和压力进行充填。当充满之后再用更低的压力和速度进行保压，溢边问题就可以避免了。此外，还可以使用"定位注射"法来防止溢边的产生。

在解决上述问题的时候，最好将模温和料温都适当升高起来配合，以确保充填在每个阶段都能顺利地进行。

为了找准慢速转快速、快速转慢速的转级点，学会使用"模具透明法"来帮助寻找，才能找得又快又准。所以它是多级注射技术运用的必然保障。

6.2.24　预防透明塑件和浅色塑件黑点多的方法

生产透明塑件时，经常出现注塑了十几个小时，甚至几天，黑点都无法清除干净的情况。既浪费了大量的生产时间，还浪费公司大量的原材料。

因此，如何防止黑点多的问题，是件很有意义的事情。下面所举的一些预防措施和注意事项，对防止黑点多的问题会有很好的帮助。

① 在安排生产时，要注意即将安排生产透明塑件或浅色塑件的注塑机近期不能注塑过 POM 和 PVC 等容易烧焦的原料，最好也不要生产过深色或黑色的注塑件。

Chapter
1

Chapter
2

Chapter
3

Chapter
4

Chapter
5

Chapter
6

Chapter
7

Chapter
8

附录
1

附录
2

同时尽量选用优质或较新的注塑机生产透明塑件。注塑机的螺杆和止回环如果已磨损较大，就容易导致烧焦产生黑点。

因此，为了更有效地预防黑点问题，最好选定几台质量较好较新的注塑机专门用来生产透明塑件，并且将 PC 及透明 ABS 等硬质塑料透明料与透明 PVC 料分开来用机，不能共享，这点很重要。

② 使用的二次回收料（俗称的"浇口料"）越少越好，当然最好是全原料生产。为了节约原料，通常都需要回用一些二次回收料。所以，二次回收料必须要保持干净、无黑点、无油迹。

由于二次回收料中的粉末成分很容易被烧焦，造成许多黑点，因此，生产前必须用筛子将粉末筛干净。透明 PVC 这方面的表现最为明显，因此这两种料的二次回收料必须筛得更干净。为防止二次回收料在储存、运输和打料过程中造成污点，最好采用机边打料立即回用二次回收料的操作方式。

③ 在加热升温时，最好采用逐级升温的办法。这样可以预防发热筒内局部过热而导致的烧焦，特别是易烧焦的原料，如 PVC 料。

生产透明 PVC 料时，应先将温度调到 110℃左右，温度升够之后再保温几分钟，然后才把温度调到注塑生产温度。一旦达到注塑温度，就要马上生产，否则时间长了就会产生大量的黑点。

④ 必须维持稳定的生产周期，更不能随便长时间停机，开开停停。某些易烧焦的料即使是停几分钟也会造成大量的黑点。需要临时停机时，应先将温度调低 30～50℃，生产几分钟后才停，PVC 料还需要立即洗机，否则后患无穷。

⑤ 切忌用大机生产小模，这也是造成黑点多的一个重要原因。由于注射量相对较小，熔体留在发热筒内的时间过长，难免会出现烧焦问题。特别是容易烧焦的原料几乎无法生产。

⑥ 注意温度不要调得太高。还应将前中后发热筒的温度逐级递减，中后炉的温度度偏低一些，对防止烧焦、造成黑点很有好处。

⑦ 色粉质量很重要，如果难溶均匀的话也会造成很多色粉斑点，而且很难消除，有时原料需要提前进行预塑拉粒才能消除问题。

⑧ 注塑周期太长，容易烧焦的原料，如 PVC 料等很容易产生黑点问题。

以上所介绍的透明塑件防止黑点的措施和注意事项，对浅色塑件也同样有一定的功效，而浅色塑件的黑点问题会比透明塑件要好控制一点。

6.2.25　POM 塑件（赛钢件）生产时经常缺边少角的原因

赛钢件（POM）极易受热分解，而且有个麻烦的问题，当原料受热分解之后，会产生杂质聚集在模具的死角位置。天长日久，越积越多，死角就会被杂质塞满，导致注塑件缺料，齿轮件就缺边少角，需要用针尖或胶迹清洁剂将杂质清理干净才可以继续生产。

但是，有时会出现只生产一两个小时就缺角缺牙的现象，根本无法生产。此时，人们通常都会怀疑温度是否过高了，或者是供货商的原料有问题。但无论如何调低温度，或是重新更换原料，生产还是一样无法正常进行。

经反复研究，发现问题并不关温度和供应商的事，而是出在二次回收料的问题上。

由于打料机的问题，导致二次回收料中碎粉的含量太多，致使 POM 料受热分解大大加剧所致，从而急剧加快了分解杂质的产生，致使注塑件才生产一两个小时就缺边少角了。

因此在生产之前，先用筛子将碎粉筛掉，这样就不会再出现只生产一两个小时就缺边少角。通常情况下，生产十几天都不会缺边少角才算正常。

此外，还值得注意的是，由于二次回收料中碎粉的太多，塑件的机械强度也因分解杂质太多的影响而大大下降，脆性增加。

6.2.26 浇口处容易产生气纹或射纹的条件

如果生产原料已经烘干充分了还是会在浇口处产生气纹或射纹，则调机者需要考虑以下影响因素。

① 一级注射速度太快。这是产生浇口气纹的主要原因，它使熔体在进入型腔的时刻产生严重的涡流，造成涡流气纹。所以，这是调机者首先要考虑的，需降低速度试试。

② 浇口太细或太薄，也是造成浇口气纹和射纹的重要因素。因为浇口太细小或太薄，必然导致熔体进入型腔的注射速度过快，从而产生射纹和气纹，同时这也是产生蛇形纹的原因。因此，当已将速度降得不能再低都不能消除问题时，就需要考虑浇口是否太细或太薄了，比如小于 0.5mm 或更小。

③ 注塑件在浇口位置的壁厚越厚，就越容易产生气纹，如超过 4mm。因为壁厚越厚越容易在熔体进浇口的时刻产生涡流，导致气纹的产生。出现这种情况时，改大浇口和降低速度有时都难以消除气纹，此时，最好将浇口改到壁厚薄一点的地方，比如 3mm 以下处。

④ 模具型腔表面越光，也即注塑件表面越光亮，越容易产生气纹。注塑件太光亮，会致使轻微的气纹都会被显现出来。

⑤ 熔体或模具温度过低，注塑件也会产生因冻胶造成的射纹，并伴有哑色气纹。

⑥ 针对容易烧焦的原料，熔体温度太高，则会产生因分解气体过多造成的气纹，比如 PVC 料的分解气纹。

当生产中注塑件浇口附近出现气纹或射纹时，可以参照以上影响因素来对照改善。其中，降低注射速度是改善射纹和气纹问题的首要手段，其次就是检查注塑件浇口的尺寸是否过小或太薄。而烘烤原料则是保证生产的基本要求，什么时候都要做足，除非是某些不需烘烤的原料。

各种原因造成的气纹和射纹问题，从外观上看会有些差别。平时多注意观察，则可以加快分析解决问题的速度。

6.2.27 塑件的小凸台旁产生气纹的原因及调机技巧

模具在注塑件的小凸台部位，是一个小空腔。在注射充填过程中，当熔体经过小空腔时，空腔内的空气就会被冲击挤压，致使一部分空气跟着熔体从小空腔内排出到大型腔，这样便在注塑件的小凸台的根部位置产生一片因空气跑出来时留下的痕迹——气纹。

因此，造成注塑件表面气纹的原因是小凸台型腔内空气向外排出，所以，避免空气向外排出是解决这一问题的根本措施。生产中可以有以下两种方法来解决。

(1) 改模排气法

如果模具设计和注塑件的外形允许，可以在模具的空腔内加一支排气针，空气可通过排气针向模具外面排出，而不会再因受到溶胶压力和冲击之后反过来跑进大型腔之中，气纹也就不再产生。所以，这是最彻底的解决办法，但是需要模具设计和注塑件的外形允许。

(2) 调机法

如果无法在模具的小空腔中加排气针，此时，就需要使用多级调机技术来解决了。当第一级注射即将射到小空腔位置时，立即转用慢速注射，让熔体慢慢地通过小空腔的根部，不对空气形成冲击，使小空腔内的空气慢慢地被压进小空腔的顶部，变成一个小点，因空气未向大型腔排出，气纹也就未再产生。

但当熔体流过小空腔的根部之后，应该立即转回正常需求的中速或快速注射，以利于模具的充填，避免注塑件充填不足。

6.2.28　PC料注塑件产生浇口气纹难题的解决措施

PC料的塑件浇口容易产生气纹的原因，在前面已经讲述过是由于注射速度太快所致。因此，要解决浇口的气纹问题，就必须设法降低注射速度，而又不至于产生震纹和缺料。

为此，首先要保证熔体有足够高的温度，在不变色、不焦黄的情况下尽量提高熔体温度，能升到310℃最好（针对PC7025A和PC1250Y料而言）。

其次，也是最为重要的要素，就是必须将模具的型腔温度提升到90～110℃。在生产中，对有型芯的模具通常可以采用关掉模具冷却水的办法来达到升温之目的。

当模具温度升到90℃以上之后，就可以使用非常慢的速度来进行注射了，注塑件的浇口气纹会随着注射速度的下降而逐渐变淡，直至消失。当熔体流过形成气纹的区域之后，必须马上转回高速注射，否则注塑件又会产生震纹和缺料。

需要注意的是，模具温度不能升得太高，超过120℃注塑件容易产生缩水问题，冷却时间也要加长，生产速度变得很慢，同时模具的寿命也因模温太高而缩短，注塑件的表面甚至还有可能出现哑色问题。

出于对工人安全的考虑，最好不要使用热油机来升高模温。因为热油温度如果调到90℃以上，一旦出现漏油问题后果将不堪设想。因此，如果要使用热油机时一定要注意安全。

如果注塑件又薄又大，熔体的热量会散得很快，而且热量也很有限，模温很难升得起来，能否走得齐料都成问题。此时，就需要采取在模具内部加发热管加热的方法来达到升温之目的。同时还需要增加浇口宽度，以增大熔体充填的流量，减少充填时间，以利于充满型腔和消除气纹。

6.2.29　PC料塑件产生缩孔问题却很难解决的原因及其措施

根据材料凝固原理，注塑件形成内部缩孔和表面缩水的原因，是由于熔体在冷却过程中需要不断收缩，当收缩集中到注塑件最后凝固的位置，又得不到熔体的补充时，就会形成内部集中缩孔或表层缩凹（缩水）的问题。

注塑件的冷却收缩同时存在两种形式：内部集中收缩和外部整体收缩（从注塑件的外围向内收缩），而内部集中收缩就是形成缩孔的动力。由于两种收缩量之和等于注塑件的总收缩量，因此，当外部整体收缩量增大时，内部集中收缩的量就会减少，那么形成内部缩孔的动力和产生的直径就会减小；当外部整体收缩的量减少时，内部集中收缩的量就会增加，形成内部缩孔的动力和产生的直径就越大。

所以，要解决透明塑件的内部缩孔的问题，必须设法增加外部整体收缩的量，尽力减少注塑件的内部集中收缩，同时尽可能地对收缩进行补充，以减小注塑件的收缩时留下的空间，达到减小缩孔的目的。

要做到这些要求，仅靠增加注塑压力、增加注射时间等常规的注塑工艺是达不到这个效果的，一般只能解决程度比较轻微的透明塑件缩孔问题，对于比较严重的缩孔问题就无能为力了，特别是对PC件的缩孔问题。

PC件的缩孔问题之所以难解决，主要还是PC料的凝固特性所致——冷却变硬的速度快。

Chapter 1
Chapter 2
Chapter 3
Chapter 4
Chapter 5
Chapter 6
Chapter 7
Chapter 8
附录 1
附录 2

首先，由于PC料在凝固过程中需要大量的熔体进行补充，但浇口因冷却速度快很易被封死，致使注塑件得不到外来熔体的补缩，从而留下了较大的可变成缩孔的收缩空间。

重要的是，由于外壳硬得很快，造成外表已经变成了硬壳、内部仍然未凝固完全的现象。由于外壳快速硬化的支撑作用（ABS等透明料在高温时的硬化程度与之相比要差得多），阻碍了注塑件的整体收缩，致使集中收缩的收缩量要远远大于整体收缩。而且根据缩孔和缩凹的形成机理，表面硬化得越慢越易造成缩凹，反之，表面硬化得越快越易造成缩孔。

综合两种因素，形成内部集中缩孔就成了PC件的必然趋势，而且动力十足，这是其他透明料无法相比的。因此PC料注塑件的缩孔问题也就成了注塑的一个难题。

6.2.30　延长横流道可减轻PC料注塑件的射纹和震纹

有时因为流道太长，使走在最前面的熔体冷却得太多，从而引至注塑件产生射纹和震纹，而PC料在这方面的表现尤为突出，其次是透明PVC。

这就是为何有时熔体温度已经升得很高了，注塑件还是没有消除射纹或震纹的缘故。

此时，如果将横流道的两端头各延长几厘米，走在最前面已经冷却的低温熔体就可以流到延长的横流道之中，不会流进型腔，缺陷也就得到很好的改善。相信这个方法同样对其他塑料都会有改善的作用，而对PC和PVC料的改善会是比较明显的。

PC料注射后不能起用松退（倒索）的原因。注射结束后开启松退（倒索），螺杆向后移动，空气会被抽进喷嘴之内与高温的PC料混合在一起。由于PC料容易吸潮的原因，微量的空气中的水分就可以使注塑件产生银丝射纹。

类似的情况还有，透明PVC熔体也不能倒索。因为透明PVC非常容易烧焦，遇到空气立即就会引起化学反应，致使注塑件产生黄斑，甚至产生许多烧焦的黑点。

因此，在注塑PC料或者透明PVC料时，注射完成后不要倒索。如果因为工艺需要调大背压，而又导致喷嘴流涎时，只能一点点倒，能消除流涎就可以了，不能再多，绝不能让空气进入喷嘴之中。

6.2.31　PC料的注塑件变脆和起白雾的原因及其工艺问题

以前，很少见到PC料注塑件有变脆的问题，那是因为当时使用的PC料牌子比较少，通常只有日本产的PC7025A和1250Y两种牌号。如今生产PC料的厂家越来越多，牌子和牌号自然也不少。因各种牌号的PC料注塑技术工艺不尽相同，而且对工艺要求的严格程度也不同，因而再使用一贯注塑PC7025A和1250Y的注塑工艺去生产其他牌号的PC料，难免就会出问题，经常可以看到PC注塑件有时会经不起冲击的脆性问题。

经过仔细的研究发现，由于各种牌号的PC料的耐热程度和物理特性的不同，熔体温度，甚至连烘料温度和烘料时间都会对注塑件的抗冲击性能产生重大影响。

通常在生产PC7025A和1250Y料时，熔体温度一般都可调至290～310℃，而生产某些牌号的PC料时，再使用这段温度来注塑，注塑件就会变得很脆了。因此，对待这种PC料，注塑温度最好不要超过290℃，有的可能还要更低才能解决脆性问题。因此，只要熔体的流动性足够充填，最好用更低一点的温度来生产，以防止注塑件变脆造成强度不稳定。

其次是烘料温度的影响。PC7025A和1250Y通常都可以烘到110～120℃，时间可以超过4h。但有些牌号的PC料就不能超过100℃，否则注塑件也会变得很脆，而且还会起白雾，影响外观和透明度。

而最不容易引起人注意却最容易出问题的，却是烘料时间。通常在注塑PC7025A和

1250Y 料时，加满 50kg 的烘料斗，只要烘到无水汽产生，慢慢生产六七个小时都不会出什么问题。但是有些 PC 料放在烘料斗中烘烤超过 4h，注塑件不但会产生明显的白雾，甚至还会变得很脆，而且时间越长就越脆，白雾越多，塑件变脆。此时，如果一斗料足够生产 6h，那就只能加半斗料，如果注塑件有水气产生，只要稍稍多加一点和勤一点加料，问题就不会再发生。有时，还会时不时出现白雾，这应该是有些原料被卡在烘料斗里长期烘烤，然后时不时有几颗料流出到炮筒，被射进模具的缘故。

这就是生产中 PC 料注塑件变脆、有白雾的一个重要原因。因此要生产好各种牌号的 PC 注塑件，必须注意各种牌号原料的注塑工艺的特性和要求。当然，由于各种牌号本身的性能不同，强度和抗冲击能力也会有所不同，有的牌号的抗冲击能力确实很差。

因此在实际的注塑生产中，如果 PC 注塑件忽然出现脆性问题和透明度不足的问题时，可以优先从熔体温度和烘料温度及烘料时间等方面去考虑，这样可以加快解决问题的进程。

6.2.32　PC 件的浇口气纹成为注塑难题的原因分析

在诸多透明塑料中，比如 GPPS、SB（苯乙烯-丁二烯共聚物，俗称"K 料"）、透明 ABS、PC 等中，PC 塑件是最容易在浇口位置产生气纹的，而且还是最难消除的。

因为 PC 塑料的流动性在上述塑料中相对最差，注塑时必须使用快速注射，否则就容易充填不足或者产生震纹（以浇口为中心的密集波纹）。而快速注射的后果，就是在浇口位置造成因熔体快速射至型腔表面后反弹而形成的轻微困气，而且注塑件越厚，困气面积就越大。同时，由于熔体温度较高，致使困气位置的熔体表面被氧化，并在此形成气膜，将熔体与模具表面隔离，从而令注塑件表面形成哑色气纹，影响注塑件的透明度。

而其他透明料的流动性相对就好得多，因而充填较容易，且不易产生震纹，因此注射速度可以相对较低，浇口位置的困气即使存在也非常轻微，所以不易形成哑色气纹。即使产生了气纹，也比胶容易清除，只需降低一点注射速度和压力就可以将它解决，震纹或缺料问题也不会产生，而 PC 料要降低速度就不行了，不是震纹就是缺料。

因此，PC 料的浇口气纹问题，可以说是常用透明料中最难消除的，称得上是个注塑难题，必须采取一些措施和调机技巧才有可能将它解决。

6.2.33　厚大 PVC 注塑件水波纹和熔接痕难解决的原因分析

在注塑生产中，经常会遇到壁厚 50mm 以上的粗大 PVC 料注塑件。由于型腔内部空间太大，当熔体从浇口射进宽大的空腔时，受到挤压的熔体会以折叠波浪式或螺旋方式从浇口射入型腔。这些线状熔体汇合之后，就会给注塑件在浇口位置留下水波纹，在其他位置留下熔接痕。

此外，在宽大的型腔中，中间某部位的熔体的流速一定会较快，而四周因受型腔壁的冷却和摩擦力的影响而降低速度，这将导致熔体分流，而分流后又需汇合，从而在汇合处形成了明显的熔接痕。如果型腔之中存在各种嵌件等障碍，熔体流经之后也会造成熔体的分流而产生熔接痕。

由于 PVC 熔体的流动性较差，熔接能力不是很好，所以 PVC 熔体分流后通常都会形成比较明显的粗大熔接痕。

根据水波纹和熔接痕的形成机理不难理解，注射速度越快，型腔空间越大，折叠式或螺旋式充填和分流的情况就越明显，水波纹和熔接痕也就越严重。这是水波纹和熔接痕极难消除的原因。

因此，要想解决这两个问题，必须降低注射速度，使熔体不再以折叠式或螺旋式充填型腔。同时需要保证熔体的流动平稳，不发生分流。还要采取各种有效措施保证熔体能够在慢速注射的情况下顺利充填，以防止注塑件充填不整齐。

6.2.34 从模具角度解决厚大注塑件水波纹难题的有效措施

前面已经介绍了不少厚大 PVC 水波纹（俗称的"牛屎纹"）难题的调机技巧和改善措施。但如果能从模具入手，在模具设计上彻底清除导致这一问题的根本原因——浇口位置的型腔空间过大，水波纹问题根本就不会产生，其他厚大硬质塑件也一样如此。因此，如果浇口位置能设在有阻力或有障碍物阻挡的位置，螺旋式或折叠式（蛇型）注射就不会发生。

所以，在模具浇口位置上作文章，才是最有效、最彻底的解决之道。能够做到以下几点中的一项，前面各种解决水波纹的措施技巧都可以不需要再使用。

① 选择在注塑件厚度小于 4mm 的位置作为浇口。原则上越小越好，但最好不要小于 1mm，否则注射会困难。

② 选择在型腔中有各种粗针或板面作阻挡的位置作为浇口，浇口到阻挡位置的间距最好也不要超过 4mm。

③ 实在找不到上述合适的位置作为浇口，在设计允许的情况下，可在型腔中放置一个可以作为阻挡和减小型腔空间作用的小注塑件。这样既能够解决水波纹问题，而且由于型腔空间减小，因为体积过大而产生的熔接痕问题也会得到改善。因此特别适合体积超大的注塑件。

④ 也可以在条件允许的情况下，从注塑件上引一条直径 4～5mm 以上的柱子出来作为过渡，再从柱子的端头浇口。

通过上述措施，再配合调机技巧（一）及各项有关措施，厚大 PVC 件的熔接痕难题也相应地容易得到解决，而且这一方法同时也适用于其他厚大硬质塑件的水波纹和熔接痕问题的解决。

如果以上四点都无法做得到，只有通过调机、改流道等办法去解决这一难题。

6.2.35 厚大 PVC 注塑件水波纹和熔接痕难题的调机技巧（一）

在前述列子里提到，要消除厚大 PVC 件的水波纹和熔接痕，首先必须保证熔体从浇口射进型腔时，不能发生折叠波浪式（蛇型）或螺旋式注射，并且在型腔中必须平稳地充填，不允许出现分流。因此，调机技术就变得相当重要，其他方面的措施都是为了使调机更容易达到上述之目的。

首先，必须使用一级特别慢速的注射。这是个首要条件，有时甚至需要调到螺杆几乎不能移动，才有可能消除水波纹。

但是，如果一直慢速射下去，注塑件就很难充填满型腔，而且在注塑件的后半部分还会存在严重的哑色问题。所以，当慢速注射进行到只有一小部分熔体进入型腔的时候，水波纹确认已经消除（可用"模具透明法"来观察），就要立即转用更快的、能够保证充填的二级中速或中高速注射。

如果二级速度过快，就有可能产生溢边或拉白等问题。此时，可以在即将注满型腔之时，进行第三级慢速和低压进行最后的充填和保压，第三级的速度和压力参数可根据注塑件的缺陷程度而定，也可采用"定位注射法"将溢边和拉白等问题解决。当然，如果注塑件不是太大，二级的速度也可不必太快，比一级慢速稍快就可以。

由于开始充填时有慢速注射进入型腔的一小部分熔体在浇口周围，所以当进行二级较快速度注射时，这一小部分熔体就能起到阻挡的作用，中间部分的熔体便不会喷射得太快，从而使熔体可以平稳地充填而不发生分流，熔接痕问题因而也一起得到解决。

在实际的调机过程中，问题的关键是这一小部分熔体的量。量少则起不到阻挡之作用，熔接痕和水波纹还会产生，太多了又会使二级注射变得困难，致使注塑件产生充填不整齐或哑色等问题。因此，原则上在不出现熔接痕和水波纹的情况下，应尽早进行二级较快速度的注射，并且要保证足够的注射压力。

这一小部分熔体的量，实际还与二级注射时的速度和压力有关。二级注射时的速度和压力越大，这个量就需要多一点，否则会产生熔接痕；反之，就可以少一些。实际的操作还需要根据现场情况仔细观察，以确定二级注射的起始点以及二级注射的速度与压力。

在调机时，可以先确定一个大约的量（约10~15mm的螺杆行程），然后再去设置二级注射的速度和压力。注射后观察制品出现的是熔接痕还是缺料、哑色等问题，再去调整那一小部分熔体的量的多或少。使用"模具透明法"，可以很方便地确定这一小部分熔体的需求量。

当使用以上的调机技巧最终还是未能把问题解决时，证明问题已相当严重了，还必须采用更多前述措施来配合解决，才有可能达到理想的程度，实在不能解决问题，那就只有采用下述的另一个调机技巧了。

大凡厚大的注塑件，其原料不管是ABS、PP，还是PVC，都是很容易产生水波纹和熔接痕的，原因就是因为厚，因此上述方法也同样适用于解决其他硬质塑料材料的厚大件产品的水波纹和熔接痕问题。

6.2.36　厚大PVC注塑件水波纹和熔接痕难题的调机技巧（二）

有时，由于浇口位置的型腔空间实在太大，致使熔接痕和水波纹实在是难以消除，这就需要用到极低的一级注射速度进行注射才有可能减少或消除所产生的熔接痕和水波纹。

但如果注射速度太慢，熔体散热的时间就会过长，此时即使将水波纹解决掉，塑件却在浇口位置留下一条深深的圆弧形纹路（俗称"冷隔纹"），导致制品的外观同样很难看。造成冷隔纹产生是由于先注入过冷熔体与后面二级注入的热熔体两者之间存在较大的温度差而不能互相完全熔合所致。

因此，当水波纹严重到要用极慢的注射速度才能解决时，依靠前面的调机技巧（一）就难以将问题圆满解决了，此时，可以考虑采用下述的调机技巧。

当慢速注射进入型腔有一小点熔体时，立即转用快速注射，并给予充足的注射压力。由于前面已有一点熔体作阻挡，快速射入的熔体难以在浇口周围形成折叠或螺旋的注射方式，避免了水波纹的产生。由于快速注射冲击力的作用，最早注入的一点熔体会将已经形成把冷隔纹的冷凝熔体冲到型腔内部，使浇口边的冷隔纹也不再存在。

采用调机技巧的关键是要找准慢速—快速的切换点，也即是要确定好慢速进入型腔的那点熔体的量。这点熔体的量很重要，量多了冲不走，继续产生冷隔纹，量少了阻力又不够，水波纹还是会产生，所以要求调得比较精确。使用"模具透明法"对找准这一点很有帮助。

当然，该措施有个最大的缺陷，就是使用了快速注射，其后果是使注塑件产生较多的熔接痕。因为这一点熔体的量比调机技巧（一）中提到的那一小部分熔体的量要少得多，因此不足以阻挡熔接痕的产生。但是由于二级采用了快速注射，熔接痕因熔体温度仍然足够而熔接得比较好，因此熔接痕大都变得比较细小，如果制品表面要求不是很高，这些细小的熔接痕是可以接受的。

利用快速注射可以使熔接痕变细这一原理，无论是软质塑料还是硬质塑料，均可以得出另一个解决熔接痕的办法：当熔接痕确实难以解决时，干脆直接采取一级快速注射，而不去理会水波纹的问题，但却可以使熔接痕变得非常细小。如果浇口设计在壁厚比较小或者有阻挡的位置，水波纹应该是很轻微或是不存在的。

在快速注射之后，如果有困气的现象存在，熔接痕反而会变粗甚至烧焦或发白。因此，快速注射的后期应转慢速为宜，也可采用"定位注射法"来防止缺陷的产生。

6.2.37 提高塑化时螺杆的转速也可改善PVC的气纹缺陷

PVC非常容易受热分解甚至烧焦，程度较轻时，会产生一些分解气体使注塑件在浇口周围产生哑色气纹，但注塑件并未发黄或出现黑点。上述缺陷在透明PVC塑料中尤为明显。

在多数情况下，产生气纹时人们都会怀疑是不是因为注射速度过快或者原料烘烤不够而产生的气纹。但如果无论如何调校注射速度和压力并加强原料的烤料都无济于事时，就应该考虑下述措施了。

塑化时只要需将螺杆的转速提高10~30r/min，气纹问题就可能得到很好的改善。因为提高螺杆转速10~30r/min后塑料的热分解程度并不算严重，却加快了塑化速度，可以缩短熔体加热的时间，PVC分解气体则会大为减少，气纹问题也就可能得到有效解决。

因此，当遇上气纹比较难解决时，不妨尝试适当加快熔体速度。

6.2.38 PVC注塑件熔接痕和水波纹问题的改善措施（一）

要解决PVC件的水波纹和熔接痕问题，首先是必须降低熔体注入型腔时的速度，以防止产生折叠波浪形或螺旋形注射，或产生熔体分流等不平稳的充填现象。

但是，有时会因模具型腔过于宽大的原因，当注射速度已经降到螺杆几乎都不能前进时，水波纹和熔接痕问题仍然未能解决，这种情况在生产中时常出现。

如果在靠近浇口前的流道上，增设一个阻流塞或者增加一个缓冲包，可以起到降低熔体进入型腔速度的作用，从而实现减少注塑件的水波纹和熔接痕的目的。

对于水波纹和熔接痕不是特别严重的情况，使用这种方法再配合调机技巧，水波纹和熔接痕问题是可以解决的，但是如果问题比较严重，就需要再配合更多的解决措施。

6.2.39 PVC注塑件熔接痕和水波纹难题的改善措施（二）

解决PVC注塑件的水波纹和熔接痕难题，需要用到非常慢的注射速度进行一级注射。但是因为速度太慢，熔体在流道中运行的时间过长，热量散失将会很大，温度下降得太多，熔体的流动性会大大下降，充填将变得更加困难，这样对解决问题极为不利。

升高熔体温度和模具温度是解决问题的一个改善措施。升高熔体温度，可以使慢速注射有足够的温度来保证熔体的流动性，但所升高的温度以不使PVC烧焦为前提。

在此过程中，如果再增加一点背压，效果会更理想。实际生产中，一般不需设置过高的熔体温度，而需多增加一点背压。因为增加背压不但可以使PVC熔体温度更加均匀，流动性更好，而且还有升温的作用，所以比单独升高熔体温度对改善流动性会更好。但是，既升高熔体温度又加大背压，极易产生PVC烧焦的问题。

同时，适当升高模具温度，可以减缓熔体散热的速度，确保PVC熔体较长时间的慢速充填仍能保持足够的流动性。因此，在注塑件不产生缩水问题的情况下，应尽可能地多升高一点模具温度，减小冷却水的流量是升高模具温度的一种常用措施。

总而言之，能够提高熔体流动性的措施都会对解决PVC熔接痕和水波纹问题有好处。

此外，减少二次回收料的含量，增加一点扩散油等也都会对问题的解决有帮助。不得已的时候，可以考虑采用注塑 PC 料专用细螺杆注塑机来解决问题，但是，不能长期使用 PC 料专业注塑机，因为长期使用会导致 PC 专用螺杆损耗，无法再进行 PC 料的注塑生产。

6.2.40　PVC 注塑件熔接痕和水波纹难题的改善措施（三）

解决厚大 PVC 件水波纹和熔接痕难题，需要用到非常慢的一级注射速度，使熔体呈扇形方式充填，这是解决问题的先决条件。

但是，如果慢速注射的流量太小，充填时间过长，熔体温度下降得太多，就会导致最后的充填十分困难，而且浇口太小，将很难改变折叠式或螺旋式的充填现象。因此理想的充填方式是使熔体在充填的时候，速度既要够慢、平、稳，流量又要够大，这是一对矛盾。

此外，由于流道和浇口的阻力作用，熔体的实际充填速度比工艺参数的设置速度慢得多。生产实际中，经常遇到注射速度想调得更慢时，螺杆已经无法注射的情况出现。因此，设法减小充填阻力，才可能将注射速度调得更慢。

因此，要解决注射速度既要够慢，又必须保证大流量熔体顺畅充填这个矛盾，加大浇口和流道的尺寸才是解决这个矛盾的最佳选择，同时对克服折叠或螺旋式注射也最有帮助。

因此，在条件允许的情况下，尽量加大浇口和流道的尺寸，目前它已成为解决 PVC 件水波纹和熔接痕问题的常用手段，特别是在长时间调整工艺参数，水波纹和熔接痕的缺陷却无法彻底解决时，这成为了最后一项措施，否则就很难解决这个难题。

需要注意的是，修改流道时，过大的流道并没有太大的意义，反而增加了注射时间和二次回收料的体积，因此要适可而止。但是加大浇口尺寸的作用和意义就非常之大了，它能起到决定性的作用。

如果还想再减小点流动阻力，可以考虑提高模具和料筒的温度或提高熔体的流动性都会有较好的帮助。

此外，在生产中，经常遇到小件与粗大件同在一套模具上生产的情况，由于一级速度太慢，小注塑件通常都会充填不完整。此时，也应将小件的流道和浇口扩大，必要时还可以在通往粗大件的流道上的某处设置阻塞机构。这样既可以增加小件的速度和压力，同时还可起到降低粗大件注射速度的作用，从而实现不需要将速度调得太慢便可将水波纹和熔接痕解决的效果。由于注射速度得以加快，小件的缺料问题解决了，而且因小件厚度不大，水波纹和熔接痕问题也不易产生。这样既解决了大件又解决了小件，一举两得。

6.2.41　PVC 注塑件熔接痕和水波纹难题的改善措施与技巧（四）

实现熔体的自下而上充填，是一个解决 PVC 熔接痕难题的一个非常有效的改善技巧。

这一充填方式源于合金低压铸造，其原理是熔体慢慢地从模具下方向上流入型腔，它有助于液体通过自身重力的作用来达到熔体平稳充填的目的，可以防止熔体产生分流和涡流等导致熔接痕的问题。

如果熔体从上面或侧面进入型腔，由于熔体自重的影响，即使是非常慢的注射速度，熔体也会自动向下流动得较快，其他方向则较慢，导致熔体重叠和分流，而且型腔空间越大，这个问题就越明显，熔接痕也越严重，几乎到了无法解决的地步。

参照低压注射的原料，只需对注塑件的浇口位置进行更改或者转换模具装机时的装模角度，就能达到熔体从下向上充填的目的。当熔体从下向上充填时，自重不但不会造成分

Chapter 1

Chapter 2

Chapter 3

Chapter 4

Chapter 5

Chapter 6

Chapter 7

Chapter 8

附录 1

附录 2

流，反而可使熔体保持平稳。

运用这一充填技术，并配合调机技巧和前面所述的措施，要解决熔接痕问题就变得容易得多了。在多年的生产实践中，运用这项技术和其他措施技巧，成功地解决了许多粗大 PVC 件熔接痕和水波纹的难题，其中包括不少厚度超过 50mm 的注塑件。

6.2.42 PVC 注塑件熔接痕和水波纹难题的改善措施与技巧（五）

厚大 PVC 塑件容易产生熔接痕是业界常见的难题，针对这个问题，人们提出了不少有效的措施和技巧。其中，在产生熔接痕的位置或浇口附近的流道上喷洒脱模剂（最好是油性脱模剂），也是改善熔接痕问题的措施之一。

在模具型腔或浇口附件喷洒脱模剂，可以使模具表面和熔体表面变得光滑，模腔表面与熔体的摩擦力则会减小，因此模壁的熔体与中间熔体的速度差距就可缩小，分流程度也就减轻，熔接痕问题便可得到改善。

该措施对新模具的改善效果会更佳，因为新模具模壁的摩擦力比旧模具要大。所以当新模生产了一段时间之后，还可以逐步减少脱模剂的用量直至最后取消。

6.2.43 PVC 注塑件表面哑色严重时的改善措施

一般情况下，通常解决 PVC 注塑件表面哑色（光泽度不够）严重问题，大都是运用提高熔体和模具的温度等办法来解决。适当增加熔体背压，也可使注塑件表面变得更加富有光泽，甚至还可以减少熔接痕和气纹的产生。

但有时在生产实际中，经常需要在原料中加入一定量的二次回收料，甚至二次回收料的比例超过 50%，更有甚者，全部使用二次回收料。由于二次回收料中有许多经过多次加热、剪切而分解的杂质和粉末，致使注塑件表面产生严重的哑色问题。

在这种情况下，如果在已混好的原料中再多加一些配色用的扩散油，直到用手抓原料时都会感到有油渍，此时，注塑件的哑色问题将会得到很大的改善，甚至还可以减少注塑件的熔接痕。

但是用这一方法仍然不是很完美，因此只可作为一种普通的改善措施，但一般情况下都还可以接受。

相反，如果不想让塑件表面太光亮，就可以使用与上面相反的做法，降低熔体温度、模具温度和提高注射压力的办法来达到目的，也可以通过将模具表面喷砂来解决。

值得注意的是，这一方法对 PVC 塑料有效，但对橡胶类塑料的作用就不明显了。

6.2.44 注塑成型时容易产生困气问题的两个重要原因

很多人都知道，困气是由于注塑过程中模具排气不良而造成的，这只是原因之一。实际还有另一个能造成注塑件严重困气的重要原因，就是充填时产生熔体"回包"现象造成的。

所谓的"回包"现象，是指当模具某一位置的充填阻力相对两边都较大，熔体充填到该处时就出现两侧熔体流动快、中间熔体流动慢的现象。当流动较快的两侧熔体在前方汇合时，必然将中间还未排走的空气合围起来，从而便形成了困气。这种因熔体包围空气而造成的困气，通常称之为"回包"困气。当两边的阻力与中间的阻力相差越大时，困气就越严重，而且也越难解决。

前述常见的、因模具排气不良而造成的困气，一般又分为两种情况：一种是可以通过增加排气槽、增加排气针就能解决的困气，例如在合模线旁边形成的困气，增加排气槽一般就可以解决；另外一种则是无法通过增加排气系统排除空气的困气，称之为"死角"

困气。

　　"死角"和"回包"这两种原因造成的困气，是造成困气难解决的两个重要原因，一直是注塑生产的一个难题，如果想通过调机来解决，通常需要学会掌握一些针对这两种困气的调机技巧才有可能。

　　此外，因多个浇口造成的困气问题，只需将某个浇口堵塞起来或是重新布置浇口位置就可以解决，比较简单。

6.2.45　关于困气的几个问题及其改善措施

(1) PP、PVC 注塑件的困气难以通过调机来解决的原因

　　当注塑件产生困气问题的时候，通常都会出现充填不满，或者烧焦、发白、产生粗大夹气纹等现象。许多困气问题一般可以通过调机来解决，最终使困气位置变成一条细小的熔接痕或者一个不起眼的小点。

　　在生产实际中，PP 料的注塑件如果出现困气问题，如果不采取有效的排气措施，很难通过调机来解决，不是充填不充分就是烧焦或发白。

　　根据"死角"和"回包"困气的解决原理，要将困气问题彻底解决，必须将困在其中的气体溶入熔体之中。ABS 等硬质塑料都有吸潮、吸气的功能，可以通过压力的作用将气体溶入熔体中去，缺陷可以因此得到解决。而 PP 料的此项功能却相当之差，所以原料中的含水量一般都很小，通常都不需要烘料就可以直接用于生产，因此也就无力将被困气体消除掉。这就是为什么 PP 料的困气问题难以通过调机来解决的原因。

　　除了 PP 料之外，PVC 料的困气问题也是比较难解决的，但它与 PP 料的原因不同，PVC 料是因为比较容易烧焦造成的。当将空气压入熔体的时候，气体的温度会逐着气压的增加而升高，这样极易烧焦的 PVC 料从而就容易被烧焦或发白，因此困气问题也比较难解决。

(2) PVC 注塑件因困气造成发白的解决措施

　　由于容易烧焦的原因，PVC 注塑时的困气问题一般比较难以彻底解决。注塑时如果出现困气问题，就不时会有大量因困气而发白的塑件产生。

　　一般情况下，已经发白的注塑件就只能当废品处理了，但经过实验，可以采用热开水浸泡的方法来解决发白的注塑件。

　　该方法很简单，只要将发白的 PVC 件放到烧开的开水中浸泡 1min 左右，注塑件发白的问题即可能自动消除。

　　需要注意的是，浸泡的时间长了虽然对解决发白问题有好处，但注塑件会出现变形，因此浸泡时要小心操作，控制好时间，不可以无人看管。

(3) 加强模具排气对改善薄壁件充填困难会有很大的帮助

　　注塑件的壁厚太薄，熔体的热量散失过快，流动在最前面的熔体所获得的压力会变得很低，因此薄壁件本身充填就比较困难。此时，如果模具的排气不是很顺畅，型腔内空气就被会压缩，导致气压上升，形成熔体充填的反向阻力，更增加了充填的难度，熔体充填变得更加困难。

　　因此，加强模具的排气能力，可以大大减小空气压力造成的阻力，对解决薄壁件充填困难问题会有很大的帮助。

(4) 熔体温度太高也易产生困气原因分析

　　注塑成型时，如果熔体温度过高，热分解产生的气体会大大增加，模具需要排除的气体就要增加，这就容易造成困气问题。

　　如果模具存在排气不畅的死角，塑料熔体充填到该处时，气体无法排除而被熔体包

裹，从而形成所谓的死角困气的问题，这必将增加解决问题的难度，甚至有时到了无计可施的地步。

因此，在解决困气问题时，应先检查熔体温度是否过高，查看对孔空射出时是否有大量的烟雾产生。如果有大量的烟雾产生，说明温度太高了。

同样，如果模具温度太高，也会给困气问题的解决造成困难。因为模温太高，模具内的空气温度就会上升，气压也就跟着上升，从而也就增加了熔体前进的阻力和困气的含量。如果在产生困气的位置散热又不良导致模温进一步升高，那该处的死角或回包困气问题就更难解决。

虽然解决死角或回包困气问题有时需要提高一些熔体和模具温度，但却不能升得太高，否则就像这样适得其反了。

6.2.46 解决熔体逆流造成的"回包"困气难题的调机方法

注塑成型时，解决熔体"回包"困气（熔体逆向回流造成空气被包裹在前进、回流的两股熔体中）问题与解决模具死角困气一样，也要将被困的气体压入到塑料熔体之中。但是，难度却要比"死角"困气大得多，成为最难解决的一种困气。

因为"回包"困气最终会在注塑件上留下一条熔接痕，这条熔接痕的大小，将严重影响制品的外观质量，而且困气量通常比模具死角困气都要大，因此要将这条熔接痕调到可接受的程度，就需要有更高的调机技巧了。

"死角"困气通常都是在注塑件的边缘或角落的位置，所以困气解决后留下的痕迹通常只是边缘上的一个小点，对外观的影响一般都不是很大。而"回包"困气因为被困的面积一般较大，因此，想要解决这个"回包"困气的难题，首先必须要设法减小熔体合拢后被包围的空间面积，也即使被困的空气含量，做到越少越好。这就是解决"回包"困气更难的地方，它比"死角"困气多了个要解决的关。

实际上，在注塑过程中，当注射速度极快时，型腔阻力大的位置也会被冲进许多熔体，从而减少了许多被困的空间，也即减少了许多被困空气的含量。因此，原则上讲，速度越快，困气就越少。

所以在设定注射速度时，应尽可能快地使熔体冲过被困的区域，当熔体形成合围之后，被困的空气已经减少了许多，而且被困的空气量也已经固定，剩下要做的事，就是像解决"死角"困气一样了，通过压力将被困气体融入到熔体之中。方法是当快速注射进行到接近产生困气位置附近时（不是熔体合拢之时），立即转回高压慢速注射，让被困气体慢慢地在压力的作用下浸入到塑料之中，"回包"困气的难题就这样慢慢被解决，但最终还是会留下一点点小痕迹。但问题如果解决不好，这个痕迹就会非常大，烧焦、发白、穿孔等情况都会出现．

为了让这一过程能顺利地进行，同样和解决"死角"困气一样，也需要做好几项配合性的措施，否则效果同样也不会令人满意。

① 必须保证熔体温度在充填过程中不要下降太多。必要时适当调高模温和十几摄氏度熔体温度，使后一级慢速注射能够持续地进行到底。

② 尽量改善模具的排气系统。因为要解决这个问题需要用到非常快的注射速度，这样就不利于排除型腔内的空气，致使气压上升，增加解决问题的难度。

③ 调准快速转慢速溶气的转级点。它比解决"死角"困气更难找准，因此这方面的调机经验相对要求得更多一些。必须运用"模具透明法"来帮助寻找这个非常重要的转级点。

除此之外，设法减小受困气位置的充填阻力也是个解决回包困气问题的好办法，比如增加注塑件在该位置的厚度等，当然是要在允许改动的条件下。

在困气位置的前方加一个大大的集渣包也很有帮助。它可以吸收部分空气，并且还可以将困气位置向前移动，甚至有可能移到集渣包之中，当然困气位置距离边缘的集渣包不是很远才有可能。

最后，如果在外观允许的情况下，能在困气的位置增设排气针，效果应最为理想。

6.2.47　解决"死角"困气的调机方法

所谓"死角"困气，是指型腔的边缘处因为排气不畅而被塑料熔体末端包裹起来形成了气泡，要解决这个困气问题，就必须设法把气体解决掉。

经常也有些经验丰富的技术人员，能将某个产品的死角困气解决掉，但却不一定能说得清气体是如何被排走的。每当碰上另一个注塑件的死角困气问题时，还是要付出很多精力，根据以往的经验去调校注塑机，并到处开排气槽等，但成功与否就不一定，调机水平高点成功的机会会大一些。

要研究"死角"困气如何解决的问题，重要的还是必须先搞清楚被困气体将如何排走，这样才能朝着正确的方向去研究相应的解决措施和技巧来指引生产，少走弯路。

经过长期的观察发现，塑料其实本身就有吸湿吸气的功能，有时将问题解决的时候，实际正是利用了塑料的这一特征，将被困气体溶到熔体中去了。之所以有时注塑件在困气位置烧焦，有时又走不齐料出现缺料穿孔问题，那是因为这个溶气的过程需要时间和压力，太快了会造成烧焦，压力不足又会造成缺料问题。

根据这一将被困气体溶到塑料的原理，就可以这样来设定注射工艺方法：当熔体即将接近困气位置的时候，立即将注射转为慢速注射，并设定足够高的注射压力，让空气能够在压力的作用下慢慢地溶入熔体中去。

在实际生产过程中，为了保障以上调机方法能更好地收到成效，还需采取以下两项配合措施。

首先，必须保证熔体温度不能下降得太多，这样才可以使慢速溶气的过程能够持续地进行。因此，适当升高十几摄氏度的熔体温度和模具温度都会对解决问题有很大的帮助作用。同时最好在未接近困气位置之前尽量使用快速注射，以确保温度下降得少一些。当然，如果浇口离困气位置不是太远，就大可不必调得太快，以有利于减少被困的空气数量，并防止惯性的冲力过大，造成烧焦。

其次，就是设法减少被困空气的数量。改善模具各位置的排气，特别是困气位置的附近效果会更好。适当放慢前级注射速度，会有利于模具的排气，但前提是保证料温在达到困气位置前不能下降得太多，否则只能以快速为主，这一点需要强调。

根据经验，找准一级快速转二级慢速的转级点位置相当重要，是能否成功解决问题的关键，早了晚了都不行，转级过早，困气解决不了，注塑件会缺料；起级稍晚，又会发白甚至烧焦。这一转级点与前级的注射压力和速度还有着密切的关系，通常前级速度快，压力大时，起级点就要提前一点。因此需要在实践中不断吸取经验，才能调得又快又好。

运用之前已经提到的"透明模具法"这一调机技巧，对快速找准这一个点的帮助非常大。

6.2.48　快速估算锁模力的三种方法

(1) 方法一：经验公式1

$$锁模力(t)=锁模力常数 K_p \times 产品投影面积 S(cm \times cm)$$

K_p 经验值：

Chapter 1
Chapter 2
Chapter 3
Chapter 4
Chapter 5
Chapter 6
Chapter 7
Chapter 8
附录 1
附录 2

PS/PE/PP，0.32；

ABS，0.30～0.48；

PA，0.64～0.72；

POM，0.64～0.72；

加玻纤，0.64～0.72；

其他工程塑料，0.64～0.8。

例如，一制品投影面积为 410cm²，材料为 PE，计算锁模力。

由上述公式计算得：$P=K_pS=0.32\times410=131.2$（t），应选 150t 机床。

（2）方法二：经验公式2

$$P=350bar\times S(cm^2)/1000$$

如上题，$P=350\times410/1000=143.5t$，选择锁模力≥150t 的注塑机。

以上两种方法为粗略的估算方法，以下为比较精确的计算方法。

（3）方法三

计算锁模力有两个重要因素：投影面积；模腔压力。

投影面积（S）是沿着模具开合所得到的最大面积。模腔压力（P）由以下因素所影响：

a. 浇口的数目和位置；

b. 浇口的尺寸；

c. 制品的壁厚；

d. 使用塑料的黏度特性；

e. 注射速度。

根据制品投影面积和模腔压力，两者相乘，即可计算出所需的锁模力，但影响模腔压力的因素又有塑料流动特性、黏度、制品壁厚、流程与壁厚的比例等。

① 热塑性塑料流动特性的分组

第一组：GPPS HIPS TPS PE-LD PE-LLD PE-MD PE-HD PP-H PP-CO PP-EPDM

第二组：PA6 PA66 PA11/12 PBT PETP

第三组：CA CAB CAP CP EVA PEEL PUR/TPU PPVC

第四组：ABS AAS/ASA SAN MBS PPS PPO-M BDS POM

第五组：PMMA PC/ABS PC/PBT

第六组：PC PES PSU PEI PEEK UPVC

② 黏度等级

以上各组的塑料都有一个黏度（流动能力）等级。每组塑料的相对黏度等级如下：

组别　　　倍增常数（K）

第一组　　　×1.0

第二组　　　×1.3～1.35

第三组　　　×1.35～1.45

第四组　　　×1.45～1.55

第五组　　　×1.55～1.70

第六组　　　×1.70～1.90

③ 壁厚、流程与壁厚的比例

$$P=P_0K（倍增常数）$$

④ 锁模力的确定（F）

$$F=PS=P_0KS$$

Chapter
1
Chapter
2
Chapter
3
Chapter
4
Chapter
5
Chapter
6
Chapter
7
Chapter
8
附录
1
附录
2

例如：PC 料（聚碳酸酯）灯座锁模力的计算。

一个圆形 PC 塑料的灯座，它的外径 d 是 220mm，壁厚范围是 1.9～2.1mm，并有针型的中心浇口设计。零件的最长流程是 200mm。

熔料流动阻力最大的地方发生在壁厚最薄的位置（即 1.9mm 处），所以在计算需要的注射压力时应使用 1.9mm 这一数值。

a. 流程/壁厚比例计算

流程/壁厚＝熔料最长流程/最薄零件壁厚＝200mm/1.9mm＝105：1

b. 模腔压力/壁厚曲线图（见图 6-6）的应用

图 6-6 中提供了模腔压力和壁厚以及流程/壁厚比的关系。由图 6-6 可知 1.9mm 壁厚，流程/壁厚比例 105：1 的注塑件的模腔压力是 160bar，这里应注意，所有数据都是应用第一组的塑料，对于其他组别的塑料，应乘上相应的倍增常数 K。

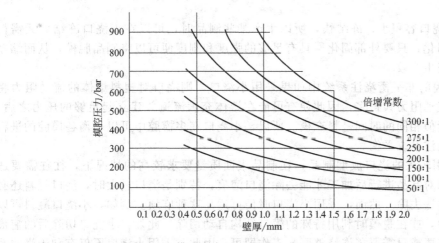

图 6-6　模腔基本压力与壁厚、流程和壁厚关系图

c. PC 的模腔压力数值确定

PC 塑料的流动性能属于第六组的黏度等级，和第一组的相比较，PC 的黏度是它们的 1.7～1.9 倍，不同的黏度反映在模腔压力上，所以生产 PC 灯座的模腔压力应是 160bar×K（PC 的黏度等级），$P＝160×1.9$bar＝304bar，为了安全，取 1.9 倍。

d. PC 灯座的投影面积数值

$$S＝\pi d^2/4＝3.14×22×22/4(cm^2)＝380cm^2$$

e. PC 灯座的锁模力

$F＝PS＝304$bar×$380cm^2＝304$kgf/$cm^2×380cm^2＝115520$kgf 或 115.5t，所以选用 120t 即可使用。

6.2.49　注塑模具采用小浇口的优点

对于服从牛顿流动规律的塑料熔体来说，由于其黏度与切变速率无关，大的浇口截面积可以降低流动阻力，提高熔体流速，这对于充模和成型质量都比较有利。而对于绝大多数不服从牛顿流动规律的塑料熔体，采用减小浇口截面积，却经常有可能使熔体切变速率增大，由于剪切热作用，将会导致熔体的表观黏度大幅度下降反而有可能比大截面浇口更有利于充模。

浇口是浇注系统中很关键的一段料流通道，除了主流道型浇口外，大多数浇口都是浇注系统中截面积最小的部位，其数值一般只有分流道截面积的 3%～9%。至于采用小浇口成型时因增大流动阻力所引起的压力降，可在一定的范围内用提高注射压力的方法来补偿。一般来讲，采用小浇口进行注射成型时，具有以下优点。

① 小浇口前后两端存在较大的压力差，能有效地增大熔体的切变速率并产生较大的剪切热，从而导致熔体的表观黏度下降，流动性增强，有利于充模。小浇口的这种特点对于薄壁制品或带有精细花纹的制品以及诸如聚乙烯、聚丙烯、聚苯乙烯等黏度对切变速率比较敏感的塑料成型，均具有很大裨益。

② 在注射成型过程中，保压补缩阶段一般都要延续到浇口处熔体冻结为止，否则模腔中的熔体便会向腔外倒流。如果浇口尺寸较大，则保压补缩时间将延续地比较长，因此有可能使大分子的取向程度和流动变形增大，在制品内，尤其是在浇口附近造成很大的补缩应力，导致制品最终出现翘曲变形。如果采用小浇口，便有可能通过试模或修模调整小浇口的容积，使浇口处的熔体在保压过程中适时冻结，从而恰当地控制补缩时间，避免上述现象发生。

③ 由于小浇口容积小、冻结快，所以生产某些制品时，可以在小浇口冻结后无需待制品内部全部固化，只要外部固化层具有足够的强度和刚度便可以将制品脱模，从而缩短成型周期，提高生产效率。

④ 在多模腔的非平衡浇注系统中如果采用小浇口，则浇口对塑料熔体的流动阻力将会比分流道的流动阻力大得多，因此便有可能在熔体充满流道并建立起足够的压力之后，各模腔才能在近似相同的时间进料充模。所以，小浇口在多模腔中可以平衡各模腔的进料速度，有利于浇注系统平衡。

⑤ 如果使用较大的浇口成型制品，在制品表面质量要求较高的情况下，往往需要适当的工具或机床对制品进行后加工才能去除浇口疤痕，特别是浇口过大时，浇口凝料还必须用锯、切等方法去除。然而，采用小浇口时便可避免这种麻烦。例如，小浇口凝料可以用手工快速切除，或在脱模时利用特殊的模具结构自动切除。此外，小浇口切除后的疤痕较小，一般不需要或只需要稍许修整磨光工作即可。因此，采用小浇口不仅有利于浇注系统凝料与制品脱离，而且有利于制品修整。

但值得注意的是，尽管小浇口具有上述种种优点，但过小的浇口会造成很大的流动阻力，导致进料充模时间延长。因此，对某些高黏度或切变速率对表观黏度影响很小的塑料熔体（如聚甲酸酯和聚砜等），均不宜采用小浇口成型。此外，成型大型制品时，也应注意将浇口截面积相应放大，有时甚至需要将浇口截面高度放大到接近制品的最大厚度，才能改善熔体的流动性。除了上述情况之外，对于壁厚较大、收缩率也较大的制品，一般都要求有足够的补缩时间，所以在这种情况下，浇口截面积也不能设计得过小。

6.2.50 各模腔充填严重不均衡时的调机方法

在一模多腔的模具注塑成型中，很多模具各个型腔的充填速度或多或少都会存在不均衡的现象，有快有慢，如果这种现象不是很明显，一般对制品质量不会产生太大的影响。但如果出现了严重的充填不平衡现象，例如某个模腔未注满，另一模腔却已产生严重的溢边、顶白、困气和烧焦等，这种情况下的注塑调机就变得十分困难了。

要解决上述问题，可以考虑以下工艺调整方法。

首先，使用一级快速、高压进行注射。此时，充填较慢的型腔由于受到快速、高压的冲击，注射阻力被突破，充填速度得以加快，与注入较快的型腔之速度差距会随着注射速度的加快而减小，严重充填不均衡的问题因此会得到改善。

但是，充填不均衡的问题在严重时是不可能完全消除的，而且如果一直快速高压注射到底，注塑件必定会产生更大的溢边等问题。因此，当最快的那个型腔即将被充满时，就应立即起二级慢速、低压充填。由于一级的注射较快，所以熔体温度下降不大，转用慢速充填是可行的，因而充填较慢的型腔最后还是可以充满型腔的，充填较快的型腔因为速度和压力已大为减小，溢边和烧焦等问题也就不会再发生。

这一调机技巧要求必须调准二级慢速的起级点，不能过早，也不能过晚。调机时可以先用"模具透明法"来找到一个大概的位置，然后再前后移动起级点即可找到这一合适的位置。

6.2.51　K料注塑成型时顶针容易折断的应对措施

高温时K料（苯乙烯-丁二烯共聚物，英文缩写为SB，俗称"K料"）与金属模具表面的摩擦力很大，因此K料注塑件的脱模阻力会相当大，致使生产时经常出现断顶针、断顶管的情况，有时甚至严重到一天断几支，令生产无法正常进行。

通常情况下，都会考虑用喷洒脱模剂的办法来降低制品与模具的摩擦。但喷洒脱模剂很容易使透明塑件留下明显的油渍，而且不好控制，废品率较高。如果注塑件需要喷油漆，就更加不能使用脱模剂生产，否则就会存在掉油（粘不牢）、斑点、哑色等喷油不良等问题。因此使用脱模剂不是解决模具易断针、断顶管问题的好办法。

其实，只要在注塑件不变形、不缩水，而且脱模顺利的情况下，尽量缩短冷却时间，让注塑件提早脱模，可以很好地解决这个问题。

因为缩短注塑件的冷却时间，可以使注塑件与模具表面之间的摩擦力因收缩量还不大而减小，注塑件脱模就变得比较顺畅，断针的次数自然就会减少。可以的话，尽量降低注射压力也有助于减少顶针断损。

此外，还可以用顶针来代替顶管（即假顶管），当注塑件被顶脱离模具型芯时，顶针再回缩时，注塑件被卡在模外就能自动脱离顶针。这样不但可以减少模具损耗的次数，而且还可以节约一些顶管。

6.2.52　拆装大型模具后导柱与导套容易咬合的原因

尺寸较大模具的吊装往往需要用吊车来吊装，生产过程中因为修模需要，往往只需要拆卸其中的半边模具，当维修完毕再将该半边模具吊装安装时，往往会将单边模具吊得过紧（在与另半边合好之后），而装模人员往往又无法觉察。

此后，由于单边吊装过紧，导柱与导套的摩擦力将会变得非常大，时间一长，两者便发生摩擦咬合的现象，导致模具无法打开。

此外，如果吊装得过松，由于模具太重，也会使导柱与导套的摩擦力增大，也会产生导柱、导套摩擦咬合的现象。

因此，每次吊装大型模具时，都要整副模具吊装才是合理的。即使成套装模都还会有不平衡的情况发生，因而相对小型模具而言，大型模具较易出现导柱摩擦磨损的问题。因此，即使是装成套模具，也要注意动、定模吊装时的平衡，一定要拧紧装模螺钉，并经常检查导柱表面是否保持良好的润滑，及时补充润滑脂，即可减少摩擦磨损的现象。

6.2.53　电镀过的模具在注塑时制品出现拖花现象的解决方法

为了防止模具的型芯、型腔生锈，一些模具的模腔零件需要进行电镀，并使其表面看起来非常光亮，但在注塑透明塑料时往往出现制品拖花（脱模时被型芯刮出明显的花纹）的问题。

其实光亮的模具未必就光滑，它与注塑件的摩擦力实际还是非常大的。通常，生产透明塑件时都不允许喷洒脱模剂，因此热的注塑件就像粘在模具上一样，且模具生产的时间

Chapter 1
Chapter 2
Chapter 3
Chapter 4
Chapter 5
Chapter 6
Chapter 7
Chapter 8
附录 1
附录 2

越长，这种感觉就越严重。这是因为在制造模具时浸在模具金属表面内的油渍会越来越少，注塑件留下的胶渍也会越来越多，因而摩擦力变得越来越大，拖花问题就这样产生了。如果模具脱模斜度不足，就更加容易造成注塑件的拖花。

为了减小制品与模具的摩擦力，其实只需要使用抛光模具用的钻石膏去打磨模具中拖花的位置，这样不但可以清除模具上的胶渍，还使少量油渍浸到金属内部，模具表面又变得光滑了，拖花的问题通常都可以得到解决。

许多初中级的技术人员一般都不敢这样去做，担心会把模具弄花。但只需要注意使用棉花蘸钻石膏来摩擦模具，不要使用布来擦，就可避免弄花模具了。

6.2.54 哑光面注塑件出现光斑时的现场处理办法

经过喷砂或蚀纹的模具，注塑件表面本应是哑光（雾面）的效果。但经过一段时间的注塑生产后，注塑件表面会在某些位置出现光亮的斑痕，与周围的哑光不一致。

经观察模具，也可以看到有光亮的痕迹在相对应的位置。此时，一般人都会马上判定是模具的砂纹或蚀纹脱落变光了，然后就将模具拿去重新喷砂或者蚀纹。

其实多数情况下都不是砂纹或蚀纹脱落的问题，而是由于模具经过长时间的使用，某处积累了较多的气渍、油渍和胶渍，致使注塑件表面变得光亮。因此，只需要进行彻底清洗，注塑件的光斑就会消除，但必须使用胶渍清洗剂，而不是普通的注塑件清洁剂。

因此，一旦发现哑光面注塑件出现光亮斑，无法通过调机来解决时，应先用专用的胶渍清洁剂对模具进行清洗。无法解决时，才可以确定是模面表面已经受损，再拿去重新喷砂或蚀纹也不迟。

如果出现大面积发光问题，就很有可能是调机的问题。通常注射压力不足，注射或保压时间不够，都是造成注塑件表面发光的重要原因，熔体温度过高也是一个影响的因素。

6.2.55 不利于注塑生产的两种滑块（行位）结构

① 当侧向抽芯机构的滑块（俗称"行位"）在侧抽行程范围内设置有顶针时，如果顶针复位不顺畅，复位未完全到底时机器却开始继续下一循环的合模，顶针与滑块就会撞在一起，导致顶针和滑块受损。

需要侧向抽芯机构的模具，有经验的设计师往往会加上一个继电开关进行控制，当顶针回位到底并触及继电开关时，才能继续下一循环合模生产。

问题往往就出在这个继电开关上，因为一旦继电开关失灵，操作员工通常不会察觉到，此时损坏模具就不可避免了。

因此，此类模具最好应再增加一个机械先复位机构，让其在合模时将顶出板顶到底，再配合低压锁模和定期检查这两个安全装置，做到多重保护，损坏滑块的可能性就会变得非常小了。

② 如果将行位设计在定模，也会对生产造成不利的影响。当行位滑动不顺畅时，注塑件就会在开模时被行位拉伤。因此要求行位运行得非常顺畅，修模的次数自然就要增多，因而对生产会有较大的影响。

6.2.56 调整各型腔充填速度的应用与技巧

在一模多腔的模具中，经常出现各型腔的充填速度不均匀（不平衡）的现象，有的型腔充填快，有的充填很慢。此时，充填快的注塑件就容易产生溢边、顶白和困气等问题，而充填慢的则易出现缩水或者充填不足。两者互相制约，不均匀现象严重时会导致调机变得非常困难，调机时需要运用一些技巧才有可能同时解决这些互相矛盾的问题。

调整各型腔的充填速度，在生产中常被一些技术人员用来解决多种疑难问题，同时可以使普通的技术人员都能够轻易控制生产，不需要花费太多的精力去调机并维持生产，是解决问题的有效措施。

通常，增大浇口和流道，能使型腔的注射压力和速度都得到相应地增加。反之，则起到减小压力和速度的作用。运用这一方法，就可以轻易地调整各型腔的充填速度。

在现实生产中，可以根据不同的需要，运用以下调整技巧来解决不同的问题或难题。

首先，可以将各型腔的浇口调至不均匀，以达到各型腔需要不同的压力和速度来同时解决各自问题的目的。经常有这样的情况，希望某个型腔的压力或速度能够高一点，而其他型腔的压力和速度又不能一起跟着升高，有时可能反而还要降低一些。例如某个型腔的注塑件有气纹，放慢注射速度问题会得到解决，但另一个型腔却又出现充填不足或缩水的问题，此时，需要将有气纹的型腔充填速度调慢，或者将充填不足或缩水的调快等。

其次，是将各型腔的充填速度调至均匀，使各型腔的注塑件几乎能够同时充满型腔，以达到解决前面提到的因充填不均造成的既有溢边，又有充填不足的问题。此外，将各型腔的充填速度调至均匀，还可以在多级注射时，使同一模具内多个相同的注塑件能在同一位置转级，以同时解决相同的注塑问题。

6.2.57 将浇口和流道改大的好处

注塑生产过程中，当调机变得困难的时候，尝试在模具上做些改动是解决注塑难题的一个明智选择。更改浇口位置、更改流道尺寸、调整各型腔充填速度等都是一些经常使用的手段，改大浇口和流道尺寸则是最为常用的手段之一。

改大浇口和流道尺寸通常有以下好处。

① 可有助于减轻或消除缩水和缩孔等问题，因为型腔所获得的压力和时间都增大了。

② 加大浇口，可以降低注射速度，有利于解决气纹或射纹等问题。浇口太小往往是造成制品出现气纹、射纹和蛇形纹等缺陷的主要原因。

③ 当浇口增加到足够大时，注射速度可以调得较慢，厚大尺寸注塑件的浇口水波纹问题因此会得到很好地解决。

④ 浇口增大后，由于充填变得容易，因而有助于解决充填困难的问题。同时注射压力还可以调得低些，对防止溢边、制品粘模和顶针断裂等都会有好处。

⑤ 可以使熔体充填更加平稳，便于解决注塑件的熔接痕问题。

⑥ 可将各型腔的浇口速度调至均衡或不均衡，以解决各型腔充填不平衡的问题。

工程实际中，通常情况下，一般都是先加大浇口尺寸，必要时再加大流道尺寸。需要注意的是，浇口尺寸过大，硬质塑件的浇口会变脆，这将影响注塑件的抗冲击性能。

6.2.58 老旧注塑机生产POM和PVC料经常出现烧焦现象的原因

一般而言，老旧注塑机的料筒、螺杆及止逆环等大多出现不同程度的磨损，互相之间的配合间隙相对会较大，特别是经常生产POM和PVC料的注塑机间隙则更大。

由于间隙增大的原因，在注射时，部分熔体会通过间隙逆流到到螺杆后部而被再次加热、剪切。反复几次后，由于熔体受热时间过长，导致容易老化、分解的POM和PVC料就出现发黄、甚至烧焦，注塑件变脆。

通常在生产中出现上述情况时，一般都会怀疑注塑机的控温器坏了，但结果是无论如何修理温控器都肯定会无济于事。

6.2.59　用小型注塑机搭配大型模具进行注塑生产的危害

用小型注塑机搭配大型模具进行注塑生产，即使模具可以安装，但由于注塑机顶杆的顶出力不足，注塑件较难顶出，因此，操作者往往只好将顶杆的顶出速度调快，以形成冲击力将制品顶出。

但采用上述方式造成的后果是严重的，一是顶杆被反复冲击而极易折断；二是导致制品诸多缺陷，比如，由于机器的功率有限，注射压力、锁模压力和注射速度都不足，制品比较容易产生缩水、溢边、充填不足，以及混色、塑化不足等问题，而在成型 PC 料时更是难以充填，震纹和气纹更难以消除；三是注塑时为了解决厚大塑件的夹纹问题，需要用到非常慢的注射速度时，螺杆就很容易推不动，必须调到更大的注塑机生产才有可能。此外，经常使用小型注塑机注塑大型模具，注塑机寿命会大为缩短。

因此，非到万不得已，尽量不要用小型注塑机生产大型模具。

通常，成型时的熔体量过大，比如超过注塑机最大熔体量的 2/3，以及模具大到勉强才能放进注塑机时，上述问题就比较容易产生了。

6.2.60　使用长型喷嘴引发的问题及其补救措施

如果采用的喷嘴较长，注塑成型时，熔体容易冷却，在喷嘴的前端会产生温度较低的凝料。注射时凝料被注入哪个型腔，那个型腔就会充填不足，其他型腔会因充填过量产生溢边。特别是在注塑 POM 料（俗称的"赛钢料"）的齿轮时更难充分充填，而且注塑过程难以稳定，特别是采用潜伏式和针点式浇口的模具最为明显。

因此，生产时应尽量避免使用长型喷嘴。如果遇上经常充填不足或无论如何加压、加速都难以充分充填时，应先检查机器是否采用了长型喷嘴。同时，需要用慢速注射来解决某些制品缺陷时，更不能使用长型喷嘴。流动性较差的原料（如 PC 料）最好也不要使用长型喷嘴生产，而 PA 和 POM 料因熔体容易冷凝更不宜使用长型喷嘴。

但是，某些情况下，由于模具结构的原因，不得不使用长型喷嘴进行注塑。因此，如果出现了上述的问题，就需要采取必要的补救措施。下面的一些方法和措施对改善长型喷嘴的害处会有较好的帮助。

① 在喷嘴处加装发热功率较大、尺寸够长的喷嘴发热圈。

② 用移动射台的方式进行注射，即每次注射完毕，射台都后移以避免喷嘴与模具长时间接触而散失过多的热量，下一循环注射时，射台再前移并让喷嘴顶紧模具。但值得注意的是，采用这种方式后，时间一长，喷嘴口会慢慢因反复撞击而变小，极易导致制品缩水或缺料等缺陷。

③ 避免喷嘴被机器边的风扇直接吹到而过快散失热量。

④ 修改模具，增加模具冷料穴的体积（增加长度或直径均可）。

但是，使用过短的喷嘴进行注塑生产也会出现长型喷嘴的上述毛病，在大型注塑机上尤为明显。原因与长型喷嘴一样，也是因为有冷凝熔体出现在喷嘴之中。常见的情况是，白班生产一切正常，但到了晚班就出问题，原因是晚上温度低，喷嘴热量散失过快，解决的办法主要是加大喷嘴发热圈的功率。

6.2.61　注塑生产中防止注塑件喷油、电镀不良的控制措施

① 尽量不使用脱模剂。一定要使用时，也只能使用干性脱模剂或中性脱模剂轻度喷洒到动模（俗称"后模"），但需电镀的注塑件就一定不能使用。喷洒时，要注意油渍不能溅到定模（俗称"前模"）。如果可能，最好采用涂抹的方式，可以防止脱模剂飞溅到前模

需喷油的位置，但涂得过多，在注射时也有可能使注塑件外表面留下油渍。喷银色油时更需要加倍小心。

② 保持模具干净。刚开始生产的模具上面有许多油渍，生产了很长时间都难以清理干净，因此生产前必须用清洁剂（俗称的"洗模水"）进行彻底清洗。对后续工序中需要喷银色油的塑件，更应定期彻底清洗模具的型腔。

③ 软 PVC 料的塑件需要浸水，水中不能有油渍。装水的盆不能放在注塑机的下方，以防机器的机油滴落水中。因为这是一个不太引人注意的地方，有时就会出现大量注塑件喷油后掉油却找不到原因的情况。

6.2.62　解决低硬度软质塑件喷油后掉油的有效措施

对于硬度值小于 80 度（邵氏硬度，GB/T 2411—2008）的低硬度 PVC 和橡胶注塑件的掉油问题，一直是喷油部门生产时很难控制和保证的质量问题，硬度越低越难保证不掉油。当硬度低到 70 度以下时，掉油问题似乎已经难以控制，时常发生。此时，人们常常会去责怪天气不好，注塑件有脱模剂，或是摆放时间过久了等原因造成喷油件掉油，因此一直未能有一个良好的解决办法可以保证低硬度软质塑料件的掉油问题不会时常发生。

一般而言，软质塑料件的掉油问题主要是因为注塑件表面有一层很难清除掉的油迹所致。这层油迹有的是脱模剂的残留物，而更主要的是由注塑件内部向表皮渗出来的油迹，它与注塑件互相熔合，因此非常难清洗，而且摆放时间越长，油迹越多，掉油问题越严重。所以，解决注塑件表面油迹的清除问题，是解决低硬度软质塑料件掉油问题的主要方向。

在许多清洗试验中，也曾试过在各种清洗剂中加入少许天那水等溶剂清洗 70 度 PVC 注塑件，但对表面油迹严重的注塑件却无济于事，刚生产出来的注塑件，油迹轻微一些的会有一定的改善效果，但不能成为一种有效和稳定的解决办法，掉油问题还会不时地发生。经实验表明，采用天那水来清洗硬度低于 70 度的 PVC 注塑件表面，结果获得了令人满意成功。

天那水（主要成分是二甲苯，又称"香蕉水"），是一种对塑料腐蚀性很强的溶剂，无论是 PVC，还是 ABS 和 PC 料都可以被它溶化。正是利用它的这个特征解决了软质塑料 PVC 注塑件表面油迹的清洁问题。

利用天那水清洗软质塑料 PVC 注塑件，目的是让天那水将注塑件带有大量油迹的表层溶掉，使塑件露出干净无油的表层。如何只溶掉有油的表层，而又不能将注塑件表面质量破坏，成了能否解决问题的关键。

经过多次试验之后，技术人员终于找到了一种简单有效、易于生产的解决办法，就是在注塑件浸入天那水几秒钟之后，立即将注塑件拿出来放到清水中浸泡。当注塑件浸过天那水后马上放到水中浸泡，可以让天那水刚好把带油的表层溶掉，还没有来得及进一步地溶化注塑件表面时就失去了腐蚀的能力，从而起到保护注塑件表面质量的目的。同时混在天那水中的残余油迹也一同被清理到清水中，注塑件露出了干净无损的光亮表面，塑件被取出晾干之后便可以用于喷油生产。此时，还可以看到装水用的水盆边沾满了许多从注塑件表面清除出来的膏状油迹。

需要强调的是，在清洁注塑件表面的操作中，浸泡天那水的时间非常重要，一般控制在 1~3s。时间长了注塑件表面会哑色发白，太快了清洗效果不够彻底。因此，需要根据不同的注塑件，研究出最佳的浸泡时间。如果注塑件表面哑色发白不好控制，可以在天那水中加入适量的环己酮，以提高抗发白的能力，便于生产的操作控制。调配溶剂和操作把握得好的话，甚至可以在浸完注塑件之后不需要再放到水中，而是直接小心地摆放在台

Chapter 1
Chapter 2
Chapter 3
Chapter 4
Chapter 5
Chapter 6
Chapter 7
Chapter 8
附录 1
附录 2

面，晾干后即可用于喷油生产。

6.2.63　注塑件生产与喷油模具的配合问题及解决方法

喷油模具是用注塑件作为模型制造的，因此大量生产的注塑件必须与制造喷油模具时的注塑件一样才不会在喷油时产生飞油（油漆溅漏）的问题。为了获得与正常生产时相一致的注塑件，针对壁厚较厚的大型注塑件，经常会采用注塑1000模次以上的制品作为喷油模具的基础件。

但注塑件在不同的注塑条件精度会不同，PVC等软质塑料件和其他厚大硬质塑件的尺寸精度随注塑条件的变化而变化尤为明显。因此，要保证注塑件喷油时油漆不溅漏，必须细心调校注塑参数，将注塑件尽量调到与制造喷油模具所需精度一致。而且一旦调好，就不能随便更改注塑工艺的参数，还要定时拿注塑件去试喷，检查与喷油模的配合情况，并根据实际情况及时调整注塑工艺的参数。

通常能引起注塑件尺寸精度变化的条件主要有注射压力、注射时间和冷却时间。而模具温度、熔体温度以及注射速度和浸水（如需要）温度都会对注塑件的尺寸精度产生一定的影响，但没有前三者的影响明显。因此，多数情况下都是通过调校前三个注塑条件来达到与喷油模具相配合的目的，遇到比较困难的时候再将后面的条件考虑进去。

在实际生产中，由于PVC等厚大注塑件脱模时较软，容易受工艺条件的影响而发生精度变化，因此即使有合适的喷油模，也要经常调校注塑条件。而ABS等硬质塑料的塑件如果不是很厚很大，注塑件形状是不太容易改变的，因此喷油时通常都不易飞油。但是如果一旦出现严重飞油的现象，就有可能需要重做喷油模了，因为硬质塑件能够通过调整注塑条件来改变尺寸精度的量很有限。遇上这种情况时，最好先检查是否因注塑件变形而飞油，否则就可能在制作喷油模时产生注塑件变形的现象。

另外，由于注塑机有不稳定因素存在，大尺寸的PVC注塑件始终都很难保持与喷油模具有良好的配合，难免某个部位时不时会出现飞油问题，而且由于大尺寸的PVC塑件注塑困难，生产速度也较慢，所以喷油部门的技术配合也是相当重要的。

6.2.64　需要喷银色油漆的注塑件必须配合调机的方法

注塑件喷油时出现烧焦（俗称"烧胶"）是常有的事，喷油部门当然有一套解决的方法，比如调整油漆的配方、控制喷油速度等。但如果塑件需要喷银色油时，就会出现很多仅靠喷油部门都很难解决的烧焦问题，这就需要注塑成型部门的配合了。

银色油漆本身的特性就是比较薄，具有将制品表面缺陷明显放大的作用。因此注塑件经喷银色油后，其表面上的一点点轻微缺陷，如斑点和夹纹等都会被明显地展现出来，更严重的是如果塑件表面存在气纹或熔接痕问题，即使是很轻微，经喷油之后都会出现喷油部门很难解决的烧焦斑纹，此时就必须由注塑成型部门将注塑件存在的这些问题予以解决，才可能确保喷油部能够正常地生产。

这些导致烧焦问题的气纹和熔接痕，通常都出现在注塑件的浇口周围和塑件中有凹凸转角的位置，或是有凸台的位置，因为这些位置在注塑时最容易产生气纹和熔接纹。而产生气纹和熔接纹的根本原因，就是该处型腔的气体未能顺利排出而造成困气引起。此时必须将注射速度放慢，当充填即将到达产生气纹和熔接纹的位置时，立即转较慢的速度注射以避免气纹，充填过产生问题的位置后又可转回用较快的速度进行充填，以防止注塑件充填不足。

生产K料（苯乙烯-丁二烯共聚物，英文缩写为SB）件时问题更多，甚至凭眼睛都看不到气纹和射纹（实际可能存在），但喷银色油后都会出现烧焦。解决的方法还是一样，也是靠降低注射速度来解决。有时，在浇口位置的烧焦特别难解决，在流道上加设一个缓冲包和阻流栓则会有改善的作用。

同时，在解决这类问题时，应保持中间偏高的模温，一般不要用冷水机的冷水进行模具冷却，模具温度很高时除外。

此外，还要特别注意成型后的塑件不能存放在潮湿的地方，否则注塑件受潮后喷油会出现大面积烧焦，必须经过烘烤之后才能进行喷油。

类似的现象还出现在喷 HIPS 料（抗冲击聚苯乙烯）的塑件时，HIPS 料本身就非常容易喷油后烧焦，如果注塑件上也存在有气纹、射纹、困气纹等问题时，无论喷什么油漆，该处烧焦的问题都很难解决，因此也要求注塑部门先将气纹和射纹清除干净才能保证喷油正常生产。

6.2.65　试模时快速设置工艺参数的方法

① 找出能充填满型腔时的工艺参数（该过程用 $90\%\sim95\%$ 的注射压力）。

② 找出保压时间。每次取两模，然后称重（不含料头），保压时间就是产品质量开始稳定时的时间，试验过程中，保压时间每次增加 0.5s。

③ 找出冷却时间。

④ 找出比较低的保压压力（P_{lh}）。当产品出现充模不全时，逐步增加保压压力，直至得到充模齐全的制品，此时的保压压力就是 P_{lh}。

⑤ 找出比较高的保压压力（P_{hh}）。继续增加保压压力，当制品开始有溢边出现时，这个压力就是 P_{hh}，理想状态是 P_{hh} 和 P_{lh} 之间相差 30bar 左右。

⑥ 检查步骤③，每种方法取两模（每次至少 8 个制品）。

⑦ 根据表 6-10 用五种保压压力进行试验。

⑧ 注塑机和模具在设置好的工艺参数下工作 10min 后，取 50 模次的制品来检查注塑工艺的稳定性，检查的方法是通过测量制品的质量。

表 6-10　五种保压方式的压力

	1	2	3	4	5
保压压力/bar	P_{lh}	P_1	P_2	P_{hh}	P_2
冷却时间/s	T_c	T_c	T_c	T_c	$T_c+\text{sup}$
周期/s	C_T	C_T	C_T	C_T	$C_T+\text{sup}$

注：sup 为累计增加的保压时间（s）。

6.2.66　判断塑料分解程度的方法

塑料分解程度，可通过测试塑料在使用后的 MFR 值，将该值与使用前的 MFR 值进行比较，再将比值的百分比减去 1 所得的百分数进行衡量，其值越大说明降解程度越大。如某塑料，其使用前后的 MFR 分别是 10 和 12，则其分解程度为：分解程度＝$(12/10-1)\times\%＝20\%$。

6.2.67　调机技巧一：模具透明法

注塑成型生产过程中，工程技术人员在调机的时候，常常会发出这样的感叹：如果模具是透明的就好了，这样就可看清熔体的全部充填过程，看到缺陷是如何产生的，又是何时产生的。当人们设置某个注塑工艺参数时，注射过程实际是否按照设想的要求去完成，特别是多级注射的工艺时，起级点位置设得对不对等一系列问题，人们都希望能够观察到。

Chapter 1
Chapter 2
Chapter 3
Chapter 4
Chapter 5
Chapter 6
Chapter 7
Chapter 8
附录 1
附录 2

其实，要想直接看得到熔体充填过程没有高科技设备是不可能的。但是间接的方法却有一个。运用这一技巧，可以让每个调机人员都能够好像看到充填的过程一样明了。

方法是，将注射时间一秒一秒增加，每增加一秒注塑一模次，然后将每一模次没有充填完整的塑件按顺序排列起来，这样就可以很清楚地看到熔体的充填过程，直到充满型腔为止。如果在关键的位置想再看得仔细一点，就在这个关键位置每一模次增加 0.1s，就可以看得非常清楚了。

多级注射时，如果只想看看起级点准不准确就更加简单了。只需要将后面一级的压力和速度全部调为 0，就可以看到起级点的位置在哪里，而不需要使用一秒一秒增加的方法来慢慢观察了。

在此要提醒注意的是，由于注射停止后熔体还会有一点惯性膨胀过程，所以实际脱模的塑件与停止注射时的那一瞬间的形状会有一点出入，即多级注射的实际起级点应该比看到的塑件要早一些。

6.2.68　调机技巧二：定位注射法

所谓"定位注射法"，是人们常用的快速注射转入下一级的慢速注射演变而来的一种调机方法。该方法是将后一级的注射速度和注射压力全部调整为零，致使前一级的快速注射到了设定的某个起级位置时立即停止注射，让模具型腔内储存的压力自然释放，通过它来作最后充实型腔和保压。通常起级点的开始位置都设在刚好充满型腔的那一点位置，然后再根据实际情况作前后移动的调整。

在常用的"快转慢注射法"调机技巧中，慢速、快速和起点的位置三者都互相关联、互相影响，因此经验不足者不太容易掌握。

而"定位注射法"由于取消了后一级的压力和速度，少了两个影响因素，因此只需要调整前一级的压力和速度以及适当前后移动一点起级点位置，调机将变得较为轻松，而且设置得比较准确，对工程技术人而言是比较容易掌握的。

在生产过程中，当遇上某些不能起用后一级慢速注射来生产的原料和塑件时，例如大型件、薄壁件、PC 料的大尺寸件等，这些塑件一旦起用慢速注射，注塑件就会出现充填不足或水波纹等缺陷，因此必须采用快速注射一射到底，此时，采用"定位注射法"便是一个较好的选择。注塑件因此不会因为注射过快而产生溢边、顶白、粘模等问题。

实际上，这一技巧运用得好还能解决许多注塑难题。当注塑件存在缩水问题时，只要适当增加前级压力，将起级点稍稍向前移，一般的缩水问题都可以得到解决。除非缩水问题相当严重，否则也不会跟着产生溢边、顶白等问题。

当然，该方法也不是万能的，并不能够完全取代"快转慢注射法"这一调机技巧。比如有困气的时候，使用"定位注射法"就很难将问题解决了，而使用"快转慢注射法"就容易得多。

6.2.69　调机技巧三：先慢后快注射法及其应用

先慢后快注射，即先用一级慢速注射，注射到某个设定的位置时，转入二级快速注射，两者切换点的位置通常设在刚开始射入型腔时的充填前期。根据塑件的不同，有时需要在注射一小部分（螺杆行程约 $10\sim15$mm）时转为二级，有的则需要在充填一点点（螺杆行程约 3mm）时转为二级，极端也有在未充填前即转为二级。

采用一级慢速注射，一开始就使熔体平稳充填，有利于防止出现困气、气纹、熔体飞射、螺旋、折叠式（蛇形）注射等缺陷。二级快速注射则有利于克服阻力以保证充填充分，并减小熔体热量的散失，防止塑件出现暗色、缺料等问题。

采用这一调机技巧，经常可以用来解决诸如浇口气纹、水波纹等问题，甚至可以解决一些互相矛盾的问题，具体如下。

① 用于解决粗大塑件的水波纹和熔接痕难题。例如：玩具类塑件的头疼难题——大尺寸 PVC 塑件的水波纹和熔接痕。

② 用于解决易在浇口处产生气纹或流纹的问题。例如：PC 塑件的浇口气纹。

③ 解决浇口一带的喷油烧焦和哑色问题。

④ 需要快速充填才能充填充分时，用来防止产生其他问题。例如浇口一带出现的气纹或流纹问题等。

当然，在生产实际中，为了解决某些在注塑过程中产生的其他问题，技术人员还可以再在这个过程中增加几个注射级。例如在注塑件中部的某个位置有气纹产生时，就要在快速注射过程中增加一个慢速注射级，待充填完产生气纹的位置后再转回快速注射。由于快速注射易造成困气、烧焦和溢边问题，因此在注射后期需有一个慢速低压的充填和保压过程等。

6.2.70　调机技巧四：先快后慢注射法及其应用

先快后慢，也即先用一级快速注射，注射到某个设定的位置时，起用二级慢速注射。这个二级起级点一般是设在注射充填的后期，也即接近充填结束的位置。

使用一级快速注射，目的是保持熔体足够的温度，克服型腔阻力，便于顺利充填。二级慢速注射，目的是有利于排气和熔体吸气，以防止溢边和缩水等问题的出现。运用这一技巧同样可以解决很多难题和互相矛盾的问题。

① 可用于解决注塑件的困气问题。包括"死角"困气和"回包"困气等问题。

② 一模多腔的模具的注塑成型中，用于解决因各型腔浇口不平衡而造成的同一模次中既有溢边，又有缩水或充填不足的矛盾问题。

③ 可以用来解决制品溢边、顶白或缩水等问题。

④ 可用于解决充填困难或充填不足等的问题。

6.2.71　调机技巧五：压力、速度微调法

有时在解决注塑成型中出现的诸如溢边、熔接痕等问题的时候，时常会出现这样的情况：降一级压力或者速度，溢边或水波纹问题可以得到解决，但同时又会出现充填不足等新问题；升回一级压力或速度，老问题又会出现，而充填不足等问题又不存在了。此时，人们非常希望注塑机的压力或速度可以有半级的微调。

根据注塑机的结构特点，理论上的半级微调是做无法做到，但可以通过调整正负 2～5℃的熔体温度来达到微调的目的。

注塑成型过程中，升高料筒的温度，熔体的流动性会变好，充填就会快些，就像升高了压力或速度一样的效果；反之，降低温度，相对于降低了注射压力和速度。

根据上述原理进行调机，要注意白班和夜班电压的不同，或白天电压的不稳定而导致制品出现质量不稳定的情况，因此，需要及时地调整熔体温度。

Chapter 1

Chapter 2

Chapter 3

Chapter 4

Chapter 5

Chapter 6

Chapter 7

Chapter 8

附录 1

附录 2

第7章
注塑成型CAE技术

7.1 CAE 技术与 Moldflow 软件

7.1.1 注塑成型的 CAE 技术

CAE 是 Computer Added Engineer 的英文简称，是一种先进的技术手段，起源于 20 世纪 70 年代，是现代制造业重要的手段之一，它比传统的 CAD 技术更高一级，一般是在完成产品的结构设计之后，利用计算机技术对产品的三维模型进行仿真分析，以提前预知产品的性能、制造工艺及可能存在的缺陷，从而缩短产品的开发周期，优化加工制造的工艺，降低产品的制造成本。

塑料产品从设计到成型生产是一个十分复杂的过程，它包括塑料制品设计、模具结构设计、模具加工制造和模塑生产等几个主要方面，它需要产品设计师、模具设计师、模具加工工艺师及熟练操作工人协同努力来完成，它是一个设计、修改、再设计的反复迭代、不断优化的过程。传统的手工设计、制造已越来越难以满足市场激烈竞争的需要。计算机技术的运用，正在各方面取代传统的手工设计方式，并取得了显著的经济效益。计算机技术在注塑模中的应用主要表现在以下两个方面。

(1) 塑料制品及模具结构的优化

商品化三维 CAD 造型软件如 Pro/Engineer、UG、CATIA 等为设计师提供了方便的设计平台，其强大的曲面造型和编辑修改功能以及逼真的显示效果使设计者可以运用自如地表现自己的设计意图，真正做到所想即所得，而且制品的质量、体积等各种物理参数一并计算保存，为后续的模具设计和分析打下良好的基础。同时，这些软件都有专门的注塑模具设计模块，提供方便的模具分型面定义工具，使得复杂的成型零件都能自动生成，而且标准模架库、典型结构及标准零件库品种齐全，调用简单，添加方便，这些功能大大缩短了模具设计时间。同时，还提供模具开合模运动仿真功能，这样就保证了模具结构设计的合理性。

(2) 注塑过程仿真

运用 CAE 软件如 Moldflow 模拟塑料熔体在模具模腔中的流动、保压、冷却过程，对制品可能发生的翘曲进行预测等，其结果对优化模具结构和注塑工艺参数有着重要的指导意义，可提高一次试模的成功率。

7.1.2 Moldflow 软件

(1) Moldflow 概要

Moldflow 原来是澳大利亚 Moldflow 公司于 1978 开发的产品，该公司是注塑成型 CAE 技术的领导者和革新者，于 2000 年与同类公司 C-Mold 公司合并，并于 2008 年被美国著名的 CAD 供应商 Autodesk 公司收购，并将该软件的全称更名为 Autodesk Mold-flow，目前最新的版本为 Autodesk Moldflow2012，但在企业应用较为广泛的是 Mold-flow6.1 版本。Moldflow 应用示例见图 7-1。

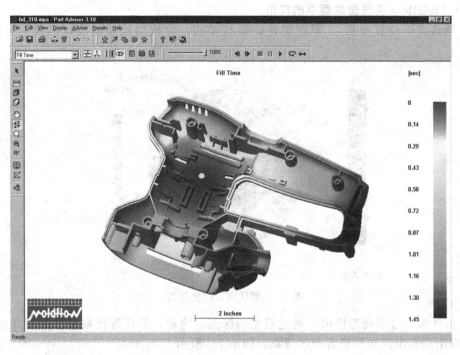

图 7-1　Moldflow 应用示例

Moldflow 利用计算机技术模拟注塑成型全过程，预测制品最终可能出现的缺陷，找到缺陷产生的正确原因，在模具加工之前得到最优化的制品设计、模具设计方案和最适宜的成型工艺条件，确保产品以最短的周期、最低成本投入市场，增强市场竞争能力。

（2）Moldflow 软件的三个模块

① Moldflow Plastics Advisers（产品优化顾问，简称 MPA）：塑料产品设计师在设计完产品后，运用 MPA 软件模拟分析，在很短的时间内，就可以得到优化的产品设计方案，并确认产品表面质量。

② Moldflow Plastics Insight（注塑成型模拟分析，简称 MPI）：对塑料产品和模具进行深入分析的软件包，它可以在计算机上对整个注塑过程进行模拟分析，包括填充、保压、冷却、翘曲、纤维取向、结构应力和收缩，以及气体辅助成型分析等，使模具设计师在设计阶段就找出未来产品可能出现的缺陷，提高一次试模的成功率。

③ Moldflow Plastics Xpert（注塑成型过程控制专家，简称 MPX）：集软硬件为一体的注塑成型品质控制专家，可以直接与注塑机控制器相连，可进行工艺优化和质量监控，自动优化注塑周期、降低废品率及监控整个生产过程。

（3）Moldflow 的主要功能

① 优化塑料制品　运用 Moldflow 软件，可以得到制品的实际最小壁厚，优化制品结构，降低材料成本，缩短生产周期，保证制品能全部充满。

② 优化模具结构　运用 Moldflow 软件，可以得到最佳的浇口数量与位置，合理的流道系统与冷却系统，并对型腔尺寸、浇口尺寸、流道尺寸和冷却系统尺寸进行优化，在计算机上进行试模、修模，大大提高模具质量，减少修模次数。

Chapter 1
Chapter 2
Chapter 3
Chapter 4
Chapter 5
Chapter 6
Chapter 7
Chapter 8
附录 1
附录 2

③ 优化注塑工艺参数　运用 Moldflow 软件，可以确定最佳的注射压力、保压压力、锁模力、模具温度、熔体温度、注射时间、保压时间和冷却时间，以注塑出最佳的塑料制品。

（4）Moldflow 在注塑成型中的应用

① 最佳浇口位置分析　根据塑件的形状结构，分析出最佳的浇口位置。如图 7-2 所示。

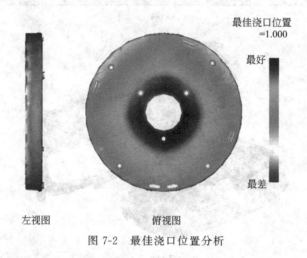

图 7-2　最佳浇口位置分析

② 熔体填充过程动态模拟　通过填充、保压、冷却、开模等模拟来推算制品成型周期可以看出是否出现缺胶或者短射现象。如图 7-3 所示。

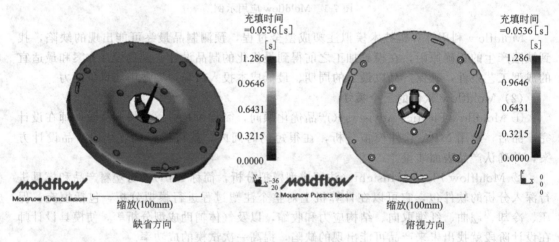

图 7-3　熔体填充过程动态模拟

③ 翘曲变形分析　通过对比分析不同冷却、不同收缩、不同分子取向所引起的翘曲变形量及变形位置面积，来确定引起变形的主要原因。例如：该塑件的所有因素综合变形量为 1.022mm，而有不同收缩引起的变形量是 1.011mm，所以引起变形的主要原因是不同收缩。可以通过提高模温来改善该问题。如图 7-4 所示。

④ 气穴和熔接痕位置模拟分析　模拟气穴与熔接痕的位置，确定模具修改方案。如图 7-5 所示该塑件气穴较多，在分型面位置所出现的气穴可以忽略，因为分型面处排气效果较优，而其他部位的气穴可通过加强排气系统的设置来改善；熔接痕较少，所在位置不影响产品外观，可不做处理。

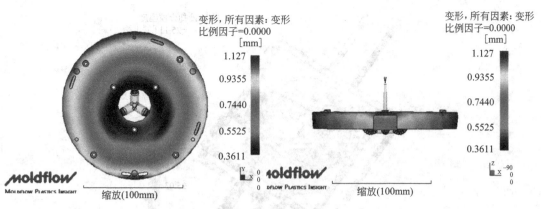

图 7-4　翘曲变形分析

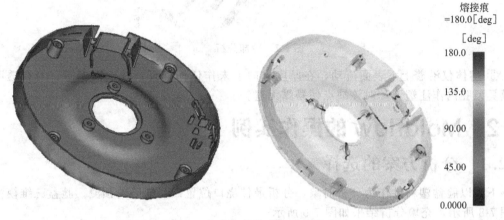

图 7-5　气穴和熔接痕位置模拟分析

⑤ 迭代分析　一次改变一个可变的参数，对一组的基准条件重新进行迭代分析，详细记录每一次迭代分析的结果。

例如：改变保压压力，分析保压压力对成型的影响。如图 7-6 所示。

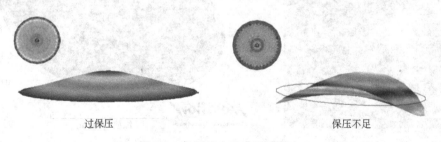

过保压　　　　　　　　　　　　　　保压不足

图 7-6　保压压力对成型的影响

⑥ 冷却分析　分析冷却水路的冷却效果，冷却不均会导致产品翘曲变形。冷却水路进出口水温应在 2～3℃为佳。如图 7-7 所示。

（5）Moldflow **的不足**

① 分析数据的不完整，双面流技术在模拟过程中虽然计算了每一流动前沿沿厚度方向的物理量，但并不能详细地记录下来。

② 数据的不完整，造成了流动模拟与冷却分析、应力分析、翘曲分析集成的困难。

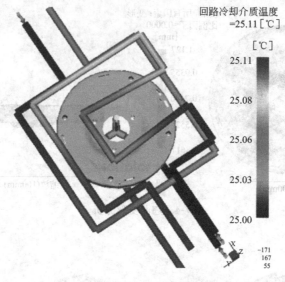

图 7-7   冷却分析

③ 熔体仅沿着上下表面流动，在厚度方向上未作任何处理，缺乏真实感。当在透明的模具型腔内作注塑流动时该缺点便暴露无遗。

7.2   Moldflow 的操作实例

7.2.1   分析方案的选择

下面以脸盆塑料件作为分析对象，分析最佳浇口位置以及缺陷的预测。脸盆三维模型如图 7-8 所示，充填分析结果如图 7-9 所示。

图 7-8   脸盆造型

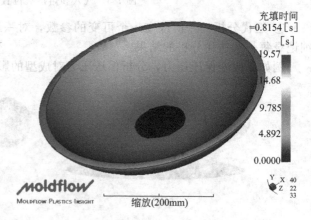

图 7-9   充填分析结果

操作步骤如下。

① 格式转存。将在三维设计软件如 PRO/E、UG、SOLIDWORKS 中设计的脸盆保存为 STL 格式，注意设置好弦高。

② 新建工程。启动 MPI，选择"文件"，"新建项目"命令，如图 7-10 所示。在"工程名称"文本框中输入"lianpen"，指定创建位置的文件路径，单击"确定"按钮创建一新工程。此时在工程管理视窗中显示了"lianpen"的工程，如图 7-11 所示。

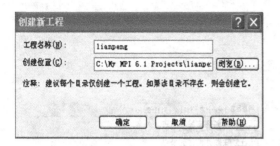

图 7-10 "创建新工程"对话框

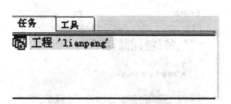

图 7-11 工程管理视图

③ 导入模型。选择"文件","输入"命令,或者单击工具栏上的"输入模型"图标
🠞,进入模型导入对话框。选择 STL 文件进行导入。选择文件"lianpen.stl"。单击"打
开"按钮,系统弹出如图 7-12 所示的"导入"对话框,此时要求用户预先旋转网格划分
类型(Fusion)即表面模型,尺寸单位默认为毫米。

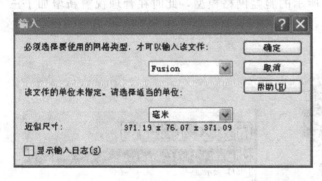

图 7-12 导入选项

图 7-13 脸盆模型

单击"确定"按钮,脸盆模型被导入,如图 7-13 所示,工程管理视窗出现"lp1 _
Study"工程,如图 7-14 所示,方案任务视窗中列出了默认的分析任务和初始位置,如
图 7-15 所示。

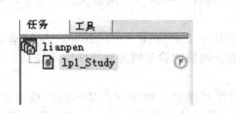

图 7-14 工程管理视窗

图 7-15 方案任务视窗

④ 网格划分。网格划分是模型前处理中的一个重要环节,网格质量好坏直接影响程
序是否能够正常执行和分析结果的精度。双击方案任务 🖼 创建网格... 图标,或者选择
"网格","生成网格"命令,工程管理视图中的"工具"页面显示"生成网格"定义信息,
如图 7-16 所示。

单击"立即划分网格"按钮,系统将自动对模型进行网格划分和匹配。网格划分信息
可以在模型显示区域下方"网格日志"中查看,如图 7-17 所示。

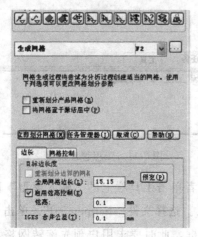

图 7-16 "生成网格"定义信息

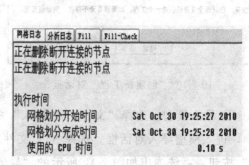

图 7-17 网格日志

划分完毕后，可以看见如图 7-18 所示的脸盆网格模型，此时在管理视窗新增加了三角形单元层和节点层，如图 7-19 所示。

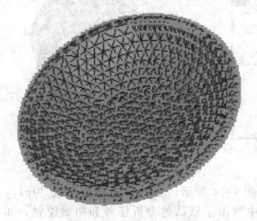

图 7-18 网格模型

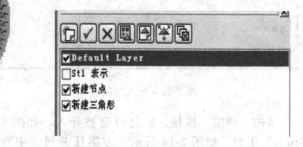

图 7-19 层管理视窗

⑤ 网格检验与修补。网格检验与修补的目的是为了检验出模型中存在的不合理网格，将其修改成合理网格，便于 Moldflow 顺利求解。选择"网格"，"网格统计"命令，系统弹出"网格统计"对话框，如图 7-20 所示。

"网格统计"对话框显示模型的纵横比范围为 $1.155000 \sim 45.92000$，匹配率达到 82.5%，大于 80%，重叠单元个数为 0，自动划分网格的脸盆模型网格匹配率较高，达到计算要求。

⑥ 选择类型分析。Moldflow 提供的分析类型有多种，但作为产品的初步成型分析，首先的分析类型为"浇口位置"，其目的是根据"最佳浇口位置"的分析结果设定浇口位置，避免由于浇口位置不当引起的不合理成型。

双击方案任务视窗中的 √ 充填 图标，或者选择"分析"，"设定分析序列"命令，系统自动弹出"选择分析顺序"对话框，如图 7-21 所示。

选择对话框中的"浇口位置"，单击"确定"按钮，此时方案任务视窗中第三项 √ 充填 变为 √ 浇口位置。分析类型选定。

⑦ 定义材料类型。塑料脸盆的成型材料使用默认的 PP 材料。在方案任务视窗中的"材料"栏显示 √ Generic PP: Generic Default 。

图 7-20 "网格统计"对话框   图 7-21 "选择分析顺序"对话框

⑧ 浇口优化分析。浇口优化分析时不需要事先设置浇口位置。成型工艺条件采用默认。双击方案任务视察中的"立即分析",系统弹出图 7-22 所示的信息提示对话框,单击"确定"按钮开始分析。

当屏幕中弹出分析完成对话框时,如图 7-23 所示,表面分析结束。方案任务视窗中显示分析结果,如图 7-24 所示。

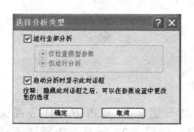

图 7-22 信息提示对话框

图 7-23 分析完成

分析日志窗口中的 GATE 信息的最后部分给出了最佳的浇口位置结果,如图 7-25 所示,最佳的位置出现在 N208 节点附近。

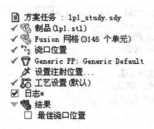

图 7-24 方案任务视窗

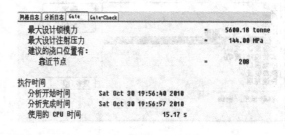

图 7-25 结果概要

选中图 7-24 所示的方案任务视窗中的"最佳浇口位置"复选框,模型显示区域会给出结果图像。如图 7-26 所示。

⑨ 复制模型。完成最佳浇口位置设置后,下面进行产品初步分析。首先从最佳浇口位置分析中复制模型。

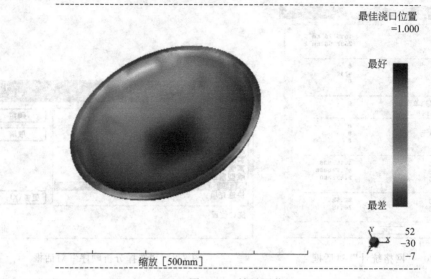

最佳浇口位置
=1.000

最好

最差

52
−30
−7

缩放［500mm］

图 7-26　结果图像

在工程管理视窗中右击已经完成分析的 lp1 _ Study，在弹出的快捷菜单中选择"复制"命令。此时在工程管理窗口中出现了 lp1 _ Study（copy），然后双击该图标，如图 7-27所示。

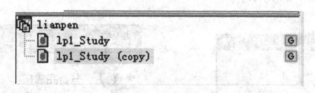

图 7-27　复制工程

⑩ 设定分析类型。产品初步成型分析包括"流动＋翘曲"。双击方案任务视窗中的
✓🔷 浇口位置 图标，系统弹出"选择分析顺序"对话框，如图 7-28 所示。选择"流动＋翘曲"，单击"确定"按钮，完成分析类型的选定，如图 7-29 所示。

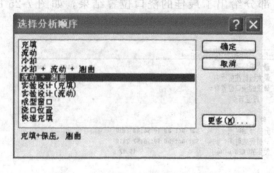

图 7-28　"选择分析顺序"对话框

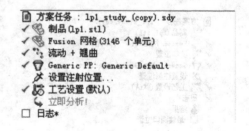

图 7-29　方案任务发生变化

⑪ 设定注射位置。根据优化结果，选择最佳浇口位置节点 N208。在工具栏上"选择"文本框中如图 7-30 输入"N208"，按"Enter"键，即选中节点 N208，双击方案任务视窗中的 ✗ 设置注射位置...，此时光标变为"＋"字，选择模型上粉红色的节点 N208，浇口位置设定完毕，如图 7-31 所示。

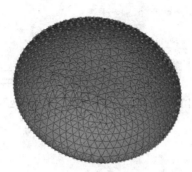

图 7-30 选择查找

图 7-31 浇口位置设定完毕

⑫ 工艺参数设定。本例采用默认的工艺参数，双击方案任务视窗中的 工艺设置(默认) 图标，系统弹出"工艺设置向导"对话框，如图7-32所示。采用默认值，单击"下一步"按钮，进入"成型参数向导"对话框的第2页，选中"分离翘曲原因"复选框。单击"完成"按钮，结束工艺过程参数的定义，如图7-33所示。

⑬ 分析计算。方案任务视窗中各项任务前出现✓图标，表明该任务已经设定。即可进行计算。双击"立即分析图标"，MPI求解器开始计算。最后弹出"分析完成"菜单栏，分析结束。

⑭ 结果查看。分析结束后，MPI生成大量的文字、图像和动画结果，分类显示在方案任务视窗中，由于分析结果内容太多，这里仅介绍与本例相关的计算。

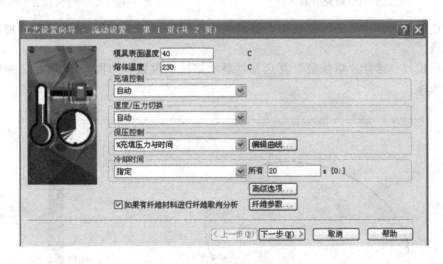

图 7-32 "工艺设置向导"对话框

填充时间：选择"填充时间"复选框，显示填充时间，结果如图7-34所示，总时间为19.57s。

也可以以动态的方式显示熔料充填型腔过程。点击工具栏上的动画播放器图标。

图 7-33 "工艺设置向导"对话框 2

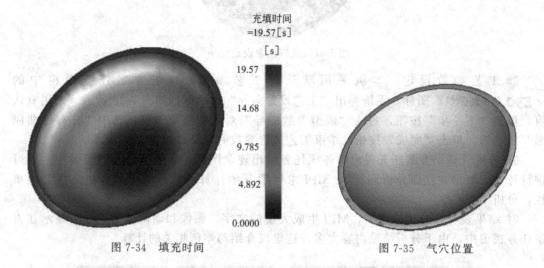

图 7-34 填充时间　　　　　　　图 7-35 气穴位置

　　气穴位置：选择"气穴"复选框，显示气穴位置，如图 7-35 所示，主要出现在脸盆制品的边缘。

　　熔接痕位置：选择"熔接痕"复选框，显示熔接痕位置，如图 7-36 所示，主要在脸盆制品的边缘。

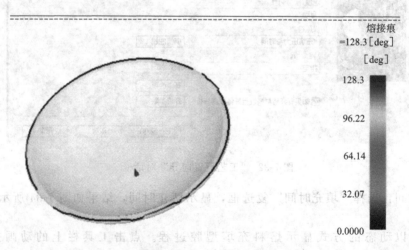

图 7-36 熔接痕位置

锁模力：XY 曲线图。选择锁模力：XY 复选框，显示填充过程中锁模力变化曲线，如图 7-37 所示。

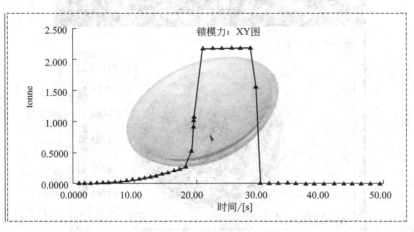

图 7-37　锁模力变化曲线

⑮ 翘曲结果分析。翘曲结果显示成型制品的总体变形量，X 方向变形量，Y 方向变形量，Z 方向变形量。如图 7-38～图 7-41 所示。

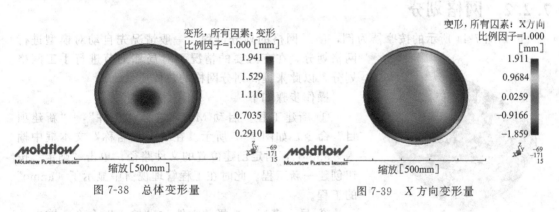

图 7-38　总体变形量　　　　　　　　图 7-39　X 方向变形量

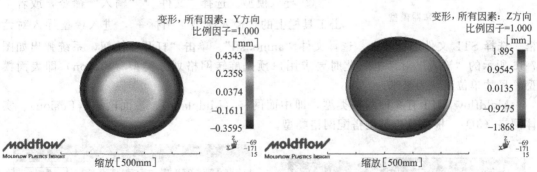

图 7-40　Y 方向变形量　　　　　　　图 7-41　Z 方向变形量

⑯ 生成报告。单击选择"填充时间"，选择"报告"，"添加动画"，在工程栏中加入 REPORT，如图 7-42 所示。双击 REPROT，弹出"Moldflow Plastics Insight Report"窗口，如图 7-43 所示。

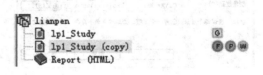

图 7-42　工程窗口

Chapter 1
Chapter 2
Chapter 3
Chapter 4
Chapter 5
Chapter 6
Chapter 7
Chapter 8
附录 1
附录 2

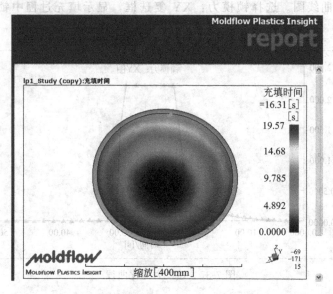

图 7-43 "Moldflow Plastics Insight Report" 窗口

7.2.2 网格划分

图 7-44 按摩器模型

以如图 7-44 所示的按摩器为例，演示网格的划分过程。一般情况先自动对模型进行网格划分，在有必要的情况下对局部细节进行手工网格划分，以此来提高划分网格的总体质量。

操作步骤如下。

① 新建工程。启动 MPI，选择"文件"，"新建项目"命令，如图 7-45 所示。在"工程名称"文本框中输入"anmo"，指定创建位置的文件路径，单击"确定"按钮创建一新工程。此时在工程管理视窗中显示了"anmo"的工程。

② 导入模型。选择"文件"，"输入"命令，或者单击工具栏上的"输入模型"图标 ，进入模型导入对话框。选择 STL 文件进行导入。选择文件"anmo. stl"。单击"打开"按钮，系统弹出如图 7-46 所示的"输入"对话框，此时要求用户预先旋转网格划分类型（Fusion）即表面模型，尺寸单位默认为毫米。

Moldflow MPI 有 3 种网格类型，即中面网格（Midplane）、表面网格（Fusion）、实体网格（3D），根据分析类型搭配网格类型。

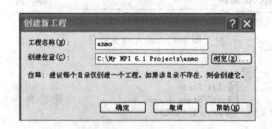

图 7-45 "创建新工程"对话框

图 7-46 输入选项

中面网格：中面网格模型是由三节点的三角形单元组成的，网格创建在模型壁厚的中间处形成的单层网格。在创建中面网格的过程中，要实时提取模型的壁厚信息，并赋予相应的三角形单元。

表面网格：表面网格由三节点的三角形单元组成，与中面网格不同，它是创建在模型的上下表面上。

实体网格：实体网格是由四面体单元组成，每个四面体单元由 4 个 Midplane 模型的三角形单元组成，3D 网格可以更为精确地进行三维流道仿真。

③ 网格划分。网格划分是模型前处理中的一个重要环节，网格质量好坏直接影响程序是否能够正常执行和分析结果的精度。双击方案任务 🐧 创建网格… 图标，或者选择"网格"，"生成网格"命令，工程管理视图中的"工具"页面显示"生成网格"定义信息，如图 7-47 所示。一般情况下采用默认边长进行网格划分。网格划分结果如图 7-48 所示。

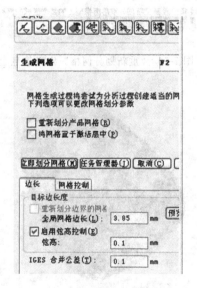

图 7-47　"生成网格"定义信息

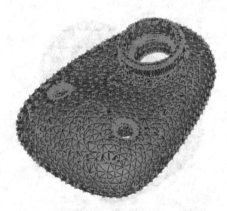

图 7-48　网格自动划分结果

单击"立即划分网格"按钮，系统将自动对模型进行网格划分和匹配。网格划分信息可以在模型显示区域下方"网格日志"中查看。

④ 网格局部手工划分。MPI 在进行网格划分时，一般仅在产品平直区域保证网格大小与预设值一致，对于曲面或圆弧区域，以及一些小的结构细节处，MPI 会根据实际情况自动调小网格边长，但质量往往不佳，因此需要通过手工划分来完善网格。

局部网格手工划分操作方法是首先选取要重新划分的网格区域，再选择"网格"，"网格工具"，"重新划分网格"命令，如图 7-49 所示。系统弹出"重新划分网格"定义信息，如图 7-50 所示。

在图 7-50 中"选择要重新划分网格的实体"栏是提供用户选择要重新划分的区域，如图 7-51 所示的深色单元。在"目标边长度"文本框中输入重新划分的单元边长，现在将原来的边长 3 换为 5，单击"应用"按钮，系统自动对所选的网格进行重新划分，结果如图 7-52 所示。

⑤ 网格状态统计。网格检验与修补的目的是为了检验出模型中存在的不合理网格，将其修改成合理网格，便于 Moldflow 顺利求解。选择"网格"，"网格统计"命令，系统弹出"网格统计"对话框，如图 7-53 所示。

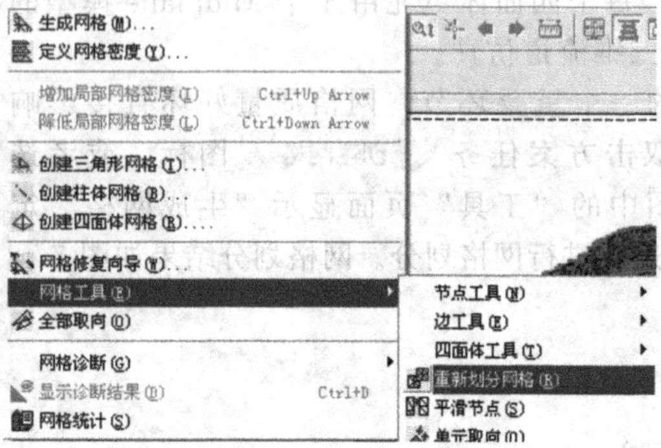

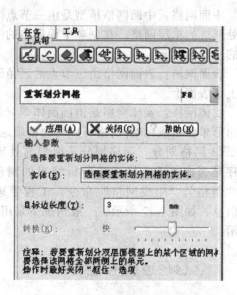

图 7-49 选择命令

图 7-50 "重新划分网格"定义信息

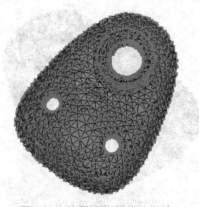

图 7-51 选择重新划分的区域

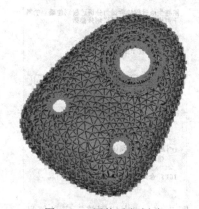

图 7-52 网格重新划分

"网格统计"对话框显示模型的纵横比范围为 1.159000~79.272000，匹配率达到 72.5％，重叠单元个数为 0，自动划分网格的按摩器网格匹配率一般，需要调整。

图 7-53 "网格统计"对话框

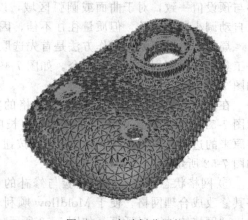

图 7-54 自动划分网格

7.2.3　网格缺陷的处理

一般情况下，自动划分网格模型多少会存在缺陷，这些缺陷往往是网格质量低下的主要原因，因此要对网格模型进行修补处理，提高网格质量。如图 7-54 所示按摩器的网格存在缺陷，不同的网格缺陷要采用不同的处理方法。

(1) 手动处理法

根据网格统计信息，如图 7-53 所示，提高匹配率最佳的处理方法是修改网格边长，网格平均边长越小，网格精度越高，匹配度也越高。本例中网格数为 9334 个，匹配度为 72.5%。因此可以通过缩短网格的平均长度来提高匹配率。

双击方案任务视窗中的 创建网格...，"工具"页面显示"生成网格"定义信息，选中"重新划分边界的网格"复选框，如图 7-55 所示。将默认的边长 3.85 改为 3.0。单击"立即划分网格"按钮，系统对自动网格进行重新划分，划分后的网格如图 7-56 所示。网格统计如图 7-57 所示。

图 7-55　"生成网格"定义信息

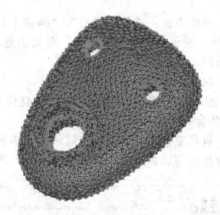

图 7-56　重新划分后的网格

重新划分好的网格数 9996 个，纵横比范围 1.159000～48.750000。匹配度 80.6%，满足冷却和翘曲分析要求。

(2) 网格自动修补

Moldflow 提供的网格自动修补功能能够自动搜索并处理模型中存在的单位交叉和单元重叠问题，同时可以改进单元的纵横比，对表面模型非常有效，但该功能不能完全解决所有网格中存在的问题。

操作方法：选择"网格"，"网格工具"，"自动修复"命令，"工具"页面显示如图 7-58 所示的"自动修复"定义信息。

单击"应用"按钮，系统自动修补所有的交叉和重叠网格单元，改善网格的纵横比。

(3) 纵横比处理

纵横比处理功能可以降低模型网格的最大纵横比，使其接近所给出的目标值。

图 7-57　"网格统计"对话框

Chapter 1
Chapter 2
Chapter 3
Chapter 4
Chapter 5
Chapter 6
Chapter 7
Chapter 8
附录 1
附录 2

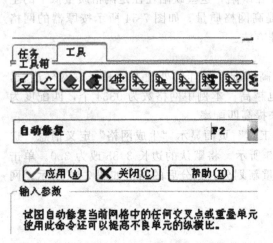

图 7-58 "自动修复"定义信息

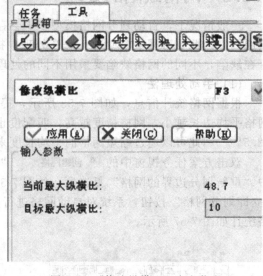

图 7-59 "修改纵横比"定义信息

操作方法：选择"网格"，"网格工具"，"修改纵横比"命令，"工具"页面中显示如图 7-59 所示的"修改纵横比"定义信息。在"目标最大纵横比"文本框中输入用户所需的数值。

（4）网格自动合并

选择"网格"，"网格工具"，"整体合并"命令，"工具"页面显示如图 7-60 所示的"整体合并"定义信息。

黄色空格出现合并公差默认值，本例设置合并公差为 0.5，单击"应用"按钮，合并报告显示"已合并的节点数：242"，如图 7-61 所示。

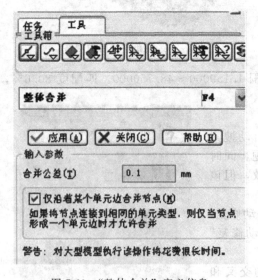

图 7-60 "整体合并"定义信息

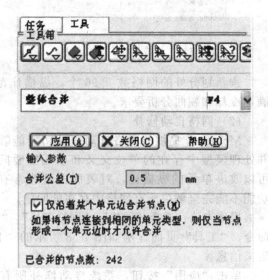

图 7-61 整体合并结果信息

7.2.4 分析类型与材料选择

在设置浇口位置之前应进行浇口位置分析，依据分析结果设置浇口位置，从而避免由

于浇口位置设置不当可能引起的制件缺陷。以按摩器为
例进行最佳浇口位置分析，实例模型如图 7-62 所示。

① 选择"文件"，"打开工程"，系统弹出"打开工
程"对话框，选择 .mpi，单击"打开"按钮，此时在工
程管理视窗中显示"工程 anmo"。在模型区显示已经划
分好网格的按摩器网格模型。如图 7-63 所示。

② 选择材料。按摩器的成型材料为 PC，选择"分
析"，"选择材料"命令，或者双击方案任务视窗中的
✓ 🖰 Generic PP: Generic Default 图标，系统弹出"选
择材料"对话框，如图 7-64 所示。

图 7-62　实例模型

图 7-63　按钮器网格模型

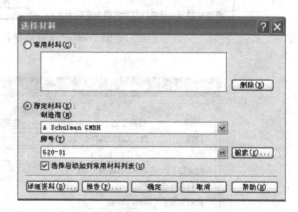

图 7-64　"选择材料"对话框

③ 搜索材料。在图 7-64 所示的对话框中，"常用材料"栏为空，因此用户需要按照
搜索的方法查找材料。单击"搜索"按钮，系统弹出如图 7-65 所示的"搜索标准"对话
框，在"搜索字段"列表框中选择"材料名称缩写"，在"子字符串"文本框中输入
"PC"。单击"搜索"按钮，系统进入"选择 热塑性塑料"对话框，如图 7-66 所示。

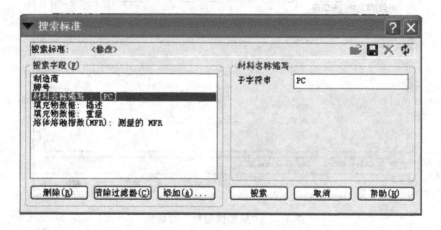

图 7-65　"搜索标准"对话框

④ 选择目标材料。单击目标材料，如图 7-66 所示中的 15 号，用户可以单击"详细资
料"按钮来查看 PC 塑料特性，如图 7-67 所示，单击"确定"按钮回到图 7-66 所示的
"选择 热塑性塑料"对话框。

Chapter 1
Chapter 2
Chapter 3
Chapter 4
Chapter 5
Chapter 6
Chapter 7
Chapter 8
附录 1
附录 2

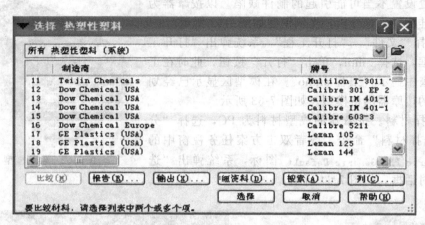

图 7-66　"选择热塑性"对话框

图 7-67　"热塑性塑料"对话框

⑤ 确定材料。在"选择　热塑性塑料"对话框中单击"选择"按钮，回到"选择材料"对话框，对话框中"制造商"和"牌号"已改变。单击"确定"按钮完成材料的选择。此时，方案任务视窗中的材料显示为|✓ ▽ **Calibre 603-3: Dow Chemical USA**，如图 7-68 所示。

Chapter 1
Chapter 2
Chapter 3
Chapter 4
Chapter 5
Chapter 6
Chapter 7
Chapter 8
附录 1
附录 2

图 7-68　方案任务视窗

⑥ 设置分析类型。MPI 默认的分析类型为"充填"，现将分型类型设置为"浇口位置"，设置方法为，双击任务视窗中的 ✓ ⁛ 充填 图标，进入"选择分析顺序"对话框，选择"浇口位置"如图 7-69 所示。单击"确定"按钮，分析类型设置为"浇口位置"，如图 7-70 所示。

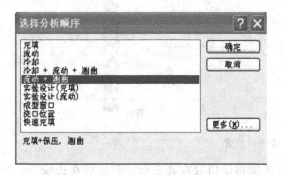

图 7-69　"选择分析顺序"对话框

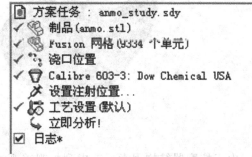

图 7-70　设定分析类型

Moldflow 以不同的图标显示不同类型的分析，方便观察当前的分析类型。

充填分析：模拟熔体从进入模型开始，到熔体到达模具型腔的末端过程。计算模腔被填满过程中流动前沿位置。预测制品在相关工艺参数设置下的充填行为，获得最佳的浇注系统设计。

流动分析：用于预测热塑性高聚物在模具内的流动，MPI 模拟从注塑点开始逐渐扩散到相邻的流动前沿，直到流动前沿扩展并充填制品上最后一个点，完成流动分析。目的是获得最佳的保压阶段设置。

冷却分析：用来分析模具内的热传递，主要包含塑件和模具温度，冷却时间等，目的是判断制品冷却效果的优劣，计算出冷却时间，确定成型周期。

翘曲分析：用于判定采用热塑性材料成型的制品是否会出现翘曲，如果出现翘曲，查出翘曲原因。

⑦ 分析求解。双击方案任务视窗中的 🔌 立即分析!，提交分析，系统弹出如图 7-71 所示的提示框，单击"确定"按钮，"分析日志"页面显示最佳浇口分析过程信息，如图 7-72 所示，方便查看信息。

⑧ 查看结果。MPI 为用户提供了结果彩图，便以用户客观地选择合理的浇口位置。选择方案任务视窗中的 ☑ 最佳浇口位置 复选框，在模型显示区域出现分析结果，如图 7-73 所示。

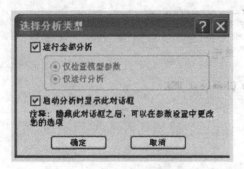

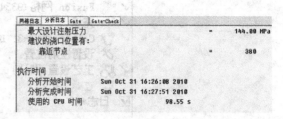

图 7-71 选择分析类型提示框   图 7-72 "分析日志"页面

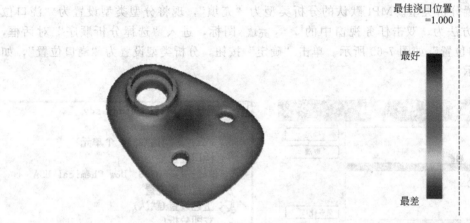

图 7-73 最佳浇口位置

由于按摩器结构因素，考虑到外观美观，不能将浇口放在其表面，只能放在边缘。

7.2.5 浇注系统的创建

本例讲解按摩器上盖的一模两腔的浇注系统创建过程，如图 7-74 所示。

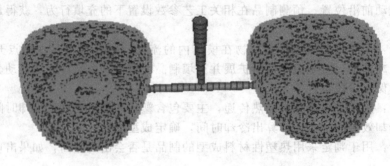

图 7-74 示例模型

① 选择"文件"，"打开工程"，系统弹出"打开工程"对话框，选择 .mpi，单击"打开"按钮，此时在工程管理视窗中显示"工程 anmo"。在模型区显示已经划分好网格的按摩器网格模型。如图 7-75 所示。

② 采用手工方式创建一模两件。先将整个模型朝 Z 方向移动 20mm。

选择"建模"，"移动"，"平移"命令，工具页面显示"平移"定义信息，如图 7-76 所示。框选整个模型，在"矢量"文本框中输入（0 0 50），单击"应用"按钮，整个模型朝 Z 方向移动 50mm。

用镜像方式复制模型。选择"建模"，"复制"，"镜像"命令，工具页面显示"镜像"定义信息，如图 7-77 所示。镜像平面选择 XY 平面，采用复制方式镜像，单击"运用"按钮，模型被镜像，一模两件创建完毕，如图 7-78 所示。

③ 创建浇口中心线。

查找节点 N4532 和节点 N9197，分别偏移 5mm。

偏移节点 N4532。选择"建模"，"移动"，"平移"

图 7-75 按钮器网格模型

命令，"工具"页面显示"复制"定义信息。在"矢量"文本框中输入（0 0 −5）。以同样的方法对节点 N9197 进行偏移。节点偏移结果如图 7-79 所示。

图 7-76 "平移"定义信息

图 7-77 "镜像"定义信息

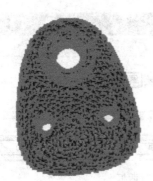

图 7-78 一模两件

创建浇口中心线。选择"建模"，"创建直线"，"直线"命令，"工具"页面显示"创建直线"定义信息，如图 7-80 所示。分别选择节点 N4532 和节点 N9197，单击"选择选项"选项组右边按钮，设置浇口形状参数，弹出如图 7-81 所示"指定属性"对话框。

创建新的直线属性，单击图 7-81 所示的"新建"按钮，选择"冷浇口"，弹出图 7-82 所示的对话框，设定截面形状为圆形，外形为锥体。

Chapter 1
Chapter 2
Chapter 3
Chapter 4
Chapter 5
Chapter 6
Chapter 7
Chapter 8
附录 1
附录 2

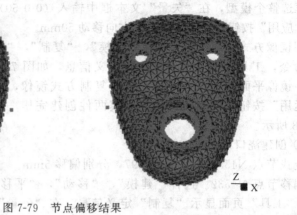

图 7-79　节点偏移结果

图 7-80　"创建直线"对话框

图 7-81　"指定属性"对话框

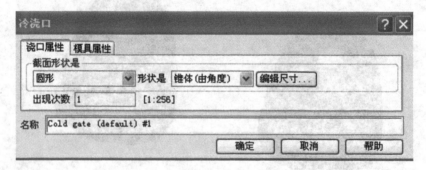

图 7-82　"冷浇口"对话框

再次单击图 7-82 中的"编辑尺寸"按钮，弹出"横截面尺寸"对话框，设定始端直径为 3.5mm，锥角度为 15°，如图 7-83 所示。

单击"确定"按钮，返回到图 7-80 中，单击"应用"按钮，生成浇口中心线，同样的方法创建第二条浇口中心线。如图 7-84 所示。

④ 创建分流道中心线。

创建中间点。选择"建模"，"创建节点"，"坐标中间创建节点"命令，"工具"页面显示"坐标中间创建节点"定义信息，如图 7-85 所示。选择两个浇口末端节点，单击

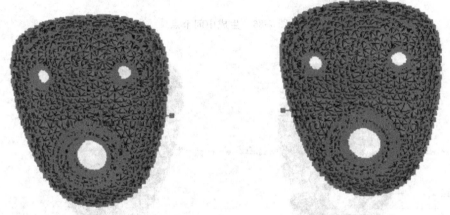

图 7-83　横截面尺寸定义

图 7-84　浇口中心线

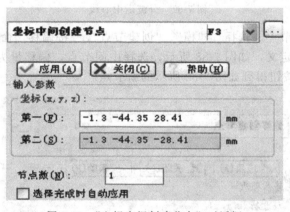

图 7-85　"坐标中间创建节点"对话框

"应用"按钮，生成如图 7-86 所示的中间节点。

创建分流道中心线。选择"建模"，"创建直线"，"直线"命令，"工具"页面显示"创建直线"定义，单击 ⬚ ，设置浇口形状参数，设置截面形状为圆形，外形为柱体。再次单击"编辑尺寸"按钮，弹出"截面尺寸"对话框，定义分流道截面直径为 5mm。单击"确定"按钮，单击"应用"按钮，生成分流道中心线，如图 7-87 所示。

⑤ 创建主流道中心线。

Chapter 1
Chapter 2
Chapter 3
Chapter 4
Chapter 5
Chapter 6
Chapter 7
Chapter 8
附录 1
附录 2

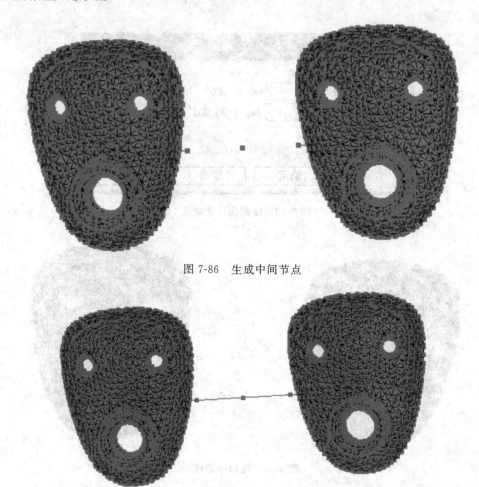

图 7-86　生成中间节点

图 7-87　分流道中心线

创建主流道始端节点。选择"建模","创建节点","按偏移"命令,"工具"页面显示"偏移创建节点"定义,如图 7-88 所示,选择中间节点,偏移量为(−50 0 0),数量为 1。单击"应用"按钮得到如图 7-89 所示的新节点。

| 偏移创建节点 | F5 | ... |

| ✔ 应用(A) | ✘ 关闭(C) | ？ 帮助(H) |

输入参数

坐标(x, y, z)

基准(B)：　−1.3 −44.35 0　　　mm

偏移(dx, dy, dz)

偏移(O)：　　　　　　　　　　　mm

节点数(N)：　　　1

图 7-88　"偏移创建节点"对话框

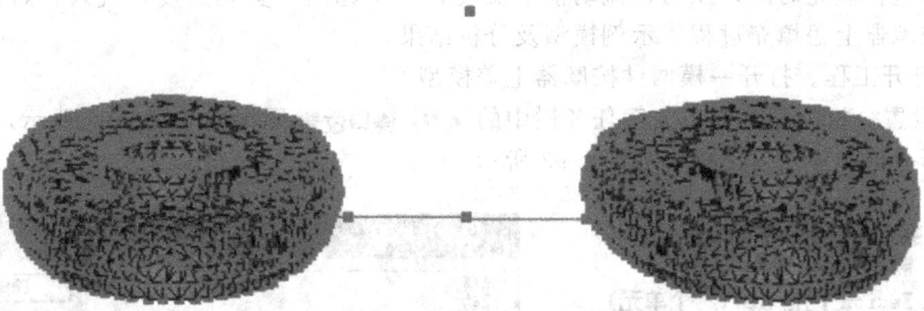

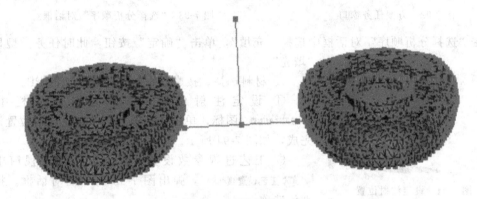

图 7-89　主流道始端节点

创建主流道中心线。选择"建模","创建直线","直线"命令,"工具"页面显示"创建直线",单击 □ 按钮,设置浇口形状参数,选择主流道,单击编辑设定主流道外形为锥体,再次单击"编辑尺寸"按钮,进入"截面尺寸"对话框。设定始端直径为 3.5mm,锥度角为 3°,单击"确定"按钮,单击"应用"按钮,得到主流道中心线,如图 7-90 所示。

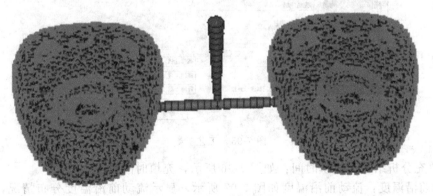

图 7-90　主流道中心线

⑥ 浇口网格划分。

创建的流道和浇口中心线要划分网格才能参与计算。

选择"网格","生成网格"命令,如图 7-91 生成的流道。

图 7-91　浇注系统网格模型

7.2.6　充填分析

充填分析为模拟塑料从注射到模腔被填满整个过程,预测制品在模型中的填充行为。

模拟结果包括填充时间，压力，流动前沿温度，分子趋向，剪切速度，气穴，熔接痕等，这里以按摩器上盖填充过程，示例模型及分析结果。

① 打开工程。打开一模两件按摩器上盖模型。

② 设置分析类型。双击方案任务栏中的 ✓🔩 浇口位置 图标，如图 7-92 所示，系统弹出"选择分析顺序"对话框，如图 7-93 所示。

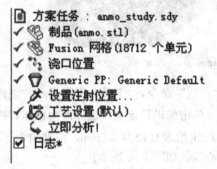

图 7-92 方案任务窗口   图 7-93 "选择分析顺序"对话框

在"选择分析顺序"对话框中选择"充填"，单击"确定"按钮，此时任务类型显示"填充"。

③ 材料选择。按摩器材料选择为默认的 PP。

④ 设定注射位置。双击方案任务栏中的 ⚒ 设置注射位置... 图标，单击主流道入口节点，注射位置设定完成，如图 7-94 所示。

⑤ 工艺过程参数设置。双击方案任务视窗中的 ✓🔩 工艺设置(默认)，弹出图 7-95 所示的对话框。接受默认选项。

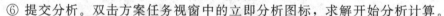

图 7-94 设定注射位置

⑥ 提交分析。双击方案任务视窗中的立即分析图标，求解开始分析计算。

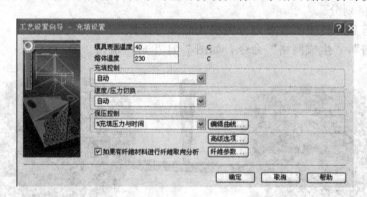

图 7-95 工艺参数

⑦ 填充分析结果。充填时间：如图 7-96 所示，充填时间是 1.105s。

流动前沿温度：流动前沿温度如图 7-97 所示，显示流动前沿温度分布情况，温度差异为 4℃，表示该模型温差不大，较合理。

体积温度分布：该结果可以发现产品在注射过程中温度较高的区域，如果最高平均温度接近或超过材料的降解温度，或者局部过热，要求用户重新设置浇注系统或者冷却系统。图 7-98 所示平均温度，模腔内最高平均温度为 233.2℃。

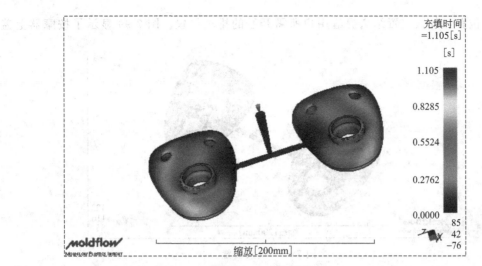

图 7-96　充填时间

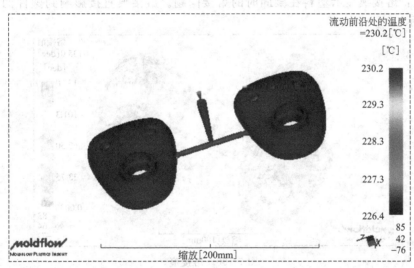

图 7-97　流动前沿温度

图 7-98　体积温度

Chapter
1

Chapter
2

Chapter
3

Chapter
4

Chapter
5

Chapter
6

Chapter
7

Chapter
8

附录
1

附录
2

气穴位置：气穴位置结果提醒用户所需开始的排气位置。图 7-99 显示了按摩器上盖上的气穴。

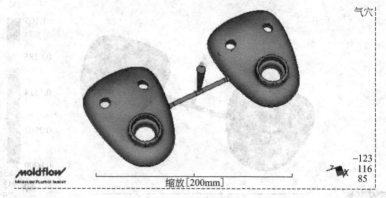

图 7-99　气穴位置

熔接痕：熔接痕显示塑料在凝固时的熔接问题。熔接痕直接影响到塑件的质量，如图 7-100所示。

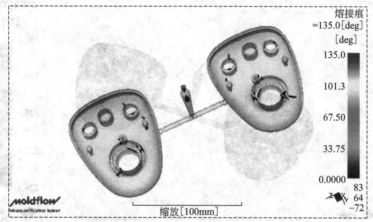

图 7-100　熔接痕

压力分布：压力分布情况显示充填后，模腔内及其流道上的压力分布如图 7-101 所示，进料口处最大压力为 12.27MPa，模腔内最大压力为 8.182MPa。

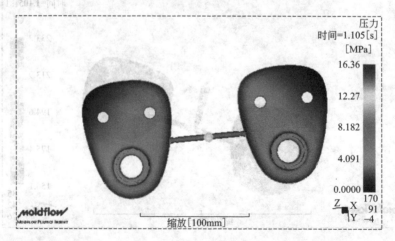

图 7-101　压力分布

锁模力曲线：图 7-102 显示锁模力随时间的变化情况，给用户提供锁模力参考，最大值为 5.1t。

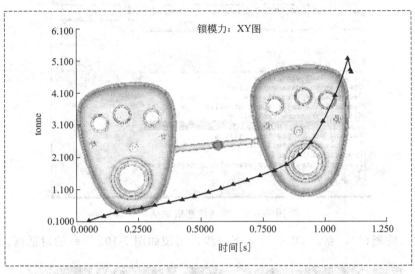

图 7-102　锁模力曲线

7.3　实际注塑工艺在 Moldflow 中的设定方法

下面用图 7-103 所示案例来介绍如何在 Moldflow 中设定注塑工艺参数。

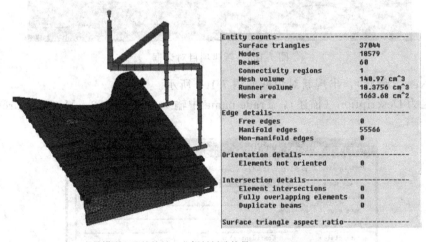

产品模型和网络统计，分析材料选的是PC+ABS(GE C6600)

图 7-103　分析所用塑件例

7.3.1　定义注塑机的参数

由于 Moldflow 数据库中的注塑机大多是国外品牌，如雅宝（Auburg）、赫斯基（Husky）、德马格（Demag）等，很多牌子是没有的，需要自定义，定义方法如下（以东芝 EC350 型注塑机为例，其他品牌可参照）。

点击 Toosl-new Personal Database，出现如图 7-104 所示的对话框。

在 Category（类别）栏中选择 Process Condition（工艺条件）下面的 Injection mold-

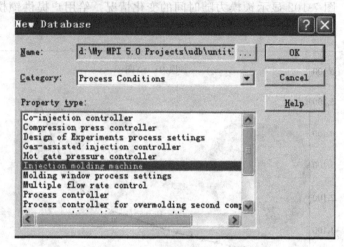

图 7-104　新建注塑机对话框

ing machine（注塑机），点击 OK，进入下一步，出现如图 7-105 所示的对话框。

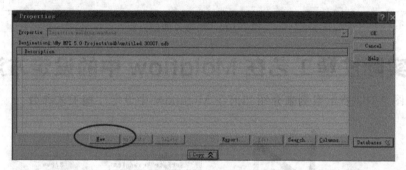

图 7-105　新建项目对话框

点击 New（新建），出现新对话框如图 7-106 所示。

第 1 栏为 Description（描述），Trade name 中输入名称 EC350，Manufacturer 中输入

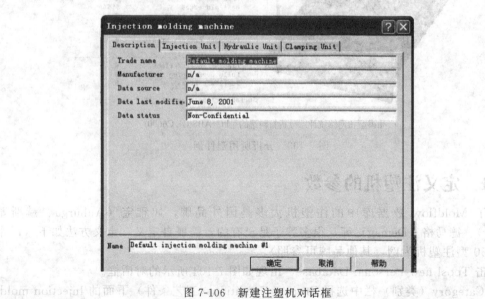

图 7-106　新建注塑机对话框

厂家 Toshiba，Data source 中输入 Toshiba，Data last modified 中输入 Sep 10，2002，Data status 默认，这一页的内容主要是注塑机的一些信息，无关紧要的东西，输入结果如图 7-107 所示。

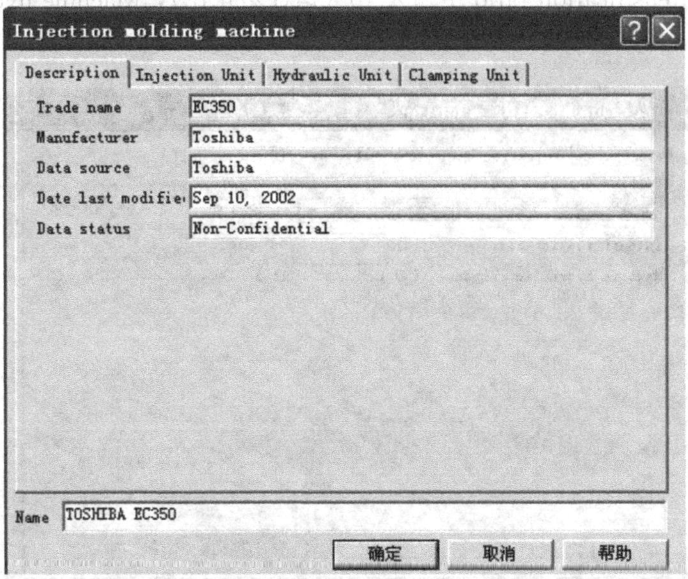

图 7-107　输入注塑机的概要参数

第 2 栏为注射部分。在 Maximum machine injection stroke 中输入最大计量行程 300，Maximum machine injection rate 中输入最大注射率 314，Machine screw diameter 输入螺杆直径 50，Fill control 默认 Stroke vs ram speed。

Ram speed control steps 中 Maximum number of ram speed control step 输入 5（即 5 段注射速度），Pressure control steps 中 Maximum number of pressure control step 输入 5（即 5 段注射压力），其他不变，结果如图 7-108 所示。

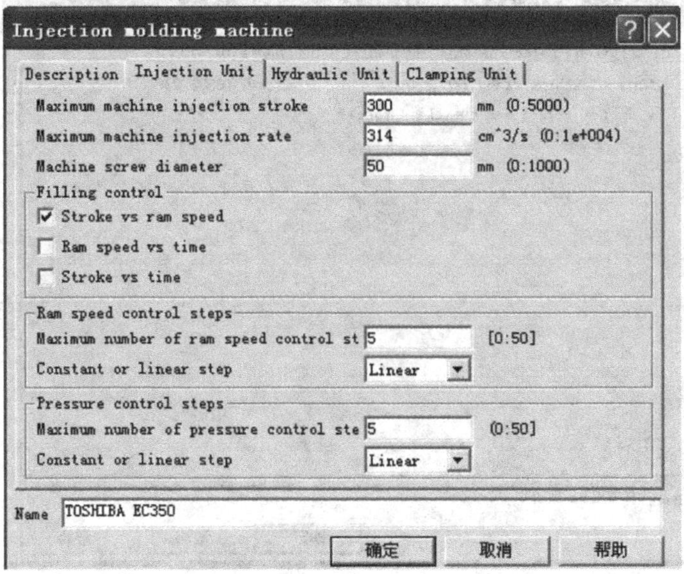

图 7-108　输入注射装置的参数

第 3 栏为液压系统。Machine pressure limit 中的 Maximum machine injection pressure 中输入机器最大射压 293.9（东芝给的压力是 2880kgf/cm²，此处是转换成 MPa 后的），Maximum machine hydraulic pressure 中输入机器液压系统最大压力 29.4（一般为机器最大射压 10%），Intensification ratio 中输入 10（螺杆塑化比），Machine hydraulic response time 中输入 0.1。如图 7-109 所示。

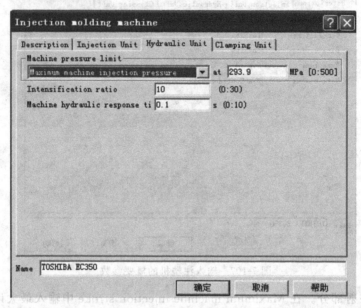

图 7-109　液压系统对话框

第 4 栏为锁模系统。Maximum machine clamp force 中输入最大锁模力 350，最后点确定，即完成了注塑成型机的定义，自定义的机器文件后缀为 .udb，保存在 My MPI 5.0 Projects \ udb 文件夹中，以供随时调用。如图 7-110 所示。

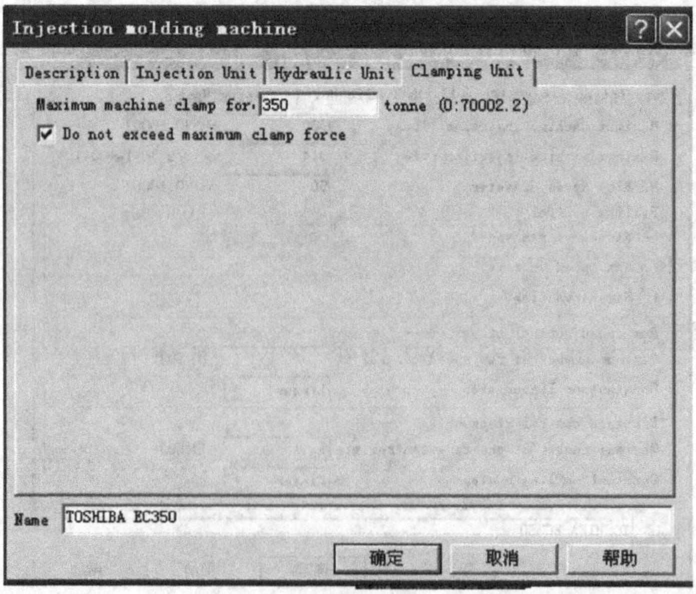

图 7-110　锁模系统对话框

7.3.2　注塑工艺的设定

双击 Process setting，在出现画面中，在 Filling control 对话框中选 Ram speed profile by Stroke vs ％ maximun ram speed，点 Advanced options，先将注塑机导入，操作界面如图 7-111 所示。

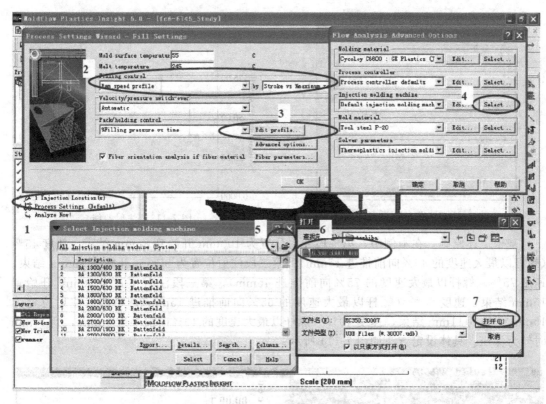

图 7-111　注塑工艺参数设定对话框

接下来输入螺杆速度曲线和计量行程、V/P 切换等参数。初始界面如图 7-112 所示。

① Shot size（计量行程）的确认。

先根据总体积 V（流道体积＋产品体积）算出螺杆前进的行程 L，计算公式为 $L = [4V/\mathrm{pi}(D/10)^2](D_s/D_m) \times 10$，式中 pi 为圆周率＝3.1416，$D$ 为螺杆直径，D_s 为材料固态密度，D_m 为材料熔融态密度，在本例中，流道体积和产品体积在网格统计中可得到，材料密度可由材料数据库中得到，最后算得 L 为 90.97mm。

在此取 100，是加上 cushion 后的估计值。

② cushion（V/P 切换）。

在实际生产中是根据产品大小来取的，一般为 5％～10％的计量，在此取 11，因而螺杆注射阶段行程为 89mm，小于上面的 90.97 是因为计划控制产品填充约 98％时切换为保压。

上述两个公式很好理解，总体积是模型的空间几何体积，乘以固态密度得出总质量，再除以熔融态密度即为熔体体积，就是完成一次注射需要的熔体体积，除以料筒内横截面面积（料筒内横截面直径约等于螺杆直径）就等于一次注射螺杆需要的计量行程，整理成公式，就是上面的式子，这个公式编辑在一个 EXCEL 文件里，直接输入就可以得出结果。

Chapter 1

Chapter 2

Chapter 3

Chapter 4

Chapter 5

Chapter 6

Chapter 7

Chapter 8

附录 1

附录 2

③ 各段射出速度的输入。

通常多段注塑是采用慢—快—慢方式，螺杆注射曲线如图 7-113 所示。第 1 段刚好填充完流道浇口，以较慢速度通过浇口，以免发生喷射，使流动前沿完全进入型腔，然后以较快速度填充，快填充完成时放慢速度利于排气，最后在保压前再次将速度放慢，然后切换为压力控制。

图 7-112 注塑工艺参数设置初始界面

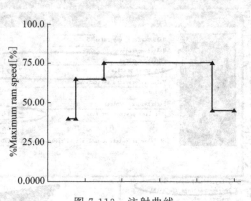

图 7-113 注射曲线

基于上述原则，在本例中，第一段注射位置为 100mm 开始到 85mm 结束，速度 45％（螺杆以最大速度的 45％向前推进 15mm），第二段注射位置为 85mm 开始到 30mm 结束，速度 75％（螺杆以最大速度的 75％向前推进 45mm），第三段注射位置为 30mm 开始到 15mm 结束，速度 65％（螺杆以最大速度的 65％向前推进 15mm），第四段注射位置为 15mm 开始到 11mm 结束，速度 40％（螺杆以最大速度的 40％向前推进 4mm），到 11mm 时转为保压。具体设定方法如图 7-114 所示。

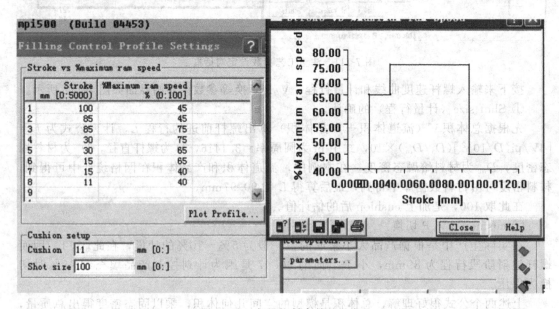

图 7-114 各级注射参数的设定

④ 保压的设定。

本例中保压先暂不改，以默认的 80％最大填充压力 10s 作为初始分析，等初始分析结果出来后再优化保压曲线。

7.3.3 分析结果的优化

按照前述参数进行分析，系统显示分析结果如图 7-115 所示。

```
| Time | Volume| Pressure | Clamp force|Flow rate|Ram Pos.| Status|
| (s)  |  (%)  |  (MPa)   |  (tonne)   |(cm^3/s) |  (mm)  |       |

| 0.04 | 1.12  |  13.53   |    0.00    |  89.50  | 97.23  |   U   |
| 0.08 | 3.67  |  23.20   |    0.28    | 108.68  | 94.12  |   U   |
| 0.12 | 5.97  |  32.27   |    1.23    | 109.50  | 91.43  |   U   |
| 0.16 | 8.65  |  48.29   |    2.47    | 121.98  | 88.62  |   U   |
| 0.19 | 10.77 |  49.19   |    4.28    |  96.69  | 86.21  |   U   |
| 0.21 | 11.60 |  62.64   |    6.44    |  94.26  | 84.85  |   U   |
| 0.23 | 12.85 |  83.43   |    9.29    | 167.56  | 82.75  |   U   |
| 0.27 | 18.54 |  84.18   |   10.41    | 245.94  | 78.14  |   U   |
| 0.30 | 24.38 |  81.32   |   11.63    | 230.16  | 73.57  |   U   |
| 0.34 | 30.10 |  81.85   |   14.88    | 233.46  | 68.96  |   U   |
| 0.38 | 35.58 |  83.06   |   17.67    | 230.78  | 64.42  |   U   |
| 0.42 | 40.88 |  86.48   |   23.00    | 228.84  | 59.95  |   U   |
| 0.46 | 46.11 |  91.88   |   34.11    | 225.14  | 55.38  |   U   |
| 0.49 | 51.49 |  97.85   |   44.14    | 228.94  | 50.76  |   U   |
| 0.53 | 56.68 | 102.08   |   54.25    | 230.85  | 46.33  |   U   |
| 0.57 | 62.03 | 106.23   |   65.76    | 230.99  | 41.77  |   U   |
| 0.61 | 67.37 | 110.19   |   78.40    | 232.27  | 37.22  |   U   |
| 0.65 | 72.76 | 113.16   |   91.77    | 233.58  | 32.63  |   U   |
| 0.67 | 75.87 | 113.50   |   99.58    | 226.82  | 29.99  |   U   |
| 0.68 | 79.13 | 107.77   |  101.19    | 206.95  | 28.24  |   U   |
| 0.72 | 82.59 | 111.11   |  113.46    | 200.37  | 24.40  |   U   |
| 0.76 | 87.18 | 117.58   |  130.15    | 201.20  | 20.41  |   U   |
| 0.80 | 91.70 | 123.02   |  146.85    | 202.18  | 16.48  |   U   |
| 0.81 | 93.41 | 121.49   |  153.05    | 202.42  | 15.01  |   U   |
| 0.84 | 95.79 |  99.90   |  137.00    | 126.49  | 13.47  |   U   |
| 0.87 | 98.28 | 110.74   |  159.84    | 120.94  | 11.85  |   U   |
| 0.87 | 98.32 | 110.74   |  160.70    | 118.44  | 11.00  |U/P by ram pos.|
| 0.91 | 99.86 | 102.59   |  182.71    |  57.63  |        |   P   |
| 0.92 | 99.98 | 101.05   |  189.45    |  49.34  |        |   P   |
| 0.92 |100.00 | 100.91   |  190.33    |  49.34  |        | Filled|
```

图 7-115 初始分析结果

由图 7-115 结果可看出 Shot size（计量行程）和 cushion（V/P 切换）设定还是较准确，在 11mm 位置切换时，填充的体积为 98.32%，稍微多了点，可将切换位置提前一点，设为 12mm.；而第 1 段的位置设定不够完美，85mm 时，填充体积为 11.60%，偏小了一些，因为分析结果中有一项 Melt front is entirely in the cavity at % fill = 11.8199%，指出了流动前锋（前沿）完全进入型腔在填充到 11.8199% 时最佳［实际上这里就告诉了用户，第 1 段位置（慢速）应该是使填充的体积等于或稍大于 11.8199%］，因此，第 1 段位置要加大，设为 84（或 83 更保险）。Moldflow 分析结果推荐的螺杆速度曲线的第 1 段位置绝对是 Melt front is entirely in the cavity at fill 的位置（建立完整流道系统的模型），如图 7-116 所示。

```
Recommended ram speed profile (rel):
  % stroke          % speed
  --------------------------------
   0.0000           10.0000
  11.8199           10.0000
  15.0000           91.7423
  70.0000           86.2707
  70.0000           89.9290
  85.0000           89.3922
  85.0000           95.3534
  89.0000          100.0000
 100.0000           40.2247
 Melt front is entirely in the cavity at % fill  =  11.8199 %
```

低速走完此段，然后再将速度提高，从89%开始速度下降，也是遵循慢—快—慢的原则

图 7-116 系统推荐的参数

第 7 章 注塑成型 CAE 技术 | 439

前面提到本案例的保压参数是采用系统默认的保压（Moldflow 默认情况下，不论什么情况都是 80％填充压力 10s），在实际生产中，保压控制一般为压力-时间控制，老式注塑机压力计算方式是按最大机器注射压力的百分比算的，新型注塑机有些直接就是用 kgf/cm² 或 bar，不论哪种标示方法，都可以换算为 Moldflow 所支持的单位 MPa。因此，以基于初次分析结果所得出的压力值来设定保压。如图 7-117 所示。

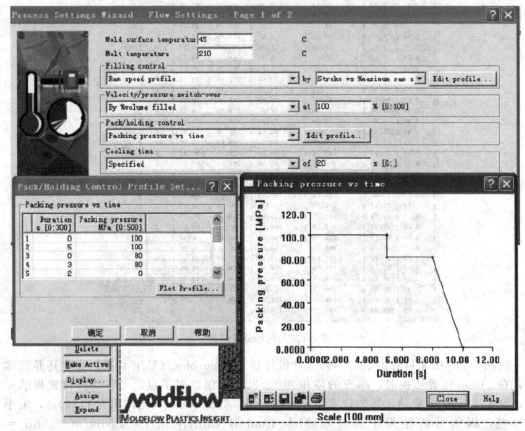

图 7-117 设定的保压参数

保压方式采用压力-时间方式，分段保压，第 1 段为 100MPa/5s，第 2 段为 80MPa/3s，末段为 2s，由 80 减少到 0。保压曲线如图 7-117 所示。

再次运行分析，分析方式选 flow＋warp，观察熔体的体积收缩率，结果与 x、y 方向上的 deflection 值走向相近，即遵循慢—快—慢的原则，从而判定保压设定比较合理。

值得注意的是，本案例重点介绍设定方法，至于保压曲线优化，是要根据浇口凝固时间和凝固层百分比来决定的，还要综合考虑产品外观状况及产品尺寸变形要求等。

7.4 Moldflow 应用案例

7.4.1 制品及所用塑料

某款式汽车前保险杠，结构如图 7-118 所示，所用的材料为 PP＋T16（商品名称 Daplen EE188AI），该材料的特性如下：

① 推荐注射温度 240.0℃

② 推荐模具温度 40.0℃。

③ 顶出温度 108.0℃。

④ 不流动温度 200.0℃。

⑤ 许可剪切应力 0.25MPa。

⑥ 许可剪切速率 100000 1/s。

该材料的剪切速率-黏度曲线、PVT 曲线分布如图 7-118、图 7-119 所示。

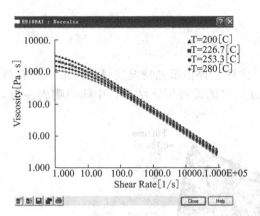 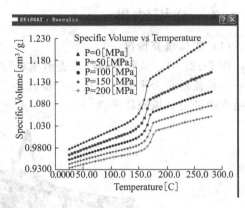

图 7-118 PP＋T16 塑料的　　　　　　　图 7-119 PP＋T16 塑料的
剪切速率-黏度曲线　　　　　　　　　　　PVT 曲线分布

在本次分析中，选择相近材料 Borealis EE188AI（PP＋T16），通过对流动过程与保压过程的模拟分析，来预测浇注系统的可行性。

采用 MPI/FILL、MPI/PACK 来进行分析。预测充填状况、型腔压力分布、温度分布、锁模力大小、体积收缩率、熔接痕、困气位置。

7.4.2　注塑工艺条件

该模具一模一腔，采用顺序阀式热流道系统，6 点顺序阀，如图 7-120 所示。

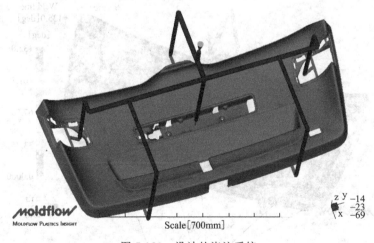

图 7-120　设计的浇注系统

确定的主要注塑工艺参数如下。

① 模温：40℃，熔体温度：230.0℃。

② 注射时间：6.8s。

③ 保压采用 3 段保压，参数如表 7-1 所示。

表 7-1　设定的保压参数

保压压力/MPa	保压时间/s
50	6
40	4
0	4

7.4.3　分析结果

(1) 熔体填充情况

图 7-121 中，从蓝色到红色表示填充的先后次序。评估填充情况质量的标准主要有两个：一是流动是否平衡，二是各个参数是否超过材料的许可值。结论：中间喷嘴先注射，其余顺序注射，填充较平衡。

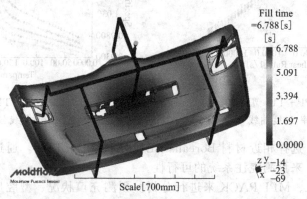

图 7-121　熔体充填情况

(2) 熔接痕位置

图 7-122 所示为熔接痕分布位置。结论：熔接痕在可接受范围内。

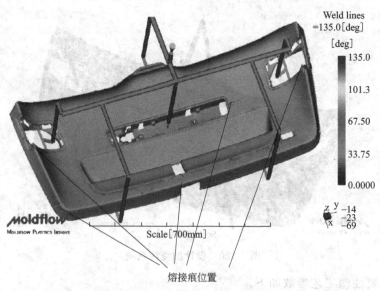

熔接痕位置

图 7-122　熔接痕分布情况

(3) 困气位置

图 7-123 所示为塑件注塑过程中的困气位置，实际生产中此处应开设排气系统。

Chapter
1

Chapter
2

Chapter
3

Chapter
4

Chapter
5

Chapter
6

Chapter
7

Chapter
8

附录
1

附录
2

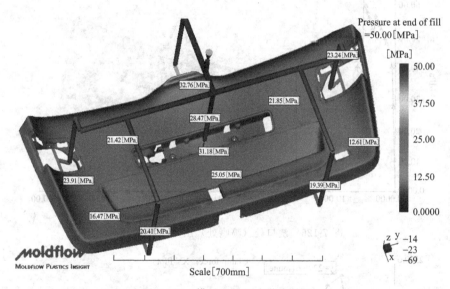

图 7-123　模腔困气情况

（4）压力分布

图 7-124 为型腔充满瞬间的型腔压力分布。从此结果可知成型所需注射压力和型腔压力降均匀与否。此方案压力分布较为均匀。

图 7-124　模具型腔压力分布情况

（5）熔体前锋温度分布

图 7-125 所示为温度分布情况，可见此注塑方案下，熔体前锋的温度分布较为均匀。

（6）喷嘴处的压力分布

图 7-126 所示为浇口（即注塑机的喷嘴）压力-时间曲线，从中看出，所需入口最高注射压力约为 62MPa，实际成型压力约为 80MPa，因此满足实际注塑成型需要。

（7）锁模力

图 7-127 所示为锁模力-时间曲线。从中看出，所需最大锁模力约为 2297t。受保压压力影响，锁模力较大，实际生产中可通过降低保压压力调整锁模力。

（8）体积收缩率

收缩不均匀是制品出现缩痕和翘曲变形的重要原因之一。在本例中，从图 7-128 看出，制品的体积收缩率大部分为 2.8%～3.5%，总体收缩较均匀。

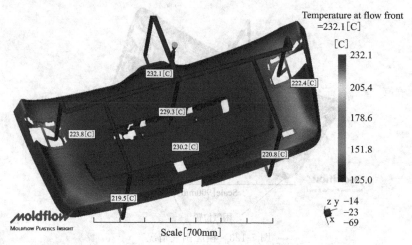

图 7-125　熔体前锋温度情况

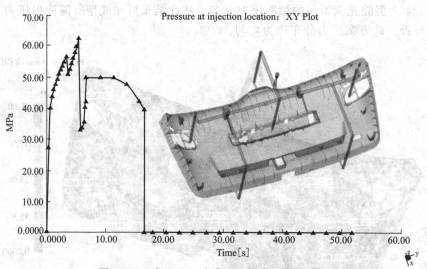

图 7-126　浇口处（喷嘴处）压力-时间曲线

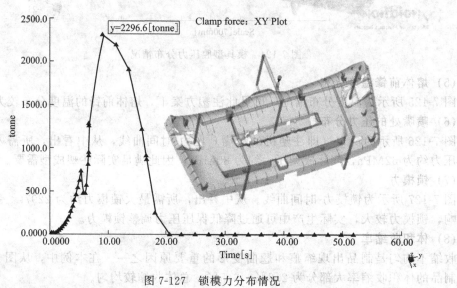

图 7-127　锁模力分布情况

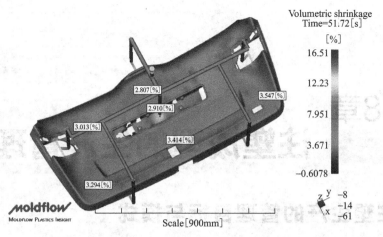

Volumetric shrinkage
Time=51.72[s]
[%]
16.51
12.23
7.951
3.671
-0.6078

2.807[%]
3.547[%]
2.910[%]
3.013[%]
3.414[%]
3.294[%]

Scale[900mm]

z y -8
      -14
x   -61

图 7-128　制品的体积收缩情况

(9) 综合结果

① 此方案注射较为均衡，成型压力适中，型腔压力分布较为均衡，体积收缩较为均匀。

② 受投影面积及保压压力影响，锁模力较大，可在实际投产时通过调整保压压力降低锁模力。

③ 在制品边角处形成困气，熔料容易烧焦或熔接痕明显，需调整浇口位置及顺序阀开关时间。

④ 可采用 6 点顺序阀式热流道方案，建议调整下面两点喷嘴及浇口位置，减小两喷嘴间距，调整开阀注射时间，以改善充填状况及困气情况，优化保压工艺。

第8章
注塑成型的生产管理

8.1 注塑生产的管理目标与模式

8.1.1 注塑生产管理的特点

注塑生产是一个要求从业人员知识面广、技术性和实践性强的行业。注塑生产过程中需使用塑胶原料、色粉、水口料、模具、注塑机、周边设备、工装夹具、喷剂、各种辅料及包装材料等，这些给注塑车间的管理带来了很大的工作量和一定的难度，与其他行业或部门相比，对注塑车间各级管理人员的要求更高。

注塑生产一般需要 24h 连续不停机进行，一般为两天三班或一天三班制工作方式，导致注塑车间的工作岗位多、分工复杂，对不同岗位人员的技能要求亦不同。要想使注塑车间的生产运作顺利，需要对每个环节和各个岗位所涉及的人员、物料、设备、工具等进行管理，主要包括：原料房、碎料房、配料房、生产现场、后加工区、工具房、半成品区、办公室等区域的运作与协调管理工作。

注塑生产的管理是一个系统工程，如果管理工作不到位，就会出现生产效率低、不良率失控、原材料损耗大、经常性的批次、报废或客户退货、模具问题影响正常生产、不能按期交货及安全生产事故等等问题。日本一位注塑车间主管说："注塑厂能不能盈利，实际上看的就是生产过程的控制和管理，管理到位了，注塑机就变成了印钞机，如果管理不到位，注塑机就成了烧钱机"。"通过管理出效益"在注塑企业已经取得了共识。

8.1.2 注塑生产管理的目标

注塑生产企业在产业链中处于中游位置，大都是作为上游整机企业的配套企业存在，这与整机生产等行业的管理目标有明显的差异，其管理目标具体表现在如下几个方面。

① 按订单项目大批量生产的管理模式。

② 为整机生产企业提供配套服务。所以 TQC 的控制和保证能力是管理的首要目的。

a. 时间的保证：如何按时交付，满足客户时间的要求。

b. 质量的保证：如何按质满足客户的质量要求。

c. 成本的控制：如何保证利润，维持企业生存和发展。

③ 注塑生产企业是与模具有密切关联的产业。注塑生产效率及质量与模具有密切的联系。80％以上的质量及效率与模具有关。实际上，注塑企业的工程服务能力主要表现为模具管理和维护的能力，其次为注塑工艺和塑料性能的掌握。模具在注塑企业的重要性具体表现在如下几个方面。

a. 模具按期交付：决定注塑开始量产的时间。

b. 模具的成型周期和质量：决定注塑生产的效率（成型快，模具维护时间少）。

  c. 注塑件的质量（外观、尺寸精度、强度等），主要取决于模具的质量，好的模具保证生产的产品质量稳定，生产效率高。

  ④ 上游客户推行 JIT 生产模式（Just in time，准时生产模式），将风险转嫁到注塑等配套生产企业。注塑企业必须做适量的库存满足客户交付的要求，同时还要控制风险，避免企业经营陷入困境。提高经营风险的控制能力是注塑企业健康成长的前提。

  ⑤ 精益生产。保证交付计划的同时，将生产过程无谓的浪费减少到最少。由于实际生产过程存在许多不确定的因素，生产过程的不良率及生产效率的变化，会影响交付，并产生不正常的库存。精益生产的管理模式帮助企业提高效益。

  ⑥ 是标准和规则的执行者。必须具备快速的应变能力（敏捷性），以适应市场变化、客户需求变化、技术的变化：

  a. 承接订单时，能够迅速回应客户何时可以交货；

  b. 客户计划调整时，能够迅速调整内部生产，以满足客户需求；

  c. 准确迅速给客户报告注塑生产进度。

8.1.3 注塑生产先进的管理体系和模式

  （1）流程化的管理

  建立一套快速高效的管理流程，规范每个业务部门的工作和员工的行为。实现"流程大于权利"——"人治"转为"法治"的过程。

  （2）标准化的管理

  总结和积累企业的经验和教训，建立相应的技术标准和管理制度。标准包括流程的标准、技术和工艺的标准、行政考核的标准等。

  （3）管理信息系统（工具）的应用

  信息化管理系统是帮助企业建立先进管理体系的非常有效的工具和保证，管理系统会督促和跟踪流程和标准的执行情况，并提供大量的数据为管理改善提供支持。实现"数据化管理"模式。很多企业虽然建立了 ISO9000 的管理体系，但由于缺乏必要的量化管理的数据基础，结果变成形式或者摆设。所以企业要建立现代先进的管理体系和模式，必须导入管理信息系统。

8.1.4 注塑部门的组织架构

  注塑生产属于劳动力比较密集的产业，要完成的工作事务繁多，这就需有一个科学合理的人员编制，才能做到人员分工合理、岗位责任明确，达到"事事有人管、人人都管事"的状态。为了方便管理，一般要把各岗位人员进行编组管理，即注塑车间需要搭建成一定的组织架构，不同企业的组织架构不相同，图 8-1 所示为某中型企业注塑车间的组织架构图。

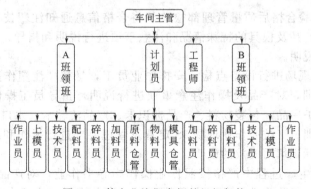

图 8-1 某企业注塑车间的组织架构

8.2 注塑生产的流程管理

8.2.1 注塑生产的流程

(1) 生产前准备

① 计划员下达"注塑生产指令单"。

② 计划员根据"注塑生产指令单"准备相关的工艺文件，如工艺文件不齐全，与相关部门联络解决。

③ 物料员根据"注塑生产指令单"和"原物料消耗定额表"，安排备料，开"领料单"去仓库领塑胶料、包装材料、色母以及周转箱，并发放给车间。

④ 配料员根据"原物料消耗定额表"进行配料。

⑤ 加料员根据"烘料记录表"将材料放置入烘干机，以"注塑工艺卡"标准设定烘料温度，进行干燥处理，并在原材料干燥记录中记录干燥开始时间。

⑥ 计划员根据"注塑生产指令单"向车间开具"注塑生产计划表"。注塑车间班长对计划和模具确认后通知上模员，上模员根据产品信息及生产设备信息，提取模具并进行安装，并连接模温机等模具生产辅助设备，以及生产设备须与模具相连的机构。

⑦ 注塑车间班长要及时与计划员沟通，监控材料配件、工装的到位情况。

(2) 首件制作

① 注塑技术人员监控材料的烘干时间，并确认材料烘干温度及时间已经达到"注塑工艺卡"要求。

② 注塑技术人员检查生产设备是否正常，检查安装在设备上的工装模具、模具连接的水、油、电路都符合模具安装的要求，检查模具与模温机、注塑设备的连接上都符合连接要求。若确认有误，须通知相关人员进行改正。待确认无误后，根据产品的注塑工艺卡，设定模具温度及设备操作工艺。

③ 待模具温度、设备工艺达到产品工艺要求后，注塑技术人员进行设备调试，进行产品的首件制作，填写"首件检查送检单"以及本次制作的产品首件递交到质量管理部检验员进行首件检验。

④ 质量管理部检验员对递交的首件进行检验，并与产品末件进行比对，如首件检验不合格，注塑技术人员分析原因，在模具无异常情况下，注塑工程师与注塑班长一起进行设备检查，确认设备正常需对工艺进行调整，重新制作首件样品。若模具出现异常，工艺员结合质量管理部检验员开立模具报修单，根据"模具的维修流程"进行模具维修，直至首件制作递交。

(3) 批量生产

① 首件样品检验合格后质量管理部检验员将合格信息通知注塑技术管理人员。注塑技术管理人员针对产品及模具的特殊情况和注意事项进行说明和指导，对注塑工艺及工艺允许调整事项进行说明。

② 注塑班长对现场进行设备点检，安排作业员工，悬挂"注塑作业员操作指导书"，对员工进行操作培训，对产品及操作注意事项进行说明，指导员工操作。将生产所需物资：操作工具、防护用品、包装物料、产品标识卡、产品流转卡、水口料箱、不合格品箱等分发给员工，培训员工按照作业现场 5S 定置及管理要求进行操作和维护，对员工进行产品修剪、包装及标识填写安放的说明。

③ 注塑员工在生产过程中严格按照作业操作指导书作业，对产品进行拿取、修剪、摆放、标识、清点、包装作业，负责产品的自检，将自检判定为不合格品放入不合格品

箱。根据作业现场 5S 定置及管理要求，维护生产现场环境，将生产现场涉及的产品、配件物料进行维护和定置摆放，整理水口料箱。生产员工须阅读及掌握负责产品的生产作业计划，当生产数量达到计划数量时须及时上报注塑班长。员工在当班生产中遇到任何问题需报告给注塑班长，由注塑班长指挥或协调完成。

④ 注塑班长须对员工的操作进行指导和监控，对产品的质量进行巡查，对员工产品的包装、标识的填写及安放等进行检查。对生产现场的材料使用情况进行监控，发现材料不足时要及时进行加料，并通知仓库按计划及时补料。班长须根据现场的生产情况，及时地分发包装材料、产品标识、产品流转卡等现场耗用物资，出现耗用物资不足时，及时向仓库进行申领。对产品的水口料箱进行及时的整理和更换。及时收集现场摆放的产品及水口料箱，检查并完成产品的最小包装，并根据区域进行定置摆放。班长接收班组员工发现或提出的问题，根据问题情况，采取有效措施。对于工装模具故障、设备电子电路故障、产品 10 个以上连续不合格品情况，必须在保留现场的前提下，通知相关部门人员进行处理，并对设备状态进行标识。

⑤ 质量管理部检验员对产品进行巡检，并对生产过程中的产品进行判定，对作业员工放在现场不合格品箱内的产品进行复检、判定登记。注塑工程师对生产过程的工艺执行情况和对生产过程中的模具进行巡检。

⑥ 质量管理部检验员发现产品质量问题，立刻通知注塑班长，并将前次检验合格至被查到出现问题阶段的产品进行隔离。对问题现场进行封锁，等待问题处理。

⑦ 注塑工程师组织进行质量问题分析，总结并判定是工艺、工装模具、设备、材料、操作员工操作不当中的哪种原因所引起。

a. 若是工艺原因引起，通知注塑班长组织进行调整。

b. 模具原因引起，开立"模具维修单"，通知模具车间负责进行调整修理。

c. 设备原因引起，通知设备管理员进行设备调整。

d. 材料问题引起，通知材料仓库管理员进行整改。

e. 操作员工操作不当引起，通知注塑班长及责任员工进行整改。

⑧ 质量事故原因判定后，计划员做好生产进度衔接配合，导致生产计划变更的计划员进行调整并知会相关部门。质量问题处理后实施验证确认后方可进行生产。

⑨ 质量管理部针对不合格品，根据不合格品控制程序进行处理。针对需要返工情况的，注塑车间落实返工的生产计划，组织产品返工，质量管理部检验员须对返工零件进行确认及巡检。

⑩ 注塑车间当班生产结束后，注塑车间员工须填报当班"注塑生产统计表"。注塑领班须确认员工填报的生产数量，汇编"注塑生产日报表"，督导员工作业现场的清理。注塑领班将当班生产的产品进行整理，确认数量、包装标识准确，填写车间"产品报检入库单"，提报质量管理部检验员对报检产品进行入库检验。将已经装满并且水口料标识正确的水口料箱进行归类整理，统一搬运至材料碎料房，并与碎料员进行交接确认，并按碎料工作流程进行作业。

⑪ 在生产过程中，生产数量未达到要求，转入另一班组进行生产时，要进行交接班，填写"交接班记录"，以便生产的衔接。

（4）成品入库

① 质量管理部检验员接收车间产品报检入库单，针对产品进行入库检验。

② 产品检验合格，检验员在车间产品报检入库单上签字或盖章，通知注塑领班。注塑领班收到产品合格信息，将报检产品搬运到仓库收货的指定区域。仓库管理员进行核对，确认无误后组织入库，并对车间产品报检入库单进行签收。

Chapter 1

Chapter 2

Chapter 3

Chapter 4

Chapter 5

Chapter 6

Chapter 7

Chapter 8

附录 1

附录 2

（5）**生产完成**

① 注塑计划员根据生产日报表的统计，当生产数量达到车间生产作业计划量时，须通知注塑领班停止生产，将生产的最后一模产品提交质量管理部检验员。检验员进行检验和末件留样，对生产现场摆放的检验文件及检测器具等进行回收。

② 注塑领班收到计划完成信息，通知部门内相关人员进行模具拆卸，及维护保养入库，并将工艺文件等回收保存。

③ 生产完毕后，注塑领班须组织作业员工进行现场清理，清理设备中的残余材料，清理烘干机，对留存在生产现场的物料进行回收，对产品相关的生产作业指导文件、记录、报表进行归档。

④ 注塑领班将产品生产结束后，留存的材料、配件等仓库物资编制退料单，组织退库。仓库进行清点、统计确认。

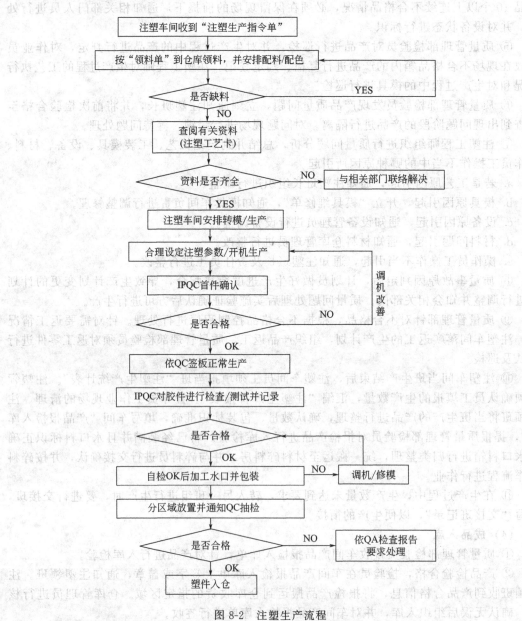

图 8-2 注塑生产流程

（6）注塑生产流程图

注塑生产为一系统工程，需要按照一定的流程进行，图 8-2 所示为某企业的生产流程图。

注：IPQC 为 "Input Process Quality Control" 的英文缩写，通称为制程检验员。QC 为 "Quality Control" 的英文缩写，通称品质控制员。

8.2.2 试模管理

（1）试模要点

① 新制造或修改后的模具均需进行试模。

② 外协模具移回本公司，先移到模具车间确认模具。

③ 模具项目工程师开具"试模通知单"给注塑车间计划员。

④ 注塑车间计划员根据"试模通知单"安排试模，物料员根据"配料/配色工作流程"准备物料。

⑤ 注塑工艺人员安排上模员以"上模工作流程"安装模具。

⑥ 通知模具项目工程师到现场，开始调机，在调机过程中，现场进行初试状态分析，样板是否达到要求，如没有达到要求，模具人员处理模具问题，注塑工艺人员处理工艺参数问题。

⑦ 样板达到试模要求，按"试模通知单"要求注塑出所需要的样板数量。

⑧ 试模完成后，注塑车间填写"试模报告"。

⑨ 试模报告和样品交付给模具项目工程师。

⑩ 注塑工程师全程跟进。

（2）试模流程图

试模流程图见图 8-3。

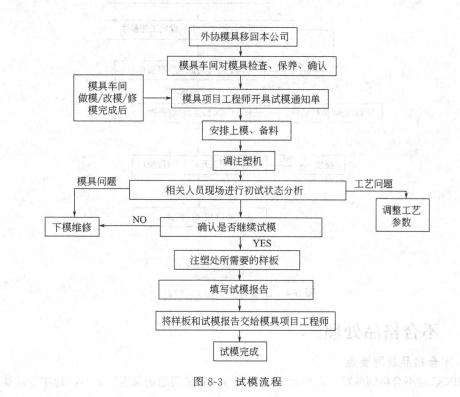

图 8-3　试模流程

8.2.3 开机投产管理

① 注塑领班接到计划员的"注塑生产指令单",安排上模,并通知物料员提前准备物料。

② 加料员按"注塑工艺卡"规定进行烘料。

③ 调机之前,调机人员要进行清机洗炮(转模前是相同的料不用此动作)。

④ 文员准备相关的工艺文件。

⑤ 工艺人员参照"注塑工艺卡"设定工艺参数,进行试验性注塑,对照机台样板进行自检,确认无误后,送 QC 检查确认并签首检板。

⑥ QC 确认无误后,安排作业员进行量产,注塑管理人员对作业员进行岗前培训。

⑦ 作业员在生产过程中,要按品质要求进行自检并进行后加工(去水口或毛边,按作业要求进行包装)。

⑧ QA 检查后,通过(PASS)。

8.2.4 开机投产流程图

注塑机开机投产流程图见图 8-4。

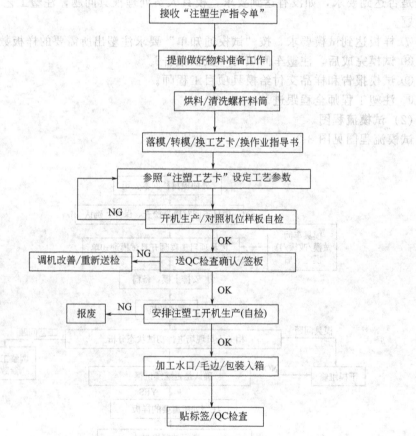

图 8-4 注塑机开机投产流程

8.2.5 不合格品处理

(1) 不合格品处理要点

① IPQC 对不合格塑件贴不合格标识,并填写"质量问题记录表"表给品检主管确认。

② 确认的不合格塑件需与注塑领班确认，如不接受退货，则注塑主管需与品检主管及相关部门协商处理。

③ 经确认不合格的塑件需与合格品分开，注塑车间安排返工。

④ 返工的塑件再次经品检确认后，方可入库。

（2）不合格品处理流程图

不合格品处理流程图见图 8-5。

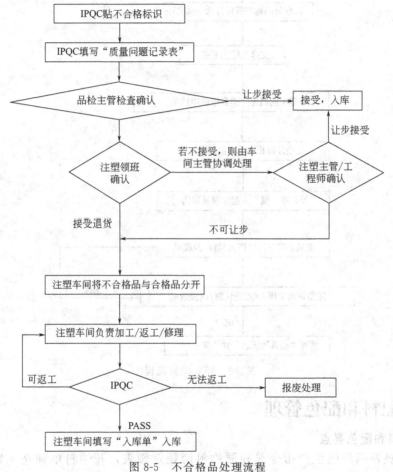

图 8-5　不合格品处理流程

8.2.6　模具维修管理

（1）模具维修要点

① 注塑工程师和主管对不合格品进行分析，判断是否修模。

② 模具维修时，需留有问题的 3 模样板，以便于针对性维修模具。

③ 安排上模员落模，并填写"模具维修申请单"，并在有问题的样板上标示出问题点，连同模具一起送到模具车间。

④ 模具车间安排修模人员修/改模具。

⑤ 模具维修完成后，品检、模具人员和注塑管理人员一起确认产品，产品确认合格后，方可量产。

⑥ 模具确认合格后，填写"模具履历表"。

Chapter 1

Chapter 2

Chapter 3

Chapter 4

Chapter 5

Chapter 6

Chapter 7

Chapter 8

附录 1

附录 2

（2）**模具维修流程图**
模具维修流程图见图 8-6。

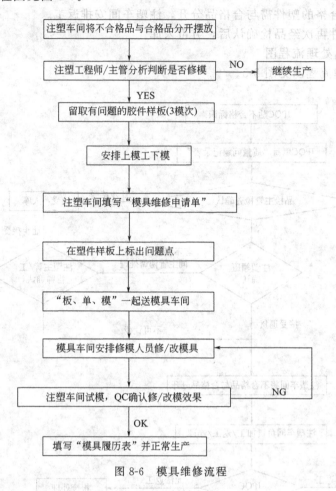

图 8-6　模具维修流程

8.2.7　配料和配色管理

（1）配料和配色要点

① 物料员根据注塑生产指令单和原物料消耗定额表，开领料单到仓库领取原料和色母。
② 配料员核对配料、配色的工艺文件资料。
③ 清理混料机，倒入原料，加入色母开机搅拌 5min。
④ 核对配料、配色的工艺资料，需加水口料，则加水口料搅拌 5min。
⑤ 搅拌完成后，用原料袋进行包装，并封口。
⑥ 袋子上贴上标示卡。

（2）配料和配色流程图

配料和配色流程图见图 8-7。

8.2.8　上料和加料管理

（1）上料和加料要点

① 关闭烘料桶的电源，卸掉料桶的塑胶料，用袋子包装，并贴上标示卡。

② 清理烘料桶，料桶不应存在剩余的塑胶料。

③ 核对塑胶料是否对应注塑工艺卡上的材料。

④ 把塑胶料装入烘料桶内，并盖上桶盖。

⑤ 根据注塑工艺卡设定烘料温度，并记录烘料开始时间，填写烘料记录表。

（2）上料和加料流程图

上料和加料流程图见图 8-8。

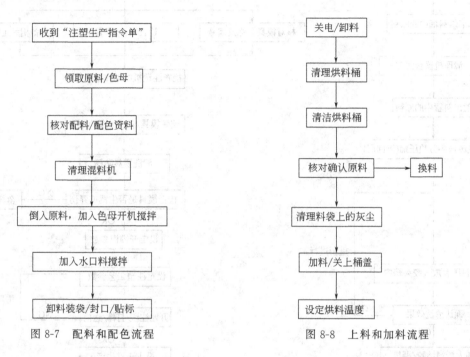

图 8-7　配料和配色流程　　　　　　　图 8-8　上料和加料流程

8.2.9　洗机（清洗料筒）管理

（1）洗机要点

① 在转模生产、试模、试料时，都需要清洗料筒和螺杆。

② 后退射台，卸下烘料桶中的原料，并清理注塑机台的台面，然后射出料管中的原料，将射出的胶分块压扁，等待回用，加入洗机料，熔胶和射胶动作相互替换，将射出的洗机料分块压扁，确认洗机效果，如没有达到要求，重复前面动作，直到炮筒清洗干净。

（2）洗机流程图

洗机流程图见图 8-9。

8.2.10　上模（安装模具）管理

（1）上模要点

① 注塑车间收到"注塑生产指令单"或"试模通知单"。

② 上模员核对模具编号，并从模具仓库领出模具，检查模具，并准备上模工具和相关周边设备（模温机）。

③ 上模之前，检查注塑机台的动作和面板参数，确认无误后，安装模具、安装水管以及调节模具行程，然后清洗模具并检查模具模腔，如模具有损坏，按模具维修流程进行修模。

④ 设定参数，进行试注塑，打样，送检，品检确认合格，再进行量产。

(2) 上模流程图

上模流程图见图 8-10。

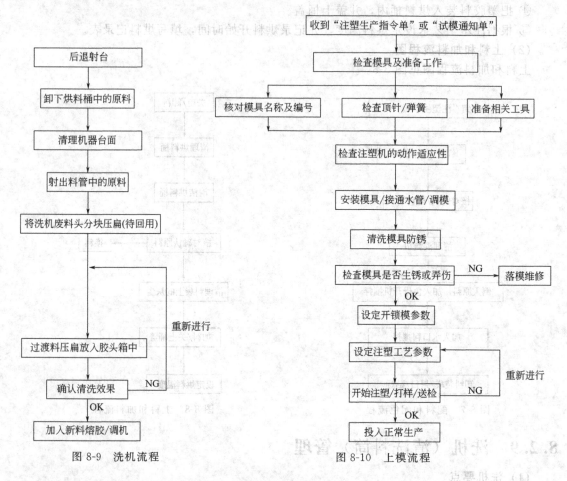

图 8-9　洗机流程　　　　　　　　图 8-10　上模流程

8.2.11　碎料（粉碎回收料）管理

(1) 碎料要点

① 拉出粉碎机下料斗，清扫粉碎机下面灰尘和残余料，以免粉料时掉下的原料中混有杂物。

② 检查粉碎机内螺钉是否松动及内部是否有异物，检查完成后，轻轻放下安全盖，启动电动机，同时注意电机是否有异常现象。

③ 核对粉碎机内原料是否与要粉的料相同。

④ 粉料前，先认真检查料内是否混有铁块等异物或其他的料头，再将料倒入粉碎机里粉碎。

⑤ 当天的料按粉碎房规定质量装袋，并且在料袋上贴上标签，标注料名、质量、日期等，方可入库。

⑥ 放入暂存区时，应按类别将料整齐摆放。

⑦ 工作完后，把粉料房打扫干净。

⑧ 下班之前把当天所粉的料交班组长进行统计。

(2) 碎料流程图

碎料流程图见图 8-11。

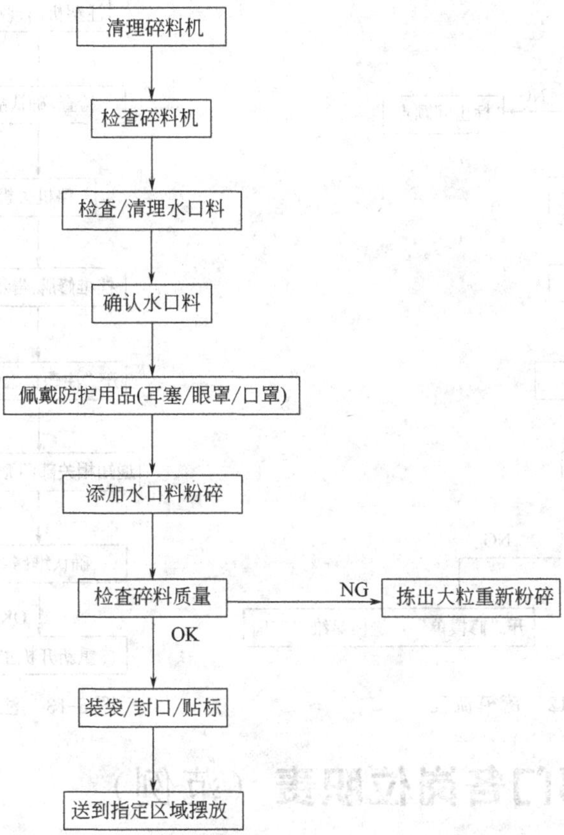

图 8-11　碎料流程

8.2.12　落模（拆除模具）管理

(1) 落模要点

① 下模之前检查塑胶件的质量，留取 3 啤胶件样板，并标出问题点，以备模具检讨。

② 清洁模具，准备下模工具，拆卸水管，喷防锈剂，装吊环，套吊钩，拆码仔，吊卸模具。

③ 模具需要维修的，开"模具维修单"和样品送付模具车间。

④ 最后把模具送回模具仓库，摆放整齐。

(2) 落模流程图

落模流程图见图 8-12。

8.2.13　注塑机维修管理

(1) 注塑机维修要点

① 注塑过程中，注塑机出现故障，注塑车间管理人员初步检查故障部位和原因。注塑车间管理人员无法解决时，停机并关闭电源，在注塑机台上挂维修牌（告示牌）。

② 注塑车间开具"注塑机维修单"通知相关部门派人维修。

③ 维修完成，注塑车间管理人员确认维修效果。

(2) 注塑机维修流程图

注塑机维修流程图见图 8-13。

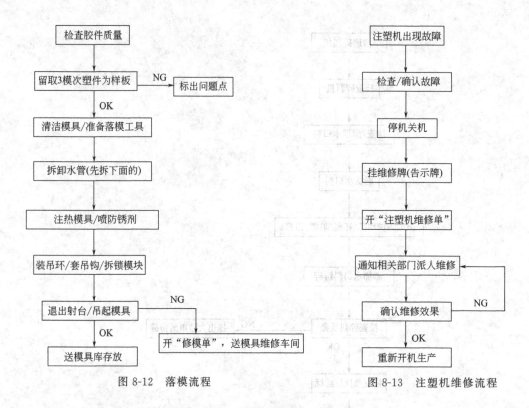

图 8-12　落模流程　　　　　　　　图 8-13　注塑机维修流程

8.3　注塑部门各岗位职责（范例）

8.3.1　注塑部门主管（经理）岗位职责

① 直接对副总经理或厂长负责，向其汇报工作，服从其工作安排和管理。

② 全面负责注塑部门的生产运作安排、组织和管理工作，主持本部门的日常事务。

③ 根据公司的品质方针和年度工作目标，制订注塑部门的工作目标，并组织实施。

④ 根据公司发展的需要和实际生产状况，完善注塑部门的组织结构和人员编制，科学合理地配置人手。

⑤ 根据实际需要提出注塑部门新增人员的招聘申请，按工作岗位技能要求考核、筛选、录用各级员工，并搞好注塑部门的人力资源管理工作。

⑥ 根据 PMC 下达的生产计划，合理地做好注塑部门的生产计划安排和组织生产工作，并检查/指导生产计划的执行情况，采取有效措施，按时按质按量地完成生产任务，确保交期。

⑦ 依照 ISO9001 品质管理体系要求，建立注塑生产过程中的品质保证和体系，按照产品质量标准和样板要求，严格控制注塑产品的质量，坚持"三不"原则，确保塑件质量满足客户的需要。

⑧ 组织/落实/执行公司的安全生产管理制度及防火规定，结合注塑部门的实际运作特点，制订本部门安全生产管理制度，做好各岗位人员的安全防护措施。

⑨ 对各岗位人员进行安全/消防知识培训，提高属下员工的安全生产和防火意识，并落实与监督执行，消除安全隐患，确保生产安全。

⑩ 制订机器设备、模具、工装夹具、测试仪器、磅秤等的使用/维护/保养及管理制度，并组织/落实/执行。做好注塑设备、模具、工装夹具的报修/维修工作，减少故障，

防止损坏，延长其使用寿命。

⑪ 制订注塑部门员工的培训计划，并按计划对各级员工进行岗前技能培训、技术培训、品质培训、管理培训、制度培训、"5S"培训、消防/安全知识培训等，不断提升注塑部门员工的整体素质，提高其工作质量和工作效率。

⑫ 制订生产原料、易耗品、办公用品、工用具的使用/管理制度，严格控制"料、工、费"及各种物料的损耗，提高节约意识，增强成本观念，不断降低物耗和生产成本。

⑬ 积极推行"5S"管理活动，搞好注塑部门的现场"5S"管理工作，确保注塑部门工作环境清洁、整齐有序，一切物品需分类标识清楚/摆放整齐，做到安全、文明生产，提升企业形象。

⑭ 贯彻落实公司有关管理体系和管理制度，并组织制订注塑部门的各项管理制度/运作流程等，加大其执行力度，督导属下员工严格遵守执行。

⑮ 制订注塑部门各级员工的岗位职责，并监督其履行职责。

⑯ 做好本部门员工的考勤工作，科学合理地制订作业人员的计件工资标准，严格执行公司的薪酬制度。坚持"公平、公正、公开"和"对事不对人"的原则，对各级员工进行公正考评，并建立绩效考核和激励机制，充分调动各级员工的工作积极性。

⑰ 做好试模/生产过程中的的注塑工艺条件记录工作，分析生产过程中的产品结构/模具结构/注塑工艺参数的合理性，科学合理地设定注塑工艺条件，并对模具结构提出改良建议。

⑱ 组织召开注塑部门"每周生产例会"及相关工作会议，坚持"三不放过"的原则，及时分析/处理工作中出现的问题，并提出纠正、预防和改善措施。

⑲ 做好与各相关部门的协调/沟通，树立"内部客户"的思想，配合工程部、品管部、装配部及仓库等部门搞好工作，让内部客户满意。

⑳ 随时掌控本部门的生产进度、产品质量状况、物料供应情况、生产效率/料耗、模具/设备状态及人员动态等，对其存在的异常状况，及时分析原因、协调/沟通处理，确保生产运作顺利正常。

㉑ 积极推动本部门在技术、产能、生产方法及管理手段等方面的进步，逐步推行量化管理、看板管理、目标管理，配合公司整体发展的需要。

㉒ 坚持技术创新，管理创新，与时俱进，力求持续改善，不断提高生产效率和产品质量，减少料耗和不良率，以降低生产成本。

㉓ 做好各类生产报表和文件的审批工作，确保报表数据真实地反映实际情况，并做好各级员工的工资统计/核算/上报工作，对自己及属下员工的行为负责。

㉔ 安排指导有关人员做好注塑部门文件资料/生产报表的分类、标识、管理和建档保存工作。

㉕ 根据生产需要决定车间是否加班，根据生产任务松紧情况向人事行政部提出增减员工人数。

㉖ 积极参加培训，努力学习新的技术/管理知识，不断完善和提升自己，适应公司未来发展的需要。

8.3.2　注塑部门生产工程师（PE）岗位职责

① 直接对注塑部门经理负责，向其汇报工作，服从其管理和工作安排。
② 严格遵守注塑部门及公司的各项管理制度。
③ 跟进注塑生产过程中每台机的周期时间及生产效率。
④ 跟进每台机浇口料中的废品量，并分析产生大量不良品的原因，提出改善方案。

⑤ 跟进生产中每套模具的注塑效率、模腔数及脱模状况。

⑥ 跟进送修模部报修模具的维修进度和维修效果。

⑦ 分析生产过程中模具结构及制作的合理性,对有问题的模具提出改善方案。

⑧ 分析生产过程中出现的品质异常原因,提出防范措施。

⑨ 分析生产过程中生产效率低和模具发生故障的原因,提出改善对策。

⑩ 分析生产过程中螺杆头或螺杆断裂的原因,提出防范措施。

⑪ 跟进生产过程中的原料损耗情况,并分析原料损耗大的原因,提出改善方案。

⑫ 跟进生产过程中工装夹具的使用效果,并提出新增/改良工装夹具的方案。

⑬ 跟进生产过程中的注塑工艺条件的合理性,逐步实现调机科学化。

⑭ 对生产中难注塑的产品,编写/制订加工规范和特别的作业指引。

⑮ 及时处理生产现场出现的疑难技术问题并跟进效果。

⑯ 整理/编写有关技术的培训资料,并对技术人员进行技术培训工作。

⑰ 重点跟进急件生产过程中的模具、品质问题处理情况。

⑱ 协助检查/监督生产过程中各有关技术人员在上/落模、模具/机器保养、开停机操作、安全生产、调机等方面的工作情况及相关规章制度的执行力度。

⑲ 跟进机位产品的后加工情况,并对后加工量大、人手多的产品提出修模或品质标准的检讨。

⑳ 不断学习注塑行业新的知识,引进新的注塑加工技术,推动注塑部门技术进步,满足公司未来发展的需要。

8.3.3 注塑部门领班/组长岗位职责

① 直接对自己的直属上司负责,向其汇报工作,服从其工作安排和管理。

② 带头遵守塑料部门以及公司的各项管理制度和厂纪厂规,并监督下属严格执行。

③ 全面负责本班/组的生产运作安排、组织和管理工作。

④ 做好交接班工作和文件资料/生产报表的审批以及管理工作,每日需提前20min到车间了解生产状况。

⑤ 上班前必须开会点名报到,做好本班/组员工的考勤记录工作,针对异常状况及时上报文员。

⑥ 上班后第一时间对各成型机台进行全面检查,确认接机人员是否已经到位。

⑦ 根据塑料部门每日的生产任务合理地做好本班/组长的生产计划安排,并跟进生产计划的完成状况,采取有效措施确保按时、按质、按量的完成生产任务以确保交期。

⑧ 严格控制本班/组的产品质量,坚持"不制造不良品、不流出不良品"的原则,确保产品质量满足客户需求。

⑨ 负责本班/组的安全生产管理工作,严格执行公司以及塑料部门制订的安全生产管理规定,并监督实施,消除安全隐患确保生产安全。

⑩ 严格控制"物料、工时、费时"以及各种物料的损耗,增强成本管理,不断采取有效措施降低物耗以及生产成本。

⑪ 搞好本班/组的现场"5S"管理工作,确保工作环境清洁、整齐有序、一切物品分类标示/整齐摆放。

⑫ 随时掌控本班/组的生产进度、产品质量状况、物料供应状况、生产效率/物料损耗、模具/设备状态以及人员状态,对其存在的异常状况,及时有效地进行分析、协调沟通处理,确保生产运作顺利正常。

⑬ 随时掌控现场使用后勤物资是否满足当班需求,如未达当班预算时应及时上报处理。

④ 针对生产过程每1～2h必须巡回检查1次，并指导作业人员加工作业方法，提示质量要求、包装方式以及相关注意事项（针对新进作业人员要特别培训教育，时时关心其工作状态）。

⑤ 当班生产出来的产品需返工处理，尽量在当班完成，如未完成需写申请经经理核准后可移交对班处理，并将该记录复印一份交经理助理处存档备查。

⑥ 坚持"公平、公正、公开"和"对事不对人"的原则，对下属员工进行公正考评，充分调动各级员工的工作积极性。

⑰ 对生产过程中出现的问题，从模具、机器设备、成型工艺等方面进行分析，积极提出改善建议，以提高效率、提升品质、降低物料损耗、减少机位人手。

⑱ 搞好机位浇口料的监督控制和本班/组人员劳动纪律的管理动作。

⑲ 认真监督填写各类生产报表，确保生产数据的真实性、准确性。

⑳ 对下属各岗位人员进行岗位技能培训、品质标准、安全生产、"5S"管理等方面的培训，不断提升其工作质量和工作效率。

㉑ 勇于创新、力求持续改善，积极推动注塑料部在生产技术和管理方面的进步。

㉒ 努力学习新的技术/管理知识，不断完善和提升自己，与时俱进，适应公司未来发展的需要。

8.3.4 注塑部门试模人员岗位职责

① 直接向主管/领班负责，向其汇报工作，服从其工作安排与管理。

② 严格遵守注塑部门及公司的各项管理制度、"注塑部门员工守则"及"注塑部门员工安全守则"。

③ 做好试模前的物料准备工作，按"试模通知单"上的要求做好每套模具的试制工作。

④ 根据每套模具的结构、所用塑料的性能，合理设定注塑工艺参数。

⑤ 严格遵守"上落模人员安全守则"的规定，增强安全意识，确保试模安全。

⑥ 做好试模样板的加工、标识、包装和管理工作，并移交给工程部门。

⑦ 对试模过程中出现的模具及塑件质量问题，需及时通知工模部、工程部相关人员到现场分析、处理。

⑧ 认真填写试模报告，对试模过程中出现的各种问题需描述清楚，并提出修模/改模建议。

⑨ 做好模具的清洁、防锈、保养工作，维修时需"板、单、模"一起送交模房。

⑩ 做好试模机台的"5S"工作，及时清理机台及地面上的工具、塑件及物料，试模时料斗内所剩的原料需及时卸下，包装封口后标识清楚送回料房。

⑪ 积极参加培训，努力学习专业技术知识，不断提升分析问题、处理问题的能力和技术水平。

8.3.5 注塑部门文员岗位职责

① 直接对注塑部门经理/主管负责，向其汇报工作，服从其管理和工作安排。

② 严格遵守注塑部门及公司的各项管理制度。

③ 熟悉注塑部门的运作体系及生产、品质、仓管等方面的相关工作流程。

④ 按要求打印部门文件资料、报表或复印相关资料，并按程序要求发放给有关部门。

⑤ 搞好注塑部门文件资料的分类、标识、建档及管理工作。

⑥ 收集、统计、整理相关生产资料、工程资料及报表数据等。

⑦ 做好会议记录工作，并整理、打印会议记录，发放给有关部门或人员。

⑧ 协助做好原料、生产辅料、办公用品、工具的领用统计/管理工作。

⑨ 接听电话并做好电话记录工作（对方的姓名、地址、电话号码及事由），将接收到的信息及时告诉相关人员（重要的事情需书面表达）。

⑩ 做好员工招聘申请和办理新员工的入厂手续工作（如：宿舍、工衣、厂牌等），并做好人事记录及档案管理工作；负责新员工入厂教育培训、部门规章制度培训、职业道德培训工作，协助搞好本部门其他的培训工作，并做好员工培训记录。

⑪ 做好客户来注塑部门的接待工作和介绍宣传工作。

⑫ 协助主管跟进/检查/监督注塑部门各项规章制度及工作要求的执行情况，对注塑部门所存在的问题或违规现象应及时向主管反映（必要时开"违规罚款单"给违规人员）。

⑬ 工作需认真负责、一丝不苟、积极主动、精益求精，按照上司的要求去做好每一件事情，当天的事当天完成，当天完成不了的事情需向上司讲明原因及完成时间。

⑭ 做好办公室内的"5S"工作，样板、文件资料、报表及工作台面上的办公用品需摆放整齐。

⑮ 对公司的业务/工程资料负责保密，不得将公司的文件、技术资料带出厂外。

⑯ 不断学习新的知识（如：礼仪、电脑、外语等），适应公司未来发展的需要。

8.3.6　注塑部门计划员/统计员岗位职责

① 直接向注塑部门经理/主管负责，向其汇报工作，服从其工作安排与管理。

② 严格遵守公司及注塑部门的各项管理制度和"注塑部门员工守则"。

③ 负责注塑部门的生产订单审核、发放和计划安排，并合理排机。

④ 跟进注塑部门生产所需物料的到位工作和每日生产进度的完成情况，出现影响生产进度的情况时，需立即向注塑部门经理/主管反映，并协助其处理。

⑤ 跟进"急件"生产的原料、色粉、包装材料的供应情况及模具维修的进度。

⑥ 做好注塑生产数量的统计工作，并及时向 PMC 部提交"注塑部门生产日报表"。

⑦ 工作需认真负责，熟悉有关生产要素（如：模具、机器、原料、品质状况），根据注塑部门的实际生产能力安排生产计划。

⑧ 做好生产资料、生产报表的管理工作，确保生产数量的可靠性和准备性。

⑨ 积极参加培训，努力学习业务知识，不断提升自己。

8.3.7　注塑部门配料员岗位职责

① 直接对领班负责，向其汇报工作，服从其工作安排和管理。

② 严格遵守注塑部门及公司的各项管理制度。

③ 配料前需弄清楚相关机台或产品所使用的原料、色粉（色种）、浇口料配比及每日配料量。

④ 配料时必须按规定使用原料、浇口料、色粉（色种）及配比进行混料。

⑤ 转料/换色时，需将混料筒内剩下的原料、色粉（色种）彻底清理干净；若换浅颜色或透明料时一定要将混料筒内、外擦干净，并用气枪吹尽混料筒内的异物、色粉等。

⑥ 掺混浇口料时，按各机台实际所产生的浇口料量来配混，并按所加新量多少来添加色粉（色种）用量，不可用错浇口料。

⑦ 向混料桶中加料时，不可加得过多，严禁将料弄洒于地面上（应及时盖上混料桶顶盖）。

⑧ 倒入原料前，须将料袋外面的灰尘用气枪吹干净；倒入原料后，先加适量的白矿

Chapter

1

Chapter

2

Chapter

3

Chapter

4

Chapter

5

Chapter

6

Chapter

7

Chapter

8

附录

1

附录

2

油（每包 25g）混合 3min 后，再加色粉开机搅拌 10min 以上（色种不需加扩散油）。

⑨ 配浅色或白色料时，须将料袋外面的灰尘彻底清理干净，倒料时勿将料底袋部伸入、混入混料筒内，不要抖动料袋；混好料后，须及时将料袋口封好，防止灰尘落入。

⑩ 拉运原料时，须将料袋摆放稳妥，速度不要过快；勿急拐弯或急停，以防止原料袋倒下，料粒洒落于地面上。

⑪ 配好的料必须用原来的料袋包装，并标明其颜色及原料名称，以防弄错。

⑫ 严禁用错原料、加错浇口料、用错色粉，防止造成原料浪费。

⑬ 每次配料后需记录下配料量和配比（浇口料/色粉用量）。

⑭ 好好配料房的环境卫生与"5S"工作，一切物品需分类摆放整齐。

⑮ 做好交接班工作，将每台机的配料情况向接班人员交接清楚。

⑯ 积极参加培训，努力学习业务知识，不断提升自己。

8.3.8　注塑部门班长岗位职责

① 直接对组长负责，向其汇报工作，服从其工作安排和管理。

② 带头遵守注塑部门及公司的各项管理制度。

③ 需提前 10min 上班，到车间了解各机台生产情况，做好交接班工作。

④ 上班前需开会点名报到，做好员工的出勤记录，并根据机台生产情况，合理安排机位接机人员。

⑤ 上班后第一时间对各机台进行全面检查，接机人员是否已到位，新产品机台要指导员工作业，培训加工方法、质量要求、包装方式及注意事项，以后每隔 1～2h 必须跟进/检查一次。

⑥ 跟进各机台的生产情况，统计数字要准确，对将要够数的机台应及时上报。

⑦ 将当班生产的产品进行过磅、统计数量、贴标签、送检，并填写生产日报表经组长核对/领班审核后，送交办公室文员处。

⑧ 跟进当班机台辅料/包装用品的领用及发放工作。

⑨ 培训机位作业员正确使用刀片、浇口剪的方法，并做好刀具收发记录工作。

⑩ 协助组长做好本组负责区域的"5S"工作，并做好吃饭时间的人员接机安排。

⑪ 当班生产出的产品需翻工或加工处理时，尽量当班处理完。未加工完成的，填写"后加工申请单"经领班签名，交主管批准后方可移交后加工组。

⑫ 当班机台生产的尾数，直接移交给下一班，不记入本班的产量。

⑬ 监督本组员工的劳动纪律，对违规现象及时进行纠正，必要时向组长报告。

8.3.9　注塑部门碎料员岗位职责

① 直接对注塑部门领班负责，向其汇报工作，服从其工作安排和管理。

② 遵守注塑部门及公司的各项规章制度、"注塑部门员工守则"及"注塑部门员工安全守则"。

③ 碎料时必须严格按碎料机操作规程作业，并佩带耳塞、口罩、防护眼镜及手套，做好安全防护工作。

④ 碎料前必须严格区分浇口料的种类及颜色，严禁打混料。

⑤ 转换不同种类、不同颜色的浇口料时，需将碎料机彻底清理干净。

⑥ 碎料前需先开电源让碎料机空转 1min 后，才可加入所需粉碎的塑件或浇口。

⑦ 碎料前需仔细检查浇口中有无杂料、五金工具、碎纸、碎布及其他异物，并将其分拣干净。

⑧ 要用手一次次地添加浇口，并保持每次进料量均匀一致，严禁将整箱浇口倒入碎料机内。

⑨ 对有黑点、灰尘、油污的浇口料，需将其处理干净（用风枪吹净或除污液清洗）后，方可粉碎。

⑩ 碎料机上禁止摆放五金工具，以防落入碎料机内损坏刀片或机器。

⑪ 若因产品过大或添加量过多而出现卡机现象，应立即关电停机进行处理，防止损坏电动机。

⑫ 碎料时严禁将手伸进碎料区内，不要在皮带轮转动时取出卡在皮带轮中的浇口或塑件，确保碎料安全。

⑬ 定期检查刀口情况或紧固刀片固定螺钉，并对机器转动部位定时加润滑油，做好碎料机的维护、保养工作。

⑭ 碎料员需经常检查浇口料粒的大小是否符合要求（不大于 1cm），并保持料粒大小均匀一致。

⑮ 碎好的浇口料需尽量用原来的料袋盛装，装袋后需及时封存口，并做好标识工作，分类摆放到指定的地方（需放在卡板上）。

⑯ 停机前应停止添加浇口、塑件，让其空转 1min 后方可停机，不得在加料途中关电停机，以防损坏转动电动机。

⑰ 做好碎料房的"5S"工作，一切物品需分类/分区摆放整齐。

⑱ 做好碎料的记录工作和交接班工作。

⑲ 积极参加培训，努力学习业务知识，不断提升自己。

8.3.10　注塑部门加料员岗位职责

① 直接对组长负责，向其汇报工作，服从其工作安排与管理。

② 遵守注塑部门及公司的各项管理制度、"注塑部门员工守则"及"注塑部门员工安全守则"。

③ 卸料前需关闭加热电源，卸下的需用原料袋装好并及时封口送回配料房（只留一种原料）。

④ 严格按要求将烘料桶内的色粉或料屑彻底清理干净。

⑤ 加料前需仔细确认所加的料是否正确，严禁加错料。

⑥ 注塑生产过程中要经常巡查机位烘料桶中的剩料量，按烘料桶上规定的加料线位置及时加料，确保烘料时间的均匀性。

⑦ 不得将整包原料竖立在烘料桶上，以防原料袋掉下造成原料浪费。

⑧ 严禁将脚踩在电箱盖上或料管隔热罩上加料，以免踩坏电箱盖或料管。

⑨ 使用活动加料梯时，必须将脚闸关牢，上加料梯时要小心，防止脚落空。

⑩ 加料时需先将料袋外的灰尘/异物清理干净，向烘料桶中添加的原料量不要过满，并随手盖上烘料桶（干燥器）的上盖。

⑪ 加料工具必须清理干净，剩余料需及时将料袋口封好，防止落入灰尘或异物。

⑫ 做好机台附近的"5S"工作，空料袋应及时拿到指定的地方摆放。

⑬ 做好交接班工作，向接班人员讲清楚各机台的原料使用情况及料耗。

⑭ 积极参加培训，努力学习业务知识，不断提升自己。

8.3.11　注塑部门上落模人员岗位职责

① 直接对组长负责，向其汇报工作，服从其工作安排与管理。

② 遵守注塑部门及公司的各项管理制度、"注塑部门员工守则"及"注塑部门员工安全守则"。

③ 严格按"上落模人员安全守则"的要求工作，确保上模安全。

④ 接到"转模通知单"后，应提前做好转模的各项准备工作和清机洗炮工作。

⑤ 按照"上模工作流程"做好上落模工作，对嘴时勿调整射台的高度。

⑥ 协助组长做好本组的日常生产管理工作，处理一般性的生产问题。

⑦ 转模后应及时清理机台上的工具、物料，并做好机位的"5S"工作。

⑧ 协助组长做好本组机台的生产数量、塑件质量、浇口料控制及员工劳动纪律的检查/跟进工作。

⑨ 做好交接班工作及组长安排的其他临时性工作。

⑩ 积极参加培训，努力学习注塑技术知识，不断提升自己，适应公司未来发展的需要。

8.3.12　注塑部门作业员岗位职责

① 直接对组长负责，向其汇报工作，服从其工作安排与管理。

② 遵守注塑部门及公司的各项管理制度、"注塑部门员工守则"及"注塑部门员工安全守则"。

③ 严格按"机位作业指导书"的要求开机作业，生产中发现机器、模具、产品质量问题时，需立即停机并向组长/领班汇报。

④ 开机前必须熟悉所注塑塑件的品质标准、加工要求、开机要求、包装要求及注意事项。

⑤ 开机过程中应随时留意塑件/浇口是否粘模，若有粘模现象，需立即停止（锁模）关门动作，严禁压模。

⑥ 严格按组长和 QC 人员对品质的要求控制塑件质量，对每注塑塑件的外观做好自检工作（对照机位样板）。

⑦ 加工产品时要轻拿轻放，并将产品的外表面朝上摆放在工作台面上。

⑧ 机位浇口箱中严禁放入五金工具、碎布、废纸及不同塑料/不同颜色的塑件或浇口。

⑨ 注塑生产过程中，机位作业员不得擅自改变"注塑工艺参数"，严禁在有人检修机器/模具时按动机器按钮。

⑩ 负责做好自己工作区域的"5S"工作，保持机台附近清洁，一切物品需按规定摆放整齐。

⑪ 遵守上班纪律，服从各级管理人员的工作安排或调动。

⑫ 做好交接班工作，向接班人员讲清楚当班生产中出现的问题，产品质量标准、生产数量、加工要求及注意事项。

⑬ 积极参加岗位操作、安全生产、品质标准、"5S"知识培训，努力学习业务知识，不断提升自己。

其他的岗位职责有：物料员岗位职责、模具保养岗位职责、注塑机保养员岗位职责、工具管理员岗位职责及清洁岗位职责等。

8.4　注塑生产的信息化管理

8.4.1　信息化管理的重要性

目前，注塑行业的一些企业，生产运作停留在"低效、高耗、劣质"的落后生产管理模式上。究其原因，大致如图 8-14 所示，分析如下。

① 每台注塑机都是独立的个体，没有进行综合的、有系统的、统一的管理；资料收

Chapter 1
Chapter 2
Chapter 3
Chapter 4
Chapter 5
Chapter 6
Chapter 7
Chapter 8
附录 1
附录 2

图 8-14　制约注塑生产的因素

集统计困难，管理人员难以及时得到综合的信息（如每台机的转动率、排单情况、机台状态、现场实际操作情况等）。

② 车间现场生产和计划及客户需求脱节，物流部门下达的生产计划无法得到车间有效的响应，车间往往按照自己的便利和绩效有利程度安排生产，这就造成了市场和客户所需要的产品没有及时供应，但是仓库却积压了大量的车间生产的而市场不需要的产品。

③ 管理人员无法及时得到每个订单的实际进度信息，无法对车间的生产进度进行有效监控，造成超出原计划数量生产和现场材料挪用的情况非常严重。

④ 车间无法记录和得知废品信息，造成因废品而产生所生产的良品数量少于市场需求数量，需要进行小批量补充生产，降低效率。

⑤ 工艺是经过手工工艺卡管理，在生产过程中，由人工按工艺卡调工艺，存在工艺随意调整，一旦出现机器实际作业参数同标准工艺存在严重偏差时，无法及时发现，品质无法保证。

⑥ 车间统计资料靠人手搜集，往往是事后的统计，同时有错误或被人为删改的可能，降低信息反馈速度和可靠性。

⑦ 由于所有资料都依靠人工统计，各机台又没有联网，没有统一的信息平台，造成信息不能共享，没有足够的生产数据供管理人员分析。

⑧ 现场需要依靠大量人力观察，无法及时反馈问题并采取对应措施。

8.4.2　注塑生产信息化管理的要点

通过 8.4.1 的分析可以看出，由于没有建立统一的、系统的控制平台，没有统一的、实时的信息平台，才造成上述现场管理上的问题。

要解决这个问题，就必须建立一个高效、统一的信息管理平台，通过这个平台对现场数据实时、准确处理和分析，实时查看跟踪和监控整个注塑车间的机器运行状况、模具状态、工艺成型参数、订单生产进度等信息，从而实现生产车间现场的透明化管理。

目前注塑现场信息化管理大概有两种方式，一种是 I/O，也就是外挂感应装备，实时收集现场的开闭模状况，由后台处理分析数据，这种方式目前应用比较广泛，其优点就是不受机器品牌和型号的约束，操作简单，但是数据只是单向传递，数据信息有限；而另外一种是嵌入式，也就是通过嵌入式控制面板，通过网络同服务器和前台客户端三者实现数据交互，这种管理方式数据处理量大，可以实现现场管理和后台管理的无缝衔接，但是，由于目前注塑行业各种品牌和型号的机器都有各自的数据结构，没有形成统一的数据标准，很难对一个存在不同品牌注塑机的车间建立统一的数据交互平台，所以该模式目前没有得到很好的推广。

由于第一种模式是单向数据传递方式，无法真正实现数据交互，无实用意义，因此第二种模式也就是嵌入式信息化应用可以作为信息化管理的可行方案。

该方案由如下结构组成：基础资料管理、模具管理、工艺管理、生产订单管理、数据采集、现场看板管理和生产数据分析、接口管理等。

① 基础资料管理　基础资料应该包含产品、客户、原材料、色母色粉、机台、BOM等信息，这些信息不需要像 ERP 系统那么复杂，只需要代码和名称就可以了，因为需要管理的目标不同，所以没必要做过于复杂的处理。

② 工艺管理　工艺管理应该包括工艺资料的建立和工艺执行过程中的监控，工艺资料所涉及的信息比较多，其中包括锁模、射胶、熔胶、保压、冷却、开模这些过程每个阶段的详细信息和一个循环的生产周期，比如说开关模各阶段的压力、速度、所在位置、温度和标准时间，而现场监测主要是通过现场实际的参数同标准参数进行对比，并绘制成曲线，可以比较直观地发现异常并给予及时处理。

③ 模具管理　包括模具档案、模具代码、模具名称、标准模腔数、水口重量、模具状态等，模具的使用信息，模具的维修保养规程和维修保养管理等。

④ 生产订单管理　系统可以从 ERP 或 MES 系统中引入生产计划，并将其转化成生产订单，生产订单可以具体到机台、模具、工艺、数量等，下达后，机台可以读取生产订单，根据生产订单指派的工艺进行生产，减少人为因素干扰，确保生产同市场需求一致，通过工艺记录与检查，降低工艺参数设置随意性，确保品质稳定。

⑤ 现场看板管理和生产数据分析　通过信息系统，可以实现现场看板管理，可以实时监控每一机台的生产状况，生产订单的生产执行状况，现场报废品情况，机台生产效率，现场用料情况，同时可以通过如下报表进行统计分析：生产日报/周报/月报、机台转动率、原材料使用情况、品质报表、废品率统计、生产订单进度报表、停机原因统计表、机台负荷、模具实际产量统计表、工时统计表、作业员工效率统计表、温度资料分析、模具使用记录等。

⑥ 接口管理　与 ERP、PLM、MES、APS、CRM 等第三方系统进行数据接口，同第三方软件进行数据交互和业务衔接，形成多系统平台下业务处理的闭环。

图 8-15 所示为某企业专门针对注塑制造行业而开发的一套信息化管理系统，该系统通过实时采集生产现场数据，实现生产现场与职能部门的信息共享和互动，达到在任何时间和地点对生产现场实时管控的管理目标。该系统同时提供强大数据追溯功能、并能与 ERP 等信息系统无缝对接。整个系统具有如图 8-15 所示的九大功能模块，可以实时采集注塑生产中产生的技术和管理数据，如注塑机的注射压力、单位时间的

图 8-15　系统的九大功能

产量、员工上下班记录，等等。系统经过与预设参数进行比较，自动生成相应的报表，经管理人员修正和确认后生成新的指令，从而将注塑生产调整在最佳状态。

Chapter 1
Chapter 2
Chapter 3
Chapter 4
Chapter 5
Chapter 6
Chapter 7
Chapter 8
附录 1
附录 2

附录1 常用塑料中英文名称及其收缩率

塑料种类	缩写代号	全 称 英 文	全 称 中 文	收缩率/%
热塑性塑料	ABS	Acrylonitritle-butadiene-styrene copolymer	丙烯腈丁二烯苯乙烯共聚物	0.3~0.8
	AS	Acrylonitrile styrene copolymer	丙烯腈苯乙烯共聚物	0.3~0.7
	ASA	Acrylonitrile styrene-aerylate copolymer	丙烯腈-苯乙烯-丙烯酸酯共聚物	0.3~0.6
	CA	Cellulose acetate	乙酸纤维素(醋酸纤维素)	1.0~1.5
	CN	Cellulose nitrate	硝酸纤维素	0.3~0.8
	EC	Ethyl cellulose	乙基纤维素	0.4~0.5
	FEP 或 PFEP、F46	Perfluorinated ethylene-propylene copolymer	乙烯-丙烯共聚物(聚全氟乙丙烯)	0.4~0.8
	HDPE	High density polyethylene	高密度聚乙烯	1.5~3.0
	HIPS	High impact polystyrene	高冲击强度聚苯乙烯	0.3~1.0
	LDPE	Low density ployethylene	低密度聚乙烯	1.0~3.0
	MDPE	Middle density polyethylene	中密度聚乙烯	2.0~3.0
	PA	Polyamide	聚酰胺(尼龙)	0.7~2.2
	PBT	polybutylece terephthalate	聚对苯二甲酸丁二醇酯	1.4~2.7
	PC	Polycarbonate	聚碳酸酯	0.5~0.8
	PAN	Polyacrylonitrile	聚丙烯腈	1.0~3.0
	PE	Polyethylene	聚乙烯	1.2~2.8
	CPE	Chlorinated polyethylene	氯化聚乙烯	0.3~0.5
	PMMA	Poly(methyl methacrylate)	聚甲基丙烯酸甲酯(有机玻璃)	0.5~0.7
	POM	Polyformaldehyde(polyoxymethylene)	聚甲醛	1.2~3.0
	PP	Polypropylene	聚丙烯	1.0~2.5
	PPO 或 PPE	Phenylene oxide(Polypheylene Ether)	聚苯醚(聚2,6二甲基苯醚)	0.5~0.9
	PS	Polystyrene	聚苯乙烯	0.6~0.8
	PSF	Polysulfone	聚砜	0.5~0.7
	PTFE	Polytetrafluoroethylene	聚四氟乙烯	0.4~1.0
	PVC	Poly(vinyl chloride)	聚氯乙烯	0.6~3.0
	PVCC	Chlorinated poly(vinyl chloride)	氯化聚氯乙烯	0.4~1.0
	RP	Reinforced plastics	增强塑料	0.5~1.0
	SAN	Styrene-acrylonitrile copolymer	苯乙烯丙烯腈共聚物	0.4~0.7
热固性塑料	PF	Phenol formaldehyde resin	酚醛树脂	0.5~0.9
	EP	Epoxide resin	环氧树脂	0.6~1.3
	PUR 或 PU	Polyurethane	聚氨酯	0.5~1.2
	UP	Unsaturated polyeter	不饱和聚酯	0.9~1.5
	MF	Melamine-phenol-formaldehyde	三聚氰胺-甲醛树脂	0.4~0.7
	UF	Urea fore,aldehyde resin	脲甲醛树脂	0.4~1.1
	PDAP	Polydiallylphthalate	聚邻苯二甲酸二烯丙酯	0.5~1.2

附录 2　注塑成型常用术语中文、英文及俗称对照表

类别	中文名称	我国港台及沿海地区俗称	英文名称	备　注
模架组件	模架	模胚	mold base	也称模座
	定模座板	面板	top clamp plate	又称上模固定板、前模固定板
	动模座板	底板	bottom clamp plate	又称下模固定板、后模固定板
	定模板	"A"板	"A" plate	又称上模板、前模板
	动模板	"B"板	"B" plate	又称下模板、后模板、哥板
	流道板	水口板	runner plate	
	推件板	推板	stripper plate	
	支承板	"B1"板	"B1" plate	又称下模垫板
	支撑板二	"B2"板	"B2" plate	
	脱料板	刮料板	runner stripper plate	
	垫块	方铁、登仔方	spacer block	
	推板	顶针板	ejector plate	又称顶板、底针板
	推杆固定板	面针板	ejector retainer plate	又称顶针托板
	复位杆	回针	return pin	用于使顶针板组件复位
	导柱	边钉	guide pin	"边"即"柱、针",来源于英文"pin"的粤语音译;常缩写为 G. P.
	导套	边司	guide bush	"司"即"套",来源于英文"bush"的粤语音译;常缩写为 G. B.
	推板导柱	中托边	ejector guide pin	又称哥林柱
	推板导套	中托司	ejector guide bush	
	带肩导套	托司	shoulder guide bush	缩写为 SH. G. P.
	带肩导柱	托边	shoulder guide pin	缩写为 SH. G. B.
	支撑钉	垃圾钉	stop pin	
	拉杆导柱	大拉杆	length guide pin	
	定距拉杆	小拉杆	length bolt	
	止动螺钉	塞打螺丝	socket head shoulder screw	
成型零件	镶件	镶件	insert	
	型腔	前模	cavity	
	型芯	哥模、后模	core	
	定模主镶件	前模呵	cavity insert	又称上模玉、前模仁
	动模主镶件	后模呵	core insert	又称下模玉、后模仁
	定模小镶件	前模镶件	cavity small insert	指镶后主成型零件中的小件
	动模小镶件	后模镶件	core small insert	
	定模镶杆	前模镶针	cavity insert pin	一般用标准顶针改制
	动模镶杆	后模镶针	core insert pin	
	定模固定块	前模呵压块	cavity clamp	
	定模固定块	后模呵压块	core clamp	
	滑块	行位	slide block	
	滑块镶件	行位镶件	slide insert	
	滑块镶针	行位镶针	slide insert pin	镶在行位上的圆形小件,一般采用标准顶针改制
	可换镶件	可换镶件	exchangeable insert	
	日期镶针	日期印章	date indicator	
	粉末冶金块	疏气针	gas expeller	

类别	中文名称	我国港台及沿海地区俗称	英文名称	备　注
浇注系统	定位环	定位圈	locating ring	
	浇口套	唧嘴	sprue bushing	
	主流道	主流道	sprue gate	
	分流道	分流道	runner	
	浇口	入水	gate	
	冷料井	冷料穴	cool well	
	浇注系统凝料	水口料	runner regrind	
	拉料杆	水口勾针	sprue puller	
	侧浇口	大水口	side gate	英语也称 edge gate
	点浇口	细水口	pin point gate	
	潜伏浇口	潜水	submarine gate	英语也称 tunnel gate
	圆盘浇口	碟水口	disk gate	
	薄片浇口	薄膜水口	tab gate	
	轮辐浇口	轮辐水口	spoke gate	
	直接浇口	直接水口	direct gate	
	浇口镶件	水口镶件	runner insert	
脱模零件	推杆	顶针	ejector pin	
	推管	司筒	ejector sleeve	
	弯销	弯销	clog-leg cam	
	斜导柱	斜边	angle pin	英语也称 finger cam
	滑块	行位	slide	英语也称 cam slide
	楔紧块	锁紧块、铲基	wedge block	英语也称 locking heel
	滑块压块	行位压块	wear bate	
	斜顶杆	斜顶	angled-lift cam	
	斜顶杆固定座	斜顶座	cam base	
	支撑柱	撑头	support block	
	弹簧	弹弓	spring	
	定距拉板	拉板	tension link	
	注塑机顶杆	顶棍	ejector rod	
其他	冷却水道	运水	water line	
	堵头	喉塞	pressure plug	
	O形密封圈	胶圈	O-ring	
	管箍	喉箍	hose clamps	
	垫圈	戒指、华司	washer	
	吊环	拉令	eyebolt	
	限位螺钉	限位钉	stop pin	
	塑料	塑胶	plastic	
	注塑	啤料	injection	也称注射
	注塑机	啤机	injection machine	也称注射机
	收缩率	缩水	shrinkage	
	分型面	分模面	part line	

参 考 文 献

[1] 徐佩弦著.塑料制品设计指南.北京：化学工业出版社，2007.

[2] 赵勤勇等著.注塑生产现场管理手册.北京：化学工业出版社，2011.

[3] 李忠文等著.精密注塑工艺与产品缺陷解决方案100例.北京：化学工业出版社，2009.

[4] 刘来英编.注塑成型工艺.北京：机械工业出版社，2005.

[5] 李忠文，陈巨著.注塑机操作与调校实用教程.北京：化学工业出版社，2007.

[6] 崔继耀，崔连成，梁啟贤等著.注塑生产：质量与成本管理.北京：国防工业出版社，2008.

[7] 杨卫民，高世权著.注塑机使用与维修手册.北京：机械工业出版社，2007.

[8] 蔡恒志等著.注塑制品成型缺陷图集.北京：化学工业出版社，2011.

[9] 刘朝福主编.注塑模具设计师速查手册.北京：化学工业出版社，2010.

[10] 郭新玲主编.塑料模具设计.北京：清华大学出版社，2006.

[11] 张国强编著.注塑模设计与生产应用.北京：化学工业出版社，2005.

[12] 模具实用技术丛书编委会.塑料模具设计制造与应用实例.北京：机械工业出版社，2005.

[13] 中国国家标准化管理委员会.塑料注射模模架.北京：中国标准出版社，2007.

[14] 李力等.塑料成型模具设计与制造.北京：国防工业出版社，2007.

[15] 冉新成.塑料成型模具.北京：化学工业出版社，2004.

[16] 叶久新，王群主编.塑料成型工艺及模具设计.北京：机械工业出版社，2009.

[17] 郁文娟主编.塑料注射模具机构设计动画演示200例.北京：化学工业出版社，2006.

[18] 田福祥著.先进注塑模330例设计评注：第1卷.北京：化学工业出版社，2008.

[19] 懿卿.多级注射成型工艺的设计.工程塑料应用，2006，34（9）.